Advances in Physical Organic Chemistry

Cumulative Cited Author (K–Z) Index

Advances in Physical Organic Chemistry

Cumulative Cited Author (K–Z) Index

Volume 34

ACADEMIC PRESS
A Harcourt Science and Technology Company
San Diego San Francisco New York
Boston London Sydney Tokyo

This book is printed on acid-free paper.

Academic Press
24–28 Oval Road, London NW1 7DX, UK
http://www.hbuk.co.uk/ap/

Academic Press
A Harcourt Science and Technology Company
525 B Street, Suite 1900, San Diego, California 92101-4495, USA
http://www.apnet.com

A catalogue record for this book is available from the British Library

This serial is covered by The *Science Citation Index*.

ISBN 0-12-033534-4

Typeset by Mackreth Media Services, Hemel Hempstead

Printed and bound in Great Britain by
Redwood Books, Trowbridge, Wiltshire

00 01 02 03 04 05 RB 9 8 7 6 5 4 3 2 1

Contents

Cumulative Index of Cited Authors (K–Z) 1

Cumulative Index of Cited Authors

K

Kaandorp, Th. J. M., **24**:48, **24**:*52*
Kaarli, R. K., **32**:250, **32**:*263*
Kaatz, P., **32**:123, **32**:135, **32**:158, **32**:163, **32**:164, **32**:166, **32**:201, **32**:*209*, **32**:*212*
Kaba, R. A., **24**:193, **24**:*202*
Kabachnik, M. I., **26**:310, **26**:*379*
Kabakoff, D. S., **20**:115, **20**:*185*
Kabanov, V. A., **17**:443, **17**:455, **17**:456, **17**:*485*, **17**:*486*
Kabir-ud-Din., **24**:91, **24**:*108*
Kabitzke, K., **5**:92, **5**:*118*
Kabo, G. Y., **22**:20, **22**:*109*
Kabuss, S., **3**:236, **3**:237, **3**:241, **3**:*266*, **3**:*267*
Kabuto, C., **29**:310, **29**:*329*, **30**:182, **30**:*218*
Kachar, B., **22**:270, **22**:*300*, **22**:*304*
Kaczynski, J. A., **6**:301, **6**:302, **6**:*324*, **15**:226, **15**:*260*
Kaden, T. A., **30**:64, **30**:65, **30**:68, **30**:*113*, **30**:*114*
Kadish, K. M., **13**:196, **13**:*270*, **31**:58, **31**:*83*, **32**:19, **32**:23, **32**:29, **32**:42, **32**:*116*, **32**:*117*, **32**:*118*
Kadyrov, M. Kh., **12**:35, **12**:*122*
Kadzhar, C. O., **25**:51, **25**:*91*
Kaesz, H. D., **29**:280, **29**:*327*, **29**:*331*
Kafafi, Z. H., **30**:14, **30**:28, **30**:*57*, **30**:*60*
Kaffenberger, T., **6**:285, **6**:*325*
Kaftory, M., **29**:99, **29**:100, **29**:104, **29**:116, **29**:117, **29**:*181*, **29**:*182*, **29**:*183*
Kagan, H. B., **17**:56, **17**:*62*, **18**:58, **18**:*75*, **19**:93, **19**:*121*, **19**:*124*, **23**:197, **23**:*266*
Kagano, H., **19**:113, **19**:*124*
Kaganovich, R. I., **12**:91, **12**:*119*, **12**:*122*
Kaganskaya, K. Ya., **9**:168, **9**:*175*
Kagarise, R. E., **1**:407, **1**:*422*, **3**:251, **3**:*267*, **9**:161, **9**:162, **9**:163, **9**:*179*, **9**:*183*, **25**:33, **25**:*91*
Kagayama, A., **30**:182, **30**:*218*, **30**:*219*
Kagel, R. O., **25**:273, **25**:*442*
Kagiya, T., **9**:135, **9**:*179*, **19**:81, **19**:*125*
Kagoshima, S., **16**:214, **16**:*233*
Kagramanov, N. D., **30**:8, **30**:9, **30**:10, **30**:30, **30**:31, **30**:38, **30**:39, **30**:40, **30**:46, **30**:51, **30**:*57*, **30**:*58*, **30**:*59*, **30**:*60*, **30**:*61*
Kahl, A. A., **23**:300, **23**:*318*
Kahl, D. C., **14**:146, **14**:*197*
Kahle, A. D., **23**:84, **23**:*161*
Kahlert, B., **6**:1, **6**:*60*
Kahn, A. H., **3**:20, **3**:*85*
Kahn, A. U., **18**:232, **18**:*236*
Kahn, M., **31**:382, **31**:*390*
Kahn, O., **26**:243, **26**:*248*, **26**:*249*, **26**:*251*, **26**:*252*
Kahn, S. D., **24**:58, **24**:*108*
Kahn, S. U. M., **32**:3, **32**:*114*
Kahovec, L., **11**:338, **11**:*387*
Kahr, B., **25**:72, **25**:*91*
Kai, Y., **31**:37, **31**:*83*
Kaifer, A. E., **31**:2, **31**:6, **31**:22, **31**:35, **31**:36, **31**:*82*, **31**:*83*
Kaim, W., **20**:56, **20**:*182*
Kainer, H., **1**:350, **1**:*361*, **13**:164, **13**:165, **13**:177, **13**:195, **13**:*271*
Kaiser, A., **11**:352, **11**:*386*
Kaiser, A. E., **29**:5, **29**:*65*
Kaiser, B. H., **10**:97, **10**:*125*
Kaiser, B. L., **11**:4, **11**:64, **11**:80, **11**:*120*
Kaiser, E. M., **10**:175, **10**:215, **10**:*220*,

12:13, **12:**67, **12:**69, **12:***117*
Kaiser, E. T., **5:**97, **5:**109, **5:***113*, **5:***116*, **8:**25, **8:***76*, **9:**27(47c), **9:***123*, **10:**211, **10:***221*, **11:**4, **11:**64, **11:**80, **11:***120*, **15:**41, **15:***58*, **17:**135, **17:**136, **17:***175–7*, **17:**252, **17:***277*, **24:**178, **24:***201*, **25:**170, **25:***261*, **25:***398*, **25:***443*, **26:**356, **26:***373*
Kaiser, H. F. G., **2:**137, **2:***159*
Kaiser, J., **15:**74, **15:***146*
Kaiser, J. H., **26:**152, **26:**155, **26:***178*
Kaiser, L. E., **14:***67*
Kaiser, R., **3:**224, **3:***267*
Kaiser, R. S., **11:**310, **11:***390*, **17:**109, **17:***176*
Kaiserman, H. B., **29:**133, **29:***182*
Kaisheva, M. K., **12:**91, **12:***122*
Kaji, A., **23:**277, **23:**300, **23:**304, **23:***320*
Kaji, K., **19:**96, **19:***123*
Kaji, R., **19:**72, **19:***124*
Kajimoto, O., **22:**157, **22:***208*, **26:**332, **26:***371*
Kajimura, K., **16:**214, **16:***233*
Kajiwara, T., **16:**171, **16:**174, **16:***233*, **17:**51, **17:**52, **17:***59*
Kajiyama, T., **17:**471, **17:***483*
Kajzar, F., **32:**162, **32:***212*
Kake, Y., **23:**314, **23:***316*
Kakemi, K., **8:**301, **8:**308, **8:***401*
Kakerow, R., **32:**105, **32:***117*
Kakudo, M., **24:**141, **24:***202*
Kakutani, T., **18:**126, **18:***179*
Kalaga, R., **31:**382, **31:***390*
Kalal, J., **17:**444, **17:***486*
Kalashnikova, L. A., **9:**141, **9:***179*
Kalatzis, E., **9:**130, **9:***179*, **16:**14, **16:***48*, **19:**384, **19:**387, **19:**389, **19:**411, **19:***426*
Kalb, A. J., **13:**40, **13:***80*
Kalberer, F., **2:**19, **2:***89*
Kalcher, J., **24:**37, **24:***53*
Kaldor, S. B., **27:**88, **27:***114*, **31:**220, **31:***244*
Kale, M. N., **3:**97, **3:**99, **3:**100, **3:***121*
Kalikin, M. I., **24:**86, **24:***110*
Kalinachenko, V. R., **1:**52, **1:***154*, **1:**185, **1:***200*
Kalinin, V. N., **10:**95, **10:**99, **10:***126*
Kalinkin, M. I., **10:**99, **10:***123*, **18:**169, **18:**170, **18:***179*
Kalinkina, O. L., **29:**233, **29:***271*
Kalinowski, H. O., **20:**115, **20:***185*, **23:**64, **23:**70, **23:**93, **23:**96, **23:**97, **23:**128, **23:**137, **23:***158*, **23:***159*, **23:***160*, **29:**303, **29:***324*
Kalisnovski, M. O., **29:**104, **29:***181*
Kallen, R. G., **5:**296, **5:***328*
Kalliorinne, K., **14:**324, **14:**332, **14:***345*
Kallmann, H., **4:**45, **4:***70*, **16:**187, **16:**192, **16:***233*, **16:***235*
Kallsson, I., **27:**129, **27:***238*
Kallury, R. K. M. R., **8:**251, **8:***261*
Kalman, A., **17:**126, **17:***177*
Kalman, J. R., **18:**163, **18:***175*
Kaloustian, M. K., **21:**45, **21:***96*, **24:**162, **24:***202*
Kalvoda, R., **5:**11, **5:***51*, **31:**30, **31:***84*, **32:**41, **32:***119*
Kalyanaraman, B., **17:**7, **17:***61*, **31:**127, **31:**128, **31:**136, **31:***138*, **31:***139*
Kalyanasundaram, K., **17:**481, **17:***483*, **19:**91, **19:**93, **19:**94, **19:**95, **19:**97, **19:***117*, **19:***121*
Kamachi, M., **26:**201, **26:***249*
Kamada, H., **19:**65, **19:***121*, **21:**156, **21:***193*
Kamat, R. J., **7:**98, **7:***113*, **9:**205, **9:**208, **9:**258, **9:***278*, **14:**31, **14:***65*
Kamata, J., **32:**308, **32:**309, **32:***385*
Kamata, K., **15:**247, **15:***263*
Kamb, B., **14:**223, **14:**224, **14:**225, **14:***345*
Kambara, H., **13:**33, **13:***78*
Kamego, A., **17:**459, **17:**464, **17:***482*, **17:***483*
Kamego, A. A., **14:***131*, **22:**244, **22:**246, **22:**293, **22:***301*
Kamenar, B., **29:**186, **29:**202, **29:***270*
Kameneva, N. G., **29:**102, **29:***179*
Kameswaran, V., **20:**57, **20:***185*
Kamha, M. A., **20:**16, **20:**45, **20:***52*, **20:***53*
Kamimori, M., **17:**46, **17:***61*, **17:***63*
Kamimura, A., **23:**300, **23:**304, **23:***320*
Kamimura, H., **15:**87, **15:***147*
Kamino, K., **32:**175, **32:***212*
Kaminski, J. J., **17:**453, **17:***483*
Kaminskii, A. Y., **7:**234, **7:**235, **7:**237, **7:**238, **7:**256, **7:***256*, **18:**169, **18:***183*
Kaminsky, F., **5:**133, **5:***171*
Kaminsky, M., **14:**207, **14:***345*

Kamiya, I., **18**:189, **18**:*236*
Kamiya, Y., **13**:170, **13**:*275*, **17**:22, **17**:33, **17**:37, **17**:53, **17**:*62*, **20**:139, **20**:*187*
Kamlet, M. J., **7**:9, **7**:*111*, **26**:317, **26**:*374*, **26**:*378*, **28**:270, **28**:278, **28**:*289*, **32**:183, **32**:*212*
Kamm, K. S., **12**:143, **12**:147, **12**:213, **12**:*221*
Kammler, R., **32**:191, **32**:*212*
Kamneva, A-L., **12**:14, **12**:17, **12**:56, **12**:*120*
Kampar, V. E., **29**:228, **29**:229, **29**:*268*
Kampe, W., **8**:396, **8**:*399*
Kampmeier, J. A., **6**:15, **6**:*60*, **7**:98, **7**:*109* **9**:231, **9**:*274*
Kamura, M., **19**:72, **19**:*124*
Kan, R. O., **2**:12, **2**:*90*
Kanagapushpam, D., **25**:69, **25**:71, **25**:*93*
Kanagasabapathy, V. M., **27**:227, **27**:*237*, **27**:254, **27**:260, **27**:263, **27**:265, **27**:266, **27**:271, **27**:275, **27**:276, **27**:279, **27**:284, **27**:285, **27**:*290*, **32**:307, **32**:366, **32**:367, **32**:368, **32**:371, **32**:*379*, **32**:*382*
Kanakam, P., **10**:171, **10**:*223*
Kanakubo, Y., **8**:320, **8**:321, **8**:328, **8**:*403*, **8**:*404*
Kanao, S., **23**:220, **23**:221, **23**:*266*
Kanaoka, Y., **19**:105, **19**:108, **19**:*122*, **19**:*123*, **20**:209, **20**:*233*
Kanatomi, H., **32**:248, **32**:249, **32**:*263*
Kanavarioti, A., **21**:169, **21**:*192*, **26**:341, **26**:*369*, **27**:149, **27**:207, **27**:213, **27**:214, **27**:*234*
Kanaya, T., **19**:17, **19**:*129*
Kanayama, K., **23**:215, **23**:*270*
Kanazawa, K. K., **16**:228, **16**:*232*
Kanazawa, Y., **15**:213, **15**:*260*
Kanchuger, M. S., **21**:44, **21**:*96*, **27**:46, **27**:*54*
Kanda, M., **22**:297, **22**:*304*
Kanda, T., **3**:188, **3**:*267*
Kandaniem, A. Y., **28**:116, **28**:*137*
Kandel, S. H., **24**:94, **24**:*105*
Kandor, I. I., **17**:44, **17**:*60*
Kaneda, M., **16**:250, **16**:*265*
Kaneda, T., **30**:98, **30**:*114*
Kanehira, K., **19**:102, **19**:103, **19**:*126*
Kanehisa, N., **31**:37, **31**:*83*
Kaneko, C., **8**:249, **8**:*265*
Kaneko, H., **12**:13, **12**:67, **12**:69, **12**:*116*, **19**:60, **19**:*121*
Kaneko, K., **22**:284, **22**:*304*
Kaneko, M., **19**:92, **19**:*128*
Kanematsu, K., **29**:173, **29**:*182*
Kanetsuna, H., **30**:126, **30**:*170*
Kang, A. S., **31**:282, **31**:*387*
Kang, C., **31**:133, **31**:*140*
Kang, C. H., **27**:83, **27**:84, **27**:*115*, **32**:345, **32**:347, **32**:353, **32**:357, **32**:*383*
Kang, E. P., **11**:65, **11**:*120*
Kang, H. K., **27**:59, **27**:68, **27**:77, **27**:86, **27**:87, **27**:*115*, **32**:374, **32**:*382*
Kang, J., **23**:10, **23**:*59*
Kang, S. H., **32**:180, **32**:*212*
Kang, T.-I., **32**:166, **32**:*215*
Kang, Y. I., **17**:171, **17**:*178*
Kanippayoor, R. K., **26**:300, **26**:*370*
Kanis, D. R., **32**:137, **32**:141, **32**:191, **32**:*212*
Kankaanperä, A., **1**:24, **1**:28, **1**:*33*, **6**:63, **6**:78, **6**:*100*, **7**:297, **7**:*330*, **18**:34, **18**:38, **18**:39, **18**:40, **18**:53, **18**:54, **18**:58, **18**:63, **18**:64, **18**:*74*, **21**:58, **21**:*96*
Kanner, B., **30**:111, **30**:*114*
Kanno, S., **20**:200, **20**:217, **20**:*232*
Kano, K., **17**:439, **17**:*483*, **19**:96, **19**:*121*
Kanters, J. A., **24**:104, **24**:*107*
Kantor, M. L., **10**:142, **10**:*152*
Kantor, S. W., **2**:148, **2**:*160*, **7**:180, **7**:*205*
Kanzaki, Y., **26**:18, **26**:*129*
Kapavan, P., **8**:281, **8**:*403*
Kaper, L., **11**:377, **11**:*387*
Kapicak, L. A., **7**:46, **7**:59, **7**:*108*
Kaplan, E., **31**:146, **31**:152, **31**:177, **31**:*244*
Kaplan, E. D., **10**:19, **10**:20, **10**:*26*
Kaplan, F., **3**:196, **3**:214, **3**:257, **3**:*269*, **7**:201, **7**:*205*, **10**:42, **10**:*52*, **11**:371, **11**:*387*
Kaplan, J. I., **3**:*267*, **25**:10, **25**:*91*
Kaplan, L., **10**:139, **10**:*152*, **17**:382, **17**:383, **17**:387, **17**:389, **17**:392, **17**:395, **17**:399, **17**:403–5, **17**:*425*, **17**:*429*, **17**:*432*
Kaplan, L. A., **14**:190, **14**:*199*
Kaplan, M. L., **10**:100, **10**:*125*

Kapon, M., **32**:231, **32**:*263*
Kapoor, K. L., **11**:319, **11**:*387*
Kapovits, I., **17**:126, **17**:*177*, **20**:84, **20**:*185*
Kapp, D. L., **23**:310, **23**:314, **23**:*319*
Kappenstein, C., **17**:280, **17**:*428*
Kapps, M., **7**:176, **7**:*206*
Kaprilova, G. A., **3**:96, **3**:98, **3**:*122*
Kaptein, R., **10**:56, **10**:57, **10**:67, **10**:68, **10**:69, **10**:73, **10**:74, **10**:75, **10**:76, **10**:77, **10**:82, **10**:83, **10**:84, **10**:85, **10**:86, **10**:87, **10**:90, **10**:91, **10**:107, **10**:*125*, **15**:28, **15**:*60*, **16**:241, **16**:*262*, **19**:91, **19**:*121*, **20**:2, **20**:9, **20**:10, **20**:11, **20**:*52*, **29**:262, **29**:*268*
Kapuler, A. M., **13**:330, **13**:*411*
Kar, D., **24**:185, **24**:*201*, **25**:171, **25**:174, **25**:183, **25**:185, **25**:203, **25**:*259*
Karabatsos, G. J., **2**:24, **2**:*89*, **8**:140, **8**:*147*, **10**:16, **10**:17, **10**:*26*, **13**:61, **13**:*80*, **25**:53, **25**:*91*
Karabatsos, G. K., **19**:245, **19**:*373*
Karabunarliev, S., **26**:194, **26**:195, **26**:197, **26**:200, **26**:226, **26**:*252*
Karafiloglou, P., **18**:163, **18**:*176*
Karagounis, G., **3**:26, **3**:*85*
Karaki, Y., **31**:305, **31**:382, **31**:*389*
Karamoto, T., **16**:259, **16**:*262*
Karasev, A. L., **17**:40, **17**:*61*
Karau, W., **11**:56, **11**:*122*
Karavan, V. S., **5**:384, **5**:*398*
Karchenko, V. G., **24**:86, **24**:*110*
Kardos, A. M., **12**:12, **12**:*129*
Karelson, M. M., **26**:157, **26**:*176*, **31**:187, **31**:*245*, **32**:151, **32**:*212*
Kargin, J. H., **10**:192, **10**:*223*
Kargin, Ju., **5**:48, **5**:*51*
Kargin, V. A., **8**:395, **8**:396, **8**:*399*
Kargin, W. A., **16**:176, **16**:*233*
Karipides, A., **26**:307, **26**:*374*
Kariv, E., **12**:93, **12**:94, **12**:*123*
Karjala, S. A., **8**:215, **8**:*265*
Karkowski, F. M., **13**:59, **13**:63, **13**:*77*
Karl, N., **16**:160, **16**:174, **16**:177, **16**:179, **16**:184, **16**:186, **16**:*233*, **16**:*235*
Karl, R. R., **25**:66, **25**:*91*
Karlaulov, S. A., **26**:313, **26**:314, **26**:316, **26**:*371*
Karle, I., **30**:187, **30**:*218*
Karle, I. L., **1**:210, **1**:*278*, **17**:221, **17**:*277*
Karle, J., **22**:131, **22**:*210*, **23**:82, **23**:*160*
Karle, J. M., **17**:221, **17**:*277*
Karliner, J., **8**:236, **8**:*265*
Karlsson, S., **25**:82, **25**:*91*
Karlström, G., **22**:133, **22**:*209*
Karna, S. P., **32**:172, **32**:*212*
Karnes, H. A., **25**:62, **25**:*88*
Karni, M., **30**:45, **30**:*56*
Karp, S., **32**:76, **32**:*117*
Karpacheva, S. M., **3**:181, **3**:*185*
Karpas, Z., **24**:36, **24**:*53*
Karpinski, Z. J., **29**:203, **29**:235, **29**:*266*, **29**:*268*
Karplus, M., **3**:190, **3**:249, **3**:257, **3**:*267*, **5**:104, **5**:*116*, **6**:295, **6**:303, **6**:*328*, **11**:131, **11**:132, **11**:*174*, **13**:54, **13**:55, **13**:*82*, **24**:143, **24**:*203*, **25**:9, **25**:*91*, **29**:113, **29**:*180*
Karplus, P. A., **29**:107, **29**:*183*
Karplus, W., **14**:220, **14**:*345*
Kartha, G., **21**:23, **21**:*33*
Karton, Y., **27**:244, **27**:245, **27**:253, **27**:255, **27**:256, **27**:263, **27**:276, **27**:*289*
Kasai, N., **31**:37, **31**:*83*
Kasai, P. H., **9**:255, **9**:*276*, **17**:50, **17**:*61*, **25**:48, **25**:*91*
Kasai, T., **17**:48, **17**:*61*
Kasche, V., **12**:143, **12**:*219*
Kaschnitz, R., **8**:212, **8**:*268*
Kasha, M., **1**:412, **1**:413, **1**:*421*, **4**:56, **4**:61, **4**:*70*, **12**:132, **12**:*218*, **15**:183, **15**:*263*, **18**:232, **18**:*236*, **22**:146, **22**:147, **22**:*210*, **22**:*211*
Kashefi-Naini, N., **27**:28, **27**:*55*
Kashelikar, D. V., **6**:237, **6**:*328*
Kashima, Ch., **11**:381, **11**:*391*
Kashimura, S., **20**:129, **20**:*188*
Kashin, A. N., **24**:60, **24**:*108*
Kashino, S., **26**:263, **26**:*375*
Kashiwagi, M., **24**:104, **24**:*110*
Kashyap, R. P., **31**:37, **31**:72, **31**:*83*
Kaskar, B., **19**:78, **19**:*126*, **20**:109, **20**:*188*, **20**:*189*
Kasparian, M., **5**:162, **5**:*169*, **6**:95, **6**:96, **6**:*98*
Kasperek, G. J., **17**:150, **17**:151, **17**:*177*
Kaspi, J., **9**:237, **9**:270, **9**:*278*, **14**:36,

14:39, **14**:43, **14**:*65*, **27**:243, **27**:248, **27**:249, **27**:250, **27**:253, **27**:256, **27**:*290*
Kass, S. R., **24**:22, **24**:44, **24**:50, **24**:*53*
Kassebaum, J. W., **26**:286, **26**:*374*
Kassinger, R., **7**:43, **7**:49, **7**:60, **7**:79, **7**:80, **7**:*114*
Kast, P., **31**:261, **31**:312, **31**:*388*
Kastening, B., **5**:10, **5**:15, **5**:*51*, **26**:118, **26**:*130*
Kasukhin, L. F., **10**:95, **10**:115, **10**:*125*
Kataev, E. G., **7**:45, **7**:59, **7**:*111*
Katani, Y., **16**:147, **16**:*157*
Kataoka, F., **30**:187, **30**:*218*
Katchalski, E., **5**:296, **5**:*328*, **21**:27, **21**:*31*, **21**:42, **21**:*97*
Kates, M. R., **19**:226, **19**:228, **19**:237, **19**:239, **19**:240, **19**:248, **19**:249, **19**:253, **19**:254, **19**:293, **19**:300, **19**:301, **19**:352, **19**:*373*, **19**:*377*, **19**:*378*, **23**:64, **23**:72, **23**:73, **23**:75, **23**:79, **23**:80, **23**:124, **23**:125, **23**:128, **23**:131, **23**:133, **23**:148, **23**:149, **23**:150, **23**:151, **23**:158, **23**:*160*, **23**:*161*, **24**:89, **24**:91, **24**:*111*, **29**:292, **29**:*329*
Kati, W. M., **29**:2, **29**:9, **29**:58, **29**:60, **29**:62, **29**:*69*
Katiyar, S. S., **22**:223, **22**:236, **22**:290, **22**:*305*, **22**:*307*, **22**:*308*
Kato, C., **15**:23, **15**:*60*
Kato, H., **9**:234, **9**:254, **9**:*277*, **9**:*280*, **11**:315, **11**:*388*, **19**:342, **19**:*373*
Kato, K., **16**:227, **16**:*233*, **32**:300, **32**:*384*
Kato, M., **10**:144, **10**:*152*, **19**:74, **19**:*119*
Kato, N., **14**:252, **14**:*348*
Kato, S., **12**:191, **12**:213, **12**:*218*, **20**:223, **20**:*231*, **26**:190, **26**:*249*, **30**:122, **30**:131, **30**:145, **30**:147, **30**:158, **30**:163, **30**:*170*
Kato, T., **19**:415, **19**:*426*
Kato, Y., **17**:342, **17**:*432*
Katoh, M., **19**:24, **19**:*121*
Katovic, V., **17**:281, **17**:*425*
Katriski, A. R., **26**:310, **26**:*379*
Katritzky, A. R., **9**:2, **9**:*24*, **11**:294, **11**:315, **11**:316, **11**:319, **11**:334, **11**:340, **11**:347, **11**:348, **11**:349, **11**:351, **11**:360, **11**:377, **11**:*383*, **11**:*384*, **11**:*385*, **11**:*386*, **11**:*387*, **11**:*388*, **11**:*392*, **13**:59, **13**:*78*, **13**:91, **13**:95, **13**:104, **13**:118, **13**:127, **13**:134, **13**:*149*, **13**:*151*, **13**:*153*, **14**:43, **14**:*63*, **14**:76, **14**:96, **14**:119, **14**:120, **14**:*128*, **14**:*129*, **16**:30, **16**:31, **16**:*48*, **17**:133, **17**:*177*, **25**:42, **25**:69, **25**:*86*, **25**:*91*, **26**:135, **26**:147, **26**:157, **26**:*174*, **26**:*176*, **27**:249, **27**:*290*, **29**:166, **29**:*181*, **31**:187, **31**:*245*, **32**:373, **32**:*382*
Katsoyannis, P. G., **5**:296, **5**:*329*
Katsuki, H., **25**:231, **25**:235, **25**:*259*
Katsumata, S., **13**:185, **13**:213, **13**:214, **13**:*272*
Katsumata, T., **30**:125, **30**:*170*
Katusin-Razem, B., **19**:95, **19**:*121*
Katz, A. M., **27**:87, **27**:*114*
Katz, H. E., **24**:90, **24**:*108*, **31**:50, **31**:*83*, **32**:162, **32**:179, **32**:*211*, **32**:*215*
Katz, I. R., **17**:135, **17**:*177*
Katz, J. J., **4**:299, **4**:*302*, **8**:290, **8**:*404*, **9**:16, **9**:*24*
Katz, J. L., **16**:169, **16**:*233*
Katz, M., **12**:17, **12**:57, **12**:*123*
Katz, T. J., **6**:56, **6**:*61*, **11**:137, **11**:138, **11**:*174*, **13**:222, **13**:*271*, **18**:120, **18**:*179*, **18**:*183*, **28**:5, **28**:24, **28**:*42*, **29**:301, **29**:319, **29**:320, **29**:*327*
Katzhendler, J., **8**:282, **8**:291, **8**:294, **8**:341, **8**:344, **8**:345, **8**:346, **8**:347, **8**:348, **8**:349, **8**:350, **8**:*398*, **22**:259, **22**:263, **22**:287, **22**:*307*
Katzhendler, J. C., **17**:451, **17**:453, **17**:*486*
Kauffman, K. C., **18**:31, **18**:*71*
Kauffmann, E., **17**:291, **17**:*428*
Kauffmann, H., **32**:198, **32**:*212*
Kaufman, D. A., **9**:237, **9**:238, **9**:244, **9**:245, **9**:247, **9**:262, **9**:263, **9**:264, **9**:*276*, **9**:*277*, **14**:108, **14**:109, **14**:*130*
Kaufman, F., **13**:87, **13**:*151*
Kaufman, G. M., **5**:394, **5**:*397*, **7**:172, **7**:*206*
Kaufman, H., **15**:125, **15**:*147*
Kaufman, J. J., **4**:48, **4**:*70*, **13**:69, **13**:*80*
Kaufman, K. J., **22**:146, **22**:147, **22**:148, **22**:*209*, **22**:*211*, **22**:323, **22**:332, **22**:341, **22**:*358*
Kaufman, S., **8**:285, **8**:*401*

Kaufmann, D., **29**:308, **29**:*325*
Kaufmann, E., **19**:353, **19**:364, **19**:*373*, **24**:67, **24**:74, **24**:*108*, **29**:278, **29**:294, **29**:314, **29**:*327*
Kaufmann, J. C., **18**:9, **18**:64, **18**:*74*
Kaufmann, K. J., **19**:27, **19**:*126*
Kaufmann, R., **17**:423, **17**:*428*
Kaulgud, M. V., **14**:298, **14**:*345*
Kaupp, G., **19**:24, **19**:25, **19**:103, **19**:105, **19**:*121*, **23**:295, **23**:*320*
Kauranen, M., **32**:123, **32**:124, **32**:*211*, **32**:*216*
Kausch, M., **29**:290, **29**:293, **29**:*324*
Kaushal, P., **31**:124, **31**:132, **31**:*139*
Kauzmann, W., **2**:112, **2**:122, **2**:*160*, **9**:173, **9**:*179*, **14**:219, **14**:231, **14**:234, **14**:254, **14**:*341*, **14**:*345*, **14**:*346*
Kavalek, J., **18**:57, **18**:*75*
Kavanagh, G. M., **14**:325, **14**:*350*
Kavanau, J. L., **6**:86, **6**:88, **6**:*99*, **8**:272, **8**:274, **8**:279, **8**:280, **8**:395, **8**:*401*
Kaveri, S., **31**:382, **31**:*389*
Kawabata, K., **26**:225, **26**:*249*
Kawabata, N., **15**:252, **15**:*262*
Kawabata, T., **19**:24, **19**:*121*
Kawabata, Y., **24**:15, **24**:*55*
Kawabe, K., **13**:182, **13**:*271*
Kawabe, Y., **32**:186, **32**:*211*
Kawada, Y., **25**:40, **25**:*91*
Kawaguchi, K., **26**:301, **26**:302, **26**:*374*
Kawai, M., **19**:41, **19**:*124*
Kawai, N., **13**:178, **13**:*275*
Kawakami, J. H., **11**:185, **11**:*222*
Kawakami, T., **14**:328, **14**:*345*
Kawakami, Y., **22**:72, **22**:73, **22**:82, **22**:*111*
Kawakatsu, Y., **8**:212, **8**:*264*
Kawamori, A., **13**:213, **13**:*271*
Kawamura, S., **17**:423, **17**:*430*
Kawamura, T., **17**:47, **17**:*64*, **25**:33, **25**:*90*
Kawamura-Konishi, Y., **31**:384, **31**:*388*
Kawanishi, N., **17**:134, **17**:*179*
Kawasaki, A., **15**:252, **15**:*262*
Kawasaki, K., **13**:249, **13**:*277*, **32**:186, **32**:*211*, **32**:*212*
Kawasaki, M., **20**:196, **20**:*230*
Kawashima, N., **17**:290, **17**:291, **17**:*428*
Kawashima, T., **17**:290, **17**:291, **17**:*428*
Kawata, M., **7**:238, **7**:*256*
Kawato, T., **32**:248, **32**:249, **32**:*263*
Kawazoe, Y., **10**:120, **10**:*126*
Kawski, A., **19**:46, **19**:*127*
Kay, I. T., **11**:363, **11**:*387*
Kay, J. G., **2**:225, **2**:226, **2**:231, **2**:*274*
Kay, M. I., **13**:56, **13**:*80*
Kay, P. S., **14**:28, **14**:*66*, **14**:96, **14**:107, **14**:*131*
Kay, R. L., **7**:261, **7**:*331*, **14**:265, **14**:266, **14**:267, **14**:314, **14**:333, **14**:*339*, **14**:*340*, **14**:*345*, **27**:264, **27**:265, **27**:266, **27**:267, **27**:268, **27**:*289*
Kayama, Y., **30**:182, **30**:*219*
Kayane, Y., **30**:182, **30**:*219*
Kaye, I. A., **2**:14, **2**:28, **2**:42, **2**:85, **2**:*88*, **8**:227, **8**:*262*
Kayen, A. H. M., **17**:22, **17**:26, **17**:*61*
Kayser, M. M., **24**:37, **24**:*53*, **24**:*55*, **24**:72, **24**:73, **24**:*107*, **24**:*108*
Kayser, R. A., **6**:79, **6**:80, **6**:81, **6**:82, **6**:85, **6**:*99*
Kayser, R. H., **14**:185, **14**:*196*, **17**:262, **17**:*277*, **17**:353, **17**:*424*, **18**:138, **18**:*179*, **19**:91, **19**:*121*
Kayser, W. V., **6**:65, **6**:66, **6**:67, **6**:68, **6**:69, **6**:71, **6**:73, **6**:75, **6**:78, **6**:85, **6**:92, **6**:95, **6**:96, **6**:*99*, **6**:*100*, **6**:249, **6**:268, **6**:*328*, **7**:279, **7**:297, **7**:*329*
Kayushin, L. P., **13**:341, **13**:*411*
Kazakova, V. M., **5**:111, **5**:*116*
Kazanskaya, L. V., **11**:358, **11**:*389*
Kazanskaya, N. F., **29**:11, **29**:60, **29**:*64*, **29**:*65*, **29**:85
Kazanskî, B. A., **1**:160, **1**:163, **1**:175, **1**:176, **1**:180, **1**:181, **1**:195, **1**:*198*, **1**:*200*
Kazanskiĭ, K. S., **15**:218, **15**:*220*, **15**:*265*
Kazansky, V. B., **30**:10, **30**:*58*
Kazatchkine, M. D., **31**:382, **31**:*389*
Kaziro, Y., **25**:228, **25**:*262*
Kazmaier, P., **19**:312, **19**:*370*
Kazusaka, A., **17**:49, **17**:*64*
Ke, H. M., **31**:268, **31**:*386*
Keana, J. F. W., **17**:5, **17**:*61*
Keana, J. J., **11**:68, **11**:*117*
Kearney, P. A., **24**:93, **24**:*105*
Kearns, D. R., **10**:149, **10**:*152*, **16**:160, **16**:168, **16**:*231*, **16**:*233*, **18**:190, **18**:194, **18**:232, **18**:*235*, **18**:*236*,

20:213, **20:***231*
Kearns, G. L., **4:**58, **4:***70*, **8:**229, **8:***263*
Keating, J. T., **12:**35, **12:***123*
Kebarle, P., **8:**109, **8:**110, **8:**131, **8:***147*, **8:**169, **8:**199, **8:**229, **8:***261*, **8:***264*, **13:**87, **13:**108, **13:***149*, **13:***151*, **14:**239, **14:***345*, **17:**303, **17:***426*, **21:**204, **21:**206, **21:***237*, **21:***238*, **21:***239*, **22:**79, **22:***111*, **24:**1, **24:**8, **24:**9, **24:**10, **24:***51*, **24:***53*, **24:***54*, **24:**87, **24:**88, **24:***108*, **24:***109*, **24:***111*, **26:**266, **26:**296, **26:**297, **26:**300, **26:**306, **26:**328, **26:***368*, **26:***372*, **26:***374*, **26:***375*, **26:***379*, **28:**278, **28:***291*
Keck, G. E., **18:**204, **18:***238*
Keeber, W. H., **3:**16, **3:***85*
Keech, D. B., **25:**231, **25:***264*
Keech, J. T., **29:**108, **29:***180*
Keefe, A. D., **30:**101, **30:***112*, **31:**11, **31:**50, **31:***80*, **31:***81*
Keefe, J. R., **26:**21, **26:***126*, **29:**47, **29:***66*
Keefer, R. M., **1:**52, **1:***152*, **4:**255, **4:**256, **4:**257, **4:**258, **4:**263, **4:**265, **4:**266, **4:**267, **4:***300*, **4:***302*, **4:***303*, **9:**145, **9:***177*, **14:**39, **14:***63*, **27:**250, **27:***289*, **28:**217, **28:***287*, **29:**186, **29:***265*
Keeffe, J. R., **21:**168, **21:**169, **21:***193*, **27:**122, **27:**131, **27:**136, **27:**149, **27:**173, **27:**194, **27:***236*
Keen, N., **1:**297, **1:**298, **1:**300, **1:**314, **1:**330, **1:**331, **1:**333, **1:**334, **1:**345, **1:**346, **1:***359*, **1:***360*, **8:**19, **8:***75*
Keenan, M. R., **25:**12, **25:***85*, **25:***91*
Keene, J. P., **7:**127, **7:***149*
Keesee, R. G., **27:**30, **27:***54*
Keh, E., **22:**284, **22:***299*
Kehlen, H., **11:**329, **11:***390*, **23:**192, **23:***268*
Kehlen, M., **11:**329, **11:***390*, **23:**192, **23:***268*
Kehoe, D. C., **23:**294, **23:***316*
Kehr, W. G., **26:**261, **26:***374*
Kehrmann, F., **13:**160, **13:**168, **13:**195, **13:***272*
Keii, T., **13:**191, **13:***277*
Keil, F., **26:**300, **26:***374*
Keil, K. D., **2:**78, **2:***90*
Keim, P., **13:**280, **13:**348, **13:**349, **13:**352, **13:**371, **13:**377, **13:**378, **13:***409*, **13:***411*, **13:***413*
Keinan, E., **31:**383, **31:**385, **31:***388*, **31:***390*, **31:***391*
Keiser, M. L., **27:**47, **27:***55*
Keith, A. D., **8:**282, **8:***406*
Keith, H., **26:**22, **26:***130*
Keith, T. A., **29:**321, **29:***327*
Keizer, V. G., **10:**36, **10:***52*, **11:**213, **11:***223*
Kell, D. R., **9:**201, **9:***276*
Kell, G. S., **14:**230, **14:***345*
Keller, D. K., **28:**70, **28:**76, **28:**89, **28:***137*
Keller, H., **2:**225, **2:**226, **2:**231, **2:***274*
Keller, H. J., **28:**40, **28:***41*
Keller, J., **14:**251, **14:***344*
Keller, J. H., **27:**6, **27:***54*
Keller, M., **30:**84, **30:***114*
Keller, P., **19:**93, **19:***114*, **19:***121*, **19:***124*, **20:**95, **20:***180*
Keller, T., **13:**360, **13:***410*
Kellerman, D., **8:**319, **8:***397*, **8:***398*
Kelley, E. L., **17:**261, **17:***276*
Kelley, R. E., Jr., **14:**9, **14:**20, **14:**31, **14:***65*
Kelley, W. J., **14:**9, **14:***65*
Kellmann, A., **21:**131, **21:***193*
Kellner, S. M. E., **4:**171, **4:**172, **4:**179, **4:***191*, **4:***192*
Kellog, R. E., **18:**231, **18:***236*
Kellog, R. M., **18:**200, **18:***235*, **28:**251, **28:**284, **28:***289*
Kellogg, Co., **10:**215, **10:***223*
Kellogg, R. M., **8:**217, **8:***264*, **10:**142, **10:***152*, **17:**129, **17:***175*, **17:**408, **17:***432*, **19:**113, **19:***120*, **22:**57, **22:***109*, **24:**101, **24:***112*
Kelly, D. P., **11:**145, **11:**146, **11:**154, **11:***174*, **11:**351, **11:***389*, **19:**233, **19:**265, **19:**266, **19:**267, **19:**272, **19:**273, **19:**278, **19:**318, **19:***373*, **19:***375*, **19:***376*, **23:**141, **23:***160*
Kelly, J. A., **23:**180, **23:**182, **23:**184, **23:***265*, **23:***266*
Kelly, J. J., **32:**46, **32:***115*
Kelly, R. C., **29:**310, **29:***331*
Kelly, T. M., **14:**261, **14:***344*
Kelly, W., **1:***276*
Kelly, W. L., **18:**53, **18:**54, **18:***77*
Kelm, H., **23:**49, **23:***62*

Kelm, M., **12**:280, **12**:*295*
Kelsey, D. R., **9**:237, **9**:244, **9**:256, **9**:*276*
Kemal, C., **18**:233, **18**:*236*
Kemball, C., **13**:190, **13**:*276*
Kemeny, G., **16**:196, **16**:198, **16**:*233*
Kemmer, P., **29**:233, **29**:*268*
Kemmitt, R. D. W., **18**:90, **18**:*176*
Kemp, D. S., **14**:70, **14**:76, **14**:91, **14**:*128*, **14**:*129*, **17**:231, **17**:265, **17**:*277*, **17**:464, **17**:465, **17**:*483*, **22**:244, **22**:*304*, **27**:22, **27**:*54*, **31**:273, **31**:*388*
Kemp, G., **19**:52, **19**:*118*, **20**:197, **20**:198, **20**:213, **20**:*230*, **25**:125, **25**:*261*
Kemp, J. D., **25**:28, **25**:*91*
Kemp, K. C., **2**:144, **2**:*158*, **28**:179, **28**:188, **28**:*205*
Kemp, T. J., **13**:187, **13**:*267*
Kemp-Jones, A. V., **19**:302, **19**:303, **19**:*374*
Kempf, R. J., **7**:164, **7**:*203*
Kemppainen, A. E., **9**:131, **9**:*183*
Ken, V. Q., **9**:*280*
Kenaschuk, K., **9**:142, **9**:*174*
Kendall, F. H., **2**:39, **2**:*90*
Kendall, J., **11**:366, **11**:*388*
Kendall, P. E., **17**:58, **17**:*64*
Kendall, R. F., **6**:37, **6**:*59*
Kende, A. S., **19**:364, **19**:*373*
Kende, I., **9**:128, **9**:130, **9**:156, **9**:*179*, **9**:*182*
Kendrew, J. C., **6**:106, **6**:107, **6**:108, **6**:111, **6**:112, **6**:113, **6**:*179*, **6**:*180*, **21**:3, **21**:*33*
Kendrick, L. W., Jr., **2**:34, **2**:*89*
Kendrick, R., **22**:143, **22**:*210*
Kendrick, R. D., **30**:176, **30**:*221*, **32**:239, **32**:*263*, **32**:*264*
Kenkel, J. V., **19**:195, **19**:*218*, **32**:37, **32**:*114*
Kennan, S. L., **14**:99, **14**:*129*
Kennard, C. H. L., **11**:323, **11**:*390*
Kennard, O., **17**:218, **17**:*278*, **25**:13, **25**:*84*, **29**:87, **29**:89, **29**:110, **29**:114, **29**:128, **29**:147, **29**:*178*, **29**:*179*, **29**:*181*, **32**:123, **32**:*208*, **32**:245, **32**:*265*
Kennedy, B. A., **9**:*124*
Kennedy, B. R., **9**:141, **9**:145, **9**:*179*
Kennedy, C. H., **31**:136, **31**:*140*
Kennedy, E. P., **21**:17, **21**:*33*
Kennedy, J. D., **23**:28, **23**:*61*
Kennedy, J. W., **3**:126, **3**:*185*
Kennedy, R. M., **4**:326, **4**:*346*
Kenner, G. W., **8**:183, **8**:*265*, **13**:252, **13**:*268*, **21**:42, **21**:*96*
Kenner, J., **19**:408, **19**:*426*, **29**:237, **29**:*268*
Kenney, G. W. J. Jr., **17**:174, **17**:*179*
Kenny, C. L., **4**:266, **4**:*303*
Kensler, T. T., **10**:211, **10**:*221*, **26**:38, **26**:*124*
Kent, A. B., **21**:19, **21**:*32*
Kent, F. J., **13**:36, **13**:*79*
Kent, G. E., **13**:56, **13**:*77*
Kenttamaa, J., **14**:291, **14**:293, **14**:325, **14**:326, **14**:*345*, **14**:*346*
Kenyon, G. L., **13**:350, **13**:371, **13**:*408*, **13**:*413*, **25**:197, **25**:198, **25**:215, **25**:216, **25**:219, **25**:237, **25**:*262*
Kenyon, J., **1**:105, **1**:*150*, **9**:154, **9**:*174*, **9**:272, **9**:*276*, **16**:144, **16**:*155*
Kenyon, J. J., **9**:272, **9**:*274*
Keough, K. M., **13**:382, **13**:385, **13**:*411*
Kepler, R. G., **16**:171, **16**:175, **16**:*231*, **16**:*233*
Kerber, R. C., **5**:70, **5**:*116*, **7**:181, **7**:*206*, **18**:169, **18**:*179*, **23**:276, **23**:280, **23**:*318*, **26**:2, **26**:70, **26**:72, **26**:73, **26**:*126*
Kerchemnaya, T. B., **15**:39, **15**:*57*
Kerepes, R., **9**:157, **9**:*177*
Kern, C. W., **14**:220, **14**:*345*
Kern, D. H., **12**:98, **12**:*128*
Kern, D. M. H., **5**:50, **5**:*51*
Kern, F., **4**:170, **4**:*192*
Kern, M., **23**:233, **23**:*268*
Kernaghan, G. F. P., **9**:237, **9**:*276*
Kerr, J., **3**:70, **3**:*85*, **25**:23, **25**:*91*
Kerr, J. A., **7**:168, **7**:*206*, **8**:21, **8**:45, **8**:46, **8**:67, **8**:*76*, **9**:155, **9**:*179*, **14**:121, **14**:122, **14**:129, **15**:28, **15**:*60*, **16**:54, **16**:56, **16**:57, **16**:69, **16**:72, **16**:73, **16**:*85*
Kerr, J. B., **20**:67, **20**:*185*
Kershner, L., **5**:240, **5**:247, **5**:303, **5**:*330*, **21**:38, **21**:*97*, **23**:195, **23**:*269*
Kerst, F., **9**:27(42), **9**:29(42), **9**:*123*, **25**:123, **25**:*261*
Kersten, P. J., **31**:128, **31**:*139*

Kersters-Hilderson, H., **24**:142, **24**:*204*
Kertesz, M., **26**:195, **26**:200, **26**:*248*
Kerwin, L., **4**:41, **4**:*70*
Kerzina, Z. A., **30**:50, **30**:51, **30**:52, **30**:53, **30**:54, **30**:55, **30**:*58*, **30**:*61*
Kesmodel, L. L., **15**:119, **15**:*147*
Kessel, C. R., **18**:114, **18**:139, **18**:*181*, **20**:130, **20**:*186*
Kesselmayer, M. A., **29**:139, **29**:140, **29**:141, **29**:*182*, **29**:306, **29**:*328*, **30**:20, **30**:22, **30**:*58*, **30**:*61*
Kessenikh, A. V., **10**:54, **10**:82, **10**:83, **10**:85, **10**:89, **10**:90, **10**:115, **10**:*123*, **10**:*124*, **10**:*125*, **10**:*126*, **10**:*127*
Kessick, M. A., **6**:63, **6**:71, **6**:73, **6**:75, **6**:93, **6**:*99*, **7**:274, **7**:280, **7**:282, **7**:283, **7**:297, **7**:309, **7**:310, **7**:311, **7**:324, **7**:*328*, **11**:190, **11**:*224*, **14**:35, **14**:36, **14**:39, **14**:*66*, **27**:258, **27**:*291*
Kessik, M. A., **31**:195, **31**:*247*
Kessler, D. P., **23**:209, **23**:210, **23**:212, **23**:213, **23**:258, **23**:*262*, **23**:*266*
Kessler, H., **7**:*176*, **7**:*207*, **11**:304, **11**:306, **11**:*388*, **18**:185, **18**:*179*, **23**:194, **23**:*266*, **25**:34, **25**:*67*, **25**:*94*, **29**:104, **29**:*181*, **29**:204, **29**:*268*, **29**:300, **29**:*327*
Kestern, M. M., **26**:72, **26**:*126*
Kestner, M. M., **23**:277, **23**:*319*
Keszathelyi, C. P., **13**:203, **13**:225, **13**:226, **13**:*266*, **13**:*272*, **13**:*277*
Keszthelyi, C. P., **19**:138, **19**:164, **19**:195, **19**:197, **19**:198, **19**:*218*
Keszthelyi, C. R., **12**:85, **12**:*118*
Ketelaar, J., **6**:126, **6**:*180*
Ketelaar, J. A. A., **4**:267, **4**:268, **4**:*302*, **26**:298, **26**:*374*
Ketley, A. D., **2**:164, **2**:*199*, **4**:158, **4**:160, **4**:161, **4**:*191*, **4**:*192*, **7**:317, **7**:*331*
Ketlinskii, V. A., **24**:91, **24**:*107*
Kettle, S. F. A., **6**:198, **6**:199, **6**:*329*
Keulks, G. W., **17**:49, **17**:*64*
Keumi, T., **29**:262, **29**:*268*
Keute, J. S., **19**:65, **19**:*114*
Kevan, L., **7**:123, **7**:143, **7**:147, **7**:*150*, **8**:25, **8**:*76*, **8**:119, **8**:*147*, **13**:180, **13**:181, **13**:187, **13**:*272*, **13**:*274*, **17**:39, **17**:40, **17**:*62*, **17**:*63*, **25**:398, **25**:*443*
Kevekordes, J. E., **32**:37, **32**:*114*
Kevill, D. N., **14**:13, **14**:33, **14**:35, **14**:59, **14**:*64*, **14**:81, **14**:110, **14**:*129*, **16**:145, **16**:*156*, **21**:146, **21**:*193*, **27**:73, **27**:*114*, **27**:241, **27**:244, **27**:249, **27**:*289*
Keyanian, S., **29**:292, **29**:*329*
Keyes, B. G., **8**:192, **8**:*265*
Keyes, C. T., **7**:241, **7**:*255*
Keyes, G. H., **32**:186, **32**:*209*
Keymer, R., **8**:280, **8**:*401*
Kézdy, F., **5**:246, **5**:*326*
Kezdy, F., **17**:233, **17**:*275*, **23**:199, **23**:211, **23**:*262*
Kézdy, F. J., **5**:300, **5**:*326*, **11**:3, **11**:29, **11**:30, **11**:32, **11**:34, **11**:54, **11**:61, **11**:62, **11**:*117*
Kezdy, F. J., **19**:390, **19**:*426*
Khabashesku, V. N., **30**:12, **30**:44, **30**:45, **30**:46, **30**:47, **30**:48, **30**:50, **30**:51, **30**:52, **30**:53, **30**:54, **30**:55, **30**:*56*, **30**:*58*, **30**:*59*, **30**:*60*
Khachik, F., **19**:107, **19**:*123*
Khairullin, V. K., **25**:160, **25**:*261*, **25**:*263*
Khairutdinov, R. F., **26**:64, **26**:*123*
Khalaf, A. I., **31**:382, **31**:*388*
Khalaf, S., **18**:124, **18**:*183*
Khaleeluddin, K., **3**:115, **3**:*121*, **3**:131, **3**:138, **3**:140, **3**:*184*, **5**:262, **5**:*326*
Khalifa, M. H., **20**:134, **20**:*187*
Khalil, M. I., **19**:407, **19**:*425*
Khalilulina, K. Kh., **13**:395, **13**:398, **13**:399, **13**:402, **13**:403, **13**:406, **13**:*408*, **13**:*410*
Khan, S. A., **17**:237, **17**:*275*, **17**:*277*
Khan, S. I., **26**:238, **26**:*247*
Khan, Z. H., **13**:162, **13**:*272*
Khanna, B. N., **13**:162, **13**:*272*
Khanna, R. K., **23**:285, **23**:286, **23**:287, **23**:288, **23**:289, **23**:295, **23**:297, **23**:298, **23**:303, **23**:307, **23**:*320*
Khanna, S. K., **16**:216, **16**:*235*
Kharach, N., **28**:256, **28**:*289*
Kharalamov, B. M., **32**:250, **32**:*263*
Kharasch, M. S., **1**:160, **1**:*198*, **13**:95, **13**:*153*, **16**:58, **16**:*85*, **23**:272, **23**:273, **23**:*318*
Kharasch, N., **6**:318, **6**:*331*, **9**:213, **9**:214, **9**:215, **9**:261, **9**:*276*, **9**:*278*, **14**:134, **14**:*199*, **17**:86, **17**:94, **17**:106, **17**:140, **17**:*177*, **17**:*179*, **20**:192,

20:214, **20**:*231*, **20**:*232*, **20**:*233*
Kharkats, Y. I., **16**:100, **16**:*156*, **18**:103, **18**:119, **18**:121, **18**:122, **18**:*177*, **18**:*179*, **22**:121, **22**:*208*, **28**:155, **28**:160, **28**:*170*
Khaskin, I. G., **3**:175, **3**:*185*
Khatri, H. N., **24**:22, **24**:*51*
Kheifets, G. M., **26**:309, **26**:*374*
Khettal, B., **31**:383, **31**:*388*
Khidekel, M. L., **18**:93, **18**:*185*
Khismatullina, L. A., **25**:193, **25**:*256*
Khiznyi, V. A., **20**:152, **20**:159, **20**:*187*
Khmelinskaya, A. D., **18**:169, **18**:170, **18**:*179*
Kholodov, L. E., **11**:363, **11**:*388*
Khorana, H. G., **25**:196, **25**:232, **25**:*261*
Khosla, S., **23**:252, **23**:*264*
Khotsyanova, T. L., **15**:92, **15**:*149*, **29**:192, **29**:*268*
Khouri, F., **21**:45, **21**:*96*, **24**:162, **24**:*202*
Khundkar, L. R., **32**:188, **32**:*215*
Khuong-Huu, F., **19**:80, **19**:81, **19**:*120*
Khurana, J. M., **23**:297, **23**:298, **23**:299, **23**:*321*
Khursid, M. M. T., **32**:240, **32**:*265*
Kibby, C. L., **6**:93, **6**:*98*, **7**:188, **7**:*206*
Kibuchi, J., **22**:284, **22**:*308*
Kibukawa, **31**:11, **31**:*83*
Kice, J. L., **8**:317, **8**:*401*, **9**:134, **9**:*179*, **14**:76, **14**:*129*, **17**:72, **17**:75, **17**:76, **17**:78–82, **17**:87, **17**:94, **17**:101–6, **17**:111–3, **17**:116–8, **17**:122, **17**:127, **17**:128, **17**:130, **17**:131, **17**:138, **17**:139, **17**:142, **17**:145, **17**:146, **17**:150–3, **17**:156, **17**:172, **17**:173, **17**:*175–8*, **27**:35, **27**:37, **27**:*54*
Kidd, J. M., **17**:106, **17**:*177*
Kieczykowski, G. R., **17**:360, **17**:*426*
Kiefer, G. W., **23**:10, **23**:*61*
Kiehlmann, **9**:253, **9**:*279*
Kielich, S., **3**:69, **3**:72, **3**:*85*, **32**:132, **32**:*212*
Kienhuis, H., **17**:237, **17**:*278*, **25**:160, **25**:*264*
Kier, L. B., **14**:222, **14**:*344*
Kiers, C. Th., **17**:78, **17**:150, **17**:*178*
Kiese, M., **4**:26, **4**:27, **4**:*28*
Kiesel, R. F., **15**:162, **15**:171, **15**:194, **15**:195, **15**:218, **15**:220, **15**:231, **15**:*261*, **15**:*263*
Kiesel, R. J., **7**:191, **7**:*208*
Kiesele, H., **19**:149, **19**:*219*, **24**:96, **24**:*111*
Kiesslich, G., **13**:204, **13**:263, **13**:*271*
Kiffer, D., **27**:185, **27**:*238*
Kihara, H., **19**:24, **19**:*121*
Kihara, T., **6**:128, **6**:*180*
Kijima, H., **6**:113, **6**:118, **6**:*180*
Kikkawa, S., **17**:50, **17**:*61*
Kikuchi, K., **18**:131, **18**:138, **18**:*179*, **18**:*184*, **19**:4, **19**:91, **19**:*121*, **19**:*129*
Kikuchi, M., **31**:294, **31**:305, **31**:382, **31**:*387*, **31**:*389*
Kikuchi, T., **17**:53, **17**:*63*
Kikugawa, K., **19**:415, **19**:*426*
Kikukawa, K., **32**:344, **32**:346, **32**:347, **32**:*383*
Kilb, R. W., **25**:54, **25**:*91*
Kilburn, J. D., **31**:70, **31**:*82*
Kilby, B. A., **21**:13, **21**:14, **21**:*30*, **21**:*32*
Kilby, D. C., **2**:172, **2**:*198*
Kilgour, G. L., **25**:246, **25**:*261*
Kill, R. G., **23**:300, **23**:*318*
Killian, F. L., **29**:14, **29**:15, **29**:*69*
Killion, R. B., **26**:341, **26**:*369*, **27**:39, **27**:40, **27**:44, **27**:*52*, **27**:209, **27**:218, **27**:222, **27**:*234*
Kilner, A. E. H., **18**:37, **18**:*72*
Kilpatrick, J. E., **9**:27(54), **9**:*123*
Kilpatrick, M., **1**:28, **1**:30, **1**:*32*, **1**:*33*, **1**:52, **1**:*152*, **1**:184, **1**:*198*, **2**:123, **2**:124, **2**:*159*, **2**:*160*, **4**:246, **4**:247, **4**:249, **4**:250, **4**:251, **4**:253, **4**:272, **4**:273, **4**:299, **4**:*302*, **5**:241, **5**:271, **5**:278, **5**:283, **5**:*328*, **9**:16, **9**:17, **9**:*24*, **16**:144, **16**:*156*
Kilpatrick, M. L., **2**:123, **2**:*159*, **4**:*302*
Kim, B., **19**:47, **19**:*129*, **20**:208, **20**:*233*
Kim, C., **16**:145, **16**:*156*
Kim, C.-B., **14**:13, **14**:59, **14**:*64*, **14**:81, **14**:*129*, **27**:73, **27**:*114*
Kim, C.-K., **20**:57, **20**:*185*, **31**:148, **31**:151, **31**:152, **31**:153, **31**:156, **31**:*243*, **31**:*248*
Kim, C. J., **14**:4, **14**:*62*, **19**:251, **19**:262, **19**:264, **19**:*369*, **19**:*370*, **19**:*375*
Kim, C. K., **27**:64, **27**:84, **27**:95, **27**:97,

27:*115*
Kim, C. S., **27:**83, **27:**84, **27:***115*
Kim, D., **32:**166, **32:***215*
Kim, E. K., **29:**224, **29:**226, **29:**231, **29:**233, **29:**234, **29:**242, **29:**244, **29:**245, **29:**251, **29:**254, **29:**257, **29:**258, **29:**262, **29:***266*, **29:***268*
Kim, H., **13:**63, **13:***80*, **26:**309, **26:***368*
Kim, H.-J., **32:**274, **32:**275, **32:**289, **32:**309, **32:**310, **32:**311, **32:**312, **32:**313, **32:**314, **32:**335, **32:**336, **32:**338, **32:**339, **32:**340, **32:**344, **32:***381*
Kim, H. S., **27:**67, **27:**97, **27:***115*
Kim, H. Y., **27:**59, **27:**67, **27:**68, **27:**76, **27:**81, **27:**86, **27:**87, **27:***115*, **32:**374, **32:***382*
Kim, I. C., **27:**81, **27:**87, **27:***115*
Kim, J. J., **14:**276, **14:***349*
Kim, J. K., **21:**229, **21:**230, **21:**231, **21:**232, **21:***238*, **21:***239*, **23:**276, **23:***318*, **24:**65, **24:***107*, **24:**130, **24:**161, **24:***200*, **26:**2, **26:**70, **26:**75, **26:***126*, **31:**202, **31:**203, **31:***244*
Kim, J. P., **11:**292, **11:***386*
Kim, K., **13:**219, **13:**232, **13:**233, **13:**240, **13:**244, **13:**249, **13:**253, **13:***272*, **13:***276*, **20:**72, **20:***185*, **28:**112, **28:**115, **28:***136,* **32:**180, **32:***212*
Kim, K. D., **27:**102, **27:**103, **27:***114*
Kim, K. S., **12:**113, **12:***123*, **27:**67, **27:**97, **27:***115*, **32:**181, **32:***212*
Kim, K. Y., **22:**260, **22:***306*
Kim, M., **23:**192, **23:***268*
Kim, O-K., **8:**396, **8:***406*
Kim, S-G., **14:**37, **14:***67*
Kim, S.-H., **31:**263, **31:***386,* **32:**279, **32:**291, **32:**297, **32:**298, **32:**299, **32:**300, **32:**373, **32:**374, **32:**375, **32:***381*, **32:***382*
Kim, S. J., **8:**395, **8:***401*
Kim, S. K., **17:**360, **17:***427*
Kim, Y., 24, **11:***122*
Kim, Y. H., **17:**80, **17:**83–6, **17:**94, **17:***174*, **17:***178*, **17:***179*, **19:**422, **19:***427*
Kim-Thuan, N., **20:**95, **20:***186*
Kimball, G. E., **16:**5, **16:***47*, **28:**234, **28:**290
Kimball, G. T., **6:**188, **6:**189, **6:**190, **6:***326*
Kimber, B. J., **16:**255, **16:***262*
Kimber, R. W. L., **1:**272, **1:***275*
Kime, D. E., **17:**299, **17:***428*
Kimura, C., **21:**154, **21:***194*
Kimura, E., **17:**289, **17:**293, **17:***428*, **30:**65, **30:**104, **30:**105, **30:***114*, **31:**30, **31:***83*
Kimura, H., **30:**183, **30:**184, **30:**197, **30:**216, **30:***219*
Kimura, K., **7:**162, **7:**169, **7:**187, **7:***207*, **12:**12, **12:**57, **12:***124*, **13:**185, **13:**211, **13:**213, **13:**214, **13:***272*, **13:***278*, **17:**38, **17:***61*, **17:**296, **17:***428*, **19:**157, **19:***219*, **22:**357, **22:***360*, **24:**83, **24:***110*, **25:**52, **25:***92*, **26:**215, **26:**221, **26:**225, **26:**237, **26:***248*, **26:***249*, **26:***251*, **31:**11, **31:***83*
Kimura, M., **7:**224, **7:**238, **7:**241, **7:***256*, **15:**23, **15:***60*, **17:**282, **17:**422, **17:***427*, **25:**55, **25:***91*
Kimura, T., **23:**227, **23:***270*, **27:**92, **27:***113*, **31:**181, **31:**182, **31:***243*
Kimura, Y., **19:**69, **19:***129*, **22:**57, **22:***109*, **22:**287, **22:***304*, **30:**104, **30:**105, **30:***114,* **32:**233, **32:***264*
Kinas, R. W., **25:**222, **25:**223, **25:**226, **25:***256*, **25:***257*
Kinbara, K., **30:**162, **30:**166, **30:**167, **30:***170*
Kincaid, J. F., **15:**252, **15:***262*
Kindermann, I., **28:**1, **28:***43*
Kindler, K., **1:**105, **1:***152*
Kinell, P-O., **13:**187, **13:**212, **13:***268*, **13:***272*, **29:**254, **29:***269*
King, A., **8:**377, **8:***401*
King, B. J., **7:**96, **7:***109*
King, C. V., **5:**345, **5:**348, **5:***397*
King, D. L., **13:**116, **13:***152*
King, D. M., **13:**198, **13:***272*
King, D. S., **31:**383, **31:***388*
King, G. K., **21:**236, **21:***238*, **24:**12, **24:**13, **24:**18, **24:**20, **24:***52*, **24:***53*
King, G. S. D., **22:**50, **22:***107*
King, G. W., **1:**367, **1:**382, **1:**386, **1:**388, **1:**396, **1:**397, **1:**399, **1:**407, **1:**408, **1:**410, **1:**412, **1:**413, **1:***419*, **1:***420*, **1:***421*, **6:**294, **6:***328*
King, H. F., **14:**172, **14:***201*, **24:**63, **24:***111*

King, J. F., **17**:106, **17**:157, **17**:166–72, **17**:*178*, **27**:69, **27**:84, **27**:*114*
King, K. D., **26**:65, **26**:*126*
King, L. A., **32**:162, **32**:179, **32**:*211*, **32**:*215*
King, P. J., **4**:224, **4**:225, **4**:231, **4**:*301*
King, R. A., **18**:67, **18**:*74*
King, R. B., **8**:178, **8**:*263*, **18**:169, **18**:171, **18**:*177*, **23**:2, **23**:12, **23**:14, **23**:44, **23**:*60*, **29**:217, **29**:*268*
King, R. M., **17**:380–2, **17**:388, **17**:*424*, **17**:*426*
King, R. W., **3**:101, **3**:111, **3**:114, **3**:115, **3**:116, **3**:*121*, **8**:247, **8**:*262*, **9**:73(106a,b,c,), **9**:77(106a,b,c,), **9**:*125*
King, T. A., **22**:124, **22**:*206*
King, T. J., **7**:239, **7**:*256*, **23**:240, **23**:*265*
King, W., **17**:106, **17**:*177*
Kingerley, R. W., **7**:263, **7**:287, **7**:*329*
Kingsbury, C. A., **5**:202, **5**:203, **5**:211, **5**:*233*, **5**:*234*, **6**:289, **6**:314, **6**:*328*, **14**:182, **14**:*198*
Kingston, B., **14**:301, **14**:*345*
Kingston, D. G. I., **8**:230, **8**:231, **8**:*264*
Kingston, D. H., **19**:113, **19**:*117*
Kingston, J. E., **31**:30, **31**:*55*, **31**:*81*
Kingzett, T. J., **8**:282, **8**:*406*
Kinishi, R., **17**:329, **17**:*430*
Kinishita, C., **32**:279, **32**:285, **32**:*384*
Kinnear, K. I., **31**:70, **31**:*80*
Kinney, R. J., **23**:297, **23**:298, **23**:*318*
Kinoshita, I., **31**:8, **31**:*83*
Kinoshita, K., **31**:263, **31**:294, **31**:382, **31**:*386*, **31**:*387*, **31**:*391*
Kinoshita, M., **10**:61, **10**:*126*, **13**:165, **13**:169, **13**:195, **13**:196, **13**:*275*, **16**:199, **16**:*233*, **26**:237, **26**:238, **26**:*246*, **26**:*249*
Kinoshita, T., **14**:6, **14**:*65*, **14**:102, **14**:103, **14**:*130*, **17**:461, **17**:462, **17**:*484*, **17**:*486*, **22**:277, **22**:*306*, **26**:193, **26**:211, **26**:243, **26**:*247*, **26**:*251*, **26**:*252*, **30**:182, **30**:183, **30**:184, **30**:197, **30**:202, **30**:204, **30**:205, **30**:206, **30**:208, **30**:209, **30**:210, **30**:214, **30**:216, **30**:*219*, **30**:*220*
Kinstle, T. H., **8**:211, **8**:248, **8**:249, **8**:*265*
Kintzinger, J.-P., **22**:187, **22**:*207*, **30**:84, **30**:*112*, **32**:186, **32**:*214*
Kinzing, B. J., **28**:71, **28**:72, **28**:121, **28**:*135*
Kiousky, T. E., **9**:*24*
Kiovsky, T. E. **30**:117, **30**:*171*
Kiprianova, L. A., **6**:63, **6**:*99*, **10**:99, **10**:*126*
Kira, A., **13**:212, **13**:*272*, **19**:97, **19**:*125*
Kirby, A. J., **11**:6, **11**:13, **11**:17, **11**:23, **11**:73, **11**:74, **11**:77, **11**:79, **11**:92, **11**:*116*, **11**:*117*, **11**:*118*, **11**:*119*, **11**:*120*, **14**:177, **14**:*199*, **17**:185–7, **17**:193–7, **17**:208, **17**:209, **17**:218, **17**:219, **17**:222, **17**:226, **17**:230, **17**:231, **17**:233, **17**:234, **17**:237, **17**:239, **17**:244, **17**:259, **17**:261, **17**:268, **17**:269, **17**:273, **17**:*274–7*, **18**:18, **18**:*75*, **21**:24, **21**:*33*, **21**:38, **21**:*96*, **22**:3, **22**:9, **22**:28, **22**:37, **22**:55, **22**:90, **22**:97, **22**:100, **22**:102, **22**:*108*, **22**:*109*, **22**:244, **22**:*304*, **23**:241, **23**:249, **23**:*266*, **24**:79, **24**:*108*, **24**:115, **24**:116, **24**:118, **24**:119, **24**:122, **24**:124, **24**:127, **24**:128, **24**:129, **24**:130, **24**:146, **24**:147, **24**:149, **24**:150, **24**:153, **24**:154, **24**:*199*, **24**:*200*, **24**:*201*, **24**:*202*, **25**:8, **25**:27, **25**:*91*, **25**:172, **25**:180, **25**:182, **25**:202, **25**:*257*, **25**:*261*, **26**:345, **26**:347, **26**:348, **26**:349, **26**:350, **26**:351, **26**:*368*, **26**:*369*, **26**:*370*, **26**:*371*, **26**:*374*, **27**:41, **27**:42, **27**:*52*, **28**:171, **28**:174, **28**:194, **28**:198, **28**:199, **28**:*205*, **29**:2, **29**:39, **29**:*66*, **29**:100, **29**:116, **29**:127, **29**:137, **29**:138, **29**:139, **29**:146, **29**:147, **29**:148, **29**:149, **29**:150, **29**:151, **29**:152, **29**:153, **29**:154, **29**:155, **29**:156, **29**:157, **29**:158, **29**:159, **29**:160, **29**:161, **29**:165, **29**:166, **29**:167, **29**:168, **29**:170, **29**:173, **29**:174, **29**:175, **29**:176, **29**:178, **29**:*178*, **29**:*179*, **29**:*180*, **29**:*181*, **29**:*182*, **31**:154, **31**:*243*, **31**:272, **31**:273, **31**:311, **31**:312, **31**:*387*, **31**:*388*, **31**:*390*
Kirby, J. A., **9**:145, **9**:*182*, **32**:279, **32**:286, **32**:*384*
Kirby, S. M., **23**:202, **23**:*268*
Kirchen, R. P., **19**:229, **19**:242, **19**:258,

19:259, **19**:260, **19**:262, **19**:272, **19**:273, **19**:*373,* **23**:119, **23**:120, **23**:122, **23**:138, **23**:*162*, **24**:87, **24**:89, **24**:91, **24**:*108*, **24**:*109*
Kirino, Y., **12**:257, **12**:258, **12**:285, **12**:286, **12**:*295*, **25**:379, **25**:*443*, **31**:133, **31**:*139*
Kiritani, R., **3**:145, **3**:180, **3**:*185*
Kirk, A. G., **7**:202, **7**:*206*
Kirk, D. N., **13**:70, **13**:*78*, **24**:77, **24**:*106*
Kirk, K. L., **5**:284, **5**:285, **5**:*327*
Kirk, R., **16**:176, **16**:*237*
Kirk, R. D., **13**:187, **13**:*271*
Kirk, T. K., **31**:128, **31**:136, **31**:*138*, **31**:*139*
Kirkien-Konasiewicz, A. M., **8**:251, **8**:*266*
Kirkpatrick, J. L., **19**:350, **19**:*370*, **29**:291, **29**:*325*
Kirkwood, J. G., **2**:111, **2**:*160*, **3**:73, **3**:75, **3**:77, **3**:*85*, **16**:125, **16**:152, **16**:*156*, **25**:17, **25**:*96*, **28**:57, **28**:*136*
Kirmse, W., **5**:331, **5**:332, **5**:356, **5**:388, **5**:390, **5**:391, **5**:*397*, **6**:221, **6**:245, **6**:264, **6**:293, **6**:*326*, **6**:*328,* **7**:154, **7**:156, **7**:172, **7**:175, **7**:176, **7**:177, **7**:181, **7**:193, **7**:*206*, **19**:225, **19**:364, **19**:*373*, **22**:312, **22**:327, **22**:328, **22**:349, **22**:*359*
Kirpichenko, S. V., **30**:52, **30**:*57*
Kirsanov, A. V., **11**:312, **11**:*392*
Kirsch, J. F., **5**:274, **5**:275, **5**:276, **5**:277, **5**:278, **5**:279, **5**:280, **5**:282, **5**:289, **5**:293, **5**:296, **5**:297, **5**:*329*, **11**:30, **11**:34, **11**:36, **11**:61, **11**:*120*, **21**:38, **21**:*97*, **27**:42, **27**:*54*, **27**:74, **27**:*114*, **31**:144, **31**:*245*
Kirsch, P., **20**:221, **20**:*232*
Kirsch-DeMesmaeker, A., **20**:219, **20**:221, **20**:*231*, **20**:*232,* **32**:70, **32**:79, **32**:*116*, **32**:*119*
Kirschenbaum, L. J., **31**:127, **31**:*140*
Kirsh, J. F., **17**:457, **17**:*484*
Kirsh, Yu. E., **17**:455, **17**:456, **17**:*484*
Kirshenbaum, I., **7**:260, **7**:*329*
Kirshner, S., **18**:194, **18**:203, **18**:*235*
Kirste, B., **28**:11, **28**:21, **28**:25, **28**:*43*
Kirtman, B., **25**:29, **25**:*88,* **32**:181, **32**:*209*
Kise, M., **17**:125, **17**:134, **17**:*179*
Kiselev, V. D., **21**:177, **21**:*193*
Kiser, R. W., **2**:*277*, **8**:200, **8**:212, **8**:*265*, **8**:*268*
Kishi, Y., **21**:40, **21**:*96*
Kishita, M., **26**:201, **26**:*249*
Kisilenko, A. A., **11**:364, **11**:365, **11**:*391*
Kissel, H., **7**:211, **7**:224, **7**:234, **7**:*256*
Kissel, T., **18**:206, **18**:*238*, **19**:82, **19**:*130*
Kissinger, P. T., **19**:195, **19**:*222,* **32**:3, **32**:37, **32**:105, **32**:*117*
Kistenmacher, H., **14**:236, **14**:265, **14**:*345*
Kistenmacher, T. J., **13**:177, **13**:*275*, **16**:207, **16**:208, **16**:*232*, **16**:*235*, **18**:114, **18**:*179*
Kistiakowsky, G., **2**:255, **2**:260, **2**:261, **2**:271, **2**:*273*, **2**:*274*
Kistiakowsky, G. B., **1**:2, **1**:*31*, **1**:404, **1**:405, **1**:*419,* **3**:94, **3**:99, **3**:*121*, **4**:148, **4**:*191*, **6**:56, **6**:*58*, **6**:*59*, **7**:188, **7**:*206*, **11**:214, **11**:*222*, **17**:226, **17**:*275*
Kita, S., **17**:452, **17**:*486*, **26**:211, **26**:243, **26**:*251*
Kitagawa, T., **25**:48, **25**:*91*, **30**:174, **30**:175, **30**:182, **30**:192, **30**:193, **30**:194, **30**:196, **30**:200, **30**:202, **30**:204, **30**:205, **30**:206, **30**:208, **30**:209, **30**:210, **30**:213, **30**:214, **30**:216, **30**:*219*, **30**:*220*
Kitahara, A., **8**:282, **8**:*401*, **22**:218, **22**:*304*
Kitahara, Y., **30**:182, **30**:*219*
Kitai, R., **21**:3, **21**:*34*
Kitaigorodski, A. I., **29**:192, **29**:*268*
Kitaigorodskii, A. I., **6**:128, **6**:130, **6**:138, **6**:*180*, **6**:*181*, **13**:22, **13**:59, **13**:*78*, **13**:*80*
Kitaigorodsky, A., **1**:111, **1**:*152*
Kitaigorodsky, A. I., **15**:92, **15**:93, **15**:96, **15**:117, **15**:*147*, **15**:*149*, **30**:164, **30**:*170*
Kitajima, H., **29**:262, **29**:*268*
Kitami, T., **30**:134, **30**:*171*
Kitamura, A., **19**:60, **19**:*121*
Kitamura, N., **19**:56, **19**:74, **19**:*128*
Kitamura, T., **20**:224, **20**:225, **20**:*231*, **20**:*232*
Kitanishi, Y., **30**:117, **30**:*171*

Kitano, H., **17**:443, **17**:*484*
Kitao, T., **3**:180, **3**:181, **3**:*185*
Kitaoka, Y., **3**:180, **3**:181, **3**:*185*
Kitazume, T., **31**:262, **31**:293, **31**:382, **31**:*388*, **31**:*389*
Kitchener, J. A., **28**:158, **28**:*170*
Kitching, W., **6**:248, **6**:267, **6**:*325*, **23**:27, **23**:28, **23**:*61*, **26**:114, **26**:*126*
Kito, S., **14**:307, **14**:*350*
Kitschke, B., **25**:33, **25**:*86*
Kittel, C., **1**:293, **1**:*361*, **16**:161, **16**:*233*
Kitzing, R., **8**:248, **8**:*267*
Kiwi, J., **19**:99, **19**:*121*
Kiya, E., **23**:201, **23**:214, **23**:236, **23**:248, **23**:253, **23**:254, **23**:*270*
Kizilian, E., **27**:149, **27**:*238*
Kjaer, A. M., **22**:190, **22**:*209*, **30**:69, **30**:*114*
Kjeldaas, J., **4**:40, **4**:*70*
Kjems, J. K., **15**:117, **15**:*149*
Klaboe, P., **3**:251, **3**:*267*
Klabunde, K.-U., **28**:10, **28**:11, **28**:40, **28**:*42*, **28**:*43*
Klaebe, A., **25**:125, **25**:126, **25**:143, **25**:227, **25**:228, **25**:230, **25**:232, **25**:*256*, **25**:*258*, **25**:*259*
Klages, F., **5**:352, **5**:*397*, **11**:340, **11**:*388*
Klamann, E., **17**:134, **17**:*178*
Klamt, A., **31**:187, **31**:*245*
Kläning, U. K., **12**:151, **12**:154, **12**:*218*
Klapproth, W. J., **1**:53, **1**:*152*
Klar, R., **7**:297, **7**:*330*
Klärner, F. G., **28**:1, **28**:*43*
Klas, Y., **2**:242, **2**:*275*
Klasinc, L., **6**:307, **6**:*330*, **29**:230, **29**:231, **29**:*268*
Klaska, K. H., **25**:71, **25**:*88*
Klass, G., **24**:18, **24**:20, **24**:*53*
Klassen, N. V., **1**:64, **1**:66, **1**:67, **1**:68, **1**:*148*, **1**:*150*, **14**:191, **14**:*197*
Klatte, G., **25**:66, **25**:67, **25**:69, **25**:70, **25**:*95*
Klaubert, C. A., **29**:304, **29**:*329*
Klausen, J., **29**:134, **29**:*183*
Klausner, Y. S., **17**:343, **17**:*425*, **17**:*428*
Klavetter, F. L., **26**:223, **26**:*249*
Kleier, D. A., **21**:228, **21**:*239*
Klein, A. J., **19**:156, **19**:*219*, **26**:68, **26**:*126*
Klein, D., **23**:182, **23**:184, **23**:207, **23**:*265*, **23**:*266*
Klein, D. J., **26**:192, **26**:195, **26**:209, **26**:*246*, **26**:*249*
Klein, F. S., **3**:126, **3**:129, **3**:130, **3**:132, **3**:133, **3**:134, **3**:135, **3**:136, **3**:139, **3**:140, **3**:143, **3**:*184*, **3**:*185*, **6**:191, **6**:*324*, **24**:36, **24**:*53*
Klein, H. G., **7**:77, **7**:*114*
Klein, H. S., **10**:22, **10**:*27*
Klein, J., **7**:46, **7**:59, **7**:*111*, **26**:167, **26**:168, **26**:*177*
Klein, M. P., **10**:69, **10**:79, **10**:*124*, **10**:*128*
Klein, O., **32**:242, **32**:*262*, **32**:*263*
Klein, R., **1**:292, **1**:298, **1**:*361*, **1**:405, **1**:*421*, **8**:54, **8**:67, **8**:*76*
Klein, R. A., **15**:170, **15**:*262*
Klein, R. J., **17**:107, **17**:111, **17**:*175*
Klein, U. K. A., **19**:94, **19**:95, **19**:*124*
Kleinberg, J., **1**:*197*, **5**:189, **5**:190, **5**:223, **5**:*234*
Kleinfelter, D. C., **11**:221, **11**:*223*
Kleingeld, J. C., **21**:235, **21**:*239*, **24**:5, **24**:13, **24**:14, **24**:27, **24**:35, **24**:36, **24**:37, **24**:*53*, **24**:*54*, **24**:63, **24**:75, **24**:*108*, **24**:*109*
Kleinman, D. A., **32**:131, **32**:*212*
Kleinman, L. I., **23**:66, **23**:*163*
Kleist, F. K., **16**:217, **16**:*231*
Klemchuk, P. P., **2**:172, **2**:195, **2**:*197*
Klemperer, W. G., **32**:109, **32**:*118*
Klen, R., **12**:15, **12**:*126*
Kleppinger, J., **15**:87, **15**:88, **15**:89, **15**:*145*, **16**:226, **16**:*300*
Klessinger, M., **26**:138, **26**:*176*
Klevens, H. B., **1**:412, **1**:415, **1**:*421*, **8**:272, **8**:280, **8**:389, **8**:*401*
Kleyer, D. L., **26**:169, **26**:*176*
Klima, J., **32**:71, **32**:81, **32**:*117*
Klimek, D. E., **19**:416, **19**:*426*
Klimkowski, V. J., **25**:25, **25**:32, **25**:*84*, **25**:*95*
Kline, M. L., **17**:83, **17**:85, **17**:*178*
Kline, S. A., **19**:366, **19**:367, **19**:*371*
Kliner, D. A. V., **27**:149, **27**:194, **27**:207, **27**:210, **27**:*234*
Klingensmith, K. A., **29**:312, **29**:*326*, **30**:31, **30**:*56*
Klinger, R. J., **18**:127, **18**:138, **18**:140,

18:*179*, **26**:11, **26**:*126*
Klingsberg, E., **11**:355, **11**:*391*
Klink, F. W., **31**:116, **31**:*137*
Klink, J. R., **2**:172, **2**:*199*, **20**:154, **20**:*189*
Klinman, J. P., **25**:133, **25**:*261*, **31**:228, **31**:231, **31**:*243*, **31**:*245*
Klivenyi, F., **17**:72, **17**:76, **17**:77, **17**:*180*, **17**:*181*
Klix, R. C., **21**:145, **21**:154, **21**:*195*
Klofutar, C., **13**:116, **13**:*151*
Klooster, W. L., **30**:73, **30**:74, **30**:*113*
Kloosterzeil, H., **6**:237, **6**:*331*, **17**:137, **17**:138, **17**:142, **17**:*175*, **17**:*181*
Klopffer, W., **16**:228, **16**:*231*
Klopman, G., **5**:325, **5**:*328*, **10**:*44*, **10**:*52*, **14**:92, **14**:*129*, **26**:132, **26**:*176*, **27**:225, **27**:*236*
Klopman, K., **18**:2, **18**:43, **18**:*75*
Klotz, I. M., **8**:300, **8**:396, **8**:*404*, **14**:233, **14**:*352*, **17**:443, **17**:465–7, **17**:469, **17**:*484*, **17**:*486*, **28**:194, **28**:*205*, **28**:*206*
Klotzer, B., **29**:132, **29**:*183*
Kluetz, M. D., **11**:34, **11**:*121*
Klufers, P., **29**:207, **29**:*268*
Klug, A., **1**:257, **1**:*278*
Kluger, E. W., **17**:69, **17**:70, **17**:*176*
Kluger, R., **9**:27(42), **9**:27(45), **9**:29(42), **9**:29(45), **9**:*123*, **17**:233, **17**:*277*, **18**:20, **18**:68, **18**:*73*, **18**:*75*, **24**:186, **24**:187, **24**:191, **24**:198, **24**:*202*, **25**:104, **25**:119, **25**:123, **25**:131, **25**:149, **25**:150, **25**:152, **25**:160, **25**:161, **25**:162, **25**:164, **25**:170, **25**:171, **25**:184, **25**:186, **25**:187, **25**:188, **25**:189, **25**:194, **25**:195, **25**:227, **25**:230, **25**:231, **25**:232, **25**:233, **25**:244, **25**:250, **25**:251, **25**:252, **25**:255, **25**:*261*, **27**:29, **27**:*55*, **31**:209, **31**:*245*, **31**:296, **31**:*391*
Klug-Roth, D., **12**:291, **12**:*295*
Klumpp, G., **29**:300, **29**:*326*
Klumpp, G. W., **19**:344, **19**:*373*
Klunkin, G., **19**:64, **19**:*115*
Klunklin, G., **13**:183, **13**:*267*
Klusacek, H., **9**:27(55, 57, 58), **9**:28(55, 57, 58), **9**:35(55), **9**:38(55), **9**:40(55), **9**:42(55), **9**:44(55), **9**:73(55, 57, 58), **9**:77(55, 57, 58), **9**:80(55,57, 58), **9**:82(58), **9**:84(58), **9**:96(55, 57, 58), **9**:*123*, **25**:123, **25**:130, **25**:207, **25**:208, **25**:*259*, **25**:*264*
Klutz, R. Q., **26**:188, **26**:231, **26**:*246*
Klym, A., **29**:47, **29**:*65*
Klyne, W., **13**:64, **13**:*80*, **25**:17, **25**:*93*
Klyosov, A. A., **29**:11, **29**:60, **29**:*64*, **29**:*65*, **29**:85
Kmeicik-Lawrynowicz, G., **30**:20, **30**:*61*

Knaak, J. B., **8**:395, **8**:*401*
Knapczyk, J. W., **10**:*152*
Knapp, S., **17**:147, **17**:*179*
Knappe, J., **21**:11, **21**:*33*
Knauer, B. R., **17**:10, **17**:50, **17**:*61*
Knaus, G., **15**:247, **15**:*263*
Knee, T. E. C., **2**:172, **2**:*199*
Kneebone, G. R., **28**:158, **28**:159, **28**:*170*
Kneubühl, F. K., **1**:335, **1**:*361*
Knevel, A. M., **23**:209, **23**:210, **23**:212, **23**:213, **23**:258, **23**:*262*, **23**:*266*
Knewstubb, P. F., **8**:189, **8**:*265*
Knibbe, H., **19**:31, **19**:38, **19**:*115*, **19**:*121*
Knickel, B., **23**:23, **23**:*60*
Kniebes, D. V., **8**:70, **8**:*74*
Knier, B. L., **21**:151, **21**:*193*, **31**:154, **31**:*245*
Knight, A. E. W., **12**:147, **12**:*218*
Knight, D. B., **15**:51, **15**:*59*, **15**:*60*
Knight, F. D., **25**:76, **25**:*95*
Knight, G. J., **8**:240, **8**:*262*
Knight, G. T., **17**:25, **17**:*61*
Knight, H. B., **18**:168, **18**:*184*
Knight, J. W., **31**:237, **31**:*243*
Knight, V., **7**:155, **7**:*205*
Knight, W. B., **25**:113, **25**:114, **25**:*257*
Knight, W. S., **14**:254, **14**:*346*
Knill-Jones, J. W., **26**:363, **26**:365, **26**:366, **26**:*371*
Knipe, A. C., **17**:207, **17**:209, **17**:247, **17**:258, **17**:*275*, **17**:*277*, **17**:346, **17**:*428*, **22**:79, **22**:*107*
Knipe, R. H., **29**:220, **29**:*267*
Knippenberg, P. H., **25**:219, **25**:*263*
Knittel, D., **26**:118, **26**:*130*
Knittel, P., **28**:245, **28**:*289*, **32**:324, **32**:325, **32**:*380*
Knitter, B., **23**:215, **23**:*268*

Knobler, L. M., **28**:70, **28**:*137*
Knöchel, A., **17**:308, **17**:322, **17**:324, **17**:326, **17**:421, **17**:423, **17**:*426*, **17**:*428*
Knoefel, J., **14**:43, **14**:*65*
Knoll, F., **25**:305, **25**:429, **25**:*439*
Knollmüller, K., **11**:338, **11**:*387*
Knop, D., **22**:189, **22**:190, **22**:*207*, **30**:70, **30**:*113*
Knop, O., **14**:325, **14**:*343*
Knöpfle, G., **32**:123, **32**:162, **32**:*209*, **32**:*211*
Knorr, C. A., **3**:8, **3**:*83*, **32**:5, **32**:*120*
Knorr, F. J., **24**:2, **24**:*54*
Knossow, M., **31**:263, **31**:264, **31**:311, **31**:*386*, **31**:*387*
Knott-Hunziker, V., **23**:252, **23**:*266*
Knowles, G. D., **8**:170, **8**:*265*
Knowles, J. R., **1**:52, **1**:55, **1**:70, **1**:71, **1**:72, **1**:74, **1**:108, **1**:120, **1**:145, **1**:*152*, **8**:345, **8**:353, **8**:354, **8**:*401*, **8**:*402*, **14**:259, **14**:*339*, **17**:451, **17**:*484*, **22**:245, **22**:*300*, **23**:252, **23**:*264*, **24**:136, **24**:*199*, **25**:102, **25**:104, **25**:108, **25**:114, **25**:115, **25**:116, **25**:117, **25**:118, **25**:119, **25**:134, **25**:135, **25**:231, **25**:233, **25**:235, **25**:247, **25**:*257*, **25**:*259*, **25**:*260*, **25**:*261*, **27**:30, **27**:*53*, **27**:74, **27**:75, **27**:*115*, **28**:163, **28**:164, **28**:165, **28**:*170*, **31**:255, **31**:268, **31**:*385*
Knox, B. E., **6**:56, **6**:*59*
Knox, J. H., **16**:75, **16**:*85*
Knox, J. R., **21**:23, **21**:*35*, **23**:180, **23**:*266*
Knox, L. H., **7**:191, **7**:*204*, **30**:176, **30**:*202*, **30**:*218*
Knox, R. S., **16**:161, **16**:*233*
Knox, S. A. R., **26**:307, **26**:*373*
Knubley, R. J., **31**:37, **31**:*81*
Knudsen, B. E., **30**:80, **30**:87, **30**:*112*, **30**:*115*
Knunyants, I . L., **7**:26, **7**:31, **7**:*111*, **9**:75(108a), **9**:75(108b), 101(108a, b), **9**:*125*, **13**:234, **13**:*272*, **13**:*275*
Knutson, D., **32**:270, **32**:*380*
Knutson, R. S., **13**:36, **13**:*81*
Ko, E. C. F., **5**:200, **5**:201, **5**:220, **5**:223, **5**:229, **5**:230, **5**:*233*, **14**:76, **14**:*127*, **14**:161, **14**:162, **14**:*196*, **14**:*197*, **14**:257, **14**:335, **14**:*345*, **16**:116, **16**:121, **16**:125, **16**:143, **16**:*155*, **16**:*156*
Ko, H. C., **13**:109, **13**:*151*, **14**:313, **14**:*337*
Ko, M., **17**:38, **17**:*61*
Ko, M. K., **31**:262, **31**:382, **31**:*390*
Kobayashi, H., **29**:207, **29**:*268*
Kobayashi, K., **12**:99, **12**:*123*, **19**:65, **19**:*124*, **26**:193, **26**:210, **26**:212, **26**:225, **26**:*250*, **26**:*252*
Kobayashi, M., **13**:320, **13**:322, **13**:*414*, **16**:199, **16**:*233*, **17**:100, **17**:106, **17**:107, **17**:114, **17**:122, **17**:*178*
Kobayashi, S., **11**:166, **11**:*174*, **14**:118, **14**:121, **14**:*130*, **17**:156, **17**:*179*, **17**:457, **17**:459, **17**:*487*, **20**:156, **20**:*186*, **20**:224, **20**:*231*, **20**:*232*, **32**:279, **32**:286, **32**:287, **32**:299, **32**:300, **32**:302, **32**:346, **32**:347, **32**:353, **32**:359, **32**:362, **32**:*381*, **32**:*382*, **32**:*383*, **32**:*384*
Kobayashi, T., **11**:311, **11**:*391*, **15**:113, **15**:*150*, **32**:247, **32**:*264*
Kobelt, M., **22**:34, **22**:*110*
Köbrich, G., **7**:155, **7**:156, **7**:182, **7**:201, **7**:*206*, **15**:228, **15**:231, **15**:232, **15**:*263*, **18**:126, **18**:*178*, **25**:401, **25**:*443*, **31**:256, **31**:260, **31**:*389*
Kobrina, L. S., **10**:84, **10**:*126*
Kobuke, Y., **17**:480, **17**:*484*
Koch, A., **31**:384, **31**:*389*
Koch, D. F. A., **10**:172, **10**:*223*
Koch, E.-W., **23**:136, **23**:137, **23**:*160*, **23**:*162*
Koch, F. K. V., **3**:20, **3**:*81*, **3**:*85*
Koch, G. L. E., **26**:357, **26**:*371*
Koch, H., **9**:273, **9**:*276*, **26**:224, **26**:*249*
Koch, H. J., **13**:283, **13**:*411*
Koch, H. von, **4**:51, **4**:*70*, **8**:112, **8**:115, **8**:126, **8**:127, **8**:131, **8**:*147*
Koch, K.-H., **28**:8, **28**:13, **28**:15, **28**:38, **28**:*40*, **28**:*41*, **28**:*42*
Koch, K. F., **13**:309, **13**:311, **13**:313, **13**:*410*, **13**:*412*
Koch, M. J., **11**:87, **11**:*119*
Koch, P., **17**:78, **17**:91–3, **17**:*178*
Koch, T., **31**:385, **31**:*389*
Koch, T. H., **19**:65, **19**:*114*, **26**:157, **26**:169, **26**:170, **26**:*176*, **26**:*177*

Koch, V. R., **10:**184, **10:***223*, **12:**12, **12:**65, **12:***123*, **13:**234, **13:***272*
Koch, W., **2:**180, **2:***197*, **30:**32, **30:***60*
Kochanski, E., **28:**218, **28:***290*
Kochergin, P. M., **11:**361, **11:**362, **11:***383*
Kochersperger, L., **31:**262, **31:**292, **31:**294, **31:**295, **31:**305, **31:**382, **31:**383, **31:**384, **31:**385, **31:***386*, **31:***387*, **31:***388*, **31:***390*, **31:***392*
Kochetkov, N. K., **7:**1, **7:**9, **7:**46, **7:**64, **7:**69, **7:***111*
Kochevar, I. H., **11:**108, **11:***122*
Kochi, J., **8:**2, **8:**21, **8:**22, **8:***76*
Kochi, J. K., **10:**121, **10:***126*, **12:**3, **12:**60, **12:***123*, **12:***127*, **13:**172, **13:**173, **13:**237, **13:**248, **13:***268*, **13:***272*, **14:**122, **14:***129*, **18:**81, **18:**104, **18:**120, **18:**127, **18:**138, **18:**140, **18:**142, **18:**149, **18:**150, **18:**153, **18:**155, **18:**158, **18:**159, **18:**163, **18:**168, **18:**170, **18:***175*, **18:***176*, **18:***177*, **18:***178*, **18:***179*, **18:***181*, **18:***183*, **18:***184*, **20:**156, **20:**157, **20:**158, **20:**159, **20:***184*, **21:**133, **21:**135, **21:**137, **21:**176, **21:**177, **21:***192*, **21:***193*, **23:**4, **23:**43, **23:***61*, **23:***62*, **23:**272, **23:**294, **23:**306, **23:***318*, **23:***320*, **26:**12, **26:**20, **26:**21, **26:**116, **26:***126*, **26:***129*, **26:***130*, **28:**20, **28:**21, **28:***41*, **28:***42*, **28:**210, **28:**218, **28:***289*, **29:**186, **29:**188, **29:**190, **29:**192, **29:**195, **29:**197, **29:**198, **29:**199, **29:**202, **29:**203, **29:**204, **29:**205, **29:**206, **29:**208, **29:**211, **29:**212, **29:**214, **29:**216, **29:**217, **29:**218, **29:**219, **29:**220, **29:**222, **29:**224, **29:**226, **29:**230, **29:**231, **29:**232, **29:**233, **29:**234, **29:**235, **29:**236, **29:**238, **29:**240, **29:**241, **29:**242, **29:**244, **29:**245, **29:**251, **29:**252, **29:**253, **29:**254, **29:**257, **29:**258, **29:**262, **29:**263, **29:**264, **29:**265, **29:***265*, **29:***266*, **29:***267*, **29:***268*, **29:***269*, **29:***271*, **29:***272*, **31:**119, **31:***139*
Kochi, J. S., **1:**93, **1:**107, **1:***152*
Kocian, O., **31:**77, **31:***81*
Kocy, O., **23:**240, **23:***270*
Kodaira, T., **19:**77, **19:***121*
Kodali, D., **19:**4, **19:**94, **19:***118*, **22:**294, **22:***303*
Kodama, M., **17:**289, **17:**293, **17:***428*, **30:**104, **30:**105, **30:***114*, **31:**30, **31:***83*
Koeberg-Telder, A., **17:**132, **17:**133, **17:***178*
Koehl, W. J., **10:**194, **10:**221, **10:***223*, **12:**35, **12:**57, **12:**113, **12:***123*, **23:**308, **23:***318*
Koehl, W. J., Jr., **13:**170, **13:**171, **13:**172, **13:**173, **13:***270*
Koehler, C., **32:**105, **32:***119*
Koehler, J. S., **2:**208, **2:***276*
Koehler, K., **5:**293, **5:***329*, **8:**337, **8:***402*, **11:**85, **11:***118*, **21:**68, **21:***95*
Koehler, W. R., **12:**191, **12:***217*
Koelewijn, P., **17:**74, **17:***178*
Koelle, U., **26:**338, **26:***374*
Koelling, J. G., **10:***19*, **10:***26*, **31:**176, **31:***243*
Koelsch, C. F., **15:**74, **15:***147*, **23:**272, **23:***318*, **30:**118, **30:***170*
Koenig, D. F., **11:**28, **11:**81, **11:***117*
Koenig, K. E., **17:**294, **17:**295, **17:**422, **17:***428*
Koenig, M., **25:**125, **25:***262*
Koenig, S. H., **13:**378, **13:***411*
Koenig, T., **10:**99, **10:***126*, **29:**216, **29:***269*, **31:**211, **31:***245*
Koenigsberger, R., **1:**64, **1:***150*, **15:**55, **15:***58*
Koepp, H. M., **5:**187, **5:**199, **5:***234*
Koeppe, C. E., **19:**209, **19:***219*
Koeppe, R., **30:**53, **30:***61*
Koeppl, G. W., **6:**260, **6:**271, **6:**314, **6:**315, **6:***328*, **22:**121, **22:***209*
Koermer, G. S., **23:**27, **23:**28, **23:***61*, **24:**68, **24:***112*
Koerner, T. A. W., Jr., **13:**288, **13:**300, **13:**301, **13:***411*
Koetzle, T. F., **26:**261, **26:**263, **26:**270, **26:***374*, **26:***378*
Koga, G., **25:**40, **25:***91*
Koga, J., **17:**460, **17:***484*, **29:**31, **29:***66*
Koga, K., **17:**382, **17:**383, **17:**389, **17:**411, **17:**412, **17:**423, **17:***425*, **17:***427*, **17:***429*, **17:***430*, **32:**346, **32:**347, **32:**362, **32:***382*
Koga, N., **26:**193, **26:**218, **26:**222, **26:**223, **26:**224, **26:***247*, **26:***249*

Kogel, W., **7**:228, **7**:*255*
Koh, H. J., **27**:68, **27**:76, **27**:84, **27**:90, **27**:92, **27**:96, **27**:*115*, **31**:170, **31**:172, **31**:173, **31**:183, **31**:184, **31**:*245*
Kohama, H., **17**:288, **17**:307, **17**:*427*
Köher, M., **32**:237, **32**:238, **32**:*262*
Kohguchi, H., **32**:225, **32**:*265*
Kohl, D. A., **6**:113, **6**:*179*, **13**:30, **13**:49, **13**:*78*, **25**:31, **25**:*85*
Kohler, B. E., **7**:162, **7**:*204*, **22**:349, **22**:*358*, **26**:194, **26**:228, **26**:*246*, **26**:*248*
Kohler, D., **32**:172, **32**:*212*, **32**:*214*
Kohler, G., **18**:126, **18**:*178*, **25**:401, **25**:*443*, **31**:256, **31**:260, **31**:*389*
Köhler, H., **11**:356, **11**:*388*,
Köhler, H.-J., **19**:245, **19**:249, **19**:*373*, **19**:*374*
Kohlrausch, K. W., **25**:18, **25**:*91*
Kohlschutter, H. W., **15**:64, **15**:*147*
Kohmoto, S., **19**:79, **19**:*114*
Kohn, E., **4**:325, **4**:*346*
Kohn, H., **29**:298, **29**:*327*
Kohner, H., **3**:20, **3**:*85*
Kohnle, J., **18**:159, **18**:*183*
Kohno, K., **32**:258, **32**:*264*
Kohnstam, G., **1**:122, **1**:*152*, **5**:124, **5**:125, **5**:127, **5**:128, **5**:129, **5**:133, **5**:140, **5**:141, **5**:142, **5**:143, **5**:144, **5**:145, **5**:146, **5**:150, **5**:151, **5**:152, **5**:153, **5**:154, **5**:155, **5**:156, **5**:157, **5**:160, **5**:161, **5**:*169*, **5**:*170*, **5**:*171*, **5**:187, **5**:190, **5**:199, **5**:222, **5**:*233*, **14**:107, **14**:108, **14**:109, **14**:*127*, **14**:*199*, **14**:211, **14**:*345*, **32**:291, **32**:294, **32**:321, **32**:*380*
Kohnz, H., **29**:306, **29**:*327*
Kohvakka, E., **7**:247, **7**:*257*
Koida, K., **17**:360, **17**:*430*
Koide, M., **17**:443, **17**:*482*
Koike, T., **30**:104, **30**:105, **30**:*114*
Koivisto, A., **2**:138, **2**:*162*, **14**:323, **14**:*351*
Koizumi, M., **1**:160, **1**:*198*, **3**:145, **3**:*185*, **12**:144, **12**:191, **12**:213, **12**:*218*, **12**:*219*, **13**:216, **13**:*274*
Koizumi, T., **8**:215, **8**:*267*, **11**:345, **11**:*387*
Koji, A., **16**:147, **16**:*157*
Kojima, A., **9**:194, **9**:*279*
Kojima, H., **18**:104, **18**:113, **18**:115, **18**:119, **18**:121, **18**:*179*, **26**:16, **26**:17, **26**:51, **26**:*126*
Kojima, M., **13**:311, **13**:313, **13**:315, **13**:*413*, **20**:198, **20**:*231*
Kojima, T., **25**:51, **25**:*91*
Kokado, H., **16**:178, **16**:*233*, **17**:46, **17**:*64*
Kokesh, F. C., **23**:254, **23**:*265*, **25**:120, **25**:*261*, **30**:96, **30**:112, **30**:*114*
Kokubun, H., **12**:188, **12**:*218*, **18**:131, **18**:138, **18**:*179*, **18**:*184*, **19**:4, **19**:91, **19**:*121*, **19**:*129*
Kolb, G. L., **18**:169, **18**:*183*
Kolb, V. M., **23**:285, **23**:*319*
Kolbe, A., **9**:162, **9**:166, **9**:*179*
Kolc, J., **30**:18, **30**:47, **30**:*57*
Kole, S. A., **29**:186, **29**:*270*
Kolesnikov, S. P., **30**:30, **30**:*59*
Kolesnikova, S. A., **17**:137, **17**:142, **17**:*175*
Kolfini, J. E., **23**:207, **23**:*261*
Kolind-Andersen, H., **15**:311, **15**:315, **15**:*328*
Kolker, P. L., **5**:69, **5**:76, **5**:93, **5**:105, **5**:106, **5**:*116*
Koll, A., **26**:261, **26**:*374*
Koller, H., **25**:14, **25**:*92*
Kollman, P., **26**:268, **26**:*374*
Kollman, P. A., **14**:220, **14**:221, **14**:222, **14**:*345*, **25**:197, **25**:198, **25**:215, **25**:216, **25**:219, **25**:237, **25**:*262*
Kollmar, H. W., **18**:194, **18**:*235*
Kollmar, H., **10**:184, **10**:*223*, **12**:52, **12**:*123*, **19**:267, **19**:269, **19**:339, **19**:*373*
Kollmeyer, W. D., **14**:87, **14**:*128*, **14**:168, **14**:169, **14**:*199*
Kolmakova, L. E., **17**:138, **17**:*175*
Kolodziej, P. A., **24**:135, **24**:136, **24**:137, **24**:138, **24**:*203*
Kolos, W., **8**:82, **8**:*147*
Kolowych, K. C., **27**:241, **27**:*289*
Kolpin, C. F., **31**:*137*, **31**:166
Kolthoff, I. M., **5**:2, **5**:*51*, **5**:180, **5**:186, **5**:187, **5**:190, **5**:191, **5**:199, **5**:*234*, **6**:91, **6**:*99*, **8**:373, **8**:375, **8**:376, **8**:377, **8**:*398*, **8**:*402*, **10**:176, **10**:*223*, **12**:57, **12**:*123*, **14**:145, **14**:148,

14:*199*
Kol'tsov, A. I., **26:**309, **26:***374*
Koltun, W. L., **5:**289, **5:**296, **5:***329*, **11:**67, **11:***121*
Koltzenburg, G., **12:**287, **12:***296*
Kolwyck, C. K., **16:**145, **16:***156*
Kolwyck, K. C., **14:**13, **14:**33, **14:**34, **14:**59, **14:***64*, **14:**81, **14:**110, **14:***129*, **27:**73, **27:***114*
Komalenkova, N. G., **30:**29, **30:***57*
Komarova, E. G., **1:**195, **1:***197*
Komarynski, M. A., **18:**120, **18:***179*
Komatsu, K., **30:**182, **30:**184, **30:**192, **30:**193, **30:**194, **30:**196, **30:**197, **30:**202, **30:**204, **30:**205, **30:**206, **30:**208, **30:**209, **30:**210, **30:**213, **30:**214, **30:**215, **30:**216, **30:***218*, **30:***219*, **30:***220*
Komatsu, M., **19:**110, **19:***130*
Komatsu, T., **13:**187, **13:***272*, **14:**252, **14:**348, **29:**254, **29:***269*
Kominami, K., **32:**251, **32:***264*
Kominami, S., **17:**27, **17:***61*
Komiya, H., **30:**162, **30:***171*
Komiyama, M., **23:**232, **23:***266*, **29:**2, **29:**3, **29:**4, **29:**5, **29:**7, **29:**8, **29:**13, **29:**22, **29:**23, **29:**28, **29:**30, **29:**31, **29:**38, **29:**39, **29:**46, **29:***63*, **29:***66*, **29:***79*
Komiyama, T., **17:**269, **17:***278*
Kommandeur, J., **13:**165, **13:**168, **13:***267*, **13:***272*, **13:***276*, **16:**160, **16:**210, **16:***232*, **16:***233*, **16:***237*
Komornicki, A., **19:**240, **19:**299, **19:***370*
Komoroski, R. A., **13:**283, **13:**326, **13:**327, **13:**328, **13:**329, **13:**346, **13:**347, **13:**350, **13:**363, **13:**364, **13:**371, **13:***406*, **13:***411*, **16:**248, **16:**259, **16:***262*, **16:***263*
Komorski, R., **13:**282, **13:**286, **13:**300, **13:**373, **13:***406*, **13:***409*
Komoto, R. G., **23:**54, **23:***59*
Kon, G. A. R., **7:**46, **7:**60, **7:***110*, **15:**48, **15:***59*
Kon, H., **13:**158, **13:***272*
Konaka, R., **5:**94, **5:**103, **5:***115*, **17:**13, **17:**16, **17:**17, **17:**19, **17:***63*, **17:***64*, **31:**136, **31:***140*
Konaka, S., **15:**23, **15:***60*, **25:**55, **25:***91*
Konasewich, D. E., **14:**85, **14:***129*, **16:**101, **16:***156*, **21:**184, **21:***193*, **22:**121, **22:***210*
Konasiewicz, A., **2:**128, **2:***159*
Konasiewicz, Z., **3:**129, **3:**130, **3:**132, **3:**169, **3:***183*
Kondo, H., **17:**447, **17:**481, **17:***485*, **17:***486*, **19:**98, **19:***127*, **22:**284, **22:***308*
Kondo, K., **7:**191, **7:***207*
Kondo, Y., **9:**165, **9:***179*, **15:**174, **15:***265*
Kondrat'yev, V. N., **8:**241, **8:***268*
Kondratenko, N. V., **26:**75, **26:***126*, **26:***128*
Kondrateva, R. M., **25:**160, **25:***261*, **25:***263*
Kondratiev, V. N., **9:**131, **9:**170, **9:***179*
Kongshaug, M., **12:**278, **12:**281, **12:***293*
Konicek, J., **13:**136, **13:***151*, **14:**252, **14:***345*
König, P., **29:**298, **29:**307, **29:***328*
Konijn, T. M., **25:**225, **25:***264*
Konikova, A. S., **21:**4, **21:***33*
Koning, A. J., **16:**251, **16:***262*
Koningsberger, C., **8:**334, **8:**339, **8:**340, **8:**373, **8:**375, **8:**376, **8:***406*
Konishi, H., **11:**315, **11:***388*, **19:**342, **19:***373*
Konishi, K., **11:**123, **11:***175*
Konishi, M., **23:**26, **23:***60*
Konishi, S., **28:**30, **28:**32, **28:***43*
Konizer, G., **15:**163, **15:***266*, **17:**306, **17:**311, **17:***432*
Konnegay, R. L., **3:**241, **3:**242, **3:***266*
Konneke, H. G., **14:**327, **14:***345*
Konno, K., **8:**282, **8:***401*
Konovalov, A. G., **10:**76, **10:***128*
Konschin, H., **12:**164, **12:***218*
Konstantinova, A. V., **20:**223, **20:***231*
Konzelmann, U., **16:**176, **16:***231*
Koo, I. S., **27:**240, **27:**253, **27:***288*
Koo, J.-Y., **18:**85, **18:**168, **18:***179*, **18:**188, **18:**189, **18:**191, **18:**196, **18:**199, **18:**203, **18:**206, **18:**212, **18:**220, **18:**221, **18:**234, **18:***236*, **18:***237*, **19:**82, **19:***121*, **19:***127*
Koob, R. D., **8:**119, **8:***147*
Koock, S. U., **9:**207, **9:**225, **9:**227, **9:***274*
Koole, L. H., **25:**216, **25:***264*
Koole, N. J., **16:**251, **16:***262*
Koon, K.-H., **25:**39, **25:**58, **25:**59, **25:***85*

Koopmans, T. von, **8**:255, **8**:*265*
Kooyman, E. C., **3**:102, **3**:112, **3**:113, **3**:116, **3**:*122*, **4**:87, **4**:88, **4**:*144*, **8**:51, **8**:52, **8**:*75*, **9**:130, **9**:137, **9**:*175*, **9**:*179*, **9**:*182*, **13**:172, **13**:*275*, **18**:161, **18**:*184*
Kopecki, K. R., **28**:210, **28**:280, **28**:*288*
Kopecky, K. R., **2**:7, **2**:*88*, **7**:176, **7**:177, **7**:189, **7**:*204*, **7**:*206*, **14**:150, **14**:*198*, **18**:199, **18**:200, **18**:*236*, **24**:78, **24**:*106*
Kopelevich, M., **23**:106, **23**:*158*
Kopelman, R., **1**:233, **1**:*278*
Kopf, J., **17**:421, **17**:423, **17**:*428*
Kopolow, S., **17**:296, **17**:*428*
Kopp, P. M., **7**:127, **7**:*149*
Koppel, D. E., **22**:219, **22**:220, **22**:*302*
Koppel, G. A., **23**:206, **23**:*265*
Koppel, I., **21**:221, **21**:*240*
Koppel, I. A., **14**:43, **14**:*64*, **14**:135, **14**:*200*
Koppelman, R., **21**:4, **21**:*33*
Koppenol, M., **32**:9, **32**:*117*
Kopple, K. D., **16**:203, **16**:*234*
Koptyug, V. A., **10**:134, **10**:*152*, **19**:225, **19**:283, **19**:284, **19**:285, **19**:308, **19**:313, **19**:314, **19**:315, **19**:321, **19**:322, **19**:323, **19**:324, **19**:325, **19**:326, **19**:327, **19**:328, **19**:329, **19**:330, **19**:331, **19**:332, **19**:333, **19**:*368*, **19**:*369*, **19**:*370*, **19**:*372*, **19**:*373*, **19**:*374*, **19**:*375*, **19**:*378*, **19**:*379*, **29**:230, **29**:*269*
Koraniak, H., **19**:107, **19**:*121*
Korchagina, D. V., **19**:313, **19**:314, **19**:315, **19**:323, **19**:324, **19**:325, **19**:326, **19**:327, **19**:328, **19**:*368*, **19**:*373*, **19**:*377*, **19**:*378*
Korchinskii, **10**:171, **10**:*223*
Kordes, E., **3**:25, **3**:*85*
Koremura, M., **7**:9, **7**:*111*
Koren, J. G., **11**:307, **11**:*387*
Koren, R., **14**:20, **14**:21, **14**:*65*, **14**:98, **14**:101, **14**:110, **14**:*130*, **14**:*131*, **14**:212, **14**:*345*, **27**:245, **27**:256, **27**:276, **27**:*290*
Korenowski, G. M., **22**:349, **22**:*358*
Korenstein, R., **19**:157, **19**:*219*
Koreshkov, Yu. D., **9**:265, **9**:*280*
Korinek, K., **10**:172, **10**:191, **10**:196, **10**:197, **10**:202, **10**:*222*, **12**:2, **12**:*124*
Korman, S., **7**:297, **7**:*329*
Kornblum, N., **5**:70, **5**:*116*, **7**:181, **7**:*206*, **14**:189, **14**:*200*, **17**:477, **17**:*484*, **18**:93, **18**:169, **18**:171, **18**:*179*, **21**:147, **21**:*193*, **23**:276, **23**:277, **23**:278, **23**:279, **23**:280, **23**:282, **23**:283, **23**:284, **23**:285, **23**:296, **23**:297, **23**:298, **23**:301, **23**:*318*, **26**:2, **26**:70, **26**:71, **26**:72, **26**:73, **26**:75, **26**:76, **26**:77, **26**:78, **26**:96, **26**:*126*, **26**:*130*
Kornblumn, N., **17**:46, **17**:*61*
Kornegay, R. L., **3**:234, **3**:241, **3**:242, **3**:*266*, **6**:169, **6**:170, **6**:*181*
Körnich, J., **32**:191, **32**:*208*
Kornienko, A. G., **12**:14, **12**:17, **12**:56, **12**:*120*
Kornprobst, A., **13**:324, **13**:330, **13**:*413*
Kornprobst, J. M., **12**:12, **12**:92, **12**:*123*, **28**:215, **28**:253, **28**:*288*
Korobeincheva, I. K., **19**:332, **19**:*369*
Korolev, B. A., **11**:311, **11**:*388*
Korolev, V. A., **30**:12, **30**:38, **30**:39, **30**:40, **30**:41, **30**:43, **30**:44, **30**:45, **30**:46, **30**:47, **30**:*56*, **30**:*58*, **30**:*59*, **30**:*60*
Korotkina, D. Sh., **9**:142, **9**:*176*, **9**:*177*
Korsching, H., **3**:11, **3**:*85*
Körsgen, U. U., **30**:82, **30**:*115*
Korshak, Yu, V., **26**:224, **26**:*249*
Korson, L., **14**:230, **14**:*346*
Kort, C. W. F., **17**:135, **17**:*175*, **24**:5, **24**:*54*
Korte, F., **20**:200, **20**:201, **20**:202, **20**:*231*
Korte, R. W., de, **13**:172, **13**:*275*
Korte, W. D., **6**:261, **6**:*331*
Korth, H.-G., **24**:194, **24**:195, **24**:196, **24**:*200*, **24**:*202*, **26**:141, **26**:146, **26**:147, **26**:148, **26**:150, **26**:151, **26**:159, **26**:160, **26**:161, **26**:*176*
Kortum, G., **27**:269, **27**:*289*
Kortüm, G., **4**:249, **4**:254, **4**:255, **4**:256, **4**:257, **4**:262, **4**:263, **4**:265, **4**:270, **4**:*302*
Kortüm, K., **4**:197, **4**:*303*
Kortüm-Seiler, M., **4**:255, **4**:*302*
Kortzeborn, R. N., **26**:300, **26**:*376*

Koryta, J., **10**:159, **10**:*223*, **17**:287, **17**:306, **17**:307, **17**:*427*
Korzan, D. G., **23**:297, **23**:*319*
Korzeniowski, S. H., **17**:419, **17**:420, **17**:*426*, **17**:*428*
Korzenoski, S. H., **30**:63, **30**:65, **30**:*113*
Kos, A. J., **24**:14, **24**:*55*, **25**:172, **25**:*263*, **31**:203, **31**:*246*
Kosaka, T., **12**:11, **12**:*128*
Kosaki, A., **26**:227, **26**:*249*
Kosanovic, D., **11**:366, **11**:*391*
Koseki, Y., **31**:11, **31**:*83*
Koser, G. F., **20**:117, **20**:*184*, **24**:83, **24**:*108*
Koshechkina, L. I., **12**:35, **12**:*122*
Koshechko, V. G., **20**:152, **20**:159, **20**:*185*, **20**:*187*
Koshihara, S., **32**:259, **32**:*264*
Koshiro, A., **23**:215, **23**:*265*
Koshland, D. E., **2**:119, **2**:*161*, **5**:237, **5**:*329*, **17**:202, **17**:222, **17**:240, **17**:244, **17**:253, **17**:*278*, **22**:27, **22**:71, **22**:76, **22**:*107*, **22**:*110*, **24**:140, **24**:*202*
Koshland, D. E., Jr., **3**:153, **3**:*185*, **11**:8, **11**:9, **11**:10, **11**:11, **11**:12, **11**:28, **11**:*120*, **11**:*122*, **21**:13, **21**:17, **21**:30, **21**:*33*
Koshy, K. M., **14**:257, **14**:258, **14**:*346*, **18**:46, **18**:*75*, **28**:259, **28**:260, **28**:*289*, **31**:170, **31**:172, **31**:195, **31**:*245*, **32**:324, **32**:325, **32**:334, **32**:*379*, **32**:*380*, **32**:*382*
Koski, W. S., **4**:48, **4**:*70*
Koskikallio, J., **1**:24, **1**:25, **1**:26, **1**:27, **1**:28, **1**:*32*, **2**:96, **2**:107, **2**:116, **2**:123, **2**:124, **2**:125, **2**:127, **2**:135, **2**:144, **2**:147, **2**:*160*, **5**:123, **5**:137, **5**:158, **5**:159, **5**:*171*, **5**:294, **5**:313, **5**:*329*, **14**:105, **14**:106, **14**:*129*, **16**:107, **16**:115, **16**:*156*, **17**:323, **17**:325, **17**:*429*
Kosman, D., **5**:103, **5**:*116*
Kosman, D. J., **17**:469, **17**:*484*
Koso, Y., **20**:196, **20**:*231*
Kosower, E. M., **4**:337, **4**:338, **4**:*346*, **12**:277, **12**:*295*, **13**:176, **13**:255, **13**:*272*, **14**:32, **14**:39, **14**:40, **14**:41, **14**:*64*, **14**:*129*, **14**:135, **14**:*200*, **15**:161, **15**:*263*, **18**:234, **18**:*236*, **26**:147, **26**:*176*, **29**:186, **29**:188, **29**:211, **29**:215, **29**:*269*, **32**:222, **32**:*263*
Kossaï, R., **31**:130, **31**:*140*
Kossai, R., **20**:111, **20**:*185*
Kossanyi, J., **8**:229, **8**:248, **8**:*261*
Kossi, R., **23**:309, **23**:*319*
Kost, D., **21**:145, **21**:154, **21**:*193*, **21**:*195*, **24**:192, **24**:*202*, **27**:84, **27**:*115*
Kostenbauder, H. B., **8**:282, **8**:283, **8**:320, **8**:321, **8**:322, **8**:328, **8**:329, **8**:382, **8**:383, **8**:384, **8**:385, **8**:386, **8**:394, **8**:*397*, **8**:*402*, **8**:*403*, **8**:*404*, **22**:217, **22**:237, **22**:254, **22**:*306*, **23**:224, **23**:*265*
Koster, A. S., **24**:104, **24**:*112*
Koster, J. B., **19**:309, **19**:*373*, **29**:280, **29**:*327*
Köster, R., **12**:238, **12**:286, **12**:*295*
Kostikov, R. R., **17**:355, **17**:*428*
Kosturik, J. M., **5**:390, **5**:*399*
Kostyk, M. D., **29**:110, **29**:163, **29**:*180*
Kostyuchenko, N. P., **11**:359, **11**:*391*
Kotake, Y., **17**:20, **17**:*61*, **31**:121, **31**:133, **31**:*139*, **31**:*140*
Kotani, T., **19**:33, **19**:*121*
Kothe, G., **26**:185, **26**:191, **26**:193, **26**:215, **26**:*246*, **26**:*249*, **26**:*252*
Kotin, E. B., **30**:138, **30**:*169*
Koto, K., **26**:295, **26**:*371*
Koto, S., **25**:171, **25**:*261*
Kotowycz, G., **9**:161, **9**:*181*, **13**:255, **13**:287, **13**:309, **13**:311, **13**:338, **13**:339, **13**:340, **13**:341, **13**:*411*
Kotronarou, A., **32**:70, **32**:*118*
Kott, K. L., **32**:180, **32**:*212*
Kotz, J. C., **18**:80, **18**:*182*
Kouba, J., **9**:143, **9**:*180*
Kouba, J. E., **11**:374, **11**:*388*
Koukotas, C., **19**:157, **19**:*219*, **25**:36, **25**:*95*
Koulkes-Pujo, A. M., **14**:191, **14**:*200*
Koumitsu, S., **26**:12, **26**:*125*
Kourim, P., **12**:245, **12**:*294*
Koussini, R., **19**:58, **19**:*122*
Koutecký, J., **5**:30, **5**:41, **5**:44, **5**:45, **5**:50, **5**:*51*, **5**:*52*, **16**:81–4, **16**:*85*
Koutecky, J., **4**:*144*, **4**:297, **4**:*302*
Kovač, F., **24**:114, **24**:*202*

Kovačević, D., **14**:25, **14**:*64*
Kovacic, P., **12**:48, **12**:*123*, **20**:174, **20**:*185*
Kovacs, A. L., **6**:173, **6**:*181*
Kovács L., **9**:150, **9**:*181*
Kovalenko, T. T., **1**:186, **1**:189, **1**:*201*
Kovbuz, M. A., **8**:377, **8**:*402*
Kover, W. B., **14**:58, **14**:*62*, **14**:251, **14**:*337*
Kovero, E., **27**:42, **27**:*54*
Kovi, P. J., **12**:161, **12**:170, **12**:171, **12**:182, **12**:185, **12**:188, **12**:193, **12**:194, **12**:195, **12**:198, **12**:200, **12**:*215*, **12**:*216*, **12**:*218*, **12**:*219*, **12**:*220*
Kovrizhnykh, E. A., **1**:162, **1**:180, **1**:*201*
Kowalcki, K. U., **30**:27, **30**:*60*
Kowalewski, J., **16**:241, **16**:*263*
Kowalski, V. L., **1**:413, **1**:*421*
Kowarski, C. R., **8**:382, **8**:383, **8**:384, **8**:385, **8**:386, **8**:*402*
Kowaski, C., **24**:85, **24**:*109*
Kowert, B., **28**:24, **28**:32, **28**:*41*
Kowert, B. A., **13**:220, **13**:221, **13**:222, **13**:*272*, **18**:115, **18**:119, **18**:*179*
Kowitt, F. R., **6**:93, **6**:*99*
Koyama, J., **17**:269, **17**:*278*
Koyama, H., **32**:248, **32**:249, **32**:*263*
Koyama, K., **10**:177, **10**:*225*, **12**:11, **12**:13, **12**:27, **12**:56, **12**:57, **12**:*122*, **12**:*123*, **12**:*129*, **13**:232, **13**:*272*, **13**:*276*
Koyano, K., **17**:40, **17**:*60*, **20**:*217*
Kozak, J. J., **14**:254, **14**:*346*
Kozakiewicz, J., **17**:76, **17**:*180*
Kožár, T., **24**:148, **24**:*204*
Kozbelt, S. J., **8**:395, **8**:*401*
Kozel, S. P., **19**:112, **19**:*122*
Kozerski, L., **11**:378, **11**:*388*
Kozhevnikov, I. V., **29**:*69*
Kozima, S., **23**:28, **23**:*62*
Koziol, J., **12**:196, **12**:*220*
Koziolowa, A., **12**:196, **12**:*220*
Kozlov, V. V., **2**:181, **2**:*198*
Koz'min, S. A., **13**:395, **13**:398, **13**:399, **13**:402, **13**:403, **13**:*408*
Kozuka, T., **19**:108, **19**:*123*
Kozyrod, R. P., **24**:195, **24**:*199*
Krabbenhoft, H. A., **23**:194, **23**:*266*
Kracowski, J., **17**:216, **17**:*276*
Kraentler, B., **17**:48, **17**:*61*
Kraeutler, B., **20**:1, **20**:2, **20**:17, **20**:19, **20**:21, **20**:27, **20**:30, **20**:31, **20**:34, **20**:39, **20**:42, **20**:44, **20**:*53*, **22**:281, **22**:*308*, **31**:117, **31**:*139*
Kraft, H. P., **25**:14, **25**:*86*
Kraft, S., **32**:150, **32**:164, **32**:166, **32**:199, **32**:200, **32**:202, **32**:*216*
Kraftory, M., **24**:156, **24**:*203*
Kraichman, M. B., **32**:3, **32**:*117*
Kraka, E., **24**:36, **24**:37, **24**:*51*, **29**:285, **29**:296, **29**:321, **29**:323, **29**:*325*
Kramer, A. V., **23**:23, **23**:*61*
Kramer, D. N., **13**:256, **13**:*272*
Kramer, G. M., **11**:195, **11**:197, **11**:199, **11**:*223*, **19**:292, **19**:*373*, **24**:88, **24**:89, **24**:*107*, **24**:*109*
Kramer, H. E. A., **11**:274, **11**:299, **11**:379, **11**:*388*, **12**:207, **12**:*220*, **18**:138, **18**:*184*, **19**:91, **19**:*128*, **22**:133, **22**:*208*
Krämer, P., **32**:137, **32**:150, **32**:158, **32**:159, **32**:163, **32**:164, **32**:165, **32**:166, **32**:167, **32**:170, **32**:174, **32**:179, **32**:188, **32**:193, **32**:199, **32**:200, **32**:202, **32**:204, **32**:205, **32**:206, **32**:*209*, **32**:*214*, **32**:*215*, **32**:*216*, **32**:*217*
Kramer, P., **10**:44, **10**:*52*
Krämer, T., **31**:273, **31**:383, **31**:*389*
Kramers, J. C., **6**:22, **6**:*60*
Krampitz, L. O., **21**:11, **21**:*33*
Krane, J., **13**:63, **13**:64, **13**:*77*, **23**:104, **23**:*158*
Kranz, Th., **4**:231, **4**:*303*
Krapcho, A. P., **2**:21, **2**:*90*
Krasna, A. I., **19**:91, **19**:*122*
Krasnansky, R., **26**:142, **26**:143, **26**:*177*
Krasnaya, Z. A., **32**:186, **32**:*212*
Krasnobayew, V., **6**:285, **6**:*325*
Krasnov, K. S., **25**:104, **25**:*263*
Krasnovsky, A. A., **13**:262, **13**:*272*
Krauch, G. H., **15**:74, **15**:*146*
Kraücler, B., **31**:58, **31**:*80*
Kraus, C. A., **1**:157, **1**:*198*, **14**:229, **14**:342, **15**:178, **15**:206, **15**:*262*
Kraus, K. A., **14**:229, **14**:308, **14**:*349*
Krause, J., **32**:105, **32**:*117*
Krauss, F., **5**:337, **5**:349, **5**:*396*, **7**:297, **7**:*329*

Krauss, M., **8**:185, **8**:189, **8**:*265*, **8**:*267*
Kraut, J., **11**:56, **11**:*121*, **11**:*122*, **13**:36, **13**:*80*, **29**:2, **29**:9, **29**:10, **29**:30, **29**:57, **29**:60, **29**:62, **29**:*66*
Krauth, C. A., **2**:36, **2**:*87*
Kravetz, T. M., **29**:130, **29**:*181*
Kravtsova, E. A., **29**:226, **29**:*269*
Krawiec, M., **31**:72, **31**:*83*
Kray, W. C., **7**:155, **7**:156, **7**:*203*, **26**:116, **26**:*124*, **26**:*126*
Krebs, A., **13**:52, **13**:*79*
Krebs, A. W., **10**:145, **10**:*152*
Krebs, E. G., **21**:19, **21**:*32*
Krebs, H. A., **8**:394, **8**:*402*
Krebs, P. J., **28**:107, **28**:109, **28**:112, **28**:115, **28**:*135*, **28**:*136*
Kreeger, R. L., **30**:47, **30**:*57*
Kreevoy, M. M., **1**:20, **1**:23, **1**:26, **1**:27, **1**:29, **1**:31, **1**:*32*, **2**:38, **2**:*90*, **4**:4, **4**:9, **4**:21, **4**:*28*, **6**:65, **6**:66, **6**:67, **6**:68, **6**:69, **6**:70, **6**:71, **6**:73, **6**:75, **6**:76, **6**:78, **6**:79, **6**:80, **6**:81, **6**:82, **6**:85, **6**:89, **6**:90, **6**:91, **6**:92, **6**:93, **6**:94, **6**:96, **6**:*99*, **6**:*100*, **6**:*101*, **6**:127, **6**:*181*, **6**:249, **6**:268, **6**:*328*, **7**:274, **7**:279, **7**:280, **7**:281, **7**:295, **7**:297, **7**:309, **7**:310, **7**:311, **7**:312, **7**:*329*, **7**:*331*, **10**:16, **10**:*26*, **14**:82, **14**:85, **14**:*129*, **14**:148, **14**:*200*, **16**:31, **16**:*48*, **16**:101, **16**:*156*, **18**:7, **18**:*75*, **18**:96, **18**:*175*, **21**:151, **21**:182, **21**:184, **21**:*191*, **21**:*193*, **22**:121, **22**:128, **22**:130, **22**:136, **22**:138, **22**:144, **22**:145, **22**:167, **22**:*205*, **22**:*210*, **23**:300, **23**:*320*, **24**:72, **24**:92, **24**:95, **24**:99, **24**:100, **24**:103, **24**:*108*, **24**:*109*, **24**:*110*, **24**:*111*, **26**:21, **26**:107, **26**:119, **26**:*121*, **26**:*126*, **26**:288, **26**:289, **26**:291, **26**:292, **26**:293, **26**:294, **26**:303, **26**:*374*, **27**:3, **27**:6, **27**:26, **27**:28, **27**:33, **27**:47, **27**:*54*, **27**:63, **27**:64, **27**:*113*, **27**:122, **27**:124, **27**:184, **27**:231, **27**:*233*, **27**:*236*, **28**:148, **28**:*170*
Kregar, I., **11**:82, **11**:*116*
Kreil, C. L., **30**:49, **30**:*59*
Kreilick, R., **5**:63, **5**:111, **5**:*115*, **5**:*116*
Kreilick, R. W., **5**:111, **5**:*116*, **9**:129, **9**:168, **9**:*179*
Kreis, R., **32**:234, **32**:*265*
Kreishman, G. P., **13**:324, **13**:329, **13**:330, **13**:*408*, **13**:*411*, **13**:*414*
Kreissl, F. R., **16**:243, **16**:249, **16**:*261*, **29**:217, **29**:*267*
Kreiter, C. G., **29**:280, **29**:281, **29**:*327*, **29**:*331*
Kremser, D., **13**:116, **13**:*151*
Krescheck, G. C., **7**:260, **7**:*329*
Kresge, A. J., **2**:172, **2**:181, **2**:*198*, **2**:*199*, **5**:339, **5**:340, **5**:*397*, **6**:63, **6**:67, **6**:68, **6**:69, **6**:72, **6**:73, **6**:74, **6**:77, **6**:78, **6**:84, **6**:87, **6**:97, **6**:*100*, **7**:266, **7**:269, **7**:270, **7**:271, **7**:273, **7**:274, **7**:275, **7**:280, **7**:282, **7**:283, **7**:286, **7**:297, **7**:308, **7**:309, **7**:320, **7**:*329*, **7**:*330*, **9**:143, **9**:*179*, **11**:371, **11**:372, **11**:373, **11**:374, **11**:375, **11**:*388*, **13**:96, **13**:*151*, **14**:83, **14**:85, **14**:86, **14**:87, **14**:88, **14**:93, **14**:94, **14**:95, **14**:*130*, **14**:156, **14**:157, **14**:158, **14**:191, **14**:*200*, **16**:11, **16**:17, **16**:31, **16**:*48*, **16**:127, **16**:131, **16**:*156*, **18**:5, **18**:6, **18**:7, **18**:30, **18**:61, **18**:*72*, **18**:*75*, **21**:45, **21**:53, **21**:54, **21**:55, **21**:59, **21**:60, **21**:62, **21**:65, **21**:66, **21**:67, **21**:68, **21**:69, **21**:70, **21**:71, **21**:78, **21**:83, **21**:*94*, **21**:*95*, **21**:*96*, **21**:*97*, **21**:168, **21**:169, **21**:*193*, **21**:*194*, **22**:120, **22**:121, **22**:122, **22**:124, **22**:125, **22**:126, **22**:127, **22**:153, **22**:156, **22**:165, **22**:167, **22**:175, **22**:*206*, **22**:*207*, **22**:*209*, **22**:*210*, **23**:72, **23**:*160*, **23**:210, **23**:*266*, **24**:126, **24**:*202*, **26**:21, **26**:*126*, **26**:284, **26**:288, **26**:291, **26**:303, **26**:325, **26**:331, **26**:333, **26**:*368*, **26**:*370*, **26**:*374*, **27**:122, **27**:126, **27**:129, **27**:137, **27**:139, **27**:150, **27**:162, **27**:174, **27**:175, **27**:182, **27**:183, **27**:185, **27**:227, **27**:*233*, **27**:*236*, **28**:152, **28**:*170*, **28**:264, **28**:*289*, **29**:47, **29**:48, **29**:49, **29**:52, **29**:*63*, **29**:*64*, **29**:*66*, **29**:*67*, **29**:82, **31**:205, **31**:*245*, **32**:304, **32**:305, **32**:324, **32**:*379*
Kresheck, G. C., **8**:274, **8**:*402*, **14**:254, **14**:260, **14**:*344*, **14**:*346*
Krespan, C. G., **17**:289, **17**:*428*, **29**:302, **29**:*327*

Kress, R. B., **32:**231, **32:***263*
Krestonosich, S., **19:**63, **19:**64, **19:**65, **19:***115*, **19:***116*, **19:***119*
Kresze, G., **19:**420, **19:***426*
Kretchmer, R. A., **6:**67, **6:**69, **6:**70, **6:**76, **6:**78, **6:**82, **6:**84, **6:***99* **7:**274, **7:***329*
Kretov, A. E., **8:**215, **8:***265*
Kretschmer, C. B., **14:**286, **14:***346*
Kreysig, D., **19:**52, **19:***115*
Kricka, L. J., **13:**194, **13:**251, **13:**252, **13:***266*, **13:***272*, **20:**100, **20:***185*
Krieg, M., **22:**294, **22:***302*
Krieger, C., **26:**275, **26:**323, **26:**324, **26:***377*, **26:***378*
Krimer, M. Z., **17:**173, **17:***180*
Krimm, S., **6:**124, **6:**146, **6:**157, **6:**162, **6:***182*
Krishna, V. G., **4:**60, **4:**62, **4:***70*
Krishnamurthy, G. S., **6:**260, **6:**271, **6:**314, **6:**315, **6:***328*
Krishnamurthy, V. V., **20:**171, **20:**172, **20:***186*, **23:**74, **23:**151, **23:***160*
Krishnamurti, S., **2:**141, **2:***158*
Krishnan, C. V., **14:**52, **14:***64*, **14:**208, **14:**218, **14:**238, **14:**240, **14:**246, **14:**247, **14:**251, **14:**255, **14:**261, **14:**266, **14:**270, **14:**271, **14:**275, **14:**301, **14:**334, **14:***343*, **14:***346*, **14:***349*
Krishnan, K. S., **1:**256, **1:***278*, **3:**68, **3:***85*
Krishnan, R., **25:**25, **25:***91*
Krishnan, V., **32:**42, **32:***118*
Krishna Rao, G., S., **32:**244, **32:***264*
Krisnappa, T., **8:**361, **8:**362, **8:***402*
Kristiansen, H., **23:**214, **23:***264*
Kristinsson, H., **7:**155, **7:***206*, **7:***209*, **8:**248, **8:***265*
Kritzmann, M. G., **21:**4, **21:***31*
Krivopalov, V. P., **26:**317, **26:***374*
Kriz, G. S., **5:**133, **5:***171*
Kroeger, D. J., **14:**169, **14:***200*
Kroening, R. D., **19:**347, **19:***371*
Kroepelin, H., **17:**258, **17:***276*
Krog, D., **32:**124, **32:***210*
Krogh-Jespersen, K., **30:**15, **30:**20, **30:***57*, **30:***61*, **30:**182, **30:***214*, **30:***219*
Krohn, W., **7:**76, **7:***114*
Kröhnke, C., **28:**40, **28:***43*
Kroka, E., **30:**26, **30:***57*
Krokovyak, M. G., **19:**112, **19:***122*
Kroll, H., **11:**66, **11:***120*
Kromhout, R. A., **6:**134, **6:***181*, **21:**199, **21:***238*
Krone, L. H., **12:**111, **12:***128*
Kronenberg, M. E., **11:**226, **11:**237, **11:**251, **11:**262, **11:***265*, **11:***266*
Kronenberger, A., **1:**414, **1:***421*
Kronenbitter, J., **16:**241, **16:***263*
Kronesbusch, P. L., **26:**297, **26:***376*
Kronig, R. de L., **1:**386, **1:***421*, **3:**68, **3:***86*
Kronzer, F. J., **15:**174, **15:**227, **15:***263*
Kropp, P. J., **20:**224, **20:***231*
Krow, G. R., **29:**287, **29:***328*
Kruchten, E. M. G. A., van, **23:**134, **23:***159*
Kruck, T., **29:**186, **29:***269*
Krudy, G. A., **25:**158, **25:***262*
Krueger, G., **21:**13, **21:***33*
Krueger, P. J., **25:**42, **25:***91*
Kruegger, J. H., **14:**332, **14:***346*
Krug, W., **16:**208, **16:***232*
Krüger, C., **19:**309, **19:***373*, **29:**280, **29:***327*
Kruger, C., **29:**112, **29:***180*
Kruger, J. D., **23:**125, **23:**148, **23:***160*
Kruger, J. E., **5:**381, **5:***397*
Kruger, K. J., **8:**140, **8:***147*
Kruger, T. L., **14:**88, **14:***131*
Krüger, U., **4:**261, **4:**265, **4:***303*
Krugh, T. R., **13:**324, **13:**326, **13:**327, **13:**328, **13:**329, **13:**330, **13:**344, **13:***411*
Kruh, R., **26:**299, **26:***374*
Kruise, L., **30:**73, **30:**74, **30:**75, **30:**86, **30:**87, **30:**88, **30:**105, **30:**107, **30:***112*, **30:***113*, **30:***115*
Kruizinga, J. H., **4:**227, **4:**228, **4:**238, **4:**278, **4:**279, **4:**280, **4:**288, **4:**289, **4:**297, **4:***302*, **4:***304*
Kruizinga, W., **19:**113, **19:***120*
Kruizinga, W. H., **22:**57, **22:***109*
Kruk, C., **24:**102, **24:***112*
Krukonis, A. P., **25:**271, **25:***445*
Krummel, G., **28:**8, **28:**22, **28:**24, **28:***43*
Krupička, J., **5:**16, **5:***52*, **6:**300, **6:**307, **6:***332*, **10:**171, **10:***225*
Krupicka, J., **12:**15, **12:**111, **12:***129*, **26:**68, **26:***130*
Krusche, E., **13:**339, **13:***409*
Kruse, R. B., **7:**77, **7:***114*

Kruse, W., **22**:114, **22**:149, **22**:154, **22**:178, **22**:*208*, **26**:330, **26**:333, **26**:*370*
Krushinskii, L. L., **3**:75, **3**:*86*
Krusic, J., **25**:395, **25**:435, **25**:*445*
Krusic, P. J., **8**:2, **8**:21, **8**:22, **8**:*76*, **10**:121, **10**:*126*, **15**:21, **15**:*60*, **24**:196, **24**:*200*, **26**:238, **26**:239, **26**:*248*, **26**:*250*, **30**:183, **30**:184, **30**:*218*
Krutzik, I., **25**:64, **25**:*95*
Kruus, P., **14**:302, **14**:*341*
Krygowski, T. M., **14**:135, **14**:*200*
Krygowsky, T. M., **27**:268, **27**:*289*, **29**:90, **29**:*182*
Krynitzky, J. A., **6**:26, **6**:*60*
Krysiak, H. R., **1**:52, **1**:115, **1**:*148*
Krysin, A. P., **19**:322, **19**:*368*
Kryszewski, M., **16**:192, **16**:*233*
Ku, A. T., **11**:343, **11**:344, **11**:367, **11**:368, **11**:369, **11**:*389*, **17**:100, **17**:133, **17**:*179*, **30**:176, **30**:*220*
Ku, A. Y., **22**:123, **22**:124, **22**:*208*
Ku, J., **31**:383, **31**:*392*
Kuball, H. G., **32**:131, **32**:161, **32**:*212*
Kubler, D. G., **18**:57, **18**:58, **18**:64, **18**:*72*, **18**:*73*, **27**:45, **27**:46, **27**:*52*
Kubo, A., **8**:249, **8**:*265*
Kubo, K., **30**:182, **30**:*220*
Kubo, M., **25**:48, **25**:*96*
Kubo, R., **3**:214, **3**:*267*
Kubo, Y., **19**:105, **19**:*122*, **19**:*123*
Kubota, M., **23**:10, **23**:36, **23**:*59*, **23**:*61*
Kubota, N., **14**:328, **14**:*345*
Kubota, T., **29**:228, **29**:*269*, **32**:271, **32**:*385*
Kubota, Y., **30**:182, **30**:*197*, **30**:*215*, **30**:*220*
Kucher, A., **27**:222, **27**:*237*
Kucher, R. V., **8**:377, **8**:*402*
Kucherov, V. F., **9**:217, **9**:*277*, **32**:186, **32**:*212*
Kuchitsu, K., **13**:29, **13**:33, **13**:35, **13**:62, **13**:*76*, **13**:*78*, **13**:*80*, **13**:*82*, **25**:31, **25**:*91*
Kuchta, B., **32**:123, **32**:*214*
Kuchynka, D. J., **29**:186, **29**:216, **29**:218, **29**:231, **29**:*269*
Kück, D. M., **31**:241, **31**:*245*
Kuck, V. J., **13**:219, **13**:*277*, **19**:336, **19**:*377*, **22**:313, **22**:322, **22**:*361*, **26**:231, **26**:*251*, **26**:*252*
Kuczkowski, R. L., **25**:47, **25**:*86*
Kuder, J. E., **19**:77, **19**:*122*, **28**:2, **28**:*44*
Kudirka, P. J., **13**:201, **13**:*272*
Kudo, H., **19**:62, **19**:*125*
Kudo, K., **17**:135, **17**:*177*, **17**:252, **17**:*277*
Kudo, K. I., **7**:7, **7**:15, **7**:16, **7**:*111*
Kudo, T., **30**:50, **30**:*59*
Kudryashov, L. J., **7**:1, **7**:9, **7**:46, **7**:*111*
Kudryavstev, R. V., **3**:180, **3**:*185*
Kudryavtsev, L. F., **23**:275, **23**:*320*
Kudryavtsev, R. V., **13**:234, **13**:*272*
Kudryavtseva, T. A., **7**:64, **7**:69, **7**:*111*
Kuebler, N. A., **11**:342, **11**:*383*
Kugachevsky, I., **8**:209, **8**:*261*
Kuge, T., **13**:404, **13**:*414*
Kugel, L., **3**:177, **3**:*184*
Kugler, A. J., **9**:27(44), **9**:29(44), **9**:116(126a, b, 127b), **9**:*123*, **9**:*126*
Kuhlberg, A., **25**:272, **25**:*442*
Kuhlmann, K. F., **16**:242, **16**:244, **16**:*261*, **16**:*262*
Kuhn, D. A., **5**:309, **5**:311, **5**:312, **5**:*330*, **5**:339, **5**:394, **5**:*398*
Kuhn, H., **15**:106, **15**:*147*, **19**:98, **19**:*122*
Kuhn, H. J., **29**:292, **29**:*329*
Kuhn, R., **15**:95, **15**:*147*, **21**:45, **21**:*96*, **25**:362, **25**:*443*, **26**:240, **26**:*249*, **30**:181, **30**:184, **30**:*219*
Kuhn, S. J., **1**:42, **1**:52, **1**:54, **1**:70, **1**:72, **1**:74, **1**:75, **1**:76, **1**:77, **1**:134, **1**:*153*, **2**:172, **2**:173, **2**:180, **2**:*199*, **4**:*145*, **4**:307, **4**:308, **4**:309, **4**:310, **4**:324, **4**:341, **4**:*346*, **9**:273, **9**:*277*, **10**:50, **10**:*52*, **14**:121, **14**:*130*, **29**:258, **29**:*270*
Kuhn, T. S., **18**:81, **18**:*179*
Kuhn, W., **3**:75, **3**:78, **3**:*84*, **3**:*86*, **22**:6, **22**:7, **22**:8, **22**:9, **22**:64, **22**:*79*, **22**:*109*
Kühnle, W., **19**:16, **19**:17, **19**:18, **19**:*130*
Kuindersma, K., **10**:142, **10**:*152*
Kuivila, H. G., **1**:41, **1**:52, **1**:61, **1**:64, **1**:67, **1**:74, **1**:75, **1**:76, **1**:77, **1**:79, **1**:105, **1**:*152*, **7**:297, **7**:*330*, **23**:27, **23**:28, **23**:*61*, **25**:325, **25**:*444*, **26**:113, **26**:*126*
Kujawa, E. P., **12**:57, **12**:*124*
Kukes, S., **21**:149, **21**:*194*, **27**:17, **27**:26,

27:39, **27**:*54*, **27**:98, **27**:*115*
Kukhar, V. P., **11**:312, **11**:*392*
Kukhtin, V. A., **9**:27(13), **9**:100(13), **9**:*122*
Kukkola, P., **25**:36, **25**:*95*
Kukla, M. J., **29**:311, **29**:*324*
Kukolja, S. P., **17**:67, **17**:73, **17**:*176*
Kukovitskii, D. M., **23**:299, **23**:*322*
Kulczycki, A., **7**:155, **7**:197, **7**:*205*
Kulesza, P. J., **32**:109, **32**:*118*
Kulishov, V. I., **30**:30, **30**:*59*
Kulkarni, P. S., **8**:214, **8**:224, **8**:*263*
Kullnig, R. K., **3**:233, **3**:239, **3**:*267*
Kulpe, S., **32**:182, **32**:*212*
Kumada, M., **16**:70, **16**:*86*, **19**:32, **19**:*127*, **23**:26, **23**:*60*
Kumamaru, F., **17**:438, **17**:*484*
Kumamoto, J., **9**:27(47a), **9**:*123*, **25**:123, **25**:170, **25**:*261*
Kumano, A., **17**:471, **17**:*483*
Kumantsov, V. I., **18**:169, **18**:*183*
Kumar, A., **25**:11, **25**:*96*
Kumar, V. A., **32**:245, **32**:*264*
Kumar, Y., **19**:58, **19**:*116*, **20**:197, **20**:199, **20**:203, **20**:204, **20**:205, **20**:207, **20**:219, **20**:221, **20**:*230*
Kumbhat, S., **32**:81, **32**:*118*
Kumikasa, T., **22**:287, **22**:*304*
Kumikiyo, N., **22**:287, **22**:*304*
Kumli, K. F., **9**:27(29a), **9**:*122*
Kump, R. L., **23**:16, **23**:17, **23**:*59*
Kuna, S., **22**:132, **22**:*211*
Kunde, K., **19**:250, **19**:*376*
Kundo, N. G., **5**:298, **5**:*326*
Kundshi, B., **32**:249, **32**:*262*
Kundu, K. K., **14**:260, **14**:309, **14**:329, **14**:*339*, **14**:*340*, **14**:*346*
Kung, K., **24**:70, **24**:*106*
Kunieda, N., **13**:230, **13**:*274*
Kunita, A., **30**:142, **30**:147, **30**:148, **30**:166, **30**:*169*, **30**:*170*
Kunitake, T., **8**:396, **8**:*397*, **8**:*402*, **17**:36, **17**:38, **17**:*61*, **17**:438, **17**:439, **17**:442, **17**:443, **17**:445, **17**:446, **17**:448, **17**:449, **17**:450, **17**:452–6, **17**:458, **17**:463, **17**:465–9, **17**:471–4, **17**:476–8, **17**:*483–6*, **22**:215, **22**:218, **22**:222, **22**:259, **22**:260, **22**:273, **22**:275, **22**:285, **22**:286, **22**:288, **22**:*304*, **22**:*305*, **22**:*306*, **29**:55, **29**:*66*
Kunitz, M., **21**:2, **21**:21, **21**:*33*, **21**:*34*
Kunst, P., **21**:14, **21**:*34*
Kuntz, G. P. P., **13**:338, **13**:339, **13**:*411*
Kuntz, I., **6**:265, **6**:*330*, **7**:33, **7**:*113*
Kuntz, I. D., **16**:259, **16**:*265*
Kunugi, A., **12**:57, **12**:*123*
Kunze, K. L., **22**:142, **22**:*207*, **26**:343, **26**:*378*
Künzel, H., **12**:14, **12**:17, **12**:56, **12**:*127*
Kunzer, H., **23**:72, **23**:*158*
Kunzler, J. E., **11**:334, **11**:*386*
Kuo, L. C., **24**:178, **24**:179, **24**:*200*, **24**:*202*, **24**:*203*
Kuo, M.-Y., **32**:284, **32**:*382*
Kupchan, S. M., **11**:25, **11**:26, **11**:56, **11**:*120*, **11**:*121*, **20**:57, **20**:*185*
Kupfer, A., **17**:447, **17**:*483*
Kupperman, A., **4**:36, **4**:37, **4**:*70*, **7**:136, **7**:*150*
Küppers, H., **26**:261, **26**:*368*, **26**:*374*
Kurabayashi, S., **16**:147, **16**:*157*
Kuraishi, T., **1**:417, **1**:*420*
Kurakin, A. N., **2**:185, **2**:*198*
Kuramoto, M., **30**:104, **30**:105, **30**:*114*
Kurashima, A., **17**:459, **17**:*487*
Kuratani, K., **25**:54, **25**:*93*
Kurbatov, B. L., **4**:43, **4**:*70*
Kurechi, T., **19**:415, **19**:*426*
Kurganova, S. Ya., **2**:*277*
Kurihara, K., **17**:459, **17**:*487*, **22**:285, **22**:*305*
Kurihara, O., **4**:308, **4**:*346*
Kurita, T., **30**:126, **30**:*170*
Kurita, Y., **1**:330, **1**:*361*, **1**:*362*, **13**:189, **13**:*272*, **25**:32, **25**:33, **25**:48, **25**:*90*, **25**:*93*, **25**:*96*
Kurland, J. J., **8**:199, **8**:*265*
Kurland, R. J., **3**:257, **3**:*267*, **6**:133, **6**:*181*, **11**:149, **11**:151, **11**:153, **11**:*175*, **11**:342, **11**:*388*
Kuroda, H., **16**:199, **16**:*233*
Kuroda, R., **26**:263, **26**:*370*, **26**:*371*
Kuroda, Y., **17**:452, **17**:*486*
Kuroki, K., **32**:251, **32**:*263*
Kuroki, N., **17**:443, **17**:460, **17**:*484*, **17**:*487*, **22**:278, **22**:287, **22**:*304*
Kuroki, Y., **32**:257, **32**:*264*
Kurosawa, H., **23**:300, **23**:*319*

Kurreck, H., **19**:336, **19**:*369*, **28**:11, **28**:21, **28**:25, **28**:31, **28**:*43*
Kursanov, D. M., **30**:202, **30**:*220*
Kursanov, D. N., **3**:180, **3**:*185*, **9**:265, **9**:*280*, **18**:169, **18**:170, **18**:*179*, **24**:86, **24**:*110*
Kurtev, B. J., **17**:217, **17**:*275*, **24**:170, **24**:*202*
Kurts, A. L., **15**:312, **15**:*329*, **17**:318, **17**:319, **17**:*428*
Kurtz, H. A., **29**:296, **29**:299, **29**:306, **29**:307, **29**:311, **29**:312, **29**:313, **29**:320, **29**:322, **29**:*330*
Kurtz, J. L., **18**:162, **18**:*182*
Kurtz, S. K., **32**:163, **32**:167, **32**:*212*
Kurtz, S. S., **3**:39, **3**:*86*
Kurtz, W., **29**:233, **29**:*269*
Kuruma, K., **17**:13, **17**:16, **17**:19, **17**:*63*, **17**:*64*
Kuryla, W. C., **7**:80, **7**:*111*
Kurz, J. L., **8**:301, **8**:319, **8**:320, **8**:321, **8**:328, **8**:*400*, **8**:*402*, **14**:158, **14**:*200*, **16**:112, **16**:*156*, **21**:161, **21**:185, **21**:*193*, **21**:*194*, **22**:123, **22**:*210*, **22**:217, **22**:237, **22**:254, **22**:*305*, **24**:60, **24**:*109* **26**:285, **26**:331, **26**:*374*, **27**:124, **27**:188, **27**:189, **27**:193, **27**:198, **27**:199, **27**:200, **27**:201, **27**:202, **27**:231, **27**:*235*, **27**:*236*, **29**:2, **29**:9, **29**:10, **29**:46, **29**:48, **29**:50, **29**:51, **29**:*66*, **29**:*67*, **31**:179, **31**:180, **31**:186, **31**:213, **31**:214, **31**:*245*
Kurz, L. C., **14**:158, **14**:*200*, **22**:123, **22**:*210*, **24**:60, **24**:102, **24**:*109*, **26**:331, **26**:*374*, **27**:189, **27**:193, **27**:198, **27**:200, **27**:*236*
Kurz, M. E., **19**:111, **19**:*122*
Kusabayashi, S., **24**:70, **24**:*108*
Kusada, K., **25**:283, **25**:368, **25**:*445*
Kusaki, K., **25**:48, **25**:*91*
Kushida, K., **10**:94, **10**:*125*
Kushner, A. S., **9**:268, **9**:*279*
Kusomoto, Y., **29**:5, **29**:*68*
Kuss, E., **3**:65, **3**:70, **3**:*86*
Kustanovich, I., **32**:238, **32**:*263*
Kustanovich, I. M., **11**:358, **11**:*389*
Kustin, K., **4**:25, **4**:*28*, **18**:142, **18**:*179*
Kusunoki, M., **24**:141, **24**:*203*
Kusuyama, Y., **32**:279, **32**:284, **32**:374, **32**:*385*
Kuszkat, K. A., **13**:185, **13**:*277*
Kuta, E. J., **18**:168, **18**:*180*
Kůta, J., **5**:30, **5**:44, **5**:*51*, **5**:*52*
Kuta, J., **32**:11, **32**:*117*
Kutal, C., **23**:312, **23**:*316*, **23**:*322*
Kutner, A., **9**:233, **9**:*277*
Kutner, W., **32**:42, **32**:*116*, **32**:*118*
Kuts, V. S., **9**:164, **9**:*179*
Kutz, A. A., **8**:211, **8**:*265*
Kutzelnigg, W., **11**:302, **11**:*389*, **29**:321, **29**:*329*
Kuura, H. J., **13**:91, **13**:*150*, **18**:9, **18**:*73*
Kuwamura, T., **32**:279, **32**:286, **32**:*381*
Kuwana, T., **10**:192, **10**:*223*, **12**:3, **12**:9, **12**:43, **12**:48, **12**:79, **12**:*117*, **12**:*118*, **12**:*121*, **12**:*123*, **12**:*125*, **13**:196, **13**:216, **13**:223, **13**:228, **13**:233, **13**:262, **13**:*267*, **13**:*270*, **13**:*272*, **13**:*276*, **18**:125, **18**:138, **18**:*181*, **18**:*184*, **19**:139, **19**:140, **19**:141, **19**:*218*, **19**:*219*, **19**:*221*, **20**:128, **20**:*186*
Kuwata, K., **12**:10, **12**:81, **12**:*123*, **17**:20, **17**:50, **17**:*61*
Kuwanao, J., **32**:70, **32**:*119*
Kuzmany, P., **26**:300, **26**:*376*
Kuz'min, M. G., **12**:203, **12**:*218*
Kuzmin, M. G., **19**:51, **19**:*127*, **27**:260, **27**:276, **27**:*289*
Kuzmin, V. A., **19**:55, **19**:89, **19**:*122*
Kuz'mina, E. A., **5**:69, **5**:*118*
Kuznets, V. M., **19**:89, **19**:*122*
Kuznetsov, A. M., **16**:100, **16**:*155*, **16**:*156*, **22**:121, **22**:*208*, **28**:21, **28**:26, **28**:*43*
Kuzubova, L. I., **10**:134, **10**:*152*, **19**:284, **19**:285, **19**:*372*, **19**:*373*
Kuzuya, M., **19**:302, **19**:304, **19**:305, **19**:306, **19**:*372*
Kvashuk, O. A., **31**:382, **31**:*391*
Kveseth, K., **25**:32, **25**:*91*
Kvick, A., **26**:261, **26**:*374*
Kwak, J. J., **16**:215, **16**:*231*
Kwan, T., **25**:379, **25**:*443*, **31**:133, **31**:*139*
Kwant, P. W., **10**:135, **10**:*152*, **19**:339, **19**:*372*, **29**:287, **29**:*326*
Kwart, H., **2**:11, **2**:*89*, **2**:133, **2**:*160*, **6**:249, **6**:*328*, **9**:129, **9**:*174*, **20**:151,

20:*188*, **21**:68, **21**:*96*, **22**:258, **22**:*307*, **24**:61, **24**:67, **24**:*109*, **27**:47, **27**:*54*, **27**:87, **27**:*115*
Kwasnik, H., **19**:296, **19**:*375*
Kwiatek, J., **26**:115, **26**:*126*
Kwiatkowski, J. S., **22**:194, **22**:*210*
Kwok, F. C., **29**:47, **29**:*64*
Kwok, W. K., **6**:277, **6**:310, **6**:316, **6**:317, **6**:*328*, **11**:24, **11**:*122*
Kwon, S., **17**:355, **17**:*428*
Kwong-Chip, J. M., **29**:166, **29**:*178*
Kyba, E. P., **17**:363, **17**:382, **17**:383, **17**:389, **17**:392, **17**:395, **17**:399, **17**:401, **17**:403–5, **17**:418, **17**:420, **17**:423, **17**:*425*, **17**:*429*
Kyl'chitskaya, N. E., **8**:215, **8**:*265*
Kyong, J. B., **27**:249, **27**:*289*
Kyrtopoulos, S. A., **19**:402, **19**:403, **19**:405, **19**:406, **19**:407, **19**:*425*
Kysel, O., **12**:187, **12**:207, **12**:214, **12**:*218*
Kyte, C. T., **3**:8, **3**:14, **3**:*86*

L

Laakso, R., **14**:33, **14**:*351*
Laaksonen, E., **9**:111(123b), **9**:*126*
Laane, J., **13**:49, **13**:*80*, **22**:128, **22**:*210*
Laane, R. W. P. M., **15**:327, **15**:*329*
Laaneste, H. E., **13**:91, **13**:*150*
Laar, C., **32**:219, **32**:*264*
Labandibar, P., **15**:239, **15**:242, **15**:243, **15**:*263*
Labarre, J.-F., **25**:47, **25**:*87*
Labaye, J., **6**:54, **6**:*60*
Labbé, C., **21**:45, **21**:*95*
Laber, G., **19**:313, **19**:*371*, **29**:273, **29**:305, **29**:*326*
Labes, M. M., **1**:350, **1**:*360*, **7**:223, **7**:*256*, **15**:87, **15**:121, **15**:*147*, **16**:199, **16**:226, **16**:229, **16**:*233*, **16**:*236*, **16**:*237*
Labhart, H., **12**:141, **12**:*218*, **19**:55, **19**:*120*, **32**:160, **32**:167, **32**:*212*
Labinger, J. A., **23**:16, **23**:23, **23**:24, **23**:*59*, **23**:*61*
Labischinski, H., **23**:174, **23**:*268*
Lablache-Combier, A., **18**:120, **18**:*176*, **19**:2, **19**:57, **19**:87, **19**:*122*, **19**:*128*, **26**:72, **26**:78, **26**:*127*
Labre, P., **32**:82, **32**:*114*
Lacadie, J. A., **14**:47, **14**:*62*
Lacasse, R., **32**:42, **32**:*118*
Lacaze, P-C., **12**:43, **12**:*119*
Lach, J. L., **8**:301, **8**:308, **8**:*402*
Lachance, J.-P., **21**:11, **21**:*33*
Lacher, J. R., **7**:18, **7**:19, **7**:20, **7**:24, **7**:25, **7**:26, **7**:28, **7**:29, **7**:*112*, **7**:*113*, **7**:*114*
Lack, R. E., **5**:364, **5**:*397*
Lacombe, D., **26**:38, **26**:41, **26**:43, **26**:44, **26**:73, **26**:*122*
LaCount, R. B., **30**:200, **30**:201, **30**:*219*
La Cour, T., **32**:240, **32**:*264*
Ladd, J. A., **15**:257, **15**:*260*
Ladd, M. F. C., **27**:3, **27**:*54*
Ladel, J., **9**:28(60c), **9**:29(60c), **9**:29(60c), **9**:*123*
Ladenburg, R., **3**:20, **3**:*86*
Ladenheim, H., **3**:166, **3**:*183*, **5**:324, **5**:*325*
Ladik, J., **9**:160, **9**:*175*
Ladika, M., **29**:26, **29**:30, **29**:*67*
Ladkani, D., **27**:222, **27**:*236*
Ladner, K. H., **16**:244, **16**:*263*
Lafferty, R. H., **7**:26, **7**:*113*
Laffitte, P. M., **22**:323, **22**:348, **22**:*358*
Laflair, R. T., **9**:163, **9**:*174*
La Flamme, P., **7**:197, **7**:*204*
Lafuma, F., **16**:260, **16**:*263*
Lagaly, G., **15**:143, **15**:*145*, **15**:*147*
Lagemann, R. T., **3**:32, **3**:*82*, **3**:*83*, **3**:*86*
Lagercrantz, C., **5**:71, **5**:*116*, **17**:4, **17**:15, **17**:42, **17**:49, **17**:52, **17**:55, **17**:*61*, **17**:*62*, **31**:123, **31**:124, **31**:132, **31**:*139*
Lagier, C. M., **32**:230, **32**:*265*
LaGoff, E., **30**:200, **30**:*201*, **30**:*219*
La Gorande, A., **29**:263, **29**:*265*
Lagowski, J. J., **11**:349, **11**:*387*, **13**:85, **13**:*151*
Lagrange, R., **7**:161, **7**:*206*
Lahav, M., **15**:68, **15**:92, **15**:97, **15**:98, **15**:99, **15**:101, **15**:102, **15**:104, **15**:123, **15**:125, **15**:126, **15**:*144*, **15**:*146*, **15**:*147*, **30**:118, **30**:121, **30**:162, **30**:*169*, **30**:*170*
Lahiri, S. C., **12**:177, **12**:*215*
Lahnstein, J., **24**:75, **24**:*111*
Lahousse, F., **26**:170, **26**:*176*
Laht, A., **23**:103, **23**:*160*

Lahti, M. O., **21**:54, **21**:65, **21**:69, **21**:70, **21**:*95*
Lahti, M., **27**:42, **27**:*54*
Lahti, P. M., **26**:185, **26**:193, **26**:200, **26**:210, **26**:217, **26**:*249*, **26**:*251*
Lahti, R., **24**:96, **24**:*106*
Lai, A., **13**:361, **13**:*414*
Lai, C. C., **24**:96, **24**:*106*
Lai, C. Y., **18**:68, **18**:*74*
Lai, C.-S., **17**:7, **17**:52, **17**:*62*
Lai, K., **24**:190, **24**:*204*, **25**:204, **25**:*264*
Lai, Z. G., **31**:154, **31**:190, **31**:191, **31**:192, **31**:*245*, **31**:*248*
Laibelman, A., **27**:207, **27**:*234*
Laidig, K. E., **27**:150, **27**:215, **27**:*238*
Laidlaw, W. G., **5**:138, **5**:*171*, **14**:213, **14**:321, **14**:*343*, **14**:*344*
Laidlaw, W. M., **32**:164, **32**:166, **32**:179, **32**:191, **32**:199, **32**:201, **32**:*212*, **32**:*213*
Laidler, D. A., **17**:287, **17**:289, **17**:366, **17**:367, **17**:369, **17**:370, **17**:377, **17**:382, **17**:406, **17**:*425*, **17**:*426*, **17**:*429*
Laidler, K. J., **1**:2, **1**:4, **1**:14, **1**:22, **1**:23, **1**:27, **1**:*31*, **1**:*32*, **1**:*33*, **2**:101, **2**:137, **2**:138, **2**:139, **2**:141, **2**:145, **2**:146, **2**:*159*, **2**:*160*, **2**:*161*, **5**:122, **5**:125, **5**:126, **5**:*170*, **5**:*171*, **5**:177, **5**:204, **5**:207, **5**:*234*, **6**:67, **6**:*98*, **6**:190, **6**:191, **6**:243, **6**:*327*, **8**:37, **8**:*76*, **9**:172, **9**:173, **9**:*174*, **9**:*177*, **13**:113, **13**:*151*, **14**:41, **14**:*64*, **14**:135, **14**:*200*, **14**:214, **14**:*343*, **14**:*346*, **16**:1, **16**:*48*, **21**:102, **21**:123, **21**:139, **21**:*194*, **26**:9, **26**:*125*, **28**:143, **28**:*170*, **29**:10, **29**:*65*, **29**:*67*
Laiho, G. E., **11**:108, **11**:*122*
Laiken, N., **14**:253, **14**:*346*
Lailach, G. E., **15**:137, **15**:*147*
Laing, M. E., **32**:96, **32**:*115*
Laing, T.-M., **14**:85, **14**:*129*
Laird, R. K., **7**:161, **7**:*206*
Laird, R. M., **17**:136, **17**:*178*, **21**:154, **21**:*192*
Laity, J. L., **29**:276, **29**:*325*
Lajunen, M., **6**:63, **6**:78, **6**:*100*, **7**:297, **7**:*330*, **18**:26, **18**:*75*
Lajzerowicz-Bonnetean, J., **17**:5, **17**:*62*
Lakatos, A. I., **16**:229, **16**:*234*
Lake, R. R., **29**:220, **29**:*267*
Lakshminarayanan, A. V., **6**:116, **6**:146, **6**:156, **6**:*182*, **13**:*81*
Lalama, S. L., **32**:133, **32**:*215*
LaLancette, E. A., **11**:137, **11**:*174*
Lalanne, P., **22**:217, **22**:271, **22**:*299*
Lalégerie, P., **24**:141, **24**:*202*
Laliberte, L. H., **14**:267, **14**:*339*
Laloi, M., **27**:185, **27**:*238*
La Londe, R. T., **10**:211, **10**:*221*
Lalor, G. C., **5**:192, **5**:*234*
Lam, C.-H., **17**:233, **17**:*277*
Lam, D. H., **27**:245, **27**:256, **27**:257, **27**:*290*
Lam, F. L., **12**:275, **12**:*293*
Lam, K. B., **14**:177, **14**:*200*
Lam, L. K. M., **10**:36, **10**:*52*, **11**:186, **11**:192, **11**:213, **11**:215, **11**:*223*, **11**:*224*, **14**:8, **14**:9, **14**:10, **14**:31, **14**:*63*, **14**:*66*
Lam, P. K. W., **24**:164, **24**:*202*
Lam, R., **28**:2, **28**:*43*
Lam, S. T., **14**:148, **14**:149, **14**:195, **14**:*200*
Lam, S. Y., **14**:325, **14**:334, **14**:*346*, **27**:268, **27**:*289*
Lam, Y. F., **13**:338, **13**:339, **13**:*411*
Lama, R. F., **14**:290, **14**:*346*
Lamanna, W., **23**:117, **23**:*158*
La Mar, G. N., **17**:8, **17**:*61*
Lamartine, R., **15**:122, **15**:*147*, **15**:*148*
Lamaty, C., **32**:284, **32**:*384*
Lamaty, G., **9**:*279*, **17**:273, **17**:*275*, **18**:2, **18**:23, **18**:24, **18**:31, **18**:33, **18**:37, **18**:*71*, **18**:*75*, **24**:71, **24**:72, **24**:*105*, **26**:349, **26**:*369*
Lamb, G. W., **22**:219, **22**:220, **22**:*301*
Lamb, J., **25**:22, **25**:33, **25**:*87*, **25**:*91*
Lamb, J. D., **14**:327, **14**:*348*, **17**:281, **17**:287, **17**:301, **17**:302, **17**:304, **17**:307, **17**:362, **17**:363, **17**:377, **17**:379, **17**:419, **17**:*424*, **17**:*428*, **30**:80, **30**:*116*
Lamb, R. C., **23**:275, **23**:*319*
Lamba, D., **29**:166, **29**:*181*
Lambert, C., **32**:191, **32**:203, **32**:*212*
Lambert, F. L., **12**:99, **12**:*123*
Lambert, J. B., **3**:256, **3**:*267*, **13**:67, **13**:*80*, **14**:17, **14**:*64*, **16**:249, **16**:251, **16**:*263*, **22**:349, **22**:*358*, **24**:121,

24:*202*, **25**:42, **25**:*91*, **29**:302, **29**:*329*
Lambert, J. D., **3**:72, **3**:*81*
Lambert, M. C., **13**:194, **13**:*266*, **20**:120, **20**:*182*
Lambert, R. F., **10**:175, **10**:215, **10**:*220*, **12**:13, **12**:67, **12**:69, **12**:*117*
Lambert, R. M., **8**:62, **8**:*76*
Lambert, R. W., **2**:20, **2**:*88*, **7**:297, **7**:*328*
Lambert, T. P., **20**:1, **20**:2, **20**:*52*
Lambeth, P. F., **19**:34, **19**:84, **19**:87, **19**:*115*, **19**:*117*
Lambie, A. T., **22**:237, **22**:254, **22**:*303*
Lamdan, S., **11**:321, **11**:*386*
Lamden, L. A., **31**:256, **31**:*385*
LaMer, V. K., **1**:28, **1**:*31*, **2**:124, **2**:140, **2**:*159*, **2**:*161*, **5**:122, **5**:163, **5**:164, **5**:*171*, **7**:261, **7**:263, **7**:284, **7**:287, **7**:295, **7**:297, **7**:298, **7**:299, **7**:300, **7**:303, **7**:319, **7**:320, **7**:*328*, **7**:*329*, **7**:*330*, **14**:*207*, **14**:*346*
Lamm, B., **2**:172, **2**:173, **2**:*198*, **6**:63, **6**:*100*, **12**:12, **12**:*123*, **15**:268, **15**:*328*
Lammeck, L. H., **1**:70, **1**:71, **1**:*152*
Lammers, J. G., **11**:233, **11**:236, **11**:238, **11**:245, **11**:246, **11**:248, **11**:*264*, **11**:*265*
Lammers, M. F., **2**:184, **2**:*197*
Lammers, R., **29**:233, **29**:*269*
Lammert, S. R., **17**:67, **17**:73, **17**:*176*
Lamola, A. A., **10**:110, **10**:*127*, **13**:185, **13**:*275*, **15**:105, **15**:*150*
Lamotte, M., **9**:164, **9**:*179*
Lamotte-Brasseur, J., **23**:177, **23**:*265*
Lampe, F. W., **4**:327, **4**:*347*, **8**:46, **8**:*76*, **8**:110, **8**:131, **8**:*147*
Lampert, M. A., **16**:187, **16**:*234*
Lampman, G. M., **4**:*165*, **4**:193, **13**:21, **13**:*82*
Lamson, D. W., **14**:190, **14**:*200*, **18**:169, **18**:*182*
Lamy, E., **12**:82, **12**:*123*, **19**:195, **19**:197, **19**:198, **19**:*219*
Lancaster, J. E., **31**:105, **31**:*141*
Lancaster, P. W., **11**:77, **11**:*116*, **17**:195, **17**:218, **17**:230, **17**:233, **17**:234, **17**:273, **17**:*274*, **17**:*277*, **17**:*278*, **29**:137, **29**:*182*
Lancelot, C. J., **9**:252, **9**:*276*, **11**:186, **11**:192, **11**:*223*, **14**:4, **14**:8, **14**:9, **14**:10, **14**:31, **14**:*62*, **14**:*63*, **14**:*64*, **14**:*66*, **19**:262, **19**:*373*, **27**:69, **27**:*116*, **32**:297, **32**:*384*
Land, E. J., **5**:86, **5**:90, **5**:*113*, **5**:*116*, **5**:*117*, **7**:130, **7**:*150*, **9**:142, **9**:171, **9**:*174*, **12**:243, **12**:244, **12**:247, **12**:284, **12**:*295*, **13**:180, **13**:264, **13**:*269*, **13**:*272*, **20**:124, **20**:*185*
Landau, R. L., **10**:11, **10**:*126*, **18**:169, **18**:*180*
Landesberg, J. M., **15**:47, **15**:*60*
Landgraf, W. C., **1**:287, **1**:*362*
Landgrebe, J. A., **6**:265, **6**:*328*, **7**:186, **7**:192, **7**:202, **7**:*206*
Landheer, C. A., **29**:298, **29**:*325*
Landholm, R. A., **6**:66, **6**:68, **6**:71, **6**:73, **6**:75, **6**:90, **6**:92, **6**:94, **6**:*99*, **7**:297, **7**:*329*
Landi, H. P., **10**:197, **10**:*223*
Landini, D., **6**:269, **6**:*328*, **7**:41, **7**:47, **7**:*111*, **17**:323, **17**:325, **17**:329, **17**:330, **17**:355, **17**:357, **17**:*429*
Landini, G., **13**:92, **13**:*151*
Landis, M. E., **18**:189, **18**:191, **18**:200, **18**:*235*
Lando, J., **15**:80, **15**:93, **15**:*147*
Landolt, R. G., **6**:237, **6**:*330*
Landor, S. R., **6**:321, **6**:*328*
Landquist, N., **4**:5, **4**:9, **4**:*28*
Landry, B. J., **2**:178, **2**:*197*
Landry, D. W., **31**:304, **31**:382, **31**:*389*, **31**:*392*
Landsberg, A., **13**:206, **13**:*272*
Landsberg, G. S., **1**:160, **1**:184, **1**:195, **1**:*198*
Landsberg, R., **9**:144, **9**:*178*
Landsberger, F. R., **13**:388, **13**:389, **13**:*409*, **16**:258, **16**:*262*
Landskroener, P. A., **2**:139, **2**:141, **2**:145, **2**:*160*
Landsman, D. A., **1**:14, **1**:*32*, **13**:116, **13**:*149*
Landt, M., **25**:223, **25**:*261*
Landvatter, E. F., **23**:56, **23**:*61*
Lane, A. G., **10**:99, **10**:*126*
Lane, C. A., **5**:317, **5**:318, **5**:*329*, **21**:38, **21**:*96*
Lane, G. A., **13**:65, **13**:74, **13**:*77*
Lane, J. C., **19**:102, **19**:*119*
Lane, J. F., **5**:344, **5**:*397*

Lane, M. D., **25**:230, **25**:231, **25**:234, **25**:235, **25**:*259*, **25**:*262*, **25**:*263*
Lanfredi, A. M. M., **31**:37, **31**:*82*
Lang, A. R., **15**:113, **15**:*147*
Lang, C. E., **2**:259, **2**:263, **2**:264, **2**:*274*, **2**:*275*
Lang, J., **11**:294, **11**:360, **11**:*387*
Lang, R., **29**:233, **29**:*268*, **29**:*269*
Lang, R. W., **23**:65, **23**:*159*
Lang, W., **32**:155, **32**:162, **32**:193, **32**:*213*
Langan, J. R., **26**:59, **26**:62, **26**:*125*
Lange, C. E., **9**:138, **9**:*179*
Lange, W., **21**:13, **21**:*33*
Langemann, A., **24**:78, **24**:*106*
Langer, A. W., **15**:160, **15**:*263*
Langer, R., **26**:191, **26**:*251*, **30**:27, **30**:*60*
Langer, S. H., **10**:197, **10**:*223*
Langeveld-Voss, B. M. W., **32**:124, **32**:*211*
Langevin, P., **3**:68, **3**:*86*, **8**:80, **8**:*147*, **21**:205, **21**:*239*
Langford, C. H., **5**:195, **5**:209, **5**:*234*, **27**:277, **27**:280, **27**:*288*, **27**:*289*
Langford, P., **17**:109, **17**:136, **17**:*176*
Langford, P. B., **7**:27, **7**:*110*, **7**:186, **7**:*205*
Langhals, H., **22**:293, **22**:*305*
Langhan, J., **22**:320, **22**:344, **22**:349, **22**:350, **22**:351, **22**:352, **22**:*359*, **22**:*360*
Längle, D., **32**:137, **32**:150, **32**:164, **32**:165, **32**:166, **32**:167, **32**:199, **32**:200, **32**:202, **32**:204, **32**:205, **32**:206, **32**:*216*
Langler, R. F., **25**:60, **25**:*91*, **28**:247, **28**:*289*
Langlet, G., **16**:255, **16**:*261*
Langley, G. J., **31**:70, **31**:*82*
Langlois, B., **26**:116, **26**:*130*
Langmuir, I., **15**:80, **15**:*147*, **28**:49, **28**:57, **28**:*137*
Langridge, J. R., **19**:103, **19**:*114*, **20**:210, **20**:217, **20**:*229*
Langridge, R., **13**:59, **13**:*82*
Langrish, J., **4**:171, **4**:*192*
Langsdorf, W. P., **1**:38, **1**:143, **1**:*154*
Langsdorf, W. P., Jr., **5**:325, **5**:*330*
Langseth, A., **1**:226, **1**:*278*, **1**:399, **1**:*421*, **3**:251, **3**:267
Långstrom, B., **31**:153, **31**:167, **31**:168, **31**:181, **31**:185, **31**:188, **31**:208, **31**:234, **31**:241, **31**:*243*, **31**:*245*
Langworthy, W. C., **1**:157, **1**:*201*, **2**:72, **2**:*90*
Lankamp, H., **30**:184, **30**:*219*
Lanneau, G. F., **25**:154, **25**:195, **25**:196, **25**:*258*
Lanning, J. A., **14**:314, **14**:*346*
Lannung, A., **14**:286, **14**:*346*
Lanpher, E. J., **1**:181, **1**:*198*
Lansbury, P. T., **3**:258, **3**:*267*, **9**:272, **9**:*276*, **10**:119, **10**:*126*
Lantelme, F., **10**:194, **10**:*223*
Lanthan, W. A., **18**:40, **18**:44, **18**:45, **18**:*74*
Lantzke, I. R., **11**:311, **11**:*384*, **14**:329, **14**:335, **14**:*340*
Lanyiova, Z., **20**:116, **20**:117, **20**:*184*
Lanza, S., **22**:98, **22**:99, **22**:*110*
Lapachev, V. V., **26**:317, **26**:*374*
Lapasset, J., **29**:114, **29**:*180*
Lapidot, A., **3**:179, **3**:*185*
Lapin, S. C., **22**:321, **22**:323, **22**:327, **22**:328, **22**:331, **22**:338, **22**:344, **22**:346, **22**:347, **22**:349, **22**:*358*, **22**:*359*, **22**:*360*, **22**:*361*
Lapin, S., **19**:111, **19**:*122*
Lapinski, R., **11**:39, **11**:*118*
Lapinsky, R., **5**:278, **5**:279, **5**:284, **5**:*326*
Lapinte, C., **14**:189, **14**:*198*, **17**:459, **17**:475, **17**:*484*, **22**:248, **22**:*303*, **22**:*305*
La Placa, S. J., **9**:28(60a, b), **9**:29(60a, b), **9**:30(60a, b), **9**:*123*
Laplaca, S. J., **25**:124, **25**:162, **25**:*260*
La Placa, S. T., **26**:270, **26**:*377*
Lapouyade, R., **15**:128, **15**:*145*, **15**:*146*, **15**:239, **15**:242, **15**:243, **15**:*261*, **15**:*263*, **19**:58, **19**:104, **19**:*116*, **19**:*122*, **26**:239, **26**:*250*
Lapp, T. W., **2**:*277*
Lapper, R. D., **13**:334, **13**:335, **13**:341, **13**:342, **13**:344, **13**:345, **13**:346, **13**:*411*, **13**:*414*
Lappert, M. F., **17**:55, **17**:56, **17**:*60*, **17**:*61*, **23**:4, **23**:*61*, **25**:37, **25**:*89*
Lappin, A. G., **18**:90, **18**:*180*
Lapworth, A., **1**:36, **1**:45, **1**:52, **1**:57, **1**:73, **1**:*152*, **2**:165, **2**:*198*, **18**:1, **18**:3, **18**:*75*, **21**:10, **21**:*33*, **29**:47, **29**:*67*
Larcombe, B. E., **12**:82, **12**:*119*, **13**:206,

13:*268*
Larcombe-McDouall, J. B., **32:**240, **32:***265*
Large, G. B., **17:**79, **17:**81, **17:**82, **17:***177*
Large, R. F., **10:**155, **10:**161, **10:**164, **10:***220*, **10:***221*, **12:**2, **12:**56, **12:***118*
Larkin, J. A., **14:**290, **14:**292, **14:***346*
Larkin, J. P., **17:**3, **17:***60*
Larkworthy, L. F., **4:**327, **4:***345*, **16:**14, **16:**19, **16:**22, **16:***48*
Larner, J., **3:**153, **3:***185*
Laroff, G. P., **12:**248, **12:**249, **12:**250, **12:**251, **12:**252, **12:**255, **12:**257, **12:**258, **12:**269, **12:**270, **12:**285, **12:**286, **12:**289, **12:***293*, **12:***296*, **18:**43, **18:**44, **18:***72*, **18:***75*
Larrien, C., **24:**37, **24:***51*
Larsen, B. G., **8:**249, **8:***265*
Larsen, C., **23:**233, **23:**253, **23:***263*, **23:***266*
Larsen, F. K., **26:**294, **26:***375*
Larsen, J. P., **32:**55, **32:**86, **32:***115*
Larsen, J. W., **5:**139, **5:***171*, **10:**41, **10:***51*, **13:**90, **13:**106, **13:**108, **13:**114, **13:**126, **13:**128, **13:**134, **13:**135, **13:**136, **13:***148*, **13:***151*, **13:**215, **13:***275*, **14:**27, **14:**28, **14:***66*, **14:**97, **14:***131*, **16:**92–5, **16:**121, **16:***157*, **22:**228, **22:**272, **22:***305*, **28:**223, **28:***289*
Larsen, S., **25:**206, **25:***264*
Larshcheid, M. E., **10:**184, **10:***223*
Larson, A. C., **32:**200, **32:***209*
Larson, B., **11:**101, **11:***122*
Larson, J. W., **14:**212, **14:**295, **14:***338*, **14:***346*, **26:**265, **26:**266, **26:**267, **26:**268, **26:**283, **26:**300, **26:**305, **26:**306, **26:***374*, **26:***375*
Larsson, B., **31:**110, **31:***138*
Larsson, F. C. V., **8:**221, **8:***261*
Larsson, G., **26:**267, **26:***374*
Lasalle, P. D., **15:**172, **15:**180, **15:**218, **15:**220, **15:***263*, **15:***265*
Lasarev, G., **32:**109, **32:***114*, **32:***116*
Lascombe, J., **11:**315, **11:***385*, **15:**178, **15:***261*
Lashkoo, G. I., **19:**112, **19:***122*
Lasker, S. E., **13:**322, **13:***411*
Lasocki, Z., **1:**69, **1:**115, **1:***151*
Lassegues, J. C., **9:**162, **9:***178*
Lasser, N., **12:**140, **12:**214, **12:***218*
Lassere, F., **32:**63, **32:***117*
Lassigne, C. R., **16:**255, **16:***263*
Last, A. M., **14:**143, **14:**144, **14:**145, **14:***196*, **14:***198*, **28:**179, **28:**182, **28:**185, **28:**195, **28:**202, **28:***205*
Laszlo, P., **17:**293, **17:**320, **17:***425*, **17:***427*
Lateef, A. B., **14:**322, **14:***347*
Latham, K. S., **7:**324, **7:**325, **7:***330*
Lathan, W. A., **15:**21, **15:***61*, **25:**33, **25:***94*
Latif, M. I. A., **2:**141, **2:***161*
Latimer, W. M., **18:**123, **18:***180*, **22:**27, **22:***110*, **24:**62, **24:***109*
Latour, S., **24:**69, **24:***107*
Latowski, T., **13:**182, **13:***270*, **19:**65, **19:***129*, **20:**221, **20:***231*, **21:**156, **21:***196*
Latremouille, G. A., **11:**20, **11:***119*
Lau, C. D. H., **29:**285, **29:**323, **29:***325*
Lau, H.-P., **17:**481, **17:***484*
Lau, K. S. Y., **17:**58, **17:***64*, **23:**4, **23:**24, **23:**25, **23:**32, **23:***61*, **23:***62*
Lau, M. P., **13:**247, **13:***268*
Lau, P., **29:**133, **29:***183*
Lau, P.-Y., **15:**94, **15:**95, **15:***149*, **30:**117, **30:***171*
Lau, W., **29:**252, **29:***269*
Lau, Y. K., **26:**297, **26:***374*
Laub, F., **15:**102, **15:**104, **15:***147*
Laube, T., **29:**105, **29:**119, **29:**131, **29:**132, **29:**162, **29:**163, **29:**164, **29:**165, **29:***181*, **29:***182*, **29:***183*, **30:**176, **30:***218*
Laude, D. A., Jr., **24:**2, **24:***54*
Lauder, I., **3:**152, **3:**168, **3:**180, **3:***185*, **4:**5, **4:**6, **4:**16, **4:**20, **4:**21, **4:***28*
Laudie, H., **14:**298, **14:***344*
Laue, H. A. H., **17:**74, **17:**93, **17:***176*, **23:**294, **23:***317*
Lauer, W. M., **1:**52, **1:**72, **1:***152*, **1:**157, **1:**192, **1:**194, **1:***198*, **2:**3, **2:**17, **2:***89*, **2:**172, **2:***198*, **4:**298, **4:***302*
Laufer, D. A., **29:**7, **29:**8, **29:***65*
Laughlin, K. C., **4:**329, **4:***347*
Laughlin, R., **2:**251, **2:**259, **2:***274*
Laughlin, R. G., **7:**169, **7:***204*, **11:**345, **11:***388*

Laughton, P. M., **5**:315, **5**:*329*, **7**:262, **7**:274, **7**:*330*, **14**:205, **14**:*346*, **16**:126, **16**:129–31, **16**:*156*, **26**:289, **26**:*375*
Lauhon, C. T., **31**:256, **31**:*385*
Laungani, D., **22**:136, **22**:137, **22**:138, **22**:141, **22**:142, **22**:166, **22**:*206*, **23**:77, **23**:82, **23**:129, **23**:*159*, **26**:271, **26**:275, **26**:293, **26**:294, **26**:316, **26**:323, **26**:324, **26**:*368*
Laupretre, F., **16**:259, **16**:*263*
Laureillard, J., **17**:353, **17**:*429*
Laurence, C., **9**:145, **9**:*179*, **27**:191, **27**:205, **27**:*233*, **28**:220, **28**:*289*, **29**:217, **29**:*269*
Laurent, A., **12**:12, **12**:92, **12**:*123*
Laurent, E., **12**:12, **12**:*123*
Laurent, G., **23**:182, **23**:207, **23**:*266*
Laurent, P., **8**:306, **8**:*402*
Laurent-Dieuzeide, E., **12**:12, **12**:92, **12**:*123*
Laurie, D., **24**:101, **24**:*109*
Laurie, V. W., **13**:62, **13**:*81*, **25**:42, **25**:*96*
Laurino, J. P., **22**:98, **22**:*110*
Laursen, R., **7**:201, **7**:*208*
Lauterbur, P. C., **4**:319, **4**:*346*, **9**:36(76), **9**:37(76), **9**:38(76), **9**:44(76), **9**:47(76), **9**:50(76), **9**:*124*, **11**:136, **11**:160, **11**:*174*, **11**:*175*, **11**:209, **11**:*222*, **13**:371, **13**:*411*
Lav, C. F., **14**:325, **14**:*346*
Lavagnini, I., **32**:38, **32**:93, **32**:95, **32**:*116*, **32**:*118*
Lavagnino, E. R., **23**:190, **23**:206, **23**:*267*
Lavanish, J. M., **5**:391, **5**:*399*, **7**:175, **7**:*209*
Lavey, B. J., **31**:298, **31**:299, **31**:382, **31**:*389*
La Vietes, D., **8**:140, **8**:*146*
Lavin, M., **23**:53, **23**:*59*
Laviron, E., **5**:44, **5**:*52*, **32**:42, **32**:*118*
Lavrik, P. B., **29**:286, **29**:292, **29**:*328*
Lavrushin, V. F., **4**:325, **4**:*346*
Law, D. C. F., **7**:9, **7**:*111*
Law, S. W., **8**:*147*
Lawes, B. C., **2**:119, **2**:*159*
Lawesson, S.-O., **6**:4, **6**:*58*, **7**:10, **7**:*113*, **8**:207, **8**:209, **8**:212, **8**:218, **8**:221, **8**:249, **8**:*261*, **8**:*263*, **8**:*265*, **8**:*269*, **18**:147, **18**:*181*, **20**:156, **20**:157, **20**:160, **20**:*187*, **25**:78, **25**:79, **25**:*89*, **29**:237, **29**:240, **29**:*270*
Lawler, R. G., **10**:54, **10**:57, **10**:73, **10**:76, **10**:77, **10**:86, **10**:88, **10**:89, **10**:110, **10**:111, **10**:112, **10**:114, **10**:115, **10**:121, **10**:*124*, **10**:*126*, **10**:*127*, **10**:*128*, **18**:169, **18**:*184*, **20**:1, **20**:2, **20**:33, **20**:39, **20**:40, **20**:*52*, **20**:*53*
Lawless, J. C., **19**:209, **19**:211, **19**:213, **19**:*219*
Lawless, J. G., **10**:211, **10**:*221*, **18**:172, **18**:*180*, **26**:38, **26**:*124*, **26**:*127*, **32**:39, **32**:*118*
Lawlor, J. M., **11**:23, **11**:24, **11**:92, **11**:*117*, **11**:138, **11**:149, **11**:*174*, **15**:174, **15**:*262*, **17**:237, **17**:*277*, **27**:98, **27**:*114*
Lawrence, A. S. C., **2**:105, **2**:*160*, **5**:136, **5**:*171*, **8**:274, **8**:281, **8**:282, **8**:362, **8**:*401*, **8**:*402*
Lawrence, G. A., **29**:147, **29**:170, **29**:*183*
Lawrence, K. G., **14**:288, **14**:309, **14**:310, **14**:*336*, **14**:*338*, **14**:*341*, **14**:*342*
Lawrence, R. B., **1**:404, **1**:*421*
Lawrence, R. H. Jr., **8**:126, **8**:*147*
Lawrence, S. H., **24**:87, **24**:*111*
Lawrie, C. J. C., **30**:185, **30**:*218*
Lawson, A. J., **10**:119, **10**:*123*, **16**:14, **16**:19, **16**:22, **16**:*47*, **19**:384, **19**:389, **19**:*425*
Lawson, P. J., **13**:350, **13**:352, **13**:371, **13**:377, **13**:*406*, **13**:*409*, **13**:*412*
Laye, P. G., **15**:28, **15**:*58*
Layloff, T. P., **5**:66, **5**:106, **5**:110, **5**:*114*, **5**:*116*, **12**:14, **12**:*119*
Layne, W. S., **11**:346, **11**:*388*
Laynez, J., **32**:240, **32**:*264*
Layoff, T., **18**:120, **18**:*180*
Lazaar, K. I., **22**:141, **22**:*210*, **26**:319, **26**:*375*
Lazar, J., **17**:76, **17**:*180*
Lazar, M., **12**:187, **12**:*218*
Lazaro, F. J., **26**:208, **26**:*251*
Lazarus, R. A., **17**:259, **17**:*278*
Lazdins, D., **2**:172, **2**:*199*, **20**:154, **20**:*189*
Lazdins, I., **14**:21, **14**:37, **14**:*63*
Lazursky, Yu. S., **1**:298, **1**:*362*
Lazzeretti, P., **11**:126, **11**:*174*
Leach, S. J., **5**:319, **5**:*329*, **6**:105, **6**:113,

6:114, **6**:124, **6**:125, **6**:143, **6**:145, **6**:146, **6**:147, **6**:148, **6**:149, **6**:150, **6**:151, **6**:152, **6**:153, **6**:154, **6**:158, **6**:173, **6**:*181*, **6**:*182*, **6**:*183*, **21**:27, **21**:*33*
Leach, W. A., **6**:265, **6**:*330*, **7**:33, **7**:*113*
Leal, G., **29**:288, **29**:*327*
Leane, J. B., **13**:92, **13**:*150*
Leary, G., **9**:151, **9**:*179*
Leatherbarrow, R. J., **29**:2, **29**:8, **29**:*65*, **29**:*67*
Leaver, I. H., **17**:14, **17**:19, **17**:*62*
Lebedeva, T. A., **17**:455, **17**:*484*
LeBel, N. A., **6**:281, **6**:298, **6**:312, **6**:*328*
Leber, W., **29**:305, **29**:*328*
Le Blanc, O. H., **16**:160, **16**:169, **16**:200, **16**:210, **16**:213, **16**:*234*
LeBlanc, R. M., **28**:68, **28**:*136*
Lebouc, A., **23**:309, **23**:*317*
Lebreton, J., **7**:161, **7**:*206*
Lebreux, C., **24**:169, **24**:*200*
Lebus, S., **32**:158, **32**:159, **32**:161, **32**:163, **32**:167, **32**:170, **32**:173, **32**:179, **32**:193, **32**:204, **32**:205, **32**:206, **32**:*209*, **32**:*212*, **32**:*213*, **32**:*216*
Lechevallier, A., **23**:278, **23**:281, **23**:*316*
Lechtken, P., **18**:189, **18**:191, **18**:192, **18**:194, **18**:198, **18**:201, **18**:226, **18**:*236*, **18**:*238*, **21**:119, **21**:*195*
Leclerc, G., **13**:194, **13**:*266*, **20**:95, **20**:109, **20**:*181*, **23**:313, **23**:*316*
LeCours, S. M., **32**:194, **32**:*212*
Led, J. J., **13**:48, **13**:*77*, **16**:254, **16**:*263*, **23**:64, **23**:*160*
Leddy, J., **26**:20, **26**:*130*
Ledednova, V. M., **7**:73, **7**:*114*
Le Démézet, M., **12**:43, **12**:44, **12**:*119*
Lederberg, J., **8**:201, **8**:*263*
Lederer, E., **3**:181, **3**:*185*
Lederer, M., **3**:181, **3**:*185*
Lederer, P., **32**:60, **32**:*115*
Ledger, L. M. B., **32**:183, **32**:*212*
Ledger, M. B., **12**:206, **12**:*218*
Ledger, R., **6**:172, **6**:*180*
Lednicer, D., **1**:272, **1**:*279*
Lednor, P. W., **17**:55, **17**:56, **17**:*60*, **23**:4, **23**:*61*
Ledoux, I., **32**:148, **32**:162, **32**:166, **32**:177, **32**:180, **32**:191, **32**:196, **32**:198, **32**:200, **32**:202, **32**:203, **32**:*209*, **32**:*210*, **32**:*211*, **32**:*212*, **32**:*214*, **32**:*217*
Le Duc, J. A. M., **10**:215, **10**:*223*
Leduc, P.-A., **14**:217, **14**:265, **14**:267, **14**:269, **14**:270, **14**:*342*, **14**:*345*, **14**:*346*, **14**:*349*
Ledwith, A., **6**:63, **6**:*100*, **7**:154, **7**:170, **7**:171, **7**:172, **7**:175, **7**:176, **7**:180, **7**:184, **7**:192, **7**:*203*, **7**:*206*, **11**:370, **11**:*388*, **12**:3, **12**:71, **12**:78, **12**:*116*, **12**:*123*, **13**:165, **13**:166, **13**:169, **13**:174, **13**:185, **13**:186, **13**:187, **13**:194, **13**:208, **13**:236, **13**:237, **13**:240, **13**:251, **13**:252, **13**:255, **13**:257, **13**:259, **13**:261, **13**:264, **13**:*266*, **13**:*268*, **13**:*269*, **13**:*271*, **13**:*273*, **15**:255, **15**:*260*, **17**:20, **17**:21, **17**:38, **17**:*62*, **18**:82, **18**:83, **18**:90, **18**:94, **18**:149, **18**:150, **18**:153, **18**:154, **18**:168, **18**:170, **18**:*175*, **18**:*176*, **18**:*180*, **20**:56, **20**:90, **20**:95, **20**:100, **20**:120, **20**:*181*, **20**:*182*, **20**:*185*, **23**:310, **23**:*317*, **23**:*319*, **31**:94, **31**:*137*
Lee, A. G., **13**:383, **13**:385, **13**:386, **13**:387, **13**:388, **13**:390, **13**:*407*, **13**:*411*, **13**:*412*, **13**:*414*, **16**:251, **16**:*263*
Lee, A. Y., **31**:268, **31**:271, **31**:*389*
Lee, B., **21**:23, **21**:*35*
Lee, B.-S., **27**:84, **27**:88, **27**:*115*, **31**:170, **31**:172, **31**:173, **31**:183, **31**:184, **31**:*245*
Lee, B. C., **27**:63, **27**:68, **27**:79, **27**:80, **27**:83, **27**:84, **27**:88, **27**:*115*, **31**:170, **31**:172, **31**:173, **31**:183, **31**:184, **31**:*245*
Lee, B. J., **23**:91, **23**:*159*
Lee, C., **18**:206, **18**:*236*
Lee, C. C., **2**:11, **2**:12, **2**:23, **2**:*90*, **5**:381, **5**:*397*, **8**:140, **8**:*147*, **10**:176, **10**:*220*, **11**:191, **11**:214, **11**:215, **11**:*223*, **11**:*224*, **19**:245, **19**:265, **19**:334, **19**:*374*, **19**:*375*
Lee, C. H., **24**:81, **24**:*111*
Lee, C. K., **22**:63, **22**:*111*
Lee, C. L., **15**:169, **15**:173, **15**:201, **15**:202, **15**:204, **15**:*260*, **23**:39, **23**:*58*
Lee, D., **9**:27(42), **9**:29(42), **9**:*123*

Lee, D.-J., **6:**277, **6:***326*
Lee, D. F., **9:**144, **9:***182*
Lee, D. G., **13:**89, **13:**92, **13:**104, **13:**143, **13:***151*, **17:**357, **17:***429*, **25:**123, **25:***261*
Lee, D. J., **7:**98, **7:***110*, **9:**195, **9:**197, **9:***275*
Lee, E. K. C., **2:**222, **2:**236, **2:**238, **2:**239, **2:**240, **2:**242, **2:***274*, **2:***276*, **2:***277*, **7:**189, **7:***206*
Lee, E. X. C., **30:**15, **30:***61*
Lee, F., **29:**224, **29:**226, **29:***266*
Lee, F. L., **22:**350, **22:***360*
Lee, H. A., Jr., **21:**25, **21:***30*
Lee, H. W., **27:**22, **27:***54*, **27:**59, **27:**63, **27:**67, **27:**68, **27:**76, **27:**77, **27:**79, **27:**80, **27:**81, **27:**83, **27:**84, **27:**86, **27:**87, **27:**88, **27:**90, **27:**92, **27:**93, **27:**94, **27:**95, **27:**96, **27:**97, **27:**99, **27:***115,* **32:**374, **32:***382*
Lee, H., **24:**178, **24:***201*
Lee, I, **2:**39, **2:***90*, **14:**219, **14:**313, **14:**321, **14:***343*, **14:***346*, **27:**22, **27:***54*, **27:**59, **27:**60, **27:**63, **27:**64, **27:**67, **27:**68, **27:**76, **27:**77, **27:**79, **27:**80, **27:**81, **27:**83, **27:**84, **27:**86, **27:**87, **27:**88, **27:**90, **27:**91, **27:**92, **27:**93, **27:**94, **27:**95, **27:**96, **27:**97, **27:**99, **27:**106, **27:***115*, **28:**257, **28:***289*, **31:**153, **31:**163, **31:**170, **31:**172, **31:**173, **31:**183, **31:**184, **31:***245,* **32:**374, **32:***382*
Lee, I. S. H., **21:**151, **21:***193*, **24:**100, **24:***109*, **27:**26, **27:**28, **27:**33, **27:***54,* **27:**122, **27:**124, **27:**184, **27:**231, **27:***236*
Lee, J., **3:**246, **3:***267*, **18:**187, **18:**189, **18:***235*, **22:**192, **22:***210*, **29:**51, **29:***67*, **31:**264, **31:**265, **31:**382, **31:***391,* **32:**25, **32:***119*
Lee, J. B., **10:**191, **10:**196, **10:***222*
Lee, J. C., **21:**168, **21:**169, **21:***193*, **27:**102, **27:**103, **27:***114*, **27:**131, **27:**136, **27:**149, **27:**173, **27:**194, **27:***236*
Lee, J. G., **17:**354, **17:***424*
Lee, J. J., **14:**313, **14:***346*
Lee, J. K., **2:**221, **2:**222, **2:**223, **2:**224, **2:**225, **2:**226, **2:**228, **2:**229, **2:**230, **2:**232, **2:**233, **2:**237, **2:**238, **2:**241, **2:***274*
Lee, J. Y., **32:**181, **32:***212*
Lee, K.-W., **18:**206, **18:***236*
Lee, K. W., **26:**116, **26:***127*
Lee, K. Y., **29:**186, **29:**218, **29:**231, **29:**235, **29:**236, **29:**242, **29:**244, **29:**245, **29:**258, **29:**262, **29:**265, **29:***266*, **29:***268*, **29:***269*
Lee, L., **15:**161, **15:***263*
Lee, M. D., **14:***313*, **14:***346*
Lee, R., **4:**326, **4:***346*
Lee, R. A., **3:**101, **3:***121,* **22:**185, **22:***208*
Lee, R. E., **24:**43, **24:***52*, **24:***54*, **29:**314, **29:***327*
Lee, S.-L., **23:**191, **23***270*
Lee, T. K., **31:**283, **31:***387*
Lee, T. P., **14:**272, **14:**275, **14:***347*
Lee, T. W. S., **17:**166, **17:**169, **17:***178*
Lee, T.-S., **20:**117, **20:***182*
Lee, V. Y., **32:**181, **32:**186, **32:***214*
Lee, W., **17:**360, **17:***427*
Lee, W. G., **6:**310, **6:**317, **6:**322, **6:***328*, **7:**90, **7:***112*
Lee, W. H., **17:**305, **17:***424*, **27:**68, **27:**76, **27:**79, **27:**80, **27:***115*
Lee, W. S., **23:**259, **23:***270*
Lee, Y., **14:**301, **14:***346*, **16:**112, **16:***156*
Lee, Y. J., **20:**223, **20:***232*
Lee, Y. K., **1:**44, **1:***150*
Lee, Y. N., **13:**59, **13:***80*
Lee, Y. P., **30:**7, **30:***59*
Lee, Y. T., **22:**314, **22:***359*, **26:**297, **26:***376*, **26:***378*
Lee, Y.-S., **17:**461, **17:***485*
Leech, P. N., **9:**272, **9:***279*
Leedy, D. W., **10:**211, **10:***224*, **13:**195, **13:**207, **13:***276*, **20:**61, **20:***188*
Leegwater, A. L., **28:**180, **28:***205*
Leenson, I. A., **17:**14, **17:***63*
Leermakers, P. A., **6:**50, **6:***60*, **7:**189, **7:***206*, **8:**246, **8:***268*
Lee-Ruff, E., **13:**87, **13:***149*, **21:**211, **21:***240*
Lees, E. B., **5:**290, **5:***329*
Lees, R. M., **25:**48, **25:***91*
Leeson, P., **18:**233, **18:***236*, **21:**42, **21:***96*
Leeson, P. D., **19:**82, **19:***124*
Leeuwestein, C. H., **13:**59, **13:***77*
Lefebvre, E., **28:**253, **28:**254, **28:**263, **28:**266, **28:**269, **28:**274, **28:**275,

28:*290*
Lefebvre, R., **1**:294, **1**:305, **1**:318, **1**:336, **1**:*361*, **1**:*362*, **4**:288, **4**:*301*
Le Fèvre, C. G., **1**:111, **1**:*150*, **3**:40, **3**:43, **3**:46, **3**:47, **3**:48, **3**:49, **3**:50, **3**:54, **3**:56, **3**:57, **3**:59, **3**:60, **3**:61, **3**:62, **3**:64, **3**:65, **3**:66, **3**:67, **3**:68, **3**:70, **3**:74, **3**:78, **3**:*79*, **3**:*80*, **3**:*82*, **3**:*86*, **25**:23, **25**:*92*
Le Févre, J. W., **32**:172, **32**:*212*
Le Fevre, P. H., **14**:20, **14**:*66*
Le Fèvre, R. J. W., **1**:111, **1**:*150*, **3**:3, **3**:8, **3**:20, **3**:33, **3**:37, **3**:40, **3**:43, **3**:45, **3**:46, **3**:47, **3**:48, **3**:49, **3**:50, **3**:51, **3**:52, **3**:54, **3**:55, **3**:56, **3**:57, **3**:58, **3**:59, **3**:60, **3**:61, **3**:62, **3**:64, **3**:65, **3**:66, **3**:67, **3**:68, **3**:70, **3**:74, **3**:76, **3**:78, **3**:*79*, **3**:*80*, **3**:*81*, **3**:*82*, **3**:*83*, **3**:*84*, **3**:*86*, **3**:*87*, **23**:194, **23**:*262*, **25**:23, **25**:*85*, **25**:*92*, **26**:316, **26**:*375*
Leffek, K, T., **2**:72, **2**:*89*, **5**:124, **5**:142, **5**:147, **5**:*171*, **10**:10, **10**:14, **10**:15, **10**:16, **10**:20, **10**:24, **10**:*26*, **14**:26, **14**:45, **14**:*64*, **14**:153, **14**:*200*, **31**:174, **31**:175, **31**:178, **31**:*245*
Leffler, J., **1**:21, **1**:22, **1**:*32*
Leffler, J. E., **4**:11, **4**:*28*, **5**:142, **5**:143, **5**:163, **5**:*170*, **5**:177, **5**:223, **5**:*234*, **5**:344, **5**:*397*, **8**:373, **8**:374, **8**:*400*, **9**:169, **9**:170, **9**:171, **9**:*179*, **13**:97, **13**:106, **13**:107, **13**:*151*, **14**:59, **14**:*64*, **14**:71, **14**:77, **14**:81, **14**:*130*, **14**:215, **14**:248, **14**:*346*, **15**:1, **15**:2, **15**:*60*, **16**:104, **16**:115, **16**:*156*, **21**:126, **21**:177, **21**:178, **21**:*194*, **22**:20, **22**:28, **22**:74, **22**:75, **22**:*109*, **22**:121, **22**:*210*, **27**:16, **27**:*54*, **27**:129, **27**:231, **27**:*236*, **29**:48, **29**:50, **29**:*67*
Leforestier, C., **21**:103, **21**:106, **21**:116, **21**:129, **21**:130, **21**:132, **21**:133, **21**:*195*
Lefour, J. M., **17**:360, **17**:*429*
Lefrou, C., **32**:29, **32**:68, **32**:69, **32**:105, **32**:*114*
Leftin, H. P., **7**:107, **7**:*114*
Legan, E., **17**:152, **17**:*178*
Leganza, M. W., **22**:60, **22**:61, **22**:*108*
Legard, A. R., **21**:67, **21**:*96*
Legenza, M. W., **19**:17, **19**:20, **19**:*119*
Legg, K. D., **19**:88, **19**:*129*
Leggett, C., **15**:28, **15**:*60*
Legler, G., **24**:141, **24**:*199*, **24**:*202*, **24**:*203*
Legler, L. E., **17**:79, **17**:*178*
Le Goaller, R., **17**:346, **17**:*431*
Legon, A. C., **26**:264, **26**:265, **26**:*375*
Le Gorande, A., **26**:66, **26**:*123*
Le Grow, G. E., **6**:290, **6**:*324*
Lehman, C. H., **24**:83, **24**:*112*
Lehman, M. S., **32**:231, **32**:*263*
Lehman, T. A., **21**:201, **21**:*239*
Lehmann, H., **29**:147, **29**:*179*
Lehmann, M. S., **22**:129, **22**:130, **22**:*211*, **26**:261, **26**:262, **26**:294, **26**:*374*, **26**:*375*
Lehmann, R. E., **29**:198, **29**:199, **29**:202, **29**:203, **29**:*269*
Lehmkuhl, H., **12**:2, **12**:19, **12**:*123*, **17**:328, **17**:*429*
Lehn, J.-M., **13**:70, **13**:*80*, **13**:386, **13**:388, **13**:394, **13**:*407*, **13**:*411*, **15**:162, **15**:163, **15**:*261*, **15**:*263*, **17**:280, **17**:281, **17**:290, **17**:291, **17**:293, **17**:337, **17**:345, **17**:346, **17**:371, **17**:373, **17**:382, **17**:388, **17**:407, **17**:408, **17**:410, **17**:415, **17**:416, **17**:*424*, **17**:*426*, **17**:*428*, **17**:*429*, **21**:228, **21**:*238*, **22**:185, **22**:187, **22**:188, **22**:*207*, **22**:*210*, **22**:*211*, **24**:65, **24**:*106*, **24**:146, **24**:152, **24**:153, **24**:186, **24**:*202*, **25**:5, **25**:*92*, **25**:173, **25**:174, **25**:180, **25**:192, **25**:*261*, **29**:1, **29**:4, **29**:*67*, **30**:64, **30**:65, **30**:66, **30**:68, **30**:69, **30**:107, **30**:*113*, **30**:*114*, **30**:*115*, **32**:167, **32**:179, **32**:200, **32**:*209*, **32**:*212*
Lehnert, R., **17**:382, **17**:*427*
Lehnig, M., **10**:56, **10**:73, **10**:76, **10**:84, **10**:121, **10**:*125*, **10**:*126*, **26**:150, **26**:158, **26**:159, **26**:*177*, **26**:*178*
Lehrman, C. L., **25**:193, **25**:*261*
Lehrmann, G., **17**:444, **17**:*482*
Leibfritz, D., **10**:99, **10**:*127*, **11**:304, **11**:306, **11**:*388*
Leibnitz, E., **14**:327, **14**:*345*
Leibovici, C., **25**:47, **25**:*87*
Leibovitch, M., **27**:227, **27**:*236*
Leibowitz, J., **3**:153, **3**:*185*

Leicester, J., **3**:10, **3**:13, **3**:14, **3**:15, **3**:16, **3**:17, **3**:20, **3**:27, **3**:*82*, **3**:*83*
Leicher, W., **12**:31, **12**:32, **12**:*121*
Leigh, J. S., Jr., **13**:374, **13**:*409*
Leigh, P. A., **32**:3, **32**:105, **32**:*115*
Leigh, S. J., **17**:380, **17**:381, **17**:*427*, **17**:*429*
Leigh, W. J., **26**:163, **26**:165, **26**:*176*
Leininger, H., **23**:89, **23**:*158*
Leininger, P. M., **1**:28, **1**:*32*, **2**:124, **2**:*160*
Leipert, T. K., **16**:241, **16**:247, **16**:*263*, **23**:82, **23**:*160*, **26**:275, **26**:310, **26**:*375*
Leis, D. G., **7**:80, **7**:*111*
Leiserowitz, L., **15**:92, **15**:94, **15**:97, **15**:102, **15**:104, **15**:*146*, **15**:*147*, **32**:233, **32**:246, **32**:247, **32**:*262*, **32**:*264*
Leising, F., **32**:179, **32**:*213*
Leising, M., **26**:151, **26**:*176*
Leismann, H., **19**:32, **19**:101, **19**:*122*, **19**:*123*
Leisrowitz, L., **11**:338, **11**:*387*
Leisten, J. A., **2**:144, **2**:146, **2**:*160*
Leitch, L. C., **7**:79, **7**:*111*, **8**:102, **8**:*148*, **8**:197, **8**:239, **8**:*266*
Leja, J., **8**:345, **8**:*405*
Lejeune, V., **26**:190, **26**:*248*
Lelandais, D., **12**:17, **12**:*118*
Lelievre, J., **27**:149, **27**:172, **27**:176, **27**:186, **27**:*237*, **27**:*238*
Lem, B., **14**:3, **14**:*67*
Lemaire, B., **22**:217, **22**:271, **22**:*299*
Lemaire, H., **5**:63, **5**:72, **5**:83, **5**:87, **5**:102, **5**:104, **5**:105, **5**:*113*, **5**:*114*, **5**:*116*, **10**:120, **10**:*123*, **17**:9, **17**:*62*
Lemal, A., **25**:350, **25**:*443*
Lemal, D. M., **6**:222, **6**:230, **6**:231, **6**:233, **6**:*328*, **6**:*329*, **7**:155, **7**:*206*, **20**:211, **20**:*230*, **22**:315, **22**:*359*, **30**:188, **30**:*219*
Lemanceau, B., **9**:158, **9**:*175*, **9**:*181*, **22**:217, **22**:271, **22**:*299*
Lemberg, H. L., **14**:220, **14**:236, **14**:*346*, **14**:*350*
Lemetais, P., **18**:9, **18**:10, **18**:*75*
Lemieux, R. U., **3**:233, **3**:239, **3**:*267*, **13**:287, **13**:300, **13**:309, **13**:311, **13**:331, **13**:*411*, **24**:122, **24**:123, **24**:147, **24**:*202*, **25**:49, **25**:*92*, **25**:*171*, **25**:*261*
Leming, H. E., **8**:90, **8**:92, **8**:*148*
Lemire, A. E., **25**:193, **25**:*263*
Lemmetyinen, H., **17**:323, **17**:325, **17**:*429*
Lemmon, R. M., **2**:269, **2**:*275*
Lemon, T. H., **14**:236, **14**:*344*
Lemond, H., **16**:6, **16**:*48*
Lemons, J. F., **1**:*198*, **3**:126, **3**:*185*
Lempert, K., **23**:297, **23**:298, **23**:*321*, **24**:92, **24**:*108*
Lengel, R. K., **22**:314, **22**:*359*
Lenhert, P. G., **19**:419, **19**:422, **19**:*426*
Lennard, A., **3**:179, **3**:*183*
Lennard-Jones, J. E., **1**:391, **1**:*421*, **4**:124, **4**:*144*, **13**:14, **13**:*80*, **25**:4, **25**:*92*
Le Noble, W. J., **2**:109, **2**:152, **2**:*161*, **9**:269, **9**:*276*, **14**:189, **14**:*200*, **15**:167, **15**:*263*, **18**:80, **18**:*180*, **19**:104, **19**:*122*, **19**:225, **19**:*374*, **25**:7, **25**:*85*, **25**:117, **25**:*263*, **27**:106, **27**:*116*, **31**:189, **31**:*245*
Lenoir, D., **13**:74, **13**:75, **13**:*80*, **14**:9, **14**:14, **14**:*64*, **14**:*65*, **19**:236, **19**:273, **19**:287, **19**:289, **19**:290, **19**:299, **19**:301, **19**:302, **19**:*374*, **19**:*378*, **19**:*379*, **25**:56, **25**:*92*, **28**:251, **28**:*289*, **29**:105, **29**:164, **29**:*182*
Lenthen, P. M., **3**:62, **3**:*79*
Lentz, B. R., **14**:235, **14**:*346*
Lenz, D. E., **31**:382, **31**:*390*
Lenz, F., **17**:86, **17**:173, **17**:*180*
Lenz, P. A., **18**:58, **18**:*74*
Leo, A., **15**:274, **15**:279, **15**:*329*, **28**:172, **28**:*205*, **29**:6, **29**:34, **29**:*66*, **29**:*67*, **29**:85
Leo, M., **26**:185, **26**:*249*
Leonard, J. A., **2**:183, **2**:198
Leonard, J. E., **17**:317, **17**:*433*
Leonard, N. J., **3**:180, **3**:*185*, **11**:352, **11**:353, **11**:380, **11**:*388*, **15**:82, **15**:*148*
Leonarduzzi, G. D., **27**:38, **27**:39, **27**:*52*
Leone, R. E., **19**:225, **19**:226, **19**:334, **19**:335, **19**:336, **19**:349, **19**:355, **19**:363, **19**:364, **19**:*374*
Leone-Bay, A., **19**:11, **19**:*123*, **19**:*127*
Leong, A. J., **30**:68, **30**:*113*
Leonhardt, H., **12**:191, **12**:*218*, **19**:50,

19:*122*
Leopold, D. G., **22:**314, **22:***359*, **24:**36, **24:**48, **24:***54*
Leopold, F., **24:**147, **24:**151, **24:***203*
LePage, T. J., **26:**231, **26:***249*
LePage, Y., **22:**321, **22:**350, **22:***360*
Lepeska, B., **24:**71, **24:***110*
Leplay, A. R., **28:**216, **28:***288*
Lepley, A. R., **6:**291, **6:***328*, **10:**56, **10:**85, **10:**88, **10:**110, **10:**111, **10:**118, **10:**119, **10:***126*, **10:***128*, **18:**169, **18:***180*, **22:**328, **22:***359*, **26:**180, **26:***249*
Lepori, L., **14:**253, **14:**298, **14:***339*
Lequan, M., **32:**203, **32:***212*
Lerflaten, O., **19:**177, **19:**203, **19:***219*
Lerke, S. A., **30:**183, **30:**184, **30:***218*
Lerner, R. A., **29:**56, **29:**58, **29:**59, **29:***64*, **29:***66*, **29:***67*, **29:***69*, **31:**253, **31:**256, **31:**260, **31:**264, **31:**265, **31:**270, **31:**275, **31:**277, **31:**278, **31:**279, **31:**281, **31:**282, **31:**283, **31:**286, **31:**287, **31:**288, **31:**289, **31:**290, **31:**291, **31:**292, **31:**294, **31:**295, **31:**298, **31:**301, **31:**302, **31:**303, **31:**304, **31:**310, **31:**312, **31:**382, **31:**383, **31:**384, **31:**385, **31:***385*, **31:***386*, **31:***387*, **31:***388*, **31:***389*, **31:***390*, **31:***391*, **31:***392*
Leroi, G. E., **25:**28, **25:***96*, **30:**13, **30:***57*, **30:***61*
Leroux, F., **26:**116, **26:***122*
Le Roux, J. P., **30:**18, **30:***61*
Le Roux, L. J., **14:**32, **14:***65*, **17:***477*, **17:***484*
Le Roy, D. J., **8:**46, **8:***77*, **9:**129, **9:***179*
Leroy, G., **24:**182, **24:***202*, **26:**139, **26:**140, **26:**151, **26:**163, **26:***176*, **26:***177*
Leroy, L., **24:**64, **24:***110*
Le Roy, L. R., **9:**173, **9:***179*
Lesage, M., **5:**381, **5:**382, **5:***396*
Lesclaux, R., **12:**133, **12:**154, **12:***218*, **19:**18, **19:***118*
Leser, J., **15:**94, **15:***148*
Leshina, T. V., **18:**41, **18:***75*, **19:**55, **19:***122*, **20:**16, **20:**25, **20:**29, **20:**45, **20:**50, **20:***52*, **20:***53*
Lesiak, K., **25:**222, **25:**223, **25:**226, **25:***256*, **25:***257*
Lesigne, B., **27:**263, **27:**264, **27:**269, **27:***288*
Leslie, D. R., **16:**258, **16:***262*
Leslie, T. M., **32:**187, **32:***208*
Leslie, W. M., **32:**61, **32:**63, **32:***118*
Lessard, J., **24:**116, **24:**118, **24:**163, **24:***200*, **25:**49, **25:***94*
Lessard, M. V., **9:**252, **9:***276*
Lester, C. T., **2:**5, **2:**14, **2:**25, **2:**30, **2:**42, **2:**85, **2:***88*
Lester, G. K., **8:**188, **8:**194, **8:**240, **8:***260*
Lester, G. R., **8:***260*, **8:***261*, **9:**137, **9:**146, **9:***176*
Lesueur, E., **25:**11, **25:***86*
Lesyng, B., **29:**102, **29:**174, **29:***182*
Letcher, J. H., **9:**68(103), **9:***125*
Letcher, J. W., **14:***338*
Letendre, L. J., **25:**13, **25:***87*
Letourneau, F., **21:**45, **21:***95*
Letsinger, R. L., **1:***199*, **7:**98, **7:***111*, **8:**396, **8:***402*, **9:**193, **9:***276*, **11:**226, **11:**227, **11:**235, **11:**236, **11:**237, **11:**246, **11:**247, **11:**253, **11:***265*, **12:**63, **12:***123*
Letson, G. M., **16:**177, **16:***233*
Letts, K., **17:**441, **17:***484*
Leumann, C., **29:**134, **29:***183*
Leumann, C. J., **31:**264, **31:**383, **31:**385, **31:***390*
Leung, D. S., **32:**158, **32:**204, **32:**206, **32:***214*
Leung, H. W., **14:**181, **14:***197*
Leung, M., **12:**57, **12:***123*
Leung, P. S., **14:**264, **14:***350*
Leung, Y. C., **6:**115, **6:**117, **6:***181*
Leung, Y.-K., **32:**324, **32:***379*
Leupold, E., **4:**198, **4:**222, **4:***301*
Leusen, A. M., van, **5:**347, **5:***397*
Leute, R., **12:**205, **12:***216*
Leuthauser, S. W., **17:***59*
Le Van, W. I., **2:**126, **2:***159*
Levashov, A. V., **17:**451, **17:***485*, **23:**226, **23:***267*
Levashow, A. V., **22:**224, **22:**226, **22:**227, **22:**254, **22:**257, **22:***305*
Levenson, H. S., **1:**18, **1:***33*
Leveque, M. A., **32:**48, **32:***118*
Levesque, G., **21:**45, **21:***96*
Levey, G., **2:**210, **2:***274*

Levi, A., **13**:92, **13**:94, **13**:101, **13**:102, **13**:103, **13**:104, **13**:105, **13**:143, **13**:*149*, **13**:*151*, **14**:149, **14**:*200*, **16**:112, **16**:*155*
Levi, A. A., **4**:165, **4**:181, **4**:183, **4**:*192*
Levi, B. A., **19**:269, **19**:270, **19**:273, **19**:*374*, **23**:68, **23**:*159*, **31**:202, **31**:203, **31**:*244*
Levich, V. G., **10**:206, **10**:*223*, **16**:88, **16**:97, **16**:100, **16**:*155*, **16**:*156*, **22**:121, **22**:*208*, **32**:49, **32**:*118*
Levin, G., **18**:100, **18**:*180*, **19**:74, **19**:92, **19**:*122*, **19**:*126*, **19**:173, **19**:178, **19**:*219*
Levin, I., **3**:168, **3**:*186*
Levin, P. P., **19**:89, **19**:*122*
Levin, Y. A., **10**:83, **10**:90, **10**:*126*
Levine, A. S., **14**:267, **14**:276, **14**:*341*, **14**:*346*
Levine, B. B., **23**:233, **23**:*266*
Levine, B. F., **32**:158, **32**:162, **32**:175, **32**:*213*
Levine, R., **1**:*198*
Levine, R. D., **18**:105, **18**:111, **18**:*174*, **18**:*180*, **18**:*182*, **19**:9, **19**:*113*, **19**:*122*, **21**:116, **21**:*194*, **28**:140, **28**:*170*
Levine, S., **14**:209, **14**:236, **14**:*346*, **14**:*349*, **18**:151, **18**:*182*
Levine, Y. K., **13**:383, **13**:385, **13**:386, **13**:387, **13**:*407*, **13**:*411*, **13**:*412*, **16**:251, **16**:*263*
Levinger, J. S., **8**:82, **8**:*147*
Levinson, J., **16**:184, **16**:*234*
Levisalles, J., **11**:372, **11**:*383*, **28**:279, **28**:*288*
Levit, A. F., **3**:176, **3**:181, **3**:*184*, **10**:99, **10**:*126*
Levita, G., **17**:128, **17**:*180*
Levitt, M., **17**:222, **17**:*278*
Levitzky, A., **7**:140, **7**:*150*
Levkovitch, M. G., **16**:241, **16**:*263*
Levsen, K., **8**:169, **8**:221, **8**:*260*
Levy, A., **7**:77, **7**:*114*
Levy, D. H., **2**:20, **2**:*89*, **5**:54, **5**:66, **5**:*114*, **5**:*116*, **15**:23, **15**:29, **15**:*57*, **25**:20, **25**:21, **25**:*92*, **25**:*94*
Levy, F., **15**:87, **15**:*147*
Levy, G. C., **9**:18, **9**:*23*, **11**:124, **11**:*174*, **13**:92, **13**:*151*, **13**:280, **13**:281, **13**:282, **13**:283, **13**:285, **13**:286, **13**:324, **13**:350, **13**:352, **13**:*406*, **13**:*411*, **13**:*415*, **16**:240, **16**:241, **16**:243, **16**:246, **16**:248, **16**:251–3, **16**:257, **16**:*261*, **16**:*262*, **16**:*263*, **23**:189, **23**:*266*
Levy, H. A., **14**:223, **14**:230, **14**:*348*, **14**:*349*
Levy, H. V., **26**:299, **26**:*376*
Levy, J. F., **25**:119, **25**:*259*
Levy, J. L., **5**:159, **5**:*169*
Levy, L. A., **6**:277, **6**:*330*
Levy, L. K., **15**:41, **15**:*58*
Levy, M., **4**:*144*, **12**:30, **12**:*123*, **26**:56, **26**:*127*, **26**:189, **26**:*252*
Levy, P. A., **27**:45, **27**:47, **27**:*54*
Lewandos, G. S., **17**:300, **17**:*430*
Lewin, A., **25**:80, **25**:*92*
Lewin, S. Z., **3**:1, **3**:38, **3**:39, **3**:*80*
Lewis, A., **19**:4, **19**:20, **19**:31, **19**:32, **19**:36, **19**:40, **19**:52, **19**:*114*, **19**:*115*, **19**:*117*
Lewis, A., **20**:217, **20**:*230*
Lewis, C., **19**:30, **19**:*115*, **31**:273, **31**:383, **31**:*389*, **31**:*391*
Lewis, C. C., **24**:121, **24**:*199*
Lewis, C. P., **8**:209, **8**:*265*
Lewis, D. E., **24**:43, **24**:52, **24**:61, **24**:*111*, **31**:180, **31**:181, **31**:220, **31**:217, **31**:*247*
Lewis, E. S., **3**:110, **3**:*121*, **5**:284, **5**:*329*, **5**:346, **5**:*397*, **6**:95, **6**:*99*, **9**:143, **9**:*179*, **14**:154, **14**:*200*, **16**:97, **16**:*156*, **17**:100, **17**:*179*, **21**:148, **21**:149, **21**:159, **21**:169, **21**:*192*, **21**:*194*, **22**:114, **22**:121, **22**:*208*, **22**:*210*, **24**:61, **24**:*109*, **26**:21, **26**:106, **26**:107, **26**:119, **26**:*127*, **27**:17, **27**:26, **27**:28, **27**:39, **27**:*54*, **27**:63, **27**:64, **27**:97, **27**:98, **27**:*115*, **27**:*117*, **27**:122, **27**:124, **27**:176, **27**:184, **27**:223, **27**:231, **27**:*237*, **30**:185, **30**:*218*, **31**:212, **31**:229, **31**:*245*, **32**:245, **32**:*264*
Lewis, F. A., **15**:143, **15**:*150*
Lewis, F. D., **19**:48, **19**:53, **19**:59, **19**:64, **19**:103, **19**:*119*, **19**:*122*, **20**:129, **20**:*185*
Lewis, G. E., **8**:215, **8**:218, **8**:*261*, **11**:310, **11**:*388*

Lewis, G. J., **23**:30, **23**:*59*, **25**:201, **25**:202, **25**:*258*, **25**:*260*

Lewis, G. N., **1**:412, **1**:413, **1**:*421*, **3**:8, **3**:*87*, **3**:123, **3**:*185*, **4**:196, **4**:*302*, **7**:222, **7**:*256*, **9**:7, **9**:*24*, **13**:179, **13**:*273*

Lewis, H. B., **20**:214, **20**:*231*

Lewis, I. C., **1**:143, **1**:*154*, **1**:175, **1**:191, **1**:*201*, **4**:15, **4**:*29*, **5**:72, **5**:*116*, **8**:*268*, **9**:165, **9**:166, **9**:*182*, **13**:161, **13**:164, **13**:211, **13**:*273*, **13**:*276*, **22**:157, **22**:*212*, **28**:3, **28**:*43*

Lewis, J. S., **16**:252, **16**:*263*

Lewis, J. W., **32**:247, **32**:*264*

Lewis, K. G., **3**:118, **3**:*121*

Lewis, R. G., **11**:381, **11**:*391*

Lewis, R. N., **3**:16, **3**:*88*

Lewis, S., **13**:385, **13**:388, **13**:*408*

Lewis, S. D., **17**:244, **17**:*275*

Lewis, T. A., **3**:160, **3**:167, **3**:*183*, **5**:263, **5**:321, **5**:*326*

Lewis, T. J., **16**:166, **16**:178, **16**:180, **16**:*230*, **16**:*234*

Lex, J., **28**:1, **28**:10, **28**:11, **28**:12, **28**:17, **28**:27, **28**:*42*, **28**:*43*

Lexa, D., **13**:203, **13**:*273*, **26**:3, **26**:11, **26**:28, **26**:68, **26**:74, **26**:97, **26**:98, **26**:101, **26**:102, **26**:103, **26**:104, **26**:106, **26**:107, **26**:109, **26**:110, **26**:111, **26**:116, **26**:*125*, **26**:*127*

Ley, K., **5**:89, **5**:*117*

Ley, O., **32**:108, **32**:*120*

Ley, S. V., **32**:70, **32**:*118*

Leyendecker, F., **23**:108, **23**:*158*

Leyh-Bouille, M., **23**:177, **23**:180, **23**:184, **23**:*264*, **23**:*265*

Leyland, L. M., **9**:169, **9**:*179*

Leyland, R. L., **19**:107, **19**:*115*

Lezina, V. P., **9**:165, **9**:*183*

Li, G., **32**:200, **32**:*216*

Li, J.-Z., **31**:58, **31**:*82*

Li, L., **31**:382, **31**:*390*

Li, M. Y., **24**:67, **24**:*109*

Li, S., **26**:224, **26**:*246*, **26**:*247*

Li, T., **31**:264, **31**:270, **31**:290, **31**:291, **31**:294, **31**:298, **31**:382, **31**:384, **31**:388, **31**:389, **31**:*390*

Li, W.-S., **18**:67, **18**:69, **18**:70, **18**:*74*, **26**:328, **26**:*373*

Li, W. K., **19**:349, **19**:*370*

Li, Y. S., **25**:42, **25**:46, **25**:*88*

Li, Y., **31**:256, **31**:*387*

Liang, G., **11**:145, **11**:146, **11**:156, **11**:163, **11**:*174*, **11**:*175*, **11**:201, **11**:*224*, **19**:236, **19**:240, **19**:250, **19**:260, **19**:266, **19**:273, **19**:275, **19**:278, **19**:280, **19**:281, **19**:284, **19**:290, **19**:299, **19**:301, **19**:302, **19**:309, **19**:318, **19**:348, **19**:361, **19**:*375*, **19**:*376*, **19**:*378*, **29**:280, **29**:286, **29**:287, **29**:*328*

Liang, N., **28**:4, **28**:20, **28**:21, **28**:28, **28**:*43*

Liang, T., **16**:101, **16**:*156*, **26**:288, **26**:289, **26**:291, **26**:292, **26**:293, **26**:294, **26**:303, **26**:*374*

Liang, T. M., **22**:128, **22**:130, **22**:136, **22**:138, **22**:144, **22**:145, **22**:167, **22**:*210*

Liang, T.-M., **16**:31, **16**:*48*

Liang, W., **30**:80, **30**:*116*

Liang, Y. T., **11**:26, **11**:*120*

Lianos, P., **22**:217, **22**:240, **22**:242, **22**:270, **22**:*305*, **22**:*309*

Liao, C. C., **29**:299, **29**:300, **29**:*328*

Liao, C. S., **17**:48, **17**:*59*, **20**:84, **20**:*185*

Liao, T.-P., **19**:34, **19**:*122*

Liardon, R., **8**:166, **8**:*265*

Lias, S. G., **8**:110, **8**:119, **8**:120, **8**:132, **8**:139, **8**:140, **8**:*145*, **8**:*146*, **29**:230, **29**:*269*

Liaske, C. N., **28**:201, **28**:*205*

Liautard, B., **18**:114, **18**:*178*

Libby, W. F., **2**:40, **2**:*88*, **2**:210, **2**:211, **2**:212, **2**:248, **2**:249, **2**:250, **2**:263, **2**:*274*, **2**:*275*, **7**:198, **7**:*209*, **16**:97, **16**:*156*

Libera H., **26**:174, **26**:*175*

Liberek, B., **8**:209, **8**:*260*

Liberman, A. L., **1**:176, **1**:195, **1**:*197*, **1**:*198*

Libert, M., **12**:9, **12**:13, **12**:56, **12**:*123*, **13**:204, **13**:230, **13**:*273*, **20**:147, **20**:*182*

Libit, L., **21**:100, **21**:106, **21**:*194*

Libman, J., **19**:15, **19**:48, **19**:*122*, **19**:*129*, **20**:208, **20**:*233*

Lichtenberg, D., **11**:324, **11**:*390*

Lichter, R. L., **16**:253, **16**:*261*, **23**:189, **23**:190, **23**:206, **23**:*268*

Lichtin, N. N., **1**:93, **1**:*152*, **2**:39, **2**:*89*, **12**:244, **12**:259, **12**:260, **12**:272, **12**:*294*, **13**:217, **13**:*278*, **19**:91, **19**:*129*
Liddel, U., **3**:259, **3**:*267*
Liddell, P. A., **28**:4, **28**:*42*
Lide, D. R., **7**:161, **7**:163, **7**:*207*, **25**:53, **25**:*92*,**32**:125, **32**:*213*
Lide, D. R., Jr., **13**:*80*
Lidén, A., **25**:31, **25**:62, **25**:67, **25**:69, **25**:73, **25**:76, **25**:78, **25**:*89*, **25**:*92*, **25**:*94*
Lidwell, O. M., **14**:85, **14**:86, **14**:*128*, **14**:151, **14**:*196*, **18**:4, **18**:8, **18**:*71*
Lie, J. I.-P., **17**:22, **17**:30, **17**:*61*
Liebermann, C., **15**:68, **15**:*148*, **30**:118, **30**:*170*
Liebig, J. von, **13**:86, **13**:*151*
Liebman, J. F., **20**:115, **20**:*184*, **22**:16, **22**:*109*, **22**:314, **22**:316, **22**:360, **29**:2, **29**:*67*, **29**:278, **29**:310, **29**:311, **29**:*327*, **29**:*329*
Liebman, M. N., **25**:14, **25**:*94*
Liechti, R. R., **8**:295, **8**:322, **8**:323, **8**:329, **8**:375, **8**:*400*, **22**:246, **22**:*303*
Liedek, E., **11**:319, **11**:*390*
Lieder, C. A., **21**:208, **21**:209, **21**:210, **21**:211, **21**:*238*, **21**:*239*
Liedke, P., **12**:159, **12**:161, **12**:193, **12**:196, **12**:197, **12**:*218*
Liehr, A. D., **1**:379, **1**:*421*, **25**:130, **25**:*260*
Lien, A. P., **1**:52, **1**:72, **1**:*152*, **2**:17, **2**:*89*, **4**:242, **4**:273, **4**:*302*, **9**:17, **9**:*24*
Lienhard, G. E., **5**:261, **5**:297, **5**:298, **5**:301, **5**:312, **5**:*329*, **5**:394, **5**:*397*, **11**:90, **11**:*122*, **14**:89, **14**:*130*, **18**:8, **18**:12, **18**:13, **18**:15, **18**:16, **18**:31, **18**:46, **18**:*75*, **21**:26, **21**:*32*, **21**:44, **21**:*96*, **25**:236, **25**:*261*, **29**:2, **29**:9, **29**:12, **29**:13, **29**:30, **29**:60, **29**:*67*, **31**:279, **31**:*389*
Liepa, A. J., **20**:57, **20**:*185*
Liepack, H., **3**:26, **3**:*83*
Liesegang, G. W., **17**:309, **17**:310, **17**:312, **17**:*429*, **17**:*431*
Lieser, G., **30**:119, **30**:*171*
Lieser, K. H., **4**:238, **4**:*302*
Lietaer, D., **12**:159, **12**:170, **12**:171, **12**:172, **12**:203, **12**:204, **12**:*220*
Lietzke, M. H., **2**:*66*, **2**:67, **2**:68, **2**:75, **2**:79, **2**:*87*, **2**:*88*, **2**:*89*, **11**:214, **11**:*223*, **14**:241, **14**:*346*
Lifshitz, C., **30**:176, **30**:*219*
Lifson, S., **6**:129, **6**:137, **6**:138, **6**:142, **6**:144, **6**:145, **6**:156, **6**:*179*, **6**:*181*, **13**:11, **13**:15, **13**:16, **13**:24, **13**:30, **13**:33, **13**:39, **13**:47, **13**:48, **13**:52, **13**:*79*, **13**:*80*, **13**:*82*, **25**:38, **25**:60, **25**:*88*, **25**:*90*
Liggero, S. H., **14**:19, **14**:27, **14**:*62*, **19**:288, **19**:291, **19**:*374*, **19**:*378*
Light, J. R. C., **8**:212, **8**:*262*
Lightner, D. A., **17**:100, **17**:*181*
Liitle, D., **30**:109, **30**:*113*
Lijinsky, W., **19**:392, **19**:*426*
Liler, M., **11**:285, **11**:286, **11**:292, **11**:310, **11**:328, **11**:329, **11**:330, **11**:331, **11**:332, **11**:333, **11**:334, **11**:335, **11**:336, **11**:337, **11**:339, **11**:342, **11**:344, **11**:353, **11**:364, **11**:366, **11**:368, **11**:*388*, **11**:*391*, **12**:210, **12**:*219*, **13**:84, **13**:85, **13**:92, **13**:*151*, **22**:237, **22**:254, **22**:*303*, **23**:210, **23**:*266*
Lilga, K. T., **8**:27, **8**:*75*
Lilie, J., **12**:226, **12**:228, **12**:244, **12**:247, **12**:258, **12**:259, **12**:264, **12**:267, **12**:280, **12**:281, **12**:284, **12**:286, **12**:287, **12**:*294*, **12**:*295*, **12**:*296*
Liljefors, T., **25**:5, **25**:34, **25**:54, **25**:58, **25**:62, **25**:69, **25**:71, **25**:76, **25**:77, **25**:78, **25**:79, **25**:81, **25**:82, **25**:*86*, **25**:*90*, **25**:*91*, **25**:*92*, **25**:*93*
Lilley, T. H., **14**:219, **14**:*340*
Lillis, P. K., **19**:296, **19**:*368*
Lillocci, C., **22**:93, **22**:94, **22**:95, **22**:*107*, **22**:*108*
Lilly, M. N., **32**:279, **32**:*380*
Lim, C., **32**:373, **32**:374, **32**:375, **32**:376, **32**:*382*
Lim, C. S., **30**:100, **30**:101, **30**:*115*
Lim, E. C., **1**:413, **1**:*421*, **19**:91, **19**:*116*, **19**:*125*, **19**:*127*, **19**:*129*
Lim, G., **29**:113, **29**:*180*
Lim, P.-J., **30**:162, **30**:164, **30**:166, **30**:*170*
Lim, S. C., **2**:119, **2**:122, **2**:*160*
Lim, T. B., **19**:*91*, **19**:*129*
Lim, Y. Y., **17**:10, **17**:*62*

Lima, F. W., **3**:32, **3**:*87*
Lima, J. L. F. C., **32**:52, **32**:*115*
Liman, U., **28**:116, **28**:*136*
Limbach, H. H., **9**:161, **9**:*179*, **22**:143, **22**:*209*, **22**:*210*, **23**:125, **23**:148, **23**:*160*, **24**:102, **24**:*109*, **32**:236, **32**:237, **32**:238, **32**:239, **32**:240, **32**:242, **32**:*262*, **32**:*263*, **32**:*264*, **32**:*265*
Limbert, M., **23**:207, **23**:*269*
Limburg, W. W., **19**:77, **19**:*122*
Lin, C. C., **6**:123, **6**:*181*, **25**:54, **25**:*91*
Lin, C.-R., **31**:132, **31**:*139*
Lin, C.-T., **22**:342, **22**:*358*
Lin, C. T., **15**:120, **15**:*148*
Lin, H. C., **19**:265, **19**:320, **19**:323, **19**:329, **19**:*374*, **19**:*376*, **28**:217, **28**:*290*
Lin, J. T., **31**:293, **31**:382, **31**:*388*
Lin, L., **23**:82, **23**:*158*, **26**:271, **26**:275, **26**:*369*
Lin, S., **31**:229, **31**:230, **31**:*245*
Lin, T. H., **12**:235, **12**:*296*
Lin, Y. C., **26**:168, **26**:*177*
Lin, Y. S., **13**:56, **13**:*77*, **28**:5, **28**:24, **28**:*40*
Lin, Y.-S., **32**:314, **32**:*382*
Lin, Y. T., **15**:258, **15**:*263*
Lin, Y., **19**:302, **19**:*379*
Linck, R. G., **18**:93, **18**:*180*
Lincoln, D. N., **8**:139, **8**:140, **8**:*146*, **11**:207, **11**:*223*
Lind, J., **31**:122, **31**:124, **31**:132, **31**:*138*, **31**:*139*
Lind, J. S., **18**:231, **18**:*236*
Lind, S. C., **8**:*147*
Linda, P., **14**:*128*, **21**:44, **21**:*95*, **22**:235, **22**:239, **22**:258, **22**:291, **22**:*302*, **22**:*305*, **31**:262, **31**:382, **31**:*385*
Lindberg, B., **27**:42, **27**:*53*
Lindberg, B. J., **17**:101, **17**:108, **17**:*178*
Lindberg, J. J., **14**:325, **14**:326, **14**:*345*, **14**:*346*
Lindblad, L. G., **8**:306, **8**:*399*
Lindblow, C., **6**:169, **6**:170, **6**:*180*
Lindell, E., **14**:333, **14**:*351*
Lindeman, L. P., **6**:6, **6**:*60*
Lindemann, B., **31**:58, **31**:*80*
Lindemann, R., **22**:132, **22**:*210*
Linden, H. R., **6**:56, **6**:*60*
Lindenbaum, S., **14**:267, **14**:268, **14**:269, **14**:*346*, **15**:289, **15**:*329*
Lindenmeyer, P. H., **13**:16, **13**:*81*
Linder, P. W., **23**:220, **23**:*264*
Linder, T. L., **29**:217, **29**:*267*
Linderstrøm-Lang, C. U., **14**:290, **14**:*347*
Lindgren, C. R., **2**:52, **2**:62, **2**:*91*
Lindgren, J., **26**:280, **26**:*369*
Lindh, R., **29**:315, **29**:*327*
Lindholm, E., **4**:45, **4**:51, **4**:*70*, **8**:110, **8**:112, **8**:119, **8**:131, **8**:*147*, **8**:*148*, **8**:*149*
Lindley, H., **5**:319, **5**:*329*, **21**:27, **21**:*33*
Lindley, P. F., **29**:297, **29**:*324*
Lindman, B., **13**:391, **13**:394, **13**:*409*, **22**:214, **22**:215, **22**:217, **22**:219, **22**:220, **22**:*302*, **22**:*304*, **22**:*305*, **22**:*308*
Lindner, A. B., **31**:382, **31**:*391*
Lindner, H. J., **13**:55, **13**:*80*, **22**:133, **22**:*208*, **25**:33, **25**:*86*
Lindow, D. F., **6**:8, **6**:17, **6**:*60*
Lindoy, L. F., **25**:253, **25**:*261*, **30**:64, **30**:65, **30**:68, **30**:107, **30**:*112*, **30**:*113*, **30**:*114*
Lindquist, P., **17**:444, **17**:*482*
Lindqvist, L., **12**:143, **12**:191, **12**:*219*, **29**:215, **29**:*269*
Lindsay, D., **25**:36, **25**:*86*
Lindsay, G. A., **32**:123, **32**:129, **32**:158, **32**:*213*
Lindsay, L. P., **1**:28, **1**:*31*, **2**:124, **2**:*159*
Lindsay Smith, J. R., **5**:69, **5**:*116*, **13**:245, **13**:247, **13**:*273*
Lindsell, W. E., **29**:217, **29**:*269*
Lindsey, R. V., **12**:14, **12**:17, **12**:56, **12**:*123*
Line, L. L., **13**:208, **13**:*275*, **20**:96, **20**:*187*
Lineberger, W. C., **19**:184, **19**:*222*, **22**:314, **22**:*359*, **24**:36, **24**:48, **24**:*54*
Linert, W., **29**:21, **29**:*66*
Lines, R., **18**:129, **18**:*181*, **19**:148, **19**:149, **19**:*219*, **20**:144, **20**:*185*
Ling, A. C., **17**:40, **17**:*62*
Ling, C. J., **25**:193, **25**:*258*
Lingafelter, E. C., **1**:229, **1**:*280*, **8**:364, **8**:368, **8**:*400*
Lingane, J. J., **5**:2, **5**:*51*
Lingnau, E., **22**:341, **22**:*359*

Link, C. M., **22**:280, **22**:292, **22**:*305*
Link, H., **6**:285, **6**:*327*
Link, J., **15**:53, **15**:*60*
Linkowsky, G. E., **28**:12, **28**:24, **28**:*44*
Linn, C. B., **4**:325, **4**:329, **4**:*345*
Linn, W. J., **7**:9, **7**:*111*
Linnell, R. H., **13**:104, **13**:*152*, **26**:265, **26**:267, **26**:*378*
Linnett, J. W., **1**:58, **1**:*151*, **8**:62, **8**:*76*
Linquist, R. H., **4**:150, **4**:*192*
Linquist, R. N., **25**:236, **25**:*261*
Linschitz, H., **19**:86, **19**:91, **19**:112, **19**:*120*, **19**:*129*
Linscott, D. L., **13**:254, **13**:*265*
Linsey, R. V., Jr., **7**:31, **7**:*110*
Linstead, R. P., **12**:60, **12**:*123*
Lintvedt, R. L., **26**:316, **26**:*375*
Lion, C., **15**:257, **15**:*261*, **28**:247, **28**:266, **28**:*288*
Liotta, C., **17**:313, **17**:*432*
Liotta, C. L., **13**:114, **13**:*151*, **14**:143, **14**:*200*, **15**:20, **15**:*59*, **15**:309, **15**:*329*, **17**:280, **17**:323, **17**:325, **17**:326, **17**:328–30, **17**:340, **17**:343, **17**:345, **17**:423, **17**:*425*, **17**:*426*, **17**:*429*
Liotta, L. J., **31**:270, **31**:383, **31**:*389*
Lipanov, A. A., **29**:102, **29**:*179*
Lipinski, C. A., **14**:112, **14**:*130*
Lipkin, D., **1**:316, **1**:*361*, **12**:14, **12**:*123*, **13**:179, **13**:*273*
Lipnic, R. L., **15**:274, **15**:*329*
Lipnick, R. L., **13**:55, **13**:*80*
Lippert, E., **9**:160, **9**:*179*, **12**:173, **12**:*219*, **19**:34, **19**:*127*, **19**:157, **19**:*221*
Lippert, J. L., **29**:206, **29**:228, **29**:243, **29**:*267*
Lippincott, E. R., **6**:134, **6**:*181*, **6**:*183*, **26**:280, **26**:*375*
Lippma, E. T., **19**:283, **19**:322, **19**:*372*
Lippmaa, E., **23**:103, **23**:*160*
Lippmaa, E. T., **10**:83, **10**:85, **10**:96, **10**:99, **10**:*126*, **11**:209, **11**:*224*
Lippman, A. E., **28**:172, **28**:180, **28**:*205*
Lipscomb, W. M., **24**:68, **24**:*107*
Lipscomb, W. N., **1**:259, **1**:*278*, **9**:59(93), **9**:68(93), **9**:*125*, **11**:28, **11**:64, **11**:*120*, **11**:*121*, **21**:30, **21**:*34*, **21**:228, **21**:*239*, **24**:178, **24**:179, **24**:*200*, **24**:*202*, **25**:26, **25**:*89*, **25**:*92*, **26**:356, **26**:*370*, **31**:268, **31**:*386*, **31**:*392*
Lipsky, S. R., **13**:387, **13**:388, **13**:*407*
Lipson, H., **1**:220, **1**:257, **1**:*278*, **1**:*279*
Lipsztajn, M., **27**:268, **27**:*289*
Liptay, W., **7**:223, **7**:224, **7**:225, **7**:226, **7**:251, **7**:*254*, **7**:*256*, **13**:177, **13**:*273*, **32**:155, **32**:160, **32**:161, **32**:162, **32**:167, **32**:174, **32**:193, **32**:204, **32**:*213*, **32**:*216*
Liquori, A. M., **1**:230, **1**:*275*, **6**:106, **6**:107, **6**:108, **6**:111, **6**:112, **6**:120, **6**:121, **6**:124, **6**:127, **6**:129, **6**:130, **6**:134, **6**:138, **6**:156, **6**:162, **6**:163, **6**:164, **6**:165, **6**:171, **6**:172, **6**:173, **6**:*179*, **6**:*180*, **6**:*181*, **6**:184
Lischka, H., **19**:245, **19**:249, **19**:*373*, **19**:*374*
Lisec, T., **32**:105, **32**:*119*
Lisewski, R., **15**:82, **15**:*148*
Lisovenko, V. A., **15**:110, **15**:*148*
Lissel, M., **17**:355, **17**:*426*
Lissi, E., **18**:191, **18**:*236*, **22**:228, **22**:236, **22**:243, **22**:253, **22**:294, **22**:*299*, **22**:*305*
Lissi, E. A., **19**:89, **19**:*118*
Lister, T. E., **32**:108, **32**:*120*
Liston, T. V., **1**:70, **1**:71, **1**:72, **1**:*148*, **15**:47, **15**:*58*
Liszi, J., **28**:279, **28**:*287*
Litovitz, T. A., **16**:243, **16**:*261*
Littke, W., **29**:145, **29**:*182*
Little, E. L., **1**:*199*, **7**:1, **7**:15, **7**:*109*, **7**:*112*
Little, J., **19**:383, **19**:*426*
Little, R. C., **8**:290, **8**:*402*
Little, R. L., **5**:382, **5**:*396*
Little, W. A., **12**:3, **12**:*123*, **16**:225–6, **16**:*234*
Little, W. F., **19**:405, **19**:*425*
Littler, J. S., **13**:174, **13**:*273*, **15**:56, **15**:*60*, **18**:3, **18**:*71*, **18**:84, **18**:89, **18**:161, **18**:*176*, **18**:*180*, **24**:183, **24**:198, **24**:*202*
Littman, D., **30**:46, **30**:*59*
Littrell, R., **7**:193, **7**:*208*
Litvak, V. V., **17**:315, **17**:*429*
Liu, C.-C. A., **17**:79, **17**:80, **17**:139, **17**:*178*
Liu, I. D., **1**:400, **1**:*420*

Liu, J. C., **18:**193, **18:**202, **18:**210, **18:***234*, **18:***237*
Liu, J. I., **31:**136, **31:***139*
Liu, J. S., **4:**327, **4:**334, **4:**335, **4:**338, **4:***345*, **4:***346*, **9:***23*, **11:**207, **11:***223*
Liu, J.-M., **29:**302, **29:***330*
Liu, K.-J., **14:***197*
Liu, K.-T., **14:**19, **14:***62,* **32:**280, **32:**284, **32:**307, **32:**314, **32:***380*, **32:***382*
Liu, L. J., **14:**182, **14:***198*
Liu, M. T. H., **22:**321, **22:**323, **22:**327, **22:**351, **22:***360*, **30:**20, **30:***57*
Liu, M. Y., **12:**104, **12:***126*
Liu, P. Q., **26:**168, **26:***177*
Liu, R. S. H., **29:**302, **29:***327*
Liu, T. K., **1:**396, **1:***423*
Liu, W.-Z., **31:**131, **31:***137*
Liu, Y., **11:**219, **11:***223*, **30:**87, **30:***112*
Live, D., **17:**282, **17:**286, **17:**307, **17:**314, **17:***429*
Livermore, R. A., **15:**28, **15:***58*
Livigni, R., **15:**207, **15:***263*
Livingston, R., **1:**290, **1:**331, **1:***363*, **5:**72, **5:**75, **5:**99, **5:**104, **5:***116*, **8:**2, **8:***76*, **10:**121, **10:***126*, **10:***128*, **12:**191, **12:***218*, **26:**161, **26:***175*
Livingston, R. C., **25:**29, **25:***89*
Liwo, A., **32:**38, **32:***117*
Ljunggren, S., **22:**248, **22:**249, **22:***300*
Llamas-Saiz, A. L., **32:**240, **32:**242, **32:***263*, **32:***264*
Lledos, A., **26:**119, **26:***121*
Llewellyn, D. R., **3:**129, **3:**130, **3:**131, **3:**132, **3:**133, **3:**140, **3:**160, **3:**167, **3:**169, **3:**170, **3:**171, **3:**173, **3:**176, **3:**178, **3:**179, **3:***183*, **3:***185*, **5:**263, **5:**297, **5:**321, **5:***326*, **5:***329*, **17:**126, **17:***175*, **25:**105, **25:***257*,
Llewellyn, D., **1:**25, **1:***31*
Llewellyn, G., **28:**270, **28:**279, **28:***287*
Llewellyn, J. A., **2:**72, **2:***89,* **10:**14, **10:**15, **10:**16, **10:***26*, **14:**26, **14:**45, **14:***64*, **14:***65*
Llinas, M., **13:**395, **13:**401, **13:**406, **13:***412*
Llobet, A., **31:**133, **31:***138*, **31:***140*
Lloret, F., **26:**243, **26:***249*, **26:***250*
Llort, F. M., **25:**33, **25:***88*
Lloyd, A. C., **9:**133, **9:***177*
Lloyd, B. A., **30:**87, **30:***112*
Lloyd, D., **11:**321, **11:***388*
Lloyd, G. J., **17:**193, **17:**194, **17:**208, **17:**209, **17:**219, **17:**261, **17:**268, **17:***277*, **29:**138, **29:***182*
Lloyd, J. R., **19:**233, **19:**249, **19:***378*, **23:**47, **23:**129, **23:***160*
Lloyd, N. C., **6:**261, **6:***331*
Lloyd, R. A., **18:**232, **18:***235*
Lloyd, R. V., **8:**120, **8:***147*, **16:**75, **16:***85*
Lloyd, W. G., **9:**138, **9:***179*
Lluch, F., **25:**270, **25:**273, **25:**274, **25:**276, **25:**284, **25:**285, **25:**300, **25:***440*
Lo, C.-H. L., **31:**260, **31:**287, **31:**295, **31:**301, **31:**312, **31:**382, **31:**383, **31:**384, **31:***385*, **31:***388*, **31:***392*
Lo, D. H., **13:**55, **13:***80*, **19:**245, **19:***368*, **29:**301, **29:**302, **29:**303, **29:***326*
Lo, G. Y.-S., **31:**198, **31:***244*
Lo, L.-C., **31:**260, **31:**295, **31:**298, **31:**382, **31:**383, **31:***388*, **31:***390*
Lobachev, V. L., **29:**254, **29:**262, **29:***271*
Lobo, A. M., **29:**121, **29:***180*
Lobry de Bruyn, C. A., **7:**211, **7:**221, **7:***256*
Lochmüller, C. H., **10:**95, **10:**96, **10:**98, **10:***127*
Lochner, K., **16:**219, **16:**221, **16:**223, **16:***234*
Lock, C. J. L., **19:**66, **19:***124*, **29:**110, **29:**163, **29:***180*, **29:**277, **29:**281, **29:**282, **29:**283, **29:**284, **29:***325*
Lock, G., **25:**270, **25:**296, **25:***443*
Lockerby, W. E., **24:**62, **24:***108*
Lockhart, J., **19:**308, **19:***369*
Lockhart, J. C., **11:**305, **11:**307, **11:***384*, **31:**70, **31:***80*
Lodato, D. T., **25:**252, **25:***261*
Lodder, G., **11:**246, **11:**263, **11:***265*
Loeb, L. A., **16:**256, **16:***264*
Loebenstein, W. L., **14:**229, **14:***342*
Loechler, E. L., **17:**468, **17:***484*
Loeppky, R. N., **19:**392, **19:**393, **19:***428*
Loerzer, T., **25:**60, **25:***92*
Loew, L. M., **22:**285, **22:***303*
Loewe, L., **16:**19, **16:**22, **16:***47*, **19:**416, **19:***426*
Loewengart, G. V., **9:**27(11d), **9:**78(11a), **9:***121*
Loewenschuss, H., **14:**95, **14:***129*, **14:**153,

14:*199*
Loewenstein, A., **3**:163, **3**:*185*, **3**:197, **3**:200, **3**:205, **3**:206, **3**:208, **3**:209, **3**:213, **3**:255, **3**:263, **3**:*266*, **3**:*267*, **11**:271, **11**:272, **11**:331, **11**:332, **11**:*384*, **11**:*386*, **11**:*387*, **11**:*388*, **13**:*150*
Loewus, F. A., **21**:7, **21**:8, **21**:*33*, **25**:234, **25**:*264*
Löfås, S., **31**:260, **31**:*389*
Loffet, A., **23**:184, **23**:*264*
Löffler, K., **23**:308, **23**:*319*
Loftus, P., **13**:59, **13**:*76*
Logan, M. K., **19**:109, **19**:*122*
Logan, S. R., **7**:125, **7**:142, **7**:*150*
Loggins, S. A., **29**:310, **29**:311, **29**:*329*
Logue, M. W., **15**:82, **15**:*148*, **29**:50, **29**:*67*
Lohman, K. H., **14**:78, **14**:96, **14**:*132*
Lohmann, D. H., **9**:141, **9**:146, **9**:148, **9**:149, **9**:152, **9**:*177*, **9**:*178*
Lohmann, J. J., **24**:38, **24**:*55*
Lohmann, K. H., **16**:90, **16**:*157*
Löhr, G., **15**:202, **15**:208, **15**:*260*, **15**:*261*, **15**:*263*, **15**:*265*
Lohrmann, R., **11**:319, **11**:*390*
Lohse, C., **20**:213, **20**:*232*
Loïzos, M., **28**:279, **28**:*288*
Lok, C. M., **11**:227, **11**:235, **11**:237, **11**:244, **11**:246, **11**:249, **11**:250, **11**:*265*, **11**:*266*
Lok, R., **17**:250, **17**:258, **17**:*275*, **17**:*278*
Lok, S. M., **23**:125, **23**:148, **23**:*160*
Lokaj, J., **23**:300, **23**:*318*
Loken, H. Y., **10**:56, **10**:76, **10**:77, **10**:*128*
Loken, M., **12**:215, **12**:*216*
Loken, M. R., **12**:146, **12**:147, **12**:201, **12**:202, **12**:214, **12**:215, **12**:*219*
Loktev, V. F., **19**:328, **19**:*374*
Lolis, E., **29**:93, **29**:*182*
Loman, H., **12**:281, **12**:*295*
Lomas, J. S., **15**:55, **15**:*58*, **16**:37, **16**:*47*, **17**:220, **17**:*278*, **25**:74, **25**:*92*, **28**:247, **28**:249, **28**:257, **28**:258, **28**:259, **28**:*289*, **28**:*290*, **32**:287, **32**:327, **32**:333, **32**:343, **32**:*382*
Lomax, A., **19**:195, **19**:*218*, **32**:37, **32**:*114*
Lomax, T. D., **22**:218, **22**:221, **22**:*306*
Lombardi, E., **4**:4, **4**:9, **4**:*28*
Lommes, P., **26**:147, **26**:148, **26**:150, **26**:159, **26**:160, **26**:161, **26**:*176*
Loncharich, R. J., **29**:300, **29**:*324*
London, F., **6**:188, **6**:189, **6**:*328*, **21**:103, **21**:*193*
London, R. E., **16**:242, **16**:258, **16**:*263*
Long, D. A., **3**:75, **3**:*87*
Long, F. A., **1**:23, **1**:24, **1**:25, **1**:26, **1**:29, **1**:*31*, **1**:*32*, **1**:*33*, **2**:20, **2**:*88*, **2**:123, **2**:125, **2**:126, **2**:135, **2**:136, **2**:140, **2**:142, **2**:*159*, **2**:*160*, **2**:*161*, **2**:*162*, **3**:127, **3**:133, **3**:172, **3**:*184*, **3**:*185*, **4**:13, **4**:14, **4**:15, **4**:*27*, **4**:205, **4**:227, **4**:283, **4**:284, **4**:298, **4**:299, **4**:*301*, **4**:*302*, **4**:*304*, **5**:122, **5**:142, **5**:*172*, **5**:318, **5**:324, **5**:*327*, **5**:*329*, **5**:340, **5**:342, **5**:*397*, **5**:*398*, **6**:63, **6**:66, **6**:67, **6**:69, **6**:72, **6**:73, **6**:74, **6**:77, **6**:84, **6**:89, **6**:97, **6**:*98*, **6**:*99*, **6**:*100*, **6**:*101*, **7**:269, **7**:270, **7**:271, **7**:282, **7**:287, **7**:290, **7**:295, **7**:297, **7**:300, **7**:301, **7**:302, **7**:306, **7**:308, **7**:309, **7**:312, **7**:313, **7**:316, **7**:317, **7**:318, **7**:322, **7**:*327*, **7**:*329*, **7**:*330*, **8**:169, **8**:*264*, **9**:3, **9**:7, **9**:*24*, **9**:143, **9**:171, **9**:*181*, **11**:327, **11**:378, **11**:*389*, **11**:*390*, **13**:84, **13**:85, **13**:95, **13**:98, **13**:99, **13**:*151*, **13**:*152*, **14**:272, **14**:278, **14**:*344*, **14**:*347*, **15**:32, **15**:39, **15**:46, **15**:47, **15**:*57*, **15**:*59*, **15**:*60*, **21**:26, **21**:*34*, **26**:285, **26**:*378*, **28**:152, **28**:*170*
Long, G., **7**:234, **7**:*255*
Long, J., **13**:95, **13**:104, **13**:136, **13**:*150*, **13**:*151*
Long, K. M., **23**:41, **23**:*61*
Long, L. D., **15**:214, **15**:*263*
Long, N. J., **32**:123, **32**:191, **32**:*213*
Long, R. A. J., **2**:192, **2**:193, **2**:*197*
Long, R. C., **13**:309, **13**:311, **13**:314, **13**:318, **13**:*412*
Longchamp, S., **12**:9, **12**:13, **12**:56, **12**:*123*
Longenecker, J. B., **21**:6, **21**:*32*, **21**:*33*
Longevialle, P., **8**:170, **8**:*265*
Longi, P., **15**:251, **15**:*263*
Longin, P., **1**:406, **1**:*421*
Longridge, J. L., **6**:63, **6**:84, **6**:*100*, **9**:143, **9**:*180*, **23**:209, **23**:251, **23**:*262*, **23**:*266*, **29**:61, **29**:*64*, **29**:85

Longster, G. F., **5**:70, **5**:73, **5**:77, **5**:78, **5**:87, **5**:*114*, **5**:*115*
Longuet-Higgins, H. C., **1**:379, **1**:415, **1**:*419*, **1**:*421*, **4**:78, **4**:79, **4**:81, **4**:89, **4**:90, **4**:97, **4**:98, **4**:99, **4**:105, **4**:106, **4**:131, **4**:*144*, **4**:285, **4**:295, **4**:296, **4**:297, **4**:*301*, **4**:*302*, **5**:106, **5**:*114*, **6**:196, **6**:197, **6**:198, **6**:210, **6**:212, **6**:215, **6**:*327*, **6**:*328*, **10**:137, **10**:*152*, **11**:361, **11**:*385*, **21**:102, **21**:129, **21**:139, **21**:140, **21**:*193*, **21**:*194*, **26**:189, **26**:197, **26**:218, **26**:*247*, **26**:*249*
Longworth, J. W., **12**:184, **12**:*219*, **19**:7, **19**:*117*
Longworth, R., **6**:169, **6**:170, **6**:*181*
Lonnberg, H., **27**:42, **27**:*54*
Lonsdale, K., **1**:204, **1**:233, **1**:239, **1**:242, **1**:243, **1**:*278*
Looker, B. E., **17**:69, **17**:70, **17**:*174*
Looney, C. E., **3**:254, **3**:*268*
Looney, F. S., **1**:400, **1**:*419*, **1**:*422*
Loosemore, M. J., **21**:42, **21**:*96*
Loosen, K., **22**:327, **22**:*359*
Looser, H., **32**:167, **32**:174, **32**:*214*
Loosmore, S. M., **17**:169, **17**:170, **17**:*178*
López, C., **32**:240, **32**:*263*
Lopez, J., **23**:314, **23**:*319*, **29**:317, **29**:*326*
Lopp, I. G., **17**:12, **17**:*61*
Lora, S., **19**:65, **19**:*119*
Loran, J. S., **17**:167, **17**:168, **17**:169, **17**:*176*, **17**:*181*, **17**:259, **17**:*278*, **27**:23, **27**:37, **27**:*52*
Lorand, E. J., **8**:377, **8**:*402*
Lorch, E., **21**:11, **21**:*33*
Lord, N. W., **5**:72, **5**:*113*
Lord, R. C., **13**:49, **13**:*80*
Lorentz, H. A., **3**:3, **3**:41, **3**:*87*
Lorentzon, J., **31**:97, **31**:119, **31**:*138*
Lorenz, G., **28**:245, **28**:*288*
Lorenz, L. Z., **3**:*87*
Lorimer, J. P., **14**:309, **14**:310, **14**:314, **14**:329, **14**:*341*, **32**:70, **32**:71, **32**:83, **32**:*115*, **32**:*118*, **32**:*120*
Los, J. M., **5**:44, **5**:45, **5**:*52*, **13**:207, **13**:*267*
Loskutov, V. A., **20**:223, **20**:*231*
Lossing, F. P., **6**:2, **6**:*59*, **7**:168, **7**:*204*, **7**:*208*, **8**:24, **8**:*76*, **8**:*147*, **8**:178, **8**:179, **8**:190, **8**:229, **8**:*263*, **8**:*264*, **8**:*265*, **9**:253, **9**:268, **9**:*275*, **9**:*276*
Lo Surdo, A., **14**:269, **14**:275, **14**:*352*
Lotani, M., **3**:52, **3**:*79*
Lott, K. A., **17**:55, **17**:*60*
Loudon, A. G., **6**:299, **6**:*324*, **8**:220, **8**:239, **8**:*264*, **8**:*265*, **9**:254, **9**:*276*
Loudon, G. M., **17**:220, **17**:221, **17**:245, **17**:*275*, **18**:46, **18**:47, **18**:49, **18**:61, **18**:*75*, **18**:*76*, **22**:28, **22**:*107*, **27**:47, **27**:*54*, **28**:266, **28**:*289*, **32**:323, **32**:324, **32**:*382*
Loudon, J. D., **29**:241, **29**:*269*
Loughran, A., **17**:346, **17**:*428*
Loui, E. J., **16**:217, **16**:*236*
Louick, D. J., **25**:76, **25**:*94*
Louis, R., **30**:65, **30**:*112*
Loukas, S. L., **19**:262, **19**:*374*, **23**:209, **23**:213, **23**:*263*
Loupy, A., **17**:359, **17**:360, **17**:*429*, **24**:72, **24**:*107*, **24**:*109*
Lourandos, M. Z., **25**:45, **25**:*87*
Lourie, B., **19**:48, **19**:*122*
Loutfy, R. O., **18**:229, **18**:*236*, **19**:87, **19**:*122*
Louw, R., **26**:157, **26**:*177*
Louw, W. J., **23**:3, **23**:*61*
Louwerens, J. P., **15**:68, **15**:*149*
Love, M., **29**:51, **29**:*67*
Lovejoy, S. M., **32**:158, **32**:204, **32**:206, **32**:*214*
Lovelace, R. R., **26**:302, **26**:*372*
Loveland, W., **12**:13, **12**:*119*
Lovell, B. J., **11**:56, **11**:*120*
Lovelock, J. E., **7**:129, **7**:*150*
Lovering, E. G., **3**:*81*
Lovering, G., **19**:81, **19**:*119*
Lovett, M. B., **18**:205, **18**:*237*
Lövgren, K., **15**:327, **15**:*329*
Low, C. M. R., **32**:70, **32**:*118*
Low, H. C., **16**:55–7, **16**:59, **16**:60, **16**:64–9, **16**:73, **16**:75, **16**:83, **16**:*85*
Lowde, R. D., **1**:231, **1**:*278*
Löwdin, P-O., **22**:194, **22**:*210*
Lowe, B. M., **7**:262, **7**:269, **7**:271, **7**:277, **7**:282, **7**:290, **7**:297, **7**:298, **7**:299, **7**:300, **7**:301, **7**:302, **7**:304, **7**:305, **7**:306, **7**:312, **7**:*328*, **14**:261, **14**:266, **14**:267, **14**:*341*, **14**:*347*, **26**:285, **26**:*372*
Lowe, D. M., **26**:363, **26**:365, **26**:366,

26:*371*, **26**:*374*
Lowe, G., **11**:28, **11**:81, **11**:*121*, **25**:102, **25**:115, **25**:116, **25**:119, **25**:121, **25**:132, **25**:180, **25**:181, **25**:222, **25**:226, **25**:255, **25**:*258*, **25**:*260*, **25**:*261*, **25**:*262*
Lowe, J. A., **30**:18, **30**:47, **30**:*57*
Lowe, J. P., **9**:151, **9**:*180*, **25**:27, **25**:*92*
Lowe, J. V. Jr., **11**:305, **11**:*390*
Lowe, M. B., **8**:375, **8**:377, **8**:*402*
Lowe, N. D., **31**:33, **31**:*83*
Lowe, V. J., **31**:33, **31**:*82*
Lowen, A. M., **13**:95, **13**:*151*
Lowery, A. H., **23**:82, **23**:*160*
Lowery, M. K., **20**:174, **20**:*185*
Lowey, S., **5**:261, **5**:*329*
Lown, E. M., **6**:37, **6**:*60*, **6**:322, **6**:*328*
Lown, J. N., **17**:53, **17**:*62*
Lown, J. W., **5**:84, **5**:102, **5**:110, **5**:*116*, **10**:95, **10**:*128*, **18**:120, **18**:*180*, **19**:419, **19**:*426*
Lowrey, A. H., **22**:131, **22**:*210*, **23**:82, **23**:*160*
Lowry, T. H., **19**:225, **19**:*374*, **24**:7, **24**:*54*, **27**:58, **27**:66, **27**:72, **27**:89, **27**:92, **27**:100, **27**:*115*, **27**:*116*, **27**:239, **27**:*290*, **29**:88, **29**:92, **29**:94, **29**:113, **29**:*182*, **31**:206, **31**:*245*
Lowry, T. M., **4**:16, **4**:*28*, **11**:20, **11**:*121*, **21**:25, **21**:*33*, **21**:38, **21**:*96*
Lowther, N., **25**:195, **25**:*262*
Loy, B., **5**:66, **5**:*115*
Loy, J., **18**:198, **18**:*237*
Loyd, C. M., **1**:376, **1**:*419*
Loyd, D. J., **21**:166, **21**:*191*
Lozhkina, M. G., **1**:*200*
Lu, B. C. Y., **14**:290, **14**:*346*
Lu, C. S., **1**:229, **1**:*280*
Lu, J.-J., **23**:293, **23**:*319*
Lu, M. L., **18**:120, **18**:*184*
Luanay, J. P., **28**:21, **28**:40, **28**:*42*
Lubienski, M., **31**:21, **31**:*82*
Lubinkowski, J. J., **18**:150,**18**:*180*
Lubinowski, J. J., **10**:*152*
Lubitz, W., **28**:11, **28**:21, **28**:25, **28**:*43*
Lubman, D. M., **25**:21, **25**:*87*
Luborsky, F., **9**:17, **9**:*24*
Luborsky, F. E., **1**:52, **1**:*152*, **1**:184, **1**:*198*, **4**:246, **4**:247, **4**:249, **4**:250, **4**:251, **4**:253, **4**:272, **4**:273, **4**:*302*
Lucas, E., **24**:101, **24**:*109*
Lucas, E. C., **11**:33, **11**:*121*, **27**:48, **27**:*55*
Lucas, H. J., **1**:27, **1**:*33*
Lucas, J., **9**:273, **9**:*276*, **30**:176, **30**:*220*
Lucas, J. M., **7**:96, **7**:*109*
Lucas, M., **14**:274, **14**:*342*, **14**:*347*
Lucassen, J., **28**:60, **28**:*137*
Lucassen-Reynders, E. H., **28**:60, **28**:68, **28**:*137*
Lucchese, R. R., **22**:314, **22**:*359*
Lucchesi, P. J., **12**:161, **12**:164, **12**:192, **12**:*215*
Lucchi, C., **23**:180, **23**:*264*
Lucchini, V., **13**:92, **13**:94, **13**:101, **13**:102, **13**:103, **13**:104, **13**:143, **13**:*149*, **16**:112, **16**:*155*, **17**:140, **17**:*175*, **18**:15, **18**:*76*
Lucente, G., **17**:69, **17**:70, **17**:*174*, **21**:42, **21**:*96*
Lucente, S., **29**:9, **29**:*64*
Luche, J. L., **23**:197, **23**:*266*, **32**:70, **32**:*118*
Luck, W. A. P., **14**:231, **14**:232, **14**:233, **14**:*339*, **14**:*347*
Lucken, E. A. C., **13**:195, **13**:*273*
Luckhurst, G. R., **8**:15, **8**:*75*, **25**:385, **25**:429, **25**:430, **25**:431, **25**:*442*, **26**:191, **26**:*250*
Lucy, J. A., **8**:279, **8**:*400*
Lüdemann, H. D., **16**:255, **16**:*263*, **16**:*264*
Ludi, A., **29**:147, **29**:*179*
Ludman, C. J., **12**:56, **12**:*123*, **13**:234, **13**:*273*, **22**:139, **22**:*210*, **26**:303, **26**:*375*
Ludmer, Z., **15**:102, **15**:104, **15**:108, **15**:110, **15**:111, **15**:*145*, **15**:*147*, **15**:*148*
Ludmer, Z., **19**:48, **19**:*122*
Ludwig, M. L., **11**:64, **11**:*121*, **21**:30, **21**:*34*
Ludwig, P., **5**:66, **5**:105, **5**:106, **5**:*116*, **5**:*117*
Ludwig, U., **10**:118, **10**:*128*, **17**:13, **17**:*63*
Ludwikow, M., **17**:346, **17**:355, **17**:*430*
Lueck, C. H., **5**:323, **5**:*328*
Luedtke, A. E., **26**:171, **26**:*176*
Luehrs, D. C., **5**:189, **5**:190, **5**:223, **5**:*234*
Luethy, J., **25**:115, **25**:*262*
Luff, B. B., **14**:260, **14**:*341*

Lufimpadio, N., **22**:281, **22**:*305*
Lugasch, M. N., **4**:*345*
Lugli, G., **6**:270, **6**:*326*, **7**:45, **7**:54, **7**:*110*
Lugovskoi, A. A., **13**:49, **13**:59, **13**:*78*, **13**:*80*
Lugtenburg, J., **11**:236, **11**:246, **11**:*264*, **11**:*265*
Lühdemann, R., **3**:28, **3**:*87*
Lui, C. Y., **10**:41, **10**:*52*, **11**:205, **11**:206, **11**:207, **11**:210, **11**:212, **11**:213, **11**:215, **11**:216, **11**:217, **11**:218, **11**:219, **11**:220, **11**:*223*, **19**:292, **19**:293, **19**:295, **19**:*375*, **19**:*376*
Luinstra, E. A., **17**:171, **17**:*178*
Lukac, S., **19**:99, **19**:*118*
Lukacs, G., **13**:291, **13**:293, **13**:295, **13**:303, **13**:324, **13**:330, **13**:*408*, **13**:*412*, **13**:*413*, **13**:*414*
Lukacs, G., **16**:250, **16**:*263*, **16**:*264*
Lukas, E., **9**:263, **9**:*277*
Lukas, J., **8**:132, **8**:140, **8**:*148*, **9**:263, **9**:*277*, **10**:44, **10**:*52*, **10**:184, **10**:*224*, **19**:249, **19**:251, **19**:252, **19**:254, **19**:255, **19**:257, **19**:265, **19**:*375*
Lukas, T. J., **17**:450, **17**:454, **17**:455, **17**:459–61, **17**:*485*
Lukaszuk, K., **32**:159, **32**:167, **32**:193, **32**:*217*
Lukawski, K. S., **15**:132, **15**:135, **15**:*144*
Lukehart, C. M., **26**:261, **26**:*375*, **26**:*377*
Lukina, M. Yu., **1**:160, **1**:175, **1**:176, **1**:177, **1**:*197*, **1**:*198*, **1**:*200*
Lukonina, S. M., **20**:223, **20**:*231*
Lukovkin, G. M., **17**:455, **17**:456, **17**:*484*, **23**:82, **23**:*161*, **26**:275, **26**:319, **26**:*377*
Luksha, E., **14**:310, **14**:*340*
Lum, K. K., **9**:145, **9**:*180*, **9**:*182*, **32**:279, **32**:286, **32**:*384*
Lumbimova, A. K., **8**:*149*
Lumbreras, J. M., **23**:215, **23**:216, **23**:*266*
Lumpkin, R. S., **32**:187, **32**:*208*
Lumry, R., **6**:93, **6**:*100*, **11**:28, **11**:63, **11**:*119*, **11**:*121*, **13**:107, **13**:*151*, **14**:247, **14**:248, **14**:*347*, **21**:28, **21**:*32*, **21**:*33*
Lumry, R. W., **12**:3, **12**:101, **12**:*126*, **18**:80, **18**:*182*, **31**:98, **31**:*140*
Lunazzi, L., **13**:62, **13**:*78*, **17**:28, **17**:*62*, **25**:34, **25**:46, **25**:78, **25**:79, **25**:*87*, **25**:*92*
Lund, A., **13**:187, **13**:212, **13**:*268*, **13**:*272*, **29**:254, **29**:*269*
Lund, F., **23**:259, **23**:*262*
Lund, H., **10**:156, **10**:162, **10**:*223*, **12**:2, **12**:11, **12**:12, **12**:18, **12**:28, **12**:29, **12**:41, **12**:43, **12**:56, **12**:65, **12**:71, **12**:108, **12**:*119*, **12**:*122*, **12**:*124*, **18**:127, **18**:128, **18**:*175*, **18**:*180*, **26**:2, **26**:16, **26**:29, **26**:51, **26**:56, **26**:64, **26**:65, **26**:68, **26**:105, **26**:106, **26**:111, **26**:112, **26**:*123*, **26**:*124*, **26**:*125*, **26**:*127*, **26**:*129*, **31**:98, **31**:99, **31**:131, **31**:*139*
Lund, T., **26**:56, **26**:64, **26**:65, **26**:68, **26**:105, **26**:106, **26**:112, **26**:*124*, **26**:*127*, **31**:98, **31**:99, **31**:*139*
Lundgren, B., **15**:167, **15**:*263*
Lundin, A. F., **23**:313, **23**:*319*
Lundquist, M., **28**:103, **28**:*137*
Lundquist, P. M., **32**:159, **32**:*217*
Lundt, I., **13**:302, **13**:*407*
Luneau, I., **32**:247, **32**:*263*
Lüning, U., **30**:75, **30**:76, **30**:78, **30**:84, **30**:86, **30**:109, **30**:*114*
Lunn, W. H. W., **23**:202, **23**:206, **23**:*262*
Lunnala, R., **12**:164, **12**:*218*
Luo, Y., **32**:200, **32**:*213*
Luow, X.-J., **19**:37, **19**:*115*
Lupien, Y., **15**:110, **15**:*146*, **16**:164, **16**:192, **16**:*234*
Lupinski, J. H., **13**:162, **13**:*266*, **16**:203, **16**:*234*
Lupton, E. C., Jr., **8**:229, **8**:*268*
Lushchik, V. B., **19**:112, **19**:*122*
Lusk, D. I., **7**:182, **7**:183, **7**:*205*
Lustgarten, R. K., **10**:47, **10**:*51*, **10**:131, **10**:*152*, **19**:305, **19**:340, **19**:341, **19**:342, **19**:*369*, **19**:*374*, **29**:287, **29**:*329*, **30**:188, **30**:*219*
Luther, H., **4**:197, **4**:227, **4**:231, **4**:*302*
Luthra, A. K., **26**:353, **26**:*368*, **26**:*369*, **27**:7, **27**:14, **27**:22, **27**:24, **27**:26, **27**:27, **27**:32, **27**:*52*, **27**:*54*, **27**:98, **27**:99, **27**:*113*
Luthra, N. P., **22**:20, **22**:25, **22**:28, **22**:85, **22**:89, **22**:*108*
Luton, P. R., **27**:244, **27**:255, **27**:259,

27:*290*
Lutsenko, A. I., **24**:1, **24**:67, **24**:*107*
Lutsenko, L. N., **17**:137, **17**:*175*
Lüttke, W., **4**:259, **4**:*302*, **25**:60, **25**:*88*, **25**:*92*, **28**:8, **28**:*41*, **29**:308, **29**:*326*, **32**:179, **32**:*211*
Lüttringhaus, A., **3**:236, **3**:237, **3**:241, **3**:*266*, **3**:*267*, **22**:34, **22**:46, **22**:57, **22**:*111*
Lutz, A., **23**:207, **23**:*262*, **23**:*269*
Lutz, H., **12**:206, **12**:*218*
Lutz, K., **11**:301, **11**:322, **11**:*390*
Lutz, R. P., **8**:199, **8**:*265*
Lutz, W. B., **1**:272, **1**:*279*
Luxon, B. A., **24**:185, **24**:186, **24**:187, **24**:*201*, **25**:123, **25**:171, **25**:174, **25**:175, **25**:176, **25**:178, **25**:180, **25**:181, **25**:182, **25**:183, **25**:185, **25**:189, **25**:192, **25**:203, **25**:238, **25**:240, **25**:*259*, **25**:*260*
Luz, Z., **3**:152, **3**:178, **3**:*185*, **3**:204, **3**:205, **3**:219, **3**:235, **3**:*267*, **6**:88, **6**:*100*, **7**:142, **7**:*150*, **17**:282, **17**:311, **17**:312, **17**:*432*, **18**:120, **18**:*178*, **22**:198, **22**:*210*, **27**:46, **27**:*53*, **28**:190, **28**:*205*, **32**:233, **32**:*265*
Luzanski, H., **26**:298, **26**:*372*
Luzikov, Y. N., **16**:241, **16**:*263*
Luzzati, V., **13**:386, **13**:*412*
Lwowski, W., **6**:274, **6**:*329*, **7**:197, **7**:*206*
Lyapova, M. J., **24**:170, **24**:*202*
Lyćka, A., **23**:84, **23**:*159*
Lyerla, J. R., **16**:240, **16**:252, **16**:257, **16**:259, **16**:*263*, **16**:*264*
Lyerla, J. R., Jr., **13**:283, **13**:349, **13**:352, **13**:357, **13**:358, **13**:360, **13**:364, **13**:367, **13**:370, **13**:371, **13**:372, **13**:373, **13**:381, **13**:*408*, **13**:*409*, **13**:*412*, **13**:*413*, **13**:*414*
Lyford, J., **29**:208, **29**:*267*
Lykos, P. G., **4**:294, **4**:295, **4**:296, **4**:*301*, **12**:203, **12**:207, **12**:*217*
Lynas, J. I., **27**:84, **27**:*116*
Lynch, L., **25**:19, **25**:*87*
Lynch, T.-Y., **26**:153, **26**:154, **26**:*175*
Lynch, T. J., **24**:81, **24**:*111*
Lynch, V., **31**:58, **31**:*83*
Lynden-Bell, R. M., **13**:193, **13**:*273*
Lynen, F., **21**:11, **21**:*33*
Lynn, B. C., **31**:22, **31**:*83*
Lynn, J. L., **18**:66, **18**:*74*, **22**:281, **22**:*300*, **25**:236, **25**:*261*
Lynn, J. T., **20**:57, **20**:*185*
Lynn, K. R., **5**:246, **5**:*329*
Lynton, H., **26**:307, **26**:*375*
Lyon, N., **3**:73, **3**:*87*
Lyon, R. K., **2**:20, **2**:*89*
Lyons, A. L., **1**:*199*
Lyons, A. R., **24**:193, **24**:*202*
Lyons, E., **12**:2, **12**:*121*
Lyons, J. E., **6**:261, **6**:*331*
Lyons, L. E., **16**:160, **16**:164, **16**:167, **16**:*232*, **16**:*234*, **18**:123, **18**:126, **18**:*178*
Lyrra, J. P., **2**:138, **2**:*162*, **14**:323, **14**:*351*
Lyznicki, E. P, Jr., **32**:324, **32**:*379*

M

Ma, K. W., **19**:364, **19**:*372*, **23**:297, **23**:298, **23**:*318*
Ma, L. Y. Y., **26**:267, **26**:310, **26**:313, **26**:314, **26**:315, **26**:316, **26**:*371*
Maarsen, P. K., **17**:132, **17**:*178*
Maarsman, A. W., **32**:179, **32**:188, **32**:*216*
Maas, G., **30**:201, **30**:*219*, **32**:186, **32**:*211*, **32**:*213*, **32**:*216*
Maas, G. E., **17**:280, **17**:281, **17**:287, **17**:301, **17**:302, **17**:304, **17**:307, **17**:377, **17**:379, **17**:*424*, **17**:*428*
Maas, W., **6**:82, **6**:*100*, **11**:352, **11**:*391*
Maasböl, A., **7**:156, **7**:*204*
Maass, G., **17**:289, **17**:311, **17**:*432*, **22**:114, **22**:117, **22**:118, **22**:149, **22**:154, **22**:*205*, **22**:*208*, **22**:*210*, **26**:330, **26**:*370*, **27**:142, **27**:*233*, **30**:10, **30**:*59*
Maassen, J. A., **17**:26, **17**:*62*
Mabey, W. R., **10**:99, **10**:*126*
Mac, Y. C., **5**:195, **5**:202, **5**:204, **5**:205, **5**:206, **5**:207, **5**:208, **5**:210, **5**:229, **5**:230, **5**:*233*, **5**:*234*
Macanita, A. L., **19**:96, **19**:*117*
Maccagnani, G., **6**:259, **6**:*327*
MacCallum, R. J., **18**:54, **18**:*75*
Maccarone, E., **21**:155, **21**:*191*
MacCaulay, D. A., **4**:242, **4**:273, **4**:*302*
Macchi, P., **7**:11, **7**:92, **7**:*108*
Macchia, F., **27**:244, **27**:245, **27**:251,

27:256, **27**:283, **27**:*288*
Macciantelli, D., **25**:34, **25**:46, **25**:78, **25**:79, **25**:*87*, **25**:*92*
MacClelland, R. A., **18**:15, **18**:58, **18**:*73*, **18**:*75*
Maccoll, A., **3**:69, **3**:70, **3**:73, **3**:75, **3**:*82*, **3**:*87*, **3**:92, **3**:93, **3**:94, **3**:95, **3**:96, **3**:97, **3**:98, **3**:99, **3**:100, **3**:101, **3**:103, **3**:104, **3**:106, **3**:107, **3**:110, **3**:112, **3**:113, **3**:116, **3**:117, **3**:118, **3**:120, **3**:*120*, **3**:*121*, **3**:*122*, **6**:244, **6**:245, **6**:*329*, **8**:220, **8**:236, **8**:238, **8**:239, **8**:*264*, **8**:*265*, **8**:*266*, **8**:*268*, **9**:28(64), **9**:68(64), **9**:*124*, **9**:254, **9**:*276*, **9**:*277*, **31**:165, **31**:171, **31**:186, **31**:*245*, **32**:286, **32**:*380*
MacCollum, G. J., **18**:54, **18**:*75*
MacConnell, M. M., **23**:72, **23**:*159*
MacCullough, J. J., **31**:108, **31**:*138*
MacDiarmid, A. G., **15**:87, **15**:88, **15**:89, **15**:*145*, **15**:*148*, **16**:217, **16**:226, **16**:*230*, **16**:*231*, **16**:*234*, **16**:*236*
Macdonald, A. L., **22**:129, **22**:*210*, **26**:263, **26**:280, **26**:*375*
Macdonald, C. G., **8**:239, **8**:*265*
MacDonald, C. J., **25**:68, **25**:*95*
Macdonald, D. D., **14**:167, **14**:*200*, **14**:302, **14**:313, **14**:322, **14**:324, **14**:326, **14**:327, **14**:329, **14**:332, **14**:*347*, **19**:134, **19**:138, **19**:143, **19**:146, **19**:169, **19**:*219*, **32**:13, **32**:118
MacDonald, J. C., **14**:261, **14**:*347*
MacDonald, K. I., **10**:*222*
MacDonald, S. G. G., **1**:212, **1**:253, **1**:254, **1**:*278*
MacDougall, P. J., **29**:285, **29**:323, **29**:*325*
MacEwen, W. K., **18**:52, **18**:53, **18**:54, **18**:*75*
Macey, W. A. T., **3**:17, **3**:*87*
MacFarlane, C. B., **8**:272, **8**:280, **8**:281, **8**:377, **8**:395, **8**:*399*
Macfarlane, R. M., **32**:250, **32**:251, **32**:*262*, **32**:*265*
MacGillavry, C. H., **25**:50, **25**:*95*
MacGregor, W. S., **14**:134, **14**:*200*
Mach, E. E., **5**:92, **5**:*118*
Mach, G. W., **5**:341, **5**:*395*, **6**:78, **6**:*98*, **11**:293, **11**:*383*, **13**:88, **13**:89, **13**:95, **13**:96, **13**:99, **13**:104, **13**:*148*
Mach, K., **7**:124, **7**:*149*
Machacek, V., **18**:57, **18**:*75*
Machacek, Z., **17**:296, **17**:*428*
Machida, M., **19**:105, **19**:108, **19**:*122*, **19**:*123*
Machida, Y., **17**:357, **17**:358, **17**:*425*
Machiguchi, T., **32**:233, **32**:*264*
Macho, V., **23**:125, **23**:126, **23**:148, **23**:*160*, **29**:303, **29**:*327*, **30**:178, **30**:*221*
Maciejewicz, N. S., **23**:206, **23**:259, **23**:*264*
Maciel, G. E., **11**:161, **11**:*174*, **22**:138, **22**:*212*, **32**:233, **32**:*265*
MacInnes, I., **21**:9, **21**:*33*, **24**:101, **24**:*109*, **26**:151, **26**:161, **26**:162, **26**:*177*
MacInnis, K. W., **19**:66, **19**:*124*
Mack, A. G., **20**:209, **20**:*230*
Mack, D. P., **22**:342, **22**:*358*
Mack, M. P., **17**:282, **17**:*430*
MacKay, C., **2**:207, **2**:222, **2**:250, **2**:251, **2**:252, **2**:254, **2**:255, **2**:259, **2**:261, **2**:262, **2**:263, **2**:264, **2**:265, **2**:*274*, **2**:*275*, **2**:*276*
Mackay, D., **29**:298, **29**:*327*
Mackay, G. I., **21**:206, **21**:208, **21**:211, **21**:212, **21**:215, **21**:*237*, **21**:*238*, **21**:*239*, **21**:*240*, **24**:7, **24**:8, **24**:*51*, **24**:*54*, **24**:65, **24**:*105*
MacKay, M. F., **26**:299, **26**:*370*
Mackay, R. A., **17**:441, **17**:*483*, **17**:*484*, **22**:217, **22**:218, **22**:221, **22**:237, **22**:271, **22**:273, **22**:280, **22**:282, **22**:*305*
MacKellar, W. J., **14**:315, **14**:*350*
Mackensen, G., **8**:396, **8**:*399*
MacKenzie, A. P., **14**:326, **14**:*349*
Mackenzie, H. A. E., **9**:273, **9**:*277*
Mackenzie, K., **29**:142, **29**:*181*
MacKenzie, K., **6**:251, **6**:262, **6**:*329*
MacKenzie, N. E., **24**:176, **24**:*202*
Mackie, J. D. H., **5**:224, **5**:225, **5**:226, **5**:227, **5**:*233*, **13**:73, **13**:*78*, **14**:3, **14**:32, **14**:*64*
Mackie, R. K., **7**:215, **7**:218, **7**:220, **7**:223, **7**:224, **7**:226, **7**:*255*, **7**:*256*, **11**:321, **11**:*388*
MacKinnon, M. J., **14**:322, **14**:*347*

Mackinnon, R. A. M., **1**:214, **1**:*276*
Mackor, A., **17**:2, **17**:7, **17**:*62*
Mackor, E. L., **1**:42, **1**:52, **1**:64, **1**:65, **1**:66, **1**:69, **1**:*150*, **1**:*152*, **1**:157, **1**:192, **1**:*198*, **3**:264, **3**:*267*, **4**:126, **4**:*145*, **4**:201, **4**:202, **4**:203, **4**:206, **4**:207, **4**:208, **4**:209, **4**:210, **4**:211, **4**:214, **4**:221, **4**:224, **4**:225, **4**:227, **4**:228, **4**:229, **4**:230, **4**:231, **4**:232, **4**:234, **4**:236, **4**:237, **4**:238, **4**:242, **4**:243, **4**:244, **4**:245, **4**:253, **4**:272, **4**:273, **4**:274, **4**:275, **4**:278, **4**:279, **4**:280, **4**:283, **4**:286, **4**:287, **4**:288, **4**:289, **4**:291, **4**:294, **4**:295, **4**:296, **4**:297, **4**:298, **4**:299, **4**:*300*, **4**:*301*, **4**:*302*, **4**:*303*, **4**:*304*, **4**:316, **4**:333, **4**:*345*, **5**:112, **5**:*114*, **9**:20, **9**:21, **9**:*23*, **10**:30, **10**:45, **10**:50, **10**:*51*, **10**:*52*, **11**:136, **11**:142, **11**:*174*, **11**:289, **11**:367, **11**:372, **11**:373, **11**:*384*, **11**:*385*, **11**:*387*, **11**:*388*, **12**:203, **12**:207, **12**:*216*, **13**:158, **13**:159, **13**:163, **13**:166, **13**:167, **13**:229, **13**:*265*, **13**:*268*, **19**:317, **19**:318, **19**:323, **19**:*369*, **19**:*374*
MacLachlan, A. D., **4**:90, **4**:*145*
MacLaughlin, M. L., **26**:119, **26**:*127*
MacLaury, M. R., **23**:14, **23**:37, **23**:*59*
MacLean, C., **1**:42, **1**:*152*, **3**:264, **3**:*267*, **4**:126, **4**:*145*, **4**:201, **4**:202, **4**:203, **4**:206, **4**:207, **4**:208, **4**:209, **4**:210, **4**:211, **4**:214, **4**:224, **4**:230, **4**:231, **4**:272, **4**:279, **4**:291, **4**:297, **4**:298, **4**:299, **4**:*300*, **4**:*303*, **9**:20, **9**:*23*, **10**:30, **10**:50, **10**:*52*, **12**:203, **12**:207, **12**:*216*, **13**:159, **13**:*273*, **15**:168, **15**:169, **15**:183, **15**:214, **15**:*265*, **19**:317, **19**:318, **19**:323, **19**:*369*, **19**:*374*, **30**:184, **30**:*219*
MacLean, E., **4**:299, **4**:*300*
MacLean, J. W., **31**:174, **31**:175, **31**:*245*
MacLennan, D. J., **31**:144, **31**:222, **31**:*245*
Macleod, J. K., **8**:244, **8**:*263*
MacMahon, A. E., **21**:38, **21**:*95*
MacMillan, G. R., **18**:43, **18**:*75*
Macmillen, W., **19**:408, **19**:*426*
MacNicol, D. D., **29**:4, **29**:*63*
Macomber, J. D., **9**:120(137), **9**:*126*
Macomber, R. S., **9**:224, **9**:225, **9**:227, **9**:228, **9**:231, **9**:*276*, **25**:158, **25**:159, **25**:*262*
Macpherson, E. M., **1**:412, **1**:*422*
Macpherson, J. V., **32**:54, **32**:69, **32**:100, **32**:*118*
MacQuarrie, R. A., **14**:88, **14**:*131*
Macrae, C. F., **29**:87, **29**:147, **29**:*179*
MacRae, E. G., **19**:22, **19**:*117*
Macrae, T. P., **6**:172, **6**:*180*
MacTigue, P. T., **18**:8, **18**:*75*
Macura, S., **25**:11, **25**:*96*
Madan, K., **17**:*363*, **17**:382, **17**:383, **17**:387, **17**:418, **17**:420, **17**:423, **17**:*425*, **17**:*429*
Madan, O. P., **9**:27(36b), **9**:27(38c), **9**:27(41), **9**:29(38c), **9**:29(41), **9**:92(115), **9**:95(115), **9**:110(114), **9**:*122*, **9**:*123*, **9**:*125*
Madan, V., **23**:19, **23**:21, **23**:*60*
Madden, K. P., **31**:133, **31**:*139*
Madeira, S. L., **26**:302, **26**:*372*
Madeiros, M. J., **32**:39, **32**:*114*
Mäder, H., **25**:12, **25**:*92*
Mader, M. M., **31**:311, **31**:*389*
Mader, P. M., **5**:246, **5**:247, **5**:*329*
Mader, W. J., **8**:280, **8**:*402*
Madhavan, S., **31**:185, **31**:186, **31**:188, **31**:*247*
Madhavan, V., **18**:149, **18**:*181*, **20**:128, **20**:*186*
Madigan, E., **31**:37, **31**:*82*
Madigan, N. A., **32**:82, **32**:*118*
Madsen, J., **8**:221, **8**:*261*
Madsen, J. Ø., **6**:4, **6**:*58*
Madsen, P., **8**:207, **8**:218, **8**:*261*, **8**:*269*
Maeda, H., **20**:170, **20**:*188*
Maeda, K., **21**:45, **21**:*97*
Maeda, S., **26**:317, **26**:318, **26**:*373*
Maeda, T., **17**:296, **17**:*428*, **19**:108, **19**:*127*
Maeda, Y., **17**:16, **17**:32, **17**:33, **17**:41, **17**:*62*, **17**:*64*, **19**:84, **19**:85, **19**:*123*, **32**:299, **32**:300, **32**:*381*
Maedak, K., **30**:126, **30**:*170*
Maekawa, N., **30**:182, **30**:202, **30**:*219*
Maekawa, Y., **30**:121, **30**:122, **30**:124, **30**:131, **30**:135, **30**:142, **30**:145, **30**:158, **30**:162, **30**:164, **30**:166, **30**:*170*
Maercker, A., **9**:27(2), **9**:29(2), **9**:114(2),

9:118(2), **9**:*121*
Maerschalk, C., **32**:79, **32**:*119*
Maes, J., **32**:202, **32**:206, **32**:*216*
Maestri, M., **18**:86, **18**:*175*, **19**:97, **19**:*122*, **26**:20, **26**:*129*
Maetzke, T., **29**:132, **29**:*183*
Maezato, Y., **17**:452, **17**:*487*
Magallanes, J. F., **32**:40, **32**:*117*
Magee, C. B., **24**:62, **24**:*109*
Magee, J. L., **1**:13, **1**:*33*, **1**:400, **1**:*421*, **2**:238, **2**:*275*, **6**:191, **6**:*329*, **12**:224, **12**:*293*, **13**:71, **13**:*81*
Magee, P. N., **19**:382, **19**:407, **19**:*425*
Mager, H. I. X., **21**:42, **21**:*97*
Maggini, M., **32**:42, **32**:*119*
Maggiora, G. M., **22**:192, **22**:*208*, **24**:75, **24**:104, **24**:*108*, **27**:232, **27**:*238*
Magnera, T. F., **24**:8, **24**:10, **24**:*51*, **24**:*54*, **24**:88, **24**:*109*
Magno, F., **18**:150, **18**:152, **18**:*176*, **32**:38, **32**:93, **32**:95, **32**:96, **32**:*116*, **32**:*118*, **32**:*119*
Magnoli, D. E., **21**:184, **21**:*194*
Magnotta, P., **8**:120, **8**:*147*
Magnus, A., **1**:264, **1**:*278*, **1**:348
Magnus, P. D., **13**:194, **13**:*266*, **20**:95, **20**:109, **20**:*181*, **23**:313, **23**:*316*
Magnusson, C., **12**:11, **12**:57, **12**:60, **12**:*124*
Magnusson, E. A., **9**:68(97), **9**:*125*
Magumder, R., **25**:228, **25**:*262*
Mah, Y., **32**:62, **32**:*113*
Maham, Y., **27**:263, **27**:264, **27**:*290*
Mahan, B. H., **26**:297, **26**:*376*, **26**:*378*
Mahan, J. E., **11**:352, **11**:353, **11**:*382*
Mahapatra, B., **24**:70, **24**:*110*
Maharaj, U., **19**:87, **19**:*122*, **20**:197, **20**:*231*, **22**:14, **22**:63, **22**:*111*
Mahé, C., **23**:294, **23**:*317*
Mahendran, M., **29**:110, **29**:163, **29**:*180*, **29**:277, **29**:282, **29**:283, **29**:284, **29**:*325*
Maher, J. P., **26**:115, **26**:*125*
Mahjoub, A., **21**:45, **21**:*96*
Mahler, J. E., **29**:280, **29**:*329*
Mahler, W., **9**:27(18a, b), **9**:28(18a, b), **9**:82(18a, b), **9**:86(18a, b), **9**:*122*, **16**:202, **16**:*230*, **16**:*234*, **25**:33, **25**:*96*, **25**:135, **25**:196, **25**:*262*
Mahmood, R., **26**:262, **26**:*369*
Mahon, P. J., **32**:37, **32**:62, **32**:*113*, **32**:*114*
Mahone, L. G., **15**:20, **15**:*59*
Mahoney, L. R., **9**:139, **9**:141, **9**:145, **9**:146, **9**:153, **9**:154, **9**:*176*, **9**:*180*
Mahr, T. G., **6**:169, **6**:*179*
Mai, V. A., **31**:210, **31**:*246*
Maia, A. M., **17**:323, **17**:325, **17**:329, **17**:330, **17**:355, **17**:357, **17**:*429*
Maia, A., **24**:72, **24**:*107*
Maier, G., **20**:115, **20**:116, **20**:117, **20**:118, **20**:*182*, **20**:*183*, **20**:*185*, **22**:314, **22**:*360*, **23**:97, **23**:*160*, **26**:191, **26**:*251*, **29**:296, **29**:*327*, **30**:12, **30**:13, **30**:15, **30**:27, **30**:32, **30**:38, **30**:39, **30**:46, **30**:49, **30**:*56*, **30**:*59*, **30**:*60*
Maier, S., **28**:40, **28**:*42*
Maier, W., **3**:236, **3**:237, **3**:241, **3**:*266*, **3**:*267*
Maigrot, N., **26**:78, **26**:*124*
Maikkula, M., **11**:345, **11**:360, **11**:*391*
Main, B., **31**:19, **31**:*81*
Main, L., **16**:41, **16**:*47*, **19**:424, **19**:*427*
Mainagashev, I. Ya., **26**:317, **26**:*374*
Maioli, L., **7**:5, **7**:12, **7**:42, **7**:44, **7**:47, **7**:48, **7**:50, **7**:65, **7**:66, **7**:67, **7**:68, **7**:89, **7**:*111*
Mair, C. A., **11**:28, **11**:81, **11**:*117*
Mair, G. A., **24**:141, **24**:*199*
Mairanovskiĭ, S. G., **5**:30, **5**:39, **5**:50, **5**:*52*
Mairanovskii, S. G., **12**:2, **12**:87, **12**:*128*
Maitland, G. C., **25**:3, **25**:*92*
Maitlis, P. M., **4**:83, **4**:*144*, **23**:39, **23**:48, **23**:*60*
Maitra, V., **22**:292, **22**:*300*
Maizus, Z. K., **9**:138, **9**:158, **9**:164, **9**:165, **9**:169, **9**:*174*, **9**:*183*
Majchrzak, M. M., **24**:121, **24**:*202*
Majchrzak, M. W., **30**:190, **30**:*219*
Majer, J. R., **9**:131, **9**:169, **9**:*179*, **9**:*180*
Majerski, A., **11**:213, **11**:*223*
Majerski, Z., **14**:17, **14**:25, **14**:*64*, **14**:102, **14**:*130*, **19**:269, **19**:288, **19**:289, **19**:*374*, **23**:72, **23**:*160*
Majerus, P. W., **25**:243, **25**:244, **25**:247, **25**:*258*, **25**:*264*
Majestic, V. K., **30**:83, **30**:*114*
Majima, T., **19**:47, **19**:69, **19**:71, **19**:74,

19:*122*, **19**:*123*, **23**:312, **23**:*319*
Mak, H. D., **14**:301, **14**:*343*
Mak, S., **23**:274, **23**:275, **23**:*321*
Mak, T. C. W., **1**:230, **1**:*278*, **2**:137, **2**:144, **2**:145, **2**:146, **2**:*161*, **14**:227, **14**:228, **14**:229, **14**:*347*
Makarov, I. G., **5**:111, **5**:*116*
Makens, R. F., **3**:96, **3**:*122*
Maker, P. D., **32**:162, **32**:163, **32**:198, **32**:*213*, **32**:*215*
Makhaev, V. D., **24**:68, **24**:*112*
Makhon'kov, D. I., **20**:152, **20**:*189*
Maki, A. H., **1**:289, **1**:294, **1**:303, **1**:304, **1**:305, **1**:*361*, **1**:*362*, **5**:66, **5**:102, **5**:103, **5**:105, **5**:106, **5**:108, **5**:110, **5**:112, **5**:*115*, **5**:*117*, **5**:*118*, **8**:15, **8**:*77*, **13**:178, **13**:*265*, **18**:171, **18**:*180*
Maki, A. W., **28**:27, **28**:*42*
Makinen, M. W., **24**:178, **24**:179, **24**:*202*, **24**:*203*
Makings, L. R., **28**:4, **28**:*42*
Makino, K., **31**:126, **31**:134, **31**:135, **31**:*139*
Makosza, M., **15**:268, **15**:294, **15**:300, **15**:*329*, **17**:312, **17**:345, **17**:346, **17**:355, **17**:*426*, **17**:*430*, **23**:284, **23**:295, **23**:296, **23**:*318*, **23**:*321*
Makoulsky, M. A., **1**:298, **1**:*362*
Makula, D., **7**:9, **7**:*110*
Malachesky, P. A., **13**:159, **13**:*273*, **18**:120, **18**:*180*
Malagoli, M., **32**:180, **32**:*215*
Malajcić, R., **11**:191, **11**:*223*
Malana, M. A., **26**:353, **26**:*373*
Malatesta, V., **17**:3, **17**:*60*, **24**:196, **24**:197, **24**:*203*
Malatester, V., **18**:170, **18**:*182*
Malaval, A., **24**:162, **24**:*200*
Malaviya, S., **22**:290, **22**:*305*
Malbacho, G., **30**:190, **30**:*220*
Malcolm, B. R., **28**:103, **28**:*137*
Malcolm, G. N., **14**:295, **14**:*347*
Maldonada, J., **23**:281, **23**:*317*
Maldotti, A., **31**:118, **31**:*137*
Malera, A., **11**:360, **11**:*386*
Malhotra, K. C., **9**:6, **9**:7, **9**:*23*
Malhotra, R., **29**:242, **29**:256, **29**:257, **29**:262, **29**:*270*
Malhotra, S. K., **6**:319, **6**:320, **6**:*328*, **15**:48, **15**:*60*, **23**:313, **23**:*319*
Malihowski, E. R., **23**:189, **23**:*267*
Malik, F. P., **28**:179, **28**:182, **28**:187, **28**:199, **28**:*205*
Malik, J. M., **13**:311, **13**:315, **13**:*413*
Malik, S. K., **8**:392, **8**:*406*, **14**:257, **14**:260, **14**:*352*
Maling, J. E., **5**:60, **5**:*113*
Malinoski, G. L., **18**:120, **18**:*180*
Malinowski, E. R., **9**:161, **9**:*180*
Malinski, T., **32**:19, **32**:23, **32**:29, **32**:*117*
Malissard, M., **26**:56, **26**:*127*
Malkus, H., **8**:29, **8**:*77*
Mallet, J. W., **26**:298, **26**:*375*
Mallick, I. M., **22**:192, **22**:*210*
Mallinson, P. R., **17**:288, **17**:*430*
Mallon, B. J., **13**:50, **13**:51, **13**:*82*
Mallon, C. B., **14**:115, **14**:116, **14**:*130*, **22**:315, **22**:*359*
Mallory, F. A., **3**:259, **3**:*266*
Malloy, T. B., **24**:144, **24**:*203*
Malmberg, C. G., **7**:261, **7**:*330*
Malmborg, P., **31**:181, **31**:*245*
Malmström, B. G., **28**:4, **28**:*42*
Mal'nev, A. F., **8**:215, **8**:*265*
Malojčić, R., **23**:87, **23**:*162*
Malon, P., **29**:107, **29**:*183*
Malone, S. D., **18**:153, **18**:*180*
Maloney, D. E., **9**:269, **9**:*276*
Maloy, J. T., **12**:85, **12**:*118*, **13**:226, **13**:*273*, **19**:138, **19**:164, **19**:195, **19**:197, **19**:198, **19**:*218*, **19**:*219*
Malsan, R. P., **2**:225, **2**:226, **2**:231, **2**:*274*
Malsch, K.-D., **20**:115, **20**:116, **20**:117, **20**:*183*, **20**:*185*
Maltamo, S., **14**:324, **14**:*351*
Malthouse, J. P. G., **24**:176, **24**:*199*, **24**:*202*
Mal'tsev, A. K., **30**:8, **30**:9, **30**:10, **30**:12, **30**:15, **30**:20, **30**:25, **30**:29, **30**:30, **30**:31, **30**:38, **30**:39, **30**:40, **30**:41, **30**:43, **30**:44, **30**:45, **30**:46, **30**:47, **30**:50, **30**:51, **30**:*56*, **30**:*57*, **30**:*58*, **30**:*59*, **30**:*60*, **30**:*61*
Maltsev, V. I., **20**:34, **20**:49, **20**:*52*, **20**:*53*
Maltz, H., **19**:404, **19**:*427*
Maltzan, B. von, **28**:31, **28**:*42*
Maluszynska, H., **29**:102, **29**:174, **29**:*182*
Malwitz, D., **25**:56, **25**:*92*
Mamaev, V. P., **26**:317, **26**:*374*
Mamantov, A., **7**:200, **7**:*207*, **14**:114,

14:115, **14**:*130*
Mamantov, G., **8**:9, **8**:*77*, **13**:217, **13**:*270*
Mamatyuk, V. I., **10**:83, **10**:*126*, **10**:134, **10**:*152*, **19**:284, **19**:285, **19**:314, **19**:*321*, **19**:322, **19**:323, **19**:324, **19**:*368*, **19**:*370*, **19**:*372*, **19**:*373*, **19**:*374*, **29**:230, **29**:*269*
Mamlok, L., **18**:58, **18**:*75*
Mammaev, V. P., **18**:41, **18**:*75*
Mammen, M., **32**:123, **32**:*216*
Mamo, A., **21**:155, **21**:*191*
Man, H.-T., **32**:179, **32**:*209*
Manabe, O., **17**:470, **17**:475–7, **17**:*486*, **22**:294, **22**:*308*, **30**:100, **30**:*115*
Manakov, M. N., **7**:200, **7**:*207*
Manassen, J., **3**:129, **3**:130, **3**:134, **3**:*185*, **13**:203, **13**:*278*, **19**:92, **19**:*120*
Mancilla, J. M., **13**:236, **13**:*266*
Mancini, G., **22**:280, **22**:*299*
Manck, P., **5**:347, **5**:*398*
Mancuso, N. R., **9**:272, **9**:*276*
Mandava, N., **21**:45, **21**:*95*
Mandel, G. S., **22**:130, **22**:*210*
Mandel, J., **5**:130, **5**:131, **5**:*171*
Mandel, N. S., **15**:94, **15**:95, **15**:*149*, **29**:133, **29**:*183*, **30**:117, **30**:*171*
Mandelbaum, A., **8**:*220*, **8**:235, **8**:245, **8**:*266*, **8**:*267*
Mandeles, S., **21**:4, **21**:*33*
Mandelkern, C., **16**:259, **16**:*262*
Mandell, L., **6**:248, **6**:*329*, **11**:345, **11**:*389*
Mandella, W. L., **25**:75, **25**:*84*
Mandolini, L., **17**:187–9, **17**:234, **17**:251, **17**:*276*, **17**:*277*, **17**:*362*, **17**:*430*, **18**:90, **18**:158, **18**:161, **18**:*175*, **20**:137, **20**:138, **20**:139, **20**:*181*, **22**:2, **22**:6, **22**:9, **22**:23, **22**:25, **22**:35, **22**:37, **22**:38, **22**:39, **22**:40, **22**:41, **22**:42, **22**:43, **22**:45, **22**:46, **22**:47, **22**:48, **22**:49, **22**:50, **22**:51, **22**:52, **22**:53, **22**:54, **22**:55, **22**:56, **22**:57, **22**:59, **22**:65, **22**:66, **22**:72, **22**:76, **22**:77, **22**:79, **22**:82, **22**:83, **22**:85, **22**:90, **22**:91, **22**:100, **22**:101, **22**:104, **22**:105, **22**:*107*, **22**:*108*, **22**:*109*, **29**:9, **29**:54, **29**:*64*, **29**:*65*, **29**:*69*
Mandon, D., **29**:186, **29**:*269*
Maness, D. D., **9**:234, **9**:237, **9**:246, **9**:247, **9**:259, **9**:262, **9**:263, **9**:*276*
Mango, F. D., **6**:235, **6**:242, **6**:*329*, **7**:156, **7**:*206*, **12**:13, **12**:56, **12**:57, **12**:*117*, **12**:*124*
Mangum, B. W., **1**:350, **1**:*361*, **5**:62, **5**:*116*
Manhas, M. S., **23**:189, **23**:197, **23**:*267*
Manheimer, R. J., **28**:57, **28**:60, **28**:*137*
Mani, J., **10**:149, **10**:*153*
Mani, S. R., **13**:219, **13**:232, **13**:233, **13**:240, **13**:243, **13**:*266*, **13**:*273*, **13**:*276*, **17**:261, **17**:*276*
Mania, D., **23**:259, **23**:*266*
Manion, S., **19**:87, **19**:*123*
Mann, B. E., **20**:50, **20**:*52*, **24**:66, **24**:*109*, **25**:10, **25**:*92*
Mann, B. R., **13**:114, **13**:*150*
Mann, C. K., **10**:156, **10**:173, **10**:196, **10**:*223*, **10**:*225*, **12**:2, **12**:41, **12**:43, **12**:57, **12**:64, **12**:99, **12**:110, **12**:*119*, **12**:*124*, **12**:*126*, **13**:198, **13**:*273*, **18**:128, **18**:129, **18**:150, **18**:171, **18**:*179*, **18**:*180*, **18**:229, **18**:*236*, **19**:147, **19**:*219*
Mann, D. E., **1**:412, **1**:*421*, **4**:66, **4**:*71*, **7**:160, **7**:161, **7**:163, **7**:177, **7**:*203*, **7**:*206*, **7**:*207*, **25**:53, **25**:*92*
Mann, D. R., **32**:37, **32**:*114*
Mann, T. F., **32**:37, **32**:*114*
Manning, A. R., **29**:217, **29**:*266*
Manning, C., **13**:183, **13**:*267*, **19**:39, **19**:64, **19**:*115*, **19**:*123*
Manning, G., **10**:193, **10**:215, **10**:*223*, **12**:77, **12**:78, **12**:*124*, **19**:178, **19**:179, **19**:*219*, **20**:71, **20**:76, **20**:*185*, **32**:60, **32**:*118*
Manning, P. G., **2**:*277*
Männle, F., **32**:236, **32**:*264*
Manno, P. J., **2**:40, **2**:*89*
Mannschreck, A., **11**:322, **11**:326, **11**:*388*, **11**:*390*, **25**:14, **25**:67, **25**:68, **25**:*88*, **25**:*92*
Mano, H., **14**:187, **14**:*201*
Manocha, A. S., **25**:42, **25**:*96*
Manochkina, P. N., **1**:162, **1**:166, **1**:180, **1**:182, **1**:187, **1**:189, **1**:194, **1**:*201*
Manoli, Y., **32**:105, **32**:*117*
Manos, P. T., **3**:181, **3**:*184*
Manotti-Lanfredi, A. M., **26**:261, **26**:*369*
Manoušek, O., **5**:6, **5**:42, **5**:44, **5**:48, **5**:*51*, **5**:*52*, **10**:192, **10**:*223*

Manousek, O., **12:**12, **12:***124*
Manring, L. E., **19:**80, **19:***123*
Manriquez, J. M., **26:**216, **26:***250*
Mansfield, G. H., **7:**93, **7:***110*
Mansfield, J. R., **10:**169, **10:***222*, **12:**113, **12:***121*
Mansfield, J. W., **18:**36, **18:***71*
Mansour, M., **20:**200, **20:**201, **20:**202, **20:***231*
Mansson, M., **13:**4, **13:***80*, **22:**50, **22:***107*
Manthey, J. W., **23:**280, **23:***318*, **26:**72, **26:***126*
Manton, J. E., **6:**22, **6:***59*
Mantsch, H. H., **13:**326, **13:**331, **13:**332, **13:**334, **13:**335, **13:**341, **13:**342, **13:**344, **13:**345, **13:**346, **13:**347, **13:***412*, **13:***414*
Many, A., **16:**184, **16:**192, **16:**196, **16:***234*
Mao, S. W., **17:**39, **17:**40, **17:***62*
Mar, A., **16:**252, **16:***264*, **22:**61, **22:**62, **22:**74, **22:***109*
Maravigna, P., **25:**33, **25:***89*
Marby, C. A., **26:**260, **26:***369*
Marcaccio, M., **32:**42, **32:***119*
Marcandelli, M., **18:**9, **18:***71*
Marcantonio, R. P., **25:**43, **25:***87*
Marcar, S., **32:**69, **32:**100, **32:***118*
Marcek, J. F., **31:**30, **31:***83*
March, J., **19:**225, **19:***374*, **21:**128, **21:***194*, **22:**98, **22:***109*, **25:**285, **25:**352, **25:***443*, **29:**278, **29:***327*, **31:**256, **31:**286, **31:***389*
Marchand, A. P., **20:**151, **20:***183*
Marchand, B., **29:**219, **29:**224, **29:***266*
Marchand-Brynaert, J., **23:**240, **23:***268*
Marchese, G., **7:**11, **7:**43, **7:**47, **7:**64, **7:**88, **7:**89, **7:***111*, **17:**352, **17:***426*
Marchessault, R. H., **11:**87, **11:***119*, **13:**59, **13:***82*
Marchetti, A., **20:**213, **20:***231*
Marchetti, F., **28:**281, **28:**285, **28:***287*, **29:**207, **29:***266*
Marchot, E. C., **30:**209, **30:***217*
Marcia, E., **4:**183, **4:**189, **4:***191*
Marcia, L., **19:**87, **19:***123*
Marcondes, R., **19:**34, **19:***118*
Marcoux, L., **18:**115, **18:**119, **18:***179*
Marcoux, L. S., **10:**211, **10:***224*, **12:**43, **12:**77, **12:**79, **12:***124*, **13:**159, **13:**195, **13:**203, **13:**207, **13:**220, **13:**221, **13:**222, **13:**239, **13:***267*, **13:***272*, **13:***273*, **13:***276*, **19:**147, **19:**180, **19:***219*, **20:**61, **20:**72, **20:**76, **20:***188*
Marcus, D. M., **13:**374, **13:***407*
Marcus, M. F., **10:**211, **10:***221*, **26:**38, **26:***124*
Marcus, R., **25:**305, **25:***444*
Marcus, R. A., **10:**206, **10:**213, **10:***223*, **13:**220, **13:***273*, **14:**83, **14:**94, **14:***130*, **14:**157, **14:***197*, **14:***200*, **15:**39, **15:**40, **15:**42, **15:***58*, **15:***60*, **16:**88, **16:**89, **16:**97, **16:**98, **16:**100–3, **16:**105–9, **16:**111, **16:**112, **16:**115–21, **16:**127, **16:**128, **16:**134–6, **16:**138–40, **16:**148, **16:**149, **16:**154, **16:***156*, **18:**5, **18:**6, **18:***73*, **18:***75*, **18:**80, **18:**101, **18:**102, **18:**104, **18:**106, **18:**111, **18:**112, **18:**113, **18:**139, **18:***180*, **18:**193, **18:***236*, **19:**9, **19:***123*, **21:**101, **21:**150, **21:**151, **21:**168, **21:**182, **21:**184, **21:**185, **21:***192*, **21:***194*, **21:**217, **21:***239*, **22:**121, **22:***207*, **22:***210*, **24:**59, **24:***109*, **26:**4, **26:**5, **26:**7, **26:**13, **26:**15, **26:**20, **26:**21, **26:**32, **26:**106, **26:**107, **26:**119, **26:***127*, **26:***128*, **26:***130*, **27:**63, **27:**64, **27:***114*, **27:***116*, **27:**122, **27:**123, **27:**177, **27:**178, **27:**199, **27:***235*, **27:***237*, **28:**4, **28:**18, **28:**20, **28:***43*, **28:**148, **28:***170*, **29:**218, **29:***269*, **31:**96, **31:***139*, **32:**22, **32:***118*
Marcus, Y., **17:**282, **17:***430*, **26:**303, **26:***377*, **27:**277, **27:**278, **27:**279, **27:***290*
Marder, S. R., **26:**223, **26:***248*, **31:**33, **31:***82*, **32:**123, **32:**162, **32:**167, **32:**179, **32:**180, **32:**181, **32:**182, **32:**186, **32:**187, **32:**188, **32:**191, **32:***209*, **32:***210*, **32:***211*, **32:***212*, **32:***213*
Marecek, J. F., **25:**104, **25:**108, **25:**117, **25:***262*, **25:***263*
Marechal, Y., **5:**105, **5:***116*
Mareda, J., **19:**308, **19:***372*
Mares, F., **23:**310, **23:**313, **23:***321*
Maresca, L., **18:**169, **18:***185*
Maresch, G. G., **28:**10, **28:**40, **28:***43*
Margel, S., **26:**56, **26:***127*, **28:**2, **28:***41*

Margerum, J. D., **32**:249, **32**:*264*
Margerum, D. W., **14**:258, **14**:*339*, **18**:150, **18**:159, **18**:160, **18**:162, **18**:*176*, **18**:*177*, **18**:*182*, **18**:*185*
Margolies, M. N., **31**:266, **31**:382, **31**:*391*
Margolin, Z., **14**:144, **14**:145, **14**:146, **14**:147, **14**:191, **14**:*197*, **14**:*200*, **15**:47, **15**:*60*, **17**:130, **17**:*179*, **18**:54, **18**:*75*
Margolis, H. C., **17**:113, **17**:151, **17**:172, **17**:*178*
Margoni, N., **28**:60, **28**:*137*
Margoshes, M., **26**:258, **26**:*376*
Margraf, J. H., **9**:*181*
Margrave, J. L., **7**:168, **7**:*206*, **30**:9, **30**:10, **30**:14, **30**:28, **30**:*57*, **30**:*58*, **30**:*59*, **30**:*60*
Margulis, T. N., **29**:202, **29**:*265*
Mariani, C., **13**:75, **13**:*81*, **17**:315, **17**:*430*
Mariano, P. S., **19**:111, **19**:*123*, **19**:*127*
Maricich, R. J., **17**:97, **17**:120, **17**:121, **17**:*178*
Maricle, D. L., **5**:93, **5**:*119*
Maricq, M. M., **24**:18, **24**:20, **24**:*53*
Mariella, R. P., **7**:240, **7**:*256*
Marimoto, G., **11**:317, **11**:*389*
Marin, R., **29**:217, **29**:*268*
Marinelli, F., **22**:280, **22**:*299*
Marinelli, W. J., **21**:210, **21**:222, **21**:*239*
Marino, D. F., **18**:188, **18**:*236*
Marino, G., **1**:52, **1**:58, **1**:61, **1**:67, **1**:68, **1**:70, **1**:71, **1**:72, **1**:74, **1**:75, **1**:76, **1**:77, **1**:138, **1**:139, **1**:*149*, **1**:*150*, **1**:*152*, **14**:120, **14**:*128*
Marioni, F., **28**:210, **28**:211, **28**:219, **28**:220, **28**:236, **28**:281, **28**:285, **28**:*287*
Mario Pinto, B., **24**:151, **24**:*203*
Marjyamo, M., **14**:252, **14**:*348*
Mark, H. B., **12**:108, **12**:*124*, **18**:125, **18**:*180*
Mark, J. E., **6**:130, **6**:171, **6**:*181*, **6**:184, **13**:59, **13**:72, **13**:*80*
Mark, P., **16**:187, **16**:189, **16**:192, **16**:*234*
Mark, V., **9**:68(103), **9**:*125*, **25**:271, **25**:290, **25**:*443*
Markarain, M., **25**:279, **25**:*444*
Markau, K., **5**:92, **5**:*118*
Markby, R. E., **10**:173, **10**:175, **10**:*224*, **10**:*225*, **12**:13, **12**:67, **12**:69, **12**:70, **12**:*128*
Marken, F., **32**:3, **32**:23, **32**:25, **32**:70, **32**:71, **32**:74, **32**:75, **32**:79, **32**:80, **32**:81, **32**:82, **32**:109, **32**:*114*, **32**:*116*, **32**:*117*, **32**:*118*, **32**:*119*
Markezich, R. L., **17**:329, **17**:*430*
Markgraf, H., **25**:14, **25**:*86*
Markham, R., **22**:89, **22**:*106*
Markiw, R., **17**:67, **17**:*175*
Markley, J. L., **8**:282, **8**:290, **8**:*402*
Marko, J., **19**:87, **19**:*128*
Markova, A. V., **12**:99, **12**:*128*
Markova, G. S., **1**:158, **1**:171, **1**:*200*
Marković, V., **12**:234, **12**:*295*
Markovits, G. Y., **19**:383, **19**:*427*
Marks, C. B., **31**:263, **31**:*390*
Marks, R. E., **9**:142, **9**:143, **9**:*179*, **18**:7, **18**:33, **18**:54, **18**:*74*
Marks, T. J., **32**:123, **32**:129, **32**:137, **32**:141, **32**:151, **32**:158, **32**:171, **32**:179, **32**:187, **32**:191, **32**:196, **32**:*208*, **32**:*210*, **32**:*211*, **32**:*212*, **32**:*213*
Marlowe, C. K., **31**:279, **31**:*385*
Marmet, P., **4**:41, **4**:*70*
Marmo, F., **4**:*71*
Marnett, L. J., **10**:96, **10**:98, **10**:*127*
Maron, S. H., **2**:140, **2**:*161*, **15**:39, **15**:*61*
Marongiu, G., **25**:78, **25**:79, **25**:*87*
Maroulis, A. J., **19**:65, **19**:67, **19**:70, **19**:72, **19**:73, **19**:*114*, **19**:*123*
Marquarding, D., **9**:27(56, 57, 58, 59), **9**:28(55, 56, 57, 58, 59, **9**:35(55,), **9**:38(55), **9**:40(55), **9**:42(55), **9**:73(55,56, 57, 58, 59), **9**:75(59), **9**:77(55, 56, 57, 58, 59), **9**:80(55, 56, 57, 58, 59), **9**:82(58), **9**:84(58), **9**:85(56), **9**:86(59), **9**:96(55, 56, 57, 58, 59), **9**:117(56), **9**:118(56), **9**:*123*, **25**:123, **25**:130, **25**:153, **25**:194, **25**:207, **25**:208, **25**:236, **25**:*259*, **25**:*264*
Marquardt, D. W., **16**:241, **16**:*263*
Marquardt, F. H., **11**:42, **11**:*118*
Marquet, A., **18**:40, **18**:42, **18**:43, **18**:58, **18**:59, **18**:*73*, **18**:*74*, **18**:*75*, **23**:180, **23**:*264*, **31**:383, **31**:*388*
Marriot, P. R., **24**:193, **24**:*201*
Marriott, P. H., **8**:395, **8**:*402*

Marriott, P. R., **17**:33, **17**:53, **17**:*62*, **31**:133, **31**:*139*
Marsden, P. D., **5**:128, **5**:133, **5**:136, **5**:*171*
Marsden, P. O., **14**:212, **14**:247, **14**:*344*
Marsh, F. D., **1**:*199*
Marsh, F. J., **25**:197, **25**:198, **25**:215, **25**:217, **25**:219, **25**:237, **25**:*262*
Marsh, M. M., **23**:202, **23**:*262*
Marsh, R. E., **6**:115, **6**:117, **6**:*181*, **22**:130, **22**:140, **22**:166, **22**:*208*, **22**:*210*, **22**:*211*, **26**:327, **26**:*377*
Marsh, T., **25**:249, **25**:*260*
Marshal, T. H., **22**:197, **22**:*210*
Marshall, A., **31**:289, **31**:307, **31**:382, **31**:*392*
Marshall, A. C., **23**:258, **23**:261, **23**:*262*
Marshall, A. G., **24**:2, **24**:4, **24**:5, **24**:*51*, **24**:*54*
Marshall, D. C., **4**:151, **4**:153, **4**:185, **4**:*192*
Marshall, D. R., **11**:321, **11**:*388*, **16**:36, **16**:*48*, **23**:195, **23**:*264*
Marshall, H., **2**:22, **2**:52, **2**:62, **2**:*91*, **14**:26, **14**:*67*
Marshall, H. P., **15**:284, **15**:285, **15**:*329*
Marshall, J. H., **10**:121, **10**:*125*
Marshall, J. K., **28**:158, **28**:*170*
Marshall, J. T. B., **8**:172, **8**:*266*
Marshall, M., **2**:262, **2**:*275*
Marshall, P. J., **24**:122, **24**:123, **24**:124, **24**:144, **24**:*201*
Marshall, R. C., **13**:348, **13**:349, **13**:352, **13**:371, **13**:377, **13**:378, **13**:*409*, **13**:*411*, **13**:*413*
Marshall, T. W., **3**:260, **3**:*268*
Marsi, K. L., **9**:27(14c), **9**:27(52), **9**:29(52), **9**:110(14c), **9**:*122*, **9**:*123*
Marsich, N., **18**:159, **18**:*182*
Marsigny, L., **7**:161, **7**:*206*
Marsman, A. W., **32**:166, **32**:179, **32**:188, **32**:199, **32**:*211*, **32**:*215*, **32**:*216*
Marston, C. R., **24**:101, **24**:*110*
Martell, A. E., **11**:66, **11**:*121*
Martelli, M., **5**:195, **5**:210, **5**:*232*
Marten, D. F., **23**:45, **23**:*59*
Martens, D. R. M., **16**:252, **16**:*261*
Martens, F. M., **18**:168, **18**:*180*, **19**:97, **19**:*123*, **24**:95, **24**:96, **24**:102, **24**:104, **24**:*109*, **24**:*112*
Martens, H., **19**:18, **19**:*128*
Martie, P. A., **19**:22, **19**:*123*
Martigny, P., **20**:104, **20**:*185*
Martin, A. E., **1**:207, **1**:*277*, **6**:86, **6**:*99*
Martin, A. F., **23**:233, **23**:241, **23**:243, **23**:244, **23**:*267*, **24**:132, **24**:*203*
Martin, A. J., **10**:171, **10**:194, **10**:*221*
Martin, B., **6**:96, **6**:*100*
Martin, C. A., **22**:280, **22**:282, **22**:*304*, **22**:*305*
Martin, D. J., **29**:308, **29**:*330*
Martin, D., **7**:15, **7**:*111*
Martin, E. L., **7**:*111*
Martin, G. H., **29**:276, **29**:*327*
Martin, G. J., **16**:252, **16**:*264*, **25**:46, **25**:*92*
Martin, H.-D., **29**:277, **29**:305, **29**:308, **29**:*327*, **29**:*328*
Martin, J., **12**:227, **12**:*294*, **13**:36, **13**:*78*
Martin, J. C., **1**:39, **1**:84, **1**:*152*, **17**:126, **17**:162, **17**:163, **17**:*174*, **17**:*178*, **17**:*179*, **17**:420, **17**:*430*, **21**:128, **21**:*195*, **23**:193, **23**:194, **23**:*267*, **23**:*268*, **25**:49, **25**:*92*, **25**:125, **25**:136, **25**:*260*, **27**:241, **27**:*290*
Martin, J. F., **14**:266, **14**:*345*
Martin, J. M., **7**:155, **7**:*207*
Martin, J. S., **22**:136, **22**:*208*, **26**:300, **26**:303, **26**:*371*
Martin, J., **12**:227, **12**:*294*, **13**:36, **13**:*78*
Martin, J., **12**:227, **12**:*294*
Martin, M. L., **25**:46, **25**:*92*
Martin, M. M., **16**:70, **16**:*85*, **19**:258, **19**:259, **19**:*370*, **29**:316, **29**:*328*
Martin, M. T., **31**:300, **31**:382, **31**:*389*
Martin, P. L., **27**:243, **27**:245, **27**:256, **27**:*290*
Martin, R. A., **19**:405, **19**:*425*
Martin, R. B., **5**:261, **5**:300, **5**:*329*, **9**:252, **9**:*279*, **11**:67, **11**:*118*, **11**:332, **11**:*389*, **16**:254, **16**:*262*, **18**:65, **18**:*76*, **21**:39, **21**:*96*
Martin, R. D., **32**:57, **32**:105, **32**:*118*
Martin, R. J., **24**:119, **24**:128, **24**:129, **24**:130, **24**:*200*, **24**:*202*, **25**:182, **25**:*257*, **25**:*261*
Martin, R. J. L., **18**:160, **18**:*180*
Martin, R. L., **32**:37, **32**:*114*
Martin, T. W., **8**:245, **8**:*266*

Martin, V., **17**:445, **17**:*485*
Martin, W. A., Jr., **28**:13, **28**:27, **28**:30, **28**:32, **28**:*41*
Martin, W. J., **7**:160, **7**:*206*
Martine, E., **25**:54, **25**:*96*
Martinek, K., **11**:63, **11**:*121*, **17**:445, **17**:450–2, **17**:475, **17**:*482*, **17**:*485*, **17**:*487*, **22**:224, **22**:226, **22**:227, **22**:254, **22**:257, **22**:*305*, **23**:223, **23**:225, **23**:226, **23**:*267*, **29**:11, **29**:60, **29**:*65*, **29**:85
Martinelli, A., **14**:252, **14**:*339*
Martinez, A. G., **9**:236, **9**:*277*
Martinez, G. A., **20**:128, **20**:*183*
Martinez, S., **25**:21, **25**:*94*
Martinez-Manzanares, J., **25**:285, **25**:335
Martins, A., **22**:218, **22**:*302*
Martins-Franchetti, S. M., **22**:228, **22**:230, **22**:236, **22**:237, **22**:265, **22**:296, **22**:*300*, **22**:*307*
Martinson, P., **25**:61, **25**:*87*, **25**:*92*, **25**:*93*
Marton, J., **25**:61, **25**:*87*, **25**:*93*
Martti, E., **14**:291, **14**:293, **14**:*345*
Martynenko, Z., **18**:154, **18**:*183*
Marudarajan, V. S., **26**:200, **26**:*251*
Marumo, F., **29**:207, **29**:*268*
Maruyama, H., **25**:234, **25**:235, **25**:*262*
Maruyama, K., **5**:64, **5**:67, **5**:95, **5**:*117*, **10**:79, **10**:109, **10**:110, **10**:*126*, **14**:187, **14**:*201*, **19**:90, **19**:105, **19**:*108*, **19**:*122*, **19**:*123*, **20**:225, **20**:*231*
Maruyama, T., **10**:79, **10**:109, **10**:110, **10**:*126*, **10**:*127*, **10**:*128*
Maruyama, Y., **16**:160, **16**:175, **16**:*233*, **16**:*234*, **26**:227, **26**:*246*, **32**:247, **32**:*263*
Marvel, C. S., **6**:265, **6**:*329*
Marvell, E. N., **6**:205, **6**:*329*, **13**:36, **13**:*81*
Mary, M., **15**:239, **15**:243, **15**:*261*, **15**:*263*
Mar'yasova, V. I., **19**:55, **19**:*122*
Maryasova, V. I., **20**:25, **20**:29, **20**:*52*
Marynick, D. S., **25**:26, **25**:*92*
Maryott, A. A., **3**:17, **3**:*82*
Marziano, N. C., **12**:211, **12**:*219*, **14**:149, **14**:*200*, **16**:20, **16**:29, **16**:*48*, **19**:386, **19**:*427*
Marzilli, L. G., **23**:10, **23**:*62*, **26**:115, **26**:*127*
Marzilli, M., **29**:170, **29**:*179*
Marzilli, P. A., **26**:115, **26**:*127*
Marzilli, T. A., **10**:114, **10**:115, **10**:*128*
Marzilly, L. G., **11**:68, **11**:*118*
Marzin, C., **11**:327, **11**:*386*
Marzo, A., **6**:302, **6**:*324*, **7**:93, **7**:*109*
Masalov, L. H., **29**:226, **29**:*269*
Masamba, W., **26**:167, **26**:168, **26**:*177*
Masamune, S., **19**:302, **19**:303, **19**:337, **19**:338, **19**:*374*, **29**:287, **29**:*328*, **31**:264, **31**:265, **31**:266, **31**:382, **31**:*391*
Masawa, M., **28**:252, **28**:*291*
Mascaro, K., **16**:89, **16**:*156*
Mascaro, L., Jr., **16**:89, **16**:*156*
Mascherpa, G., **26**:297, **26**:*369*
Masci, B., **17**:187, **17**:189, **17**:251, **17**:*277*, **17**:362, **17**:*430*, **22**:2, **22**:9, **22**:43, **22**:46, **22**:47, **22**:48, **22**:50, **22**:51, **22**:52, **22**:53, **22**:54, **22**:57, **22**:59, **22**:65, **22**:66, **22**:72, **22**:76, **22**:79, **22**:82, **22**:83, **22**:100, **22**:101, **22**:105, **22**:*107*, **22**:*108*, **22**:*109*, **29**:*69*
Maseras, F., **26**:119, **26**:*121*
Masetti, F., **12**:143, **12**:177, **12**:179, **12**:192, **12**:203, **12**:*217*
Masheder, D., **18**:159, **18**:*183*
Mashima, M., **27**:174, **27**:*237*
Maskill, H., **5**:356, **5**:371, **5**:*397*, **27**:3, **27**:16, **27**:*54*, **27**:242, **27**:248, **27**:257, **27**:*288*, **27**:*290*, **28**:285, **28**:*288*
Maskornick, M. J., **17**:347, **17**:*430*
Maslak, P., **26**:231, **26**:238, **26**:*246*, **26**:*252*, **29**:232, **29**:*269*, **32**:173, **32**:*213*
Maslen, E. N., **23**:187, **23**:188, **23**:*261*
Masnovi, J. M., **29**:188, **29**:190, **29**:197, **29**:211, **29**:214, **29**:222, **29**:226, **29**:231, **29**:235, **29**:236, **29**:238, **29**:252, **29**:264, **29**:*268*, **29**:*269*, **31**:119, **31**:*139*
Masnovici, J. M., **21**:133, **21**:177, **21**:*193*
Mason, A., **29**:143, **29**:*180*
Mason, D., **32**:96, **32**:*115*
Mason, E. A., **6**:127, **6**:*181*
Mason, H. S., **5**:68, **5**:*117*
Mason, R., **1**:250, **1**:256, **1**:257, **1**:*278*
Mason, R. P., **17**:7, **17**:*61*, **31**:95, **31**:127, **31**:129, **31**:134, **31**:135, **31**:136,

31:*138*, **31:***139*, **31:***140*
Mason, S. C., **22:**81, **22:***107*, **24:**79, **24:***107*
Mason, S. F., **1:**65, **1:**66, **1:**69, **1:***152*, **1:**417, **1:**418, **1:***421*, **2:**172, **2:**184, **2:**185, **2:***198*, **3:**75, **3:***87*, **4:**61, **4:***70*, **4:**298, **4:***303*, **11:**297, **11:**315, **11:***389*, **12:**139, **12:**140, **12:**150, **12:**161, **12:**170, **12:**172, **12:**177, **12:**182, **12:**198, **12:**204, **12:**207, **12:**210, **12:***217*, **12:***219*
Mason, T. J., **32:**69, **32:**70, **32:**71, **32:**72, **32:**73, **32:**75, **32:**83, **32:***116*, **32:***118*, **32:***120*
Masri, F. N., **22:**132, **22:***207*
Massa, L. J., **24:**63, **24:***111*
Massa, W., **26:**299, **26:***375*
Massé, J. P., **17:**461, **17:***485*
Massey, R. J., **31:**382, **31:***389*
Massey, V., **24:**94, **24:***108*
Massiau, A., **5:**381, **5:***396*
Masters, A. F., **23:**57, **23:***61*
Masterson, W. L., **14:**272, **14:**275, **14:***347*
Mastropaolo, D., **22:**131, **22:***207*, **26:**267, **26:**313, **26:**316, **26:***369*
Masuda, T., **8:**18, **8:***77*, **26:**220, **26:***250*
Masuda, Y., **3:**188, **3:***267*
Masugi, T., **18:**209, **18:***237*
Masuhara, H., **13:**185, **13:***276*, **19:**41, **19:**44, **19:**84, **19:**96, **19:***114*, **19:***120*, **19:***123*
Masui, M., **10:**163, **10:***223*, **12:**57, **12:***122*, **12:***124*, **13:**240, **13:***273*, **19:**401, **19:***427*, **31:**131, **31:***140*
Masui, T., **18:**145, **18:***185*
Masumoto, K., **30:**182, **30:**184, **30:***219*
Masure, F., **1:***199*
Matacz, Z., **17:**345, **17:***426*
Mataga, N., **7:**165, **7:**166, **7:**167, **7:***207*, **11:**356, **11:***389*, **13:**185, **13:**186, **13:***273*, **13:***276*, **15:**118, **15:***147*, **19:**2, **19:**4, **19:**14, **19:**15, **19:**23, **19:**25, **19:**26, **19:**30, **19:**34, **19:**37, **19:**38, **19:**41, **19:**43, **19:**44, **19:**51, **19:**74, **19:**84, **19:**85, **19:**95, **19:**96, **19:***120*, **19:***123*, **19:***124*, **19:***125*, **19:***128*, **19:***157*, **19:***220*, **20:**219, **20:***231*, **22:**321, **22:**323, **22:***359*, **26:**20, **26:***128*, **26:**195, **26:***250*, **28:**39, **28:***43*, **28:***44*, **29:**226, **29:**228, **29:***269*
Mateescu, G., **4:**183, **4:**189, **4:***191*
Mateescu, G. D., **11:**124, **11:**137, **11:**139, **11:**140, **11:***174*, **11:**199, **11:**201, **11:**209, **11:**220, **11:***224*, **19:**226, **19:**236, **19:**266, **19:**292, **19:**318, **19:***375*, **19:***376*
Mateo, S., **14:**154, **14:***197*
Mateos, J. L., **24:**78, **24:***106*
Matern, A. I., **24:**94, **24:***110*
Matesich, M. A., **6:**77, **6:**78, **6:**97, **6:***100*, **7:**98, **7:***112*, **9:**188, **9:**189, **9:**190, **9:**191, **9:**261, **9:**264, **9:***276*, **9:***277*, **14:**43, **14:***63*, **14:***65*
Matesick, M. S., **27:**265, **27:***289*
Mathes, R., **26:**216, **26:***251*
Matheson, A. F., **10:**10, **10:**20, **10:***26*, **31:**175, **31:**178, **31:***245*
Matheson, I. A., **16:**57, **16:***85*
Matheson, M. S., **1:**295, **1:**298, **1:**339, **1:***361*, **7:**117, **7:***150*, **8:**2, **8:**35, **8:***75*, **8:***76*, **12:**227, **12:***295*, **19:**6, **19:***121*
Mathews, C. W., **7:**161, **7:**163, **7:***206*
Mathias, A. P., **21:**22, **21:***32*, **25:**236, **25:***259*
Mathias, J. P., **32:**123, **32:***216*
Mathieson, A. McL., **1:**226, **1:**227, **1:***280*, **6:**117, **6:***181*
Mathieson, J. G., **14:**238, **14:**239, **14:**260, **14:**264, **14:***340*, **14:***347*
Mathieu, J., **28:**116, **28:***136*
Mathis, F., **9:**111(122a), **9:**112(122a), **9:**115(122a), **9:***126*, **25:**187, **25:**188, **25:***264*
Mathis, R. D., **7:**186, **7:**192, **7:***206*
Mathivanan, N., **27:**260, **27:**262, **27:**275, **27:**280, **27:**282, **27:**285, **27:**286, **27:***290*
Mathur, H. B., **14:***341*
Matisons, J. G., **23:**294, **23:***316*
Matloubi, H., **21:**44, **21:***97*
Matossi, F., **3:**69, **3:***87*, **3:***88*
Matous, J., **14:**291, **14:**295, **14:***347*
Matschiner, H., **11:**329, **11:***390*, **23:**192, **23:***268*
Matschiner, R., **32:**137, **32:**150, **32:**159, **32:**164, **32:**165,**32:**166, **32:**167, **32:**193, **32:**199, **32:**200, **32:**202, **32:**204, **32:**205, **32:**206, **32:***209*,

32:*216*, **32:***217*
Matsen, F. A., **4:**68, **4:***70*, **4:**276, **4:***302*, **4:**325, **4:***346*, **8:**94, **8:***149*, **26:**192, **26:***249*
Matson, G. B., **16:**241, **16:**244, **16:***263*
Matson, G. W., **1:**52, **1:**72, **1:***152*, **1:**192, **1:**194, **1:***198*, **4:**298, **4:***302*
Matsson, O., **24:**124, **24:***199*, **31:**153, **31:**167, **31:**168, **31:**181, **31:**185, **31:**188, **31:**189, **31:**205, **31:**206, **31:**207, **31:**208, **31:**234, **31:**235, **31:**236, **31:**241, **31:***243*, **31:***244*, **31:***245*, **31:***246*, **31:***248*
Matsuda, H., **32:**34, **32:**108, **32:***118*
Matsuda, K., **13:**288, **13:**289, **13:**306, **13:**307, **13:**313, **13:**320, **13:**322, **13:***414*, **13:***415*, **17:**50, **17:***62*, **32:**70, **32:***118*
Matsuda, M., **19:**96, **19:***129*, **23:**224, **23:***269*, **26:**170, **26:***176*
Matsuda, T., **17:**355, **17:**360, **17:***427*, **17:***430*, **31:**11, **31:***83*
Matsuda, Y., **12:**12, **12:**57, **12:***124*
Matsudu, T., **21:**45, **21:***98*
Matsui, H., **3:**159, **3:**160, **3:**164, **3:**166, **3:**168, **3:***183*, **5:**263, **5:***325*
Matsui, T., **9:**165, **9:***179*, **13:**109, **13:***151*, **17:**411, **17:**412, **17:***430*, **29:**5, **29:**6, **29:**22, **29:**23, **29:**24, **29:**25, **29:**26, **29:**32, **29:**38, **29:**41, **29:***67*, **29:**73, **29:**74
Matsui, Y., **22:**292, **22:***305*, **26:**302, **26:***375*, **29:**5, **29:**6, **29:***67*
Matsumara, S., **30:**201, **30:***219*
Matsumoto, K., **18:**126, **18:***179*, **22:**263, **22:**285, **22:**287, **22:***306*, **31:**270, **31:***386*
Matsumoto, M., **19:**46, **19:***121*
Matsumoto, N., **22:**285, **22:***306*
Matsumoto, T., **19:**342, **19:***371*, **32:**305, **32:**306, **32:**346, **32:**347, **32:**362, **32:***382*, **32:***383*
Matsumoto, Y., **22:**278, **22:**285, **22:**288, **22:***305*, **22:***308*
Matsumura, C., **25:**29, **25:***90*
Matsumura, Y., **17:**461, **17:***482*, **20:**129, **20:***188*
Matsunaga, Y., **1:**350, **1:***361*, **13:**164, **13:**195, **13:***273*, **16:**199–201, **16:***234*
Matsuo, K., **22:**294, **22:***308*
Matsuo, T., **17:**439, **17:***485*, **19:**93, **19:**96, **19:**97, **19:**100, **19:**110, **19:***121*, **19:***123*, **19:***128*, **20:**229, **20:***231*, **32:**258, **32:***264*
Matsuoka, M., **2:**78, **2:**89, **5:**340, **5:***397*
Matsuoka, T., **12:**13, **12:***122*
Matsushima, M., **4:**4, **4:***28*
Matsushita, H., **32:**249, **32:***263*
Matsushita, M., **26:**217, **26:***250*
Matsuura, H., **25:**29, **25:**31, **25:**48, **25:**52, **25:***92*, **25:***93*, **25:***95*
Matsuura, N., **17:**307, **17:***430*
Matsuura, T., **13:**160, **13:***274*, **19:**78, **19:**102, **19:**103, **19:**110, **19:***120*, **19:***121*, **19:***126*, **20:**214, **20:**222, **20:**227, **20:**228, **20:***231*, **20:***232*
Matsuura, Y., **24:**141, **24:***203*
Matsuyama, T., **17:**14, **17:**37, **17:***60*
Matsuyama, Y., **13:**249, **13:***277*
Matt, J. W., **6:**289, **6:***329*
Mattay, J., **19:**32, **19:**101, **19:***122*, **19:***123*, **20:**23, **20:**45, **20:***53*, **31:**119, **31:***139*
Matteoli, E., **14:**252, **14:***339*
Mattes, S. L., **19:**54, **19:**72, **19:**73, **19:**78, **19:***116*, **19:***123*, **20:**120, **20:***185*, **23:**311, **23:***319*, **26:**20, **26:***125*
Matteson, D. S., **6:**249, **6:**250, **6:***329*
Matthews, B. W., **21:**18, **21:***33*, **24:**141, **24:***199*, **26:**355, **26:***372*, **26:***373*, **26:***375*
Matthews, D. B., **7:**295, **7:***328*, **12:**106, **12:***124*
Matthews, U. S., **17:**130, **17:***179*
Matthews, W. S., **14:**144, **14:**145, **14:**146, **14:**147, **14:**191, **14:***197*, **14:***200*, **18:**54, **18:***75*, **23:**285, **23:***319*
Mattioli, M., **31:**120, **31:***137*
Mattison, P., **6:**291, **6:***330*
Mattoon, R. W., **8:**282, **8:**285, **8:***400*, **8:***402*
Matts, T. C., **14:**27, **14:**33, **14:***65*, **16:**19, **16:***48*, **19:**416, **19:***427*
Mattsén, M., **18:**34, **18:**53, **18:**54, **18:**58, **18:**63, **18:**64, **18:***74*
Mattson, J. S., **12:**114, **12:***120*
Matturro, M., **24:**127, **24:***201*
Matturro, M. G., **29:**313, **29:***330*
Matusch, R., **20:**115, **20:***185*
Matuszeski, F., **4:**329, **4:***341*

Matuszewski, B., **22**:295, **22**:*303*
Matveichev, P. M., **30**:48, **30**:*58*
Matwiyoff, N. A., **13**:374, **13**:378, **13**:379, **13**:*411*, **13**:*412*, **13**:*414*, **16**:258, **16**:*263*
Matysik, F., **32**:82, **32**:*118*
Matysik, S., **32**:82, **32**:*118*
Matz, J. R., **29**:310, **29**:*328*
Mau, A. W.-H., **15**:118, **15**:*146*, **19**:23, **19**:*118*
Mauer, E. W., **8**:321, **8**:329, **8**:*402*
Maugh, T., **11**:21, **11**:79, **11**:*121*, **12**:43, **12**:*128*, **14**:259, **14**:*347*
Mauldin, C., **18**:192, **18**:*238*
Maulding, D. R., **18**:198, **18**:*237*
Maupin, P. H., **17**:48, **17**:*59*
Maurer, W., **13**:360, **13**:361, **13**:363, **13**:*415*, **25**:115, **25**:*259*
Maurey, M., **10**:211, **10**:*220*, **10**:*221*, **12**:9, **12**:*118*, **13**:230, **13**:*266*
Maurey-Mey, M., **13**:196, **13**:213, **13**:229, **13**:230, **13**:*267*
Maurin, M., **18**:114, **18**:*178*
Mauzerall, D., **13**:196, **13**:213, **13**:214, **13**:*269*
Maverick, E. F., **29**:112, **29**:*180*, **29**:277, **29**:*326*
Mavrogenes, G., **12**:227, **12**:*296*
Mavrov, M. V., **9**:217, **9**:*277*
Maw, T. S., **19**:104, **19**:*116*
Mawby, R. J., **17**:25, **17**:*59*
Maxfield, M., **28**:4, **28**:*44*, **29**:229, **29**:*266*
Maxwell, D. E., **3**:223, **3**:*266*
Maxwell, D. M., **31**:382, **31**:*390*
Maxwell, I. E., **13**:59, **13**:*78*
May, C. E., **1**:396, **1**:*419*
May, D. P., **4**:44, **4**:45, **4**:*69*, **8**:157, **8**:159, **8**:193, **8**:*260*
May, P. J., **13**:74, **13**:*78*
May, S. C., **21**:14, **21**:*34*
Mayachi, M. F., **5**:277, **5**:287, **5**:293, **5**:*326*
Mayake, H., **23**:279, **23**:*319*
Mayausky, J. S., **20**:80, **20**:83, **20**:84, **20**:85, **20**:*185*
Maycock, C. D., **26**:319, **26**:*371*
Mayeda, E. A., **10**:173, **10**:189, **10**:190, **10**:*223*, **12**:38, **12**:39, **12**:40, **12**:43, **12**:109, **12**:*124*, **13**:156, **13**:157, **13**:203, **13**:225, **13**:*273*, **18**:127, **18**:*181*, **20**:141, **20**:144, **20**:*185*
Mayence, G., **9**:*126*
Mayer, A., **13**:374, **13**:*414*, **29**:276, **29**:277, **29**:300, **29**:301, **29**:*327*, **29**:*329*
Mayer, B., **29**:277, **29**:308, **29**:*327*, **30**:188, **30**:*218*
Mayer, F. C., Jr., **3**:153, **3**:*185*
Mayer, I., **9**:172, **9**:*180*
Mayer, J., **29**:276, **29**:*330*
Mayer, J. E., **3**:22, **3**:*88*, **10**:4, **10**:21, **10**:*27*, **14**:245, **14**:*347*, **22**:19, **22**:*109*
Mayer, J. M., **17**:382, **17**:383, **17**:392, **17**:397, **17**:405, **17**:*427*
Mayer, M. G., **3**:22, **3**:*88*, **22**:19, **22**:*109*, **23**:66, **23**:*158*
Mayer, M. G., **32**:162, **32**:*213*
Mayer, R., **3**:69, **3**:*87*, **3**:*88*, **5**:89, **5**:*117*
Mayer, R. T., **12**:165, **12**:*219*
Mayerle, E. A., **3**:166, **3**:*185*
Mayerle, J. J., **15**:81, **15**:*145*, **16**:226, **16**:*236*
Mayeste, R. J., **23**:220, **23**:*264*
Maynard, J. C., **6**:319, **6**:*328*
Mayne, C. L., **16**:242, **16**:*262*, **16**:*263*, **32**:238, **32**:239, **32**:*263*
Mayo, F. R., **9**:130, **9**:134, **9**:156, **9**:158, **9**:169, **9**:*177*, **9**:*180*, **9**:*183*, **16**:58, **16**:71, **16**:*85*
Mayor, R. H., **2**:4, **2**:7, **2**:*88*, **2**:*89*
Mayot, M., **4**:289, **4**:*303*
Mayr, A. J., **28**:239, **28**:*290*
Mayr, H., **19**:353, **19**:364, **19**:*373*, **28**:250, **28**:284, **28**:*289*, **29**:233, **29**:*269*, **29**:278, **29**:294, **29**:314, **29**:*327*, **32**:292, **32**:*384*
Mays, H., **29**:314, **29**:*328*
Mays, M. J., **8**:212, **8**:*264*
Mayumi, J., **22**:72, **22**:73, **22**:82, **22**:*111*
Mazaleyrat, J. P., **26**:56, **26**:59, **26**:111, **26**:*125*, **26**:*127*
Mazer, N. A., **22**:219, **22**:220, **22**:*305*
Mazumdar, K., **14**:260, **14**:*346*
Mazumdar, S. K., **6**:116, **6**:*181*, **6**:*182*
Mazur, A., **21**:14, **21**:*33*
Mazur, P., **27**:3, **27**:*55*
Mazur, R. H., **5**:365, **5**:*398*, **19**:265, **19**:*375*, **19**:*377*
Mazur, S., **19**:155, **19**:*218*, **28**:33, **28**:*43*
Mazur, Y., **9**:245, **9**:*275*

Mazur, Z., **12**:111, **12**:*117*
Mazza, C., **29**:5, **29**:8, **29**:9, **29**:23, **29**:32, **29**:33, **29**:34, **29**:35, **29**:43, **29**:*69*, **29**:77
Mazza, F., **21**:42, **21**:*95*
Mazzanti, G., **15**:251, **15**:*263*
Mazzarella, L., **6**:130, **6**:138, **6**:173, **6**:*179*, **6**:*181*
Mazzocchi, P. H., **10**:143, **10**:*152*, **19**:105, **19**:107, **19**:*123*, **19**:*124*
Mazzocchin, G., **18**:150, **18**:152, **18**:*176*
Mazzola, E. P., **8**:327, **8**:*400*
Mazzucato, U., **12**:143, **12**:177, **12**:179, **12**:192, **12**:203, **12**:213, **12**:*215*, **12**:*217*, **19**:53, **19**:*114*
Mazzucato, V., **1**:406, **1**:*420*
McAlduff, J. E., **2**:124, **2**:*162*
McAleer, J., **32**:93, **32**:96, **32**:*120*
McAleer, J. F., **31**:9, **31**:11, **31**:27, **31**:49, **31**:*81*
McAlister, J., **13**:59, **13**:*81*
McAllister, C., **11**:70, **11**:80, **11**:*117*
McAllister, M. A., **29**:52, **29**:*63*
McAneny, M., **17**:451, **17**:*482*, **22**:246, **22**:*300*
McArdle, J. V., **18**:145, **18**:*180*
McAteer, C. H., **23**:116, **23**:*160*
McAuley, A., **18**:90, **18**:145, **18**:*175*, **18**:*176*, **18**:*180*
McAuliffe, M., **22**:349, **22**:*358*
McBain, J. W., **8**:282, **8**:285, **8**:306, **8**:*402*
McBain, M. E. L., **8**:272, **8**:280, **8**:281, **8**:*402*
McBee, E. T., **7**:18, **7**:20, **7**:22, **7**:27, **7**:*111*, **25**:310, **25**:330, **25**:*443*
McBride, J. M., **10**:98, **10**:114, **10**:*123*, **19**:336, **19**:*377*, **26**:180, **26**:231, **26**:*250*, **26**:*251*, **28**:111, **28**:*136*, **29**:316, **29**:*324*
McBrierty, V. J., **16**:259, **16**:*261*
McCabe, C. L., **17**:250, **17**:*278*
McCabe, P. H., **29**:117, **29**:*182*
McCafferty, G., **31**:36, **31**:*82*
McCain, J. H., **11**:235, **11**:246, **11**:*265*, **12**:63, **12**:*123*
McCall D. W., **3**:188, **3**:196, **3**:197, **3**:210, **3**:211, **3**:*266*, **25**:130, **25**:*260*
McCall, M. T., **12**:157, **12**:*216*, **13**:258, **13**:*270*
McCallum, K. A., **19**:411, **19**:*425*
McCallum, K. J., **2**:217, **2**:249, **2**:*276*, **12**:283, **12**:*296*
McCallum, R. J., **14**:144, **14**:145, **14**:146, **14**:191, **14**:*200*, **17**:130, **17**:*179*
McCann, D. W., **17**:354, **17**:*424*
McCapra, F., **12**:2, **12**:10, **12**:*124*, **18**:85, **18**:*181*, **18**:187, **18**:189, **18**:191, **18**:194, **18**:198, **18**:199, **18**:201, **18**:206, **18**:209, **18**:233, **18**:*236*, **19**:82, **19**:*124*, **21**:42, **21**:*96*
McCarron, E. M., **13**:234, **13**:*273*
McCarrou, E. M., **12**:56, **12**:*123*
McCarthy, T. D., **32**:50, **32**:52, **32**:59, **32**:69, **32**:105, **32**:*119*
McCarthy, W. J., **12**:214, **12**:*219*
McCartney, R. L., **12**:14, **12**:*119*
McCarty, C. G., **6**:315, **6**:*325*
McCarty, J. E., **5**:377, **5**:*396*
McCauley, C. E., **5**:345, **5**:*397*
McCauley, D. A., **1**:52, **1**:72, **1**:*152*, **2**:17, **2**:*89*, **9**:17, **9**:*24*
McCay, P. B., **17**:54, **17**:55, **17**:*61*, **17**:*62*, **31**:104, **31**:116, **31**:*139*
McClanahan, J. L., **4**:160, **4**:161, **4**:*192*
McClellan, A. L., **3**:2, **3**:*87*, **5**:310, **5**:*329*, **6**:86, **6**:*100*, **9**:157, **9**:160, **9**:*180*, **26**:258, **26**:265, **26**:*376*
McClelland, B. J., **5**:93, **5**:*116*, **15**:158, **15**:159, **15**:*260*
McClelland, R. A., **12**:211, **12**:212, **12**:*221*, **13**:85, **13**:96, **13**:98, **13**:99, **13**:100, **13**:101, **13**:102, **13**:142, **13**:146, **13**:*153*, **13**:170, **13**:*273*, **21**:38, **21**:45, **21**:53, **21**:54, **21**:55, **21**:56, **21**:60, **21**:62, **21**:63, **21**:65, **21**:66, **21**:68, **21**:69, **21**:71, **21**:72, **21**:73, **21**:78, **21**:81, **21**:83, **21**:84, **21**:85, **21**:87, **21**:88, **21**:89, **21**:91, **21**:92, **21**:*94*, **21**:*96*, **21**:*97*, **21**:*98*, **24**:118, **24**:164, **24**:*202*, **25**:125, **25**:126, **25**:127, **25**:*262*, **27**:46, **27**:*54*, **27**:227, **27**:*237*, **27**:254, **27**:260, **27**:262, **27**:263, **27**:265, **27**:266, **27**:271, **27**:275, **27**:276, **27**:279, **27**:280, **27**:282, **27**:284, **27**:285, **27**:286, **27**:*290*, **28**:286, **28**:*289*, **29**:51, **29**:*67*, **29**:*68*, **29**:83, **32**:366, **32**:367, **32**:368, **32**:371, **32**:*382*
McCleverty, J., **23**:32, **23**:*61*

McCleverty, J. A., **29**:217, **29**:*266*, **29**:*269*, **31**:45, **31**:*80*, **31**:*81*, **32**:5, **32**:*119*
McClory, M. R., **15**:244, **15**:*261*, **19**:39, **19**:*123*
McClung, R., **29**:319, **29**:320, **29**:*329*
McClure, D. S., **1**:235, **1**:236, **1**:*280*, **1**:400, **1**:407, **1**:413, **1**:416, **1**:417, **1**:*419*, **1**:*420*, **1**:*421*, **1**:*422*
McColl, D. W., **8**:37, **8**:*76*
McCollum, G. J., **14**:144, **14**:145, **14**:146, **14**:191, **14**:*200*, **17**:130, **17**:*179*
McCollum, J. D., **6**:4, **6**:50, **6**:*60*, **8**:242, **8**:*266*, **13**:89, **13**:*148*, **24**:91, **24**:*105*
McComb, H. E., **3**:73, **3**:*87*
McComb, I.-H., **32**:158, **32**:204, **32**:206, **32**:*214*
McConaghy, J. S., **7**:197, **7**:*206*
McConaghy, J. S., Jr., **6**:274, **6**:*328*
McConald, P. J., **32**:236, **32**:*263*
McConnell, H. M., **1**:293, **1**:294, **1**:295, **1**:301, **1**:316, **1**:317, **1**:318, **1**:321, **1**:322, **1**:323, **1**:324, **1**:325, **1**:329, **1**:330, **1**:331, **1**:351, **1**:353, **1**:355, **1**:*360*, **1**:*361*, **1**:*362*, **3**:78, **3**:*87*, **3**:197, **3**:209, **3**:210, **3**:211, **3**:219, **3**:221, **3**:224, **3**:226, **3**:227, **3**:*266*, **3**:*267*, **5**:59, **5**:98, **5**:111, **5**:*116*, **5**:*117*, **8**:22, **8**:*76*, **13**:193, **13**:*273*, **16**:198, **16**:*234*, **17**:24, **17**:*63*, **26**:227, **26**:228, **26**:230, **26**:*250*, **28**:21, **28**:22, **28**:26, **28**:30, **28**:*43*, **28**:70, **28**:76, **28**:89, **28**:*137*
McConnell, H., **11**:169, **11**:*176*
McCord, T. C., **19**:149, **19**:*219*
McCorkle, G. M., **25**:248, **25**:*262*
McCorkle, M. R., **13**:116, **13**:*151*
McCormick, M. J., **32**:35, **32**:*114*
McCoubrey, J. C., **5**:175, **5**:*234*, **9**:15, **9**:*23*
McCown, J. D., **19**:233, **19**:*372*
McCoy, F., **19**:48, **19**:53, **19**:*119*
McCrann, P. M., **22**:282, **22**:*305*
McCrary, T. J. Jr., **14**:16, **14**:*65*
McCredie, R. S., **15**:82, **15**:*148*
McCreery, R. L., **20**:80, **20**:83, **20**:84, **20**:85, **20**:*182*, **20**:*185*, **20**:*186*, **20**:*187*
McCubbin, I., **20**:95, **20**:*183*
McCubbin, W. L., **16**:211, **16**:*234*
McCullough, J. J., **19**:14, **19**:39, **19**:66, **19**:67, **19**:104, **19**:*113*, **19**:*123*, **19**:*124*
McCullough, K. I., **29**:217, **29**:*269*
McCullough, R. L., **6**:156, **6**:*181*, **13**:16, **13**:*81*
McCurdy, C. E. Jr., **22**:326, **22**:*360*
McDaniel, D. H., **1**:88, **1**:105, **1**:*149*, **1**:*152*, **9**:145, **9**:*180*, **11**:277, **11**:279, **11**:*384*, **13**:114, **13**:*149*, **26**:300, **26**:*372*
McDaniel, E. W., **21**:198, **21**:*239*
McDermott, M., **15**:309, **15**:*329*, **17**:328, **17**:345, **17**:*429*
McDevit, W. F., **2**:142, **2**:*160*, **13**:98, **13**:99, **13**:*151*, **14**:272, **14**:*347*
McDiarmid, A. D., **28**:4, **28**:*43*
McDonald, C. C., **5**:54, **5**:*117*, **8**:290, **8**:*402*
McDonald, C. E., **21**:17, **21**:*31*
McDonald, G. J., **10**:18, **10**:*26*, **31**:176, **31**:*243*
McDonald, K., **17**:49, **17**:*59*, **22**:328, **22**:*357*, **26**:298, **26**:*369*
McDonald, M. P., **14**:262, **14**:*336*
McDonald, M. R., **21**:21, **21**:*33*
McDonald, R., **31**:231, **31**:233, **31**:*247*
McDonald, R. A., **26**:64, **26**:*124*
McDonald, R. J., **19**:4, **19**:*124*
McDonald, R. N., **19**:184, **19**:185, **19**:190, **19**:191, **19**:192, **19**:*220*, **19**:*222*, **24**:47, **24**:*54*
McDonald, R. S., **17**:233, **17**:234, **17**:244, **17**:273, **17**:*274*, **17**:*277*, **24**:79, **24**:82, **24**:*109*, **28**:211, **28**:212, **28**:231, **28**:252, **28**:*291*
McDonald, S., **26**:166, **26**:*175*
McDonald, T. R. R., **26**:299, **26**:*375*
McDonald, W. R., **5**:184, **5**:192, **5**:193, **5**:194, **5**:213, **5**:214, **5**:216, **5**:217, **5**:218, **5**:220, **5**:221, **5**:223, **5**:225, **5**:*233*
McDonel, E. T., **9**:137, **9**:*181*
McDonnell, P. D., **24**:121, **24**:*199*
McDouall, J. J. W., **30**:133, **30**:*169*
McDougall, A. O., **1**:10, **1**:11, **1**:26, **1**:30, **1**:*31*, **4**:3, **4**:9, **4**:11, **4**:12, **4**:*27*
McDowall, L. J., **24**:83, **24**:*105*

McDowell, C. A., **1:**350, **1:***361*, **4:**41, **4:**70
McDowell, C. S., **12:**12, **12:***124*
McDowell, J. M., **14:**265, **14:***347*
McDowell, M. V., **18:**198, **18:***235*
McDowell, S., **25:**138, **25:**192, **25:***262*
McDowell, S. T., **11:**51, **11:***118*, **17:**246, **17:***275*
McElhaney, G., **31:**278, **31:**382, **31:**383, **31:***385*, **31:***392*
McElhill, E. A., **5:**336, **5:***398*, **31:**202, **31:***246*
McElvain, S. M., **7:**181, **7:***206*, **8:**215, **8:***265*
McEver, T. E., **26:**299, **26:***374*
McEwen, W. E., **6:**201, **6:**253, **6:**258, **6:***329*, **6:***330*, **9:**27(29a,b, c), **9:**27(33), **9:**28(33), **9:***122*, **10:***152*, **15:**46, **15:***60*, **18:**150, **18:***180*
McEwen, W. K., **1:**161, **1:***198*, **15:**46, **15:***60*
McFadden, W. H., **8:**215, **8:***266*
McFarland, J. T., **11:**219, **11:***223*
McFarlane, W., **13:**388, **13:***412*, **29:**281, **29:***325*
McGall, G. H., **25:**125, **25:**126, **25:***262*
McGarrah, D. B., **32:**109, **32:***118*
McGarvey, J. J., **14:**159, **14:***199*
McGary, C. W., **1:**41, **1:**45, **1:**46, **1:**52, **1:**53, **1:**81, **1:**136, **1:**137, **1:***149*, **1:***152*, **1:**191, **1:***198*
McGaw, B. L., **26:**299, **26:***375*
McGeer, E. G., **7:**1, **7:***109*
McGhee, H. A., **7:**160, **7:***206*
McGines, R. G., **3:**181, **3:***184*
McGlashan, M. L., **2:**107, **2:***159*
McGlynn, S. P., **10:**61, **10:***126*
McGoff, P., **25:**43, **25:***87*
McGowan, J. C., **9:**138, **9:**142, **9:**146, **9:**148, **9:**149, **9:**152, **9:***180*, **27:**7, **27:***54*
McGreer, D. E., **6:**218, **6:**220, **6:***329*
McGregor, D. N., **5:**296, **5:***330*
McGregor, H., **13:**361, **13:**364, **13:***414*
McGregor, S. D., **6:**222, **6:**230, **6:**231, **6:**233, **6:***328*, **6:***329*, **22:**315, **22:***359*, **30:**188, **30:***219*
McGregor, S. O., **7:**155, **7:***206*
McGregor, W. H., **16:**257, **16:***261*
McGuinness, J. A., **14:**124, **14:***132*
McGuire, D. K., **5:**187, **5:***233*, **10:**176, **10:***221*
McGuire, G. R., **32:**93, **32:***117*
McGuire, R. F., **13:**71, **13:***81*
McGurk, J. C., **25:**12, **25:***92*
McGuyer, C. A., **18:**120, **18:***177*
McHugh, K. M., **24:**37, **24:***51*
McIntire, G. L., **31:**94, **31:**95, **31:**102, **31:**116, **31:***140*, **31:***141*
McIntosh, A. O., **1:**208, **1:**269, **1:***278*
McIntosh, J., **17:***357*, **17:***430*
McIntyre, D., **13:**98, **13:***151*
McIntyre, J. S., **4:**313, **4:**317, **4:**318, **4:**325, **4:**327, **4:***346*, **10:**45, **10:***52*
McIntyre, T. S., **30:**176, **30:***220*
McIver, J. W., Jr., **19:**358, **19:***375*
McIver, R. I., **27:**174, **27:***235*, **27:***237*
McIver, R. T., **14:**60, **14:***64*, **21:**202, **21:**206, **21:**221, **21:***237*, **21:***239*, **21:***240*
McIver, R. T., Jr., **24:**7, **24:**13, **24:**50, **24:***51*, **24:**65, **24:***107*, **31:**202, **31:**203, **31:***244*
McKay, D. B., **21:**30, **21:***34*
McKean, D. C., **26:**152, **26:**154, **26:***177*
McKee, C., **14:**225, **14:***344*
McKee, M. L., **24:**73, **24:**76, **24:***107*, **24:***109*
McKee, R. H., **8:**272, **8:***402*
McKee, R. L., **21:**42, **21:***98*
McKeever, L. D., **11:**157, **11:***174*
McKellar, J. F., **19:**84, **19:***115*, **20:**224, **20:***232*
McKelvey, D. R., **5:**179, **5:**187, **5:**190, **5:**221, **5:**222, **5:**223, **5:***232*, **7:**290, **7:***327*, **14:**307, **14:**312, **14:**313, **14:***337*
McKelvey, R. D., **24:**196, **24:**197, **24:***201*, **24:***202*, **26:**221, **26:***248*
McKenna, J., **3:**75, **3:***87*, **17:**441, **17:***485*, **24:**66, **24:***109*
McKenna, J. M., **17:**441, **17:***485*, **24:**66, **24:***109*
McKenzie, A., **2:**47, **2:**48, **2:***89*, **4:**17, **4:***28*
McKenzie, S., **11:**361, **11:***386*, **11:***389*
McKenzie, W. M., **17:**335, **17:**336, **17:***430*
McKeown, R. H., **27:**131, **27:***235*
McKervey, M. A., **10:**36, **10:***52*, **11:**213,

11:*223*, **17**:371, **17**:*430*, **19**:258, **19**:259, **19**:*370*, **30**:98, **30**:105, **30**:*112*, **31**:37, **31**:*82*
McKillop, A., **18**:159, **18**:161, **18**:163, **18**:*181*, **20**:57, **20**:*185*, **20**:*189*, **31**:37, **31**:*83*
McKillop, T. F. W., **12**:2, **12**:*124*
McKinley, S. V., **15**:225, **15**:226, **15**:*264*
McKinley-McKee, J. S., **5**:159, **5**:*171*
McKinney, M. A., **21**:55, **21**:66, **21**:71, **21**:*95*
McKinney, T. M., **5**:66, **5**:103, **5**:*117*
McKnight, C., **7**:189, **7**:*206*, **8**:62, **8**:*76*
McKusick, B. C., **7**:1, **7**:7, **7**:13, **7**:15, **7**:*109*, **7**:*110*, **7**:*111*
McManimie, R. J., **7**:77, **7**:*114*
McLachlan, A. D., **1**:294, **1**:301, **1**:305, **1**:318, **1**:319, **1**:325, **1**:353, **1**:*360*, **1**:*361*, **1**:*362*, **8**:15, **8**:*75*, **10**:54, **10**:*124*, **11**:128, **11**:136, **11**:137, **11**:138, **11**:*174*, **25**:429, **25**:*443*
McLachlan, R. D., **17**:423, **17**:*430*
McLafferty, F. N., **4**:305, **4**:306, **4**:*346*
McLafferty, F. W., **6**:5, **6**:*60*, **8**:167, **8**:174, **8**:175, **8**:194, **8**:195, **8**:203, **8**:204, **8**:207, **8**:218, **8**:221, **8**:222, **8**:230, **8**:231, **8**:234, **8**:241, **8**:244, **8**:245, **8**:247, **8**:256, **8**:257, **8**:*261*, **8**:*262*, **8**:*264*, **8**:*267*, **8**:*269*, **24**:43, **24**:*54*
McLaren, K. L., **23**:125, **23**:129, **23**:132, **23**:*163*
McLauchlan, K. A., **3**:77, **3**:*82*, **9**:156, **9**:*174*, **10**:121, **10**:*123*, **17**:55, **17**:*62*, **19**:86, **19**:*124*, **20**:2, **20**:5, **20**:33, **20**:*52*
McLaughlin, T. A., **27**:184, **27**:223, **27**:*237*
McLead, G. L., **3**:181, **3**:*184*
McLean, C., **11**:123, **11**:124, **11**:136, **11**:142, **11**:*174*, **11**:*175*, **11**:367, **11**:372, **11**:373, **11**:*384*, **11**:*387*, **11**:*388*
McLellan, D., **23**:197, **23**:221, **23**:255, **23**:258, **23**:261, **23**:*265*
McLelland, R. A., **23**:210, **23**:*267*
McLendon, G., **26**:20, **26**:*127*
McLennan, A., **25**:140, **25**:*256*
McLennan, D. J., **14**:27, **14**:28, **14**:*65*, **16**:89, **16**:94, **16**:105, **16**:106, **16**:122, **16**:*155*, **16**:*156*, **21**:101, **21**:145, **21**:153, **21**:154, **21**:181, **21**:184, **21**:*194*, **24**:61, **24**:*109*, **26**:97, **26**:*128*, **27**:59, **27**:94, **27**:*116*, **27**:243, **27**:245, **27**:256, **27**:*290*
McLeod, D., **17**:48, **17**:*61*
McLeod, D. A., **31**:283, **31**:382, **31**:*388*
McLure, E. C., **3**:39, **3**:*80*
McMahon, D. M., **11**:32, **11**:37, **11**:*119*
McMahon, P. E., **6**:156, **6**:*181*
McMahon, P. F., **3**:190, **3**:250, **3**:251, **3**:*266*
McMahon, R. E., **5**:334, **5**:357, **5**:*398*
McMahon, R. J., **30**:12, **30**:18, **30**:23, **30**:*57*, **30**:*59*, **30**:*61*, **32**:180, **32**:*212*
McMahon, T. B., **21**:203, **21**:204, **21**:222, **21**:231, **21**:*237*, **21**:*239*, **24**:37, **24**:53, **24**:73, **24**:*108*, **26**:265, **26**:266, **26**:267, **26**:268, **26**:283, **26**:296, **26**:297, **26**:300, **26**:304, **26**:305, **26**:306, **26**:*370*, **26**:*374*, **26**:*375*
McManis, G. E., **26**:20, **26**:*127*, **26**:*128*
McManus, S. P., **13**:215, **13**:*275*, **17**:190, **17**:*275*, **19**:225, **19**:*370*, **19**:*375*, **22**:2, **22**:28, **22**:38, **22**:*107*, **27**:223, **27**:*235*, **27**:242, **27**:244, **27**:245, **27**:249, **27**:256, **27**:257, **27**:276, **27**:*290*, **28**:171, **28**:199, **28**:*205*, **29**:186, **29**:*267*
McMillan, M., **5**:78, **5**:93, **5**:*117*
McMillan, W. G., **14**:245, **14**:*347*
McMillen, D. F., **15**:213, **15**:*260*, **21**:178, **21**:*194*, **26**:154, **26**:*177*
McMillian, F. L., **23**:300, **23**:*318*
McMorrow, D., **22**:147, **22**:*210*
McMullan, R. K., **14**:225, **14**:227, **14**:228, **14**:229, **14**:*339*, **14**:*345*, **14**:*347*
McMullen, C. H., **7**:54, **7**:55, **7**:*111*, **23**:272, **23**:*317*
McMullen, R. K., **23**:186, **23**:*266*
McMurchie, L. E., **22**:314, **22**:*358*
McMurray, H. L., **25**:29, **25**:*89*
McMurray, J. E., **24**:61, **24**:91, **24**:*109*
McMurray, N., **16**:60, **16**:71, **16**:*85*
McMurry, H. L., **1**:402, **1**:410, **1**:*421*
McMurry, J. E., **23**:120, **23**:*160*, **29**:310, **29**:*328*

McMurtry, R. J., **7**:24, **7**:27, **7**:29, **7**:30, **7**:62, **7**:*112*, **7**:*113*
McNab, H., **11**:321, **11**:*388*
McNab, J., **1**:*198*
McNally, D., **13**:4, **13**:11, **13**:16, **13**:20, **13**:24, **13**:53, **13**:*78*, **13**:*81*
McNaughton, G. S., **7**:123, **7**:127, **7**:*148*
McNeeley, S. A., **20**:224, **20**:*231*
McNesby, J. R., **7**:189, **7**:*205*, **22**:314, **22**:*359*
McOmie, J. F., **8**:237, **8**:*261*
McOmie, J. F. W., **1**:244, **1**:*275*, **6**:7, **6**:51, **6**:*58*, **22**:46, **22**:*106*
McPail, A. T., **30**:175, **30**:*217*, **30**:191, **30**:*217*, **30**:*220*
McPartlin, M., **30**:68, **30**:*113*
McPhail, A. T., **1**:242, **1**:*278*, **24**:152, **24**:*202*, **28**:102, **28**:112, **28**:115, **28**:*136*, **28**:*138*
McPherson, A., **9**:198, **9**:*275*
McQuarrie, D. A., **9**:*124*
McQuillen, A., **6**:221, **6**:*325*
McQuillin, F. J., **9**:201, **9**:*276*
McRae, D. M., **6**:290, **6**:*324*
McRae, J., **15**:31, **15**:*58*
McRitchie, D. D., **11**:313, **11**:*384*
McRowe, A. W., **11**:214, **11**:*222*
McTigue, P. T., **4**:3, **4**:7, **4**:9, **4**:10, **4**:12, **4**:13, **4**:19, **4**:20, **4**:22, **4**:*27*, **4**:*28*, **5**:269, **5**:*325*, **5**:348, **5**:*395*, **29**:21, **29**:*64*
McVeigh, H., **12**:188, **12**:*220*
McVey, J., **21**:119, **21**:*195*
McVicker, G. B., **24**:89, **24**:*108*, **29**:208, **29**:*270*
McWeeny, R., **4**:83, **4**:86, **4**:129, **4**:130, **4**:131, **4**:132, **4**:133, **4**:134, **4**:135, **4**:136, **4**:138, **4**:139, **4**:142, **4**:*144*, **4**:*145*
McWilliams, P. C. M., **26**:239, **26**:*251*
Meacock, S. C. R., **11**:336, **11**:385
Mead, L. A. V., **18**:159, **18**:*183*
Mead, R., **6**:144, **6**:*181*
Meadows, D. H., **8**:282, **8**:290, **8**:*402*, **8**:*404*
Meadows, G. W., **4**:16, **4**:*28*
Meadows, J. H., **22**:314, **22**:*359*
Meakin, P., **25**:136, **25**:*262*
Meany, J. E., **4**:23, **4**:*29*
Mears, W. H., **3**:173, **3**:*185*
Meathrel, W. G., **29**:50, **29**:51, **29**:*64*
Mecca, T. G., **14**:28, **14**:30, **14**:*62*
Méchin, B., **10**:114, **10**:*127*
Mechoulam, H., **17**:174, **17**:*175*
Mecke, R., **4**:259, **4**:*302*, **4**:*303*, **11**:302, **11**:*389*
Meda, T., **29**:5, **29**:*68*
Medalia, A. I., **8**:377, **8**:*398*
Medda, K., **27**:277, **27**:*290*
Médebielle, M., **26**:29, **26**:63, **26**:64, **26**:75, **26**:77, **26**:86, **26**:96, **26**:*123*, **26**:*127*
Medina, J. C., **31**:22, **31**:*83*
Medinger, T., **19**:55, **19**:*124*
Medvdev, S. S., **13**:178, **13**:*276*
Medvedev, B. Y., **10**:99, **10**:*123*
Medvedev, V. A., **8**:241, **8**:*268*
Medvedev, W. S., **1**:414, **1**:*419*
Medvedeva, T. V., **26**:224, **26**:*249*
Medvetskaya, I. M., **11**:275, **11**:*390*
Medzhikov, A. A., **13**:195, **13**:*273*
Meehan, E. J., **8**:377, **8**:*398*
Meehan, G. V., **19**:361, **19**:*368*
Meek, D. W., **17**:419, **17**:*427*
Meek, J. S., **6**:303, **6**:305, **6**:*325*, **7**:43, **7**:44, **7**:45, **7**:46, **7**:50, **7**:55, **7**:58, **7**:*111*
Meekel, A. A. P., **31**:384, **31**:*389*, **31**:*390*
Meeks, B. S., **24**:72, **24**:*109*
Meerholtz, K., **28**:1, **28**:3, **28**:5, **28**:15, **28**:*43*, **32**:159, **32**:167, **32**:193, **32**:203, **32**:*212*, **32**:*217*
Meerwein, H., **3**:30, **3**:*88*, **11**:178, **11**:*223*
Meesschaert, B., **23**:184, **23**:*261*
Meeus, F., **19**:29, **19**:30, **19**:*124*
Megerle, G. H., **8**:295, **8**:*398*, **14**:*201*
Megson, F. H., **7**:29, **7**:*114*
Meguro, K., **8**:305, **8**:306, **8**:308, **8**:*402*
Mehdi, S., **25**:133, **25**:209, **25**:223, **25**:*257*, **25**:*259*, **25**:*262*
Mehl, W., **10**:191, **10**:*223*, **16**:187, **16**:192, **16**:*231*, **16**:*234*
Mehlhorn, A., **32**:179, **32**:186, **32**:*215*
Mehring, M., **28**:10, **28**:34, **28**:35, **28**:40, **28**:*41*, **28**:*43*
Mehrsheikh-Mohammadi, M. E., **26**:166, **26**:*175*, **32**:307, **32**:308, **32**:309, **32**:*380*
Mehta, G., **11**:137, **11**:*174*, **19**:335, **19**:*371*

Mei, E., **17**:282, **17**:307, **17**:311, **17**:*430*
Meiboom, S., **3**:204, **3**:205, **3**:206, **3**:208, **3**:209, **3**:210, **3**:219, **3**:229, **3**:230, **3**:234, **3**:235, **3**:236, **3**:241, **3**:*266*, **3**:*267*, **3**:*269*, **6**:88, **6**:*100*, **7**:142, **7**:*150*, **11**:272, **11**:331, **11**:332, **11**:*384*, **11**:*386*, **11**:*387*, **13**:*150*, **22**:198, **22**:*208*, **22**:*210*
Meier, B. H., **32**:234, **32**:235, **32**:*264*, **32**:*265*
Meier, E. P., **12**:91, **12**:*124*
Meier, H., **29**:298, **29**:307, **29**:*328*
Meier, K., **22**:314, **22**:*358*
Meier, R., **7**:15, **7**:*111*
Meier, U., **32**:123, **32**:*211*
Meier, W., **12**:172, **12**:*217*
Meijer, E., **32**:124, **32**:*211*
Meijer, E. W., **28**:251, **28**:284, **28**:*289*
Meijer, H. P., **24**:101, **24**:*109*
Meijs, G. F., **23**:284, **23**:286, **23**:*319*
Meinert, R., **31**:133, **31**:*140*
Meintzer, C., **23**:308, **23**:*321*
Meinwald, J., **5**:284, **5**:285, **5**:*327*, **10**:143, **10**:*152*, **17**:147, **17**:*179*, **19**:240, **19**:298, **19**:*375*, **23**:95, **23**:*158*, **29**:302, **29**:*325*
Meinwald, Y., **1**:28, **1**:*31*
Meinwald, Y. C., **6**:219, **6**:*324*
Meisel, D., **12**:282, **12**:*295*, **18**:120, **18**:122, **18**:123, **18**:138, **18**:145, **18**:*179*, **18**:*181*, **19**:6, **19**:*121*, **22**:218, **22**:*307*
Meisels, G. G., **8**:*147*, **8**:199, **8**:*266*
Meisenheimer, J., **6**:188, **6**:301, **6**:*329*, **7**:212, **7**:224, **7**:239, **7**:*257*, **14**:174, **14**:*200*, **15**:53, **15**:*60*
Meister, A., **25**:230, **25**:*262*
Meister, W., **6**:292, **6**:*327*
Meites, I., **10**:161, **10**:164, **10**:179, **10**:*223*, **13**:203, **13**:*273*
Meites, L., **5**:2, **5**:*52*, **18**:128, **18**:*181*
Melander, L., **1**:42, **1**:52, **1**:55, **1**:120, **1**:*153*, **1**:157, **1**:172, **1**:*198*, **2**:20, **2**:61, **2**:71, **2**:76, **2**:*89*, **2**:164, **2**:165, **2**:167, **2**:172, **2**:*197*, **2**:*198*, **4**:119, **4**:*145*, **6**:88, **6**:92, **6**:*100* **9**:142, **9**:*180*, **10**:4, **10**:5, **10**:21, **10**:23, **10**:*26*, **21**:2, **21**:*33*, **23**:65, **23**:66, **23**:69, **23**:*160*, **24**:26, **24**:*54*, **27**:87, **27**:88, **27**:*116*, **27**:*234*, **29**:240, **29**:*267*, **29**:*270*, **31**:144, **31**:198, **31**:205, **31**:206, **31**:208, **31**:209, **31**:216, **31**:220, **31**:234, **31**:*245*, **31**:*246*
Melby, E. G., **13**:136, **13**:*151*, **28**:221, **28**:*290*
Melby, L. R., **7**:31, **7**:*110*, **16**:202, **16**:*230*, **16**:*234*
Melchior, M. T., **1**:294, **1**:*362*
Melchiore, J. J., **4**:240, **4**:*300*
Mele, A., **11**:337, **11**:*386*
Melent'eva, T. A., **11**:358, **11**:*389*
Melhado, L. L., **17**:481, **17**:*485*
Melicharek, M., **20**:146, **20**:*184*
Melkonian, G. A., **5**:6, **5**:15, **5**:*51*, **28**:179, **28**:191, **28**:*205*
Melloni, G., **6**:270, **6**:*326*, **7**:45, **7**:54, **7**:*110*, **9**:213, **9**:214, **9**:265, **9**:*274*, **9**:*275*
Mellor, D. P., **28**:102, **28**:*136*
Mellor, G. W., **31**:382, **31**:*386*
Mellor, J. M., **18**:155, **18**:158, **18**:161, **18**:*178*, **18**:*179*, **19**:112, **19**:*114*, **19**:181, **19**:*218*, **20**:134, **20**:147, **20**:*181*, **20**:*182*, **29**:231, **29**:252, **29**:*265*
Mel'nikov, M. J., **31**:95, **31**:*137*
Melnyk, A. C., **17**:281, **17**:*425*
Melo, E. C. C., **19**:104, **19**:*117*
Meloche, I., **2**:146, **2**:*161*
Meloy, G. K., **7**:201, **7**:*205*, **11**:371, **11**:*387*
Melquist, J. L., **6**:66, **6**:67, **6**:68, **6**:69, **6**:81, **6**:82, **6**:94, **6**:96, **6**:*99*, **6**:249, **6**:268, **6**:*328*, **7**:297, **7**:*329*
Mels, S. J., **12**:13, **12**:*117*
Mels, S. T., **10**:175, **10**:*220*
Melton, C. E., **8**:174, **8**:199, **8**:*266*
Melton, L. A., **19**:48, **19**:*125*
Melton, R. G., **31**:307, **31**:308, **31**:*385*
Melville, H. W., **1**:299, **1**:341, **1**:*359*, **9**:132, **9**:*180*
Mély, B., **11**:291, **11**:342, **11**:*389*
Melz, P. J., **16**:228, **16**:*234*
Membrey, F., **32**:316, **32**:322, **32**:*381*
Membrey, J. R., **14**:331, **14**:*338*
Memiaghe, J. A., **25**:66, **25**:67, **25**:69, **25**:70, **25**:*95*
Memming, R., **19**:141, **19**:*220*
Memory, J. D., **11**:126, **11**:130, **11**:*174*

Menasse, R., **3**:181, **3**:*184*
Mendenhall, G. D., **18**:188, **18**:232, **18**:*236*, **26**:65, **26**:*127*
Mendez, R., **24**:152, **24**:*202*
Mendicino, F. D., **5**:390, **5**:*395*
Meng, P. C., Jr., **15**:53, **15**:*59*
Mengelsberg, I., **22**:293, **22**:*305*
Menger, F. M., **6**:248, **6**:*329*, **8**:291, **8**:294, **8**:297, **8**:298, **8**:299, **8**:300, **8**:305, **8**:307, **8**:309, **8**:334, **8**:373, **8**:392, **8**:393, **8**:394, **8**:*402*, **11**:25, **11**:*121*, **11**:345, **11**:*389*, **17**:437, **17**:445, **17**:448, **17**:479, **17**:480, **17**:*485*, **22**:85, **22**:102, **22**:*109*, **22**:215, **22**:219, **22**:220, **22**:222, **22**:223, **22**:236, **22**:245, **22**:258, **22**:260, **22**:279, **22**:280, **22**:293, **22**:*305*, **23**:225, **23**:*267*, **26**:331, **26**:345, **26**:*375*, **27**:74, **27**:79, **27**:*116*, **29**:2, **29**:6, **29**:12, **29**:26, **29**:30, **29**:*67*, **29**:133, **29**:*182*
Menninga, L., **14**:278, **14**:*347*
Mennitt, P. G., **10**:79, **10**:105, **10**:106, **10**:*122*
Menon, B., **17**:343, **17**:*424*
Menon, B. C., **3**:148, **3**:150, **3**:*185*, **18**:39, **18**:40, **18**:64, **18**:*74*, **24**:63, **24**:106, **24**:153, **24**:*200*
Menschutkin, N., **5**:182, **5**:*234*
Mentasti, E., **18**:138, **18**:142, **18**:145, **18**:146, **18**:158, **18**:159, **18**:*181*, **18**:*182*
Menten, M. L., **21**:24, **21**:*34*
Mentrup, A., **9**:27(30), **9**:*122*, **12**:19, **12**:*122*
Menzel, E. R., **17**:50, **17**:*62*
Menzies, A. W. C., **7**:260, **7**:*328*, **7**:*330*
Menzies, I. D., **13**:194, **13**:*266*, **20**:95, **20**:109, **20**:*181*, **23**:313, **23**:*316*
Menzinger, M., **9**:172, **9**:*180*
Meot-Ner, M., **21**:204, **21**:205, **21**:*239*, **24**:10, **24**:*54*, **24**:88, **24**:*109*, **26**:296, **26**:*375*
Meranda, D., **14**:307, **14**:*347*
Merbach, A., **5**:345, **5**:349, **5**:383, **5**:*396*
Mercer, K. R., **24**:194, **24**:*199*
Mercer, W. C., **29**:217, **29**:*270*
Mercer-Smith, J. A., **19**:92, **19**:98, **19**:*124*
Merchán, M., **31**:97, **31**:119, **31**:*138*
Meredith, G. R., **32**:162, **32**:179, **32**:180, **32**:188, **32**:193, **32**:*210*, **32**:*215*
Merényi, G., **18**:231, **18**:*236*
Merenyi, G., **31**:122, **31**:124, **31**:132, **31**:*138*, **31**:*139*
Merényi, R., **24**:49, **24**:*55*, **26**:132, **26**:136, **26**:137, **26**:138, **26**:146, **26**:147, **26**:152, **26**:154, **26**:155, **26**:156, **26**:158, **26**:165, **26**:167, **26**:168, **26**:170, **26**:171, **26**:174, **26**:*175*, **26**:*176*, **26**:*177*, **26**:*178*, **29**:300, **29**:*329*
Merer, A. J., **7**:161, **7**:163, **7**:*206*
Meresz, O., **8**:*269*
Meri, E., **5**:66, **5**:*117*
Merivuari, K., **9**:111(123b), **9**:*126*
Meriwether, L., **11**:68, **11**:*121*
Merkel, D., **15**:228, **15**:231, **15**:232, **15**:*263*
Merle, E. R., **1**:105, **1**:*149*
Merle, G., **17**:56, **17**:*60*
Mermet-Bouvier, R., **13**:352, **13**:*414*
Mermin, N. D., **26**:226, **26**:*250*
Merrett, F. M., **2**:98, **2**:*161*
Merrifield, R. E., **4**:258, **4**:265, **4**:*303*
Merrill, J. R., **9**:162, **9**:*180*
Merrill, M. L., **17**:261, **17**:*276*
Merrill, R. A., **26**:208, **26**:*253*
Merrit, M. V., **25**:372, **25**:*443*
Merritt, F. R., **1**:293, **1**:*361*
Merritt, J. A., **1**:417, **1**:418, **1**:*420*, **1**:*421*
Merritt, M. V., **17**:53, **17**:*62*, **17**:345, **17**:358, **17**:*428*
Mertens, R., **30**:103, **30**:*115*
Merz, A., **26**:30, **26**:31, **26**:67, **26**:69, **26**:70, **26**:*122*, **26**:*127*
Merz, E., **10**:98, **10**:*127*
Merz, Jr., K. M., **23**:129, **23**:*159*, **32**:236, **32**:*264*
Merz, V., **25**:270, **25**:*443*
Meshi, T., **2**:231, **2**:*275*, **2**:*277*
Mesmer, R. E., **6**:93, **6**:*99*
Mesrobian, R. B., **9**:131, **9**:*182*, **18**:168, **18**:*178*
Messina, G., **19**:315, **19**:*376*
Metcalf, A. D., **8**:281, **8**:*403*
Metcalf, R. L., **25**:197, **25**:*259*
Metcalfe, J. C., **13**:383, **13**:385, **13**:386, **13**:387, **13**:388, **13**:390, **13**:*407*,

13:*411*, 13:*412*, 13:*414*, 17:380, 17:381, 17:*430*
Metcalfe, T. P., 25:271, 25:*442*
Metcalve, J. C., 16:251, 16:*263*
Metelco, B., 23:72, 23:*160*
Metiu, H., 21:126, 21:*194*
Métras, J. C., 1:246, 1:*278*
Metsugi, M., 17:36, 17:*63*
Metts, L., 6:231, 6:*330*
Metts, L. L., 19:54, 19:*126*
Metzger, C., 2:101, 2:*162*
Metzger, H. G., 19:405, 19:*426*
Metzger, J., 10:21, 10:25, 10:*26*, 13:52, 13:59, 13:*79*, 17:327, 17:*426*, 25:31, 25:61, 25:62, 25:66, 25:67, 25:69, 25:70, 25:73, 25:76, 25:78, 25:*86*, 25:*89*, 25:*92*, 25:*94*, 25:*95*
Metzger, P., 18:22, 18:26, 18:28, 18:41, 18:*72*, 18:*75*
Metzger, R. M., 16:198, 16:*234*
Metzler, D. E., 21:6, 21:*33*, 21:*34*
Metzler, M. R., 32:19, 32:58, 32:*115*, 32:*116*
Metzner, A. V., 28:223, 28:*289*
Meuche, D., 11:378, 11:*389*
Meul, T., 29:294, 29:*328*
Meulendijks, G. H. W. M., 24:104, 24:*107*
Meunier-Prest, R., 32:42, 32:109, 32:*118*
Meutermans, W., 32:240, 32:*264*
Meyer, A. Y., 13:20, 13:*81*
Meyer, B., 25:56, 25:*92*
Meyer, B. W., 9:163, 9:*177*
Meyer, C., 22:290, 22:*305*
Meyer, E. F., 19:111, 19:*123*, 26:307, 26:*378*
Meyer, E., 7:155, 7:*207*
Meyer, E. H., 3:48, 3:*88*
Meyer, G., 18:18, 18:*75*, 22:291, 22:*308*
Meyer, J. J., 28:215, 28:253, 28:*288*
Meyer, K., 13:164, 13:*273*
Meyer, K. H., 18:45, 18:*75*, 26:310, 26:*375*
Meyer, L.-U., 29:304, 29:308, 29:*330*
Meyer, M., 32:105, 32:*117*
Meyer, R., 32:234, 32:*265*
Meyer, T. A., 19:383, 19:391, 19:400, 19:401, 19:402, 19:410, 19:412, 19:*426*, 19:*427*
Meyer, T. J., 18:109, 18:131, 18:137, 18:138, 18:*176*, 18:*181*, 18:*184*, 19:10, 19:11, 19:12, 19:80, 19:93, 19:*113*, 19:*114*, 19:*115*, 19:*118*, 19:*127*, 19:404, 19:405, 19:*425*, 19:*427*, 20:95, 20:*188*, 28:17, 28:19, 28:*43*
Meyer, V., 7:211, 7:*257*, 21:27, 21:*31*
Meyer, W., 30:119, 30:*171*
Meyer, W. C., 13:182, 13:*273*
Meyer, W. P., 23:194, 23:*267*, 27:241, 27:*290*
Meyers, A. I., 15:247, 15:*263*
Meyers, C. Y., 23:285, 23:*319*
Meyers, E. A., 28:246, 28:*289*
Meyers, F., 32:180, 32:182, 32:186, 32:200, 32:*209*, 32:*213*, 32:*215*
Meyerson, E., 8:204, 8:*266*
Meyerson, S., 2:192, 2:193, 2:*197*, 6:3, 6:4, 6:5, 6:7, 6:8, 6:9, 6:13, 6:14, 6:15, 6:18, 6:20, 6:21, 6:22, 6:23, 6:24, 6:25, 6:26, 6:32, 6:36, 6:37, 6:38, 6:41, 6:42, 6:43, 6:46, 6:50, 6:51, 6:53, 6:55, 6:57, 6:58, 6:*59*, 6:*60*, 8:102, 8:138, 8:140, 8:*147*, 8:*148*, 8:157, 8:172, 8:183, 8:191, 8:197, 8:198, 8:211, 8:236, 8:239, 8:242, 8:245, 8:250, 8:252, 8:253, 8:*264*, 8:*266,* 9:27(28), 9:27(36b), 9:*122*, 19:245, 19:*373*, 25:104, 25:117, 25:*262*, 27:30, 27:*53*, 29:233, 29:*270*
Meyerstein, D., 7:134, 7:139, 7:*149*, 12:280, 12:*293*
Meyrueix, R., 32:179, 32:*213*
Mez, H.-C., 17:219, 17:*274*
Meza de Hojer, S., 28:278, 28:*291*
Mezey, P. G., 28:224, 28:*290*
Mhala, M. M., 8:319, 8:*397*, 22:247, 22:248, 22:251, 22:289, 22:296, 22:*299*, 22:*301*, 22:*305*, 25:253, 25:*257*
M'Halla, F., 19:209, 19:210, 19:*217*, 19:*220*, 20:101, 20:103, 20:*181*, 20:219, 20:220, 20:*229*, 26:32, 26:38, 26:41, 26:42, 26:47, 26:*122*, 26:*127*
Miano, J. D., 18:189, 18:209, 18:*238*, 19:82, 19:*129*
Micel, H., 24:94, 24:*108*
Michael, A., 6:187, 6:*329*

Michael, A. C., **32**:96, **32**:*118*
Michael, B. D., **5**:90, **5**:*113*, **7**:119, **7**:121, **7**:123, **7**:127, **7**:129, **7**:130, **7**:*148*, **7**:*149*, **9**:142, **9**:171, **9**:*174*, **12**:236, **12**:244, **12**:254, **12**:261, **12**:272, **12**:278, **12**:279, **12**:282, **12**:284, **12**:288, **12**:*291*, **12**:*295*
Michael, D., **25**:305, **25**:*443*
Michael, H., **32**:307, **32**:*379*
Michael, J. V., **6**:8, **6**:56, **6**:*59*
Michael, K. W., **3**:175, **3**:*186*, **6**:261, **6**:*331*
Michael, R. E., **23**:276, **23**:280, **23**:*318*
Michael, W., **25**:305, **25**:429, **25**:*439*
Michaelis, L., **13**:160, **13**:168, **13**:193, **13**:*273*, **21**:24, **21**:*34*, **25**:348, **25**:*444*
Michaels, R. J., **5**:246, **5**:*330*
Michalczyk, M. J., **30**:31, **30**:*61*
Michalowicz, A., **26**:243, **26**:*252*
Michalski, J., **17**:108, **17**:*174*
Michejda, C. J., **13**:221, **13**:*275*
Michel, E., **15**:143, **15**:*150*
Michel, M. A., **12**:29, **12**:108, **12**:*124*, **26**:56, **26**:*129*
Michel, P., **15**:87, **15**:*145*
Michel, R., **31**:310, **31**:384, **31**:*391*
Michel, R. E., **26**:2, **26**:70, **26**:73, **26**:*126*
Michel-Beyerle, M. E., **19**:6, **19**:*116*
Micheli, R. A., **15**:48, **15**:*58*
Michelman, J. S., **15**:47, **15**:*60*
Micheloni, M., **30**:68, **30**:70, **30**:71, **30**:*112*, **30**:*113*
Michelot, R., **11**:299, **11**:300, **11**:354, **11**:*382*
Michels, G. D., **29**:217, **29**:*270*
Michels, H. H., **8**:94, **8**:124, **8**:*148*
Michelson, A. M., **13**:330, **13**:*411*, **18**:187, **18**:189, **18**:*235*
Michl, J., **5**:16, **5**:22, **5**:*51*, **21**:103, **21**:120, **21**:139, **21**:*193*, **21**:*194*, **29**:294, **29**:312, **29**:*326*, **29**:*330*, **30**:31, **30**:32, **30**:48, **30**:54, **30**:55, **30**:*56*, **30**:*58*, **30**:*60*, **30**:*61*, **32**:173, **32**:*213*
Mićić, O. I., **12**:234, **12**:295, **27**:263, **27**:264, **27**:266, **27**:*290*
Micich, T. J., **8**:306, **8**:*402*
Middlefort, C. F., **25**:120, **25**:133, **25**:*262*
Middleton, W. J., **7**:1, **7**:9, **7**:15, **7**:*109*, **7**:*111*, **7**:*112*
Midrier, L., **32**:167, **32**:193, **32**:*209*
Midwinter, J. E., **32**:133, **32**:*217*
Midura, W., **17**:346, **17**:*430*
Mielke, I., **17**:444, **17**:445, **17**:*485*
Miertus, S., **24**:74, **24**:*105*
Mieth, M. L., **28**:179, **28**:188, **28**:*205*
Migdal, A., **8**:83, **8**:*148*
Miginiac, P., **7**:154, **7**:*206*
Migirdicyan, E., **26**:190, **26**:217, **26**:*248*, **26**:*250*
Migita, M., **19**:30, **19**:34, **19**:41, **19**:74, **19**:*124*, **19**:*125*
Migita, T., **9**:131, **9**:*180*, **10**:119, **10**:*123*
Migliorese, K. G., **13**:235, **13**:*265*
Mignani, G., **32**:173, **32**:179, **32**:*213*
Mignonac, M. G., **6**:12, **6**:*60*
Migron, Y., **20**:123, **20**:*181*
Mihara, S., **17**:439, **17**:*485*, **19**:110, **19**:*123*, **20**:229, **20**:*231*
Mihel, I., **32**:285, **32**:*382*
Mihelcic, D., **16**:78, **16**:*85*
Mihelcic, J. M., **23**:50, **23**:*59*
Mihm, G., **30**:46, **30**:49, **30**:*59*, **30**:*60*
Mijlhoff, F. C., **13**:33, **13**:63, **13**:*79*
Mikaelian, R. G., **30**:8, **30**:10, **30**:*59*, **30**:*60*
Mikami, N., **25**:21, **25**:*93*
Mikawa, H., **16**:227, **16**:*233*
Mikenda, W., **26**:265, **26**:*375*
Mikes, F., **17**:444, **17**:*486*
Mikhail, S. Z., **14**:314, **14**:*351*
Mikhailov, B. M., **24**:67, **24**:*107*
Mikhailov, V. A., **14**:250, **14**:*347*
Mikhailova, V., **17**:108, **17**:*179*
Mikhaleva, I. L., **13**:395, **13**:398, **13**:399, **13**:402, **13**:403, **13**:*408*
Miki, T., **5**:319, **5**:*328*
Mikkelesen, S. R., **29**:21, **29**:*68*, **29**:71
Mikkelsen, K. V., **32**:151, **32**:*213*
Miklukhin, G. P., **1**:156, **1**:195, **1**:*198*
Miko, F., **26**:193, **26**:211, **26**:*247*
Mikolajczyk, M., **17**:79, **17**:124, **17**:*179*, **17**:346, **17**:*430*, **25**:155, **25**:156, **25**:158, **25**:*262*
Mikova, O. B., **30**:138, **30**:*169*
Mikulski, C. M., **15**:87, **15**:88, **15**:89, **15**:*145*, **15**:*148*, **16**:226, **16**:*234*
Milakofsky, L., **11**:190, **11**:*224*, **14**:35, **14**:36, **14**:39, **14**:*66*, **31**:195, **31**:*247*
Milakofsy, L., **27**:258, **27**:*291*

Milas, N. A., **8**:72, **8**:*77*
Milazzo, G., **18**:123, **18**:150, **18**:157, **18**:*181*
Milbank, A. J. G., **17**:234, **17**:*275*
Milburn, R. M., **3**:169, **3**:*185*, **9**:208, **9**:*279*, **25**:253, **25**:*256*
Mildvan, A. S., **8**:290, **8**:*403*, **13**:373, **13**:374, **13**:*409*, **13**:*412*, **16**:256, **16**:*264*, **25**:230, **25**:*259*
Mile, B., **5**:71, **5**:107, **5**:*113*, **8**:3, **8**:4, **8**:12, **8**:17, **8**:19, **8**:25, **8**:26, **8**:29, **8**:31, **8**:38, **8**:39, **8**:43, **8**:72, **8**:*75*, **8**:*77*, **9**:131, **9**:*175*
Miles, F. B., **28**:255, **28**:256, **28**:*289*, **32**:324, **32**:*383*
Miles, J. H., **4**:14, **4**:*28*
Miles, M. G., **16**:207–9, **16**:*231*
Miles, M. H., **22**:150, **22**:153, **22**:154, **22**:155, **22**:156, **22**:157, **22**:159, **22**:209, **22**:*210*, **26**:330, **26**:331, **26**:*372*, **26**:*375*
Miles, W. H., **23**:112, **23**:*158*
Milgrom, L. R., **19**:39, **19**:92, **19**:*117*
Milhailović, M. L., **23**:104, **23**:105, **23**:*159*, **23**:*162*
Miljanich, G. P., **16**:258, **16**:*261*
Mill, T., **7**:20, **7**:*110*, **10**:96, **10**:*127*, **15**:25, **15**:*59*
Millar, E. M., **14**:95, **14**:*128*
Millar, P. G., **12**:93, **12**:94, **12**:*121*
Millard, B. J., **8**:170, **8**:183, **8**:207, **8**:209, **8**:211, **8**:221, **8**:224, **8**:235, **8**:251, **8**:*261*, **8**:*263*, **8**:*264*, **8**:*265*
Millauer, H., **7**:15, **7**:*113*
Mille, M., **22**:221, **22**:240, **22**:*305*
Mille, M. J., **20**:223, **20**:*231*
Milledge, H. J., **1**:234, **1**:242, **1**:243, **1**:*278*
Millefiori, A., **26**:315, **26**:*375*
Millefiori, S., **26**:315, **26**:*375*
Millen, D. J., **26**:264, **26**:265, **26**:*375*
Millen, W. A., **5**:195, **5**:202, **5**:204, **5**:205, **5**:206, **5**:207, **5**:208, **5**:210, **5**:*234*
Miller, A., **14**:190, **14**:*197*
Miller, A. E. S., **24**:48, **24**:*54*
Miller, A. L., **7**:216, **7**:220, **7**:236, **7**:237, **7**:240, **7**:244, **7**:245, **7**:*257*
Miller, A. R., **27**:106, **27**:*116*, **31**:189, **31**:*245*
Miller, C., **26**:307, **26**:*374*
Miller, C. K., **32**:162, **32**:*213*
Miller, C. L., **12**:161, **12**:193, **12**:*218*, **12**:*220*
Miller, D. B., **31**:384, **31**:*386*
Miller, D. J., **15**:128, **15**:*148*, **19**:94, **19**:95, **19**:*124*
Miller, D. W., **8**:212, **8**:218, **8**:*267*
Miller, E. G., **17**:96, **17**:99, **17**:131, **17**:*174*, **17**:*179*, **28**:201, **28**:*205*
Miller, F., **14**:20, **14**:*65*
Miller, F. J., **19**:404, **19**:*427*
Miller, F. M., **13**:256, **13**:*272*
Miller, F. W., **7**:98, **7**:*111*, **9**:233, **9**:239, **9**:247, **9**:264, **9**:*276*
Miller, G. C., **20**:223, **20**:*231*
Miller, G. P., **31**:261, **31**:383, **31**:*389*
Miller, G. R., **4**:4, **4**:9, **4**:21, **4**:*28*
Miller, H. K., **17**:246, **17**:247, **17**:250, **17**:252, **17**:258, **17**:*278*
Miller, H. M., **20**:172, **20**:*187*
Miller, I. J., **10**:144, **10**:*152*, **27**:45, **27**:*52*
Miller, I. M., **23**:166, **23**:*267*
Miller, J., **1**:143, **1**:*152*, **5**:173, **5**:192, **5**:202, **5**:217, **5**:223, **5**:*233*, **5**:*234*, **7**:248, **7**:*256*, **7**:*257*, **8**:362, **8**:*403*, **14**:174, **14**:177, **14**:*200*, **21**:234, **21**:*239*, **22**:256, **22**:*305*, **24**:81, **24**:85, **24**:*111*
Miller, J. C., **25**:395, **25**:435, **25**:*445*
Miller, J. G., **5**:279, **5**:*328*, **21**:177, **21**:*193*
Miller, J. L., **6**:283, **6**:318, **6**:*324*
Miller, J. M., **2**:212, **2**:213, **2**:*275*, **22**:321, **22**:*360*, **26**:300, **26**:*370*
Miller, J. P., **25**:219, **25**:*265*
Miller, J. R., **18**:219, **18**:*236*, **25**:438, **25**:*442*, **26**:20, **26**:*124*, **26**:*128*, **28**:4, **28**:20, **28**:21, **28**:28, **28**:29, **28**:*41*, **28**:*43*
Miller, J. S., **26**:209, **26**:216, **26**:224, **26**:232, **26**:238, **26**:239, **26**:*246*, **26**:*247*, **26**:*248*, **26**:*250*, **26**:*252*, **26**:*253*
Miller, J. T., **19**:407, **19**:*427*
Miller, L. J., **32**:249, **32**:*264*
Miller, L. L., **9**:237, **9**:244, **9**:245, **9**:262, **9**:263, **9**:*276*, **9**:*277*, **10**:162, **10**:173, **10**:184, **10**:189, **10**:190, **10**:202, **10**:211, **10**:*221*, **10**:*223*, **12**:3, **12**:9,

12:12, **12**:16, **12**:38, **12**:39, **12**:40, **12**:43, **12**:57, **12**:65, **12**:109, **12**:*118*, **12**:*120*, **12**:*123*, **12**:*124*, **13**:156, **13**:157, **13**:203, **13**:234, **13**:*272*, **13**:*273*, **14**:108, **14**:109, **14**:*130*, **18**:127, **18**:*181*, **20**:67, **20**:141, **20**:144, **20**:*182*, **20**:*185*, **23**:286, **23**:*318*, **24**:97, **24**:*106*, **26**:74, **26**:*125*
Miller, L. S., **29**:305, **29**:306, **29**:*328*
Miller, M., **25**:236, **25**:*256*
Miller, M. A., **6**:266, **6**:267, **6**:309, **6**:312, **6**:*323*, **13**:15, **13**:16, **13**:21, **13**:24, **13**:29, **13**:30, **13**:32, **13**:47, **13**:48, **13**:55, **13**:60, **13**:61, **13**:62, **13**:63, **13**:64, **13**:65, **13**:66, **13**:68, **13**:69, **13**:75, **13**:*77*, **22**:16, **22**:17, **22**:18, **22**:85, **22**:*106*, **23**:197, **23**:*261*
Miller, M. D., **30**:32, **30**:*60*
Miller, M. L., **5**:164, **5**:*171*
Miller, M. M., **31**:298, **31**:*386*
Miller, M. R., **25**:76, **25**:*89*
Miller, N., **22**:166, **22**:*205*, **26**:321, **26**:*368*
Miller, P., **26**:280, **26**:*375*
Miller, P. K., **19**:87, **19**:*119*
Miller, R., **7**:223, **7**:234, **7**:*257*
Miller, R. C., **19**:67, **19**:*124*
Miller, R. D., **19**:249, **19**:*375*, **29**:303, **29**:*327*, **29**:*328*, **32**:158, **32**:173, **32**:181, **32**:186, **32**:*209*, **32**:*213*, **32**:*214*
Miller, R. G., **6**:2, **6**:7, **6**:23, **6**:*60*
Miller, R. J., **2**:130, **2**:*161*
Miller, R. S., **15**:123, **15**:127, **15**:*148*
Miller, S. A., **15**:42, **15**:*59*
Miller, S. E. H., **19**:23, **19**:*118*
Miller, S. I., **5**:331, **5**:334, **5**:335, **5**:336, **5**:349, **5**:354, **5**:355, **5**:357, **5**:373, **5**:386, **5**:*397*, **6**:260, **6**:266, **6**:269, **6**:271, **6**:277, **6**:278, **6**:298, **6**:301, **6**:305, **6**:310, **6**:314, **6**:315, **6**:316, **6**:317, **6**:322, **6**:*327*, **6**:*328*, **6**:*329*, **6**:*331*, **7**:32, **7**:33, **7**:35, **7**:44, **7**:51, **7**:64, **7**:71, **7**:76, **7**:78, **7**:90, **7**:*110*, **7**:*112*, **14**:79, **14**:*130*, **20**:222, **20**:*231*, **25**:339, **25**:*444*, **27**:62, **27**:*116*
Miller, S. L., **14**:209, **14**:*344*
Miller, T., **5**:110, **5**:*116*
Miller, T. A., **18**:120, **18**:*180*, **18**:*181*
Miller, T. M., **24**:36, **24**:*54*
Miller, W. G., **6**:127, **6**:130, **6**:131, **6**:132, **6**:159, **6**:161, **6**:162, **6**:*179*, **6**:*181*
Miller, W. H., **22**:133, **22**:*207*, **32**:226, **32**:*262*
Miller, W. N., **12**:10, **12**:81, **12**:*121*, **13**:219, **13**:*270*
Miller, W. R., **5**:76, **5**:99, **5**:*119*
Miller, W. T., **1**:105, **1**:*152*
Miller, W. T., Jr., **7**:15, **7**:107, **7**:*112*, **7**:182, **7**:*206*
Millero, F. J., **14**:230, **14**:264, **14**:290, **14**:315, **14**:*338*, **14**:*346*, **14**:*347*
Millett, F., **13**:388, **13**:390, **13**:*412*
Milligan, D. E., **7**:161, **7**:163, **7**:177, **7**:*206*, **7**:*207*, **8**:39, **8**:*77*, **30**:8, **30**:28, **30**:40, **30**:*58*, **30**:*60*
Milliken, J., **16**:226, **16**:*230*
Milliken, R. S., **16**:198, **16**:*234*
Millington, J. P., **12**:57, **12**:*124*, **13**:236, **13**:*273*
Millot, F., **14**:167, **14**:*202*
Mills, G., **32**:70, **32**:*118*
Mills, D. J., **19**:423, **19**:*427*
Mills, N. S., **12**:213, **12**:*221*
Mills, O. S., **7**:156, **7**:*207*, **24**:80, **24**:*106*, **29**:142, **29**:144, **29**:*179*, **29**:297, **29**:*324*
Mills, R., **14**:265, **14**:*344*
Mills, S. L., **31**:310, **31**:382, **31**:*385*
Millward, G. R., **15**:137, **15**:*150*
Milne, C. R. C., **23**:40, **23**:*62*
Milne, D. G., **11**:243, **11**:*264*
Milne, G. S., **10**:96, **10**:*122*, **15**:17, **15**:19, **15**:23, **15**:*61*
Milne, J. B., **9**:9, **9**:11, **9**:12, **9**:13, **9**:14, **9**:*23*, **9**:*24*, **14**:39, **14**:*64*
Milne, N. J., **29**:117, **29**:*182*
Milner, D. F., **26**:20, **26**:*125*
Milner, G-W. C., **5**:2, **5**:*52*
Milosavijevic, B. H., **27**:266, **27**:*290*
Milosavliević, S., **23**:104, **23**:105, **23**:*159*, **23**:*162*
Milovanovic, J., **10**:82, **10**:*128*
Milstein, C., **31**:256, **31**:260, **31**:*389*
Milstein, D., **23**:37, **23**:38, **23**:55, **23**:56, **23**:*61*
Milstein, S., **11**:8, **11**:*121*, **17**:240, **17**:244, **17**:245, **17**:*278*, **21**:67, **21**:*97*
Milstien, J. B., **11**:32, **11**:63, **11**:*119*,

11:*121*
Milstien, S., **22**:28, **22**:*109*
Milunovic, M., **28**:61, **28**:*136*
Milyntinskaya, R. I., **2**:192, **2**:*198*
Mimura, T., **19**:44, **19**:*124*
Minami, M., **17**:282, **17**:*427*
Minamide, N., **29**:262, **29**:*268*
Minamikawa, S., **19**:105, **19**:*123*, **19**:*124*
Minasz, R. J., **7**:184, **7**:186, **7**:*208*, **14**:313, **14**:*337*
Minato, H., **17**:114, **17**:*178*
Minato, T., **16**:81, **16**:*85*, **24**:15, **24**:*55*, **28**:278, **28**:*291*
Minch, M. J., **17**:451, **17**:464, **17**:465, **17**:467, **17**:*482*, **22**:244, **22**:246, **22**:279, **22**:*301*, **22**:*305*
Mincy, J. W., **23**:209, **23**:212, **23**:*262*
Mindl, J., **28**:262, **28**:*289*, **32**:291, **32**:316, **32**:319, **32**:320, **32**:321, **32**:341, **32**:*382*
Minero, C., **22**:291, **22**:*305*
Ming Bao, H., **19**:358, **19**:363, **19**:*375*
Mingos, D. M. P., **29**:226, **29**:*268*, **32**:35, **32**:*119*
Minh, T. D., **7**:201, **7**:*209*
Minhas, H. S., **23**:201, **23**:*267*
Miniewicz, A., **32**:123, **32**:*214*
Minisci, F., **13**:244, **13**:245, **13**:247, **13**:*268*, **13**:*273*, **13**:*274*, **14**:125, **14**:126, **14**:*130*, **20**:56, **20**:140, **20**:172, **20**:173, **20**:174, **20**:177, **20**:179, **20**:*182*, **20**:*185*, **23**:273, **23**:302, **23**:308, **23**:*317*, **23**:*319*
Minkin, V. I., **25**:22, **25**:*92*, **32**:179, **32**:*213*
Minkoff, G. J., **1**:57, **1**:*150*, **6**:54, **6**:*59*, **6**:*60*
Minkwitz, S., **30**:55, **30**:*57*
Minn, F. L., **13**:257, **13**:*270*, **13**:*274*
Minnich, E. R., **15**:214, **15**:215, **15**:*263*
Minniti, D., **22**:98, **22**:99, **22**:*110*
Minomura, S., **16**:171, **16**:174, **16**:*233*
Minor, B. D., **17**:261, **17**:*276*
Minor, S. S., **17**:261, **17**:*278*
Minore, J., **25**:117, **25**:*263*
Minot, C., **21**:219, **21**:*240*
Minoura, Y., **9**:142, **9**:*180*
Minto, F., **19**:65, **19**:*119*
Minton, T. K., **25**:12, **25**:*91*
Mintz, E. A., **14**:188, **14**:*196*, **17**:354, **17**:*424*
Minuti, L., **19**:53, **19**:*114*
Minyaev, R. M., **24**:86, **24**:*109*
Miocque, M., **9**:215, **9**:*277*
Mioduski, J., **23**:95, **23**:*158*, **29**:302, **29**:*325*
Miola, L., **22**:228, **22**:236, **22**:243, **22**:253, **22**:294, **22**:*299*, **22**:*305*
Miotto, U., **17**:149, **17**:*175*
Mirajovsky, D., **28**:78, **28**:82, **28**:84, **28**:86, **28**:87, **28**:88, **28**:89, **28**:90, **28**:91, **28**:130, **28**:*136*
Miravitlles, C., **25**:275, **25**:304, **25**:322, **25**:372, **25**:375, **25**:395, **25**:*443*, **25**:*444*, **25**:*445*
Miri, A. Y., **24**:86, **24**:*107*
Mirkind, L. A., **12**:14, **12**:17, **12**:44, **12**:56, **12**:57, **12**:*116*, **12**:*120*, **13**:230, **13**:*269*
Miron, S., **4**:326, **4**:*346*
Miroshnikov, A. I., **13**:360, **13**:406, **13**:*410*, **13**:*413*
Mirsky, K., **15**:93, **15**:117, **15**:*148*, **30**:132, **30**:*171*
Mirvish, S. S., **16**:14, **16**:*48*, **19**:382, **19**:392, **19**:*427*
Misaki, S., **26**:263, **26**:*375*
Misaki, Y., **26**:239, **26**:*251*
Mischke, S., **31**:210, **31**:*246*
Mishchenko, K. P., **16**:41, **16**:*48*
Mishima, M., **32**:269, **32**:274, **32**:276, **32**:277, **32**:279, **32**:280, **32**:286, **32**:287, **32**:289, **32**:290, **32**:291, **32**:295, **32**:296, **32**:297, **32**:298, **32**:299, **32**:300, **32**:304, **32**:307, **32**:308, **32**:309, **32**:344, **32**:345, **32**:346, **32**:347, **32**:348, **32**:349, **32**:350, **32**:351, **32**:352, **32**:353, **32**:354, **32**:355, **32**:356, **32**:357, **32**:358, **32**:359, **32**:360, **32**:362, **32**:363, **32**:364, **32**:373, **32**:*380*, **32**:*381*, **32**:*382*, **32**:*383*
Mishima, T., **15**:327, **15**:*329*
Mishra, S., **18**:33, **18**:*75*
Mishra, S. P., **26**:64, **26**:*128*
Mishrikey, M. M., **24**:95, **24**:*110*
Mishutushkina, I. P., **12**:91, **12**:*119*
Misik, V., **31**:127, **31**:*140*
Misina, V. P., **13**:178, **13**:*276*
Miskel, J. A., **2**:*273*

Mislow, K., **2**:59, **2**:69, **2**:70, **2**:*89*, **3**:179, **3**:*184*, **6**:186, **6**:260, **6**:285, **6**:*327*, **6**:*329*, **6**:*330*, **9**:27(48, 49), **9**:28(49), **9**:29(48, 49), **9**:36(49), **9**:37(49), **9**:38(49), **9**:43(49), **9**:*123*, **10**:4, **10**:17, **10**:18, **10**:20, **10**:21, **10**:*26*, **13**:56, **13**:*79*, **13**:*81*, **17**:96, **17**:99, **17**:131, **17**:*174*, **17**:*179*, **21**:8, **21**:*34*, **23**:192, **23**:*269*, **25**:17, **25**:24, **25**:28, **25**:30, **25**:33, **25**:34, **25**:36, **25**:37, **25**:38, **25**:40, **25**:41, **25**:42, **25**:62, **25**:63, **25**:66, **25**:71, **25**:72, **25**:73, **25**:75, **25**:*85*, **25**:*86*, **25**:*87*, **25**:*88*, **25**:*89*, **25**:*90*, **25**:*91*, **25**:*92*, **25**:*93*, **25**:*94*, **25**:*95*, **25**:*96*, **25**:123, **25**:143, **25**:153, **25**:154, **25**:155, **25**:*258*, **25**:*262*, **25**:*265*, **29**:99, **29**:101, **29**:*182*

Mison, P., **14**:14, **14**:*65*, **19**:236, **19**:289, **19**:290, **19**:301, **19**:302, **19**:*374*, **19**:*378*

Misono, A., **12**:13, **12**:69, **12**:*124*

Mispelter, J., **26**:97, **26**:98, **26**:101, **26**:104, **26**:*127*

Misra, R. N., **24**:22, **24**:*51*

Missel, P. J., **22**:219, **22**:229, **22**:*305*

Mistry, J., **29**:166, **29**:*178*

Misumi, M., **28**:32, **28**:*43*

Misumi, S., **15**:118, **15**:*147*, **17**:290, **17**:291, **17**:*428*, **19**:23, **19**:25, **19**:26, **19**:30, **19**:34, **19**:41, **19**:44, **19**:45, **19**:74, **19**:85, **19**:*120*, **19**:*123*, **19**:*124*, **19**:*125*, **30**:98, **30**:*114*

Mita, I., **32**:251, **32**:*263*

Mitamura, T., **17**:255, **17**:*278*, **22**:67, **22**:68, **22**:*110*

Mitani, M., **20**:217, **20**:*231*

Mitani, T., **32**:247, **32**:*263*

Mitchell, A. G., **4**:17, **4**:*28*, **8**:295, **8**:301, **8**:302, **8**:303, **8**:307, **8**:308, **8**:309, **8**:378, **8**:379, **8**:381, **8**:382, **8**:*398*, **8**:*403*, **14**:325, **14**:*347*

Mitchell, D. J., **21**:184, **21**:*196*, **21**:218, **21**:219, **21**:*240*, **22**:219, **22**:*304*, **24**:148, **24**:149, **24**:192, **24**:*202*, **24**:*204*, **27**:63, **27**:64, **27**:*116*, **27**:*117*

Mitchell, E. D., **8**:218, **8**:*267*

Mitchell, E. J., **13**:86, **13**:91, **13**:100, **13**:108, **13**:125, **13**:127, **13**:128, **13**:132, **13**:136, **13**:*148*, **13**:*151*

Mitchell, E. M., **29**:87, **29**:147, **29**:*179*

Mitchell, G. F., **29**:87, **29**:147, **29**:*179*

Mitchell, H. G., **9**:43(80), **9**:44(80), **9**:82(80), **9**:119(80), **9**:*124*

Mitchell, M. J., **6**:8, **6**:*59*

Mitchell, T. N., **10**:115, **10**:*127*

Mitchum, R. K., **24**:28, **24**:48, **24**:*51*

Mitnick, M., **10**:163, **10**:*222*

Mito, A., **32**:163, **32**:*213*

Mitoseriu, L. C., **32**:52, **32**:*115*

Mitra, J., **29**:107, **29**:*181*

Mitra, S. S., **11**:358, **11**:*382*

Mitsch, R. A., **7**:161, **7**:163, **7**:177, **7**:199, **7**:*207*

Mitsky, J., **13**:139, **13**:*152*

Mitsudo, T., **23**:54, **23**:*62*

Mitsuhashi, T., **30**:126, **30**:*170*, **30**:189, **30**:*218*, **30**:*219*

Mittal, J. P., **12**:244, **12**:*295*

Mittal, K. L., **17**:*437*, **17**:*485*

Mittal, M. L., **17**:287, **17**:306, **17**:307, **17**:*427*

Mittelmann, R., **8**:282, **8**:285, **8**:*400*

Mitton, C. G., **23**:255, **23**:*267*

Miura, I., **10**:120, **10**:*125*

Miura, M., **13**:189, **13**:*277*, **30**:134, **30**:*171*

Miura, S. S., **29**:143, **29**:*180*

Mixan, C. E., **13**:67, **13**:*80*, **14**:17, **14**:*64*

Mixon, L. W., **4**:328, **4**:*347*

Mixon, S. T., **30**:201, **30**:*219*

Miyabo, A., **30**:182, **30**:192, **30**:193, **30**:194, **30**:196, **30**:200, **30**:202, **30**:204, **30**:205, **30**:206, **30**:208, **30**:209, **30**:210, **30**:213, **30**:214, **30**:*219*, **30**:*220*

Miyade, H., **16**:194, **16**:*233*

Miyagawa, I., **1**:322, **1**:323, **1**:329, **1**:331, **1**:333, **1**:334, **1**:345, **1**:*362*, **25**:33, **25**:*93*

Miyajima, T., **25**:32, **25**:33, **25**:*90*, **25**:*93*

Miyake, H., **23**:300, **23**:304, **23**:*320*

Miyake, K., **19**:63, **19**:*125*, **19**:*128*

Miyamoto, E., **23**:201, **23**:214, **23**:224, **23**:236, **23**:248, **23**:253, **23**:254, **23**:*269*, **23**:*270*

Miyamoto, S., **17**:320, **17**:*424*

Miyamoto, T., **19**:63, **19**:111, **19**:*124*, **19**:*128*, **32**:279, **32**:287, **32**:288,

32:*381*
Miyashiro, K., **22**:284, **22**:*304*
Miyashita, H., **31**:263, **31**:284, **31**:305, **31**:382, **31**:*386*, **31**:*387*, **31**:*389*
Miyashita, I., **13**:158, **13**:*278*
Miyashita, T., **19**:96, **19**:*129*
Miyata, S., **32**:123, **32**:168, **32**:200, **32**:204, **32**:206, **32**:*214*
Miyazaki, H., **19**:77, **19**:*128*
Miyazawa, T., **6**:113, **6**:118, **6**:*181*, **6**:*183*, **16**:253, **16**:*263*, **25**:48, **25**:52, **25**:54, **25**:*91*, **25**:*93*
Miziorko, H. M., **13**:374, **13**:*412*
Mizogami, S., **26**:225, **26**:*249*
Mizoguchi, T., **5**:86, **5**:*117*
Mizota, H., **26**:18, **26**:*129*
Mizrahi, V., **25**:133, **25**:*258*
Mizsak, S., **16**:250, **16**:*263*
Mizuhara, S., **21**:10, **21**:*34*
Mizukami, Y., **23**:198, **23**:212, **23**:214, **23**:215, **23**:*270*
Mizuno, K., **19**:72, **19**:104, **19**:113, **19**:*124*
Mizuno, Y., **1**:66, **1**:67, **1**:*154*
Mizushima, M., **3**:52, **3**:*79*
Mizushima, S., **6**:113, **6**:118, **6**:*181*, **13**:70, **13**:*81*, **25**:18, **25**:19, **25**:22, **25**:54, **25**:*93*
Mizushima, W., **1**:417, **1**:*420*
Mizutani, M., **26**:225, **26**:*249*
Mizutani, T., **22**:270, **22**:*305*
Mo, Y. K., **10**:184, **10**:*224*, **11**:140, **11**:152, **11**:156, **11**:161, **11**:163, **11**:*175*, **11**:369, **11**:370, **11**:374, **11**:375, **11**:*389*, **19**:226, **19**:253, **19**:318, **19**:319, **19**:320, **19**:323, **19**:329, **19**:*375*, **19**:*376*, **20**:155, **20**:*186*, **28**:221, **28**:*290*, **29**:286, **29**:*328*
Mobbs, R. H., **7**:1, **7**:*109*
Mobius, D., **15**:106, **15**:*147*, **19**:98, **19**:*126*
Mobius, K., **5**:54, **5**:*118*, **28**:30, **28**:31, **28**:32, **28**:*42*
Mocadlo, P. M., **26**:116, **26**:*126*
Mocak, J., **32**:9, **32**:108, **32**:*115*
Mochel, V. D., **13**:280, **13**:*412*
Mochel, W. E., **16**:202, **16**:*230*, **16**:*234*
Mochida, K., **21**:133, **21**:*193*, **29**:5, **29**:6, **29**:*67*
Mochida, T., **32**:255, **32**:257, **32**:258, **32**:*264*
Mochizuki, H., **17**:360, **17**:*427*
Mock, W. L., **24**:191, **24**:*204*
Möckel, H., **12**:*292*, **13**:181, **13**:187, **13**:*274*Möckel, H., **12**:*292*, **13**:181, **13**:187, **13**:*274*
Mockus, J., **8**:140, **8**:*146*
Modena, G., **3**:175, **3**:*183*, **6**:270, **6**:*326*, **6**:*329*, **7**:5, **7**:11, **7**:12, **7**:42, **7**:43, **7**:44, **7**:45, **7**:47, **7**:48, **7**:50, **7**:54, **7**:64, **7**:65, **7**:66, **7**:67, **7**:68, **7**:71, **7**:74, **7**:85, **7**:86, **7**:88, **7**:89, **7**:*109*, **7**:*110*, **7**:*111*, **7**:*112*, **9**:158, **9**:*176*, **9**:200, **9**:213, **9**:214, **9**:234, **9**:235, **9**:236, **9**:237, **9**:246, **9**:249, **9**:250, **9**:265, **9**:*274*, **9**:*275*, **9**:*277*, **10**:45, **10**:*52*, **13**:92, **13**:93, **13**:101, **13**:102, **13**:103, **13**:104, **13**:105, **13**:119, **13**:120, **13**:143, **13**:*149*, **13**:*151*, **14**:149, **14**:*200*, **16**:112, **16**:*155*, **17**:140, **17**:173, **17**:*175*, **17**:*179*, **17**:315, **17**:*430*
Modin, R., **15**:281, **15**:317, **15**:328, **15**:*329*
Modro, A., **17**:86, **17**:173, **17**:*180*, **28**:211, **28**:212, **28**:245, **28**:246, **28**:268, **28**:*289*, **28**:*291*
Modro, F. A., **25**:153, **25**:*260*
Modro, T. A., **23**:210, **23**:*267*, **23**:*270*, **29**:118, **29**:*179*
Moe, H., **32**:270, **32**:*380*
Moe, N. S., **12**:9, **12**:*116*, **12**:*122*, **13**:163, **13**:172, **13**:196, **13**:*270*
Moede, J. A., **1**:105, **1**:*151*
Moelwyn-Hughes, E. A., **1**:17, **1**:25, **1**:*33*, **2**:105, **2**:124, **2**:*161*, **3**:71, **3**:75, **3**:*88*, **5**:122, **5**:136, **5**:140, **5**:142, **5**:147, **5**:151, **5**:159, **5**:164, **5**:*169*, **5**:*170*, **5**:*171*, **5**:177, **5**:179, **5**:192, **5**:207, **5**:224, **5**:*232*, **5**:*233*, **5**:*234*, **5**:342, **5**:349, **5**:*398*, **7**:297, **7**:*330*, **14**:206, **14**:207, **14**:208, **14**:212, **14**:250, **14**:256, **14**:*343*, **14**:*347*, **14**:*348*, **16**:4, **16**:*48*, **16**:116, **16**:*156*
Moesveld, A. L. Th., **2**:108, **2**:*161*
Moet-Ner (Mautner), M., **31**:198, **31**:*246*
Moews, P. C., **23**:180, **23**:*266*
Moffat, A., **5**:268, **5**:313, **5**:*329*, **21**:40,

21:_97_
Moffat, A. C., **15:**279, **15:**_328_
Moffat, J. R., **27:**124, **27:**231, **27:**_236_
Moffatt, J. G., **25:**196, **25:**_261_
Moffatt, J. R., **22:**221, **22:**231, **22:**232, **22:**233, **22:**237, **22:**238, **22:**239, **22:**240, **22:**242, **22:**247, **22:**248, **22:**251, **22:**255, **22:**270, **22:**289, **22:**297, **22:**298, **22:**_299_, **22:**_301_, **22:**_305_, **31:**153, **31:**_244_
Moffatt, M. E., **4:**310, **4:**324, **4:**341, **4:**_346_, **9:**273, **9:**_277_
Moffit, W., **25:**16, **25:**_93_
Moffitt, W., **1:**229, **1:**_278_, **1:**349, **1:**_361_, **1:**412, **1:**416, **1:**_421_, **4:**337, **4:**_345_
Moger, G., **17:**13, **17:**17, **17:**_62_, **17:**_63_
Mohammad, M., **29:**211, **29:**_269_
Mohan, A. G., **18:**198, **18:**_236_
Mohanty, R. K., **14:**266, **14:**312, **14:**313, **14:**_348_, **14:**_350_
Mohilner, D. M., **12:**13, **12:**67, **12:**69, **12:**70, **12:**_128_, **26:**18, **26:**_128_
Mohilner, J., **10:**173, **10:**_224_
Mohmand, S., **30:**38, **30:**_56_
Moilliet, J. L., **8:**272, **8:**_403_
Moir, J. E., **32:**37, **32:**_114_
Moiroux, J., **26:**12, **26:**39, **26:**_125_
Moiseyev, Y. V., **21:**47, **21:**_98_
Mok, S. F., **2:**38, **2:**_88_
Mokwa, W., **32:**105, **32:**_117_
Molchanov, A. P., **17:**355, **17:**_428_
Moldenhauer, F., **32:**175, **32:**_210_
Moldoványi, L., **2:**164, **2:**_199_
Moldoveanu, S., **32:**92, **32:**_114_
Mole, M. F., **5:**175, **5:**_234_
Mole, T., **1:**65, **1:**66, **1:**67, **1:**69, **1:**108, **1:**_150_, **4:**82, **4:**103, **4:**_144_
Molin, M., **15:**244, **15:**_261_
Molin, Y. N., **19:**55, **19:**_122_, **20:**1, **20:**16, **20:**17, **20:**25, **20:**29, **20:**45, **20:**50, **20:**_52_, **20:**_53_
Molinari, F., **30:**91, **30:**_113_
Molinari, H., **17:**333, **17:**334, **17:**335, **17:**_425_, **17:**_430_
Molinet, C., **25:**269, **25:**270, **25:**272, **25:**273, **25:**274, **25:**275, **25:**276, **25:**278, **25:**280, **25:**284, **25:**285, **25:**287, **25:**298, **25:**299, **25:**313, **25:**314, **25:**315, **25:**317, **25:**318, **25:**414, **25:**_440_
Molins, E., **25:**322, **25:**372, **25:**375, **25:**384, **25:**_444_
Moll, F., **23:**198, **23:**_267_
Moller, E., **14:**85, **14:**86, **14:**_128_
Möllers, F., **19:**141, **19:**_220_
Mollison, G. S. M., **23:**191, **23:**192, **23:**_265_
Molloy, B. B., **11:**360, **11:**361, **11:**_386_, **11:**_389_, **13:**309, **13:**311, **13:**313, **13:**_412_
Molter, K. E., **24:**160, **24:**_204_, **27:**232, **27:**_233_, **29:**168, **29:**_179_, **29:**204, **29:**_271_, **30:**175, **30:**188, **30:**191, **30:**200, **30:**209, **30:**_217_, **30:**_220_
Moltzan, H., **6:**221, **6:**_330_
Molyneux, P., **8:**278, **8:**279, **8:**_403_, **23:**232, **23:**_267_
Molyneux, R. J., **24:**144, **24:**145, **24:**_203_
Molz, T., **29:**298, **29:**307, **29:**_328_
Momany, F. A., **13:**71, **13:**_81_
Momigny, J., **8:**237, **8:**_266_
Momii, R., **24:**185, **24:**186, **24:**187, **24:**_201_, **25:**171, **25:**174, **25:**178, **25:**183, **25:**185, **25:**238, **25:**_259_
Momose, T., **26:**217, **26:**_250_
Momot, E., **26:**18, **26:**_128_
Monaghan, J. J., **13:**33, **13:**_78_
Monahan, J. E., **8:**90, **8:**_148_
Monarres, D., **22:**247, **22:**248, **22:**289, **22:**_301_
Monchan, P. K., **4:**_346_
Mondelli, R., **23:**189, **23:**206, **23:**_267_
Monet, C., **17:**110, **17:**_176_
Monetti, M. A., **13:**113, **13:**_148_
Mongelli, N. W., **18:**9, **18:**_71_
Monilner, D. H., **10:**175, **10:**_225_
Moninot, G., **32:**42, **32:**_116_, **32:**_118_
Moniz, W. B., **3:**227, **3:**243, **3:**244, **3:**_267_
Monjoint, P., **27:**98, **27:**_116_
Monk, C. B., **2:**_277_
Monkenbusch, M., **28:**40, **28:**_41_
Monnerie, L., **16:**259, **16:**_263_
Monnig, F., **25:**6, **25:**_93_
Monny, C., **13:**330, **13:**_411_
Monoszon, A. M., **1:**157, **1:**158, **1:**_199_
Monse, E. U., **23:**69, **23:**_162_
Monserrat, K., **19:**100, **19:**_124_
Monsó, J. M., **25:**281, **25:**286, **25:**288, **25:**355, **25:**356, **25:**357, **25:**360, **25:**361, **25:**362, **25:**374, **25:**375,

25:390, **25**:391, **25**:395, **25**:396, **25**:415, **25**:419, **25**:429, **25**:431, **25**:*439*, **25**:*441*, **25**:*444*
Monsted, L., **29**:147, **29**:170, **29**:*183*
Monta, Y., **31**:37, **31**:*84*
Montague, D. C., **4**:187, **4**:*191*
Montanari, F., **6**:259, **6**:269, **6**:*325*, **6**:*327*, **6**:*328*, **7**:9, **7**:41, **7**:42, **7**:43, **7**:47, **7**:50, **7**:74, **7**:90, **7**:*108*, **7**:*109*, **7**:*111*, **7**:*112*, **17**:124, **17**:*176*, **17**:280, **17**:323, **17**:325, **17**:329–35, **17**:355, **17**:357, **17**:*425*, **17**:*426*, **17**:*429*, **17**:*430*
Montano, L. A., **18**:188, **18**:*236*
Montaudo, G., **13**:59, **13**:*81*
Montavon, F., **30**:68, **30**:*114*
Montefinale, G., **8**:*146*
Monteilhet, C., **26**:359, **26**:*375*
Monteiro, P. M., **17**:455, **17**:*483*
Montenegro, M. I., **26**:39, **26**:*128*, **32**:39, **32**:63, **32**:67, **32**:68, **32**:*114*, **32**:*119*
Montero, S., **25**:31, **25**:*87*
Montevecchi, P. C., **20**:112, **20**:114, **20**:*181*
Montgomery, C. R., **22**:341, **22**:*358*
Montgomery, F. C., **18**:202, **18**:*237*
Montgomery, J. A., **11**:323, **11**:*385*, **21**:42, **21**:*98*
Montgomery, L. K., **6**:289, **6**:*329*, **7**:81, **7**:83, **7**:84, **7**:*112*, **13**:33, **13**:38, **13**:39, **13**:*80*, **25**:390, **25**:391, **25**:395, **25**:*444*, **29**:163, **29**:*182*
Monti, C. T., **26**:306, **26**:*376*
Montiero, P. M., **22**:224, **22**:227, **22**:254, **22**:296, **22**:*302*
Montijin, P. P., **9**:217, **9**:*280*
Monzingo., **26**:355, **26**:*372*
Moodie, R. B., **3**:151, **3**:*186*, **11**:337, **11**:343, **11**:*383*, **11**:*386*, **12**:36, **12**:*122*, **13**:92, **13**:*148*, **16**:3, **16**:23–8, **16**:30, **16**:43, **16**:*47*, **16**:*48*, **19**:422, **19**:424, **19**:*426*, **19**:*427*
Moody, A. E., **30**:185, **30**:*218*
Moody, G. J., **17**:307, **17**:*428*
Moody, J. D., **31**:58, **31**:*83*
Moolel, M., **14**:334, **14**:*348*
Moon, R. B., **13**:371, **13**:374, **13**:378, **13**:379, **13**:*412*
Moor, M., **25**:219, **25**:*261*, **25**:*263*
Moor, R. M., **25**:243, **25**:*260*
Moore, A. L., **19**:92, **19**:*118*, **28**:4, **28**:*42*, **31**:58, **31**:*83*
Moore, B., **28**:70, **28**:*137*
Moore, C. B., **7**:177, **7**:*207*, **25**:19, **25**:*96*
Moore, C. D., **8**:272, **8**:377, **8**:*403*
Moore, D. R., **7**:*113*
Moore, G. A., **18**:86, **18**:174, **18**:*181*
Moore, P., **16**:19–22, **16**:*47*, **16**:*48*, **19**:385, **19**:416, **19**:*425*, **19**:*427*, **23**:116, **23**:*160*
Moore, R. C., **1**:136, **1**:*151*
Moore, S. S., **17**:281, **17**:282, **17**:297, **17**:300–2, **17**:362, **17**:363, **17**:365, **17**:367, **17**:371, **17**:372, **17**:418, **17**:420, **17**:423, **17**:*428–30*, **17**:*432*, **23**:52, **23**:*60*, **30**:86, **30**:87, **30**:88, **30**:*114*
Moore, S., **21**:21, **21**:*32*, **21**:*35*
Moore, T. A., **19**:91, **19**:*118*, **28**:4, **28**:*42*, **31**:58, **31**:*83*
Moore, T. S., **17**:258, **17**:*278*
Moore, W. H., **27**:265, **27**:*290*
Moore, W. J., **16**:161, **16**:*234*, **28**:57, **28**:59, **28**:*137*
Moore, W. R., **7**:*112*
Moorthy, P. N., **7**:123, **7**:*150*
Moosmayer, A., **5**:53, **5**:*117*
Mootz, D., **4**:197, **4**:*302*, **26**:261, **26**:267, **26**:297, **26**:304, **26**:305, **26**:307, **26**:308, **26**:309, **26**:*375*, **26**:*376*
Moradpour, A., **17**:382, **17**:388, **17**:407, **17**:408, **17**:*429*, **19**:93, **19**:*114*, **19**:*121*, **19**:*124*, **20**:95, **20**:*180*
Moran, G., **14**:306, **14**:*338*
Moran, H. W., **9**:270, **9**:*279*
Moran, M. B., **31**:37, **31**:*82*
Moran, M. J., **16**:226, **16**:*230*
Moran, T. F., **8**:112, **8**:*148*
Morand, J. P., **26**:239, **26**:*250*
Morat, C., **5**:87, **5**:*113*
Morawetz, H., **5**:290, **5**:*329*, **8**:395, **8**:*403*, **11**:17, **11**:36, **11**:51, **11**:78, **11**:79, **11**:*119*, **11**:*121*, **15**:68, **15**:*148*, **17**:230, **17**:*276*, **19**:34, **19**:94, **19**:*119*, **19**:*122*, **21**:27, **21**:*32*, **22**:3, **22**:4, **22**:16, **22**:35, **22**:64, **22**:72, **22**:*109*, **28**:116, **28**:*137*
Morbach, W., **25**:305, **25**:429, **25**:*439*
Morchat, R. M., **19**:54, **19**:*114*
Morcom, K. W., **7**:260, **7**:*328*, **14**:293,

14:333, **14:**334, **14:***336*, **14:***338*, **14:***348*
Moreau, C., **14:**335, **14:***348*, **23:**189, **23:**206, **23:***264*, **24:**71, **24:***105*, **24:**114, **24:**118, **24:**161, **24:**162, **24:**192, **24:***200*, **27:**266, **27:**269, **27:***290*
Moreau, P., **17:**382, **17:**383, **17:**387, **17:**392, **17:**397, **17:**405, **17:**423, **17:***425*, **17:***427*
Morehouse, S. M., **23:**53, **23:***59*
Morel, J.-P., **14:**293, **14:**297, **14:**307, **14:**308, **14:**309, **14:**312, **14:**314, **14:**315, **14:**316, **14:**329, **14:***336*, **14:***337*, **14:***343*, **14:***345*, **14:***348*, **14:***349*
Moreland, C. G., **11:**359, **11:***390*, **16:**247, **16:***263*
Moreland, W. T., **1:**84, **1:***153*
Morelli, S., **16:**178, **16:***232*
Moreno, M., **26:**54, **26:***124*
Moreno, R., **23:**180, **23:***264*
Moreno, S. N. J., **31:**129, **31:***140*
More O'Ferrall, R. A., **5:**331, **5:**334, **5:**335, **5:**336, **5:**340, **5:**349, **5:**354, **5:**355, **5:**357, **5:**386, **5:**389, **5:***397*, **5:***398*, **6:**67, **6:**97, **6:***100*, **6:**322, **6:***331*, **7:**171, **7:**172, **7:**243, **7:***257*, **9:**143, **9:***180*, **14:**85, **14:**89, **14:**92, **14:**95, **14:***130*, **14:**153, **14:**169, **14:***200*, **16:**89, **16:***156*, **18:**7, **18:***75*, **21:**101, **21:**161, **21:**162, **21:**164, **21:**168, **21:**169, **21:***194*, **22:**125, **22:**127, **22:**165, **22:**167, **22:***210*, **25:**103, **25:***262*, **26:**282, **26:**285, **26:**286, **26:**288, **26:**291, **26:***370*, **26:***376*, **27:**14, **27:***54*, **27:**64, **27:***116*, **27:**124, **27:**183, **27:**231, **27:***237*, **31:**193, **31:**205, **31:***246*, **32:**319, **32:***383*
Morey, J., **21:**168, **21:**169, **21:***193*, **27:**131, **27:**136, **27:**149, **27:**173, **27:**194, **27:***236*
Morgan, A. G., **22:**258, **22:***307*
Morgan, A. R., **24:**122, **24:***202*
Morgan, C. R., **24:**81, **24:***111*, **31:**35, **31:***83*
Morgan, K. J., **6:**288, **6:***324*, **10:**47, **10:***51*, **19:**262, **19:***369*, **23:**191, **23:***263*
Morgan, T. D. B., **16:**16, **16:**17, **16:**19, **16:**22, **16:***48*, **19:**388, **19:**399, **19:***426*
Morgan, T. K., Jr., **19:**275, **19:**278, **19:***376*
Morgan, V. G., **1:**105, **1:***151*, **18:**33, **18:***73*, **18:***75*
Morgan, W. E., **16:**248, **16:***263*
Morgan, W. T. J., **8:**396, **8:***404*
Morgante, G. C., **20:**218, **20:***232*
Mori, A., **32:**228, **32:***265*
Mori, G., **31:**37, **31:***82*
Mori, N., **32:**259, **32:***264*
Mori, R., **32:**228, **32:***265*
Mori, T., **19:**15, **19:**43, **19:**51, **19:***125*, **30:**151, **30:**155, **30:***170*, **32:**251, **32:***263*
Mori, W., **26:**201, **26:***249*
Mori, Y., **20:**196, **20:***231*, **20:***232*, **24:**154, **24:***201*
Moriarity, T. C., **13:**109, **13:***148*, **14:**147, **14:***196*, **17:**306, **17:***424*
Moriarty, R. M., **8:**210, **8:**251, **8:***264*, **8:***266*, **25:**66, **25:***94*, **29:**302, **29:***328*
Moriconi, E. J., **11:**314, **11:***389*
Morihiro, Y., **18:**126, **18:***179*
Morikawa, N., **19:**60, **19:***121*
Morimoto, H., **32:**274, **32:**275, **32:**289, **32:**309, **32:**310, **32:**311, **32:**312, **32:**313, **32:**314, **32:**335, **32:**336, **32:**338, **32:**339, **32:**340, **32:**344, **32:***381*
Morin, F. G., **32:**238, **32:**239, **32:***263*
Morin, J., **14:**309, **14:**312, **14:**315, **14:**316, **14:***336*, **14:***337*, **14:**348
Morin, R. B., **23:**186, **23:**187, **23:**190, **23:**201, **23:**206, **23:***267*, **23:***269*
Morino, Y., **13:**29, **13:**35, **13:***80*, **13:***82*, **25:**29, **25:**33, **25:***90*, **25:***93*
Morishima, I., **5:**203, **5:***235*
Morishita, T., **17:**92, **17:***176*
Morita, M., **12:**191, **12:**213, **12:***218*, **15:**118, **15:***146*
Morita, N., **30:**182, **30:***218*
Morita, T., **12:**172, **12:***220*, **18:**150, **18:**170, **18:***182*, **18:***183*, **19:**43, **19:***127*
Morita, Y., **17:**50, **17:***61*, **19:**105, **19:***125*, **25:**36, **25:***97*, **31:**37, **31:***83*
Moritani, I., **7:**162, **7:**165, **7:**166, **7:**167, **7:**169, **7:**187, **7:**196, **7:***205*, **7:***207*,

19:362, **19**:*371*, **22**:321, **22**:323, **22**:351, **22**:*359*, **22**:*360*, **26**:209, **26**:*250*
Moritomo, Y., **32**:255, **32**:257, **32**:259, **32**:*264*, **32**:*265*
Moriuchi, S., **17**:38, **17**:*64*
Moriuti, S., **7**:176, **7**:*207*
Moriya, D., **28**:208, **28**:*291*
Moriyama, M., **13**:230, **13**:*274*
Morkovnik, A. F., **18**:151, **18**:*181*
Morkovnik, A. S., **20**:159, **20**:160, **20**:*185*, **20**:*186*, **29**:262, **29**:*270*
Morkved, E. H., **12**:59, **12**:*126*
Morkved, E. M., **17**:103, **17**:104, **17**:105, **17**:106, **17**:*177*
Morland, R., **18**:209, **18**:*238*, **19**:82, **19**:*129*
Morley, J. R., **10**:191, **10**:196, **10**:*222*
Moroi, Y., **19**:95, **19**:97, **19**:*120*, **19**:*124*
Morokuma, K., **4**:*144*, **8**:18, **8**:*77*, **14**:221, **14**:*348*, **21**:216, **21**:*239*, **26**:190, **26**:*249*, **26**:268, **26**:*376*, **26**:*378*, **30**:133, **30**:*169*
Morokuma, M., **24**:68, **24**:*110*
Moronova, D. F., **6**:277, **6**:*326*
Moro-Oka, Y., **17**:358, **17**:*430*
Morozov, S. V., **19**:332, **19**:*375*
Morrell, M. L., **5**:66, **5**:*118*
Morrical, S. W., **24**:92, **24**:*108*
Morris, A., **23**:202, **23**:*268*
Morris, C. J., **7**:96, **7**:*109*
Morris, D. G., **10**:117, **10**:118, **10**:119, **10**:*125*, **10**:*127*, **18**:26, **18**:28, **18**:*72*, **27**:241, **27**:*291*
Morris, E. R., **9**:133, **9**:155, **9**:*180*
Morris, G. A., **25**:11, **25**:*93*
Morris, G. E., **23**:116, **23**:*160*
Morris, G. F., **6**:298, **6**:*325*
Morris, H., **15**:28, **15**:*58*
Morris, III, R., **17**:479, **17**:*483*
Morris, J. I., **10**:76, **10**:82, **10**:112, **10**:118, **10**:*125*, **10**:*127*, **26**:68, **26**:*125*
Morris, J. J., **23**:195, **23**:197, **23**:201, **23**:221, **23**:233, **23**:234, **23**:236, **23**:237, **23**:238, **23**:239, **23**:241, **23**:242, **23**:243, **23**:244, **23**:245, **23**:248, **23**:255, **23**:258, **23**:261, **23**:*265*, **23**:*267*, **24**:132, **24**:*203*, **27**:191, **27**:205, **27**:*233*
Morris, J. M., **15**:118, **15**:*146*
Morris, J. W., **7**:215, **7**:216, **7**:220, **7**:*256*
Morris, K. P., **26**:285, **26**:291, **26**:*372*
Morris, M. D., **12**:104, **12**:*126*, **18**:217, **18**:*237*
Morris, R. A., **31**:148, **31**:149, **31**:150, **31**:*248*
Morris, R. B., **23**:187, **23**:*267*
Morris, R. H., **26**:267, **26**:*373*
Morris, R. O., **6**:269, **6**:*328*, **7**:33, **7**:39, **7**:42, **7**:44, **7**:47, **7**:50, **7**:64, **7**:71, **7**:96, **7**:*111*, **7**:*112*
Morris, S. H., **14**:280, **14**:*338*
Morrison, A., **16**:193, **16**:*231*
Morrison, G. A., **5**:379, **5**:*396*, **6**:297, **6**:307, **6**:308, **6**:314, **6**:316, **6**:*326*, **13**:22, **13**:61, **13**:63, **13**:64, **13**:*79*, **25**:19, **25**:31, **25**:*88*
Morrison, G. C., **7**:304, **7**:*328*
Morrison, H., **19**:68, **19**:*125*, **19**:*127*
Morrison, H. A., **26**:72, **26**:*130*
Morrison, I. D., **32**:164, **32**:166, **32**:179, **32**:191, **32**:199, **32**:201, **32**:*213*
Morrison, J. D., **4**:42, **4**:*70*, **8**:176, **8**:180, **8**:181, **8**:201, **8**:*263*, **8**:*264*, **8**:*266*
Morrison, R., **21**:9, **21**:*34*
Morrison, R. C., **10**:76, **10**:82, **10**:112, **10**:*125*, **10**:*127*
Morrison, T. J., **14**:303, **14**:305, **14**:*339*
Morrocchi, S., **19**:63, **19**:65, **19**:*115*, **19**:*116*
Morrow, J. S., **13**:348, **13**:349, **13**:352, **13**:371, **13**:378, **13**:*411*, **13**:*413*
Morse, B. K., **2**:22, **2**:52, **2**:62, **2**:*91*
Morsi, S. E., **29**:132, **29**:*183*, **30**:121, **30**:*171*
Mort, J., **16**:229, **16**:*234*
Mortara, R. A., **17**:439, **17**:472, **17**:*483*, **17**:*485*, **22**:285, **22**:*302*
Morten, D. H., **14**:34, **14**:38, **14**:46, **14**:53, **14**:*62*, **14**:*65*, **21**:153, **21**:*192*, **28**:245, **28**:271, **28**:272, **28**:*287*, **32**:373, **32**:*379*
Mortensen, E. M., **3**:49, **3**:54, **3**:77, **3**:*88*, **13**:71, **13**:*81*
Mortenson, J., **28**:12, **28**:13, **28**:*43*
Mortimer, C. T., **8**:222, **8**:*266*, **9**:261, **9**:*277*, **13**:113, **13**:*151*, **18**:123, **18**:151, **18**:*181*, **23**:50, **23**:*61*
Mortimer, J., **22**:243, **22**:*305*

Mortimer, R. J., **31**:62, **31**:77, **31**:*81*, **31**:*84*
Mortland, M. M., **15**:140, **15**:*146*, **15**:*148*
Morton, A. A., **1**:178, **1**:181, **1**:*198*, **1**:*199*
Morton, B. J., **13**:309, **13**:311, **13**:314, **13**:318, **13**:*412*
Morton, C. J., **7**:27, **7**:*111*
Morton, J. R., **1**:322, **1**:323, **1**:325, **1**:326, **1**:330, **1**:331, **1**:346, **1**:353, **1**:*361*, **1**:*362*, **5**:53, **5**:58, **5**:64, **5**:*116*, **5**:*117*, **26**:238, **26**:*248*
Morton, M., **15**:179, **15**:207, **15**:*261*, **15**:*263*
Morton, M. J., **9**:21, **9**:*23*
Morton, R. A., **8**:340, **8**:341, **8**:*403*, **12**:191, **12**:214, **12**:*219*
Morton, R. E., **8**:9, **8**:*77*
Morton, T. H., **21**:210, **21**:222, **21**:*238*, **21**:*239*, **25**:57, **25**:60, **25**:*86*
Mosbach, E. H., **2**:34, **2**:*87*
Mosby, W. L., **25**:419, **25**:*444*
Moscowitz, A., **25**:17, **25**:*93*
Moseley, M. M., **25**:11, **25**:*96*
Moseley, P. G. N., **5**:336, **5**:*397*, **14**:*344*
Mosely, R. B., **14**:8, **14**:32, **14**:*67*
Moser, C., **4**:288, **4**:*301*
Mosher, F. H., **1**:93, **1**:*148*
Mosher, H. S., **6**:293, **6**:*330*, **18**:222, **18**:224, **18**:*235*, **18**:*236,* **32**:249, **32**:*264*
Mosher, M. W., **13**:113, **13**:*149*, **23**:308, **23**:*321*
Moshuk, G., **28**:24, **28**:27, **28**:32, **28**:*41*, **28**:*44*
Moskau, D., **23**:72, **23**:*159*, **29**:305, **29**:*328*
Moskowitz, J., **14**:222, **14**:*344*
Moss, E. T., **32**:240, **32**:*262*
Moss, H., **17**:50, **17**:*61*
Moss, K. C., **9**:17, **9**:*23*
Moss, R. A., **5**:356, **5**:393, **5**:394, **5**:*396*, **5**:*398*, **6**:274, **6**:*329*, **7**:154, **7**:171, **7**:177, **7**:182, **7**:183, **7**:196, **7**:198, **7**:199, **7**:200, **7**:*204*, **7**:*207*, **8**:375, **8**:*403*, **14**:112, **14**:113, **14**:114, **14**:115, **14**:116, **14**:*128*, **14**:*130*, **17**:356, **17**:*430*, **17**:450, **17**:454, **17**:455, **17**:457–62, **17**:*485*, **22**:259, **22**:260, **22**:263, **22**:268, **22**:269, **22**:277, **22**:278, **22**:285, **22**:286, **22**:287, **22**:292, **22**:*305*, **22**:*306*, **22**:*308*, **22**:312, **22**:315, **22**:326, **22**:349, **22**:*358*, **22**:*359*, **22**:*360*, **30**:15, **30**:20, **30**:*57*, **30**:*61*, **30**:182, **30**:214, **30**:*219*
Moss, R. E., **22**:140, **22**:186, **22**:187, **22**:*205*, **26**:326, **26**:328, **26**:330, **26**:*368*
Moss, S. J., **8**:23, **8**:*77*
Mosset, A., **26**:243, **26**:*247*
Mossoba, M. M., **31**:126, **31**:*139*
Mostad, A., **15**:98, **15**:*148*
Motabelli, S., **29**:17, **29**:67
Motallebi, S., **28**:210, **28**:227, **28**:240, **28**:242, **28**:247, **28**:249, **28**:267, **28**:268, **28**:269, **28**:271, **28**:272, **28**:273, **28**:278, **28**:280, **28**:282, **28**:284, **28**:285, **28**:*291,* **31**:231, **31**:233, **31**:*247*
Motes, J. M., **15**:41, **15**:*60*, **15**:*61*, **15**:228, **15**:231, **15**:*265*
Motevalli, M., **23**:47, **23**:*61*, **26**:313, **26**:314, **26**:316, **26**:*371*
Motokawa, K., **23**:190, **23**:206, **23**:*267*
Motoyama, T., **24**:94, **24**:*110*
Motsavage, V. A., **8**:320, **8**:321, **8**:328, **8**:*403*, **22**:217, **22**:237, **22**:254, **22**:*306*
Mottl, J., **4**:47, **4**:49, **4**:50, **4**:*71*
Mottley, C., **31**:95, **31**:127, **31**:*140*
Moubarski, B., **32**:109, **32**:*114*
Moulden, H. N., **4**:88, **4**:*144*
Moule, D. C., **18**:192, **18**:193, **18**:*236*
Moulik, P. S., **30**:111, **30**:*114*
Moulton, W. G., **6**:134, **6**:*181*
Mount, A., **32**:46, **32**:*113*
Mount, R. A., **8**:140, **8**:*147*
Mountain, A. E., **24**:75, **24**:104, **24**:*108*
Mousset, G., **31**:95, **31**:102, **31**:130, **31**:*137*, **31**:*138*
Moutet, J.-C., **20**:103, **20**:105, **20**:*184*, **20**:*186*
Mouvier, G., **28**:214, **28**:215, **28**:227, **28**:243, **28**:246, **28**:247, **28**:*289*
Movsumzade, M. M., **17**:332, **17**:333, **17**:*430*
Mowatt, A. C., **19**:64, **19**:*114*, **20**:211, **20**:*229*

Mowatt, A., **17**:69, **17**:*174*
Mower, H. F., **7**:7, **7**:13, **7**:15, **7**:*111*
Mowery, P., **15**:209, **15**:*265*
Mowery, P. C., **14**:146, **14**:147, **14**:*202*
Moy, V. T., **28**:70, **28**:76, **28**:89, **28**:*137*
Moye, A. J., **23**:274, **23**:275, **23**:*321*
Moyer, A. N., **11**:365, **11**:*392*
Moylan, C. R., **32**:158, **32**:159, **32**:173, **32**:181, **32**:186, **32**:204, **32**:206, **32**:*213*, **32**:*214*, **32**:*217*
Moynehan, T. M., **2**:183, **2**:*198*
Mozzanega, M. N., **19**:81, **19**:*124*
Mrowka, B., **3**:52, **3**:77, **3**:*84*, **3**:*88*
Msika, R., **28**:212, **28**:215, **28**:277, **28**:278, **28**:*288*
Mubarak, M. S., **26**:55, **26**:*124*
Mubaraka, M., **31**:277, **31**:382, **31**:*386*
Muccini, G. A., **8**:131, **8**:*147*
Muck, D. L., **12**:12, **12**:92, **12**:105, **12**:*124*
Mudryk, B., **23**:278, **23**:280, **23**:285, **23**:291, **23**:292, **23**:*318*, **23**:*321*, **26**:83, **26**:95, **26**:*129*
Mueller, C. R., **3**:52, **3**:53, **3**:68, **3**:*88*
Mueller, H., **3**:68, **3**:*88*
Mueller, M. E.., **26**:154, **26**:*175*
Mueller, P. H., **22**:314, **22**:316, **22**:*360*
Mueller, R. A., **23**:190, **23**:206, **23**:*267*
Mueller, W., **19**:54, **19**:*126*
Mueller, W. A., **5**:176, **5**:*232*, **14**:135, **14**:*196*
Mueller, W. H., **9**:215, **9**:230, **9**:231, **9**:*277*, **17**:87, **17**:111, **17**:173, **17**:*179*
Muenster, L. J., **3**:151, **3**:*186*
Muetterties, E. L., **3**:228, **3**:*267*, **6**:255, **6**:315, **6**:*329*, **9**:27(18a, b), **9**:27(22,23), **9**:28(18a, b), **9**:40(78), **9**:42(78), **9**:44(78), **9**:82(18a, b), 86(18a, b), **9**:*122*, **9**:*124*, **17**:125, **17**:*179*, **25**:122, **25**:123, **25**:135, **25**:136, **25**:196, **25**:*262*
Mugnoli, A., **13**:*79*
Muhlstadt, M., **5**:22, **5**:*52*
Muhr, G., **16**:15, **16**:*49*
Mui, J. Y.-P., **7**:155, **7**:184, **7**:186, **7**:192, **7**:*208*, **14**:113, **14**:*131*
Muir, D. M., **14**:16, **14**:*62*
Muir, K. W., **22**:129, **22**:*206*, **22**:*210*
Muir, R. J., **32**:307, **32**:*379*
Muir, W. R., **23**:22, **23**:24, **23**:34, **23**:*61*
Muirhead, H., **11**:64, **11**:*121*, **21**:3, **21**:*34*
Muirhead, J. S., **1**:407, **1**:*427*
Mukai, K., **17**:288, **17**:307, **17**:*427*, **26**:227, **26**:237, **26**:240, **26**:*246*, **26**:*249*, **26**:*250*
Mukai, T., **6**:216, **6**:220, **6**:*329*, **6**:*331*, **10**:*152*, **19**:31, **19**:76, **19**:*125*, **20**:116, **20**:*186*
Mukamel, D., **16**:216, **16**:*233*
Mukerjee, L. N., **8**:377, **8**:*401*
Mukerjee, P., **8**:272, **8**:274, **8**:275, **8**:279, **8**:281, **8**:292, **8**:296, **8**:361, **8**:388, **8**:389, **8**:*403*, **8**:*404*, **22**:215, **22**:219, **22**:220, **22**:221, **22**:251, **22**:*306*, **22**:*307*
Mukherjee, L. M., **27**:284, **27**:*290*
Mukherjee, R., **25**:76, **25**:*94*
Mukherjee, S., **9**:165, **9**:*180*, **22**:270, **22**:*304*
Mulcahy, M. F. R., **5**:69, **5**:*117*
Mulder, B. J., **16**:168, **16**:*234*
Mulder, J. J. C., **11**:232, **11**:*265*
Mulder, R. J., **7**:201, **7**:*209*
Mulders, J., **15**:47, **15**:*59*, **18**:6, **18**:7, **18**:64, **18**:66, **18**:*74*, **27**:176, **27**:*236*
Mulholland, D. L., **29**:282, **29**:*325*, **30**:98, **30**:105, **30**:*112*
Muljiani, Z., **13**:196, **13**:219, **13**:*268*
Mullan, L. F., **17**:118, **17**:153, **17**:*178*
Mullane, M., **24**:180, **24**:182, **24**:183, **24**:*201*
Müllen, K., **28**:1, **28**:2, **28**:4, **28**:8, **28**:9, **28**:10, **28**:11, **28**:12, **28**:13, **28**:14, **28**:15, **28**:16, **28**:17, **28**:21, **28**:22, **28**:24, **28**:25, **28**:26, **28**:27, **28**:29, **28**:30, **28**:32, **28**:36, **28**:38, **28**:39, **28**:40, **28**:*40*, **28**:*41*, **28**:*42*, **28**:*43*, **28**:*44*, **29**:294, **29**:298, **29**:299, **29**:301, **29**:305, **29**:306, **29**:317, **29**:*326*, **29**:*327*, **29**:*328*, **29**:*329*, **29**:*330*
Mullen, R. T., **2**:269, **2**:*275*
Müller, A., **5**:92, **5**:*118*, **16**:255, **16**:*263*
Muller, B., **3**:216, **3**:*267*
Müller, B., **28**:40, **28**:*41*
Müller, E., **5**:53, **5**:66, **5**:89, **5**:*117*, **5**:351, **5**:*398*, **7**:176, **7**:*207*, **29**:170, **29**:178, **29**:*182*
Muller, E. P., **25**:206, **25**:*263*

Müller, E. W., **3**:26, **3**:*83*
Müller, G., **9**:166, **9**:*180*
Müller, H., **25**:269, **25**:270, **25**:*444*
Muller, J., **32**:167, **32**:193, **32**:*209*
Muller, J. A., **6**:301, **6**:*329*
Müller, J.-A., **24**:156, **24**:157, **24**:*203*
Müller, K., **10**:76, **10**:82, **10**:105, **10**:106, **10**:*127*, **10**:167, **10**:*220*, **29**:94, **29**:*182*
Müller, K. H., **18**:36, **18**:*75*
Müller, M., **30**:75, **30**:76, **30**:78, **30**:84, **30**:86, **30**:*114*
Muller, M. H., **27**:251, **27**:*291*
Muller, N., **3**:243, **3**:*268*, **4**:95, **4**:103, **4**:123, **4**:*145*, **4**:290, **4**:291, **4**:*303*, **4**:305, **4**:*346*, **8**:275, **8**:282, **8**:287, **8**:288, **8**:*403*, **13**:391, **13**:*412*, **22**:220, **22**:*306*
Müller, P., **24**:71, **24**:*110*
Müller, R., **1**:236, **1**:*280*
Muller, R. J., **18**:28, **18**:30, **18**:*71*, **18**:*76*
Müller, S., **13**:206, **13**:*272*
Müller, U., **28**:8, **28**:13, **28**:15, **28**:16, **28**:38, **28**:*40*
Müller, W., **30**:26, **30**:27, **30**:*60*
Muller, W., **26**:191, **26**:*251*
Müller-Hagen, G., **28**:214, **28**:227, **28**:*287*
Müller-Warmuth, W., **25**:64, **25**:*90*
Mulley, B. A., **1**:249, **1**:*275*, **8**:272, **8**:280, **8**:281, **8**:*403*
Mullholland, D. L., **17**:371, **17**:*430*
Mulliez, M., **25**:152, **25**:160, **25**:193, **25**:*259*, **25**:*262*
Mulliken, J. W., **28**:62, **28**:*137*
Mulliken, R. S., **1**:259, **1**:*278*, **1**:349, **1**:371, **1**:383, **1**:385, **1**:386, **1**:387, **1**:393, **1**:395, **1**:399, **1**:400, **1**:401, **1**:402, **1**:413, **1**:414, **1**:415, **1**:*421*, **1**:*422*, **1**:*423*, **4**:35, **4**:46, **4**:49, **4**:*70*, **4**:95, **4**:103, **4**:117, **4**:123, **4**:139, **4**:*145*, **4**:290, **4**:291, **4**:*303*, **4**:305, **4**:*346*, **7**:214, **7**:*257*, **13**:175, **13**:176, **13**:*274*, **21**:102, **21**:107, **21**:110, **21**:123, **21**:*194*, **29**:186, **29**:188, **29**:192, **29**:206, **29**:215, **29**:225, **29**:228, **29**:*270*, **31**:198, **31**:*246*, **32**:143, **32**:*214*
Mulliken, S. B., **12**:57, **12**:*126*
Mullikin, J. A., **7**:96, **7**:*109*
Mullin, A. S., **27**:149, **27**:194, **27**:207, **27**:210, **27**:*234*
Mullins, C. B., **9**:161, **9**:*177*
Mullins, F. D., **16**:189, **16**:*235*
Mullins, M. J., **18**:127, **18**:*178*
Mulvey, D., **17**:55, **17**:*62*
Mulvey, R. S., **26**:357, **26**:*371*
Mumford, C., **18**:189, **18**:191, **18**:199, **18**:200, **18**:*236*
Mumford, S. A., **3**:11, **3**:*88*
Munch, J. H., **7**:202, **7**:*209*
Münger, K., **26**:170, **26**:*177*
Munjal, R., **22**:338, **22**:*359*
Munjal, R. C., **22**:349, **22**:*360*, **30**:182, **30**:214, **30**:*219*
Munn, R. J., **3**:72, **3**:*83*, **13**:116, **13**:*149*
Munn, R. W., **16**:170, **16**:*234*, **32**:123, **32**:*214*
Muñoz, A., **25**:125, **25**:126, **25**:143, **25**:187, **25**:188, **25**:193, **25**:*258*, **25**:*259*, **25**:*262*, **25**:*264*, **26**:147, **26**:*178*
Munro, I. H., **12**:143, **12**:*216*
Munson, B., **13**:136, **13**:*151*
Munson, M. S. B., **8**:110, **8**:112, **8**:119, **8**:125, **8**:126, **8**:131, **8**:138, **8**:144, **8**:*147*, **8**:*148*
Munstedt, H., **28**:4, **28**:*41*
Muntz, M., **1**:412, **1**:*422*
Murabayashi, S., **17**:19, **17**:39, **17**:40, **17**:41, **17**:*62*, **17**:*63*
Murad, E., **8**:242, **8**:*266*
Murahashi, S.-I., **7**:162, **7**:165, **7**:166, **7**:167, **7**:169, **7**:187, **7**:196, **7**:*205*, **7**:*207*, **19**:362, **19**:*371*, **22**:321, **22**:323, **22**:351, **22**:*359*, **22**:*360*, **26**:209, **26**:*250*
Murahashi, S., **17**:340, **17**:*433*
Murai, H., **26**:237, **26**:*250*
Murai, K., **21**:154, **21**:*194*
Murakami, K., **23**:190, **23**:206, **23**:*267*, **29**:5, **29**:*67*
Murakami, S., **14**:290, **14**:307, **14**:*348*, **17**:36, **17**:38, **17**:*61*
Murakami, Y., **17**:447, **17**:*485*, **22**:263, **22**:278, **22**:285, **22**:287, **22**:*306*, **22**:*308*, **30**:65, **30**:*114*
Murakawa, M., **19**:34, **19**:*125*, **19**:157, **19**:*220*
Muranishi, S., **23**:227, **23**:*270*

Muraoka, K., **24**:70, **24**:*108*
Muraour, H., **7**:234, **7**:*257*
Murata, A., **22**:229, **22**:230, **22**:295, **22**:*303*, **32**:269, **32**:274, **32**:276, **32**:277, **32**:279, **32**:295, **32**:304, **32**:307, **32**:308, **32**:309, **32**:374, **32**:*380*, **32**:*381*, **32**:*383*
Murata, H., **25**:29, **25**:31, **25**:40, **25**:48, **25**:52, **25**:*90*, **25**:*91*, **25**:*92*, **25**:*93*, **25**:*95*
Murata, I., **26**:229, **26**:*253*, **29**:294, **29**:315, **29**:*328*, **30**:182, **30**:*220*
Murata, K., **26**:225, **26**:*250*
Murata, M., **17**:449, **17**:*482*
Murata, S., **26**:193, **26**:197, **26**:219, **26**:220, **26**:221, **26**:225, **26**:232, **26**:237, **26**:*248*, **26**:*251*, **29**:5, **29**:*65*
Murata, T., **20**:223, **20**:*231*
Murata, Y., **12**:77, **12**:79, **12**:*125*, **12**:*127*, **13**:164, **13**:169, **13**:195, **13**:217, **13**:229, **13**:234, **13**:*274*, **13**:*276*, **15**:113, **15**:*146*, **19**:173, **19**:*220*, **19**:*221*, **20**:71, **20**:72, **20**:73, **20**:80, **20**:*186*, **20**:*188*, **30**:182, **30**:*219*, **30**:*220*
Murawski, J., **3**:101, **3**:*122*
Murayama, N., **16**:259, **16**:*262*
Murdoch, J., **24**:59, **24**:*110*
Murdoch, J. R., **14**:94, **14**:*130*, **14**:158, **14**:*200*, **15**:154, **15**:174, **15**:191, **15**:192, **15**:*263*, **15**:*265*, **21**:151, **21**:178, **21**:181, **21**:184, **21**:185, **21**:*194*, **22**:121, **22**:*211*, **27**:63, **27**:*116*, **27**:124, **27**:229, **27**:231, **27**:*237*
Mureinik, R. J., **23**:33, **23**:*61*
Murikama, A., **31**:134, **31**:135, **31**:*139*
Murmann, K., **26**:260, **26**:*376*
Muro, N., **30**:121, **30**:135, **30**:*170*
Murov, S., **19**:56, **19**:*124*
Murphy, A. M., **17**:66, **17**:*180*
Murphy, B. P., **30**:68, **30**:*113*
Murphy, C. J., **1**:64, **1**:*152*
Murphy, D., **20**:124, **20**:*183*, **20**:*184*
Murphy, G. W., **3**:95, **3**:96, **3**:100, **3**:*121*
Murphy, M., **32**:71, **32**:*120*
Murphy, M. K., **24**:36, **24**:*54*
Murphy, W. F., **25**:31, **25**:32, **25**:*87*, **25**:*96*
Murphy, W. J., **13**:167, **13**:257, **13**:*267*
Murr, B. L., **5**:133, **5**:*171*, **9**:*279*, **11**:190, **11**:191, **11**:*223*, **19**:253, **19**:*378*, **31**:146, **31**:*246*, **32**:284, **32**:*384*
Murray, C., **29**:300, **29**:321, **29**:*326*
Murray, C. J., **27**:130, **27**:135, **27**:136, **27**:149, **27**:187, **27**:207, **27**:210, **27**:*234*, **27**:*237*, **31**:228, **31**:*243*
Murray, H. H., **23**:85, **23**:*161*
Murray, K., **32**:109, **32**:*114*
Murray, K. J., **6**:249, **6**:*324*
Murray, K. K., **22**:314, **22**:*359*, **24**:36, **24**:*54*
Murray, M., **24**:190, **24**:*203*
Murray, M. A., **13**:95, **13**:127, **13**:*152*
Murray, R. K., Jr., **19**:275, **19**:278, **19**:*375*, **19**:*376*
Murray, R. W., **5**:62, **5**:*117*, **5**:*118*, **7**:162, **7**:164, **7**:166, **7**:167, **7**:*207*, **7**:*209*, **15**:128, **15**:*148*, **17**:77–9, **17**:*178*, **17**:*179*, **19**:76, **19**:*129*, **22**:321, **22**:341, **22**:349, **22**:*360*, **22**:*361*, **26**:185, **26**:193, **26**:210, **26**:*252*, **28**:2, **28**:*43*
Murray-Rust, J., **22**:190, **22**:*207*, **24**:80, **24**:*110*, **30**:69, **30**:*113*
Murray-Rust, P., **22**:190, **22**:*207*, **24**:80, **24**:*110*, **25**:14, **25**:*94*, **26**:306, **26**:*376*, **29**:97, **29**:110, **29**:120, **29**:122, **29**:*180*, **29**:*182*, **30**:69, **30**:*113*
Murrell, J. N., **1**:413, **1**:*421*, **6**:198, **6**:199, **6**:*329*, **9**:157, **9**:*180*, **10**:69, **10**:*127*, **11**:166, **11**:*174*, **12**:189, **12**:205, **12**:*219*, **13**:213, **13**:*270*, **16**:62, **16**:*85*, **25**:405, **25**:409, **25**:410, **25**:*444*, **26**:268, **26**:*370*
Murrill, E., **14**:86, **14**:88, **14**:*130*
Murtazaeva, G. A., **17**:443, **17**:*486*
Murthy, A. S. N., **14**:221, **14**:*343*
Murto, J., **5**:211, **5**:*234*, **7**:216, **7**:247, **7**:*257*, **14**:39, **14**:*65*, **14**:*348*, **27**:266, **27**:267, **27**:268, **27**:273, **27**:281, **27**:*290*
Murto, M., **14**:331, **14**:332, **14**:333, **14**:*351*
Murto, M. J., **14**:163, **14**:167, **14**:*202*
Murty, B. V. R., **1**:247, **1**:*278*
Murty, T. S. S. R., **13**:86, **13**:91, **13**:100, **13**:132, **13**:*148*
Musgrave, B., **2**:221, **2**:222, **2**:223, **2**:224,

2:225, **2**:226, **2**:228, **2**:229, **2**:230, **2**:232, **2**:233, **2**:237, **2**:238, **2**:241, **2**:*274*
Musher, J. I., **9**:59(91), **9**:68(91), **9**:*125*
Musher, J. L., **11**:128, **11**:129, **11**:137, **11**:142, **11**:*174*
Musker, W. K., **20**:56, **20**:*186*, **29**:224, **29**:*270*
Musser, A. K., **19**:109, **19**:*129*
Musser, M. T., **23**:280, **23**:*318*, **26**:72, **26**:*126*
Musso, H., **22**:133, **22**:*208*, **25**:23, **25**:*94*, **29**:302, **29**:*324*
Mustacich, R. V., **32**:123, **32**:129, **32**:158, **32**:*210*
Mustafa, A., **15**:68, **15**:*148*
Mustanir, **32**:346, **32**:347, **32**:350, **32**:352, **32**:354, **32**:355, **32**:356, **32**:357, **32**:*383*
Musumara, G., **27**:81, **27**:*113*
Musumarra, G., **29**:166, **29**:*181*, **32**:373, **32**:*382*
Muszka, K. A., **13**:59, **13**:*78*, **19**:157, **19**:*219*
Muszynska, G., **11**:80, **11**:*121*
Mutai, K., **19**:65, **19**:*124*, **26**:193, **26**:217, **26**:*252*
Muthard, J. L., **29**:295, **29**:310, **29**:311, **29**:*325*, **29**:*328*
Muthuramu, K., **22**:294, **22**:*306*
Muto, Y., **19**:49, **19**:*124*
Mutter, M., **22**:71, **22**:74, **22**:*108*, **22**:*109*, **22**:*110*
Muxart, R., **2**:*277*
Myatt, J., **5**:70, **5**:73, **5**:77, **5**:78, **5**:87, **5**:*114*, **5**:*115*
Myer, J. A., **12**:212, **12**:*220*
Myer, R. J., **25**:48, **25**:*91*
Myers, L. S., Jr., **12**:283, **12**:*297*
Myers, M. T., **26**:285, **26**:*374*
Myers, O. E., **3**:227, **3**:*268*
Myers, R. J., **2**:126, **2**:*159*, **5**:66, **5**:*116*
Myers, R. L., **19**:155, **19**:*220*
Myers, W. L., **15**:255, **15**:*262*
Myher, J. J., **21**:198, **21**:*238*
Myhre, P. C., **2**:172, **2**:174, **2**:178, **2**:*198*, **2**:*199*, **16**:23, **16**:42, **16**:*48*, **19**:236, **19**:248, **19**:*375*, **20**:162, **20**:163, **20**:*181*, **23**:125, **23**:126, **23**:129, **23**:132, **23**:148, **23**:*160*, **23**:*163*, **24**:91, **24**:*110*, **29**:258, **29**:*270*, **30**:176, **30**:178, **30**:*219*, **30**:*221*
Myles, D., **13**:255, **13**:*278*
Myl'nikov, V. S., **16**:226, **16**:*234*
Mylonakis, S., **6**:97, **6**:*100*
Mylonakis, S. G., **10**:96, **10**:*128*, **14**:87, **14**:95, **14**:*130*
Mysels, K. J., **8**:278, **8**:279, **8**:281, **8**:292, **8**:395, **8**:*403*, **8**:*405*, **8**:*406*, **22**:215, **22**:219, **22**:*306*
Mystrom, R. S., **13**:311, **13**:315, **13**:*413*

N

Naar-Colin, C., **3**:77, **3**:*81*, **3**:188, **3**:*266*
Naarmann, H., **28**:4, **28**:13, **28**:15, **28**:*40*, **28**:*41*
Nabholtz, F., **16**:4, **16**:*49*
Nace, H. R., **3**:101, **3**:*122*
Nachbar, R. B., **25**:30, **25**:37, **25**:40, **25**:41, **25**:*86*, **25**:*93*, **29**:101, **29**:*182*
Nachmansohn, D., **21**:14, **21**:*31*, **21**:*34*, **21**:*35*
Nachod, F. C., **1**:30, **1**:*33*, **1**:212, **1**:*275*, **1**:*279*, **7**:297, **7**:*328*
Nachtkamp, K., **29**:298, **29**:299, **29**:*326*, **29**:*330*
Nada, A. A., **20**:229, **20**:*233*
Nadas, J. A., **14**:43, **14**:*63*, **27**:266, **27**:267, **27**:*289*
Nadeau, Y., **24**:114, **24**:116, **24**:118, **24**:163, **24**:*200*, **24**:*204*
Nadir, U. K., **17**:70, **17**:*176*
Nadis, J. A., **17**:307, **17**:*426*
Nadjo, L., **12**:82, **12**:*123*, **13**:201, **13**:*266*, **13**:*276*, **19**:163, **19**:169, **19**:170, **19**:195, **19**:196, **19**:197, **19**:198, **19**:201, **19**:202, **19**:209, **19**:210, **19**:*217*, **19**:*219*, **19**:*220*, **26**:16, **26**:24, **26**:28, **26**:29, **26**:38, **26**:58, **26**:59, **26**:111, **26**:*125*, **26**:*128*, **32**:42, **32**:77, **32**:*119*
Nadler, E. B., **26**:317, **26**:*376*
Nadler, W., **26**:20, **26**:*128*
Nadvi, N. S., **28**:172, **28**:*205*, **31**:234, **31**:*246*
Nae, N., **17**:286, **17**:307, **17**:308, **17**:320, **17**:*432*
Naegele, D., **28**:4, **28**:*41*
Naegele, W., **9**:194, **9**:196, **9**:220, **9**:221,

9:*275*
Naga, N., **17**:100, **17**:*178*
Nagabhushan, T. L., **13**:331, **13**:*411*
Nagabhushanam, M., **9**:109(121), **9**:114(121), **9**:*125*
Nagae, K., **20**:170, **20**:*188*
Nagai, M., **17**:439, **17**:*485*, **30**:182, **30**:202, **30**:204, **30**:205, **30**:206, **30**:208, **30**:209, **30**:210, **30**:*220*
Nagai, S., **13**:212, **13**:*274*, **17**:50, **17**:*62*
Nagai, T., **7**:196, **7**:*205*, **17**:421, **17**:422, **17**:*432*, **20**:112, **20**:114, **20**:*187*
Nagaki, M., **28**:118, **28**:*136*
Nagakub, K., **30**:134, **30**:*171*
Nagakura, S., **1**:410, **1**:*421*, **10**:69, **10**:*125*, **11**:337, **11**:356, **11**:357, **11**:368, **11**:*387*, **11**:*392*, **13**:193, **13**:*275*, **18**:147, **18**:152, **18**:*181*, **19**:24, **19**:51, **19**:52, **19**:*120*, **19**:*121*, **20**:31, **20**:*53*, **20**:156, **20**:*186*, **21**:102, **21**:123, **21**:*194*, **29**:228, **29**:237, **29**:*270*, **29**:*272*, **32**:247, **32**:*264*
Nagamatsu, S., **22**:284, **22**:*308*
Nagamura, T., **17**:439, **17**:*485*, **19**:100, **19**:*128*
Nagaoka, S., **32**:229, **32**:235, **32**:*264*
Nagaosa, Y., **32**:109, **32**:*114*
Nagarajan, R., **23**:166, **23**:190, **23**:*263*, **23**:*265*, **23**:*267*
Nagaranjan, M. K., **28**:117, **28**:*137*
Nagase, S., **12**:2, **12**:56, **12**:*125*, **24**:68, **24**:74, **24**:*110*, **30**:50, **30**:*59*
Nagashima, T., **19**:79, **19**:*114*
Nagashima, U., **32**:229, **32**:247, **32**:*263*, **32**:*264*
Nagata, C., **4**:90, **4**:101, **4**:103, **4**:107, **4**:108, **4**:109, **4**:111, **4**:112, **4**:114, **4**:*144*, **30**:133, **30**:*169*
Nagata, W., **23**:206, **23**:*267*
Nagaura, S., **12**:57, **12**:*123*
Naghizadeh, J. N., **1**:89, **1**:*150*, **5**:182, **5**:*233*, **14**:60, **14**:*62*
Nagle, J. K., **18**:131, **18**:137, **18**:138, **18**:*176*, **18**:*181*, **19**:10, **19**:11, **19**:12, **19**:93, **19**:*115*, **19**:*127*
Nagorski, R. W., **31**:231, **31**:232, **31**:233, **31**:*246*, **31**:*247*
Nagpurkar, A. G., **24**:147, **24**:*201*
Nagren, K., **31**:181, **31**:*245*
Nagy, F., **10**:191, **10**:196, **10**:*223*
Nagy, J. B., **22**:281, **22**:*305*
Nagy, O. B., **11**:342, **11**:*385*
Nahabedian, K. V., **1**:52, **1**:61, **1**:74, **1**:75, **1**:79, **1**:*152*, **4**:14, **4**:*28*, **7**:297, **7**:*330*
Nahas, R. C., **17**:450, **17**:451, **17**:454, **17**:455, **17**:457–60, **17**:*485*, **22**:259, **22**:263, **22**:286, **22**:*306*
Náhlovská, B. D., **29**:305, **29**:*326*
Náhlovská, Z., **29**:305, **29**:*326*
Nahringbauer, I., **26**:267, **26**:*374*
Naiman, M., **2**:149, **2**:150, **2**:*162*
Nair, P. M., **2**:141, **2**:*161*, **3**:247, **3**:*268*
Nair, R. M. G., **7**:155, **7**:*207*
Naito, I., **20**:224, **20**:*232*
Naito, T., **32**:251, **32**:*263*
Najam, A. A., **17**:126, **17**:*179*
Najbar, J., **20**:217, **20**:*231*
Nakabayashi, T., **17**:423, **17**:*430*
Nakada, I., **16**:173, **16**:*234*
Nakadaira, Y., **29**:310, **29**:*329*
Nakadate, M., **7**:238, **7**:*256*
Nakagaki, R., **32**:247, **32**:*264*
Nakagava, H., **25**:42, **25**:*96*
Nakagawa, F., **20**:28, **20**:*52*
Nakagawa, I., **25**:54, **25**:*93*
Nakagawa, N., **25**:43, **25**:*89*
Nakagawa, T., **8**:272, **8**:275, **8**:279, **8**:280, **8**:282, **8**:287, **8**:292, **8**:296, **8**:*403*, **8**:*405*, **14**:252, **14**:*348*
Nakagawa, Y., **32**:80, **32**:*117*
Nakahama, S., **17**:314, **17**:315, **17**:360, **17**:*427*
Nakaido, S., **10**:119, **10**:*123*
Nakajima, D., **19**:96, **19**:*121*
Nakajima, I., **30**:183, **30**:184, **30**:197, **30**:216, **30**:*219*
Nakajima, K., **32**:204, **32**:206, **32**:*214*
Nakajima, N., **8**:282, **8**:283, **8**:303, **8**:304, **8**:307, **8**:308, **8**:*403*
Nakajima, T., **4**:60, **4**:*70*, **14**:252, **14**:*348*, **23**:136, **23**:*160*
Nakajima, Y., **17**:329, **17**:*430*
Nakajo, H., **19**:85, **19**:*123*
Nakamaru, K., **12**:144, **12**:*219*, **13**:216, **13**:*274*
Nakamoto, K., **6**:254, **6**:294, **6**:*325*, **6**:*329*, **26**:258, **26**:316, **26**:*376*, **32**:297, **32**:298, **32**:299, **32**:300,

32:*381*
Nakamura, C., **21**:151, **21**:181, **21**:*193*, **23**:254, **23**:*266*, **27**:21, **27**:*54*, **27**:130, **27**:185, **27**:186, **27**:*236*
Nakamura, F., **30**:140, **30**:148, **30**:*169*
Nakamura, H., **18**:207, **18**:*236*, **19**:7, **19**:81, **19**:*124*, **19**:*125*, **31**:262, **31**:300, **31**:*391*, **32**:347, **32**:*383*
Nakamura, J., **19**:24, **19**:*120,* **32**:247, **32**:*264*
Nakamura, K., **6**:168, **6**:*180*, **11**:34, **11**:36, **11**:*117*, **20**:223, **20**:*231*, **21**:18, **21**:*34*, **27**:48, **27**:*52,* **32**:204, **32**:206, **32**:*214*
Nakamura, M., **19**:43, **19**:*127*, **25**:29, **25**:73, **25**:*93*
Nakamura, N., **25**:73, **25**:74, **25**:*93*
Nakamura, S., **21**:45, **21**:*97*
Nakamura, Y., **19**:105, **19**:*125*
Nakane, R., **4**:308, **4**:*346*
Nakanishi, E., **29**:31, **29**:*66*
Nakanishi, F., **15**:74, **15**:100, **15**:*146*, **15**:*147*, **30**:130, **30**:138, **30**:*170*
Nakanishi, H., **15**:74, **15**:94, **15**:100, **15**:*146*, **15**:*147*, **15**:*148*, **16**:244, **16**:*263*, **25**:29, **25**:*93*, **29**:132, **29**:*181*, **29**:*182*, **30**:119, **30**:120, **30**:121, **30**:122, **30**:125, **30**:127, **30**:130, **30**:131, **30**:138, **30**:151, **30**:155, **30**:162, **30**:164, **30**:166, **30**:*169*, **30**:*170*, **30**:*171*
Nakanishi, K., **14**:*348*, **25**:16, **25**:*90*, **25**:*96*
Nakano, A., **16**:253, **16**:*263*, **22**:263, **22**:285, **22**:287, **22**:*306*
Nakano, M., **7**:191, **7**:*207*
Nakano, O., **23**:215, **23**:*270*
Nakaoka, K., **18**:68, **18**:*73*
Nakasawa, Y., **11**:*121*
Nakashima, E., **23**:249, **23**:*269*
Nakashima, K., **30**:98, **30**:*114,* **32**:287, **32**:*381*
Nakashima, N., **17**:473, **17**:474, **17**:477, **17**:478, **17**:*484–6*, **19**:14, **19**:30, **19**:34, **19**:51, **19**:*124*, **19**:*125*, **19**:157, **19**:*220*
Nakashima, T., **19**:302, **19**:303, **19**:*374*, **22**:134, **22**:137, **22**:142, **22**:*207*, **31**:382, **31**:*389*
Nakasone, A., **19**:68, **19**:74, **19**:*122*, **19**:*123*, **19**:*126*, **23**:312, **23**:*319*, **23**:*320*
Nakasuji, K., **26**:229, **26**:*253*, **29**:294, **29**:315, **29**:*328*
Nakata, F., **17**:355, **17**:356, **17**:*431*
Nakata, H., **8**:170, **8**:194, **8**:251, **8**:*266*
Nakata, K., **32**:274, **32**:279, **32**:280, **32**:284, **32**:286, **32**:287, **32**:289, **32**:345, **32**:347, **32**:359, **32**:360, **32**:363, **32**:364, **32**:*381*, **32**:*383*
Nakata, Y., **17**:443, **17**:*487*, **19**:49, **19**:*124*
Nakatani, K., **26**:243, **26**:*249*, **26**:*250*
Nakatani, T., **31**:382, **31**:*389*
Nakatsuji, S., **30**:98, **30**:*114*
Nakatsuji, Y., **30**:78, **30**:*114*
Nakatsuka, M., **29**:107, **29**:*182*
Nakatsuka, N., **29**:287, **29**:*328*
Nakatuska, T., **23**:277, **23**:*320*
Nakaya, T., **13**:173, **13**:*268*
Nakayama, G. R., **31**:274, **31**:275, **31**:382, **31**:385, **31**:*389*, **31**:*390*
Nakayama, H., **14**:292, **14**:293, **14**:*348*, **31**:382, **31**:*389*
Nakayama, J., **10**:119, **10**:*125*
Nakayama, M., **20**:217, **20**:*231*
Nakayama, S., **13**:213, **13**:*277*
Nakayama, T., **4**:47, **4**:49, **4**:50, **4**:*71*
Nakazawa, T., **6**:216, **6**:*329*, **30**:182, **30**:*220*
Nalley, E. A., **24**:182, **24**:*201*
Nalwa, H. S., **32**:123, **32**:168, **32**:200, **32**:204, **32**:206, **32**:*214*
Nam, K. C., **30**:101, **30**:*113*
Namansworth, E., **19**:264, **19**:*375*
Namanworth, **9**:18, **9**:20, **9**:*24*
Namanworth, E., **6**:266, **6**:282, **6**:*329*, **8**:111, **8**:*148*
Namba, H., **9**:138, **9**:*182*
Nambiar, K. P., **24**:135, **24**:136, **24**:137, **24**:138, **24**:*199*, **24**:*203*, **24**:*204*
Namboothiri, I. N. N., **32**:179, **32**:*216*
Nambu, N., **17**:421, **17**:422, **17**:*432*
Nametkin, N. S., **30**:52, **30**:*57*
Namiki, S., **30**:130, **30**:*170*
Namimoto, H., **26**:210, **26**:229, **26**:230, **26**:*253*
Namur, V. A., **25**:41, **25**:*93*
Nan, M., **19**:94, **19**:*114*
Nanda, D. N., **18**:33, **18**:*75*

Nandi, U. S., **9**:137, **9**:*178*
Nangia, P. S., **4**:150, **4**:172, **4**:*191*
Nango, M., **22**:278, **22**:287, **22**:*304*, **29**:31, **29**:*66*
Naoi, Y., **17**:443, **17**:*487*
Napier, J. J., **17**:10, **17**:*61*
Napoleone, V., **19**:414, **19**:415, **19**:*427*
Napoletano, C., **26**:220, **26**:*247*
Napper, A. D., **31**:279, **31**:300, **31**:301, **31**:382, **31**:384, **31**:*385*, **31**:*389*
Narain, N. K., **19**:105, **19**:*123*
Narang, S. C., **19**:405, **19**:*425*, **29**:241, **29**:242, **29**:256, **29**:257, **29**:262, **29**:*270*
Narayanan, C. R., **11**:56, **11**:*120*
Nardi, N., **30**:68, **30**:70, **30**:*112*
Nared, K. D., **29**:58, **29**:59, **29**:*66*, **31**:270, **31**:272, **31**:287, **31**:383, **31**:384, **31**:*387*
Narisada, M., **23**:206, **23**:207, **23**:*267*
Narten, A. H., **14**:230, **14**:*348*
Nash, C. P., **23**:194, **23**:*262*
Nash, E. G., **18**:230, **18**:*238*
Nash, M. J., **10**:142, **10**:*152*
Nasielski, J., **4**:2, **4**:10, **4**:*28*, **12**:159, **12**:170, **12**:171, **12**:172, **12**:177, **12**:203, **12**:204, **12**:*220*, **20**:219, **20**:221, **20**:*231*, **20**:*232*
Nasielski-Hinkens, R., **20**:219, **20**:221, **20**:*231*, **20**:*232*
Nasillski, J., **9**:50(87a), **9**:*124*, **9**:*126*
Nasimbeni, L., **29**:118, **29**:*179*
Nasipur, D., **24**:70, **24**:84, **24**:*110*
Naslund, L. A., **18**:28, **18**:30, **18**:*71*, **18**:*76*
Naso, F., **7**:11, **7**:43, **7**:47, **7**:64, **7**:88, **7**:89, **7**:*111*, **9**:249, **9**:*277*, **17**:344, **17**:352, **17**:*426*, **17**:*430*
Nasr, M. M., **31**:179, **31**:180, **31**:*245*
Nasu, K., **26**:211, **26**:*250*
Natalis, P., **8**:191, **8**:194, **8**:*267*
Nath, R. L., **11**:97, **11**:*121*
Nathan, W. S., **1**:105, **1**:120, **1**:*152*
Nations, R. G., **2**:10, **2**:*88*
Natsubori, A., **4**:308, **4**:*346*
Natta, G., **15**:251, **15**:*263*
Natterer, M., **4**:20, **4**:*28*
Naulet, N., **10**:114, **10**:*127*
Nauman, R. W., **27**:249, **27**:*290*
Naumann, K., **9**:27(48a, b, c), **9**:29(48a, b, c), **9**:*123*, **25**:154, **25**:*258*
Nauta, W. T., **30**:184, **30**:*219*
Nauta, W. Th., **5**:65, **5**:*115*
Nava, A., **13**:47, **13**:49, **13**:50, **13**:*79*
Navaroli, M. C., **19**:404, **19**:*427*
Navaza, J., **31**:311, **31**:*387*
Nave, P. M., **9**:144, **9**:*180*
Navech, J., **25**:187, **25**:188, **25**:*264*
Nayak, A., **17**:417, **17**:*426*
Nayak, B., **11**:332, **11**:*384*, **24**:167, **24**:*200*
Nayak, P. L., **18**:33, **18**:*75*
Nayler, J. H. C., **23**:198, **23**:261, **23**:*263*, **23**:*264*
Naylor, R. A., **27**:48, **27**:*55*
Nazaretian, K. L., **25**:107, **25**:*261*, **27**:31, **27**:*54*, **27**:130, **27**:187, **27**:*236*
Nazran, A. S., **22**:312, **22**:321, **22**:323, **22**:327, **22**:333, **22**:341, **22**:342, **22**:344, **22**:349, **22**:350, **22**:*358*, **22**:*360*
Nazy, J. R., **7**:98, **7**:*111*, **9**:193, **9**:*276*
Nazzal, A., **26**:224, **26**:232, **26**:*248*, **26**:*252*
Nazzewski, M., **25**:270, **25**:*444*
Neal, W. C., Jr., **14**:36, **14**:*64*
Neale, R. S., **13**:245, **13**:*274*, **20**:174, **20**:*186*
Neckars, D. C., **13**:260, **13**:*274*
Neckel, A., **26**:300, **26**:*376*
Neckers, D. C., **6**:50, **6**:*60*, **8**:246, **8**:*268*
Nedelec, J.-Y., **26**:116, **26**:*125*
Neder, K. M., **30**:109, **30**:*114*
Née, G., **17**:320, **17**:*430*
Needham, T. E., **13**:374, **13**:378, **13**:*411*, **13**:*412*
Neeff, R., **1**:263, **1**:*275*
Neely, J. W., **13**:344, **13**:*411*
Neese, R. A., **23**:102, **23**:*159*
Nefedov, B. D., **8**:105, **8**:111, **8**:*148*
Nefedov, O. M., **7**:200, **7**:*207*, **14**:116, **14**:*130*, **30**:8, **30**:9, **30**:10, **30**:12, **30**:15, **30**:20, **30**:25, **30**:29, **30**:30, **30**:31, **30**:38, **30**:39, **30**:40, **30**:41, **30**:42, **30**:43, **30**:44, **30**:45, **30**:46, **30**:47, **30**:48, **30**:50, **30**:51, **30**:52, **30**:53, **30**:54, **30**:55, **30**:*56*, **30**:*57*, **30**:*58*, **30**:*59*, **30**:*60*, **30**:*61*
Nefedov, V. D., **2**:*277*
Neff, B. L., **15**:224, **15**:*264*

Negelein, E., **21**:2, **21**:*34*
Neggia, P., **14**:311, **14**:*348*
Negoita, N., **26**:135, **26**:*174*
Negoro, K., **8**:300, **8**:308, **8**:*404*
Negrini, A., **7**:42, **7**:43, **7**:47, **7**:*112*
Nei, L., **32**:5, **32**:*116*
Neidigk, D. D., **19**:68, **19**:*125*
Neidl, C., **18**:203, **18**:*236*
Neikam, W. C., **3**:241, **3**:*268*, **12**:13, **12**:108, **12**:*119*, **12**:*125*, **13**:188, **13**:190, **13**:*271*, **18**:127, **18**:*181*
Neilands, J. B., **13**:395, **13**:401, **13**:406, **13**:*412*
Neilands, O. Ya., **29**:228, **29**:229, **29**:*268*
Neilson, A. H., **6**:197, **6**:*325*
Neilson, G. W., **14**:241, **14**:*348*
Neiman, M. B., **9**:141, **9**:168, **9**:176, **9**:*179*
Neiman, Z., **11**:324, **11**:*390*
Nekhoroshev, N. S., **30**:138, **30**:*169*
Nelder, J. A., **6**:144, **6**:*181*
Nelin, C. J., **26**:192, **26**:*249*
Nelmes, R. J., **26**:294, **26**:*376*
Nelsen, S. F., **18**:114, **18**:139, **18**:*181*, **20**:56, **20**:109, **20**:110, **20**:124, **20**:129, **20**:130, **20**:145, **20**:174, **20**:177, **20**:*182*, **20**:*183*, **20**:*186*, **23**:310, **23**:314, **23**:*319*
Nelson, C. R., **24**:144, **24**:*203*
Nelson, D. A., **12**:260, **12**:261, **12**:262, **12**:264, **12**:*295*
Nelson, D. C., **14**:134, **14**:*201*
Nelson, D. D., **24**:66, **24**:*106*
Nelson, D. J., **16**:242–3, **16**:*261*, **16**:*264*
Nelson, D. P., **17**:281, **17**:286, **17**:288, **17**:306, **17**:307, **17**:*427*, **17**:*428*
Nelson, G. L., **6**:240, **6**:287, **6**:*324*, **11**:124, **11**:*174*, **13**:280, **13**:281, **13**:282, **13**:283, **13**:285, **13**:324, **13**:350, **13**:352, **13**:*411*, **23**:189, **23**:*266*
Nelson, H. D., **14**:249, **14**:*348*, **23**:232, **23**:*267*
Nelson, H. M., **4**:308, **4**:*346*
Nelson, I. V., **5**:187, **5**:*234*
Nelson, J., **9**:164, **9**:*180*
Nelson, K. A., **25**:200, **25**:220, **25**:*262*
Nelson, K. L., **1**:42, **1**:44, **1**:45, **1**:49, **1**:52, **1**:53, **1**:78, **1**:81, **1**:*149*, **1**:*153*, **2**:180, **2**:*199*, **4**:119, **4**:*143*, **14**:117, **14**:*128*
Nelson, M. J., **13**:378, **13**:*412*
Nelson, N. J., **14**:146, **14**:194, **14**:*197*
Nelson, N. Y., **15**:248, **15**:*266*
Nelson, R., **13**:62, **13**:*81*, **25**:47, **25**:54, **25**:*93*
Nelson, R. B., **16**:251, **16**:*262*
Nelson, R. C., **1**:235, **1**:*279*, **1**:415, **1**:*421*
Nelson, R. F., **10**:220, **10**:221, **10**:*222*, **10**:*223*, **10**:*224*, **12**:43, **12**:*125*, **13**:195, **13**:207, **13**:208, **13**:*265*, **13**:*267*, **13**:*268*, **13**:*274*, **13**:*275*, **13**:*276*, **19**:209, **19**:*220*, **20**:57, **20**:61, **20**:96, **20**:146, **20**:*180*, **20**:*182*, **20**:*184*, **20**:*186*, **20**:*187*, **20**:*188*, **26**:38, **26**:*128*, **32**:39, **32**:*119*
Nelson, R. W., **24**:90, **24**:*111*
Nelson, S. F., **13**:194, **13**:*274*, **19**:157, **19**:*220*
Nelson, W. E., **2**:129, **2**:*161*, **7**:263, **7**:283, **7**:297, **7**:317, **7**:318, **7**:*330*
Nemba, R. M., **26**:139, **26**:*177*
Nemes, I., **9**:157, **9**:*177*
Nemethy, G., **6**:105, **6**:106, **6**:107, **6**:108, **6**:111, **6**:112, **6**:113, **6**:114, **6**:118, **6**:124, **6**:125, **6**:139, **6**:141, **6**:143, **6**:145, **6**:146, **6**:147, **6**:148, **6**:149, **6**:150, **6**:151, **6**:152, **6**:153, **6**:154, **6**:158, **6**:159, **6**:173, **6**:*180*, **6**:*181*, **6**:*182*, **6**:*183*, **8**:274, **8**:352, **8**:387, **8**:394, **8**:*403*, **14**:209, **14**:249, **14**:253, **14**:254, **14**:327, **14**:*346*, **14**:*348*, **14**:*349*, **22**:215, **22**:*307*
Némethy, G., **7**:260, **7**:*330*
Nemeto, F., **28**:30, **28**:32, **28**:*43*
Nemo, T. E., **15**:128, **15**:*148*
Nenitzescu, C. D., **4**:183, **4**:189, **4**:*191*, **9**:273, **9**:*274*, **11**:364, **11**:377, **11**:*383*, **11**:*389*
Nepgodina, O. I., **13**:178, **13**:*276*
Neptune, M., **20**:80, **20**:*186*
Nerbonne, J. M., **19**:98, **19**:*125*
Nerenz, H., **32**:177, **32**:*209*
Nesbet, R. K., **4**:129, **4**:*145*, **8**:155, **8**:*267*
Nesmeyanov, A. N., **2**:228, **2**:242, **2**:243, **2**:244, **2**:*275*, **2**:*277*, **7**:9, **7**:10, **7**:16, **7**:43, **7**:60, **7**:65, **7**:73, **7**:74, **7**:*112*, **7**:*113*
Nespurek, S., **16**:184, **16**:189, **16**:191,

16:197, **16**:*234*
Ness, N. M., **12**:2, **12**:*119*
Nesterov, O. V., **5**:266, **5**:*327*
Neszmélyi, A., **9**:160, **9**:162, **9**:*180*
Neszmelyi, A., **16**:250, **16**:*263*, **16**:*264*
Neta, P., **7**:118, **7**:122, **7**:123, **7**:124, **7**:126, **7**:127, **7**:134, **7**:135, **7**:142, **7**:148, **7**:*149*, **10**:121, **10**:*127*, **12**:143, **12**:*219*, **12**:230, **12**:234, **12**:235, **12**:237, **12**:238, **12**:244, **12**:245, **12**:246, **12**:248, **12**:249, **12**:250, **12**:251, **12**:252, **12**:256, **12**:258, **12**:259, **12**:260, **12**:263, **12**:264, **12**:265, **12**:266, **12**:269, **12**:272, **12**:273, **12**:274, **12**:276, **12**:277, **12**:281, **12**:282, **12**:283, **12**:285, **12**:286, **12**:287, **12**:288, **12**:289, **12**:*292*, **12**:*294*, **12**:*295*, **12**:*296*, **12**:*297*, **18**:123, **18**:138, **18**:149, **18**:*181*, **18**:*183*, **20**:124, **20**:128, **20**:175, **20**:*183*, **20**:*186*, **24**:97, **24**:*106*, **26**:38, **26**:*128*, **31**:114, **31**:126, **31**:133, **31**:*140*, **32**:41, **32**:*119*
Netherton, L. T., **31**:169, **31**:181, **31**:182, **31**:*247*
Nettleton, M. A., **6**:54, **6**:*59*
Netzel, D. A., **16**:249, **16**:251, **16**:*263*
Netzer, A., **26**:303, **26**:*377*
Neubecker, T. A., **18**:162, **18**:*182*
Neufeld, F. R., **14**:135, **14**:*199*
Neugebauer, F. A., **5**:66, **5**:*117*, **25**:362, **25**:400, **25**:*443*, **25**:*444*, **26**:240, **26**:*249*
Neugebauer, T., **3**:68, **3**:*88*
Neugebauer, W., **23**:88, **23**:*161*
Neuman, P. N., **6**:206, **6**:*331*
Neuman, R. C., **1**:147, **1**:*153*, **11**:302, **11**:303, **11**:*389*
Neumann, H., **12**:12, **12**:*122*
Neumann, P., **17**:280, **17**:*432*
Neumann, W. P., **10**:96, **10**:97, **10**:*125*, **26**:158, **26**:159, **26**:*177*, **30**:55, **30**:*57*, **30**:185, **30**:*218*
Neumark, D. M., **22**:314, **22**:*359*
Neumer, J. F., **3**:255, **3**:*267*
Neunhoeffer, O., **7**:239, **7**:*257*
Neunteufel, R. A., **13**:252, **13**:*274*, **19**:72, **19**:*125*, **23**:311, **23**:*319*
Neurath, H., **11**:64, **11**:*117*, **11**:*122*, **21**:18, **21**:*32*
Neureiter, N. P., **6**:232, **6**:*329*
Neuss, N., **13**:309, **13**:311, **13**:313, **13**:*412*
Nevell, T. P., **11**:178, **11**:*223*, **30**:177, **30**:*220*
Neveu, M. C., **5**:238, **5**:271, **5**:282, **5**:319, **5**:*325*, **5**:*326*, **11**:75, **11**:76, **11**:*117*, **21**:27, **21**:*31*
Neville, A. F., **8**:169, **8**:*267*
Neville, O. K., **2**:10, **2**:11, **2**:15, **2**:*87*, **2**:*90*
Neville, R. G., **25**:324, **25**:325, **25**:334, **25**:*439*, **25**:*441*
Nevitt, T. D., **6**:3, **6**:*60*
Newall, A. R., **7**:193, **7**:*203*, **22**:327, **22**:*357*
Newall, C. E., **7**:239, **7**:*256*
Newbury, R. S., **7**:285, **7**:*330*
Newcomb, G. M., **17**:389, **17**:394, **17**:*430*
Newcomb, M., **17**:282, **17**:297, **17**:300, **17**:301, **17**:363, **17**:365, **17**:371, **17**:372, **17**:387, **17**:*425*, **17**:*430*, **17**:*432*, **24**:85, **24**:*110*, **26**:70, **26**:113, **26**:*128*, **26**:170, **26**:*177*, **30**:81, **30**:82, **30**:86, **30**:87, **30**:88, **30**:91, **30**:105, **30**:106, **30**:111, **30**:*112*, **30**:*114*
Newcombe, P. J., **23**:281, **23**:*319*
Newitt, D. M., **2**:96, **2**:105, **2**:106, **2**:153, **2**:*161*, **5**:136, **5**:*171*
Newkome, G. R., **17**:280, **17**:417, **17**:*426*, **17**:*430*, **24**:101, **24**:*110*, **30**:83, **30**:*114*
Newman, D. D. E., **7**:104, **7**:*112*
Newman, F. H., **3**:20, **3**:*88*
Newman, G. N., **15**:257, **15**:*260*
Newman, K. E., **14**:219, **14**:*340*
Newman, L., **19**:383, **19**:*427*
Newman, M. B., **13**:195, **13**:*273*
Newman, M. S., **1**:*33*, **1**:105, **1**:*154*, **1**:213, **1**:216, **1**:217, **1**:251, **1**:265, **1**:272, **1**:*279*, **4**:17, **4**:*29*, **4**:338, **4**:*346*, **9**:233, **9**:273, **9**:*277*, **21**:29, **21**:*32*, **25**:62, **25**:*88*, **25**:325, **25**:*444*
Newman, R., **26**:298, **26**:*376*
Newman, R. H., **16**:242, **16**:*262*
Newmann, M. S., **5**:238, **5**:324, **5**:*327*, **5**:*329*

Newmark, R. A., **3**:249, **3**:251, **3**:*268*, **3**:*269*
Newport, G. L., **19**:108, **19**:*117*
Newsham, D. M. T., **14**:291, **14**:*340*
Newsoroff, G. P., **25**:74, **25**:*93*
Newth, F. H., **24**:118, **24**:*201*
Newton, A. S., **8**:183, **8**:252, **8**:253, **8**:*267*
Newton, B. N., **23**:279, **23**:*319*
Newton, G. G. F., **23**:166, **23**:*267*
Newton, M. D., **25**:173, **25**:*262*, **26**:20, **26**:*128*
Neya, S., **31**:384, **31**:*388*
Neyens, A., **1**:67, **1**:70, **1**:74, **1**:75, **1**:76, **1**:*149*
Ng, C. Y., **26**:297, **26**:*376*, **26**:*378*
Ng, F. T. T., **18**:142, **18**:*181*
Ng, G. F., **15**:110, **15**:*150*
Ng, H. C., **19**:113, **19**:*125*
Ng, K.-M., **31**:119, **31**:*137*
Ng, L., **29**:277, **29**:312, **29**:314, **29**:*327*
Ng, P., **17**:459, **17**:*483*, **22**:293, **22**:*301*
Ng, S. B., **14**:291, **14**:*340*
Ngoviwatchai, P., **23**:304, **23**:306, **23**:*321*
N'Guessan, T. Y., **29**:114, **29**:*180*
Nguyen, C. H., **15**:244, **15**:*261*
Nguyen, M. T., **24**:64, **24**:110, **24**:182, **24**:*202*
Nguyen-Dang, T. T., **29**:285, **29**:323, **29**:*324*, **29**:*325*
Nguyen-Distèche, M., **23**:177, **23**:*265*
Nguyen Thoi-Lai, **18**:38, **18**:39, **18**:40, **18**:*72*, **18**:*74*
Ni, J. X., **27**:149, **27**:166, **27**:167, **27**:168, **27**:169, **27**:194, **27**:207, **27**:210, **27**:*234*
Nibbering, N. M. M., **8**:198, **8**:*267*, **21**:235, **21**:236, **21**:*238*, **21**:*239*, **24**:2, **24**:5, **24**:13, **24**:14, **24**:16, **24**:18, **24**:19, **24**:24, **24**:26, **24**:27, **24**:29, **24**:30, **24**:32, **24**:33, **24**:34, **24**:35, **24**:36, **24**:37, **24**:38, **24**:40, **24**:41, **24**:42, **24**:45, **24**:47, **24**:48, **24**:49, **24**:50, **24**:*51*, **24**:*52*, **24**:*53*, **24**:*54*, **24**:*55*, **24**:63, **24**:75, **24**:*108*, **24**:*109*, **25**:50, **25**:*95*
Nichino, J., **8**:396, **8**:*405*
Nicholas, A. M. de P., **20**:124, **20**:125, **20**:126, **20**:128, **20**:*186*, **26**:151, **26**:164, **26**:*177*
Nicholas, K. H., **16**:182, **16**:*234*
Nicholas, R. D., **5**:376, **5**:*398*, **14**:107, **14**:110, **14**:*131*
Nicholls, D., **15**:239, **15**:240, **15**:242, **15**:*263*
Nicholls, P., **27**:30, **27**:*52*
Nichols, N. F., **14**:217, **14**:252, **14**:*343*, **14**:*348*
Nichols, R. W., **14**:112, **14**:*130*
Nicholson, A. E., **2**:100, **2**:156, **2**:157, **2**:*161*
Nicholson, A. J., **4**:*70*
Nicholson, A. J. C., **8**:176, **8**:245, **8**:*267*
Nicholson, A. W., **17**:220, **17**:221, **17**:245, **17**:*275,* **22**:28, **22**:*107*
Nicholson, B. K., **17**:55, **17**:56, **17**:*60*, **17**:*61*, **23**:294, **23**:*316*
Nicholson, J. M., **29**:314, **29**:*331*
Nicholson, R. S., **10**:164, **10**:*224*, **12**:8, **12**:*125*, **13**:201, **13**:*272*, **13**:*274*, **19**:145, **19**:146, **19**:169, **19**:196, **19**:*220,* **32**:38, **32**:41, **32**:*119*
Nickel, B., **19**:50, **19**:*127*
Nickon, A., **5**:391, **5**:392, **5**:*398*, **6**:283, **6**:*329*, **7**:173, **7**:*207*, **8**:139, **8**:*148*, **11**:219, **11**:*223*, **19**:296, **19**:*375*
Nicksie, S. W., **13**:166, **13**:*265*
Nicol, C. H., **8**:245, **8**:*267*
Nicolaides, N., **2**:71, **2**:*90*, **21**:2, **21**:*35*
Nicolaou, K. C., **17**:357, **17**:358, **17**:*425*
Nicolay, K., **19**:91, **19**:*121*
Nicole, D., **14**:*198*, **22**:184, **22**:*206*
Nicoli, D. F., **22**:219, **22**:220, **22**:221, **22**:240, **22**:242, **22**:270, **22**:*299*, **22**:*300*
Nicolini, C., **18**:142, **18**:*179*
Nicolini, M., **5**:194, **5**:*232*
Nicoud, J. F., **32**:135, **32**:168, **32**:196, **32**:*214*
Nidy, E. G., **17**:345, **17**:357, **17**:358, **17**:*428*
Niebergall, P. J., **23**:218, **23**:220, **23**:*263*
Niederer, P., **10**:99, **10**:*122*, **10**:*127*
Nieduzak, T. R., **31**:135, **31**:*140*
Nieger, M., **30**:78, **30**:*115*
Nieh, M. T., **10**:96, **10**:*128*
Nielsen, H. H., **1**:398, **1**:404, **1**:*418*
Nielsen, J. R., **3**:251, **3**:*267*
Nielsen, S. O., **12**:236, **12**:*296*
Nielsen, W. D., **15**:41, **15**:*58*, **24**:78, **24**:*106*

Nielson, R. M., **26**:20, **26**:*128*
Nielson, W. D., **14**:150, **14**:*198*
Niemann, C., **2**:147, **2**:*159*, **11**:331, **11**:*386*
Niemann, H., **14**:327, **14**:*343*
Niemczyk, M. P., **28**:4, **28**:*44*
Niemczyk, M. R., **26**:20, **26**:*130*
Niemeyer, C. M., **30**:86, **30**:*115*
Niemeyer, H. M., **14**:88, **14**:*131*
Nieto, M., **23**:180, **23**:*264*
Nigam, A., **17**:336, **17**:337, **17**:*431*
Nigen, A. M., **13**:352, **13**:371, **13**:377, **13**:*409*, **13**:*412*, **13**:*413*
Nigham, A., **23**:297, **23**:298, **23**:299, **23**:*321*
Nightingale, D., **18**:188, **18**:232, **18**:*235*
Niida, T., **13**:311, **13**:313, **13**:315, **13**:*413*
Niimoto, Y., **30**:182, **30**:*220*
Niizuma, S., **13**:216, **13**:*274*
Nijhoff, D. F., **11**:246, **11**:*265*, **20**:222, **20**:*232*
Nikaido, H., **23**:174, **23**:*267*
Niki, E., **17**:22, **17**:33, **17**:53, **17**:*62*
Niki, H. J., **6**:56, **6**:*59*
Niki, K., **32**:3, **32**:*116*
Niki, T., **17**:37, **17**:*62*
Nikishin, G. I., **20**:215, **20**:*232*
Nikolectić, M., **23**:137, **23**:*162*
Nikolic, A., **12**:234, **12**:*293*
Nikulicheva, T. I., **19**:408, **19**:*425*
Nill, G., **22**:277, **22**:278, **22**:*300*
Nilsson, A., **12**:57, **12**:*125*, **20**:134, **20**:*186*
Nilsson, B., **25**:61, **25**:63, **25**:*87*, **25**:*93*
Nilsson, G., **12**:236, **12**:*296*
Nilsson, H., **17**:247, **17**:*278*
Nilsson, I., **25**:61, **25**:67, **25**:69, **25**:70, **25**:71, **25**:*93*
Nilsson, J. L. G., **11**:380, **11**:381, **11**:*385*
Nilsson, M., **18**:2, **18**:46, **18**:*73*, **26**:310, **26**:*371*, **31**:95, **31**:107, **31**:108, **31**:109, **31**:*138*
Nilsson, N. H., **17**:107, **17**:*179*
Nilsson, P.-G., **22**:220, **22**:*304*
Nilsson, S., **11**:227, **11**:247, **11**:*265*, **12**:11, **12**:13, **12**:57, **12**:63, **12**:113, **12**:*120*, **12**:*125*, **13**:232, **13**:233, **13**:*274*
Nimmo, K., **17**:273, **17**:*275*, **21**:49, **21**:70, **21**:*95*, **27**:107, **27**:*114*
Ninham, B. W., **22**:215, **22**:219, **22**:254, **22**:270, **22**:*300*, **22**:*303*, **22**:*304*, **22**:*306*, **22**:*308*
Ninkov, B., **16**:38, **16**:*47*
Nírskov-Lauritsen, L., **25**:51, **25**:*93*
Nishi, M., **31**:134, **31**:135, **31**:*139*
Nishi, T., **19**:109, **19**:*120*
Nishi, Y., **17**:30, **17**:31, **17**:*61*, **31**:125, **31**:*139*
Nishiata, K., **15**:229, **15**:244, **15**:*264*
Nishida, S., **7**:196, **7**:*205*, **14**:110, **14**:*130*, **28**:257, **28**:262, **28**:*289*, **30**:187, **30**:*218*, **30**:*220*, **32**:291, **32**:341, **32**:*383*
Nishida, T., **10**:119, **10**:120, **10**:*125*
Nishide, H., **26**:221, **26**:*250*
Nishide, K., **23**:249, **23**:*269*
Nishigaki, Y., **22**:157, **22**:*208*, **26**:332, **26**:*371*
Nishiguchi, H., **26**:227, **26**:237, **26**:*250*
Nishii, H., **29**:232, **29**:*268*
Nishijima, T., **19**:97, **19**:*128*
Nishijima, Y., **13**:252, **13**:*266*, **13**:*278*, **19**:17, **19**:18, **19**:40, **19**:55, **19**:74, **19**:114,**19**:119, **19**:*120*, **19**:*129*
Nishikawa, J., **23**:190, **23**:205, **23**:206, **23**:207, **23**:*267*, **23**:*268*, **23**:*269*
Nishikawa, S., **29**:113, **29**:*183*
Nishikimi, M., **19**:80, **19**:*125*
Nishimoto, K., **32**:279, **32**:287, **32**:289, **32**:345, **32**:347, **32**:359, **32**:360, **32**:363, **32**:364, **32**:*383*
Nishimoto, S., **19**:81, **19**:*125*
Nishimura, A., **9**:234, **9**:*277*
Nishimura, J., **17**:156, **17**:*179*
Nishimura, K., **23**:224, **23**:*269*
Nishimura, N., **24**:94, **24**:*110*
Nishimura, T., **19**:51, **19**:63, **19**:*124*, **19**:*125*
Nishimura, Y., **17**:355, **17**:*428*, **19**:63, **19**:*128*, **32**:228, **32**:*265*
Nishinaga, A., **13**:160, **13**:*274*
Nishinaga, T., **30**:182, **30**:*218*, **30**:*219*
Nishino, M., **7**:162, **7**:165, **7**:166, **7**:167, **7**:*207*, **22**:321, **22**:323, **22**:351, **22**:*359*, **22**:*360*
Nishino, T., **25**:231, **25**:235, **25**:*259*
Nishio, M., **15**:229, **15**:244, **15**:*264*, **25**:33, **25**:*90*
Nishioka, T., **29**:5, **29**:6, **29**:22, **29**:23,

29:24, **29:**25, **29:**26, **29:**32, **29:**38, **29:**41, **29:***67*, **29:**72, **29:**73, **29:**74, **31:**382, **31:***389*
Nishiwaki, T., **20:**206, **20:***232*
Nishizawa, N., **24:**98, **24:***107*
Nist, B. J., **4:**337, **4:***347*, **11:**139, **11:***175*
Nitay, M., **23:**16, **23:***61*
Nitta, I., **13:**212, **13:***274*
Niven, M. L., **25:**153, **25:***260*
Nixdorf, M., **29:**112, **29:***180*, **32:**173, **32:***211*
Nixon, A. C., **5:**321, **5:***329*, **32:**279, **32:***383*
Nixon, J. R., **8:**377, **8:**381, **8:**382, **8:***398*
Noack, K., **23:**19, **23:***59*
Noack, M., **29:**186, **29:***269*
Noack, W. E., **18:**44, **18:**45, **18:***76*
Noak, W. E., **26:**315, **26:***376*
Nobilione, J. M., **14:**329, **14:***329*, **14:**330, **14:***350*
Noble, P. N., **26:**300, **26:***376*
Noce, P., **25:**235, **25:***263*
Noda, S., **17:**33, **17:**41, **17:***59*, **17:***62*
Noda, Y., **32:**257, **32:***264*
Noe, E. A., **17:**320, **17:***430*, **17:***431*
Noel, R., **8:**291, **8:**298, **8:**299, **8:**300, **8:**307, **8:**308, **8:**309, **8:**310, **8:**311, **8:**314, **8:**334, **8:**373, **8:***397*
Noest, A. J., **24:**5, **24:**18, **24:**19, **24:**33, **24:**40, **24:**45, **24:**48, **24:***52*, **24:***54*
Nogami, H., **8:**282, **8:**283, **8:**303, **8:**304, **8:**305, **8:**307, **8:**308, **8:**320, **8:**321, **8:**328, **8:***403*, **8:***404*
Nogami, N., **25:**52, **25:***93*
Nogami, T., **16:**227, **16:***233*
Noggle, J. H., **13:**281, **13:***413*, **16:**247, **16:***263*, **25:**11, **25:***93*
Noguchi, H., **16:**203, **16:***232*, **30:**166, **30:***170*
Noguchi, I., **10:**192, **10:***220*, **12:**98, **12:***117*
Nohora, M., **30:**151, **30:**155, **30:***170*
Noji, Y., **17:**339, **17:***433*
Nojima, K., **20:**200, **20:**217, **20:***232*
Nojima, M., **20:**149, **20:***186*, **24:**70, **24:***108*
Noland, W. E., **2:**172, **2:***198*
Nolde, C., **6:**4, **6:***58*
Nolfi, G. J., **5:**67, **5:***113*
Nolte, R. J. M., **22:**265, **22:**278, **22:***308*
Nome, F., **17:**448, **17:***483*, **17:**455, **17:***485*, **22:**219, **22:**244, **22:**281, **22:**293, **22:**296, **22:**297, **22:**298, **22:***303*, **22:***304*, **22:***306*, **22:***307*, **22:***308*, **29:**55, **29:***64*
Nomura, E., **31:**37, **31:***83*
Nomura, H., **32:**279, **32:**287, **32:**345, **32:**347, **32:**359, **32:**360, **32:**363, **32:***381*, **32:***383*
Nomura, M., **17:**50, **17:***61*
Nonaka, T., **32:**70, **32:***118*
Nonhebel, D. C., **13:**236, **13:***266*, **16:**79, **16:***86*, **18:**81, **18:***181*, **21:**9, **21:***33*, **23:**272, **23:***319*, **24:**101, **24:***109*, **26:**161, **26:***177*
Nonoyama, S., **25:**32, **25:***90*
Noonan, **7:**261, **7:**284, **7:**287, **7:***330*
Noordik, J. H., **17:**78, **17:***179*, **23:**41, **23:***60*
Noordman, O. F. J., **32:**166, **32:**201, **32:**202, **32:***214*
Nootens, C., **26:**147, **26:***177*
Norberg, R. E., **3:**226, **3:***266*, **13:**221, **13:***267*
Nordblom, G. D., **12:**109, **12:***124*
Nordbloom, G. D., **13:**156, **13:**157, **13:**203, **13:***273*
Nordblum, G. D., **18:**127, **18:***181*
Nordgren, T., **15:**281, **15:**300, **15:**304, **15:**307, **15:**317, **15:***329*
Nordheim, G., **1:**378, **1:**414, **1:***422*
Nordlander, J. C., **27:**249, **27:***290*
Nordlander, J. E., **14:**9, **14:**16, **14:**20, **14:***65*, **17:**343, **17:***430*, **19:**291, **19:***375*
Nordlander, J. F., **3:**258, **3:***269*
Nordlie, R. C., **8:**395, **8:***405*
Nordyke, M. D., **17:**423, **17:***424*
Norell, J. R., **17:**166, **17:***180*
Norin, T., **4:**336, **4:***345*
Norman, A., **3:**76, **3:***84*
Norman, J. M., **1:**244, **1:***275*
Norman, L. J., **13:**166, **13:***276*
Norman, R. O. C., **1:**52, **1:**55, **1:**57, **1:**58, **1:**70, **1:**71, **1:**72, **1:**74, **1:**108, **1:**120, **1:**129, **1:**145, **1:**146, **1:***149*, **1:***152*, **1:***153*, **5:**59, **5:**67, **5:**68, **5:**69, **5:**70, **5:**72, **5:**73, **5:**74, **5:**75, **5:**76, **5:**78, **5:**80, **5:**81, **5:**83, **5:**84, **5:**85, **5:**86, **5:**87, **5:**88, **5:**89, **5:**90, **5:**92, **5:**99,

5:101, **5**:102, **5**:103, **5**:106, **5**:107, **5**:108, **5**:109, **5**:110, **5**:*113*, **5**:*114*, **5**:*115*, **5**:*116*, **5**:*117*, **8**:2, **8**:15, **8**:*75*, **8**:*77*, **8**:143, **8**:*148*, **9**:156, **9**:*180*, **12**:3, **12**:*125*, **13**:162, **13**:170, **13**:172, **13**:245, **13**:247, **13**:*270*, **13**:*273*, **13**:*274*, **15**:21, **15**:32, **15**:*58*, **17**:3, **17**:*60*, **17**:74, **17**:93, **17**:*176*, **18**:83, **18**:149, **18**:159, **18**:162, **18**:*175*, **18**:*181*, **20**:172, **20**:*183*, **23**:294, **23**:*317*, **27**:74, **27**:75, **27**:*115*, **29**:232, **29**:238, **29**:*270*, **32**:270, **32**:*383*
Norman, S-A. M. A., **9**:*180*
Normant, H., **17**:327, **17**:*430*
Norrestam, R., **26**:314, **26**:*376*
Norris, A. R., **7**:213, **7**:224, **7**:225, **7**:226, **7**:241, **7**:250, **7**:251, **7**:*255*, **7**:*257*, **14**:175, **14**:*197*
Norris, D. J., **29**:50, **29**:51, **29**:*64*
Norris, J. F., **1**:93, **1**:105, **1**:*153*, **4**:198, **4**:222, **4**:*303*, **5**:321, **5**:*329*, **5**:333, **5**:353, **5**:*398*
Norris, J. R., **19**:55, **19**:*116*
Norris, N. P., **7**:226, **7**:234, **7**:*257*
Norris, R. K., **12**:3, **12**:*127*, **18**:93, **18**:*181*, **23**:277, **23**:279, **23**:280, **23**:281, **23**:282, **23**:284, **23**:285, **23**:*316*, **23**:*317*, **23**:*319*, **23**:*321*, **26**:71, **26**:72, **26**:77, **26**:78, **26**:*128*, **26**:*129*
Norrish, R. G. W., **1**:288, **1**:*362*, **2**:98, **2**:100, **2**:156, **2**:157, **2**:*161*, **8**:21, **8**:*77*, **21**:131, **21**:*194*
Nørskov-Lauritsen, L., **25**:51, **25**:*93*
North, A. C. T., **11**:28, **11**:81, **11**:*117*, **21**:3, **21**:*34*, **24**:141, **24**:*199*
North, A. M., **2**:157, **2**:*158*, **2**:*161*, **16**:2, **16**:4, **16**:5, **16**:11, **16**:12, **16**:44, **16**:*49*, **25**:22, **25**:*85*
Northcott, D., **13**:116, **13**:*152*
Northcott, D. J., **22**:321, **22**:350, **22**:*360*
Northcott, J., **3**:8, **3**:*82*
Northing, R. J., **32**:96, **32**:*115*
Northop, D. C., **16**:168, **16**:177, **16**:*234*
Northrop, J. H., **21**:2, **21**:*33*, **21**:*34*
Norton, C., **29**:164, **29**:*183*, **29**:287, **29**:*331*
Norton, D. A., **13**:37, **13**:*78*
Norton, D. G., **16**:25, **16**:*48*
Norton, J. R., **23**:12, **23**:*60*, **30**:185, **30**:*218*
Norton, R. S., **13**:371, **13**:377, **13**:*407*, **16**:243, **16**:256, **16**:258, **16**:*264*
Norton, R. V., **17**:115, **17**:*179*
Norvilas, T. T., **23**:190, **23**:203, **23**:206, **23**:249, **23**:250, **23**:*266*
Norymberski, J. K., **17**:299, **17**:*428*
Nosaka, Y., **19**:97, **19**:*125*
Notario, R., **31**:174, **31**:*243*
Notaro, V. A., **17**:237, **17**:*276*
Nöth, H., **29**:301, **29**:303, **29**:305, **29**:*326*
Nouaille, A., **10**:17, **10**:18, **10**:*26*
Nouaille, F., **13**:324, **13**:330, **13**:*413*
Nourmamode, A., **19**:104, **19**:*116*
Novais, H. M., **28**:33, **28**:*44*
Novak, A., **22**:130, **22**:132, **22**:*211*, **26**:264, **26**:279, **26**:280, **26**:*376*
Novak, D. M., **14**:*340*
Novak, J. A., **26**:193, **26**:216, **26**:*250*
Novak, J. P., **14**:272, **14**:291, **14**:295, **14**:*347*
Novak, M., **18**:46, **18**:47, **18**:49, **18**:*76*, **18**:170, **18**:*181*
Novi, M., **27**:102, **27**:*116*
Novick, A., **2**:71, **2**:*90*
Novikov, S. S., **7**:154, **7**:156, **7**:*208*
Novikova, L. A., **1**:160, **1**:189, **1**:195, **1**:*198*
Novotny-Bregger, E., **29**:134, **29**:*183*
Nowacka, M., **32**:38, **32**:*117*
Nowacki, W., **1**:240, **1**:*279*
Nowak, M. J., **26**:232, **26**:*247*
Nowak, R. J., **28**:2, **28**:*43*
Nowak, T., **13**:373, **13**:*412*, **16**:259, **16**:*264*
Nowakowski, M., **25**:193, **25**:*263*
Nowicki, T., **19**:57, **19**:*119*
Nowlan, V., **14**:190, **14**:*198*
Nowlan, V. M., **17**:173, **17**:*180*
Nowland, V. J., **28**:212, **28**:276, **28**:*291*, **32**:324, **32**:*379*
Nowogorocki, G., **19**:405, **19**:*425*
Noyce, D. S., **1**:24, **1**:25, **1**:*33*, **3**:234, **3**:235, **3**:241, **3**:*267*, **5**:110, **5**:*116*, **7**:98, **7**:*112*, **8**:225, **8**:*267*, **9**:188, **9**:189, **9**:190, **9**:191, **9**:192, **9**:261, **9**:265, **9**:*277*, **14**:111, **14**:112, **14**:*129*, **14**:*130*, **28**:255, **28**:256, **28**:*289*, **32**:304, **32**:324, **32**:*383*

Noyd, D. A., **12**:111, **12**:*116*, **18**:83, **18**:169, **18**:*175*, **18**:*181*, **21**:147, **21**:*191*, **23**:284, **23**:*316*
Noyes, R. M., **2**:40, **2**:*87*, **2**:*88*, **5**:164, **5**:*171*, **6**:250, **6**:269, **6**:277, **6**:305, **6**:*324*, **6**:*329*, **6**:*331*, **7**:78, **7**:*112*, **7**:145, **7**:*150*, **10**:68, **10**:72, **10**:*127*, **12**:154, **12**:*219*, **14**:159, **14**:*200*, **16**:4, **16**:5, **16**:10, **16**:*49*
Noyes, W. A., **7**:155, **7**:188, **7**:*205*
Noyori, R., **7**:172, **7**:176, **7**:*207*, **10**:144, **10**:*152*, **23**:55, **23**:*61*
Nozaki, H., **7**:172, **7**:176, **7**:191, **7**:*207*, **15**:327, **15**:*329*
Nozaki, K., **28**:214, **28**:*289*
Nucifora, G., **12**:229, **12**:253, **12**:278, **12**:*296*
Nudelman, A., **14**:162, **14**:*199*, **17**:124, **17**:*179*
Nudenberg, W., **23**:272, **23**:*318*
Nugent, W. A., **18**:170, **18**:*181*, **23**:306, **23**:*320*, **29**:220, **29**:*270*
Nugiel, D., **29**:99, **29**:104, **29**:*181*
Nugield, D. A., **26**:317, **26**:*377*
Nukada, K., **6**:276, **6**:*329*
Nukina, S., **17**:253, **17**:*278*, **22**:97, **22**:*110*
Numan, H., **18**:193, **18**:*236*
Numao, N., **19**:65, **19**:*125*
Numata, T., **13**:230, **13**:*274*
Nuñez, O., **24**:133, **24**:165, **24**:*203*
Nunez-Ponzoa, M. V., **8**:306, **8**:322, **8**:329, **8**:*406*
Nunzi, J.-M., **32**:198, **32**:*211*
Nürnberg, H. W., **5**:30, **5**:*52*, **10**:186, **10**:*224*, **12**:91, **12**:*129*
Nurrenboch, A., **9**:73(105), **9**:*125*
Nutter, D. E., **17**:54, **17**:*61*
Nutter, D. E., Jr., **31**:116, **31**:*139*
Nutting, M.-D. F., **21**:14, **21**:*33*
Nuzuma, S., **12**:144, **12**:*219*
Nyberg, K., **12**:2, **12**:4, **12**:10, **12**:11, **12**:12, **12**:13, **12**:16, **12**:33, **12**:34, **12**:36, **12**:38, **12**:39, **12**:43, **12**:56, **12**:57, **12**:58, **12**:60, **12**:61, **12**:64, **12**:65, **12**:81, **12**:98, **12**:*117*, **12**:*120*, **12**:*124*, **12**:*125*, **12**:*126*, **13**:156, **13**:198, **13**:205, **13**:247, **13**:248, **13**:250, **13**:*268*, **13**:*274*, **18**:82, **18**:83, **18**:84, **18**:98, **18**:123, **18**:124, **18**:127, **18**:153, **18**:158, **18**:170, **18**:*177*, **18**:*181*, **19**:154, **19**:200, **19**:201, **19**:*218*, **19**:*221*, **20**:57, **20**:60, **20**:90, **20**:91, **20**:92, **20**:93, **20**:94, **20**:107, **20**:140, **20**:*183*, **20**:*186*, **29**:231, **29**:*267*, **31**:105, **31**:106, **31**:116, **31**:*138*, **31**:*139*
Nyborg, J., **26**:358, **26**:*369*, **26**:*373*
Nyburg, S. C., **1**:273, **1**:*279*, **13**:30, **13**:*81*, **20**:216, **20**:*230*, **26**:313, **26**:*371*, **29**:127, **29**:*179*, **29**:*183*, **31**:21, **31**:22, **31**:*82*
Nychka, N., **14**:125, **14**:126, **14**:*131*
Nyfeler, R., **31**:256, **31**:*385*
Nygaard, L., **13**:48, **13**:*77*
Nyholm, R. S., **6**:266, **6**:*326*, **9**:28(64), **9**:28(65), **9**:68(64, 65), **9**:*124*
Nyhus, B. A., **13**:34, **13**:35, **13**:*77*
Nylund, T., **19**:68, **19**:*125*, **19**:*127*

O

Oae, S., **3**:145, **3**:180, **3**:181, **3**:*184*, **3**:*185*, **8**:212, **8**:*264*, **9**:138, **9**:*182*, **13**:230, **13**:*274*, **17**:80, **17**:92, **17**:94, **17**:100, **17**:106, **17**:107, **17**:125, **17**:134, **17**:150, **17**:*176*, **17**:*179*, **19**:417, **19**:418, **19**:422, **19**:*427*
Oakenfull, D. G., **5**:272, **5**:*329*, **11**:26, **11**:41, **11**:79, **11**:*120*, **11**:*121*, **11**:*122*, **14**:279, **14**:280, **14**:*348*, **17**:230, **17**:233, **17**:252, **17**:*276*, **17**:*278*, **17**:440, **17**:441, **17**:451, **17**:*483*, **17**:*485*, **23**:218, **23**:249, **23**:253, **23**:254, **23**:*268*
Oancea, D. J., **13**:127, **13**:*148*
Obata, H., **30**:126, **30**:*170*
Obendorf, S. K., **17**:147, **17**:*179*
Oberhammer, H., **13**:49, **13**:*81*, **25**:47, **25**:*93*
Oberholzer, M. E., **17**:329, **17**:*431*
Oberley, L. W., **17**:52, **17**:53, **17**:*59*
Oberrauch, E., **18**:158, **18**:*177*
Oberti, R., **19**:103, **19**:112, **19**:*114*, **19**:*126*
Obi, K., **22**:147, **22**:*209*
O'Brian, C., **26**:285, **26**:*368*
O'Brien, C., **11**:322, **11**:*386*
O'Brien, D. H., **9**:*24*, **11**:275, **11**:367, **11**:368, **11**:*389*, **13**:91, **13**:125, **13**:*152*, **15**:174, **15**:175, **15**:*264*

O'Brien, M., **32**:319, **32**:*383*
O'Brien, S. J., **4**:266, **4**:*303*
Obuchi, H., **19**:32, **19**:*127*
O'Callaghan, C. H. O., **23**:202, **23**:*268*
O'Callaghan, W. B., **16**:77, **16**:*86*
Ocasio, I. J., **18**:115, **18**:*181*
Occhialini, D., **31**:98, **31**:99, **31**:*139*
Occhiucci, G., **20**:206, **20**:*232*
Occolowitz, J. L., **8**:188, **8**:190, **8**:194, **8**:198, **8**:218, **8**:227, **8**:235, **8**:*260*, **8**:*263*, **8**:*267*
Occolowitz, J. M., **29**:314, **29**:*324*
Ochaya, V. O., **30**:98, **30**:*113*
Ochiai, E. I., **23**:41, **23**:*61*
Ochoa, S., **25**:228, **25**:230, **25**:*262*
Ochoa-Solano, A., **8**:299, **8**:300, **8**:341, **8**:344, **8**:345, **8**:350, **8**:351, **8**:*400*, **8**:*404*, **17**:450, **17**:451, **17**:*483*
Ochrymowycz, L. A., **8**:211, **8**:*265*
Ochs, F. J., **1**:69, **1**:*149*
Ochs, S., **13**:385, **13**:388, **13**:*415*
Ockwell, J. N., **25**:385, **25**:*443*
O'Connell, E. L., **25**:235, **25**:*263*
O'Connell, J. P., **14**:287, **14**:*348*
O'Connell, K. M., **26**:17, **26**:68, **26**:*124*, **26**:*128*
O'Connell, O. L., **18**:68, **18**:*76*
O'Connor, A. J., **16**:254, **16**:*261*
O'Connor, B. R., **7**:98, **7**:*109*, **9**:231, **9**:*274*
O'Connor, C. J., **11**:337, **11**:*383*, **17**:234, **17**:*275*, **17**:*277*, **22**:218, **22**:221, **22**:284, **22**:287, **22**:*306*, **23**:210, **23**:212, **23**:231, **23**:*265*, **23**:*268*, **26**:224, **26**:*253*
O'Connor, C., **3**:169, **3**:170, **3**:171, **3**:*185*, **5**:297, **5**:*329*, **24**:167, **24**:*200*,
O'Connor, D. V., **19**:5, **19**:33, **19**:*113*, **19**:*125*
O'Connor, G. L., **3**:101, **3**:*122*
O'Connor, J., **17**:73, **17**:74, **17**:77, **17**:88, **17**:91, **17**:*175*
O'Connor, J. A., **29**:117, **29**:*179*
O'Connor, J. J., **10**:183, **10**:*224*, **12**:75, **12**:*125*
O'Connor, J. V., **24**:119, **24**:*203*
O'Connor, M. E., **14**:263, **14**:*350*
O'Connor, P. R., **2**:17, **2**:*90*
O'Connor, T., **30**:98, **30**:105, **30**:*112*
Oda, J., **17**:329, **17**:367, **17**:370, **17**:*424*, **17**:*430*, **31**:382, **31**:*389*
Oda, K., **19**:105, **19**:*122*, **19**:*123*
Oda, M., **29**:313, **29**:*330*, **30**:182, **30**:*219*
Odaira, Y., **19**:63, **19**:111, **19**:*124*, **19**:*128*
Oddo, G., **11**:365, **11**:366, **11**:*389*, **13**:86, **13**:*152*
O'Dea, J. J., **31**:6, **31**:*83*, **31**:88
Odell, A., **8**:130, **8**:*148*
Odell, A. L., **3**:171, **3**:173, **3**:*184*
Odell, B., **26**:260, **26**:*369*
Odell, B. G., **19**:353, **19**:*371*
O'Doherty, G. A., **29**:139, **29**:140, **29**:141, **29**:*182*
O'Donnell, J. F., **12**:43, **12**:*125*, **12**:224, **12**:*296*
O'Donnell, J. H., **5**:93, **5**:*113*
O'Donnell, J. J., **24**:127, **24**:*201*
O'Donnell, J. P., **7**:227, **7**:*257*, **14**:147, **14**:*201*
Odum, R., **2**:230, **2**:236, **2**:239, **2**:245, **2**:*275*
Odutola, J. A., **26**:267, **26**:*376*
Oediger, H., **25**:334, **25**:*443*
Oehler, J., **17**:308, **17**:322–4, **17**:326, **17**:421, **17**:423, **17**:*426*, **17**:*428*
Oehme, K. L., **16**:243, **16**:*264*
Oei, Y., **31**:383, **31**:*392*
Oelderik, J. M., **10**:37, **10**:40, **10**:*51*, **11**:194, **11**:*222*
Oellers, E.-J., **26**:307, **26**:308, **26**:*375*
Oertel, U., **31**:95, **31**:*137*
Oestensen, E. T., **24**:95, **24**:*110*
Oesterlin, R., **21**:45, **21**:*98*
Oestman, B., **2**:172, **2**:173, **2**:*199*
Offner, P., **21**:7, **21**:8, **21**:*33*
Ofran, M., **12**:146, **12**:147, **12**:156, **12**:170, **12**:201, **12**:202, **12**:*219*
Oftedahl, E. N., **7**:98, **7**:*111*
Oftendahl, E. N., **9**:193, **9**:*276*
Øgaard Madsen, J., **31**:211, **31**:240, **31**:*244*
O'Gara, J. E., **30**:18, **30**:*60*
Ogata, Y., **18**:210, **18**:214, **18**:*237*, **19**:96, **19**:*125*
Ogawa, J., **19**:72, **19**:113, **19**:*124*
Ogawa, R. B., **4**:171, **4**:*191*
Ogawa, S., **5**:99, **5**:110, **5**:*114*, **5**:*117*, **13**:374, **13**:*414*
Ogden, J. S., **30**:53, **30**:54, **30**:*57*, **30**:*60*
Ogden, M. I., **31**:19, **31**:30, **31**:37, **31**:70,

31:*81*
Ogden, S. D., **22**:120, **22**:126, **22**:127, **22**:*208*
Ogg, J., **29**:241, **29**:*269*
Ogg, R., **14**:205, **14**:*349*
Ogg, R. A. Jr., **21**:102, **21**:*194*
Ogg, R. A., **3**:94, **3**:101, **3**:*121*, **3**:*122*, **3**:254, **3**:*268*, **25**:119, **25**:*262*, **28**:214, **28**:*289*
Ogi, Y., **17**:114, **17**:*178*
Ogilvie, A., **3**:39, **3**:*80*
Ogilvie, D. M. W., **19**:416, **19**:*427*
Ogilvie, J. F., **15**:118, **15**:*145*
Ogilvie, J. W., **5**:289, **5**:296, **5**:301, **5**:*329*
Ogimachi, N., **4**:255, **4**:258, **4**:263, **4**:264, **4**:265, **4**:266, **4**:267, **4**:*303*
Ogino, H., **22**:89, **22**:*109*
Ogino, K., **29**:2, **29**:*68*
Ogliaruso, M., **29**:314, **29**:316, **29**:319, **29**:320, **29**:*328*, **29**:*329*, **29**:*331*
O'Gorman, J. M., **1**:27, **1**:*33*
Ogoshi, H., **26**:315, **26**:316, **26**:*376*
Ogree, L., **30**:54, **30**:*57*
Ogryzlo, E. A., **19**:80, **19**:*125*
Ogston, A. C., **14**:78, **14**:*130*
Ogston, A. G., **2**:40, **2**:*89*, **21**:8, **21**:*34*
Oh, H. T. P., **24**:99, **24**:*106*
Oh, S., **14**:82, **14**:85, **14**:*129*, **21**:184, **21**:*193*, **22**:121, **22**:*210*
Oh, W. T., **3**:59, **3**:*86*
Oh, Y. J., **27**:83, **27**:84, **27**:*115*
Ohara, R., **30**:182, **30**:197, **30**:215, **30**:*220*
O'Hara, W. F., **13**:114, **13**:*152*, **14**:247, **14**:*344*
Ohara, Y., **14**:267, **14**:*351*
Ohashi, K., **10**:46, **10**:*52*
Ohashi, M., **13**:187, **13**:*278*, **18**:168, **18**:*185*, **19**:59, **19**:60, **19**:62, **19**:63, **19**:64, **19**:69, **19**:101, **19**:109, **19**:*125*, **19**:*128*, **19**:*129*, **20**:219, **20**:220, **20**:221, **20**:222, **20**:*232*, **20**:*233*
Ohashi, Y., **30**:124, **30**:131, **30**:132, **30**:145, **30**:166, **30**:*170*, **30**:*172*
Ohe, M., **32**:274, **32**:279, **32**:280, **32**:287, **32**:289, **32**:359, **32**:*381*
Ohkubo, K., **17**:452, **17**:*487*, **22**:278, **22**:*306*, **31**:382, **31**:*389*
Ohkubo, R., **22**:285, **22**:*306*
Ohkuma, T., **31**:133, **31**:*139*
Ohlinger, H., **22**:103, **22**:*111*
Ohlmstead, W., **19**:233, **19**:*377*
Ohlweiler, D. F., **31**:135, **31**:*140*
Ohmenzetter, K., **22**:253, **22**:*301*
Ohmes, E., **26**:185, **26**:215, **26**:*249*
Ohmizu, H., **12**:57, **12**:*122*, **12**:*124*, **20**:129, **20**:*188*
Ohmori, H., **13**:240, **13**:*273*, **19**:401, **19**:*427*
Ohmori, M., **19**:109, **19**:*120*
Ohmura, Y., **8**:301, **8**:302, **8**:308, **8**:396, **8**:*405*
Ohnesorge, W. E., **12**:10, **12**:*128*, **13**:209, **13**:*276*, **20**:63, **20**:*188*
Ohnishi, M., **13**:395, **13**:396, **13**:398, **13**:399, **13**:400, **13**:*413*
Ohnishi, R., **18**:29, **18**:*76*
Ohnishi, S., **8**:18, **8**:*77*
Ohnishi, S-I., **13**:212, **13**:*274*
Ohnishi, Y., **8**:215, **8**:*267*, **10**:144, **10**:*152*
Ohno, A., **8**:215, **8**:*267*, **12**:43, **12**:*128*, **23**:300, **23**:*320*, **24**:104, **24**:*110*, **32**:300, **32**:*384*
Ohno, K., **22**:349, **22**:*360*, **25**:29, **25**:31, **25**:*92*, **25**:*93*
Ohno, M., **6**:276, **6**:*329*, **17**:355, **17**:*431*
Ohno, T., **14**:307, **14**:*350*, **26**:20, **26**:*128*, **30**:65, **30**:*114*
Ohnogi, A., **26**:313, **26**:*373*
Ohsaku, M., **25**:52, **25**:*93*
Ohshima, Y., **32**:225, **32**:*265*
Ohta, H., **19**:47, **19**:48, **19**:*117*, **19**:*125*
Ohta, K., **16**:259, **16**:*262*
Ohta, M., **9**:234, **9**:*277*, **32**:300, **32**:*384*
Ohta, N., **13**:170, **13**:212, **13**:*271*, **13**:*275*, **20**:139, **20**:*187*, **22**:285, **22**:*306*, **32**:229, **32**:*264*
Ohta, T., **19**:44, **19**:*124*
Ohta, Y., **17**:41, **17**:*62*
Ohtani, M., **23**:206, **23**:207, **23**:*267*
Ohtani, Y., **23**:33, **23**:*61*
Ohto, N., **17**:22, **17**:33, **17**:37, **17**:53, **17**:*62*
Ohtomi, M., **17**:329–31, **17**:338, **17**:*424*, **17**:*430*
Oikawa, A., **25**:21, **25**:*93*
Oinonen, L., **18**:34, **18**:38, **18**:39, **18**:40, **18**:53, **18**:54, **18**:*74*
Oishi, T., **11**:381, **11**:*391*

Oivers, R. J., **20**:222, **20**:*229*
Ok, D., **28**:112, **28**:115, **28**:*137*
Oka, S., **23**:300, **23**:*320*, **24**:104, **24**:*110*
Okabe, M., **28**:208, **28**:*289*
Okada, H., **19**:72, **19**:*124*, **23**:300, **23**:*319*
Okada, K., **20**:116, **20**:*186*, **21**:40, **21**:*97*
Okada, S., **25**:43, **25**:*89*
Okada, T., **19**:4, **19**:15, **19**:30, **19**:31, **19**:34, **19**:37, **19**:38, **19**:41, **19**:43, **19**:51, **19**:74, **19**:76, **19**:*123*, **19**:*124*, **19**:*125*, **28**:39, **28**:*43*, **28**:*44*
Okada, Y., **9**:131, **9**:*180*, **22**:147, **22**:*209*
Okahara, M., **17**:333, **17**:339, **17**:*433*
Okahata, Y., **17**:438, **17**:439, **17**:445, **17**:449, **17**:450, **17**:452, **17**:455, **17**:456, **17**:458, **17**:465, **17**:471, **17**:474–7, **17**:*483–6*, **22**:222, **22**:273, **22**:275, **22**:285, **22**:*304*, **22**:*306*
Okahata, Y., **22**:286, **22**:*304*
Okajima, S., **19**:91, **19**:*125*
Okajima, T., **23**:54, **23**:*62*
Okamoto, H., **19**:98, **19**:*127,* **32**:247, **32**:*263*
Okamoto, J., **2**:*277*
Okamoto, K., **14**:6, **14**:*65*, **14**:102, **14**:103, **14**:*130*, **17**:461, **17**:462, **17**:*484*, **17**:*486*, **22**:277, **22**:*306*, **27**:257, **27**:*290*, **30**:174, **30**:175, **30**:182, **30**:184, **30**:192, **30**:197, **30**:202, **30**:204, **30**:205, **30**:206, **30**:208, **30**:209, **30**:210, **30**:215, **30**:*219*, **30**:*220,* **32**:308, **32**:309, **32**:*385*
Okamoto, M., **6**:276, **6**:*329*
Okamoto, T., **19**:44, **19**:*124*, **21**:28, **21**:*31*
Okamoto, Y., **1**:38, **1**:81, **1**:82, **1**:85, **1**:87, **1**:88, **1**:90, **1**:92, **1**:93, **1**:97, **1**:107, **1**:111, **1**:114, **1**:136, **1**:*149*, **1**:*150*, **1**:*153*, **1**:191, **1**:*197*, **1**:*198*, **4**:58, **4**:*69*, **8**:229, **8**:230, **8**:*261*, **9**:145, **9**:150, **9**:*175*, **16**:160, **16**:200, **16**:*235*, **16**:*259*, **16**:*262*, **17**:461, **17**:*485*, **19**:34, **19**:*122*, **25**:14, **25**:*93*, **28**:255, **28**:*289*, **32**:268, **32**:269, **32**:279, **32**:*380*
Okamura, M., **32**:300, **32**:*384*
Okamura, N., **25**:377, **25**:*445*
Okamura, S., **17**:14, **17**:*60*, **30**:117, **30**:*171*
Okaniwa, K., **32**:247, **32**:*263*
Okano, M., **17**:47, **17**:*64*
Okarma, P. J., **29**:313, **29**:*330*
Okawara, M., **28**:208, **28**:*291*
Okaya, Y., **1**:220, **1**:241, **1**:*279*, **13**:56, **13**:*80*
Okazaki, M., **17**:20, **17**:*61*
Okazawa, N., **19**:229, **19**:242, **19**:262, **19**:*373*, **23**:119, **23**:122, **23**:*162*
Okhlobystin, O. Y., **10**:99, **10**:*123*, **12**:3, **12**:111, **12**:*117*, **18**:82, **18**:83, **18**:151, **18**:*176*, **18**:*181*, **20**:152, **20**:159, **20**:160, **20**:*182*, **20**:*186*, **24**:60, **24**:*110*
Okhlobystina, L. V., **17**:22, **17**:*62*, **31**:123, **31**:*140*
Oki, M., **23**:73, **23**:*160*, **25**:10, **25**:29, **25**:35, **25**:36, **25**:41, **25**:73, **25**:74, **25**:*93*, **25**:*96*, **25**:*97*, **29**:276, **29**:*328*
O'Konski, C. T., **3**:76, **3**:*79*, **3**:*80*, **3**:*88*
Okorududu, A. O. M., **9**:233, **9**:*277*
Okrokova, I. S., **28**:253, **28**:254, **28**:*288*
Oksengendler, G. M., **7**:234, **7**:235, **7**:239, **7**:*256*
Oku, M., **19**:361, **19**:*376*
Okubo, T., **17**:443, **17**:444, **17**:*484*, **17**:*486*
Okuno, Y., **19**:109, **19**:*120*
Okura, I., **20**:95, **20**:*186*
Okusako, Y., **32**:297, **32**:300, **32**:*381*
Okuyama, M., **19**:65, **19**:*121*, **21**:156, **21**:*193*
Okuyama, T., **11**:43, **11**:44, **11**:*121*, **13**:162, **13**:169, **13**:195, **13**:234, **13**:235, **13**:240, **13**:*276*, **20**:160, **20**:*188*, **24**:83, **24**:*110*
Okuzumi, Y., **18**:30, **18**:31, **18**:32, **18**:*76*
Olabe, J. A., **32**:40, **32**:*117*
Olafson, B., **10**:189, **10**:*221*
Olah, G., **18**:164, **18**:*181*
Olah, G. A., **1**:44, **1**:45, **1**:52, **1**:54, **1**:70, **1**:72, **1**:74, **1**:75, **1**:76, **1**:77, **1**:134, **1**:*153*, **1**:157, **2**:172, **2**:173, **2**:180, **2**:*199*, **3**:264, **3**:*268*, **4**:119, **4**:*145*, **4**:238, **4**:298, **4**:299, **4**:*303*, **4**:307, **4**:308, **4**:310, **4**:311, **4**:313, **4**:317, **4**:318, **4**:321, **4**:324, **4**:325, **4**:327, **4**:332, **4**:334, **4**:336, **4**:337, **4**:338, **4**:340, **4**:341, **4**:343, **4**:*346*, **6**:266,

6:282, **6**:289, **6**:*329*, **8**:111, **8**:132, **8**:140, **8**:*148*, **8**:184, **8**:254, **8**:*267*, **9**:1, **9**:18, **9**:19, **9**:20, **9**:21, **9**:*24*, **9**:268, **9**:273, **9**:*277*, **10**:41, **10**:44, **10**:45, **10**:50, **10**:*52*, **10**:175, **10**:184, **10**:*224*, **11**:123, **11**:137, **11**:139, **11**:140, **11**:144, **11**:145, **11**:146, **11**:149, **11**:152, **11**:154, **11**:156, **11**:157, **11**:158, **11**:162, **11**:163, **11**:173, **11**:*174*, **11**:*175*, **11**:199, **11**:201, **11**:203, **11**:204, **11**:205, **11**:209, **11**:210, **11**:211, **11**:212, **11**:213, **11**:215, **11**:216, **11**:217, **11**:219, **11**:220, **11**:221, **11**:*223*, **11**:*224*, **11**:275, **11**:304, **11**:335, **11**:343, **11**:344, **11**:351, **11**:366, **11**:367, **11**:369, **11**:370, **11**:374, **11**:375, **11**:*389*, **13**:91, **13**:125, **13**:*152*, **14**:118, **14**:119, **14**:120, **14**:121, **14**:127, **14**:*130*, **17**:100, **17**:133, **17**:156, **17**:*179*, **19**:225, **19**:226, **19**:230, **19**:232, **19**:233, **19**:235, **19**:236, **19**:240, **19**:241, **19**:244, **19**:247, **19**:248, **19**:249, **19**:250, **19**:251, **19**:252, **19**:253, **19**:254, **19**:255, **19**:257, **19**:260, **19**:263, **19**:264, **19**:265, **19**:266, **19**:267, **19**:269, **19**:272, **19**:273, **19**:274, **19**:275, **19**:276, **19**:278, **19**:280, **19**:281, **19**:284, **19**:290, **19**:292, **19**:293, **19**:294, **19**:295, **19**:299, **19**:301, **19**:302, **19**:309, **19**:315, **19**:318, **19**:319, **19**:320, **19**:323, **19**:329, **19**:332, **19**:333, **19**:348, **19**:361, **19**:*371*, **19**:*375*, **19**:*376*, **19**:*377*, **19**:*378*, **19**:*379*, **20**:155, **20**:171, **20**:172, **20**:*186*, **23**:74, **23**:123, **23**:133, **23**:136, **23**:141, **23**:146, **23**:151, **23**:*160*, **24**:92, **24**:*110*, **25**:33, **25**:56, **25**:*94*, **25**:*96*, **26**:297, **26**:*376*, **27**:239, **27**:*290*, **28**:210, **28**:217, **28**:218, **28**:221, **28**:*290*, **29**:233, **29**:241, **29**:242, **29**:256, **29**:257, **29**:258, **29**:262, **29**:*270*, **29**:280, **29**:286, **29**:287, **29**:291, **29**:292, **29**:314, **29**:*328*, **29**:*329*, **30**:176, **30**:*220*, **32**:302, **32**:*384*

Olah, J., **4**:307, **4**:308, **4**:*346*

Olah, J. A., **11**:344, **11**:368, **11**:369, **11**:*389*, **17**:100, **17**:133, **17**:*179*, **19**:226, **19**:253, **19**:*376*, **29**:241, **29**:*270*

Olbrich, G., **26**:195, **26**:197, **26**:*252*

Oldenburg, S. J., **13**:216, **13**:*268*

Oldfield, E., **13**:286, **13**:346, **13**:349, **13**:371, **13**:372, **13**:377, **13**:381, **13**:382, **13**:383, **13**:385, **13**:386, **13**:*406*, **13**:*411*, **13**:*413*

Oldfield, J., **10**:172, **10**:219, **10**:*222*

Oldham, K. B., **10**:196, **10**:*223*, **19**:170, **19**:*220*, **32**:20, **32**:21, **32**:109, **32**:*119*

Oldham, K. G., **3**:178, **3**:*184*, **8**:319, **8**:*398*, **25**:105, **25**:253, **25**:*257*

Oleari, L., **6**:199, **6**:*325*

O'Leary, M. H., **11**:34, **11**:*121*, **13**:256, **13**:*274*, **24**:92, **24**:*108*, **25**:235, **25**:*262*, **31**:185, **31**:186, **31**:188, **31**:*246*, **31**:*247*

Olechowski, J. R., **4**:267, **4**:268, **4**:*304*

Oleson, J. A., **26**:169, **26**:*176*

Olie, K., **20**:206, **20**:219, **20**:*230*

Olin, G. R., **19**:80, **19**:*126*

Oliphant, N., **27**:149, **27**:207, **27**:*234*

Olivani, F., **10**:169, **10**:189, **10**:194, **10**:*222*

Olivard, J., **21**:6, **21**:*34*

Olive, P. L., **17**:54, **17**:*63*

Oliveira-Brett, A. M., **32**:54, **32**:80, **32**:*115*

Olivella, S., **25**:270, **25**:272, **25**:276, **25**:278, **25**:300, **25**:328, **25**:329, **25**:332, **25**:333, **25**:344, **25**:345, **25**:347, **25**:348, **25**:349, **25**:350, **25**:352, **25**:354, **25**:358, **25**:360, **25**:368, **25**:373, **25**:374, **25**:375, **25**:378, **25**:391, **25**:394, **25**:399, **25**:400, **25**:401, **25**:428, **25**:429, **25**:434, **25**:*439*, **25**:*440*, **25**:*441*, **25**:*444*

Oliver, A. J., **23**:32, **23**:*61*

Oliver, A. M., **28**:27, **28**:32, **28**:33, **28**:*41*

Oliver, J., **25**:419, **25**:*441*

Oliver, R. W. A., **8**:174, **8**:*267*

Oliver, W. H., **9**:208, **9**:*279*

Oliver, W. R., **8**:211, **8**:*265*

Olivier, S. C. J., **1**:93, **1**:105, **1**:*148*, **1**:*153*, **5**:321, **5**:*326*

Olivieri, A. C., **32**:230, **32**:238, **32**:239, **32**:*263*, **32**:*265*

Oliyucci, M., **30**:133, **30**:*169*
Ollis, W. D., **13**:59, **13**:*81*, **22**:46, **22**:*106*
Olmstead, H. D., **18**:23, **18**:38, **18**:*74*
Olmstead, M. L., **13**:201, **13**:*274*, **19**:196, **19**:*220*
Olmstead, M. M., **23**:39, **23**:*58*
Olmstead, W. N., **21**:208, **21**:210, **21**:211, **21**:215, **21**:216, **21**:218, **21**:*238*, **21**:*239*, **24**:8, **24**:*54*, **27**:174, **27**:*237*
Olmsted, II, T. J., **8**:183, **8**:*267*
Olness, D., **16**:168, **16**:*175*, **16**:*236*
Olofson, R. A., **6**:302, **6**:*327*, **15**:47, **15**:*60*, **29**:298, **29**:*326*, **29**:*327*
Olofsson, B., **12**:11, **12**:12, **12**:32, **12**:33, **12**:36, **12**:44, **12**:57, **12**:60, **12**:64, **12**:*120*, **12**:*124*, **18**:149, **18**:*177*
Olofsson, G., **26**:267, **26**:*369*
Olovsson, I., **26**:258, **26**:260, **26**:261, **26**:268, **26**:*374*, **26**:*376*
Olp, D., **13**:194, **13**:*274*
Olsen, B. A., **17**:83, **17**:*177*, **19**:157, **19**:158, **19**:*220*
Olsen, F. P., **13**:96, **13**:101, **13**:106, **13**:*149*, **14**:148, **14**:149, **14**:*197*, **18**:9, **18**:*72*
Olsen, R. E., **7**:96, **7**:*109*
Olsen, R. J., **29**:212, **29**:216, **29**:*271*
Olsen, S. A., **32**:109, **32**:119
Olson, A. R., **1**:400, **1**:*421*, **2**:130, **2**:*161*, **5**:182, **5**:*234*, **6**:188, **6**:265, **6**:*329*, **9**:273, **9**:*278*
Olson, E. S., **16**:258, **16**:*263*
Olson, J. B., **26**:169, **26**:*177*
Olson, J. M., **23**:65, **23**:*159*
Olson, J. S., **13**:378, **13**:*413*
Olson, K. D., **19**:57, **19**:*119*
Olson, W. B., **30**:35, **30**:*58*
Olsson, K., **21**:45, **21**:*97*, **25**:61, **25**:63, **25**:*87*, **25**:*93*
Olsson, S., **1**:52, **1**:55, **1**:*153*, **1**:157, **1**:193, **1**:*199*, **2**:20, **2**:*89*, **6**:63, **6**:*100*
Olszowy, H., **23**:27, **23**:28, **23**:*61*
Olszowy, H. A., **26**:114, **26**:*126*
O'Malley, R. F., **12**:56, **12**:*123*, **12**:*125*, **13**:234, **13**:*273*
Omori, A., **13**:232, **13**:*276*
Omori, T., **12**:287, **12**:*296*
Omote, Y., **19**:108, **19**:*120*
Omoto, S., **13**:311, **13**:313, **13**:315, **13**:*413*
Omura, I., **4**:57, **4**:*70*
Omura, K., **20**:214, **20**:222, **20**:*231*, **20**:*232*
Omura, S., **16**:250, **16**:*263*
Ona, H., **19**:303, **19**:337, **19**:338, **19**:*374*
O'Neal, H. E., **8**:62, **8**:*77*, **13**:50, **13**:51, **13**:*78*, **15**:26, **15**:28, **15**:*58*, **18**:201, **18**:202, **18**:*236*, **18**:*237*, **22**:18, **22**:23, **22**:55, **22**:81, **22**:*109*
O'Neil, J. W., **25**:45, **25**:*87*
O'Neil, S. V., **19**:184, **19**:*222*
O'Neill, B., **14**:96, **14**:*129*
O'Neill, J., **19**:336, **19**:*377*, **26**:231, **26**:*251*
O'Neill, P., **18**:138, **18**:149, **18**:158, **18**:*181*, **18**:*183*, **29**:256, **29**:*270*
O'Neill, S. V., **22**:314, **22**:*360*
Oniciu, D., **25**:66, **25**:67, **25**:69, **25**:70, **25**:*95*
Ono, K., **29**:5, **29**:*67*
Ono, M., **20**:148, **20**:*189*
Ono, N., **23**:277, **23**:300, **23**:304, **23**:*319*, **23**:*320*
Ono, S., **5**:50, **5**:*52*, **22**:278, **22**:288, **22**:*304*, **22**:*307*, **22**:*309*
Ono, T., **8**:301, **8**:302, **8**:308, **8**:396, **8**:*404*, **8**:*405*
Ono, Y., **13**:191, **13**:*277*, **20**:28, **20**:*52*, **22**:327, **22**:350, **22**:*360*
Onodera, A., **13**:178, **13**:*275*
Onodera, K., **30**:126, **30**:*170*
Onopchenko, A., **13**:175, **13**:*274*
Onoprienko, M. I., **1**:195, **1**:*197*
Onoue, H., **23**:190, **23**:206, **23**:207, **23**:*267*, **23**:*268*
Onrubia, C., **25**:281, **25**:288, **25**:320, **25**:347, **25**:380, **25**:383, **25**:384, **25**:385, **25**:389, **25**:402, **25**:404, **25**:405, **25**:419, **25**:433, **25**:434, **25**:*439*, **25**:*441*, **25**:*442*, **25**:*443*, **25**:*444*
Onsager, L., **14**:*348*, **16**:174, **16**:222, **16**:*235*
Onsanger, L., **32**:148, **32**:185, **32**:187, **32**:*214*
Onuchic, J. N., **28**:19, **28**:*43*
Onwood, D. P., **4**:13, **4**:15, **4**:23, **4**:*27*, **6**:73, **6**:*100*, **7**:280, **7**:*330*
Onyivruka, S. O., **22**:279, **22**:*307*

Onyon, P. F., **2**:155, **2**:*158*, **3**:99, **3**:*120*, **9**:134, **9**:*174*
Oohari, H., **19**:4, **19**:*123*
Oohashi, R., **19**:60, **19**:*121*
Oohashi, Y., **13**:193, **13**:*274*
Ooi, S. L., **19**:421, **19**:422, **19**:*424*
Ooi, T., **6**:113, **6**:114, **6**:116, **6**:118, **6**:122, **6**:124, **6**:127, **6**:128, **6**:130, **6**:131, **6**:132, **6**:134, **6**:144, **6**:151, **6**:152, **6**:158, **6**:162, **6**:164, **6**:165, **6**:166, **6**:167, **6**:168, **6**:169, **6**:170, **6**:171, **6**:172, **6**:175, **6**:*181*, **6**:*183*
Ookubo, N., **32**:137, **32**:204, **32**:206, **32**:*215*
Ooshika, Y., **13**:213, **13**:*271*, **13**:*277*
Oosterbaan, R. A., **21**:14, **21**:*34*
Oosterhoff, L. J., **10**:50, **10**:*51*, **10**:56, **10**:57, **10**:84, **10**:87, **10**:*125*, **10**:*126*, **13**:166, **13**:*267*, **21**:102, **21**:103, **21**:139, **21**:140, **21**:142, **21**:*195*
Oostra, S., **26**:224, **26**:232, **26**:*252*
Opekar, F., **19**:136, **19**:*220*
Opella, S. J., **16**:242, **16**:243, **16**:257, **16**:*261*, **16**:*264*, **32**:233, **32**:*263*
Opgenforth, H. J., **10**:98, **10**:*127*
Opik, U., **1**:379, **1**:*421*
Opitz, G., **11**:300, **11**:354, **11**:*389*
Oppenheim, I., **6**:144, **6**:*181*
Oppenheimer, J. R., **24**:155, **24**:*199*
Oppenheimer, N. J., **24**:135, **24**:139, **24**:*203*, **31**:214, **31**:216, **31**:*243*
Orama, O., **29**:217, **29**:*267*
Orbach, N., **19**:50, **19**:*125*
Orchin, M., **6**:196, **6**:225, **6**:230, **6**:243, **6**:287, **6**:288, **6**:*328*, **6**:*330*, **8**:184, **8**:229, **8**:*265*, **22**:292, **22**:*305*
Ordonez, D., **23**:215, **23**:216, **23**:*266*
Orel, B., **26**:280, **26**:*372*
Orell, T., **18**:191, **18**:226, **18**:*238*
Orena, M., **17**:357, **17**:*425*
Oreskes, I., **11**:78, **11**:*121*
Orgel, L. E., **1**:294, **1**:302, **1**:*360*, **9**:28(64), **9**:68(64), **9**:*124*, **15**:64, **15**:98, **15**:*148*
Orger, B. H., **19**:14, **19**:100, **19**:103, **19**:*116*
Ori, A., **31**:75, **31**:*83*
Oricain, J. J., **25**:347, **25**:353, **25**:*444*
Oriel, P., **6**:132, **6**:*182*
Orio, A., **5**:195, **5**:210, **5**:*232*
Orlandi, G., **32**:42, **32**:*119*
Orlov, I. G., **16**:198, **16**:*235*
Orlovic, M., **32**:285, **32**:*382*
Orlowski, R. C., **5**:390, **5**:*399*
Ormondroyd, S., **14**:*340*
O'Rourke, C., **1**:24, **1**:25, **1**:27, **1**:*31*
O'Rourke, C. E., **2**:119, **2**:*159*
Orpen, A. G., **22**:140, **22**:187, **22**:*206*, **23**:112, **23**:*162*, **26**:260, **26**:275, **26**:327, **26**:328, **26**:330, **26**:*368*, **26**:*378*, **26**:*379*
Orpen, G. A., **24**:61, **24**:*105*
Orpen, G., **29**:89, **29**:*178*
Orr, B. J., **3**:57, **3**:*87*, **32**:136, **32**:*214*
Orr, J. B., **14**:327, **14**:*348*
Orr, W. J. C., **7**:262, **7**:278, **7**:285, **7**:297, **7**:*330*
Orr, W. L., **9**:213, **9**:*278*, **28**:256, **28**:*289*
Ors, J. A., **19**:101, **19**:*127*
Orszulik, S. T., **21**:9, **21**:*33*, **24**:101, **24**:*109*
Ort, M. R., **12**:82, **12**:84, **12**:*126*, **19**:195, **19**:*217*, **19**:*221*
Ortin, J. L., **25**:385, **25**:389, **25**:433, **25**:*443*, **27**:41, **27**:*53*
Ortiz, J. J., **11**:85, **11**:*118*, **21**:68, **21**:*95*, **27**:41, **27**:*53*
Ortiz, R., **32**:167, **32**:*209*
Ortman, B. J., **30**:14, **30**:*60*
Orton, K. J. P., **1**:60, **1**:*153*
Orttung, W. H., **3**:76, **3**:*88*, **18**:122, **18**:*181*
Orvik, J. A., **14**:176, **14**:*200*
Orville-Thomas, W. J., **22**:127, **22**:*211*
Orzech, C. E., Jr., **2**:24, **2**:*89*
Osa, T., **12**:13, **12**:43, **12**:48, **12**:69, **12**:*124*, **12**:*125*, **18**:125, **18**:*181*, **19**:4, **19**:*128*, **20**:128, **20**:*186*
Osada, Y., **14**:6, **14**:*65*, **17**:449, **17**:*487*
Osajima, E., **32**:279, **32**:285, **32**:*384*
Osajima, T., **29**:5, **29**:6, **29**:*67*
Osaki, K., **15**:92, **15**:*145*, **32**:246, **32**:*262*
Osawa, E., **13**:36, **13**:*79*, **25**:23, **25**:24, **25**:33, **25**:*86*, **25**:*90*, **25**:*94*, **29**:173, **29**:*182*
Osawa, T., **11**:*121*
Osawa, Y., **19**:64, **19**:109, **19**:*125*
Osber, M. P., **25**:120, **25**:*259*
Osborn, A. R., **2**:96, **2**:109, **2**:124, **2**:127, **2**:137, **2**:140, **2**:141, **2**:142, **2**:144,

2:145, **2**:147, **2**:152, **2**:*161*
Osborn, J. A., **23**:16, **23**:23, **23**:24, **23**:*59*, **23**:*61*
Osborne, A. D., **8**:252, **8**:*267*
Osborne, M. R., **19**:410, **19**:*412*, **19**:*425*
Osborne, R., **26**:348, **26**:*374*, **27**:41, **27**:*52*
Osbourne, R., **31**:154, **31**:*243*
O'Shaughnessy, D. A., **14**:329, **14**:*341*
O'Shea, G. J., **28**:158, **28**:159, **28**:*170*
Oshima, T., **20**:112, **20**:114, **20**:*187*
Oshima, Y., **2**:213, **2**:*273*
Osiecki, J. H., **26**:222, **26**:244, **26**:*252*
Osipov, A. P., **17**:451, **17**:*484*, **23**:223, **23**:226, **23**:*267*
Osipov, O. A., **25**:22, **25**:*92*
Osman, S. A. A., **18**:149, **18**:*184*
Osmundsen, J., **7**:241, **7**:*257*
Ossip, P. S., **8**:295, **8**:*398*, **14**:39, **14**:*63*
Ossowski, T., **32**:38, **32**:*117*
Osten, H.-J., **23**:71, **23**:*159*
Oster, G., **2**:157, **2**:*161*, **3**:39, **3**:*88*, **8**:396, **8**:*397*, **8**:*404*, **8**:*406*
Oster, G. K., **2**:157, **2**:*161*, **13**:162, **13**:*274*
Oster, O., **13**:280, **13**:355, **13**:356, **13**:357, **13**:359, **13**:360, **13**:*413*, **13**:*415*
Osterman, V. M., **23**:72, **23**:*159*
Ostermann, G., **10**:117, **10**:118, **10**:119, **10**:*127*, **10**:*128*
Osteryoung, J., **31**:6, **31**:*83*, **31**:88
Ostlund, N. S., **26**:299, **26**:*376*
Ostlund, R. E., **22**:154, **22**:155, **22**:156, **22**:*210*
Östman, B., **6**:63, **6**:*100*
Ostovic, D., **23**:300, **23**:*320*, **24**:95, **24**:99, **24**:100, **24**:103, **24**:*109*, **24**:*110*, **24**:*111*, **27**:122, **27**:*236*
Ostwald, W., **11**:277, **11**:*389*, **13**:86, **13**:*152*
Osuch, C., **18**:170, **18**:*182*
Osugi, J., **8**:280, **8**:*404*
Osuka, A., **20**:170, **20**:*188*
O'Sullivan, C., **21**:24, **21**:*34*
Oswana, S., **32**:70, **32**:*119*
Osyany, J. M., **6**:315, **6**:*323*
Ota, M., **26**:225, **26**:*250*
Ota, Y., **19**:4, **19**:*123*
Otaki, P. S., **5**:290, **5**:*329*
Otani, S., **26**:225, **26**:*250*
Oth, J. F. M., **6**:210, **6**:*331*, **11**:123, **11**:*175*, **12**:111, **12**:*125*, **20**:115, **20**:*185*, **29**:285, **29**:292, **29**:300, **29**:*326*, **29**:*328*, **29**:*329*, **30**:40, **30**:*58*
Otsu, T., **17**:36, **17**:38, **17**:61, **17**:*63*, **32**:279, **32**:284, **32**:*381*
Otsubo, T., **17**:290, **17**:291, **17**:*428*, **19**:45, **19**:*120*
Otsubo, Y., **17**:460, **17**:*487*, **22**:288, **22**:*309*
Otsuji, Y., **19**:72, **19**:113, **19**:*124*
Otsuka, Y., **22**:284, **22**:*304*
Otsuki, T., **10**:109, **10**:110, **10**:*126*, **10**:*127*, **10**:*128*, **19**:90, **19**:108, **19**:*123*, **20**:225, **20**:*231*
Ott, D. G., **2**:10, **2**:*89*
Ott, E., **5**:364, **5**:*398*
Ott, H., **1**:203, **1**:*279*, **21**:28, **21**:*32*, **22**:40, **22**:*108*
Ott, K. H., **4**:163, **4**:*193*
Ott, R. J., **16**:4, **16**:*49*
Ott, W., **29**:300, **29**:*327*
Ottenheym, J. H., **11**:347, **11**:*389*
Otterbein, G., **3**:48, **3**:*88*
Ottewill, R. H., **8**:274, **8**:*401*
Ottinger, Ch., **8**:185, **8**:*264*
Ottnad, M., **13**:353, **13**:360, **13**:*410*
Otto, P., **30**:187, **30**:*218*
Ottolenghi, M., **12**:132, **12**:144, **12**:151, **12**:154, **12**:164, **12**:*215*, **12**:*218*, **12**:*219*, **13**:186, **13**:*274*, **19**:2, **19**:50, **19**:*123*, **19**:*125*, **20**:219, **20**:*231*
Oturan, M. A., **26**:71, **26**:72, **26**:73, **26**:77, **26**:86, **26**:87, **26**:91, **26**:92, **26**:93, **26**:*122*, **26**:*128*
Otvos, J. W., **8**:130, **8**:*148*, **19**:100, **19**:*119*
Oudar, J. L., **32**:143, **32**:198, **32**:*210*, **32**:*214*
Ouannes, C., **18**:58, **18**:*75*
Oubridge, J. V., **9**:9, **9**:*23*
Ouchi, K., **9**:12, **9**:13, **9**:15, **9**:*23*
Oude-Alink, B. A. M., **12**:212, **12**:213, **12**:*217*
Oudemans, G. J., **3**:73, **3**:*82*
Ouédraogo, A., **25**:49, **25**:*94*
Ouellette, R. J., **13**:59, **13**:60, **13**:70, **13**:*81*
Oughton, B. M., **6**:152, **6**:*183*
Ouicho, F. A., **11**:64, **11**:*121*

Ourisson, G., **13**:70, **13**:*80*, **25**:5, **25**:*92*
Outram, J. R., **19**:403, **19**:*425*
Ovary, Z., **23**:233, **23**:*266*
Ovchinikova, M. M., **11**:371, **11**:*391*
Ovchinnikov, A. A., **26**:192, **26**:197, **26**:200, **26**:224, **26**:225, **26**:*249*, **26**:*250*
Ovchinnikov, Yu. A., **13**:360, **13**:395, **13**:398, **13**:399, **13**:402, **13**:403, **13**:406, **13**:*408*, **13**:*410*, **13**:*413*
Ovchinnikova, T. M., **12**:35, **12**:*125*
Ovenall, D. W., **1**:299, **1**:329, **1**:330, **1**:331, **1**:341, **1**:*359*, **1**:*362*, **8**:25, **8**:*77*
Ovenden, P. J., **14**:314, **14**:*344*
Overberger, C. G., **7**:171, **7**:177, **7**:*207*, **8**:395, **8**:396, **8**:*404*, **17**:461, **17**:*486*
Overberger, C. O., **4**:155, **4**:*192*
Overchuk, N., **14**:121, **14**:*130*
Overchuk, N. A. J., **29**:241, **29**:*270*
Overend, W. G., **5**:45, **5**:*52*
Overgaauw, M., **31**:273, **31**:*390*
Overill, R. E., **26**:265, **26**:267, **26**:300, **26**:304, **26**:310, **26**:*370*
Overman, L. E., **11**:71, **11**:*117*
Oversby, J. P., **7**:124, **7**:*149*
Overton, C. H., **17**:382, **17**:*427*
Owen, A. J., **26**:315, **26**:*369*
Owen, B. B., **1**:12, **1**:*32*, **2**:107, **2**:112, **2**:119, **2**:*161*
Owen, D. M., **12**:17, **12**:*118*
Owen, E. D., **5**:96, **5**:*113*, **10**:146, **10**:149, **10**:*151*
Owen, G., **16**:203, **16**:*230*
Owen, G. P., **16**:196, **16**:197, **16**:*235*
Owen, G. S., **16**:42, **16**:*48*
Owen, J., **22**:166, **22**:*205*, **26**:321, **26**:*368*
Owen, L. N., **7**:102, **7**:103, **7**:104, **7**:*112*
Owen, N. D. S., **26**:306, **26**:*376*
Owens, F. H., **15**:255, **15**:*262*
Owens, G. D., **18**:159, **18**:*177*
Owens, K., **23**:285, **23**:*321*
Owens, M., **31**:37, **31**:*82*
Owens, P. H., **14**:88, **14**:*131*
Owens, R. M., **15**:300, **15**:312, **15**:316, **15**:*330*, **17**:312, **17**:*432*
Owers, R. J., **20**:222, **20**:*229*
Owicki, J. C., **14**:220, **14**:*350*
Owsley, D. C., **9**:215, **9**:*278*, **17**:140, **17**:*177*
Owuor, P. O., **27**:249, **27**:*290*
Oyama, K., **28**:264, **28**:*290*, **32**:324, **32**:*379*
Ozaki, M., **26**:200, **26**:*247*
Ozaki, S., **31**:131, **31**:*140*

P

Paakkala, E., **5**:142, **5**:*170*
Pabon, R., **20**:123, **20**:*181*
Pabon, R. A., **23**:311, **23**:*316*, **23**:*320*
Pac, C., **13**:182, **13**:*274*, **19**:46, **19**:47, **19**:69, **19**:70, **19**:71, **19**:72, **19**:74, **19**:90, **19**:104, **19**:*116*, **19**:*122*, **19**:*123*, **19**:*124*, **19**:*126*, **19**:*127*, **19**:*129*, **20**:221, **20**:*232*, **20**:*233*, **23**:312, **23**:*319*, **23**:*320*
Pacansky, J., **30**:32, **30**:33, **30**:*60*
Pace, I., **12**:167, **12**:171, **12**:201, **12**:*219*
Pace, N., **25**:249, **25**:*260*
Pacelli, K., **29**:21, **29**:*66*
Pacelli, K. A., **31**:264, **31**:265, **31**:382, **31**:*388*
Pachler, K. G. R., **6**:123, **6**:*181*, **25**:9, **25**:*94*
Pachter, I. J., **21**:45, **21**:*97*
Paci, M., **13**:371, **13**:374, **13**:*408*
Pacifici, J. A., **26**:68, **26**:*125*
Pacifici, J. G., **17**:22, **17**:*62*
Packard, M. E., **3**:259, **3**:*268*
Packendorff, K., **5**:364, **5**:*398*
Packer, E. L., **13**:350, **13**:371, **13**:*408*, **13**:*413*
Packer, J., **13**:114, **13**:*150*, **18**:33, **18**:*73*
Packer, J. E., **12**:278, **12**:283, **12**:*296*, **20**:172, **20**:*184*, **20**:*187*
Packer, K. J., **3**:228, **3**:*267*, **9**:27(18b), **9**:28(18b), **9**:82(18b), **9**:86(18b), **9**:*122*, **14**:326, **14**:*348*
Paddock, N. L., **3**:177, **3**:*185*
Paddon-Row, M. N., **24**:64, **24**:*110*, **28**:21, **28**:27, **28**:28, **28**:32, **28**:33, **28**:*41*, **28**:*43*, **29**:107, **29**:*181*
Padias, A. B., **30**:187, **30**:*218*
Padilla, A. G., **11**:345, **11**:*385*, **13**:233, **13**:240, **13**:243, **13**:253, **13**:*266*, **18**:154, **18**:*183*
Padlan, E. A., **31**:263, **31**:*389*

Padmanabhan, K., **32**:245, **32**:*264*
Padovan, M., **17**:149, **17**:*175*
Padwa, A., **8**:249, **8**:250, **8**:*262*, **8**:*267*, **14**:123, **14**:124, **14**:*132*, **17**:91, **17**:*181*, **17**:329, **17**:*430*
Pagano, R. E., **28**:66, **28**:68, **28**:*136*, **28**:*137*
Page, C. L., **12**:113, **12**:*127*
Page, D. I., **14**:233, **14**:234, **14**:324, **14**:*342*, **14**:*348*
Page, F. M., **1**:8, **1**:*31*
Page, H. T., **5**:11, **5**:*52*
Page, J. E., **23**:187, **23**:*265*
Page, L., **6**:303, **6**:*330*
Page, M. I., **11**:6, **11**:19, **11**:*121*, **14**:234, **14**:*337*, **17**:185, **17**:199, **17**:230, **17**:258, **17**:270, **17**:273, **17**:*274*, **17**:*275*, **17**:*278*, **18**:18, **18**:19, **18**:*71*, **21**:27, **21**:*34*, **21**:39, **21**:*96*, **22**:3, **22**:9, **22**:25, **22**:26, **22**:27, **22**:81, **22**:85, **22**:99, **22**:100, **22**:*107*, **22**:*109*, **22**:290, **22**:*303*, **23**:182, **23**:185, **23**:193, **23**:195, **23**:196, **23**:197, **23**:199, **23**:201, **23**:202, **23**:203, **23**:205, **23**:206, **23**:207, **23**:209, **23**:210, **23**:211, **23**:212, **23**:213, **23**:214, **23**:215, **23**:218, **23**:219, **23**:220, **23**:221, **23**:222, **23**:223, **23**:224, **23**:225, **23**:227, **23**:228, **23**:229, **23**:230, **23**:232, **23**:233, **23**:234, **23**:235, **23**:236, **23**:237, **23**:238, **23**:239, **23**:240, **23**:241, **23**:242, **23**:243, **23**:244, **23**:245, **23**:246, **23**:247, **23**:248, **23**:249, **23**:250, **23**:251, **23**:252, **23**:254, **23**:255, **23**:256, **23**:258, **23**:259, **23**:261, **23**:*261*, **23**:*262*, **23**:*263*, **23**:*265*, **23**:*266*, **23**:*267*, **23**:*268*, **24**:79, **24**:*107*, **24**:131, **24**:132, **24**:133, **24**:*201*, **24**:*203*, **26**:345, **26**:*376*, **27**:48, **27**:*54*, **28**:172, **28**:*205*, **29**:2, **29**:9, **29**:20, **29**:44, **29**:61, **29**:*64*, **29**:*67*, **29**:85, **31**:268, **31**:*389*
Page, R. D., **32**:37, **32**:*114*
Page, S. D., **32**:5, **32**:71, **32**:72, **32**:73, **32**:75, **32**:82, **32**:*116*, **32**:*120*
Pagington, J. S., **29**:2, **29**:*67*
Pagitsas, M., **25**:55, **25**:*87*
Pagnotta, M., **23**:193, **23**:*264*
Pagsberg, P., **12**:227, **12**:236, **12**:*296*
Pai, D. M., **16**:228, **16**:229, **16**:*235*
Paige, J. N., **6**:230, **6**:*327*
Paik, C. H., **17**:452, **17**:455, **17**:*482*, **17**:*483*, **22**:236, **22**:287, **22**:296, **22**:*300*, **22**:*301*
Paik, Y. H., **26**:191, **26**:*247*
Painter, B. S., **2**:175, **2**:*199*
Painter, T. J., **8**:*404*
Paiva, A. C. M., **16**:257, **16**:*261*
Pajunen, A., **14**:326, **14**:*351*
Pakhomova, O. S., **1**:195, **1**:*197*
Pakula, B., **12**:137, **12**:177, **12**:205, **12**:207, **12**:*217*
Pakusch, J., **26**:155, **26**:156, **26**:*175*
Pal, B. C., **17**:67, **17**:*179*
Pal, J., **26**:260, **26**:*376*
Pal, M., **27**:277, **27**:*290*
Palacio, F., **26**:208, **26**:242, **26**:*251*, **26**:*252*
Palacios, S. M., **19**:83, **19**:*126*, **20**:226, **20**:*232*, **23**:286, **23**:*320*, **26**:95, **26**:*128*, **26**:*129*
Palaniappan, R., **20**:216, **20**:*232*
Palau, J., **25**:295, **25**:*440*
Palazzi, A., **23**:49, **23**:*62*
Paldus, J., **4**:297, **4**:*302*, **5**:44, **5**:*52*, **26**:*249*
Palei, R. M., **11**:362, **11**:*383*
Palenius, I., **14**:331, **14**:*351*
Palensky, F., **19**:68, **19**:*127*
Paleos, C. M., **25**:379, **25**:*444*
Palepu, R., **29**:5, **29**:*67*
Palermiti, F. M., **3**:33, **3**:*82*
Paley, M. S., **27**:92, **27**:*114*, **31**:179, **31**:181, **31**:*244*, **32**:167, **32**:174, **32**:*214*
Palie, J., **29**:217, **29**:*271*
Palik, S., **13**:116, **13**:*151*
Palit, S. R., **1**:14, **1**:*33*, **5**:201, **5**:*234*, **9**:165, **9**:*180*
Palke, W. E., **25**:29, **25**:*88*
Palko, A. A., **3**:265, **3**:*268*
Pall, D. B., **14**:229, **14**:*342*
Palla, P., **24**:73, **24**:*105*
Palluel, A. L. L., **12**:2, **12**:*119*
Pal'm, V. A., **1**:35, **1**:*153*, **2**:140, **2**:141, **2**:*162*, **11**:307, **11**:*389*, **13**:85, **13**:91, **13**:*150*, **13**:*152*
Palm, V. A., **14**:43, **14**:*64*, **14**:135,

14:*200*, **17**:217, **17**:*277*, **18**:9, **18**:*73*, **18**:*76*
Palmer, C. A., **21**:168, **21**:169, **21**:*193*, **27**:131, **27**:136, **27**:149, **27**:173, **27**:194, **27**:*236*
Palmer, D. A., **21**:166, **21**:*195*
Palmer, H. B., **6**:10, **6**:54, **6**:56, **6**:*59*, **6**:*60*
Palmer, J. L., **27**:124, **27**:*237*
Palmer, L., **16**:241, **16**:*263*
Palmer, M. B., **8**:282, **8**:*406*
Palmer, R. A., **17**:282, **17**:*430*, **27**:3, **27**:*54*
Palmer, T. F., **9**:253, **9**:*275*
Palmquist, U., **20**:67, **20**:134, **20**:*186*, **20**:*187*
Palomaa, M. H., **1**:25, **1**:*33*, **2**:124, **2**:*161*
Palombo, R., **14**:335, **14**:*340*
Palto, S. P., **32**:167, **32**:*209*
Paltridge, R. L., **24**:50, **24**:*53*
Palys, M., **31**:70, **31**:*83*
Pan, F., **32**:123, **32**:204, **32**:*211*, **32**:*216*
Pan, Y., **23**:74, **23**:148, **23**:*159*
Panar, M., **2**:188, **2**:*199*, **9**:27(47c), **9**:*123*, **17**:136, **17**:*177*, **25**:170, **25**:*261*
Panaye, A., **28**:247, **28**:266, **28**:*288*
Pancíř, J., **19**:336, **19**:*376*
Panda, M., **27**:39, **27**:40, **27**:*52*, **27**:133, **27**:149, **27**:209, **27**:218, **27**:*234*
Pande, K. C., **1**:43, **1**:52, **1**:59, **1**:60, **1**:61, **1**:67, **1**:69, **1**:70, **1**:71, **1**:72, **1**:74, **1**:75, **1**:76, **1**:77, **1**:79, **1**:107, **1**:126, **1**:145, **1**:*151*
Pandey, V. N., **29**:217, **29**:*270*
Pandian, R., **17**:461, **17**:*483*
Pandit, U. K., **5**:272, **5**:*326*, **11**:8, **11**:9, **11**:18, **11**:36, **11**:49, **11**:51, **11**:*118*, **17**:230, **17**:*275*, **18**:168, **18**:*180*, **21**:27, **21**:*31*, **22**:28, **22**:*107*, **24**:96, **24**:101, **24**:104, **24**:*107*, **24**:*109*, **24**:*111*, **24**:*112*, **31**:384, **31**:*389*, **31**:*390*
Pandow, M., **2**:207, **2**:251, **2**:252, **2**:262, **2**:263, **2**:265, **2**:*274*, **2**:*275*
Panek, E. J., **15**:224, **15**:239, **15**:241, **15**:242, **15**:*264*, **23**:277, **23**:279, **23**:282, **23**:*321*, **26**:77, **26**:*129*
Panek, M. C., **15**:224, **15**:*264*
Paneth, P., **31**:185, **31**:186, **31**:187, **31**:188, **31**:234, **31**:*244*, **31**:*246*, **31**:*247*
Pang, E., **24**:101, **24**:*110*
Pang, E. K. C., **22**:139, **22**:*207*, **22**:*210*, **26**:303, **26**:*375*
Pangborn, A., **32**:181, **32**:*208*
Pánková, M., **6**:299, **6**:*330*, **14**:183, **14**:185, **14**:*200*
Pankova, M., **17**:348, **17**:351, **17**:352, **17**:*430*, **17**:*433*
Pannel, K. H., **28**:239, **28**:*290*, **29**:208, **29**:*270*
Pannell, J., **1**:313, **1**:*362*
Pannell, K. H., **17**:300, **17**:357, **17**:*430*, **23**:16, **23**:*61*
Pannwitz, W., **3**:30, **3**:*88*
Panomitros, D., **31**:308, **31**:382, **31**:*392*
Panossian, R., **23**:221, **23**:*262*
Panov, V. B., **20**:159, **20**:*186*
Panova, Y. B., **19**:333, **19**:*369*
Panoy, T. E., **23**:285, **23**:*319*
Pansyotov, J., **15**:173, **15**:*265*
Pant, L. M., **1**:234, **1**:*278*
Pant, N., **30**:110, **30**:*113*
Pantano, J. E., **31**:179, **31**:180, **31**:*245*
Pao, Y. H., **6**:169, **6**:170, **6**:*181*
Paoletti, P., **13**:113, **13**:*152*
Paoli, P., **30**:68, **30**:70, **30**:*112*
Paolillo, L., **13**:372, **13**:373, **13**:380, **13**:*413*
Paolucci, F., **32**:42, **32**:*119*
Papadopoulous, P., **19**:389, **19**:*426*
Papaioannou, C. G., **10**:16, **10**:17, **10**:*26*
Papanikalou, N. E., **17**:124, **17**:*174*
Papanikolaou, N. E., **6**:259, **6**:*323*
Papee, H., **1**:14, **1**:*33*
Papendick, V., **5**:246, **5**:*330*
Papenmeier, G., **7**:173, **7**:*204*
Papeschi, G., **12**:91, **12**:*117*
Papouchado, L., **13**:233, **13**:*274*
Pappas, B., **6**:209, **6**:*331*
Pappas, S. P., **4**:189, **4**:*193*
Pappiaonnou, C. G., **10**:82, **10**:*128*
Paquette, L. A., **6**:219, **6**:*330*, **12**:75, **12**:*116*, **19**:361, **19**:*371*, **19**:*376*, **21**:173, **21**:*193*, **22**:50, **22**:*109*, **29**:129, **29**:130, **29**:139, **29**:140, **29**:141, **29**:*181*, **29**:*182*, **29**:233, **29**:*266*, **29**:274, **29**:279, **29**:280, **29**:285, **29**:286, **29**:287, **29**:288, **29**:290, **29**:292, **29**:295, **29**:296,

29:298, **29**:299, **29**:300, **29**:302, **29**:305, **29**:306, **29**:310, **29**:311, **29**:*324*, **29**:*325*, **29**:*327*, **29**:*328*, **29**:*329*, **29**:*330*
Paquot, C., **8**:272, **8**:377, **8**:*404*
Paradisi, C., **28**:285, **28**:*290*
Paramasivam, R., **20**:216, **20**:*232*
Paratt, J. C., **26**:299, **26**:*376*
Parayre, E. P., **17**:461, **17**:*485*
Parce, J. W., **17**:24, **17**:*63*
Parcell, A., **5**:261, **5**:300, **5**:*329*
Parcell, R. F., **7**:94, **7**:*113*
Parekh, C. T., **19**:86, **19**:107, **19**:*115*, **19**:*119*
Parés, J., **25**:278, **25**:279, **25**:281, **25**:288, **25**:290, **25**:411, **25**:419, **25**:*441*
Parezewski, A., **13**:54, **13**:*79*
Parfenova, G. A., **9**:142, **9**:*177*
Parham, W. E., **6**:208, **6**:*330*, **7**:80, **7**:*112*
Paris, G. Y., **8**:220, **8**:*264*
Parisek, C. B., **6**:258, **6**:*330*
Pariser, R., **1**:412, **1**:415, **1**:416, **1**:*421*, **4**:131, **4**:139, **4**:*145*, **11**:250, **11**:*265*
Parish, J. H., **14**:16, **14**:*62*
Parish, R. C., **6**:306, **6**:*324*
Parkányi, C., **20**:107, **20**:221, **20**:223, **20**:*187*, **20**:*232*
Park, C. H., **22**:185, **22**:186, **22**:*211*
Park, E. H., **12**:191, **12**:213, **12**:*216*
Park, J. D., **7**:18, **7**:19, **7**:20, **7**:22, **7**:24, **7**:25, **7**:26, **7**:27, **7**:28, **7**:29, **7**:30, **7**:44, **7**:50, **7**:62, **7**:*112*, **7**:*113*, **7**:*114*, **19**:384, **19**:397, **19**:406, **19**:*427*
Park, J. H., **2**:119, **2**:*161*
Park, J. M., **22**:350, **22**:*360*
Park, J. Y., **8**:199, **8**:*266*
Park, K. H., **20**:151, **20**:*188*, **22**:258, **22**:*307*, **31**:234, **31**:*246*
Park, S-M., **13**:224, **13**:225, **13**:*266*, **19**:6, **19**:7, **19**:81, **19**:*114*, **19**:*126*
Park, S. U., **24**:101, **24**:*106*, **26**:170, **26**:*177*
Park, W. S., **23**:284, **23**:286, **23**:*316*
Párkányi, C., **11**:235, **11**:*265*, **12**:108, **12**:*125*, **12**:*129*, **20**:107, **20**:*187*, **20**:221, **20**:223, **20**:232
Parker, A. J., **5**:173, **5**:174, **5**:175, **5**:177, **5**:179, **5**:180, **5**:181, **5**:182, **5**:184, **5**:185, **5**:187, **5**:190, **5**:192, **5**:193, **5**:194, **5**:195, **5**:196, **5**:200, **5**:201, **5**:202, **5**:204, **5**:205, **5**:206, **5**:207, **5**:208, **5**:210, **5**:211, **5**:212, **5**:213, **5**:214, **5**:216, **5**:217, **5**:218, **5**:220, **5**:221, **5**:222, **5**:223, **5**:224, **5**:225, **5**:228, **5**:229, **5**:230, **5**:232, **5**:*232*, **5**:*233*, **5**:*234*, **7**:72, **7**:*113*, **7**:251, **7**:253, **7**:*257*, **9**:158, **9**:159, **9**:*180*, **14**:2, **14**:*65*, **14**:134, **14**:136, **14**:137, **14**:138, **14**:140, **14**:141, **14**:148, **14**:160, **14**:161, **14**:162, **14**:174, **14**:177, **14**:182, **14**:*196*, **14**:*197*, **14**:*198*, **14**:*200*, **14**:219, **14**:266, **14**:288, **14**:335, **14**:*340*, **14**:*344*, **14**:*348*, **15**:312, **15**:316, **15**:*329*, **16**:116, **16**:121, **16**:125, **16**:143, **16**:*155*, **16**:*156*, **17**:140, **17**:*179*, **17**:306, **17**:*425*, **21**:155, **21**:166, **21**:189, **21**:*191*, **21**:*194*, **21**:*195*, **27**:190, **27**:191, **27**:*237*, **27**:*253*, **27**:279, **27**:*289*, **27**:*290*, **28**:277, **28**:*290*
Parker, A. K., **14**:*76*, **14**:*127*
Parker, C. A., **12**:132, **12**:137, **12**:138, **12**:143, **12**:*219*, **19**:7, **19**:*126*
Parker, C. W., **23**:233, **23**:*268*
Parker, D. G., **20**:155, **20**:*186*
Parker, D. P., **18**:125, **18**:126, **18**:*175*, **19**:141, **19**:153, **19**:*217*
Parker, G. A., **6**:261, **6**:*331*
Parker, J. K., **29**:151, **29**:156, **29**:157, **29**:160, **29**:*179*, **29**:*181*
Parker, L., **11**:60, **11**:*122*
Parker, R., **3**:14, **3**:*85*
Parker, R. J., **26**:300, **26**:310, **26**:311, **26**:315, **26**:*370*
Parker, R. P., **15**:119, **15**:*148*
Parker, T. L., **19**:77, **19**:*118*
Parker, V. D., **10**:171, **10**:183, **10**:184, **10**:193, **10**:215, **10**:*221*, **10**:*223*, **10**:*224*, **11**:373, **11**:*391*, **12**:7, **12**:9, **12**:10, **12**:12, **12**:13, **12**:16, **12**:18, **12**:25, **12**:37, **12**:50, **12**:52, **12**:56, **12**:57, **12**:71, **12**:72, **12**:73, **12**:75, **12**:76, **12**:77, **12**:78, **12**:79, **12**:81, **12**:82, **12**:86, **12**:*116*, **12**:*118*, **12**:*120*, **12**:*121*, **12**:*122*, **12**:*124*, **12**:*125*, **12**:*126*, **12**:*127*, **12**:*128*, **13**:163, **13**:164, **13**:172, **13**:196, **13**:198, **13**:204, **13**:205, **13**:206, **13**:207, **13**:208, **13**:217, **13**:219,

13:228, **13**:230, **13**:231, **13**:233, **13**:235, **13**:239, **13**:240, **13**:248, **13**:250, **13**:*267*, **13**:*270*, **13**:*271*, **13**:*274*, **13**:*275*, **13**:*277*, **18**:124, **18**:125, **18**:126, **18**:129, **18**:168, **18**:*175*, **18**:*178*, **18**:*179*, **18**:*181*, **18**:*183*, **19**:136, **19**:140, **19**:141, **19**:142, **19**:147, **19**:148, **19**:149, **19**:150, **19**:151, **19**:152, **19**:153, **19**:154, **19**:155, **19**:156, **19**:157, **19**:158, **19**:159, **19**:160, **19**:161, **19**:162, **19**:163, **19**:164, **19**:165, **19**:166, **19**:167, **19**:168, **19**:171, **19**:172, **19**:173, **19**:174, **19**:175, **19**:176, **19**:177, **19**:178, **19**:179, **19**:180, **19**:181, **19**:182, **19**:183, **19**:184, **19**:185, **19**:186, **19**:187, **19**:188, **19**:189, **19**:190, **19**:191, **19**:192, **19**:193, **19**:194, **19**:195, **19**:196, **19**:198, **19**:199, **19**:200, **19**:201, **19**:203, **19**:204, **19**:205, **19**:206, **19**:207, **19**:209, **19**:211, **19**:212, **19**:213, **19**:214, **19**:*216*, **19**:*217*, **19**:*218*, **19**:*219*, **19**:*220*, **19**:*221*, **20**:56, **20**:57, **20**:58, **20**:59, **20**:60, **20**:62, **20**:63, **20**:64, **20**:65, **20**:67, **20**:68, **20**:70, **20**:71, **20**:72, **20**:73, **20**:74, **20**:75, **20**:76, **20**:78, **20**:79, **20**:80, **20**:81, **20**:82, **20**:83, **20**:84, **20**:85, **20**:86, **20**:87, **20**:127, **20**:132, **20**:134, **20**:135, **20**:146, **20**:148, **20**:149, **20**:*180*, **20**:*181*, **20**:*184*, **20**:*185*, **20**:*186*, **20**:*187*, **20**:*188*, **20**:*189*, **26**:38, **26**:*121*, **26**:*128*, **26**:238, **26**:*246*, **29**:240, **29**:251, **29**:261, **29**:*267*, **29**:*270*, **31**:94, **31**:104, **31**:113, **31**:*138*, **31**:*140*, **31**:*141*, **32**:3, **32**:60, **32**:*113*, **32**:*118*, **32**:*119*

Parker, W. L., **23**:168, **23**:*269*

Parker, W., **19**:259, **19**:*376*, **24**:80, **24**:*108*, **24**:*110*

Parkikh, K. K., **15**:143, **15**:*145*

Parkin, D. W., **31**:234, **31**:*246*

Parkin, J. E., **1**:405, **1**:*422*, **25**:39, **25**:*85*

Parkin, S. S. P., **26**:232, **26**:*252*

Parkins, A. W., **26**:313, **26**:*371*, **31**:21, **31**:22, **31**:*82*

Parkins, G. M., **3**:40, **3**:48, **3**:*79*, **3**:*86*

Parkinson, A., **31**:273, **31**:*390*

Parkinson, G. M., **15**:113, **15**:114, **15**:115, **15**:117, **15**:*146*, **15**:*148*, **16**:178, **16**:181–4, **16**:*235*, **30**:162, **30**:164, **30**:*171*

Parks, A. T., **25**:55, **25**:*85*

Parks, J. H., **19**:88, **19**:*129*

Parlar, H., **20**:200, **20**:201, **20**:202, **20**:*231*

Parlin, R. B., **6**:201, **6**:*326*

Parlman, R. M., **14**:188, **14**:*196*, **17**:354, **17**:*424*

Parmelee, W. P., **20**:124, **20**:145, **20**:*186*

Parnes, A. M., **24**:86, **24**:*110*

Parnes, Z. N., **18**:169, **18**:170, **18**:*179*

Parola, A., **13**:184, **13**:*268*, **19**:84, **19**:*117*

Parr, C., **18**:95, **18**:*179*

Parr, J. E., **7**:45, **7**:54, **7**:55

Parr, R. G., **1**:412, **1**:*422*, **1**:*427*

Parr, R., **4**:131, **4**:139, **4**:*145*

Parr, W. J. E., **25**:9, **25**:60, **25**:67, **25**:*95*

Parries, G. S., **17**:328, **17**:*432*

Parrington, B., **10**:135, **10**:137, **10**:*152*

Parrington, B. D., **19**:283, **19**:*370*, **29**:294, **29**:*325*

Parrino, V. A., **11**:308, **11**:*390*

Parris, K., **30**:93, **30**:*115*

Parris, K. D., **29**:122, **29**:*179*

Parrish, F., **26**:287, **26**:*376*

Parrott, E. L., **8**:302, **8**:304, **8**:*405*

Parry, D. E., **15**:87, **15**:*148*, **16**:224, **16**:*235*

Parry, E. P., **11**:333, **11**:*389*

Parry, K., **13**:59, **13**:*76*

Parry, R. B., **16**:242, **16**:*262*

Parshall, G., **23**:51, **23**:*61*

Parsonage, M. J., **16**:54, **16**:56, **16**:57, **16**:69, **16**:72, **16**:73, **16**:*85*

Parsons, A. G., **24**:96, **24**:98, **24**:*106*

Parsons, B. N., **4**:258, **4**:*301*

Parsons, C. A., **8**:345, **8**:353, **8**:354, **8**:*402*, **17**:451, **17**:*484*

Parsons, D. G., **17**:292, **17**:*430*

Parsons, G. H., **13**:184, **13**:*268*, **18**:150, **18**:*176*, **19**:84, **19**:*117*

Parsons, I. W., **12**:56, **12**:*118*, **13**:235, **13**:*267*, **31**:105, **31**:*137*

Parsons, R., **10**:170, **10**:188, **10**:*221*, **10**:*224*, **13**:238, **13**:*274*, **19**:162, **19**:*218*, **26**:18, **26**:*128*

Parsons, S. M., **8**:290, **8**:*404*, **11**:82,

11:*121*
Parsons, T. F., **17:**138, **17:***179*
Parthasarathy, R., **23:**197, **23:***266*, **23:***268*, **29:**120, **29:**122, **29:***180*, **29:***182*, **29:***183*
Partian, C. J., **26:**191, **26:***247*
Partington, J. R., **3:**31, **3:**32, **3:**34, **3:**41, **3:***85*, **3:***88*
Partington, P., **13:**341, **13:**383, **13:**387, **13:***407*, **13:***411*, **13:***412*, **16:**251, **16:***263*
Partridge, L. J., **31:**289, **31:**300, **31:**307, **31:**308, **31:**312, **31:**382, **31:***386*, **31:***392*
Partridge, L. K., **12:**91, **12:***126*
Parts, L., **19:**407, **19:***427*
Parvez, M., **30:**98, **30:**105, **30:***112*
Pascal, R. A., **31:**210, **31:**238, **31:***246*
Pascard-Billy, C., **17:**318–20, **17:**322, **17:***425*
Pascasd, C., **30:**84, **30:***112*
Pascault, J. P., **15:**158, **15:**176, **15:**178, **15:***264*
Paschal, J. W., **23:**189, **23:**190, **23:**206, **23:***268*
Paschalis, P., **27:**149, **27:**177, **27:**186, **27:**194, **27:**207, **27:**211, **27:**216, **27:***234*
Paschkewitz, J. S., **31:**148, **31:**149, **31:**150, **31:***248*
Pascual, I., **25:**375, **25:**376, **25:**395, **25:**396, **25:**397, **25:**398, **25:**399, **25:**422, **25:**435, **25:**436, **25:**437, **25:**438, **25:***440*, **25:***442*, **25:***445*
Pashayan, D., **8:**250, **8:***267*
Pasini, A., **23:**11, **23:**15, **23:**16, **23:**44, **23:**48, **23:***62*
Pasini, C., **8:**143, **8:***146*
Paskovich, D. H., **7:**171, **7:***209*, **13:**212, **13:***274*, **22:**350, **22:***361*
Paskovitch, O. H., **17:**46, **17:***59*
Pasman, P., **19:**42, **19:***126*, **24:**89, **24:***112*
Passagno, E., **8:***146*
Passerini, R., **16:**29, **16:***48*
Passerini, R. C., **12:**211, **12:***219*, **14:**149, **14:***200*
Passeron, E., **26:**18, **26:***128*
Passmore, J., **9:**22, **9:***23*
Pasternak, D. S., **31:**294, **31:**383, **31:***387*
Pasternak, R., **13:**20, **13:***81*
Pasternak, R. A., **6:**117, **6:***181*
Pasteur, L., **28:**102, **28:***137*
Pasto, D. J., **6:**290, **6:***330*, **8:**247, **8:***262*, **24:**71, **24:***110*, **26:**142, **26:**143, **26:***177*
Pastore, P., **32:**95, **32:**96, **32:***118*, **32:***119*
Pastour, P., **7:**236, **7:**243, **7:**244, **7:***257*
Pastro, D. J., **22:**79, **22:***109*
Patacchiola, A., **20:**206, **20:***232*
Patai, S., **1:**28, **1:***31*, **2:**38, **2:***88*, **2:**124, **2:***158*, **6:**269, **6:**277, **6:***330*, **7:**2, **7:**3, **7:**7, **7:**33, **7:**35, **7:**56, **7:**63, **7:***113*, **9:**186, **9:***278*, **27:**99, **27:***116*, **30:**63, **30:**65, **30:***115*
Pataracchia, A. F., **4:**172, **4:***192*
Patchornik, A., **11:**34, **11:***120*, **11:***121*, **21:**42, **21:***97*
Patel, C., **31:**382, **31:***390*
Patel, C. S., **29:**204, **29:***268*
Patel, D. J., **4:**336, **4:**337, **4:***346*, **13:**344, **13:**358, **13:**359, **13:**360, **13:**395, **13:**398, **13:**399, **13:**402, **13:**406, **13:***413*
Patel, G., **21:**56, **21:**66, **21:**68, **21:**69, **21:**71, **21:**73, **21:**81, **21:**84, **21:**87, **21:***97*
Patel, G. S., **23:**206, **23:***264*
Patel, K., **32:**8, **32:***120*
Patel, N. K., **8:**282, **8:**283, **8:***404*
Patel, V., **17:**361, **17:***427*
Patel, V. V., **13:**178, **13:***268*, **16:**215, **16:***232*
Pathy, M. S. V., **10:**171, **10:***223*
Patil, K. J., **14:**298, **14:***345*
Patin, H., **23:**294, **23:***317*
Patmore, D. J., **29:**217, **29:***265*
Patsch, M., **10:**118, **10:***128*, **17:**13, **17:***63*
Patten, F. W., **13:**187, **13:***271*
Patten, P. A., **31:**263, **31:***390*
Patterson, A., **4:**6, **4:**9, **4:***29*
Patterson, D. B., **6:**312, **6:***326*
Patterson, D. R., **24:**169, **24:***200*
Patterson, L. K., **12:**226, **12:**238, **12:**244, **12:**245, **12:**256, **12:**260, **12:**263, **12:**272, **12:**273, **12:**274, **12:**283, **12:**286, **12:**288, **12:**290, **12:***292*, **12:***293*, **12:***294*, **12:***295*, **12:***296*
Patterson, W. L., **6:**56, **6:***59*
Pattison, V. A., **25:**271, **25:**290, **25:***443*
Patwardhan, A. V., **9:**27(37b, 38a, b, 44,

107), **9**:29(37b, 38a, b, 44), **9**:80, **9**:98, **9**:100(111a), **9**:101(107), **9**:116(126a, b, 127a,b), **9**:122, **9**:*125*, **9**:*126*
Pau, J. K., **21**:229, **21**:230, **21**:*239*
Paudler, W. W., **11**:124, **11**:*175*, **11**:325, **11**:326, **11**:*389*
Paukstelis, J. V., **23**:192, **23**:*268*
Paul, B., **13**:331, **13**:*411*
Paul, E. G., **11**:209, **11**:*224*
Paul, H., **10**:121, **10**:*125*, **12**:256, **12**:*296*, **15**:28, **15**:*60*, **20**:31, **20**:45, **20**:*52*, **26**:170, **26**:*176*
Paul, I. C., **15**:68, **15**:82, **15**:98, **15**:108, **15**:120, **15**:123, **15**:127, **15**:129, **15**:130, **15**:*146*, **15**:*148*, **17**:162, **17**:163, **17**:*179*, **30**:162, **30**:*170*, **32**:231, **32**:*263*, **32**:*265*
Paul, K., **14**:*128*, **22**:244, **22**:*304*
Paul, K. G., **17**:464, **17**:465, **17**:*483*, **31**:273, **31**:*388*
Paul, M. A., **2**:135, **2**:*160*, **3**:133, **3**:*185*, **5**:340, **5**:*397*, **7**:282, **7**:287, **7**:301, **7**:302, **7**:306, **7**:*329*, **9**:3, **9**:7, **9**:*24*, **11**:372, **11**:*389*, **13**:84, **13**:85, **13**:95, **13**:*152*, **16**:28, **16**:*49*
Paul, S., **31**:382, **31**:*389*, **31**:*390*
Paul, W. L., **12**:161, **12**:167, **12**:171, **12**:185, **12**:194, **12**:200, **12**:*219*, **12**:*220*
Pauli, G. H., **13**:33, **13**:*81*
Pauli, W. A., **8**:301, **8**:308, **8**:*402*
Pauling, L., **1**:205, **1**:207, **1**:208, **1**:229, **1**:236, **1**:252, **1**:*279*, **2**:*161*, **3**:24, **3**:25, **3**:27, **3**:31, **3**:*88*, **4**:78, **4**:102, **4**:*145*, **6**:113, **6**:114, **6**:147, **6**:*181*, **9**:59(94), **9**:*125*, **11**:280, **11**:288, **11**:289, **11**:290, **11**:328, **11**:*389*, **13**:15, **13**:*81*, **13**:*152*, **14**:209, **14**:223, **14**:*348*, **14**:*349*, **15**:9, **15**:11, **15**:51, **15**:*60*, **21**:25, **21**:*34*, **21**:113, **21**:114, **21**:*195*, **26**:298, **26**:*376*, **29**:2, **29**:9, **29**:*67*, **31**:255, **31**:*390*
Pauling, P., **29**:297, **29**:*326*
Paulsen, H., **24**:122, **24**:123, **24**:147, **24**:151, **24**:*203*, **29**:163, **29**:*182*
Paulson, D. R., **9**:218, **9**:*274*, **10**:106, **10**:108, **10**:*124*
Paulson, J. F., **8**:252, **8**:*260*, **21**:213, **21**:*238*, **24**:8, **24**:36, **24**:*53*, **24**:*55*, **24**:63, **24**:*110*, **25**:104, **25**:117, **25**:*260*, **27**:30, **27**:*53*, **31**:148, **31**:149, **31**:150, **31**:*248*
Paulus, E., **30**:101, **30**:*112*, **30**:*113*
Pauncz, R., **1**:262, **1**:*279*
Pauson, P., **23**:272, **23**:*318*
Paust, J., **6**:208, **6**:312, **6**:*331*
Pavelich, W. A., **4**:11, **4**:*29*
Paventi, M., **29**:17, **29**:50, **29**:51, **29**:*68*
Pavez, H. J., **14**:112, **14**:*130*
Pavia, A. A., **25**:49, **25**:*92*
Pavl'ath, A., **1**:42, **1**:*153*
Pavlik, J. W., **10**:138, **10**:139, **10**:*152*
Pavlish, N. V., **24**:91, **24**:*107*
Pavlopoulis, T., **5**:189, **5**:*234*
Pavlov, V. I., **24**:86, **24**:*109*
Pavlov, V. N., **5**:39, **5**:*52*
Pawelczyk, E., **23**:215, **23**:*268*
Paweliczek, J.-B., **23**:93, **23**:*159*
Pawelke, G., **26**:309, **26**:*376*
Pawlak, K., **30**:64, **30**:65, **30**:107, **30**:*114*
Pawlak, Z., **22**:132, **22**:*211*
Pawlowski, N. E., **17**:103, **17**:130, **17**:*177*, **24**:58, **24**:*110*
Pay, N. G., **27**:254, **27**:259, **27**:260, **27**:286, **27**:*291*
Payling, D. W., **8**:184, **8**:213, **8**:214, **8**:217, **8**:218, **8**:219, **8**:230, **8**:231, **8**:*260*, **8**:*265*
Payne, A. W. R., **32**:109, **32**:*117*
Payne, D. S., **9**:27(16, 17), **9**:*122*
Payne, M. A., **14**:86, **14**:88, **14**:*130*
Payne, M. D., **29**:170, **29**:*180*
Payne, R., **10**:187, **10**:188, **10**:*224*, **12**:87, **12**:88, **12**:*126*
Payne, R. M., **32**:5, **32**:*115*
Payzant, J. D., **21**:199, **21**:204, **21**:206, **21**:208, **21**:211, **21**:212, **21**:215, **21**:*238*, **21**:*239*, **21**:*240*, **24**:8, **24**:*54*
Paziomek, E. J., **11**:*265*
Peaceman, D. W., **32**:93, **32**:*119*
Peachy, N. M., **30**:136, **30**:*171*
Peacock, G., **25**:139, **25**:140, **25**:142, **25**:143, **25**:*260*
Peacock, J., **5**:201, **5**:*233*
Peacock, N. J., **29**:197, **29**:233, **29**:*270*
Peacock, S. C., **17**:382, **17**:383, **17**:387, **17**:389, **17**:392–5, **17**:397, **17**:398, **17**:400–2, **17**:405, **17**:424, **17**:*425*, **17**:*427*, **17**:*431*

Peacock, T. E., **4**:139, **4**:*145*
Peacocke, A. R., **5**:45, **5**:*52*
Peake, E. G., **17**:246, **17**:247, **17**:250, **17**:252, **17**:258, **17**:*278*
Peake, G. T., **29**:108, **29**:*180*
Peake, P. M., **28**:24, **28**:32, **28**:*41*
Peake, S. C., **9**:118(131c), **9**:*126*
Pearl, I. A., **10**:183, **10**:*224*
Pearl, J. A., **12**:75, **12**:*125*
Pearsall, H. W., **4**:238, **4**:*300*, **4**:307, **4**:*345*
Pearson, A. J., **29**:186, **29**:*270*
Pearson, D. E., **1**:39, **1**:84, **1**:134, **1**:*153*, **17**:138, **17**:*179*
Pearson, D. W., **28**:234, **28**:*287*
Pearson, H., **13**:352, **13**:*406*, **16**:246, **16**:247, **16**:*262*, **16**:*264*, **25**:34, **25**:35, **25**:75, **25**:*84*, **25**:*85*
Pearson, J. M., **9**:131, **9**:*176*, **13**:251, **13**:*267*, **13**:*269*, **26**:189, **26**:*252*
Pearson, J. T., **5**:85, **5**:86, **5**:107, **5**:*117*, **5**:*118*, **9**:155, **9**:*177*
Pearson, M. J., **16**:75, **16**:*86*
Pearson, R., **5**:195, **5**:209, **5**:210, **5**:*232*
Pearson, R. B., **3**:179, **3**:*183*
Pearson, R. E., **21**:128, **21**:*195*
Pearson, R. G., **1**:12, **1**:13, **1**:16, **1**:17, **1**:23, **1**:*32*, **1**:*33*, **3**:166, **3**:*185*, **5**:145, **5**:*170*, **5**:185, **5**:217, **5**:221, **5**:*233*, **5**:*234*, **5**:284, **5**:285, **5**:*327*, **6**:303, **6**:*324*, **7**:190, **7**:*207*, **8**:292, **8**:*400*, **9**:119(133), **9**:*126*, **11**:296, **11**:307, **11**:*389*, **12**:3, **12**:*116*, **14**:45, **14**:*65*, **14**:88, **14**:*130*, **15**:39, **15**:*60*, **17**:74, **17**:153, **17**:*179*, **18**:80, **18**:86, **18**:98, **18**:*175*, **18**:*181*, **19**:409, **19**:419, **19**:*427*, **21**:129, **21**:168, **21**:*195*, **21**:212, **21**:*239*, **22**:256, **22**:*307*, **23**:10, **23**:12, **23**:14, **23**:16, **23**:19, **23**:20, **23**:22, **23**:24, **23**:31, **23**:33, **23**:34, **23**:35, **23**:48, **23**:*60*, **23**:*61*, **27**:222, **27**:*237*, **29**:186, **29**:*270*
Pearson, R. J., **29**:186, **29**:*270*
Pearson, R. L., **29**:241, **29**:*270*
Pearson, R. N., **18**:163, **18**:*181*
Pearson, W. B., **32**:143, **32**:*214*
Pease, L. G., **13**:360, **13**:361, **13**:*413*
Pease, R. N., **4**:149, **4**:*191*
Peat, I. R., **13**:352, **13**:*413*, **16**:241, **16**:*261*, **16**:*263*
Pechhold, E., **17**:361, **17**:*426*
Pechmann, H., von, **5**:347, **5**:*398*
Pecora, R., **16**:243, **16**:*261*
Pecoraro, J. M., **23**:280, **23**:292, **23**:*321*
Peddle, G. J. D., **9**:*126*
Pedersen, B. S., **25**:78, **25**:79, **25**:*89*
Pedersen, C., **13**:302, **13**:311, **13**:*407*
Pedersen, C. J., **13**:394, **13**:395, **13**:396, **13**:*413*, **15**:162, **15**:164, **15**:*264*, **17**:280, **17**:283, **17**:284, **17**:337, **17**:338, **17**:421, **17**:*431*, **22**:185, **22**:*211*, **30**:63, **30**:*115*
Pedersen, C. L., **20**:213, **20**:*232*
Pedersen, E. B., **18**:147, **18**:*181*, **20**:156, **20**:157, **20**:160, **20**:*187*
Pedersen, J. B., **10**:121, **10**:*127*
Pedersen, K., **6**:67, **6**:*98*, **7**:279, **7**:*328*, **15**:2, **15**:*58*
Pedersen, K. J., **4**:24, **4**:*27*, **14**:83, **14**:88, **14**:*128*, **14**:150, **14**:151, **14**:*197*, **18**:7, **18**:20, **18**:*76*, **21**:18, **21**:*34*, **21**:177, **21**:*192*
Pedersen, S. E., **29**:208, **29**:*270*
Pedersen, S. U., **26**:68, **26**:111, **26**:*127*, **31**:98, **31**:99, **31**:*139*
Pederson, B. F., **25**:395, **25**:*444*
Pederson, C. H., **14**:182, **14**:*201*
Pederson, E. B., **29**:237, **29**:240, **29**:*270*
Pedler, A. E., **12**:17, **12**:*118*
Pedley, J. B., **22**:17, **22**:*109*
Pedley, M., **14**:255, **14**:*342*
Pedley, M. D., **30**:111, **30**:*114*
Pedulli, G. R., **26**:191, **26**:*250*
Peebles, D. L., **16**:226, **16**:*230*
Peel, T. E., **9**:5, **9**:9, **9**:15, **9**:*23*, **11**:275, **11**:*386*
Peeling, J., **25**:68, **25**:*94*
Peeling, M. G., **1**:52, **1**:72, **1**:*150*
Peer, H. G., **9**:229, **9**:*278*
Peerboom, R., **24**:41, **24**:42, **24**:*55*
Peerdeman, A. F., **6**:106, **6**:*179*
Peet, N. P., **12**:43, **12**:*122*
Peeters, D., **26**:139, **26**:140, **26**:*177*
Pegg, D. T., **16**:254, **16**:*261*, **16**:*264*
Pegram, G. B., **3**:123, **3**:*186*
Pegues, E. E., **2**:39, **2**:*90*
Pehk, T., **23**:103, **23**:*160*
Pehkh, T. I., **19**:283, **19**:322, **19**:*372*
Pei, Y., **26**:243, **26**:*248*, **26**:*249*, **26**:*250*, **26**:*251*

Peierls, R., **16**:163, **16**:*235*
Peinel, G., **26**:260, **26**:*376*
Peisach, J., **2**:153, **2**:154, **2**:*162*
Pekhk, T. I., **10**:83, **10**:85, **10**:99, **10**:*126*, **11**:209, **11**:*224*
Pekkarinen, L., **17**:230, **17**:*278*
Pelech, B., **23**:96, **23**:*158*, **29**:303, **29**:*324*
Pelizzetti, E., **18**:138, **18**:142, **18**:145, **18**:146, **18**:158, **18**:159, **18**:*181*, **18**:*182*
Pelizzetti, E., **22**:218, **22**:291, **22**:*302*, **22**:*305*, **22**:*307*, **32**:70, **32**:*119*
Peller, M. L., **5**:72, **5**:*113*
Pellerin, J. H., **13**:391, **13**:*412*
Pellerite, M. J., **21**:184, **21**:*195*, **21**:208, **21**:217, **21**:219, **21**:220, **21**:*239*, **22**:121, **22**:*211*, **24**:8, **24**:*55*, **27**:97, **27**:*116*
Pelletier, G. E., **14**:275, **14**:*340*
Pellin, M. J., **19**:27, **19**:*126*
Pellon, J., **2**:98, **2**:101, **2**:156, **2**:158, **2**:*162*
Peltier, D., **12**:94, **12**:*122*, **13**:114, **13**:*149*
Pelton, A. D., **14**:281, **14**:*337*
Peña, M. J., **32**:64, **32**:*119*
Pénasse, L., **23**:207, **23**:*262*, **23**:*269*
Pendygraft, G. W., **18**:170, **18**:*178*
Penelle, J., **26**:147, **26**:158, **26**:*178*
Penenory, A., **26**:158, **26**:159, **26**:*177*, **30**:185, **30**:*218*
Penenory, A. B., **23**:285, **23**:*320*, **26**:95, **26**:*128*
Penfield, K. W., **28**:20, **28**:*41*
Penkett, S. A., **8**:290, **8**:*404*, **8**:*405*
Penn, R. E., **17**:71, **17**:72, **17**:*175*, **17**:*179*
Penner, G. H., **25**:53, **25**:68, **25**:*94*, **25**:*95*
Penner, S. E., **1**:*199*
Penney, C., **25**:218, **25**:*258*
Penney, C.-L., **25**:197, **25**:198, **25**:215, **25**:*259*
Pennington, D. E., **18**:80, **18**:129, **18**:140, **18**:143, **18**:*182*
Penny, C., **28**:172, **28**:201, **28**:202, **28**:*205*
Pentchev, P. G., **17**:273, **17**:*274*
Penton, J. R., **12**:36, **12**:*122*, **16**:23, **16**:30, **16**:*48*, **19**:422, **19**:*426*, **29**:224, **29**:*268*
Pentz, L., **6**:72, **6**:*100*, **7**:262, **7**:271, **7**:285, **7**:297, **7**:305, **7**:306, **7**:316, **7**:*330*
Penzien, K., **15**:123, **15**:124, **15**:*148*
Peoples, A. H., **19**:35, **19**:*117*
Peover, M. E., **10**:156, **10**:158, **10**:160, **10**:176, **10**:178, **10**:181, **10**:188, **10**:211, **10**:212, **10**:*224*, **12**:2, **12**:7, **12**:14, **12**:47, **12**:76, **12**:107, **12**:*119*, **12**:*121*, **12**:*126*, **13**:198, **13**:203, **13**:*270*, **13**:*274*, **13**:*275*, **18**:103, **18**:115, **18**:120, **18**:122, **18**:127, **18**:*177*, **18**:*182*, **19**:147, **19**:161, **19**:162, **19**:*218*, **19**:*221*, **26**:15, **26**:17, **26**:29, **26**:*124*, **26**:*128*
Pepe, G., **19**:111, **19**:*123*
Pepinsky, R., **1**:220, **1**:241, **1**:257, **1**:*279*, **1**:*280*
Pepper, T., **28**:27, **28**:*41*
Peradejordi, F., **12**:207, **12**:*216*
Peraldo, M., **15**:251, **15**:*263*
Perchard, J. P., **25**:48, **25**:*94*
Perchinunno, M., **13**:245, **13**:*268*, **20**:173, **20**:*185*,
Perchonock, C., **19**:336, **19**:*377*, **26**:231, **26**:*251*
Percival, J. O., **5**:163, **5**:*171*
Percival, M. D., **26**:306, **26**:*379*
Percival, P. W., **10**:121, **10**:*123*
Percy, J., **26**:350, **26**:*374*
Percy, J. M., **29**:151, **29**:156, **29**:157, **29**:*179*
Perdonein, G., **13**:93, **13**:119, **13**:120, **13**:*151*
Perdue, E. M., **13**:114, **13**:*151*
Peredereeva, S. I., **16**:198, **16**:*235*
Peregudov, G. V., **1**:160, **1**:184, **1**:195, **1**:*198*, **1**:*200*
Pereira, L. C., **19**:55, **19**:*117*
Perekalin, V. V., **1**:169, **1**:*197*, **7**:73, **7**:*113*, **7**:*114*
Pererson, M. J., **24**:87, **24**:*110*
Perez, G., **8**:121, **8**:*146*
Pérez-Blanco, D., **25**:336, **25**:*440*
Perez-Reyes, E., **17**:7, **17**:*61*
Periasamy, M. A., **15**:228, **15**:231, **15**:*265*
Perichon, J., **26**:116, **26**:*125*
Perico, A., **19**:20, **19**:*117*
Peridon, J., **12**:43, **12**:*126*
Periée, J.-J., **25**:227, **25**:228, **25**:230, **25**:232, **25**:*256*, **25**:*258*, **25**:*259*

Periée, T. D., **25:**140, **25:***256*
Perillo, I., **11:**321, **11:***386*
Peringer, P., **25:**206, **25:***263*
Perkampus, H. H., **4:**197, **4:**215, **4:**216, **4:**218, **4:**219, **4:**220, **4:**221, **4:**222, **4:**231, **4:**232, **4:**261, **4:**265, **4:**272, **4:**274, **4:**276, **4:**277, **4:**291, **4:**293, **4:**298, **4:***303*, **11:**288, **11:***389*, **13:**113, **13:***152*
Perkin, M., **27:**107, **27:***116*
Perkin, W. H., **4:**2, **4:**16, **4:***29*, **22:**2, **22:***109*
Perkins, H. R., **23:**180, **23:**184, **23:***264*
Perkins, I., **23:**12, **23:***59*
Perkins, M. J., **6:**277, **6:**280, **6:***325*, **7:**154, **7:**156, **7:***203*, **9:**156, **9:***180*, **15:**26, **15:***60*, **17:**2–5, **17:**7, **17:**12, **17:**14, **17:**15, **17:**19, **17:**24, **17:**29, **17:**33–5, **17:**37, **17:**42, **17:**44, **17:**50, **17:**53, **17:***59*, **17:***62*, **20:**194, **20:***231*, **31:**91, **31:**123, **31:**133, **31:***137*, **31:***139*, **31:***140*
Perkins, R. I., **17:**124, **17:***174*
Perland, R. A., **23:**53, **23:***61*
Perlberger, J.-C., **19:**308, **19:***372*
Perlin, A. S., **13:**283, **13:**288, **13:**295, **13:**300, **13:**301, **13:**302, **13:**320, **13:**322, **13:***411*, **13:***414*
Perlmutter, B. L., **30:**30, **30:***59*
Perlmutter, M. M., **26:**298, **26:***378*
Perlmutter-Hayman, B., **14:**212, **14:**277, **14:***345*, **14:***349*, **22:**177, **22:**178, **22:**179, **22:**183, **22:***211*, **26:**333, **26:**335, **26:**337, **26:***376*
Perlstein, J. H., **12:**2, **12:***120*, **16:**206, **16:**226, **16:***232*, **16:***237*
Peron, J. J., **14:**232, **14:**267, **14:***349*
Perone, S. P., **19:**151, **19:***221*
Perotti, A. M., **30:**68, **30:***113*
Perozzi, E. F., **17:**126, **17:**162, **17:**163, **17:***179*
Perram, J. W., **14:**209, **14:**236, **14:***346*, **14:***349*
Perrand, R., **17:**358, **17:***431*
Perrier, G., **1:**48, **1:***153*
Perrin, C. L., **9:**262, **9:***278*, **12:**2, **12:***129*, **16:**46, **16:***49*, **18:**83, **18:**147, **18:**152, **18:***182*, **18:**191, **18:***237*, **20:**156, **20:**160, **20:***188*, **24:**118, **24:**132, **24:**133, **24:**165, **24:***203*, **25:**173, **25:**230, **25:***262*, **26:**29, **26:**31, **26:**106, **26:***128*, **26:**278, **26:***376*, **29:**237, **29:**240, **29:**247, **29:**258, **29:***270*
Perrin, D. D., **4:**25, **4:***28*, **6:**94, **6:***98*, **11:**301, **11:***390*, **13:**114, **13:***152*, **26:**328, **26:***376*
Perrin, M., **15:**122, **15:***148*
Perrin, M. W., **2:**96, **2:**98, **2:**99, **2:**116, **2:***159*, **2:***162*
Perrin, R., **11:**374, **11:**375, **11:***384*, **15:**122, **15:***147*, **15:***148*
Perron, G., **14:**260, **14:**266, **14:**294, **14:**301, **14:***337*, **14:***340*, **14:***341*, **14:***345*, **14:***349*
Perron, K. M., **12:**283, **12:***292*
Perron, Y. G., **23:**187, **23:**201, **23:***270*
Perronet, J., **23:**207, **23:***262*
Perrot, R., **7:**9, **7:***113*
Perrott, J. R., **16:**16–19, **16:**22, **16:***49*, **19:**388, **19:**397, **19:**399, **19:**420, **19:***427*
Perry, D. R. A., **7:**28, **7:***110*
Perry, F. M., **7:**7, **7:**28, **7:**60, **7:**80, **7:***114*
Perry, J. W., **8:**272, **8:**280, **8:***405*, **32:**180, **32:**182, **32:**186, **32:**188, **32:***209*, **32:***213*, **32:***215*
Perry, K. J., **32:**188, **32:***215*
Perry, R. A., **13:**247, **13:***268*, **17:**361, **17:***427*
Perry, S. G., **1:**25, **1:***31*, **2:**144, **2:***159*, **5:**263, **5:**313, **5:**315, **5:**324, **5:***326*, **14:**279, **14:***339*
Perry, T. T., **32:**167, **32:***212*
Perry, W. O., **8:**221, **8:***262*
Pershin, D. G., **24:**67, **24:***106*
Persico, M., **32:**151, **32:***215*
Persianova, I. V., **11:**361, **11:**362, **11:**363, **11:***383*, **11:***388*
Person, L. S., **11:**307, **11:***390*
Person, W. B., **13:**175, **13:***274*, **21:**102, **21:**107, **21:**110, **21:***194*, **22:**15, **22:***109*, **29:**186, **29:**188, **29:**192, **29:**206, **29:**215, **29:**225, **29:**228, **29:***267*, **29:***270*
Personov, R. I., **32:**250, **32:***263*
Persoons, A., **32:**123, **32:**124, **32:**163, **32:**164, **32:**165, **32:**166, **32:**179,

32:180, **32**:186, **32**:187, **32**:191, **32**:200, **32**:201, **32**:202, **32**:203, **32**:206, **32**:*208*, **32**:*210*, **32**:*211*, **32**:*212*, **32**:*216*
Persson, B.-A., **15**:277, **15**:*329*
Persson, J., **31**:167, **31**:168, **31**:170, **31**:185, **31**:189, **31**:208, **31**:*245*, **31**:*246*, **31**:*248*
Persson, O., **31**:102, **31**:105, **31**:108, **31**:112, **31**:113, **31**:122, **31**:123, **31**:124, **31**:125, **31**:132, **31**:*138*
Perucci, P., **17**:352, **17**:*424*
Perusich, S. A., **32**:80, **32**:*119*
Perutz, M. F., **6**:113, **6**:*179*, **21**:3, **21**:*34*
Pervova, E. Y., **7**:26, **7**:31, **7**:*111*
Perz, R., **21**:41, **21**:70, **21**:*96*
Peslak, J., **14**:327, **14**:*339*
Pessin, J., **22**:263, **22**:*303*
Pesson, C. M., **17**:261, **17**:*276*
Petcavich, R. J., **17**:419, **17**:420, **17**:*428*
Petelenz, P., **32**:167, **32**:*215*
Peter, F. A., **12**:234, **12**:238, **12**:*296*
Peter, H. H., **12**:191, **12**:*219*
Peters, A. T., **2**:180, **2**:*198*, **25**:333, **25**:*444*
Peters, D. E., **8**:237, **8**:*261*
Peters, D. G., **26**:55, **26**:*124*
Peters, E., **11**:206, **11**:*222*
Peters, E. M., **26**:168, **26**:*176*
Peters, E. N., **32**:277, **32**:279, **32**:280, **32**:282, **32**:*380*
Peters, E.-M., **29**:233, **29**:*269*, **29**:276, **29**:277, **29**:301, **29**:303, **29**:304, **29**:*327*, **29**:*329*
Peters, F., **22**:199, **22**:*210*
Peters, J. A., **10**:43, **10**:*52*
Peters, J. W., **18**:232, **18**:*237*
Peters, K., **26**:155, **26**:156, **26**:168, **26**:*175*, **26**:*176*, **29**:276, **29**:277, **29**:301, **29**:303, **29**:304, **29**:*327*, **29**:*329*, **30**:75, **30**:84, **30**:*114*
Peters, K. S., **19**:85, **19**:*126*, **24**:101, **24**:*110*, **29**:212, **29**:*271*
Petersen, B. L., **30**:176, **30**:*221*
Petersen, R. C., **9**:*181*, **12**:11, **12**:13, **12**:43, **12**:57, **12**:60, **12**:61, **12**:114, **12**:115, **12**:*120*, **12**:*127*
Petersen, R. G., **2**:190, **2**:*199*
Petersen, S. B., **23**:64, **23**:*160*
Petersen, T. E., **18**:147, **18**:*181*, **29**:237, **29**:240, **29**:*270*
Petersen, W. C., **11**:236, **11**:253, **11**:*265*
Peterson, C., **9**:159, **9**:*175*
Peterson, G. E., **9**:27(24b), **9**:82(24b), **9**:*122*
Peterson, H. J., **4**:326, **4**:*345*, **32**:274, **32**:316, **32**:318, **32**:*380*
Peterson, J. R., **29**:311, **29**:*327*
Peterson, L. I., **6**:302, **6**:314, **6**:*330*
Peterson, M., **32**:29, **32**:*119*
Peterson, M. L., **12**:14, **12**:17, **12**:56, **12**:*123*
Peterson, P. E., **7**:98, **7**:*112*, **7**:*113*, **9**:188, **9**:189, **9**:190, **9**:191, **9**:192, **9**:199, **9**:200, **9**:205, **9**:208, **9**:236, **9**:237, **9**:239, **9**:257, **9**:258, **9**:261, **9**:262, **9**:263, **9**:*277*, **9**:*278*, **14**:9, **14**:20, **14**:31, **14**:45, **14**:47, **14**:48, **14**:55, **14**:*65*
Peterson, S. W., **14**:223, **14**:*349*, **26**:299, **26**:*376*
Peterson, T. E., **20**:156, **20**:157, **20**:160, **20**:*187*
Petersson, E., **4**:51, **4**:*70*
Pethica, B. A., **8**:275, **8**:*398*, **8**:*400*
Pethig, R., **16**:193, **16**:194, **16**:*235*
Petit, G., **12**:43, **12**:*126*
Petit, M. A., **32**:191, **32**:*215*
Petkov, D., **12**:207, **12**:*220*
Petković, Lj., **12**:234, **12**:*293*
Petrakis, L., **3**:247, **3**:*268*
Petránek, J., **9**:141, **9**:151, **9**:153, **9**:*180*
Petranek., J., **17**:280, **17**:*431*
Petrashenko, A. A., **11**:312, **11**:*392*
Petrauskas, A. A., **25**:34, **25**:*87*, **25**:*94*
Petreanu, E., **3**:144, **3**:*186*
Petride, H., **22**:93, **22**:94, **22**:*107*
Petridis, G., **25**:219, **25**:225, **25**:*261*, **25**:*263*
Petrier, C., **32**:82, **32**:*114*
Petrii, O. A., **10**:166, **10**:*224*, **12**:6, **12**:22, **12**:*119*
Petrillo, G., **27**:28, **27**:*55*
Petrillo, G. P., **27**:102, **27**:*116*
Petro, L., **19**:293, **19**:294, **19**:*368*
Petrongolo, C., **23**:206, **23**:*268*
Petrov, A. A., **9**:217, **9**:230, **9**:269, **9**:*275*, **9**:*278*
Petrov, E. C., **15**:176, **15**:*264*
Petrov, E. S., **1**:165, **1**:172, **1**:*201*

Petrov, I. N., **10**:164, **10**:*222*
Petroveanu, M., **7**:101, **7**:*114*
Petrovich, J. P., **10**:155, **10**:*220*, **12**:2, **12**:17, **12**:82, **12**:84, **12**:*116*, **12**:*126*, **19**:195, **19**:*217*, **19**:*221*
Petrovskii, M. I., **26**:310, **26**:*379*
Petrovskii, P. V., **10**:99, **10**:*123*, **13**:395, **13**:398, **13**:399, **13**:402, **13**:403, **13**:*408*
Petrucci, S., **30**:87, **30**:*112*
Petsko, G. A., **21**:30, **21**:*31*, **29**:93, **29**:*182*
Pett, V. B., **25**:14, **25**:*94*
Petter, P. J., **3**:72, **3**:*81*
Petter, W., **25**:206, **25**:*263*, **29**:132, **29**:*183*
Petterson, I., **28**:247, **28**:*287*
Petterson, K., **28**:82, **28**:*137*
Pettersson, E., **4**:51, **4**:*70*, **8**:110, **8**:119, **8**:131, **8**:*148*
Pettersson, I., **25**:6, **25**:24, **25**:31, **25**:56, **25**:58, **25**:59, **25**:60, **25**:63, **25**:64, **25**:77, **25**:78, **25**:*84*, **25**:*86*, **25**:*94*
Pettersson, T., **20**:134, **20**:*186*
Pettit, C. M., **29**:277, **29**:312, **29**:314, **29**:*327*
Pettit, R., **7**:156, **7**:*205*, **18**:192, **18**:*238*, **19**:345, **19**:346, **19**:347, **19**:*368*, **19**:*369*, **23**:54, **23**:*59*, **29**:280, **29**:288, **29**:*327*, **29**:*329*
Pettitt, B. A., **16**:249, **16**:*264*
Pettitt, D. J., **17**:83, **17**:*177*
Pettman, R. B., **17**:287, **17**:289, **17**:366, **17**:367, **17**:370, **17**:377, **17**:*425*, **17**:*431*
Petukhov, G. G., **23**:275, **23**:*320*
Petukhov, V. A., **12**:188, **12**:191, **12**:212, **12**:*216*, **32**:186, **32**:*212*
Petursson, S., **23**:252, **23**:*266*
Pewitt, E. B., **26**:20, **26**:*130*, **28**:4, **28**:*44*
Peyerimhoff, S., **8**:94, **8**:124, **8**:*148*
Peyronel, J. F., **17**:56, **17**:*62*
Peytavin, S., **18**:114, **18**:*178*
Peytral, E., **6**:301, **6**:*329*, **24**:157, **24**:*203*
Pez, G. P., **9**:12, **9**:13, **9**:15, **9**:*23*
Pezzanite, J. O., **21**:45, **21**:*97*
Pfab, J., **19**:393, **19**:*406*, **19**:*426*, **19**:*427*
Pfaendler, H. R., **9**:243, **9**:*275*, **23**:190, **23**:191, **23**:201, **23**:*268*, **32**:303, **32**:*381*
Pfeffer, P., **26**:287, **26**:*376*
Pfeifer, W. D., **9**:236, **9**:241, **9**:248, **9**:*278*
Pfeiffer, G. V., **6**:189, **6**:*330*, **11**:205, **11**:206, **11**:*224*, **24**:61, **24**:*108*
Pfeiffer, J. G., **19**:269, **19**:*379*
Pfeiffer, M., **22**:102, **22**:*110*
Pfeiffer, P., **2**:165, **2**:*199*, **6**:187, **6**:*330*
Pfeiffer, R. R., **23**:190, **23**:203, **23**:206, **23**:249, **23**:250, **23**:*266*
Pfister, K., **7**:102, **7**:*113*
Pfister-Guillouzo, G., **30**:55, **30**:*57*
Pflederer, J. L., **18**:204, **18**:*238*
Pfleiderer, W., **11**:319, **11**:325, **11**:350, **11**:*383*, **11**:*390*
Pflug, G. R., **23**:253, **23**:*269*
Pfluger, C. E., **4**:238, **4**:*302*
Pfluger, E., **32**:29, **32**:*114*
Pfluger, F., **23**:33, **23**:43, **23**:48, **23**:*60*
Pflüger, F., **26**:39, **26**:*122*
Pfluger, H. L., **27**:19, **27**:*53*
Pfohl, S., **9**:27, **9**:28, **9**:73(56, 58, 59), **9**:75(59), **9**:77, **9**:80(56, 58, 59), **9**:82, **9**:84(58), **9**:85(56), **9**:86(59), **9**:96(56, 58, 59), **9**:117, **9**:118(56), **9**:*123*, **25**:123, **25**:207, **25**:208, **25**:*259*, **25**:*264*
Pfriem, S., **20**:115, **20**:*185*
Phalon, P., **19**:94, **19**:*118*, **22**:294, **22**:*303*
Pham, T., **31**:384, **31**:*386*
Pham, T. N., **23**:297, **23**:298, **23**:299, **23**:*316*, **24**:70, **24**:*105*, **26**:74, **26**:*123*
Pham, T. V., **31**:164, **31**:165, **31**:166, **31**:167, **31**:170, **31**:171, **31**:172, **31**:183, **31**:197, **31**:*246*, **31**:*248*
Phares, E. F., **2**:34, **2**:*87*
Phelan, K. G., **19**:389, **19**:*427*
Phelan, N. F., **6**:287, **6**:288, **6**:*330*
Phelan, P. F., **26**:115, **26**:*125*, **26**:*129*
Phelps, D. J., **24**:71, **24**:*112*
Phelps, J., **12**:10, **12**:81, **12**:*116*, **13**:203, **13**:205, **13**:216, **13**:*266*, **13**:*275*, **19**:147, **19**:154, **19**:155, **19**:*218*, **19**:*221*
Phibbs, M. K., **14**:325, **14**:*349*
Philip, P. R., **14**:217, **14**:242, **14**:260, **14**:267, **14**:270, **14**:*342*, **14**:*345*, **14**:*349*
Philip, T., **24**:144, **24**:*203*

Philipp, M., **11:**34, **11:**60, **11:***121*
Philippe, R., **14:**325, **14:**327, **14:***345*, **14:***349*
Philippoff, W., **8:**282, **8:**285, **8:***404*
Philips, B. W., **31:**272, **31:**384, **31:***391*
Philips, D. C., **24:**141, **24:***199*
Philips, J. C., **9:**268, **9:***279*
Philips, L. A., **25:**21, **25:***94*
Philips, N. B., **25:**231, **25:***264*
Phillippe, R. J., **9:**162, **9:**163, **9:***183*
Phillips, D., **19:**33, **19:**41, **19:**86, **19:***113*, **19:***117*, **19:***120*
Phillips, D. C., **1:**227, **1:**231, **1:**232, **1:***278*, **1:***279*, **6:**147, **6:**148, **6:**149, **6:**158, **6:***181*, **11:**28, **11:**81, **11:**82, **11:***117*, **11:***120*, **11:***121*, **21:**3, **21:**30, **21:***31*, **21:***33*
Phillips, G. M., **3:**30, **3:***85*
Phillips, G. O., **7:**117, **7:**138, **7:***150*, **12:**224, **12:***296*, **20:**224, **20:***232*
Phillips, J., **11:**307, **11:**314, **11:**315, **11:**316, **11:**319, **11:***383*
Phillips, J. M., **12:**276, **12:**280, **12:**289, **12:**290, **12:***294*
Phillips, J. N., **8:**279, **8:**375, **8:**376, **8:**377, **8:***402*, **8:***406*
Phillips, L., **7:**175, **7:**176, **7:**184, **7:***206*, **15:**26, **15:**28, **15:***58*, **15:***59*
Phillips, L. A., **22:**148, **22:***212*
Phillips, R., **13:**338, **13:***413*, **25:**269, **25:***444*
Phillips, S. C., **26:**278, **26:**288, **26:**291, **26:***373*
Phillips, S. E. V., **15:**68, **15:**82, **15:**83, **15:**85, **15:**86, **15:***146*, **15:***148*
Phillips, T. E., **13:**177, **13:***275*, **16:**207, **16:**208, **16:***232*, **16:***235*, **18:**114, **18:***179*
Phillips, W. D., **1:**213, **1:***279*, **1:**290, **1:**315, **1:**350, **1:**351, **1:***360*, **1:***362*, **3:**189, **3:**247, **3:**252, **3:**253, **3:**254, **3:***266*, **3:***268*, **4:**258, **4:**265, **4:***303*, **5:**266, **5:***329*, **26:**192, **26:***247*
Phillips, W. H. V., **15:**174, **15:***263*
Phillips, W. P., **8:**290, **8:***402*
Phillpott, E. A., **7:**325, **7:***328*
Philp, J., **12:**182, **12:**199, **12:**207, **12:***219*
Philpot, J. S. L., **14:**78, **14:***130*
Philpott, M. R., **16:**161, **16:**224, **16:***235*
Phogat, V. S., **18:**48, **18:***76*
Phull, S. S., **32:**70, **32:**71, **32:**83, **32:***120*
Piaggio, P., **26:**265, **26:***376*
Piccolini, R., **1:**187, **1:***198*
Pichat, P., **19:**81, **19:***124*
Pichot, C., **17:**36, **17:***62*
Piciulo, P. L., **19:**97, **19:***128*
Pick, J., **14:**291, **14:***347*
Pickai, R., **9:**162, **9:***181*
Pickard, A. L., **23:**33, **23:***58*
Pickard, J. M., **16:**79, **16:***86*
Picker, D., **15:**277, **15:**294, **15:**300, **15:**314, **15:**315, **15:**317, **15:**320, **15:***329*, **17:**333, **17:***427*
Picker, P., **14:**217, **14:***349*
Pickering, P. S. U., **4:**16, **4:***27*
Pickett, H. M., **22:**133, **22:***211*
Pickett, L. W., **1:**412, **1:***422*, **4:**95, **4:**103, **4:**123, **4:***145*, **4:**290, **4:**291, **4:**303
Pickles, V. A., **7:**236, **7:**237, **7:**240, **7:**244, **7:**245, **7:***255*
Pickover, C. A., **21:**30, **21:***34*
Piekara, A., **3:**69, **3:***85*
Piekarski, S., **10:**161, **10:***224*
Pienta, N., **19:**293, **19:**294, **19:***368*
Pieper, G., **6:**2, **6:***61*
Pierce, B. M., **32:**180, **32:**182, **32:**200, **32:***209*, **32:***213*
Pierce, J. E., **25:**31, **25:***94*
Pierce, L., **13:**62, **13:***81*, **25:**54, **25:***93*
Pierce, S. B., **9:**63(95), **9:***125*
Pierens, R. K., **3:**50, **3:**57, **3:***86*, **3:***87*
Pierini, A. B., **19:**83, **19:***126*, **23:**285, **23:***320*, **26:**72, **26:**73, **26:**95, **26:***128*
Pierpont, C., **23:**41, **23:***60*
Pierpont, C. G., **29:**217, **29:***270*
Pierre, G., **12:**56, **12:***118*
Pierre, J. L., **17:**346, **17:**358, **17:**359, **17:***427*, **17:***431*, **24:**72, **24:***107*
Pierrot, M., **25:**69, **25:***94,* **32:**240, **32:***262*, **32:***265*
Pierrot-Sanders, J., **25:**66, **25:**67, **25:**69, **25:**70, **25:***95*
Pierrotti, R. A., **14:**251, **14:***349*
Piersma, B., **10:**197, **10:***225*
Piersma, B. J., **12:**2, **12:**4, **12:**9, **12:***126*
Pierson, C., **13:**247, **13:***268*, **20:**177, **20:***183*, **23:**308, **23:***317*
Pietra, F., **2:**191, **2:***198*, **14:**175, **14:***201*, **17:**315, **17:**316, **17:***426*
Pietra, S., **19:**112, **19:***126*

Pietro, W. J., **25**:179, **25**:*262*
Piette, L. H., **1**:287, **1**:298, **1**:341, **1**:342, **1**:*359*, **1**:*362*, **5**:68, **5**:105, **5**:106, **5**:*117*, **17**:7, **17**:52, **17**:*62*, **17**:*63*
Piette, L., **3**:200, **3**:220, **3**:224, **3**:233, **3**:234, **3**:237, **3**:253, **3**:254, **3**:*268*, **3**:*269*, **13**:163, **13**:219, **13**:*276*
Piez, K. A., **13**:371, **13**:*414*
Piggott, S. P., **14**:325, **14**:*339*
Pigon, K., **16**:164, **16**:*235*
Pikal, M. J., **14**:314, **14**:*346*
Pike, W. T., **8**:174, **8**:195, **8**:244, **8**:*260*, **8**:*266*, **8**:*267*
Pikulik, I., **29**:296, **29**:*325*, **29**:*328*
Pilař, J., **9**:141, **9**:*180*
Pilati, T., **25**:60, **25**:*87*, **29**:293, **29**:*325*
Pilbacka, H., **18**:26, **18**:*75*
Pilcher, G., **13**:4, **13**:43, **13**:50, **13**:51, **13**:68, **13**:*78*, **15**:26, **15**:*58*, **22**:15, **22**:16, **22**:*107*, **22**:*110*
Pilgrim, A. J., **31**:15, **31**:30, **31**:*81*
Pilgrim, M., **32**:19, **32**:*120*
Pilgrim, W. R., **9**:265, **9**:*278*
Pilkiewicz, F. G., **17**:356, **17**:*430*
Pilkington, M. B. G., **32**:61, **32**:92, **32**:*115*
Pillersdorf, A., **17**:451, **17**:453, **17**:*486*, **22**:259, **22**:287, **22**:*307*
Pilon, P., **20**:207, **20**:211, **20**:217, **20**:219, **20**:220, **20**:*230*
Pilot, J. F., **9**:27(11a), **9**:27(56), **9**:27(59), **9**:28(56, 59), **9**:29(66a, b), **9**:32(68), **9**:33(66a, b), **9**:33(69), **9**:73(56, 59), **9**:75(59), **9**:75(66a, b), **9**:77(56, 59), **9**:78(11a), **9**:85(56), **9**:85(66), **9**:86(59), **9**:89(66a, b), **9**:91(69), **9**:92(115, 116), **9**:95(115, 116), **9**:96(56, 59), **9**:98(111b), **9**:100(111b), **9**:110(67a, b), **9**:117(56), **9**:118(66a, b), **9**:118(56), **9**:*121*, **9**:*123*
Pilpel, N., **8**:290, **8**:*404*
Pimentel, G. C., **5**:310, **5**:*329*, **6**:86, **6**:*100*, **7**:177, **7**:*207*, **9**:157, **9**:160, **9**:*180*, **15**:21, **15**:*60*, **22**:15, **22**:*109*, **26**:258, **26**:265, **26**:*376*, **30**:7, **30**:*59*
Pimentel, J. C., **3**:259, **3**:*267*
Pina, R., **29**:306, **29**:*327*
Pinchas, S., **3**:127, **3**:*185*
Pinching, G., **1**:14, **1**:*31*
Pinching, G. D., **13**:116, **13**:*148*
Pincock, J. A., **9**:208, **9**:210, **9**:258, **9**:261, **9**:262, **9**:*278*, **28**:231, **28**:252, **28**:*290*, **31**:106, **31**:139
Pincock, R. E., **10**:43, **10**:*52*, **15**:66, **15**:102, **15**:*148*, **15**:*151*, **29**:290, **29**:316, **29**:*324*, **29**:*330*, **30**:117, **30**:*171*
Pinder, J. A., **8**:46, **8**:*77*
Pinder, K. L., **14**:299, **14**:*349*
Pineau, P., **9**:158, **9**:162, **9**:*177*
Pineault, R. L., **20**:218, **20**:*232*
Pines, A., **20**:34, **20**:*53*
Pines, H., **1**:180, **1**:181, **1**:183, **1**:*199*, **9**:142, **9**:*174*
Pinhey, J. T., **18**:163, **18**:*175*, **20**:214, **20**:*232*
Pink, R. C., **1**:290, **1**:*362*, **5**:72, **5**:*117*, **13**:166, **13**:188, **13**:189, **13**:190, **13**:191, **13**:*269*, **13**:*275*, **13**:*276*
Pinkerton, A. A., **29**:130, **29**:*182*
Pinkston, M. F., **14**:163, **14**:*199*
Pinnavaia, T. J., **15**:140, **15**:*148*
Pinnick, H. R., Jr., **31**:170, **31**:172, **31**:*247*
Pinnick, H. W., **23**:277, **23**:280, **23**:296, **23**:*318*, **23**:*319*, **26**:72, **26**:*126*
Pinnock, P. R., **1**:257, **1**:*279*
Pinsent, B., **1**:14, **1**:*32*
Pinsker, Z. G., **1**:222, **1**:*279*
Pinson, J., **18**:93, **18**:*175*, **18**:*182*, **19**:209, **19**:210, **19**:215, **19**:*217*, **19**:*220*, **19**:*221*, **26**:29, **26**:38, **26**:39, **26**:41, **26**:42, **26**:45, **26**:63, **26**:64, **26**:70, **26**:71, **26**:72, **26**:73, **26**:75, **26**:77, **26**:78, **26**:79, **26**:80, **26**:82, **26**:83, **26**:84, **26**:85, **26**:86, **26**:87, **26**:89, **26**:91, **26**:92, **26**:93, **26**:96, **26**:*121*, **26**:*122*, **26**:*123*, **26**:*124*, **26**:*127*, **26**:*128*, **32**:105, **32**:*114*
Piotrowiak, P., **28**:4, **28**:20, **28**:21, **28**:28, **28**:*41*
Piotrowski, A., **29**:226, **29**:*266*
Pipin, J., **32**:181, **32**:*209*
Piras, P., **25**:78, **25**:79, **25**:*87*
Piret, M. W., **4**:5, **4**:*29*
Pirisi, F. M., **17**:329, **17**:330, **17**:355, **17**:357, **17**:*429*
Pirkle, W. H., **8**:196, **8**:*267*, **28**:102,

28:*137*
Pisani, J. F., **8:***260*
Písecký, J., **7:**226, **7:***255*
Pistorius, R., **12:**14, **12:**17, **12:**18, **12:**56, **12:***127*
Piszkiewicz, D., **11:**86, **11:**95, **11:**100, **11:**105, **11:**106, **11:***118*, **11:***121*, **17:**448, **17:***486*, **22:**223, **22:**277, **22:***307*
Piszkiewicz, L., **15:**25, **15:***59*
Pitea, D., **6:**302, **6:***324*, **7:**64, **7:**68, **7:**71, **7:**93, **7:***109*
Pitkanen, I. P., **14:**324, **14:**331, **14:**332, **14:***351*
Pitman, I. H., **11:**22, **11:***120*, **14:**279, **14:***339*
Pitt, G. A. J., **8:**340, **8:**341, **8:***403*
Pitt, G. D., **15:**87, **15:***147*
Pitt, G. J., **23:**187, **23:***268*
Pittman, C. U., **9:**1, **9:**21, **9:***23*, **9:***24*, **9:**216, **9:**217, **9:**268, **9:**273, **9:***275*, **9:***278*, **10:**175, **10:***224*
Pittman, C. U., Jr., **4:**321, **4:**324, **4:**325, **4:**326, **4:**327, **4:**329, **4:**330, **4:**331, **4:**332, **4:**335, **4:**336, **4:**337, **4:**338, **4:**339, **4:**340, **4:**341, **4:**343, **4:***345*, **4:***346*, **8:**184, **8:**254, **8:***267*, **13:**215, **13:***275*, **19:**225, **19:**264, **19:***375*
Pitts, J. N., **16:**53, **16:***84*
Pitts, J. N., Jr., **8:**245, **8:**252, **8:***266*, **8:**267, **10:**149, **10:***153*, **18:**43, **18:***75*, **18:**190, **18:**232, **18:***235*, **18:***237*
Pitzer, K. S. **1:**5, **1:**14, **1:***33*, **3:**54, **3:***88*, **3:**235, **3:***265*, **6:**124, **6:**126, **6:***181*, **9:**27(54), **9:***123*, **13:**42, **13:***81*, **14:**276, **14:***349*, **16:**75, **16:***85*, **22:**13, **22:**15, **22:***109*, **25:**28, **25:**31, **25:***91*, **25:***94*, **26:**298, **26:**301, **26:***376*
Pitzer, R. M., **25:**28, **25:***94*
Pivan, R., **17:**466, **17:***484*
Pivert, M. A., **17:**261, **17:***276*
Pivonka, P., **32:**291, **32:***382*
Pizer, F. L., **25:**246, **25:**247, **25:***263*
Pizer, R., **22:**189, **22:***211*
Pizey, J. S., **7:**41, **7:**42, **7:**47, **7:**48, **7:***113*
Pjab, J., **17:**54, **17:***62*
Placido, F., **16:**75, **16:***85*
Plackett, J. D., **23:**196, **23:**233, **23:***262*
Placucci, G., **17:**28, **17:***62*
Placyek, D. W., **2:**216, **2:***276*
Placzek, G., **3:**75, **3:***88*
Pladziewicz, J. R., **18:**119, **18:***182*
Plana, F., **25:**384, **25:***445*
Plane, R. A., **3:**49, **3:***82*
Planje, M. C., **25:**50, **25:***94*
Plank, P., **24:**96, **24:***106*
Plant, D., **8:**216, **8:***260*
Plate, N. A., **8:**395, **8:**396, **8:***399*
Plate, A. F., **11:**209, **11:***224*
Platko, F. E., **13:**391, **13:***412*
Plato, M., **5:**54, **5:***118*, **28:**30, **28:**31, **28:**32, **28:***42*
Platt, J. R., **1:**412, **1:**415, **1:***421*, **1:***422*, **3:**76, **3:***88*, **25:**406, **25:**408, **25:***444*
Plattner, D. A., **29:**132, **29:***183*
Plattner, Pl. A., **4:**227, **4:**234, **4:**236, **4:**281, **4:**282, **4:**283, **4:***303*
Platz, M. S., **22:**326, **22:**333, **22:**341, **22:**349, **22:**351, **22:***358*, **22:***359*, **22:***360*, **22:***361*, **26:**190, **26:**191, **26:**217, **26:***248*, **26:***251*, **26:***253*
Platzner, T., **17:**282, **17:**287, **17:**307, **17:***431*
Playfair, J. H. L., **31:**292, **31:***390*
Pleasonton, F., **8:**82, **8:**90, **8:**92, **8:**94, **8:**95, **8:**98, **8:**104, **8:**109, **8:***146*, **8:***148*
Plenio, H., **31:**16, **31:**18, **31:***83*
Plepys, R. A., **19:**347, **19:***371*
Plesch, P. H., **24:**91, **24:***108*
Pleskov, V. A., **1:**157, **1:**158, **1:**171, **1:***197*, **1:***199*, **5:**187, **5:***234*
Pleskov, Yu. V., **13:**202, **13:***275*
Plesničar, B., **24:**114, **24:***202*
Plesniar, B., **8:**72, **8:***77*
Pletcher, D., **10:**155, **10:**156, **10:**158, **10:**165, **10:**169, **10:**172, **10:**174, **10:**176, **10:**177, **10:**178, **10:**184, **10:**189, **10:**191, **10:**194, **10:**196, **10:**197, **10:**202, **10:**210, **10:**211, **10:***220*, **10:***221*, **10:***222*, **10:***224*, **12:**2, **12:**9, **12:**12, **12:**41, **12:**43, **12:**44, **12:**48, **12:**50, **12:**51, **12:**56, **12:**57, **12:**64, **12:**65, **12:**99, **12:**105, **12:***117*, **12:***118*, **12:***119*, **12:***120*, **12:***121*, **12:***122*, **12:***123*, **13:**157, **13:**234, **13:***268*, **13:***272*, **18:**82, **18:***177*, **26:**18, **26:**39, **26:***123*, **26:***128*, **32:**3, **32:**5, **32:**39, **32:***114*, **32:***117*, **32:***119*

Pletcher, T. C., **11**:85, **11**:*118*, **21**:68, **21**:*95*
Pletneva, L. M., **19**:317, **19**:*369*
Plevey, R. G., **25**:330, **25**:*442*
Plimley, R. E., **10**:218, **10**:*220*
Pliura, D. H., **25**:134, **25**:247, **25**:*257*
Plodinec, M. J., **15**:159, **15**:160, **15**:179, **15**:182, **15**:183, **15**:213, **15**:*262*, **15**:*264*
Ploss, G., **22**:133, **22**:*208*
Plumlee, D. S., **14**:328, **14**:*343*
Plyler, E. K., **1**:398, **1**:*418*, **6**:86, **6**:*100*
Po, H. N., **18**:124, **18**:*183*
Pobedimskii, D. G., **10**:83, **10**:90, **10**:*126*
Pocchler, T. O., **13**:177, **13**:*269*
Pochapsky, T. C., **28**:102, **28**:*137*
Pochat, F., **26**:147, **26**:*178*
Pochini, A., **30**:101, **30**:*112*, **31**:37, **31**:*82*
Pochlauer, P., **25**:206, **25**:*263*
Pockels, G., **4**:227, **4**:231, **4**:*302*
Pocker, Y., **2**:38, **2**:*88*, **2**:*89*, **2**:133, **2**:134, **2**:*159*, **3**:140, **3**:*184*, **4**:12, **4**:23, **4**:26, **4**:*29*, **5**:174, **5**:204, **5**:*234*, **6**:288, **6**:*330*, **7**:297, **7**:*330*, **11**:20, **11**:*121*, **15**:53, **15**:*60*, **21**:67, **21**:*97*
Podall, H. E., **29**:217, **29**:*270*
Podda, G., **17**:280, **17**:331, **17**:332, **17**:*426*
Poddubriaya, V. M., **19**:92, **19**:*117*
Podkòwka, J., **1**:49, **1**:*153*
Podoplelov, A. V., **20**:50, **20**:*52*
Poehler, T. O., **16**:206, **16**:208, **16**:*231*, **16**:*232*, **29**:229, **29**:*266*
Poga, C., **32**:159, **32**:*217*
Pogorelyi, V. K., **9**:163, **9**:164, **9**:*177*
Poh, B.-L., **27**:59, **27**:*116*, **30**:100, **30**:101, **30**:*115*
Pohjola, V., **27**:42, **27**:*54*
Pohl, E. R., **27**:37, **27**:39, **27**:*53*, **27**:185, **27**:*237*
Pohl, R. L., **18**:169, **18**:171, **18**:*177*, **23**:12, **23**:14, **23**:*60*, **29**:217, **29**:*266*
Pohland, A. E., **7**:1, **7**:43, **7**:44, **7**:45, **7**:46, **7**:*109*, **7**:*113*, **13**:163, **13**:*278*
Pohorlyes, L. A., **3**:168, **3**:*186*
Pointreau, R., **12**:76, **12**:*126*
Pointud, Y., **14**:308, **14**:*349*
Poirier, D., **28**:224, **28**:*290*
Poirier, R., **25**:227, **25**:*264*
Poirier, R. A., **24**:87, **24**:*110*, **31**:148, **31**:155, **31**:156, **31**:157, **31**:158, **31**:159, **31**:160, **31**:161, **31**:165, **31**:168, **31**:179, **31**:191, **31**:*246*
Pojarlieff, I. G., **17**:217, **17**:*275*, **24**:170, **24**:*202*
Pokalis, S. E., **25**:231, **25**:*263*
Pokhodenko, V. D., **9**:141, **9**:164, **9**:*179*, **9**:*180*
Pokhudenko, V. D., **20**:152, **20**:159, **20**:*185*, **20**:*187*
Polak, P., **2**:207, **2**:251, **2**:252, **2**:261, **2**:262, **2**:265, **2**:*275*
Polanco, J. I., **16**:197, **16**:*235*
Poland, D., **6**:105, **6**:116, **6**:131, **6**:132, **6**:133, **6**:134, **6**:135, **6**:136, **6**:137, **6**:152, **6**:165, **6**:*181*, **6**:*182*, **6**:*183*
Poland, D. C., **8**:387, **8**:*404*
Polansky, O. E., **26**:195, **26**:197, **26**:200, **26**:218, **26**:*252*
Polanyi, M., **1**:1, **1**:*31*, **2**:93, **2**:101, **2**:105, **2**:108, **2**:*159*, **3**:94, **3**:*122*, **3**:128, **3**:*185*, **5**:122, **5**:136, **5**:138, **5**:*170*, **6**:189, **6**:*326*, **9**:135, **9**:*177*, **10**:206, **10**:*223*, **13**:107, **13**:*150*, **14**:*72*, **14**:*122*, **14**:*129*, **14**:205, **14**:*349*, **15**:2, **15**:*59*, **21**:102, **21**:123, **21**:124, **21**:148, **21**:177, **21**:*191*, **21**:*192*, **21**:*193*, **21**:*194*, **21**:219, **21**:*238*, **25**:104, **25**:119, **25**:*259*, **25**:*262*, **31**:255, **31**:*386*
Polevy, J. H., **1**:64, **1**:*152*
Polgár, L., **24**:173, **24**:176, **24**:*199*, **24**:*203*
Polgar, L., **11**:38, **11**:*121*
Poli, R., **23**:47, **23**:*61*
Poliakoff, M., **29**:212, **29**:*266*, **30**:25, **30**:*56*
Polissar, M. J., **2**:94, **2**:*160*
Politi, M. J., **22**:228, **22**:230, **22**:236, **22**:237, **22**:265, **22**:294, **22**:296, **22**:297, **22**:*307*
Politzer, P., **29**:226, **29**:*267*
Poll, W., **26**:304, **26**:309, **26**:*375*, **26**:*376*
Polla, E., **32**:285, **32**:*382*
Pollack, R. M., **11**:34, **11**:60, **11**:*121*, **17**:262, **17**:*277*, **27**:47, **27**:*55*, **29**:49, **29**:50, **29**:*67*, **29**:83
Pollack, S. J., **31**:253, **31**:256, **31**:274, **31**:275, **31**:292, **31**:312, **31**:382,

31:*390*
Pollack, S. K., **18**:44, **18**:*76*, **31**:202, **31**:203, **31**:*244*
Pollak, M., **1**:234, **1**:*277*
Pollak, P. I., **2**:47, **2**:*88*, **2**:*89*
Pollard, C. B., **7**:94, **7**:*113*
Pollitt, R. J., **7**:213, **7**:226, **7**:235, **7**:236, **7**:237, **7**:238, **7**:239, **7**:252, **7**:*257*
Pollock, E. J., **5**:282, **5**:*326*
Polly, O. L., **3**:94, **3**:*122*
Polo, S., **1**:*422*
Poltoratskii, G. M., **27**:268, **27**:279, **27**:*291*
Polya, G., **9**:35(73a), **9**:*124*
Polyakova, A. M., **2**:96, **2**:*162*
Polynnikova, T. K., **18**:169, **18**:*183*
Pombeiro, A. J. L., **32**:5, **32**:*119*
Porter, R. D., **32**:302, **32**:*384*
Pomp, R., **31**:273, **31**:*390*
Pon, R. T., **24**:72, **24**:*112*
Ponce, C., **12**:205, **12**:*216*
Ponder, B. W., **8**:139, **8**:*146*
Pong, N. G., **25**:230, **25**:*257*
Ponjee, J. J., **13**:263, **13**:*276*
Ponomarchuk, M. P., **3**:168, **3**:170, **3**:171, **3**:173, **3**:*184*, **10**:95, **10**:99, **10**:115, **10**:*126*
Ponomarova, L. I., **14**:250, **14**:*347*
Pons, B. S., **19**:181, **19**:*218*
Pons, S., **20**:134, **20**:*181*, **20**:*182*, **29**:231, **29**:*265*
Pontis, J., **1**:*279*
Pontremoli, S., **21**:20, **21**:*32*, **21**:*34*
Ponzini, F., **32**:172, **32**:*210*
Poole, C. P. Jr., **22**:322, **22**:*360*
Poole, H. G., **1**:378, **1**:405, **1**:412, **1**:414, **1**:*420*, **1**:*422*
Poole, J. A., **11**:244, **11**:*264*, **12**:133, **12**:*216*
Pooley, D., **1**:322, **1**:323, **1**:325, **1**:326, **1**:328, **1**:330, **1**:*362*
Poonia, N. S., **17**:422, **17**:*425*
Poortere, M. De., **23**:240, **23**:*268*
Pop, M., **5**:201, **5**:*234*
Pope, M., **4**:56, **4**:*70*, **16**:166–8, **16**:187, **16**:192, **16**:*232*, **16**:*233*, **16**:*235*
Pope, W. H., **1**:134, **1**:*152*
Popkie, H., **14**:236, **14**:265, **14**:*345*
Pople, J. A., **1**:215, **1**:*275*, **1**:391, **1**:405, **1**:*421*, **1**:*422*, **2**:2, **2**:*89*, **3**:26, **3**:68, **3**:69, **3**:75, **3**:77, **3**:*82*, **3**:*88*, **3**:188, **3**:189, **3**:192, **3**:202, **3**:223, **3**:228, **3**:233, **3**:234, **3**:235, **3**:243, **3**:246, **3**:247, **3**:251, **3**:259, **3**:260, **3**:*265*, **3**:*268*, **4**:129, **4**:131, **4**:140, **4**:*145*, **4**:288, **4**:*303*, **8**:18, **8**:*77*, **8**:153, **8**:155, **8**:255, **8**:*265*, **8**:*267*, **9**:50(82a, b, c, e), **9**:50(83), **9**:58(82a, b, c, e), **9**:50(83), **9**:*124*, **9**:160, **9**:*181*, **11**:132, **11**:*174*, **11**:*175*, **11**:193, **11**:206, **11**:*223*, **11**:*224*, **11**:271, **11**:*390*, **13**:5, **13**:6, **13**:*79*, **13**:*81*, **14**:60, **14**:*64*, **14**:220, **14**:221, **14**:222, **14**:*340*, **14**:*341*, **14**:*349*, **15**:80, **15**:*148*, **16**:217, **16**:*235*, **19**:245, **19**:336, **19**:*377*, **23**:186, **23**:193, **23**:*265*, **23**:*266*, **24**:86, **24**:*111*, **24**:184, **24**:*201*, **25**:25, **25**:32, **25**:33, **25**:51, **25**:*90*, **25**:*94*, **25**:179, **25**:*257*, **25**:*262*, **26**:296, **26**:297, **26**:*370*, **27**:8, **27**:*55*, **27**:120, **27**:*236*, **31**:203, **31**:*244*
Popov, A. I., **17**:282, **17**:305, **17**:307, **17**:311, **17**:*430*, **17**:*431*
Popov, S. V., **32**:132, **32**:*214*
Popov, V. I., **23**:285, **23**:*320*, **26**:75, **26**:*126*, **26**:*128*
Popovici, S., **5**:201, **5**:*234*
Popovitz-Biro, R., **15**:92, **15**:*146*
Popp, F. D., **12**:2, **12**:*126*
Popp, G., **10**:155, **10**:*221*, **12**:2, **12**:12, **12**:56, **12**:*118*, **12**:*126*, **13**:210, **13**:*275*
Pöppe, L., **25**:75, **25**:*89*
Poppinger, D., **18**:2, **18**:43, **18**:44, **18**:45, **18**:*72*, **19**:339, **19**:*377*
Porai-Koshits, B. A., **19**:408, **19**:*425*, **19**:*427*
Poranski, C. F., Jr., **14**:175, **14**:*199*
Porfir'eva, Yu. I., **9**:269, **9**:*278*
Port, H., **28**:40, **28**:*42*
Port, W. S., **8**:306, **8**:*398*
Porta, O., **13**:245, **13**:*268*, **20**:174, **20**:*182*, **23**:273, **23**:*317*
Porte, A. L., **1**:231, **1**:*277*
Porter, A. J., **22**:287, **22**:*306*
Porter, A. S., **12**:91, **12**:*126*
Porter, G., **5**:86, **5**:90, **5**:*116*, **5**:*117*, **8**:2, **8**:17, **8**:21, **8**:*77*, **9**:127, **9**:*180*, **11**:*265*, **11**:345, **12**:136, **12**:141,

12:143, **12**:154, **12**:159, **12**:161, **12**:170, **12**:177, **12**:182, **12**:200, **12**:201, **12**:205, **12**:206, **12**:208, **12**:210, **12**:212, **12**:*217*, **12**:*218*, **12**:*219*, **12**:*220*, **13**:180, **13**:181, **13**:*270*, **13**:*272*, **19**:27, **19**:36, **19**:91, **19**:92, **19**:98, **19**:*115*, **19**:*118*, **19**:*120*, **20**:95, **20**:124, **20**:*183*, **20**:*185*, **22**:322, **22**:*360*
Porter, G. B., **13**:167, **13**:*275*
Porter, N. A., **10**:95, **10**:96, **10**:98, **10**:*127*, **27**:107, **27**:*116*, **28**:58, **28**:107, **28**:109, **28**:110, **28**:111, **28**:112, **28**:113, **28**:114, **28**:115, **28**:120, **28**:125, **28**:*135*, **28**:*136*
Porter, Q. N., **6**:4, **6**:23, **6**:*59*, **6**:*60*, **8**:213, **8**:*262*
Porter, R. D., **11**:145, **11**:146, **11**:154, **11**:156, **11**:*174*, **11**:*175*, **11**:203, **11**:204, **11**:212, **11**:219, **11**:220, **11**:*223*, **11**:344, **11**:*389*, **19**:264, **19**:265, **19**:266, **19**:267, **19**:272, **19**:273, **19**:278, **19**:318, **19**:*375*, **19**:*376*, **23**:141, **23**:*160*, **28**:221, **28**:*290*, **32**:302, **32**:*384*
Porterhouse, G. A., **14**:219, **14**:*340*
Portnoy, C. E., **8**:291, **8**:294, **8**:297, **8**:298, **8**:299, **8**:300, **8**:305, **8**:307, **8**:309, **8**:334, **8**:373, **8**:392, **8**:393, **8**:394, **8**:*402*, **17**:448, **17**:*485*, **22**:215, **22**:222, **22**:223, **22**:236, **22**:*305*, **23**:225, **23**:*267*
Porto, A. M., **32**:270, **32**:*384*
Posey, I. Y., **18**:53, **18**:54, **18**:*77*
Poshusta, R. D., **21**:120, **21**:*193*
Posner, B. A., **31**:261, **31**:283, **31**:*387*, **31**:*389*
Pospišil, J., **9**:140, **9**:142, **9**:143, **9**:145, **9**:146, **9**:147, **9**:149, **9**:150, **9**:151, **9**:152, **9**:153, **9**:158, **9**:166, **9**:*181*, **9**:*182*, **32**:279, **32**:286, **32**:*384*
Pospisil, L., **31**:30, **31**:*84*
Possagno, E., **8**:123, **8**:*146*
Post, C. B., **24**:143, **24**:*203*
Post, K. W., **3**:16, **3**:*85*
Postle, M. J., **12**:211, **12**:*219*
Postovskii, I. Y., **24**:94, **24**:*110*
Postovskii, I. Ya., **18**:170, **18**:*176*
Postow, E., **16**:193–6, **16**:*235*
Potapov, V. M., **22**:46, **22**:*109*
Potenza, G., **30**:91, **30**:*113*
Potenza, J. A., **30**:182, **30**:214, **30**:*219*
Pothier, N., **24**:93, **24**:*107*
Pottage, G., **25**:139, **25**:140, **25**:142, **25**:143, **25**:*260*
Potter, A., **23**:305, **23**:*321*
Potter, B. V. L., **25**:222, **25**:226, **25**:*261*
Potter, W., **19**:92, **19**:*126*
Pottet, V. R., **2**:41, **2**:*91*
Pottie, R. F., **7**:168, **7**:*207*
Potts, K. T., **19**:107, **19**:*126*
Potts, W., **14**:327, **14**:*351*, **27**:268, **27**:*291*
Potvin, M. M., **26**:304, **26**:*372*
Potzinger, P., **16**:78, **16**:*85*
Pouget, J. P., **16**:216, **16**:*235*
Pouli, D., **1**:25, **1**:*32*, **2**:144, **2**:147, **2**:*160*, **5**:313, **5**:*329*
Pouliquen, J., **18**:192, **18**:*238*
Poulos, A. T., **23**:31, **23**:35, **23**:*61*
Poulton, D., **2**:141, **2**:144, **2**:147, **2**:*162*, **5**:136, **5**:137, **5**:138, **5**:139, **5**:*169*
Poulton, G. A., **7**:240, **7**:*254*
Pound, R. V., **3**:192, **3**:214, **3**:*265*
Poupard, D., **28**:215, **28**:216, **28**:*288*, **28**:*290*
Poutsma, M. L., **9**:216, **9**:219, **9**:223, **9**:230, **9**:231, **9**:*278*
Povey, D. C., **29**:117, **29**:*179*
Powars, D. F., **13**:378, **13**:*412*
Powell, A. L., **4**:25, **4**:*27*, **24**:81, **24**:*111*, **26**:311, **26**:*378*
Powell, C. E., **17**:462, **17**:*485*, **22**:277, **22**:*306*
Powell, F. E., **32**:45, **32**:*119*
Powell, F. X., **7**:161, **7**:163, **7**:*207*
Powell, J. S., **10**:212, **10**:*224*, **12**:107, **12**:*126*, **18**:115, **18**:122, **18**:*182*, **26**:15, **26**:29, **26**:*128*
Powell, J. W., **5**:388, **5**:*398*, **7**:172, **7**:173, **7**:201, **7**:*207*
Powell, M., **31**:382, **31**:*388*, **31**:*390*
Powell, M. F., **21**:9, **21**:*34*, **21**:53, **21**:54, **21**:55, **21**:60, **21**:62, **21**:65, **21**:68, **21**:78, **21**:83, **21**:*94*, **22**:175, **22**:*210*, **23**:72, **23**:*160*, **24**:63, **24**:95, **24**:97, **24**:99, **24**:*110*, **24**:*111*, **26**:333, **26**:*374*
Powell, M. J. D., **6**:144, **6**:*180*, **6**:*181*
Powell, R. E., **16**:75, **16**:*85*, **22**:27, **22**:*110*
Powell, R. L., **25**:207, **25**:*257*

Powell, T., **9**:138, **9**:142, **9**:146, **9**:148, **9**:149, **9**:152, **9**:*180*
Power, L. F., **26**:316, **26**:*376*
Powers, E. L., **31**:133, **31**:*140*
Powers, J. C., **11**:381, **11**:*390*
Powers, T. A., **28**:14, **28**:*41*
Powles, J. G., **3**:222, **3**:223, **3**:224, **3**:251, **3**:*268*, **14**:236, **14**:*349*
Powling, J., **1**:30, **1**:*33*
Powney, J., **8**:306, **8**:*404*
Poyer, J. L., **17**:54, **17**:55, **17**:*61*, **17**:*62*, **31**:104, **31**:116, **31**:132, **31**:*139*, **31**:*140*
Pozdeev, V. V., **2**:228, **2**:242, **2**:243, **2**:244, **2**:*275*, **2**:*277*
Poziomek, E. J., **8**:215, **8**:*264*, **26**:147, **26**:*176*
Praat, A. P., **5**:110, **5**:*114*, **13**:167, **13**:*268*
Prabhakar, S., **29**:121, **29**:*180*
Prabtru, A. V., **15**:174, **15**:*263*
Pracejus, H., **9**:162, **9**:*179*, **11**:329, **11**:339, **11**:340, **11**:*390*, **23**:192, **23**:*268*, **29**:128, **29**:*182*
Praefcke, K., **20**:216, **20**:*230*
Pragst, F., **19**:7, **19**:17, **19**:*126*, **19**:*130*, **20**:112, **20**:113, **20**:142, **20**:143, **20**:*185*, **20**:*187*, **23**:309, **23**:*318*
Praill, P. F. G., **9**:273, **9**:*278*
Prakash, G. K. S., **19**:232, **19**:236, **19**:241, **19**:250, **19**:267, **19**:273, **19**:274, **19**:278, **19**:281, **19**:290, **19**:301, **19**:302, **19**:348, **19**:*375*, **19**:*376*, **19**:*378*, **19**:*379*, **23**:74, **23**:123, **23**:133, **23**:136, **23**:141, **23**:146, **23**:151, **23**:*160*, **25**:56, **25**:*94*, **26**:297, **26**:*376*, **29**:291, **29**:292, **29**:*328*, **29**:*329*
Praly, J.-P., **24**:195, **24**:*203*
Pramauro, E., **18**:138, **18**:142, **18**:145, **18**:146, **18**:159, **18**:*182*, **22**:218, **22**:291, **22**:*305*, **22**:*307*
Pranata, J., **26**:200, **26**:*251*
Prandini, B. D., **21**:20, **21**:*34*
Prange, U., **29**:285, **29**:*328*
Prasad, H. S., **24**:70, **24**:*105*
Prasad, K., **25**:14, **25**:*94*
Prasad, K. U. M., **13**:360, **13**:364, **13**:367, **13**:370, **13**:*415*
Prasad, P. N., **32**:123, **32**:172, **32**:*214*
Prasthofer, T. W., **27**:92, **27**:*114*, **31**:179, **31**:181, **31**:*244*
Prater, K. B., **13**:202, **13**:226, **13**:*273*, **13**:*275*
Prati, G., **2**:157, **2**:*161*
Prato, M., **32**:42, **32**:*119*
Pratt, A. C., **19**:64, **19**:*114*, **20**:211, **20**:*229*
Pratt, C. S., **8**:341, **8**:345, **8**:351, **8**:352, **8**:394, **8**:*406*
Pratt, J. C., **26**:303, **26**:*377*
Pratt, J. E., **20**:222, **20**:*230*
Pratt, K. C., **14**:302, **14**:*349*
Pratt, K. F., **26**:300, **26**:*374*
Pratt, L., **29**:281, **29**:*325*
Pratt, M. W. T., **2**:40, **2**:*87*, **6**:250, **6**:*324*
Pratt, N. H., **17**:126, **17**:*175*
Pratt, R. F., **21**:42, **21**:*96*, **23**:201, **23**:250, **23**:252, **23**:*262*, **23**:*263*, **23**:*264*, **23**:*268*
Pratt, T., **2**:227, **2**:*276*
Pratt, T. H., **8**:123, **8**:125, **8**:*148*
Pratt, W., **19**:239, **19**:240, **19**:248, **19**:293, **19**:300, **19**:*377*, **23**:64, **23**:131, **23**:*161*
Pratt, W. J. E., **25**:54, **25**:*88*
Pravdic, V., **13**:217, **13**:*268*
Pravetic, V., **28**:61, **28**:*136*
Pravikova, N. A., **1**:162, **1**:*201*
Pregel, M. J., **29**:9, **29**:11, **29**:53, **29**:54, **29**:*67*, **29**:83
Prelog, V., **9**:36(75), **9**:50(86), **9**:86(75), **9**:91(75), **9**:92(75), **9**:*124*, **19**:258, **19**:259, **19**:*376*, **19**:*377*, **22**:34, **22**:*110*
Premuzic, E., **3**:242, **3**:*265*, **3**:*268*
Preobrazhenskii, N. A., **11**:358, **11**:*390*
Prescatori, E., **23**:206, **23**:*268*
Prescher, G., **13**:113, **13**:*152*
Prescott, M., **25**:140, **25**:*256*
Press, J. B., **19**:364, **19**:*368*
Press, W. H., **32**:95, **32**:*119*
Pressman, B. C., **17**:282, **17**:307, **17**:*427*
Pressman, D., **31**:254, **31**:*387*
Pressman, E. J., **19**:366, **19**:367, **19**:*371*
Presst, B. M., **5**:156, **5**:*169*
Prest, R., **26**:74, **26**:75, **26**:92, **26**:*124*
Prestegard, J. H., **13**:387, **13**:388, **13**:*407*, **13**:*409*, **17**:283, **17**:*431*
Presti, D. E., **23**:202, **23**:*262*

Prestogard, J. H., **16**:258, **16**:*262*
Preston, C. M., **16**:240, **16**:*262*
Preston, E. A., **17**:174, **17**:*176*
Preston, F. H., **16**:224, **16**:*231*
Preston, J., **6**:67, **6**:*98*
Preston, K. F., **26**:238, **26**:*248*
Preston, P. N., **13**:166, **13**:*266*, **29**:217, **29**:*269*
Preston, R. K., **26**:306, **26**:*376*
Prêtre, P., **32**:123, **32**:135, **32**:158, **32**:162, **32**:*209*
Pretsch, E., **13**:395, **13**:400, **13**:*413*, **16**:253, **16**:259, **16**:*261*
Preuss, H., **8**:94, **8**:125, **8**:*148*
Prévost, C., **3**:31, **3**:*88*
Prewo, R., **29**:166, **29**:*181*
Pribula, C. D., **23**:16, **23**:*61*
Price, A. D., **1**:64, **1**:*152*
Price, C. C., **2**:131, **2**:*161*, **2**:192, **2**:*197*, **2**:*199*, **3**:15, **3**:*84*, **16**:71, **16**:*84*
Price, E., **9**:165, **9**:*182*, **11**:305, **11**:307, **11**:*390*, **14**:140, **14**:*199*
Price, F. P., **1**:19, **1**:20, **1**:*33*
Price, G. G., **14**:146, **14**:*201*
Price, J. A., **2**:180, **2**:*199*
Price, M., **17**:444, **17**:*482*
Price, M. B., **21**:68, **21**:*96*, **27**:47, **27**:*54*
Price, M. E., **18**:202, **18**:205, **18**:*237*
Price, R., **32**:5, **32**:*114*
Price, R. C., **31**:225, **31**:227, **31**:228, **31**:*243*
Price, S. J. W., **3**:100, **3**:101, **3**:*121*, **3**:*122*
Price, W. C., **1**:395, **1**:399, **1**:411, **1**:415, **1**:*420*, **1**:*422*, **4**:48, **4**:*70*
Priebe, C., **31**:382, **31**:*390*
Priesand, M. A., **14**:194, **14**:*197*
Prieto, F., **32**:109, **32**:*113*
Prieto, M. J., **19**:41, **19**:*117*
Prieve, D. C., **28**:160, **28**:*170*
Prigogine, I., **14**:214, **14**:*349*
Prikhot'ko, A. F., **1**:195, **1**:*197*, **1**:414, **1**:*419*
Prill, E. J., **12**:83, **12**:*116*, **19**:195, **19**:*217*
Prince, R. H., **1**:302, **1**:*359*
Prinstein, R., **10**:42, **10**:*52*
Prinzbach, H., **6**:222, **6**:*330*, **7**:171, **7**:*207*, **8**:248, **8**:*267*, **29**:307, **29**:308, **29**:*329*
Prior, D. V., **27**:191, **27**:205, **27**:*233*
Prisette, J., **28**:218, **28**:*290*
Pritchard, H. O., **1**:252, **1**:*279*, **1**:331, **1**:*360*, **4**:149, **4**:171, **4**:*192*
Pritchard, J. G., **1**:23, **1**:24, **1**:25, **1**:26, **1**:*32*, **1**:*33*, **2**:123, **2**:125, **2**:126, **2**:135, **2**:136, **2**:140, **2**:*160*, **2**:*161*, **3**:127, **3**:179, **3**:*183*, **3**:*185*, **5**:342, **5**:*397*, **6**:307, **6**:*330*, **7**:297, **7**:*330*
Pritchard, R. G., **15**:93, **15**:*144*, **32**:240, **32**:*262*
Pritchett, R. J., **5**:59, **5**:68, **5**:78, **5**:81, **5**:88, **5**:*114*, **5**:*117*
Pritt, J. R., **14**:6, **14**:7, **14**:13, **14**:14, **14**:17, **14**:40, **14**:59, **14**:*62*, **14**:*65*
Pritzkow, W., **28**:214, **28**:227, **28**:245, **28**:*287*, **28**:*288*
Priyadarshi, S., **32**:194, **32**:*214*
Probst, K. H., **16**:177, **16**:179, **16**:*235*
Probst, S., **22**:297, **22**:*303*
Prochaska, F. T., **30**:11, **30**:*60*
Procter, G., **29**:116, **29**:117, **29**:*182*, **29**:*183*
Proctor, G., **24**:64, **24**:*107*, **24**:156, **24**:*203*
Proctor, G. R., **31**:382, **31**:*388*
Proctor, P., **23**:193, **23**:195, **23**:196, **23**:197, **23**:199, **23**:201, **23**:202, **23**:203, **23**:205, **23**:206, **23**:207, **23**:209, **23**:210, **23**:211, **23**:212, **23**:213, **23**:214, **23**:215, **23**:218, **23**:219, **23**:220, **23**:221, **23**:222, **23**:223, **23**:240, **23**:241, **23**:249, **23**:250, **23**:251, **23**:252, **23**:255, **23**:258, **23**:261, **23**:*261*, **23**:*263*, **23**:*265*, **23**:*268*
Proctor, W., **18**:120, **18**:*180*
Proctor, W. G., **3**:188, **3**:*268*, **5**:110, **5**:*116*
Prodic, B. K., **26**:299, **26**:*378*
Profeta, S., **25**:43, **25**:*94*
Prokai, B., **7**:185, **7**:*208*
Prokof'ev, E. P., **32**:186, **32**:*212*
Prokop'ev, B. V., **11**:371, **11**:*391*
Prokop'eva, T. M., **11**:349, **11**:*383*
Proll, P. J., **9**:141, **9**:*180*
Pronin, A. F., **24**:86, **24**:*110*
Pross, A., **14**:20, **14**:21, **14**:*65*, **14**:77, **14**:98, **14**:99, **14**:101, **14**:103, **14**:110, **14**:*130*, **14**:*131*, **21**:101, **21**:110, **21**:124, **21**:145, **21**:147, **21**:151, **21**:152, **21**:153, **21**:154,

21:155, **21**:157, **21**:161, **21**:162, **21**:166, **21**:167, **21**:170, **21**:178, **21**:179, **21**:184, **21**:*194*, **21**:*195*, **21**:219, **21**:*239*, **23**:315, **23**:*320*, **24**:59, **24**:*110*, **25**:381, **25**:*444*, **26**:14, **26**:97, **26**:106, **26**:108, **26**:118, **26**:*128*, **27**:20, **27**:*55*, **27**:59, **27**:63, **27**:64, **27**:66, **27**:67, **27**:77, **27**:94, **27**:*116*, **27**:130, **27**:141, **27**:143, **27**:231, **27**:232, **27**:*237*, **27**:244, **27**:245, **27**:253, **27**:255, **27**:256, **27**:263, **27**:276, **27**:*288*, **27**:*289*, **27**:*290*, **31**:193, **31**:*246*
Prosser, J. H., **27**:74, **27**:75, **27**:*115*
Proudlock, W., **7**:224, **7**:234, **7**:*255*
Prousek, J., **23**:292, **23**:295, **23**:*320*
Prout, C. K., **29**:186, **29**:202, **29**:*270*
Prout, K., **32**:5, **32**:*115*
Prox, A., **8**:214, **8**:217, **8**:219, **8**:*265*, **8**:*267*
Prudent, J. R., **31**:292, **31**:296, **31**:312, **31**:382, **31**:383, **31**:384, **31**:*387*, **31**:*388*, **31**:*390*, **31**:*392*
Prue, J. E., **2**:142, **2**:*158*, **11**:68, **11**:*120*, **14**:278, **14**:*344*
Prueckner, H., **13**:136, **13**:*152*
Pruess, H., **7**:54, **7**:76, **7**:*114*
Pruett, R. L., **7**:8, **7**:26, **7**:*113*
Pruitt, K. M., **2**:189, **2**:*197*, **7**:10, **7**:*109*
Pruss, G. M., **14**:185, **14**:186, **14**:187, **14**:*196*, **17**:349–51, **17**:*424*
Pruszynski, P., **29**:48, **29**:49, **29**:*67*, **29**:82
Pryce, M. H. L., **1**:379, **1**:*421*
Pryde, C. A., **15**:103, **15**:*150*
Pryde, D. R., **2**:135, **2**:*162*
Pryor, W. A., **6**:250, **6**:*330*, **8**:377, **8**:*404*, **9**:129, **9**:130, **9**:158, **9**:*180*, **9**:*181*, **12**:59, **12**:*126*, **12**:235, **12**:*296*, **15**:25, **15**:*60*, **17**:50, **17**:*63*, **18**:168, **18**:*176*, **18**:*182*, **18**:224, **18**:*237*, **31**:106, **31**:*140*
Przybyla, J. R., **14**:115, **14**:*130*
Przybylski, M., **28**:8, **28**:9, **28**:*40*, **28**:*41*
Przystas, T. J., **17**:273, **17**:*276*, **21**:71, **21**:*97*, **26**:348, **26**:*371*
Pshezhetskii, V. S., **17**:443, **17**:*486*
Ptitsyn, O. B., **6**:118, **6**:168, **6**:*179*
Puar, M. S., **23**:207, **23**:*261*
Puccetti, G., **32**:180, **32**:196, **32**:*211*, **32**:*214*
Puchalski, A. E., **19**:112, **19**:*128*
Puddephatt, R. J., **23**:4, **23**:15, **23**:39, **23**:40, **23**:43, **23**:50, **23**:*58*, **23**:*60*, **23**:*61*
Pudjaatmaka, A. H., **14**:88, **14**:*131*
Pudovik, A. N., **9**:269, **9**:*278*, **25**:160, **25**:261, **25**:*263*
Puff, H., **30**:82, **30**:*115*
Pugia, M. J., **30**:80, **30**:87, **30**:*112*, **30**:*115*
Puglisi, V. J., **12**:85, **12**:98, **12**:*126*, **13**:202, **13**:*275*, **19**:195, **19**:196, **19**:197, **19**:*218*, **19**:*221*, **32**:37, **32**:*114*
Pugmire, R. J., **11**:126, **11**:130, **11**:131, **11**:133, **11**:134, **11**:135, **11**:161, **11**:169, **11**:170, **11**:171, **11**:*175*, **13**:342, **13**:344, **13**:*410*, **16**:243, **16**:256, **16**:*261*, **16**:*262*, **25**:29, **25**:*89*
Pujadas, J., **25**:274, **25**:281, **25**:282, **25**:283, **25**:288, **25**:320, **25**:356, **25**:357, **25**:359, **25**:367, **25**:368, **25**:373, **25**:378, **25**:380, **25**:384, **25**:385, **25**:386, **25**:387, **25**:388, **25**:389, **25**:415, **25**:419, **25**:432, **25**:433, **25**:*439*, **25**:*441*, **25**:*442*, **25**:*444*
Pulay, P., **25**:43, **25**:*89*, **29**:321, **29**:*331*
Pullman, A., **1**:254, **1**:264, **1**:*275*, **1**:*277*, **1**:*279*, **6**:131, **6**:*179*, **6**:*181*, **11**:291, **11**:342, **11**:*389*, **22**:194, **22**:*211*
Pullman, B., **1**:218, **1**:264, **1**:*275*, **1**:*279*, **4**:60, **4**:*70*, **4**:270, **4**:289, **4**:*303*, **6**:131, **6**:133, **6**:*180*, **6**:*181*, **11**:324, **11**:*391*, **12**:2, **12**:*120*, **22**:194, **22**:*210*, **22**:*211*
Pullmann, A., **4**:270, **4**:*303*
Puls, A. R., **17**:101, **17**:128, **17**:*178*
Pummerer, R., **13**:168, **13**:*275*
Purbrick, M. B., **13**:185, **13**:*272*
Purcell, E. M., **3**:192, **3**:214, **3**:216, **3**:217, **3**:*265*, **3**:*266*
Purcell, K. E., **18**:80, **18**:*182*
Purdie, N., **16**:100, **16**:*155*, **17**:309, **17**:310, **17**:*429*, **17**:*431*
Purkayastha, A. K., **19**:46, **19**:*126*
Purlee, E. L., **1**:23, **1**:*33*, **2**:136, **2**:*162*, **4**:328, **4**:*346*, **5**:342, **5**:*398*, **6**:70, **6**:*100*, **7**:263, **7**:273, **7**:283, **7**:284, **7**:285, **7**:287, **7**:295, **7**:297, **7**:309,

7:*330*
Purtov, P. A., **20**:25, **20**:29, **20**:*52*
Puskas, I., **8**:211, **8**:250, **8**:*266*
Puss, R. K., **13**:91, **13**:*150*
Put, J., **19**:4, **19**:17, **19**:18, **19**:*118*, **19**:128
Putnam, W. E., **7**:155, **7**:*207*
Pütter, R., **2**:181, **2**:*199*
Putz, G. J., **14**:17, **14**:*64*
Putzeiko, E., **16**:168, **16**:*236*
Puxeddu, A., **18**:159, **18**:*182*
Puza, M., **15**:118, **15**:*146*
Puzanova, V. E., **18**:169, **18**:170, **18**:*179*
Pyle, R. E., **16**:206, **16**:208, **16**:*232*
Pyper, J. W., **7**:285, **7**:*330*
Pysh, E. S., **12**:108, **12**:109, **12**:*126*, **18**:127, **18**:*182*
Pyter, R. A., **22**:221, **22**:251, **22**:*307*
Pyzalka, D., **26**:323, **26**:*377*
Pyzalka, R., **26**:323, **26**:*377*

Q

Qian, W. J., **32**:86, **32**:*117*
Qiu, Z. M., **26**:75, **26**:*124*
Quack, G., **16**:259, **16**:*262*
Quack, M., **24**:37, **24**:*53*
Quackenbush, F. W., **18**:168, **18**:*180*
Quadrifoglio, F., **14**:298, **14**:*340*
Quail, J. W., **3**:228, **3**:*265*
Quan, C., **22**:222, **22**:226, **22**:227, **22**:264, **22**:274, **22**:275, **22**:277, **22**:*299*, **22**:*300*, **22**:*301*
Quartermain, L. A., **9**:16, **9**:*24*
Quarterman, L. A., **13**:235, **13**:*256*
Quast, H., **13**:263, **13**:*271*, **29**:276, **29**:277, **29**:300, **29**:301, **29**:303, **29**:304, **29**:305, **29**:*327*, **29**:*328*, **29**:*329*
Quattrone, A. J., **16**:257, **16**:*264*
Quayle, A., **6**:4, **6**:*60*
Quayle, J. R., **3**:132, **3**:166, **3**:167, **3**:169, **3**:*183*
Que, L., Jr., **13**:288, **13**:294, **13**:295, **13**:300, **13**:301, **13**:341, **13**:342, **13**:*413*
Quee, M. Y., **9**:155, **9**:*181*
Queen, A., **5**:141, **5**:144, **5**:147, **5**:157, **5**:160, **5**:*169*, **5**:*171*, **14**:27, **14**:33, **14**:*65*, **14**:107, **14**:108, **14**:109, **14**:*127*, **14**:256, **14**:258, **14**:*349*, **25**:193, **25**:*263*, **31**:198, **31**:*244*
Quesnel, A. A., **24**:96, **24**:*106*
Quick, G. R., **18**:3, **18**:*71*
Quickenden, M. J., **14**:217, **14**:252, **14**:253, **14**:261, **14**:298, **14**:*342*, **14**:*350*, **14**:*351*
Quickert, K. A., **9**:129, **9**:*180*
Quimby, W. C., **30**:118, **30**:*169*
Quin, D. C., **8**:377, **8**:*397*
Quin, G. S., **25**:200, **25**:*256*
Quin, L. D., **11**:359, **11**:*390*
Quina, F. H., **15**:105, **15**:106, **15**:*145*, **15**:*148*, **17**:439, **17**:472, **17**:*483*, **17**:*485*, **19**:52, **19**:98, **19**:*126*, **19**:*129*, **22**:221, **22**:227, **22**:228, **22**:229, **22**:230, **22**:233, **22**:236, **22**:237, **22**:243, **22**:253, **22**:262, **22**:265, **22**:269, **22**:285, **22**:294, **22**:296, **22**:297, **22**:*299*, **22**:*300*, **22**:*302*, **22**:*305*, **22**:*307*, **29**:55, **29**:*64*
Quinn, C. B., **23**:194, **23**:*266*
Quinn, D. M., **24**:174, **24**:*201*
Quintela, P. A., **29**:5, **29**:*65*
Quiocho, F. A., **21**:30, **21**:*34*
Quirk, J. M., **23**:50, **23**:*59*
Quirk, R. P., **13**:90, **13**:108, **13**:126, **13**:128, **13**:134, **13**:135, **13**:136, **13**:*148*, **14**:147, **14**:*196*
Quirt, A. R., **13**:352, **13**:*413*
Quist, A. S., **14**:209, **14**:*342*
Quivoron, C., **16**:260, **16**:*263*

R

Raab, R. E., **3**:67, **3**:*82*
Raabe, G., **30**:31, **30**:*60*, **30**:*61*
Raaen, V. F., **2**:12, **2**:14, **2**:20, **2**:34, **2**:58, **2**:59, **2**:60, **2**:78, **2**:81, **2**:83, **2**:*88*, **2**:*89*, **2**:*90*, **14**:23, **14**:24, **14**:28, **14**:*65*
Raap, R., **7**:43, **7**:49, **7**:*113*
Raasch, M. S., **31**:270, **31**:*390*
Rabai, J., **20**:84, **20**:*185*
Raban, M., **17**:174, **17**:*179*, **17**:320, **17**:*430*, **17**:*431*, **21**:8, **21**:*34*, **25**:37, **25**:*92*, **26**:310, **26**:*377*
Rabani, J., **7**:120, **7**:121, **7**:133, **7**:147, **7**:*150*, **8**:35, **8**:*76*, **12**:236, **12**:291, **12**:*295*, **12**:*296*
Rabat, J.-P., **16**:70, **16**:*86*

Raber, D. J., **10**:34, **10**:36, **10**:*52*, **11**:186, **11**:192, **11**:213, **11**:*223*, **11**:*224*, **14**:4, **14**:5, **14**:8, **14**:9, **14**:14, **14**:17, **14**:19, **14**:22, **14**:23, **14**:27, **14**:33, **14**:34, **14**:36, **14**:47, **14**:*63*, **14**:*64*, **14**:*65*, **14**:77, **14**:97, **14**:98, **14**:107, **14**:110, **14**:*131*, **28**:270, **28**:279
Raber, D., **27**:240, **27**:251, **27**:*290*
Rabet, F., **17**:328, **17**:*429*
Rabideau, P. W., **15**:239, **15**:*264*
Rabiller, C., **16**:252, **16**:*264*
Rabin, B. R., **21**:22, **21**:*32*, **25**:236, **25**:*259*
Rabinovich, D., **6**:130, **6**:138, **6**:*182*, **13**:57, **13**:*78*, **15**:92, **15**:94, **15**:125, **15**:126, **15**:*146*, **15**:*147*, **15**:*148*
Rabinovich, E. A., **1**:161, **1**:170, **1**:*197*, **1**:*199*, **1**:*200*
Rabinovitch, B. S., **1**:25, **1**:*33*, **1**:181, **1**:186, **1**:400, **1**:*419*, **1**:*422*, **2**:216, **2**:260, **2**:271, **2**:*275*, **2**:*276*, **4**:150, **4**:*192*, **7**:188, **7**:191, **7**:192, **7**:*207*, **7**:*208*, **16**:75, **16**:*85*, **16**:*86*
Rabinovitz, M., **28**:5, **28**:*43*
Rabinow, B. E., **19**:184, **19**:*218*, **22**:324, **22**:343, **22**:349, **22**:*358*
Rabinowitch, E., **12**:3, **12**:*126*, **16**:2, **16**:*49*
Rabinowitz, I., **9**:270, **9**:*276*
Rabinowitz, R., **25**:305, **25**:*444*
Raboniwitz, J. C., **13**:371, **13**:*413*
Race, G. M., **10**:178, **10**:211, **10**:*222*, **12**:48, **12**:105, **12**:*121*
Racela, W., **13**:92, **13**:*151*
Rachford, H. H., **32**:93, **32**:*119*
Rack, E. P., **2**:255, **2**:259, **2**:*275*
Rackow, S., **7**:15, **7**:*111*
Radchenko, I. D., **32**:186, **32**:*215*
Radcliffe, M. D., **25**:62, **25**:73, **25**:*94*, **25**:*96*
Radda, G. K., **1**:52, **1**:55, **1**:57, **1**:58, **1**:70, **1**:71, **1**:72, **1**:74, **1**:108, **1**:120, **1**:129, **1**:145, **1**:146, **1**:*152*, **1**:*153*
Radding, W., **25**:16, **25**:*90*
Radeglia, R., **16**:243, **16**:*264*
Räder, H.-J., **28**:12, **28**:13, **28**:14, **28**:15, **28**:17, **28**:27, **28**:36, **28**:39, **28**:*40*, **28**:*41*
Radford, H. E., **15**:23, **15**:29, **15**:*57*
Radhakrishnan, R., **26**:307, **26**:*378*
Radle, C., **14**:253, **14**:264, **14**:*344*
Radle, W. E., **1**:414, **1**:*422*
Radlick, P., **10**:149, **10**:*152*, **12**:15, **12**:*126*
Radner, F., **18**:98, **18**:147, **18**:152, **18**:154, **18**:*177*, **20**:161, **20**:*183*, **29**:254, **29**:*267*, **31**:102, **31**:103, **31**:123, **31**:132, **31**:*138*
Radom, L., **11**:193, **11**:206, **11**:*224*, **14**:115, **14**:*131*, **18**:2, **18**:43, **18**:44, **18**:45, **18**:*72*, **19**:245, **19**:336, **19**:339, **19**:*377*, **21**:124, **21**:147, **21**:*195*, **22**:133, **22**:*207*, **23**:192, **23**:193, **23**:194, **23**:*262*, **23**:*263*, **23**:*265*, **23**:*268*, **24**:148, **24**:*201*, **25**:25, **25**:32, **25**:33, **25**:51, **25**:*90*, **25**:*94*, **27**:120, **27**:*236*, **28**:121, **28**:*136*, **29**:314, **29**:*324*, **31**:203, **31**:*244*
Radomska, M., **16**:164, **16**:*235*
Radomski, R., **16**:164, **16**:*235*
Radushnova, I. L., **26**:275, **26**:*377*
Radwitz, F., **4**:197, **4**:*302*
Radzicka, A., **31**:289, **31**:309, **31**:311, **31**:*390*
Radzitsky, P., de, **13**:172, **13**:*270*
Radzitzky, P. de, **20**:139, **20**:*184*
Raffia, S., **32**:42, **32**:*119*
Raftery, M. A., **8**:290, **8**:*404*, **11**:51, **11**:81, **11**:82, **11**:107, **11**:*118*, **11**:*121*, **13**:334, **13**:335, **13**:336, **13**:337, **13**:341, **13**:342, **13**:388, **13**:390, **13**:*407*, **13**:*412*
Raftery, W. V., **17**:234, **17**:246, **17**:*275*
Raghavachari, K., **24**:86, **24**:87, **24**:*110*, **24**:*111*, **29**:233, **29**:*271*, **29**:280, **29**:285, **29**:*326*
Ragimova, A. M., **9**:157, **9**:*175*
Ragle, J. L., **5**:66, **5**:105, **5**:*115*
Ragoonanan, D. J., **27**:241, **27**:*289*
Ragsdale, R. O., **19**:402, **19**:*426*
Ragsdale, S. R., **32**:25, **32**:*119*
Rahamin, Y., **8**:220, **8**:*267*
Rahim, A., **28**:186, **28**:*205*
Rahma, A., **14**:235, **14**:*349*, **14**:*351*
Rahman, M., **13**:160, **13**:*276*
Rahn, R. O., **12**:184, **12**:*219*
Rahnanska, A. A., **17**:455, **17**:456, **17**:*484*
Raimondi, D. L., **9**:59(89), **9**:68(89),

9:*124*
Raimondi, L., **31:**242, **31:***247*
Raimondi, M., **13:**47, **13:**49, **13:**50, **13:***79*
Rainey, W. T., **2:**14, **2:**28, **2:**42, **2:**85, **2:***88*, **8:**227, **8:***262*
Rainis, A., **15:**170, **15:**187, **15:**188, **15:**214, **15:**215, **15:***264*
Rainus, A., **19:**173, **19:**178, **19:***221*
Raisin, C. G., **1:**156, **1:**160, **1:***198*, **7:**262, **7:***329*
Raistrick, B., **2:**96, **2:**153, **2:***161*
Raithby, P., **29:**155, **29:**156, **29:**157, **29:**159, **29:**165, **29:**166, **29:**170, **29:***180*
Rajabalee, F. J. M., **13:**292, **13:**303, **13:***410*
Rajagopalan, S., **11:**56, **11:***120*
Rajan, S., **26:**72, **26:***128*
Rajan, V. T., **15:**87, **15:***148*
Rajaram, J., **23:**33, **23:***61*
Rajbenbach, L., **12:**59, **12:***117*
Rajbenbach, L. J., **17:**110, **17:***177*
Rajemann, M., **31:**189, **31:***243*
Rajender, S., **11:**63, **11:***121*, **13:**107, **13:***151*, **14:**247, **4:***347*
Rajeswari, K., **19:**311, **19:***377*
Rajikan, J., **15:**188, **15:***146*
Rajoharison, H. G., **25:**67, **25:***94*
Raju, B., **32:**244, **32:***264*
Rak, S., **22:**321, **22:**323, **22:**346, **22:***360*
Rakavy, G., **16:**192, **16:***234*
Rakhomankulov, D. L., **23:**299, **23:***322*
Rakshit, A. K., **28:**68, **28:***137*
Rakshit, D., **23:**277, **23:**278, **23:**279, **23:***316*
Rakshys, J. W., **10:**112, **10:**114, **10:***127*
Rale, H. T., **3:**39, **3:***84*
Ralea, R., **7:**101, **7:***114*
Raley, J. H., **13:**189, **13:**190, **13:***271*
Rall, G. J. H., **17:**329, **17:***431*
Rallo, F., **14:**193, **14:**195, **14:***198*, **14:**328, **14:***350*
Ralph, B., **12:**113, **12:***127*
Ralph, E. K., **15:**274, **15:***329*, **22:**123, **22:***208*
Ralston, A. W., **13:**116, **13:***151*
Ram, P., **5:**364, **5:***397*
Ramachandran, B. R., **19:**17, **19:**20, **19:***119*, **22:**60, **22:**61, **22:***108*
Ramachandran, C., **22:**221, **22:**251, **22:***307*
Ramachandran, G. N., **6:**105, **6:**106, **6:**107, **6:**108, **6:**111, **6:**112, **6:**113, **6:**114, **6:**116, **6:**124, **6:**125, **6:**128, **6:**129, **6:**130, **6:**145, **6:**146, **6:**151, **6:**156, **6:**157, **6:**162, **6:**172, **6:***180*, **6:***182*, **6:***183*, **6:**184, **13:**10, **13:***81*
Ramachandran, V., **12:**12, **12:***124*, **20:**57, **20:***185*
Ramage, R. E., **22:**218, **22:**221, **22:**284, **22:***306*
Ramakrishnan, C., **6:**105, **6:**113, **6:**114, **6:**124, **6:**125, **6:**145, **6:**146, **6:**150, **6:**156, **6:***182*
Ramakrishnan, V., **13:**183, **13:**185, **13:***275*
Ramamurthy, V., **19:**88, **19:***128*, **21:**119, **21:***195*, **22:**294, **22:***306*, **22:***307*, **29:**5, **29:**7, **29:***67*, **30:**121, **30:***171*, **32:**245, **32:***264*
Raman, C. V., **3:**68, **3:***85*
Ramanathan, N., **9:**27(6b,c 37), **9:**29(37a,b,c), **9:**100(6b,c), **9:**101(6b,c), **9:***121*, **9:***122*
Ramanthan, P. S., **14:**245, **14:**247, **14:**270, **14:**271, **14:***349*
Ramasami, T., **23:**42, **23:***62*
Ramasseul, R., **5:**102, **5:**104, **5:**105, **5:***116*, **26:**232, **26:***247*
Ramasubbu, N., **29:**120, **29:**122, **29:***182*
Ramaswami, S., **22:**259, **22:**263, **22:**285, **22:***306*
Ramaswamy, K., **9:**162, **9:***181*
Ramaswamy, K. L., **3:**17, **3:**18, **3:**20, **3:***88*
Ramaswamy, P., **24:**150, **24:**153, **24:***199*, **29:**148, **29:**149, **29:**150, **29:**170, **29:***179*
Ramdas, S., **15:**93, **15:**115, **15:**117, **15:***146*, **15:***148*, **16:**178, **16:***235*
Ramey, K. C., **3:**249, **3:**251, **3:***266*, **3:***268*, **25:**76, **25:***94*
Ramey, K. Z., **29:**302, **29:***328*
Ramirez, F., **9:**27(5–11, 28, 36–38, 41, 44, 55–59), **9:**28(55–60), **9:**29(4, 8, 9, 10, 37, 38, 44, 60, 66), **9:**30(60), **9:**32(68), **9:**33(66, 69), **9:**35(55), **9:**36(76), **9:**38, **9:**40, **9:**42(55), **9:**44(55, 76), **9:**47(76), **9:**50(76),

9:73(55–59), **9**:75(9, 10, 59), **9**:77(55–59, 66), **9**:78(7–11), **9**:80(55–59, 111), **9**:82(58), **9**:84(58), **9**:85(56, 66), **9**:86(59), **9**:89(66, 113), **9**:91(69), **9**:92, **9**:95(115, 116, 117), **9**:96(10, 55–59), **9**:98(10, 111), **9**:100(6–10, 111, 114), **9**:101(10, 107, 119), **9**:104(117), **9**:105(117), **9**:107(114–117), **9**:109(67, 121, 129), **9**:110(66), **9**:114(121), **9**:116(110, 126, 127), **9**:117(56), **9**:118(10, 56, 66, 129), **9**:*121*, **9**:*122*, **9**:*123*, **9**:*124*, **9**:*125*, **9**:*126*, **24**:185, **24**:*203*, **25**:104, **25**:108, **25**:117, **25**:122, **25**:123, **25**:124, **25**:130, **25**:153, **25**:162, **25**:193, **25**:194, **25**:207, **25**:208, **25**:236, **25**:*259*, **25**:*260*, **25**:*262*, **25**:*263*, **25**:*264*, **27**:30, **27**:*53*, **28**:200, **28**:*206*
Ramler, W., **12**:227, **12**:*296*
Rammler, D. H., **14**:150, **14**:*201*
Ramnath, N., **22**:294, **22**:*306*, **22**:*307*
Ramp, F. L., **4**:183, **4**:*191*
Rampazzo, L., **26**:68, **26**:*126*
Ramsay, D. A., **1**:366, **1**:380, **1**:386, **1**:*419*, **1**:*420*, **1**:422
Ramsay, G. C., **17**:14, **17**:19, **17**:*62*
Ramsay, J. M., **29**:254, **29**:*267*
Ramsay, O. B., **8**:317, **8**:318, **8**:*399*
Ramsay, W., **4**:2, **4**:*29*
Ramsden, E. N., **1**:59, **1**:*148*, **16**:38, **16**:*47*
Ramsden, H. E., **1**:*199*
Ramsey, B., **6**:266, **6**:282, **6**:*329*
Ramsey, B. G., **11**:344, **11**:373, **11**:*386*, **11**:*390*
Ramsey, D. B., **25**:103, **25**:*258*
Ramsey, J. B., **15**:165, **15**:*261*, **15**:*269*, **15**:*329*
Ramsey, N. F., **3**:259, **3**:*267*
Ramsey, O. B., **11**:226, **11**:246, **11**:*265*
Ramunni, G., **18**:217, **18**:*237*, **21**:173, **21**:*195*
Rand, M. H., **3**:152, **3**:*183*, **4**:19, **4**:20, **4**:22, **4**:*27*, **14**:89, **14**:*128*
Rand, M. J., **31**:304, **31**:*385*
Randaccio, L. G., **29**:170, **29**:*179*
Randahawa, G., **23**:197, **23**:221, **23**:255, **23**:258, **23**:261, **23**:*265*
Randall, D., **25**:81, **25**:*86*
Randall, E. W., **11**:144, **11**:*174*
Randall, J. J., **2**:189, **2**:*197*, **5**:203, **5**:*232*, **14**:179, **14**:*197*
Randall, J. T., **16**:182, **16**:*235*
Randall, R., **5**:391, **5**:*396*, **7**:175, **7**:*204*
Randic, M., **26**:209, **26**:*249*
Randles, D., **23**:280, **23**:*319*
Rand-Meier, T., **11**:81, **11**:82, **11**:107, **11**:*119*, **11**:*121*
Ranganayakula, K., **24**:87, **24**:89, **24**:*108*
Ranganayakulu, K., **11**:213, **11**:220, **11**:*223*, **11**:*224*, **19**:229, **19**:242, **19**:260, **19**:262, **19**:295, **19**:311, **19**:*372*, **19**:*373*, **19**:*378*, **23**:119, **23**:120, **23**:122, **23**:126, **23**:128, **23**:129, **23**:130, **23**:*162*
Ranghino, G., **23**:206, **23**:*268*
Rank, D. H., **3**:251, **3**:*267*, **25**:33, **25**:*91*
Ranky, W. O., **14**:134, **14**:194, **14**:*201*
Rannala, E. R., **24**:94, **24**:*108*
Ranneva, Yu. I., **1**:157, **1**:159, **1**:172, **1**:182, **1**:186, **1**:187, **1**:189, **1**:*200*, **1**:*201*
Rao, B. P., **3**:46, **3**:48, **3**:50, **3**:57, **3**:60, **3**:64, **3**:65, **3**:75, **3**:86, **3**:87, **3**:88, **3**:*81*
Rao, B. S., **8**:361, **8**:362, **8**:*402*
Rao, C. G., **19**:240, **19**:299, **19**:*370*, **32**:269, **32**:277, **32**:279, **32**:282, **32**:*380*
Rao, C. N. R., **9**:140, **9**:157, **9**:163, **9**:164, **9**:166, **9**:*174*, **9**:*181*, **9**:*182*, **11**:325, **11**:*390*, **14**:220, **14**:221, **14**:*343*, **14**:*349*
Rao, D. A. A. S. N., **3**:66, **3**:67, **3**:68, **3**:70, **3**:86, **3**:87, **3**:*88*
Rao, D. N. R., **29**:254, **29**:*270*
Rao, G. V., **28**:171, **28**:179, **28**:181, **28**:182, **28**:183, **28**:189, **28**:199, **28**:*204*
Rao, I. A., **1**:406, **1**:*422*
Rao, K. G., **11**:325, **11**:*390*
Rao, K. N., **2**:39, **2**:*89*
Rao, K. S., **26**:298, **26**:*369*, **28**:181, **28**:182, **28**:183, **28**:*204*
Rao, K. V. K., **1**:242, **1**:243, **1**:*278*
Rao, M. G. S., **25**:31, **25**:*94*
Rao, M. R., **3**:32, **3**:*88*
Rao, P. A. D., **5**:364, **5**:*395*

Rao, P. S., **12**:261, **12**:267, **12**:282, **12**:*296*, **18**:123, **18**:*182*
Rao, R. R., **12**:57, **12**:*126*
Rao, S. B., **28**:179, **28**:191, **28**:*205*
Rao, V. P., **32**:179, **32**:*212*
Rao, V. R., **1**:406, **1**:*422*, **13**:183, **13**:185, **13**:*275*
Rao, V. S. R., **6**:156, **6**:*182*, **13**:59, **13**:*82*, **23**:192, **23**:*270*
Rao, Y.-H., **32**:164, **32**:*208*
Raoult, E., **12**:94, **12**:*122*
Raphael, A. L., **25**:254, **25**:*256*
Rapoport, H., **15**:176, **15**:*264*, **21**:45, **21**:*95*, **21**:*98*
Rapp, A., **9**:27(30), **9**:*122*, **12**:19, **12**:*122*
Rapp, D., **24**:88, **24**:*107*
Rapp, K. E., **7**:26, **7**:*113*
Rapp, M. W., **11**:190, **11**:*224*, **14**:35, **14**:36, **14**:39, **14**:*66*, **27**:258, **27**:*291*, **31**:170, **31**:172, **31**:195, **31**:*247*
Rappe, C., **18**:31, **18**:38, **18**:39, **18**:40, **18**:42, **18**:43, **18**:*76*
Rappoport, Z., **6**:269, **6**:277, **6**:*330*, **7**:2, **7**:3, **7**:7, **7**:13, **7**:15, **7**:33, **7**:35, **7**:49, **7**:56, **7**:63, **7**:99, **7**:*113*, **9**:186, **9**:200, **9**:235, **9**:237, **9**:238, **9**:244, **9**:246, **9**:247, **9**:262, **9**:263, **9**:266, **9**:267, **9**:270, **9**:271, **9**:*278*, **14**:36, **14**:39, **14**:43, **14**:65, **14**:77, **14**:108, **14**:109, **14**:*131*, **19**:334, **19**:*377*, **19**:*379*, **23**:75, **23**:*160*, **26**:317, **26**:*369*, **26**:*376*, **26**:*377*, **27**:222, **27**:231, **27**:*236*, **27**:*237*, **27**:243, **27**:248, **27**:249, **27**:250, **27**:253, **27**:254, **27**:256, **27**:259, **27**:263, **27**:265, **27**:268, **27**:284, **27**:*290*, **27**:*291*, **29**:99, **29**:100, **29**:104, **29**:*181*, **29**:*182*, **32**:297, **32**:298, **32**:299, **32**:300, **32**:346, **32**:347, **32**:362, **32**:*381*, **32**:*382*, **32**:*383*
Rapport, N., **13**:4, **13**:*80*
Raquena, Y., **11**:33, **11**:*119*
Raridon, R. J., **14**:308, **14**:*349*
Rasaiah, J. C., **14**:245, **14**:*349*
Rasburn, E. J., **12**:278, **12**:283, **12**:*296*, **20**:172, **20**:*187*
Rase, J., **32**:167, **32**:193, **32**:*209*
Rashid, A., **32**:41, **32**:*119*
Rashman, R. M., **8**:174, **8**:*267*
Rasmussen, D. H., **14**:326, **14**:*349*
Rasmussen, J. K., **17**:344, **17**:*431*
Rasmussen, J. R., **23**:20, **23**:*59*
Rasmussen, P. G., **18**:109, **18**:*182*
Rasmussen, S. E., **22**:27, **22**:*110*, **32**:240, **32**:*264*
Raso, V., **31**:256, **31**:*390*
Rasool, S., **17**:441, **17**:*483*
Rasper, J., **2**:112, **2**:122, **2**:*160*
Rassat, A., **5**:63, **5**:72, **5**:83, **5**:87, **5**:95, **5**:102, **5**:104, **5**:105, **5**:*113*, **5**:*114*, **5**:*116*, **10**:120, **10**:*123*, **17**:6, **17**:9, **17**:28, **17**:*59*, **17**:*62*
Rasshofer, W., **17**:421, **17**:*431*
Rastrup-Andersen, J., **13**:48, **13**:*77*
Rastrup-Andersen, N., **23**:259, **23**:*262*
Rat, J. C., **14**:310, **14**:*349*
Ratajczak, A., **30**:186, **30**:*218*
Ratajczak, E., **15**:17, **15**:25, **15**:*60*
Ratajczak, H., **22**:127, **22**:*211*, **26**:279, **26**:*372*
Ratajczyk, J. F., **17**:317, **17**:*433*
Ratcliff, K. M., **26**:285, **26**:*374*
Ratcliffe, R. W., **23**:259, **23**:*264*
Rath, N. S., **14**:301, **14**:343
Rathjen, N., **26**:18, **26**:*123*
Rathke, J. W., **9**:*125*
Rathna, A., **32**:179, **32**:*216*
Ratner, M. A., **18**:105, **18**:*182*, **32**:123, **32**:129, **32**:137, **32**:141, **32**:151, **32**:158, **32**:171, **32**:179, **32**:187, **32**:191, **32**:196, **32**:*208*, **32**:*210*, **32**:*211*, **32**:*212*, **32**:*213*
Rau, M-C., **13**:235, **13**:*265*
Rauch, J. E., **32**:164, **32**:*210*
Rauchfuss, T. B., **23**:56, **23**:*61*
Rauhut, M. M., **18**:188, **18**:189, **18**:191, **18**:193, **18**:197, **18**:198, **18**:209, **18**:*237*
Rauk, A., **15**:243, **15**:244, **15**:*266*, **19**:225, **19**:229, **19**:242, **19**:260, **19**:262, **19**:*373*, **19**:*378*, **23**:119, **23**:120, **23**:122, **23**:*162*, **24**:87, **24**:89, **24**:*108*, **24**:148, **24**:*204*, **25**:42, **25**:*94*
Rausch, D. J., **10**:140, **10**:*153*
Rauscher, W., **18**:138, **18**:*184*
Rautter, **28**:34, **28**:35, **28**:*43*
Rav-Acha, C., **22**:263, **22**:*307*
Raval, D. A., **28**:182, **28**:186, **28**:*205*
Ravanal, L., **19**:58, **19**:*116*, **20**:197,

20:198, **20:**199, **20:**203, **20:**204, **20:**205, **20:**207, **20:**219, **20:**221, **20:***230*
Ravell, R., **25:**203, **25:**204, **25:**205, **25:***260*
Ravenhill, J. R., **14:**234, **14:**252, **14:**262, **14:***342*
Ravichandran, R., **19:**419, **19:**422, **19:***426*
Ravindranathan, M., **19:**240, **19:**299, **19:**352, **19:***370*, **28:**179, **28:**182, **28:**189, **28:**199, **28:***204,* **32:**269, **32:**277, **32:**279, **32:**280, **32:**282, **32:***380*
Ravinet, P., **19:**21, **19:***119*
Raw, R., **9:**138, **9:**146, **9:**148, **9:**149, **9:**152, **9:***180*
Rawaswami, S., **17:**451, **17:**457, **17:**458, **17:***485*
Rawdah, T. N., **19:**281, **19:**302, **19:***376*, **23:**104, **23:***158*, **29:**291, **29:**308, **29:***324*, **29:***328*
Rawle, S. C., **31:**36, **31:***82*
Rawlinson, D. J., **1:**62, **1:***148*, **12:**60, **12:***126*, **13:**245, **13:***276*, **16:**39, **16:**40, **16:***47*
Rawson, D. I., **25:**29, **25:**34, **25:***84*, **25:***85*
Rawson, G., **17:**109, **17:***179*
Ray, A., **8:**281, **8:**388, **8:**389, **8:**394, **8:***403*, **8:***404*, **14:**327, **14:***349*, **22:**215, **22:***307*
Ray, F. E., **1:**230, **1:***281*
Ray, G. J., **11:**149, **11:**151, **11:**152, **11:**153, **11:***175*
Ray, J. D., **3:**254, **3:***268*
Ray, N. K., **24:**68, **24:***110*
Ray, T., **29:**186, **29:***270*
Rayez, J. C., **24:**63, **24:***111*
Rayez-Meaune, M. T., **24:**63, **24:***111*
Raymond, K. N., **26:**261, **26:**262, **26:**267, **26:**297, **26:***367*
Raymond, P., **5:**394, **5:***396*
Rayner, D. M., **12:**142, **12:**146, **12:**153, **12:**187, **12:**206, **12:**211, **12:***219*
Rayner, D. R., **17:**99, **17:**131, **17:***179*
Raynes, W. T., **1:**405, **1:***422*, **18:**193, **18:***237*
Rayraux, J. M., **6:**12, **6:***59*
Razuvaev, G. A., **17:**45, **17:***63*, **23:**275, **23:***316*, **23:***320*
Read, M., **1:**8, **1:***32*
Read, R. R., **8:**321, **8:**329, **8:***404*
Reade, T. H., **19:**408, **19:***426*
Reading, R., **4:**4, **4:**9, **4:***28*
Readio, P. D., **6:**278, **6:**280, **6:**281, **6:***330*, **21:**128, **21:***195*
Reagan, M. T., **13:**104, **13:***152*
Reasoner, J. W., **8:**250, **8:***262*
Reavill, R. E., **11:**347, **11:***388*
Rebane, L. A., **32:**250, **32:***263*
Rebattu, J.-M., **12:**43, **12:***117*
Rebbert, R. E., **8:**140, **8:***146*
Rebbitt, T. O., **32:**5, **32:**70, **32:**74, **32:**75, **32:**82, **32:***116*, **32:***118*
Rebek, J. Jr., **30:**93, **30:**107, **30:***115*
Reber, J.-L., **31:**310, **31:**383, **31:***390*
Reck, G., **32:**186, **32:***210*
Record, K. A. F., **13:**59, **13:***78*, **17:**122, **17:***175*
Reczek, J., **17:**465, **17:***483*
Reddick, J. A., **15:**162, **15:***264*
Reddoch, A. H., **13:**196, **13:**211, **13:**212, **13:***268*, **13:***274*, **13:***275*, **17:**46, **17:***59*, **28:**30, **28:**32, **28:***43*
Reddy, A. K. N., **12:**22, **12:**46, **12:**87, **12:**106, **12:***117*
Reddy, D. P., **32:**94, **32:***119*
Reddy, G. S., **9:**118(131b), **9:***126*
Reddy, I. A. K., **22:**290, **22:***307*
Reddy, P. A., **31:**37, **31:***83*
Reddy, T. B., **6:**91, **6:***99*, **12:**43, **12:**56, **12:***129*, **13:**231, **13:***277*, **14:**146, **14:***199*
Reddy, T. R., **10:**199, **10:***225*
Redhouse, A., **7:**156, **7:***207*
Redies, M. F., **1:**412, **1:***419*
Reding, F. P., **14:**223, **14:***344*
Redl, G., **9:***126*
Redlich, O., **7:**261, **7:**284, **7:**297, **7:**305, **7:***327*
Redman, C., **31:**133, **31:***140*
Redmond, J. W., **25:**115, **25:***258*
Redmond, W., **13:**116, **13:***152*
Redvanly, C. S., **2:**254, **2:**265, **2:***276*, **2:***277*
Ree, B., **23:**193, **23:***268*
Ree, T., **13:**71, **13:***81*
Reece, I. H., **9:**163, **9:***181*
Reed, B. L., **32:**108, **32:***120*
Reed, C. R., **26:**56, **26:***129*

Reed, E. E., **1**:*153*
Reed, G. A., **2**:157, **2**:*161*
Reed, G. H., **25**:252, **25**:*261*
Reed, L. J., **5**:298, **5**:*327*
Reed, P. B., **21**:39, **21**:*96*
Reed, R. G., **10**:163, **10**:*222*, **12**:29, **12**:95, **12**:108, **12**:*121*, **12**:*127*
Reed, R. I., **2**:165, **2**:*198*, **7**:126, **7**:*150*, **8**:167, **8**:201, **8**:254, **8**:*260*, **8**:*267*
Reedijk, J., **26**:315, **26**:*372*
Reeke, G. N., **21**:30, **21**:*34*
Reeke, G. N., Jr., **11**:64, **11**:*121*
Reents, W. D., **18**:152, **18**:*182*
Rees, A. G. L., **1**:222, **1**:*276*
Rees, A. R., **31**:382, **31**:*389*
Rees, C. W., **2**:183, **2**:*198*, **6**:31, **6**:42, **6**:*60*, **7**:154, **7**:156, **7**:*203*, **7**:*207*, **11**:226, **11**:*265*
Rees, J. C., **19**:302, **19**:*376*, **29**:291, **29**:*328*
Rees, J. H., **16**:20, **16**:29, **16**:*48*, **19**:385, **19**:*427*
Rees, N. V., **32**:50, **32**:52, **32**:54, **32**:59, **32**:69, **32**:105, **32**:*119*
Rees, W., **15**:113, **15**:*148*
Rees, W. L., **29**:132, **29**:*182*, **30**:131, **30**:*171*
Reese, C. B., **6**:206, **6**:*324*
Reese, R. M., **4**:43, **4**:*70*
Reetz, M. T., **24**:68, **24**:*111*, **30**:86, **30**:*115*, **30**:202, **30**:*220*
Reeve, A. E., **19**:112, **19**:*126*
Reeves, C. M., **6**:144, **6**:*180*
Reeves, L. W., **3**:197, **3**:219, **3**:220, **3**:221, **3**:233, **3**:237, **3**:238, **3**:239, **3**:241, **3**:242, **3**:255, **3**:259, **3**:260, **3**:261, **3**:262, **3**:263, **3**:*265*, **3**:*266*, **3**:*267*, **3**:*268*, **6**:314, **6**:315, **6**:*330*, **11**:271, **11**:*390*, **25**:10, **25**:*94*
Reeves, R. L., **8**:282, **8**:337, **8**:340, **8**:341, **8**:366, **8**:369, **8**:*404*, **8**:*406*, **11**:309, **11**:310, **11**:311, **11**:*390*, **17**:109, **17**:*176*
Reeves, R. M., **10**:186, **10**:*224*
Regan, A. C., **27**:35, **27**:48, **27**:*52*
Regan, C. M., **5**:333, **5**:337, **5**:349, **5**:353, **5**:*398*
Regan, J. P., **6**:321, **6**:*328*
Regan, T. H., **11**:357, **11**:*386*
Regen, S. L., **17**:333, **17**:335–7, **17**:*431*, **22**:57, **22**:*109*, **22**:281, **22**:*307*
Regensburger, P. J., **16**:228, **16**:229, **16**:*235*
Reger, D. W., **8**:375, **8**:*403*, **17**:462, **17**:*485*, **22**:277, **22**:*306*
Regitz, M., **26**:310, **26**:*377*
Regnier, J., **3**:26, **3**:*88*
Regnier, S., **3**:26, **3**:*88*
Rehage, H., **22**:220, **22**:*304*
Rehder, D., **29**:205, **29**:*270*
Rehfeld, S. J., **8**:282, **8**:*404*, **9**:158, **9**:*177*, **14**:275, **14**:*349*
Rehm, D., **18**:103, **18**:107, **18**:110, **18**:112, **18**:130, **18**:131, **18**:138, **18**:*182*, **18**:219, **18**:*237*, **19**:4, **19**:8, **19**:13, **19**:30, **19**:*126*, **31**:103, **31**:*140*
Rehm, T., **32**:155, **32**:162, **32**:167, **32**:193, **32**:*213*
Rehman, Z., **9**:195, **9**:*275*
Rehorek, D., **17**:13, **17**:19, **17**:20, **17**:41, **17**:55, **17**:*63*, **31**:111, **31**:112, **31**:121, **31**:123, **31**:*140*
Rei, M. H., **10**:43, **10**:*51*
Reich, E., **13**:330, **13**:*411*
Reich, H. J., **31**:273, **31**:*390*
Reich, H. S., **29**:57, **29**:58, **29**:*66*
Reich, I. L., **14**:4, **14**:*65*
Reich, L., **9**:134, **9**:*181*
Reich, P., **7**:15, **7**:*111*
Reich, R., **21**:146, **21**:149, **21**:*191*, **27**:38, **27**:39, **27**:*52*, **27**:232, **27**:*233*
Reich, S. H., **31**:269, **31**:383, **31**:*387*
Reichardt, C., **5**:174, **5**:176, **5**:177, **5**:201, **5**:*233*, **5**:*234*, **14**:32, **14**:39, **14**:40, **14**:41, **14**:42, **14**:43, **14**:44, **14**:*63*, **14**:*65*, **14**:135, **14**:*198*, **14**:*201*, **14**:*349*, **29**:17, **29**:28, **29**:*67*, **29**:210, **29**:211, **29**:*270*, **32**:174, **32**:184, **32**:185, **32**:186, **32**:200, **32**:*214*
Reichel, F., **29**:321, **29**:*325*, **29**:*330*
Reichenbach, G., **23**:48, **23**:*58*
Reichenbacher, P. H., **12**:35, **12**:104, **12**:*126*, **12**:*128*, **18**:217, **18**:*237*
Reichman, U., **11**:324, **11**:*390*
Reichmanis, E., **29**:300, **29**:*301*, **29**:*324*
Reid, B. R., **26**:358, **26**:*373*
Reid, C., **1**:215, **1**:216, **1**:264, **1**:*279*, **1**:401, **1**:405, **1**:*419*, **1**:*422*, **4**:125, **4**:*145*, **4**:225, **4**:227, **4**:231, **4**:*303*, **12**:215, **12**:*219*

Reid, D. H., **11**:360, **11**:361, **11**:*386*, **11**:*389*, **12**:188, **12**:*219*
Reid, D. S., **14**:217, **14**:250, **14**:251, **14**:252, **14**:253, **14**:255, **14**:259, **14**:260, **14**:262, **14**:298, **14**:299, **14**:310, **14**:311, **14**:*342*, **14**:*349*
Reid, E., **2**:146, **2**:*161*
Reid, E. E., **5**:197, **5**:*233*
Reid, G. P., **21**:49, **21**:*95*
Reid, J. M., **6**:56, **6**:*60*
Reid, P. I., **15**:132, **15**:135, **15**:143, **15**:*144*
Reid, R. I., **1**:57, **1**:*150*, **1**:406, **1**:*418*
Reid, S. T., **1**:*419*
Reif, L., **1**:157, **1**:*201*, **2**:72, **2**:*90*
Reiff, W. M., **26**:239, **26**:*250*
Reigh, D. L., **17**:55, **17**:*60*
Reilley, C. N., **10**:201, **10**:202, **10**:203, **10**:*225*, **12**:9, **12**:*129*, **19**:159, **19**:*222*
Reilly, C. A., **3**:224, **3**:*268*
Reilly, J. L., **18**:153, **18**:*178*
Reimann, A., **30**:12, **30**:*60*
Reimann, J. E., **5**:247, **5**:270, **5**:302, **5**:*329*
Reimer, B., **16**:219–21, **16**:223, **16**:224, **16**:*234*, **16**:*235*
Reimer, J. A., **16**:246, **16**:*262*
Reimer, K., **32**:105, **32**:*119*
Reimers, J. R., **28**:4, **28**:21, **28**:22, **28**:*44*
Reimlinger, H., **2**:56, **2**:*88*, **7**:171, **7**:*207*
Reimlinger, H. K., **5**:352, **5**:356, **5**:358, **5**:359, **5**:*397*, **5**:*398*
Reimschussel, W., **19**:57, **19**:*119*
Rein, B. M., **25**:334, **25**:*445*
Reinbolt, H., **21**:29, **21**:*34*
Reiner, M. D., **19**:87, **19**:*119*
Reinhammar, B., **31**:128, **31**:*139*
Reinhardt, G., **29**:277, **29**:297, **29**:312, **29**:314, **29**:*324*, **29**:*327*
Reinhardt, T. E., **19**:27, **19**:28, **19**:*115*
Reinhart, P. W., **26**:56, **26**:63, **26**:*124*
Reinheimer, J. D., **2**:191, **2**:*199*
Reinhoudt, D., **32**:165, **32**:200, **32**:202, **32**:*216*
Reinhoudt, D. N., **17**:280, **17**:283, **17**:288, **17**:290, **17**:291, **17**:314, **17**:362, **17**:372–6, **17**:422, **17**:*426*, **17**:*431*, **29**:9, **29**:*64*, **30**:73, **30**:74, **30**:75, **30**:86, **30**:87, **30**:88, **30**:95, **30**:96, **30**:101, **30**:105, **30**:107, **30**:111, **30**:*112*, **30**:*113*, **30**:*115*, **30**:188, **30**:*218*, **30**:*220*, **31**:70, **31**:*83*
Reinicke, B., **23**:174, **23**:*268*
Reinke, L. A., **31**:104, **31**:*139*
Reinkhardt, M., **2**:*277*
Reinmuth, W. H., **5**:94, **5**:*117*, **12**:12, **12**:*126*, **32**:24, **32**:110, **32**:*120*
Reinsborough, V. C., **22**:242, **22**:*304*, **29**:5, **29**:*67*
Reinstein, J. A., **28**:174, **28**:176, **28**:180, **28**:192, **28**:200, **28**:202, **28**:*204*
Reisenauer, H. P., **22**:314, **22**:*360*, **26**:191, **26**:*251*, **30**:12, **30**:15, **30**:27, **30**:32, **30**:38, **30**:39, **30**:46, **30**:49, **30**:*56*, **30**:*59*, **30**:*60*
Reisner, A., **32**:171, **32**:*208*
Reisner, G. M., **32**:231, **32**:*263*
Reisse, J., **32**:70, **32**:79, **32**:*116*, **32**:*119*
Reitano, M., **20**:144, **20**:*189*
Reitstöen, B., **29**:251, **29**:261, **29**:*270*, **31**:104, **31**:*140*
Reitz, D. B., **24**:38, **24**:*51*
Reitz, D. C., **1**:351, **1**:*362*, **25**:435, **25**:*444*
Reitz, N. C., **12**:12, **12**:*126*
Reitz, O., **2**:71, **2**:*89*, **2**:*90*, **2**:140, **2**:144, **2**:*161*, **7**:262, **7**:297, **7**:*330*, **18**:3, **18**:*76*
Reix, M., **13**:203, **13**:*273*
Rejto, M., **19**:48, **19**:53, **19**:*119*
Rekasheva, A. F., **6**:63, **6**:*99*, **7**:*113*
Relles, H. M., **9**:27(14a), **9**:110(14a), **9**:*122*
Remanick, A., **2**:151, **2**:*158*, **5**:378, **5**:*395*, **11**:188, **11**:*222*
Rembaum, A., **9**:133, **9**:142, **9**:*178*, **16**:203, **16**:*232*, **17**:27, **17**:*60*
Remco, J. R., **10**:121, **10**:*128*
Remick, A. E., **3**:71, **3**:*88*
Remijnse, A. G., **14**:309, **14**:*337*
Remington, S. J., **24**:141, **24**:*199*
Remko, J. R., **8**:31, **8**:*74*
Remko, R., **12**:229, **12**:253, **12**:278, **12**:*292*, **12**:*296*
Rempel, D. L., **24**:2, **24**:*52*
Remsen, I., **1**:105, **1**:*153*
Remy, M. H., **31**:382, **31**:*387*
Renard, E., **14**:313, **14**:*349*
Renard, J. P., **26**:243, **26**:*249*, **26**:*250*, **26**:*251*
Renaro, J. A., **14**:334, **14**:*349*

Renaud, D. J., **7**:178, **7**:*209*
Rendall, H. M., **14**:267, **14**:*347*
Renfrow, R. A., **27**:39, **27**:*52*, **27**:207, **27**:209, **27**:210, **27**:216, **27**:217, **27**:218, **27**:219, **27**:222, **27**:223, **27**:*234*
Reniero, F., **29**:31, **29**:*65*
Renk, E., **6**:285, **6**:*327*, **11**:352, **11**:*386*
Renn, K., **9**:136, **9**:*177*
Renner, H., **1**:407, **1**:*419*
Renner, R., **1**:378, **1**:379, **1**:380, **1**:386, **1**:391, **1**:*422*
Rennick, L. E., **9**:268, **9**:*279*
Renou, J. P., **16**:252, **16**:*264*
Renshaw, G. D., **15**:108, **15**:120, **15**:*150*
Rentov, O. A., **17**:318, **17**:319, **17**:*428*
Rentzepis, P. M., **21**:133, **21**:177, **21**:*193*, **22**:146, **22**:147, **22**:*206*, **22**:*209*, **29**:188, **29**:190, **29**:214, **29**:226, **29**:238, **29**:*268*, **29**:*269*, **31**:119, **31**:*139*, **32**:247, **32**:*262*
Reny, J., **25**:45, **25**:*87*
Reppond, K. D., **31**:169, **31**:181, **31**:182, **31**:*247*
Requena, G., **29**:5, **29**:*66*
Requena, Y., **23**:184, **23**:*264*, **27**:12, **27**:*53*
Rérat, C., **3**:63, **3**:*88*, **32**:240, **32**:*262*
Resmini, M., **31**:384, **31**:*389*, **31**:*390*
Ressler, C., **15**:121, **15**:*148*
Restalli, A., **24**:72, **24**:*107*
Reszka, K., **31**:135, **31**:*140*
Retey, J., **25**:115, **25**:*262*
Rettig, K. R., **7**:197, **7**:*205*, **22**:343, **22**:*359*
Rettig, M. F., **9**:215, **9**:*278*
Rettig, W., **28**:39, **28**:*43*, **28**:*44*
Rettschnick, R. P. H., **12**:133, **12**:*217*
Reuben, D. M. E., **15**:192, **15**:*263*, **15**:*264*, **24**:72, **24**:*105*
Reuben, J., **3**:178, **3**:*185*, **23**:65, **23**:74, **23**:*160*
Reuben, R., **29**:316, **29**:*328*
Reucroft, P. J., **16**:189, **16**:219, **16**:220, **16**:222, **16**:*231*, **16**:*235*
Reusch, W., **6**:291, **6**:*330*, **7**:173, **7**:*204*, **8**:249, **8**:*267*
Reuss, G., **4**:258, **4**:270, **4**:*300*
Reuss, R. H., **13**:257, **13**:*275*
Reutebuch, G., **12**:238, **12**:*296*
Reuter, H., **30**:82, **30**:*115*
Reutov, O. A., **2**:24, **2**:25, **2**:*90*, **6**:248, **6**:260, **6**:267, **6**:*330*, **7**:60, **7**:*112*, **24**:68, **24**:*112*
Reutov, O. L., **15**:312, **15**:*329*
Reuver, J. F., **23**:72, **23**:*162*
Reuwer, J. F., **18**:12, **18**:*76*
Reuwer, J. F., Jr., **6**:71, **6**:95, **6**:*101*, **31**:181, **31**:219, **31**:223, **31**:*247*
Revelle, L. K., **17**:71, **17**:72, **17**:*175*, **17**:*179*
Reverdy, G., **20**:103, **20**:105, **20**:*184*, **20**:*186*, **22**:338, **22**:348, **22**:*358*, **22**:*360*, **22**:*360*, **32**:82, **32**:*114*
Rewicki, D., **30**:181, **30**:184, **30**:*219*
Rey, P., **5**:87, **5**:*113*, **26**:244, **26**:*246*
Reymond, J.-L., **31**:294, **31**:310, **31**:383, **31**:384, **31**:385, **31**:*385*, **31**:*386*, **31**:*389*, **31**:*390*, **31**:*391*
Reynolds, C. H., **23**:145, **23**:*159*, **32**:236, **32**:*264*
Reynolds, F. L., **2**:269, **2**:*275*
Reynolds, J. A., **8**:394, **8**:*397*
Reynolds, J. H., **8**:394, **8**:*397*
Reynolds, M. L., **8**:395, **8**:*397*
Reynolds, P. A., **15**:112, **15**:117, **15**:*149*
Reynolds, R., **13**:208, **13**:*275*, **20**:96, **20**:*187*
Reynolds, R. A., **15**:118, **15**:*145*
Reynolds, W. F., **13**:352, **13**:*413*, **16**:252, **16**:*264*, **18**:15, **18**:*75*, **23**:210, **23**:*267*, **25**:68, **25**:*95*, **26**:131, **26**:*177*
Reynolds, W. L., **12**:3, **12**:101, **12**:*126*, **18**:80, **18**:120, **18**:*182*, **31**:98, **31**:*140*
Reynolds-Warnhoff, P., **24**:77, **24**:*112*
Reza, N. M., **26**:263, **26**:*371*
Rezende, M. C., **22**:244, **22**:293, **22**:297, **22**:298, **22**:*303*, **22**:*307*, **22**:*308*
Rezmovitz, H., **30**:107, **30**:*113*
Rezvukhin, A. I., **19**:283, **19**:284, **19**:314, **19**:323, **19**:327, **19**:*373*, **19**:*374*, **19**:*377*, **19**:*378*
Rezvukhin, A. L., **20**:45, **20**:*53*
Rhee, H. K., **22**:279, **22**:280, **22**:*305*
Rhee, H.-S., **17**:480, **17**:*485*
Rhee, J. V., **22**:279, **22**:280, **22**:*305*
Rheingold, A. L., **32**:173, **32**:*213*
Rhind-Tutt, A., **1**:28, **1**:*31*
Rho, M. M., **32**:277, **32**:*380*
Rhoades, J. A., **13**:311, **13**:313, **13**:*411*

Rhoads, S. J., **6**:202, **6**:217, **6**:241, **6**:242, **6**:*330*
Rhodes, C. J., **26**:150, **26**:*177*
Rhodes, C. T., **8**:278, **8**:279, **8**:282, **8**:284, **8**:287, **8**:378, **8**:380, **8**:382, **8**:*399*, **8**:*403*, **8**:*404*, **8**:*406*, **23**:232, **23**:*267*
Rhodes, M., **16**:203, **16**:*230*
Rhodes, S., **29**:51, **29**:*67*
Rhyu, K. W., **27**:22, **27**:*54*, **27**:81, **27**:91, **27**:94, **27**:106, **27**:*115*
Ri, T., **1**:13, **1**:*33*
Riad, Y., **7**:155, **7**:180, **7**:*205*
Ribaldo, E. J., **22**:230, **22**:*300*
Ribar, T., **5**:160, **5**:*171*
Ribeiro, A. A., **16**:258, **16**:*264*
Ribeiro-Claro, R. J. A., **25**:68, **25**:*94*
Ricard, D., **21**:41, **21**:70, **21**:*96*
Ricca, T. L., **24**:4, **24**:5, **24**:*54*
Ricci, C., **21**:20, **21**:*32*
Ricci, R. W., **20**:217, **20**:*230*
Ricciuti, C., **18**:168, **18**:*184*
Riccobono, P. X., **13**:56, **13**:*81*
Rice, C. L., **4**:9, **4**:12, **4**:*28*
Rice, F. O., **1**:30, **1**:*33*, **1**:89, **3**:94, **3**:*122*, **15**:2, **15**:*60*, **18**:21, **18**:*76*, **24**:157, **24**:*203*
Rice, J. E., **32**:134, **32**:151, **32**:159, **32**:183, **32**:184, **32**:*215*, **32**:*216*, **32**:*217*
Rice, M. J., **26**:238, **26**:*246*
Rice, M. R., **1**:*150*, **29**:286, **29**:*324*
Rice, S. A., **14**:236, **14**:*352*, **16**:161, **16**:168, **16**:169, **16**:176, **16**:*231*, **16**:*233*, **16**:*236*
Rice, T. M., **15**:87, **15**:*146*
Rich, A., **6**:117, **6**:*182*, **15**:182, **15**:*264*
Rich, D. H., **24**:176, **24**:*203*
Rich, W. E., **12**:111, **12**:*127*
Richard, J. P., **27**:187, **27**:225, **27**:226, **27**:227, **27**:*237*, **27**:246, **27**:247, **27**:254, **27**:256, **27**:257, **27**:258, **27**:263, **27**:266, **27**:267, **27**:268, **27**:269, **27**:270, **27**:271, **27**:272, **27**:273, **27**:275, **27**:281, **27**:282, **27**:284, **27**:285, **27**:*288*, **27**:*290*, **32**:366, **32**:368, **32**:369, **32**:370, **32**:*384*
Richard, J. T., **7**:119, **7**:123, **7**:129, **7**:130, **7**:*149*
Richards, E., **23**:202, **23**:250, **23**:*265*
Richards, F. M., **8**:282, **8**:285, **8**:296, **8**:297, **8**:361, **8**:365, **8**:368, **8**:369, **8**:*401*, **21**:21, **21**:23, **21**:*34*, **21**:*35*
Richards, J. A., **20**:134, **20**:*187*
Richards, J. H., **8**:290, **8**:*405*, **11**:38, **11**:*120*, **11**:128, **11**:136, **11**:137, **11**:138, **11**:*174*, **13**:371, **13**:374, **13**:378, **13**:379, **13**:*410*, **13**:*412*, **16**:258, **16**:*262*
Richards, K. E., **11**:374, **11**:*387*
Richards, P., **32**:83, **32**:*120*
Richards, P. M., **18**:120, **18**:*181*
Richards, R. E., **4**:1, **4**:*27*
Richards, W. P., **19**:184, **19**:*222*
Richardson, C., **1**:234, **1**:*277*
Richardson, D. B., **2**:259, **2**:*275*, **7**:155, **7**:189, **7**:*207*
Richardson, D. I., **17**:252, **17**:*278*, **25**:23, **25**:*264*
Richardson, D. I., Jr., **11**:26, **11**:*121*, **11**:*122*
Richardson, E. N., **1**:61, **1**:*152*
Richardson, F. S., **23**:191, **23**:*262*, **23**:*268*
Richardson, G. D., **23**:277, **23**:*316*
Richardson, J. E., **29**:5, **29**:*67*
Richardson, K. S., **19**:225, **19**:*374*, **24**:7, **24**:*54*, **27**:58, **27**:66, **27**:72, **27**:89, **27**:92, **27**:100, **27**:*115*, **27**:*116*, **27**:239, **27**:*290*, **29**:88, **29**:92, **29**:94, **29**:113, **29**:*182*, **31**:206, **31**:*245*
Richardson, R. K., **20**:172, **20**:*184*, **20**:*187*
Richardson, W. H., **17**:188, **17**:250, **17**:*278*, **18**:191, **18**:201, **18**:202, **18**:*236*, **18**:*237*, **25**:56, **25**:*94*
Riche, C., **17**:318–20, **17**:322, **17**:*425*
Richey, G., **19**:265, **19**:*377*
Richey, H. G., **9**:23, **9**:186, **9**:191, **9**:217, **9**:259, **9**:262, **9**:264, **9**:267, **9**:268, **9**:269, **9**:*278*, **9**:*279*, **10**:45, **10**:*52*, **11**:207, **11**:*223*
Richey, H. G. Jr., **4**:334, **4**:335, **4**:338, **4**:*345*, **7**:98, **7**:*113*, **29**:287, **29**:296, **29**:*329*, **30**:188, **30**:*219*
Richey, J. M., **9**:186, **9**:191, **9**:217, **9**:259, **9**:262, **9**:264, **9**:267, **9**:268, **9**:269, **9**:279, **10**:45, **10**:*52*
Richrol, H. H., **13**:168, **13**:182, **13**:*269*

Richs, M. J., **30**:53, **30**:*60*
Richter, B., **9**:35(74), **9**:42(74), **9**:*124*
Richter, D. O., **8**:140, **8**:*147*
Richter, H. P., **18**:198, **18**:*235*
Richter, W. J., **8**:*262*
Richtol, H. H., **12**:57, **12**:*118*, **19**:157, **19**:*218*
Richtsmeier, S., **18**:127, **18**:*178*
Rick, E. A., **23**:42, **23**:43, **23**:*60*
Rickard, R. C., **13**:245, **13**:*268*
Rickborn, B., **5**:211, **5**:*233*, **7**:227, **7**:*257*, **14**:182, **14**:*198*, **15**:41, **15**:*58*
Ricketts, J. A., **11**:312, **11**:*390*
Rico, I., **23**:285, **23**:301, **23**:*320*
Ridd, J. H., **1**:42, **1**:57, **1**:107, **1**:121, **1**:127, **1**:129, **1**:140, **1**:*150*, **2**:167, **2**:172, **2**:184, **2**:*197*, **2**:*198*, **2**:*199*, **4**:83, **4**:*145*, **5**:356, **5**:377, **5**:378, **5**:389, **5**:*398*, **7**:243, **7**:*257*, **14**:121, **14**:*131*, **16**:3, **16**:4, **16**:14, **16**:16, **16**:17, **16**:19–23, **16**:25, **16**:28–32, **16**:40–3, **16**:45, **16**:*47*, **16**:*48*, **16**:*49*, **18**:119, **18**:150, **18**:*182*, **19**:133, **19**:*221*, **19**:381, **19**:382, **19**:384, **19**:385, **19**:386, **19**:387, **19**:395, **19**:399, **19**:411, **19**:422, **19**:424, **19**:*424*, **19**:*426*, **19**:*427*, **20**:154, **20**:155, **20**:164, **20**:165, **20**:166, **20**:167, **20**:168, **20**:169, **20**:*180*, **20**:*182*, **20**:*183*, **20**:*184*, **20**:*187*, **29**:247, **29**:262, **29**:*266*, **29**:*268*, **29**:*270*
Riddell, F. G., **24**:80, **24**:*108*
Riddick, J. A., **18**:119, **18**:*182*
Riddiford, A. C., **10**:161, **10**:*224*
Riddle, R. M., **16**:256, **16**:*264*
Rideout, D., **22**:292, **22**:*300*
Ridgewell, B. J., **11**:316, **11**:*384*
Ridgway, C., **31**:77, **31**:*81*
Ridgway, T. H., **12**:111, **12**:*127*
Ridl, B. A., **22**:144, **22**:145, **22**:*210*, **26**:291, **26**:293, **26**:*374*
Ridley, B. A., **9**:129, **9**:*180*
Ridley, R. G., **4**:48, **4**:*70*
Rieber, M., **9**:27(1), **9**:*121*
Riebsomer, J. L., **5**:261, **5**:*328*, **11**:321, **11**:*387*
Rieker, A., **32**:43, **32**:*120*
Riedel, A., **7**:156, **7**:*204*
Riedl, P., **19**:414, **19**:*427*
Riegelman, S., **8**:281, **8**:283, **8**:284, **8**:301, **8**:*308*, **8**:*404*
Rieger, A. L., **21**:128, **21**:*195*
Rieger, P. H., **5**:94, **5**:112, **5**:*115*, **5**:*117*, **12**:12, **12**:106, **12**:*116*, **12**:*126*, **19**:156, **19**:*217*, **23**:294, **23**:*316*
Riehl, N., **16**:168, **16**:*231*
Rieke, C. A., **31**:198, **31**:*246*
Rieke, R., **29**:319, **29**:320, **29**:*329*
Rieke, R. D., **8**:197, **8**:*262*, **12**:111, **12**:*126*, **12**:*127*
Riekena, E., **10**:162, **10**:*223*
Rieker, A., **5**:53, **5**:66, **5**:89, **5**:90, **5**:*117*, **10**:99, **10**:*123*, **10**:*127*, **20**:131, **20**:132, **20**:134, **20**:*187*, **20**:*188*, **25**:34, **25**:67, **25**:*94*, **32**:43, **32**:*120*
Riemann, A., **22**:314, **22**:*360*
Riemenschneider, J. L., **11**:199, **11**:201, **11**:220, **11**:*224*, **19**:226, **19**:236, **19**:292, **19**:*376*
Riera, J., **25**:270, **25**:274, **25**:276, **25**:278, **25**:279, **25**:283, **25**:284, **25**:285, **25**:286, **25**:287, **25**:288, **25**:290, **25**:291, **25**:292, **25**:294, **25**:295, **25**:300, **25**:301, **25**:304, **25**:319, **25**:320, **25**:322, **25**:324, **25**:325, **25**:326, **25**:327, **25**:328, **25**:329, **25**:330, **25**:334, **25**:336, **25**:337, **25**:338, **25**:339, **25**:340, **25**:341, **25**:342, **25**:343, **25**:344, **25**:345, **25**:346, **25**:347, **25**:348, **25**:349, **25**:350, **25**:352, **25**:355, **25**:356, **25**:357, **25**:358, **25**:359, **25**:360, **25**:361, **25**:362, **25**:364, **25**:365, **25**:366, **25**:367, **25**:368, **25**:369, **25**:370, **25**:371, **25**:373, **25**:374, **25**:375, **25**:378, **25**:379, **25**:380, **25**:381, **25**:382, **25**:383, **25**:384, **25**:385, **25**:386, **25**:387, **25**:388, **25**:389, **25**:390, **25**:392, **25**:393, **25**:394, **25**:395, **25**:396, **25**:397, **25**:400, **25**:402, **25**:404, **25**:405, **25**:406, **25**:407, **25**:408, **25**:409, **25**:410, **25**:411, **25**:414, **25**:415, **25**:416, **25**:418, **25**:419, **25**:421, **25**:423, **25**:425, **25**:428, **25**:429, **25**:431, **25**:432, **25**:433, **25**:436, **25**:438, **25**:*439*, **25**:*440*, **25**:*441*, **25**:*442*, **25**:*443*, **25**:*444*
Riera-Tuébols, J., **25**:335, **25**:*440*

Riesner, D., **13**:213, **13**:214, **13**:*269*
Riesz, P., **1**:23, **1**:*33*, **2**:136, **2**:*162*, **4**:328, **4**:332, **4**:*346*, **5**:342, **5**:*398*, **8**:122, **8**:*148*, **17**:50, **17**:*61*, **17**:*63*, **31**:126, **31**:127, **31**:*139*, **31**:*140*
Rietta, M. S., **12**:177, **12**:*220*
Rietz, B., **12**:13, **12**:63, **12**:*117*, **12**:*120*
Rife, J. E., **25**:235, **25**:*262*
Rifi, M. R., **10**:162, **10**:213, **10**:*224*, **12**:2, **12**:15, **12**:105, **12**:*127*
Rigatti, G., **1**:406, **1**:*420*
Rigaudy, J., **13**:230, **13**:*267*, **20**:31, **20**:*52*, **20**:*53*
Rigby, M., **25**:3, **25**:*92*
Rigby, R. D. G., **20**:214, **20**:*232*
Riggs, D. S., **29**:7, **29**:*65*
Riggs, N. V., **23**:192, **23**:*263*, **23**:*268*
Rigny, P., **13**:393, **13**:394, **13**:*406*
Rigo, P., **5**:194, **5**:*232*
Rihs, G., **17**:219, **17**:*274*, **23**:190, **23**:191, **23**:201, **23**:*268*
Rikhter, M. I., **1**:160, **1**:175, **1**:176, **1**:*200*
Rikken, G., **32**:162, **32**:179, **32**:180, **32**:188, **32**:*210*
Riley, D. P., **8**:282, **8**:285, **8**:*405*
Riley, G., **17**:259, **17**:*278*
Riley, P. E., **29**:207, **29**:*270*
Riley, R., **1**:238, **1**:*279*
Riley, T., **5**:272, **5**:*329*, **6**:66, **6**:72, **6**:*100*, **11**:79, **11**:*120*, **11**:*121*, **17**:230, **17**:*276*
Rima, G., **30**:55, **30**:*57*
Rimland, A., **31**:181, **31**:*245*
Rimmer, A. R., **27**:48, **27**:*55*
Rømming, C., **15**:98, **15**:*148*
Rinck, G., **3**:99, **3**:*121*
Rinehart, K. L., Jr., **8**:197, **8**:*267*, **13**:311, **13**:315, **13**:*413*
Ring, D. F., **7**:188, **7**:*207*
Ring, R. N., **7**:*113*
Ringelmann, E., **21**:11, **21**:*33*
Ringold, H. J., **6**:298, **6**:*324*, **15**:48, **15**:*60*
Ringsdorf, H., **17**:444, **17**:445, **17**:*485*, **17**:*486*, **26**:224, **26**:*248*, **26**:*249*
Rinkler, H. A., **5**:331, **5**:356, **5**:388, **5**:390, **5**:*397*
Rinn, H. W., **26**:299, **26**:*371*
Rio, J. A., **25**:281, **25**:385, **25**:*442*
Riordan, J. F., **11**:80, **11**:*121*
Rios, A. M., **31**:35, **31**:*83*
Ripamonti, A., **6**:120, **6**:121, **6**:129, **6**:156, **6**:171, **6**:172, **6**:*180*, **6**:184
Ripert, A., **17**:346, **17**:*431*
Ripoll, J. L., **18**:44, **18**:*76*
Rist, H., **6**:2, **6**:*60*
Ristagno, C. V., **13**:169, **13**:196, **13**:219, **13**:228, **13**:233, **13**:234, **13**:249, **13**:*275*, **13**:*276*, **20**:159, **20**:*187*
Ristagno, R. V., **18**:154, **18**:*182*
Ritchie, C. D., **9**:145, **9**:*169*, **9**:*181*, **14**:29, **14**:45, **14**:*65*, **14**:76, **14**:81, **14**:100, **14**:103, **14**:*131*, **14**:134, **14**:138, **14**:144, **14**:145, **14**:146, **14**:156, **14**:172, **14**:*197*, **14**:*201*, **15**:213, **15**:*264*, **16**:21, **16**:23, **16**:*49*, **16**:90–3, **16**:*156*, **17**:100, **17**:108, **17**:131, **17**:152, **17**:153, **17**:*179*, **17**:*180*, **22**:256, **22**:*307*, **24**:63, **24**:*111*, **24**:160, **24**:183, **24**:*203*, **27**:75, **27**:*116*, **27**:151, **27**:223, **27**:*237*, **27**:266, **27**:285, **27**:286, **27**:*290*, **27**:*291*, **32**:318, **32**:366, **32**:371, **32**:*384*
Ritchie, G. L. D., **3**:46, **3**:48, **3**:*87*, **23**:194, **23**:*262*
Ritchie, I. M., **20**:127, **20**:*181*
Ritchie, P. D., **4**:17, **4**:*28*, **8**:208, **8**:246, **8**:*267*
Rithner, C. D., **25**:34, **25**:43, **25**:45, **25**:47, **25**:*87*, **25**:*89*, **25**:*94*
Rittby, C. M. L., **30**:36, **30**:*57*
Rittenberg, D., **3**:153, **3**:*185*
Ritter, A., **7**:192, **7**:*209*
Ritter, H., **17**:445, **17**:*485*
Ritter, H. L., **1**:238, **1**:*276*
Rittmeyer, P., **20**:148, **20**:*182*
Rivera, F., **17**:448, **17**:*483*
Rivera, J. I., **20**:128, **20**:*183*
Riveros, J. M., **21**:198, **21**:210, **21**:214, **21**:223, **21**:224, **21**:225, **21**:226, **21**:228, **21**:229, **21**:230, **21**:233, **21**:234, **21**:235, **21**:*237*, **21**:*238*, **21**:*239*, **21**:*240*, **24**:8, **24**:18, **24**:28, **24**:*51*, **24**:*55*, **26**:119, **26**:*128*
Rivers, P. S., **21**:30, **21**:*31*
Rivetti, F., **17**:140, **17**:*175*
Rix, M. J., **8**:205, **8**:*267*
Rixon, F. W., **1**:105, **1**:*150*
Rizvi, S. H., **1**:111, **1**:*153*
Rizzo, E., **14**:260, **14**:*337*

Rizzuto, F., **19**:92, **19**:*128*
Roach, R. J., **8**:35, **8**:*76*
Rob, F., **24**:104, **24**:*111*
Robb, J. C., **9**:168, **9**:169, **9**:*179*, **9**:*180*, **9**:*181*
Robb, M. A., **13**:69, **13**:*81*, **30**:133, **30**:*169*
Robbins, H. J., **22**:166, **22**:167, **22**:173, **22**:*205*, **22**:*209*, **26**:288, **26**:291, **26**:321, **26**:341, **26**:*368*, **26**:*373*
Robbins, H. M., **14**:28, **14**:*66*
Robbins, R. J., **19**:36, **19**:*118*
Robello, D. R., **32**:181, **32**:*208*
Robert, A., **7**:49, **7**:*113*
Robert, J. B., **9**:111(122b), **9**:112(122b), **9**:115(122b), **9**:*126*, **22**:166, **22**:*208*
Robert, N. W., **17**:337, **17**:420, **17**:*426*
Roberts, A. J., **19**:41, **19**:*117*
Roberts, B., **3**:97, **3**:99, **3**:*122*
Roberts, B. G., **18**:198, **18**:209, **18**:*237*
Roberts, B. P., **12**:59, **12**:*121*, **15**:26, **15**:28, **15**:*59*, **15**:*60*, **17**:7, **17**:33–5, **17**:*62*, **24**:196, **24**:*200*, **31**:124, **31**:132, **31**:*139*
Roberts, D. A., **29**:217, **29**:*270*, **32**:163, **32**:*214*
Roberts, D. D., **14**:13, **14**:*65*, **14**:163, **14**:*201*, **32**:279, **32**:297, **32**:298, **32**:300, **32**:*384*
Roberts, D. K., **17**:350, **17**:*424*
Roberts, D. R., **18**:230, **18**:*238*
Roberts, E., **7**:77, **7**:*114*
Roberts, F. E., **27**:245, **27**:256, **27**:257, **27**:*290*
Roberts, G. C. K., **8**:290, **8**:*404*, **13**:350, **13**:374, **13**:383, **13**:387, **13**:*411*, **13**:*413*, **16**:251, **16**:*263*, **23**:182, **23**:209, **23**:213, **23**:*263*
Roberts, G. G., **16**:187, **16**:194, **16**:196, **16**:197, **16**:*235*
Roberts, I., **2**:3, **2**:*90*, **3**:128, **3**:152, **3**:157, **3**:169, **3**:176, **3**:*185*, **3**:*186*, **28**:234, **28**:*290*
Roberts, J. C., **19**:407, **19**:*425*
Roberts, J. D., **1**:38, **1**:39, **1**:57, **1**:73, **1**:74, **1**:75, **1**:76, **1**:77, **1**:78, **1**:81, **1**:85, **1**:105, **1**:*153*, **1**:187, **1**:189, **1**:*198*, **1**:*199*, **2**:11, **2**:12, **2**:23, **2**:25, **2**:*90*, **2**:187, **2**:188, **2**:*199*, **3**:231, **3**:232, **3**:233, **3**:247, **3**:255, **3**:256, **3**:257, **3**:258, **3**:*267*, **3**:*268*, **3**:*269*, **4**:332, **4**:336, **4**:337, **4**:*346*, **5**:333, **5**:334, **5**:335, **5**:336, **5**:337, **5**:349, **5**:353, **5**:357, **5**:365, **5**:*398*, **6**:2, **6**:*60*, **7**:81, **7**:94, **7**:*109*, **7**:*112*, **7**:*113*, **8**:223, **8**:*267*, **11**:214, **11**:*224*, **13**:280, **13**:304, **13**:306, **13**:308, **13**:309, **13**:311, **13**:313, **13**:320, **13**:322, **13**:350, **13**:352, **13**:357, **13**:*409*, **13**:*412*, **13**:*414*, **14**:30, **14**:*63*, **16**:243, **16**:246, **16**:247, **16**:249, **16**:*261*, **16**:*262*, **16**:*264*, **19**:241, **19**:251, **19**:265, **19**:267, **19**:269, **19**:*375*, **19**:*377*, **19**:*379*, **21**:213, **21**:214, **21**:*238*, **22**:166, **22**:*208*, **23**:141, **23**:142, **23**:144, **23**:146, **23**:*160*, **23**:189, **23**:*270*, **25**:33, **25**:34, **25**:*90*, **25**:*96*, **29**:164, **29**:*183*, **29**:273, **29**:279, **29**:287, **29**:*324*, **29**:*331*, **31**:202, **31**:*246*
Roberts, J. L., Jr., **13**:198, **13**:*276*
Roberts, J. M., **4**:*346*
Roberts, K., **28**:270, **28**:*287*
Roberts, M., **19**:233, **19**:356, **19**:363, **19**:*368*
Roberts, M. K. S., **23**:313, **23**:*318*
Roberts, P. B., **5**:97, **5**:*114*
Roberts, P. J., **17**:218, **17**:*278*, **19**:309, **19**:*373*, **29**:280, **29**:*327*
Roberts, R. C., **15**:170, **15**:171, **15**:188, **15**:189, **15**:*264*
Roberts, R. D., **10**:76, **10**:*125*
Roberts, R. M., **2**:15, **2**:16, **2**:*88*, **2**:*90*, **6**:237, **6**:*330*, **13**:192, **13**:*275*, **17**:228, **17**:*275*
Roberts, R. M. G., **23**:300, **23**:*320*, **24**:95, **24**:99, **24**:100, **24**:103, **24**:*110*, **24**:*111*
Roberts, R. T., **13**:392, **13**:393, **13**:394, **13**:*414*
Roberts, S., **3**:20, **3**:*88*
Roberts, T. D., **12**:213, **12**:*221*
Roberts, T. R., **16**:36, **16**:*48*
Roberts, V. A., **31**:284, **31**:311, **31**:312, **31**:*390*, **31**:*391*
Robertson, A. J. B., **17**:50, **17**:*60*
Robertson, A., **17**:74, **17**:75, **17**:*177*
Robertson, A. V., **8**:201, **8**:*263*
Robertson, E. B., **6**:85, **6**:*100*
Robertson, G. B., **1**:210, **1**:*279*, **23**:36,

23:*58*, **25:**253, **25:***256*
Robertson, J. M., **1:**204, **1:**205, **1:**207, **1:**208, **1:**219, **1:**220, **1:**226, **1:**227, **1:**228, **1:**229, **1:**231, **1:**235, **1:**238, **1:**239, **1:**244, **1:**256, **1:**258, **1:**259, **1:**262, **1:**268, **1:**270, **1:**271, **1:***276*, **1:***277*, **1:***278*, **1:***279*, **1:***280*, **16:**211, **16:***235*, **26:**263, **26:***377*
Robertson, P. M., **12:**2, **12:***127*
Robertson, P. W., **1:**59, **1:**60, **1:**61, **1:**70, **1:**71, **1:***150*, **1:***153*, **1:**190, **1:***199*, **2:**178, **2:***199*, **4:**240, **4:**273, **4:***301*, **9:**208, **9:***279*, **28:**212, **28:***290*
Robertson, R. E., **1:**25, **1:***33*, **2:**72, **2:***89*, **5:**59, **5:***117*, **5:**124, **5:**125, **5:**128, **5:**132, **5:**133, **5:**140, **5:**142, **5:**144, **5:**146, **5:**147, **5:**148, **5:**149, **5:**151, **5:**158, **5:**159, **5:***169*, **5:**170, **5:***171*, **5:***172*, **5:**313, **5:**315, **5:***328*, **5:***329*, **7:**262, **7:**274, **7:***330*, **10:**14, **10:**15, **10:**16, **10:***26*, **13:**116, **13:***152*, **14:**23, **14:**26, **14:**45, **14:***64*, **14:***65*, **14:**136, **14:***201*, **14:**205, **14:**208, **14:**212, **14:**256, **14:**257, **14:**258, **14:**276, **14:**318, **14:**319, **14:**335, **14:***338*, **14:***345*, **14:***346*, **14:***348*, **14:***349*, **16:**107, **16:**126, **16:**129–31, **16:**134, **16:**135, **16:**154, **16:***156*, **22:**279, **22:***304*, **26:**289, **26:***375*, **31:**170, **31:**172, **31:**195, **31:**198, **31:***244*, **31:***245*
Robertsson, D. E., **26:**20, **26:***125*
Robertus, J. D., **11:**56, **11:***121*
Robiette, A. G., **13:**28, **13:**29, **13:***81*
Robin, M. B., **11:**342, **11:***383*, **14:**50, **14:***62*, **32:**143, **32:***214*
Robinet, F. G., **5:**333, **5:**353, **5:***397*
Robins, M. J., **11:**135, **11:**169, **11:***175*
Robins, R. K., **11:**126, **11:**130, **11:**131, **11:**134, **11:**135, **11:**169, **11:***175*, **13:**324, **13:**330, **13:***411*, **13:***414*
Robinson, A. L., **14:**207, **14:**241, **14:***342*
Robinson, B. H., **9:**160, **9:***174*, **9:***176*, **14:**212, **14:***336*, **16:**126, **16:**132, **16:***155*, **22:**218, **22:***307*
Robinson, C. A., **7:**102, **7:***113*
Robinson, C. C., **4:**11, **4:***27*
Robinson, D. A., **19:**55, **19:***117*
Robinson, D. L., **6:**321, **6:***330*
Robinson, D. R., **21:**47, **21:**48, **21:**91, **21:***97*
Robinson, E. A., **9:**4, **9:**5, **9:**6, **9:**9, **9:**11, **9:**15, **9:***23*, **9:**273, **9:***275*
Robinson, G. C., **3:**132, **3:***186*, **9:**249, **9:***280*, **14:**99, **14:***132*, **15:**155, **15:***266*, **16:**90, **16:***157*, **25:**119, **25:***264*, **29:**204, **29:**219, **29:***272*
Robinson, G. E., **20:**197, **20:**198, **20:**216, **20:***232*
Robinson, G. W., **1:**371, **1:**375, **1:**402, **1:**404, **1:**405, **1:**406, **1:**413, **1:***419*, **1:***422*, **1:***423*
Robinson, I. R., **23:**248, **23:***263*
Robinson, J., **32:**63, **32:**64, **32:**114, **32:***117*
Robinson, J. D., **13:**388, **13:**390, **13:***414*
Robinson, J. K., **9:***179*
Robinson, L., **8:**282, **8:**283, **8:**291, **8:**292, **8:**295, **8:**296, **8:**297, **8:**323, **8:**324, **8:**325, **8:**326, **8:**327, **8:**330, **8:**331, **8:**332, **8:**333, **8:**334, **8:**335, **8:**336, **8:**363, **8:**364, **8:**365, **8:**366, **8:**370, **8:**371, **8:**372, **8:**373, **8:***398*, **17:***451*, **17:**459, **17:***482*, **22:**228, **22:***300*, **23:**225, **23:***263*
Robinson, L. H., **18:**61, **18:***72*
Robinson, M. J. T., **23:**74, **23:**82, **23:**100, **23:**101, **23:**102, **23:***160*, **23:***161*, **26:**275, **26:**278, **26:***370*, **26:***377*, **31:**234, **31:***246*
Robinson, P. R., **5:**161, **5:***171*
Robinson, R., **23:**166, **23:***261*
Robinson, R. A., **2:**107, **2:***161*, **7:**261, **7:**262, **7:**287, **7:**298, **7:**299, **7:**302, **7:**303, **7:**305, **7:**306, **7:***328*, **13:**116, **13:***150*, **14:**214, **14:**241, **14:***350*, **21:**78, **21:***97*
Robinson, R. E., **5:**220, **5:***233*, **5:**336, **5:***395*
Robinson, R. R., **7:**297, **7:***329*
Robinson, S., **31:**273, **31:**383, **31:***389*
Robinson, S. D., **11:**338, **11:***390*
Robinson, S. L., **12:**57, **12:***126*
Robinson, S. R., **19:**424, **19:***424*, **20:**166, **20:***180*, **24:**86, **24:***107*
Robinson, W. F., **29:**205, **29:***271*
Robinson, W. R., **29:**208, **29:***270*
Robson, C. A., **17:**69, **17:**70, **17:***174*
Robson, E., **9:**267, **9:***279*

Robson, J. H., **7**:190, **7**:201, **7**:*207*
Robvielle, S., **26**:72, **26**:85, **26**:92, **26**:93, **26**:*122*
Roček, J., **2**:164, **2**:*199*
Rocha Gonsalves, A. M. d'A., **25**:68, **25**:*94*
Rochester, C. H., **7**:215, **7**:218, **7**:220, **7**:222, **7**:226, **7**:228, **7**:233, **7**:236, **7**:238, **7**:241, **7**:243, **7**:244, **7**:245, **7**:246, **7**:248, **7**:249, **7**:251, **7**:*256*, **7**:*257*, **9**:153, **9**:*181*, **11**:226, **11**:*264*, **11**:292, **11**:*390*, **12**:210, **12**:*219*, **13**:84, **13**:85, **13**:*152*, **14**:147, **14**:167, **14**:169, **14**:*201*, **14**:253, **14**:309, **14**:*350*, **22**:166, **22**:*211*
Rochlitz, J., **13**:239, **13**:*275*, **13**:*278*
Rochow, E. G., **3**:15, **3**:16, **3**:*88*, **3**:*90*
Rock, P. A., **17**:282, **17**:*427*
Rockenbauer, A., **17**:13, **17**:17, **17**:*62*, **17**:*63*
Rockett, B. W., **12**:157, **12**:*217*
Rocklin, A. L., **25**:328, **25**:*444*
Rodakiewicz-Nowak, J., **20**:217, **20**:*231*
Rodante, F., **14**:193, **14**:195, **14**:*198*, **14**:328, **14**:*350*
Rodenas, E., **22**:223, **22**:240, **22**:255, **22**:297, **22**:*301*, **22**:*307*
Röder, H., **12**:14, **12**:97, **12**:*122*
Röder, O., **16**:255, **16**:*263*, **16**:*264*
Röderer, R., **29**:254, **29**:*267*
Rodewald, L. B., **26**:166, **26**:*177*
Rodewald, P. G., **6**:261, **6**:*331*
Rodewald, R. F., **14**:173, **14**:*198*, **14**:328, **14**:333, **14**:*343*
Rodgers, A. S., **13**:50, **13**:51, **13**:*78*, **16**:79, **16**:*86*
Rodgers, L. R., **31**:238, **31**:*246*
Rodgers, M. A. J., **19**:51, **19**:81, **19**:86, **19**:*115*, **19**:*117*, **19**:*119*
Rodgers, P., **13**:374, **13**:*414*
Rodgers, P. G., **8**:239, **8**:*264*
Rodgers, T. J., **15**:239, **15**:241, **15**:242, **15**:*264*
Rodgers, T. R., **19**:284, **19**:*372*
Rodriguez, A., **25**:364, **25**:365, **25**:368, **25**:369, **25**:370, **25**:371, **25**:378, **25**:380, **25**:383, **25**:421, **25**:*441*, **30**:101, **30**:*112*
Rodriguez, G., **11**:169, **11**:170, **11**:171, **11**:*173*, **11**:322, **11**:326, **11**:*382*
Rodriguez, J., **28**:208, **28**:*290*
Rodriguez, L. J., **17**:309, **17**:310, **17**:*429*, **17**:*431*
Rodriguez-Siurana, A., **25**:369, **25**:370, **25**:378, **25**:*439*, **25**:*440*, **25**:*441*
Rodriquez, O., **18**:209, **18**:*238*
Rodulfo, T., **22**:218, **22**:*299*
Roduner, E., **26**:150, **26**:*177*
Rodwell, W. R., **18**:44, **18**:45, **18**:*72*
Roe, D. C., **24**:4, **24**:*54*
Roe, D. K., **12**:43, **12**:*128*, **12**:213, **12**:*215*
Roe, J. W., **8**:355, **8**:*400*
Roebeck, C. F., **9**:273, **9**:*276*
Roedig, A., **25**:329, **25**:419, **25**:*444*
Roelens, S., **22**:47, **22**:*109*
Roesel, T., **17**:269, **17**:*278*
Roeser, K.-R., **24**:141, **24**:*203*
Roesky, H. W., **25**:119, **25**:*263*
Roest, B. C., **6**:248, **6**:*330*
Roets, E., **23**:191, **23**:*263*
Roger, R., **2**:47, **2**:48, **2**:*89*
Rogers, D. W., **29**:310, **29**:311, **29**:312, **29**:*327*, **29**:*329*
Rogers, G. A., **11**:*121*, **21**:42, **21**:89, **21**:*97*
Rogers, H. R., **12**:15, **12**:*118*, **26**:68, **26**:*124*
Rogers, J. H., **17**:137, **17**:*176*
Rogers, L. B., **7**:297, **7**:*331*, **12**:137, **12**:161, **12**:164, **12**:165, **12**:167, **12**:170, **12**:192, **12**:198, **12**:*217*, **12**:*221*
Rogers, M. T., **3**:203, **3**:205, **3**:253, **3**:254, **3**:*268*, **11**:330, **11**:*390*, **16**:75, **16**:*85*, **26**:298, **26**:310, **26**:*369*, **26**:*372*
Rogers, N. A. J., **5**:67, **5**:*113*, **11**:371, **11**:*390*
Rogers, P., **27**:45, **27**:47, **27**:*54*
Rogers, R. D., **24**:87, **24**:*105*, **29**:139, **29**:140, **29**:141, **29**:*182*
Rogers, S. C., **26**:264, **26**:*375*
Rogers, T. E., **7**:324, **7**:*331*, **14**:76, **14**:*129*, **17**:72, **17**:75, **17**:78, **17**:80, **17**:81, **17**:138, **17**:*178*
Rogers, T. R., **10**:138, **10**:*152*
Rogers-Low, B. W., **23**:166, **23**:*263*
Rogerson, P. F., **8**:197, **8**:*263*
Roginskii, V. A., **17**:3, **17**:*63*

Rogne, O., **17**:157, **17**:159, **17**:164, **17**:165, **17**:*180*
Rohatgi-Mukherjee, K. K., **19**:81, **19**:*119*
Rohde, B., **30**:38, **30**:39, **30**:*59*
Rohlde, C., **24**:14, **24**:*55*
Rohlfing, C. M., **26**:271, **26**:*377*
Rohrbacher, H., **16**:184, **16**:186, **16**:*235*
Rohrback, G. H., **3**:17, **3**:*82*
Roitman, J. N., **15**:237, **15**:*264*, **17**:347, **17**:*431*
Rojas, M. T., **31**:22, **31**:*83*
Rokhlin, E. M., **9**:75(108b), **9**:101(108b), **9**:*125*
Rokstad, O. A., **17**:347, **17**:*426*
Rokushika, S., **17**:27, **17**:*61*
Rol, C., **18**:90, **18**:158, **18**:161, **18**:*175*, **20**:137, **20**:138, **20**:*181*
Rolfe, A. C., **21**:67, **21**:*97*
Röll, W., **14**:9, **14**:*65*
Rollefson, G. K., **4**:150, **4**:*192*
Rollett, J. S., **32**:93, **32**:*117*
Röllig, K., **19**:31, **19**:*121*
Röllig, M., **28**:245, **28**:*288*
Rollin, A., **24**:85, **24**:*109*
Rolls, J. P., **13**:311, **13**:315, **13**:*413*
Rolston, J. H., **28**:213, **28**:231, **28**:238, **28**:239, **28**:252, **28**:*290*
Roman, S. A., **9**:205, **9**:208, **9**:*274*
Romanesio, L. S., **22**:219, **22**:*304*
Romano, F. J., **31**:220, **31**:*243*
Romano, L. J., **17**:358, **17**:*431*
Romans, D., **13**:221, **13**:*275*
Rombach, R., **8**:282, **8**:302, **8**:308, **8**:*406*
Romeo, A., **21**:42, **21**:*96*
Romeo, R., **22**:79, **22**:98, **22**:99, **22**:*110*
Romero, A., **17**:439, **17**:*483*, **19**:99, **19**:*118*
Romero, G., **8**:299, **8**:300, **8**:341, **8**:344, **8**:345, **8**:*404*
Romers, C., **13**:59, **13**:*77*, **24**:116, **24**:147, **24**:148, **24**:152, **24**:*203*, **25**:50, **25**:*94*, **25**:*95*, **25**:172, **25**:*263*
Romm, I. P., **29**:226, **29**:228, **29**:*267*
Romm, R., **14**:162, **14**:*199*
Rommelmann, H., **26**:239, **26**:*250*
Rømming, C., **15**:98, **15**:*148*
Romsted, L. R., **8**:282, **8**:285, **8**:291, **8**:292, **8**:296, **8**:297, **8**:298, **8**:299, **8**:300, **8**:309, **8**:311, **8**:314, **8**:315, **8**:334, **8**:373, **8**:*404*
Romsted, L. S., **17**:445, **17**:*483*, **22**:221, **22**:224, **22**:225, **22**:226, **22**:227, **22**:228, **22**:229, **22**:230, **22**:231, **22**:232, **22**:235, **22**:236, **22**:237, **22**:238, **22**:239, **22**:240, **22**:241, **22**:242, **22**:244, **22**:252, **22**:253, **22**:257, **22**:258, **22**:261, **22**:262, **22**:264, **22**:265, **22**:266, **22**:267, **22**:268, **22**:269, **22**:270, **22**:274, **22**:275, **22**:292, **22**:295, **22**:297, **22**:298, **22**:*299*, **22**:*301*, **22**:306, **22**:*307*, **23**:226, **23**:*268*, **29**:55, **29**:*64*
Rondan, N. G., **21**:173, **21**:*193*, **22**:314, **22**:316, **22**:*360*, **24**:14, **24**:40, **24**:55, **24**:58, **24**:64, **24**:67, **24**:*108*, **24**:*110*, **29**:107, **29**:*181*, **29**:277, **29**:295, **29**:300, **29**:312, **29**:314, **29**:*327*
Rondelez, F., **28**:70, **28**:*137*
Ronfard-Haret, J. C., **16**:254, **16**:*264*
Ronis, D., **20**:34, **20**:*53*
Ronlán, A., **12**:9, **12**:10, **12**:16, **12**:57, **12**:79, **12**:81, **12**:86, **12**:*116*, **12**:*125*, **12**:*127*, **12**:*128*, **19**:156, **19**:192, **19**:205, **19**:206, **19**:207, **19**:208, **19**:209, **19**:*216*, **19**:*219*, **19**:*221*, **20**:57, **20**:58, **20**:59, **20**:62, **20**:63, **20**:64, **20**:65, **20**:67, **20**:68, **20**:87, **20**:127, **20**:134, **20**:*180*, **20**:*184*, **20**:*186*, **20**:*187*, **20**:*189*
Ronlan, A., **13**:163, **13**:164, **13**:208, **13**:217, **13**:230, **13**:248, **13**:*275*, **13**:*277*
Röntgen, W. C., **2**:94, **2**:*161*
Rony, P. R., **11**:20, **11**:*121*
Ronzini, L., **17**:344, **17**:*430*
Roobeek, C. F., **10**:32, **10**:35, **10**:36, **10**:37, **10**:39, **10**:40, **10**:41, **10**:42, **10**:43, **10**:44, **10**:45, **10**:46, **10**:*52*
Roof, A. A. M., **19**:113, **19**:*126*, **20**:200, **20**:201, **20**:203, **20**:*230*
Rooney, J. J., **1**:290, **1**:*362*, **5**:72, **5**:*117*, **13**:166, **13**:188, **13**:189, **13**:190, **13**:191, **13**:*275*, **13**:*276*
Roos, A., **30**:75, **30**:*113*
Roos, B., **22**:133, **22**:*209*, **26**:300, **26**:*378*
Roos, B. O., **22**:314, **22**:*360*, **29**:315, **29**:*327*, **31**:97, **31**:119, **31**:*138*
Roos, L., **6**:243, **6**:*330*
Root, J. W., **2**:222, **2**:236, **2**:237, **2**:238,

2:240, **2:**275, **2:**277
Roothaan, C. C. J., **1:**332, **1:**400, **1:**414, **1:**421, **1:**422, **4:**129, **4:**145, **4:**288, **4:**294, **4:**303
Ropars, M., **28:**215, **28:**288
Roper, J. M., **17:**280, **17:**430
Roper, R., **3:**57, **3:**86
Roper, W. P., **23:**7, **23:**59
Ropp, G. A., **2:**5, **2:**15, **2:**78, **2:**88, **2:**90
Roque, J. P., **24:**72, **24:**105
Roques, A., **18:**23, **18:**40, **18:**75, **18:**76
Roques, R., **25:**125, **25:**126, **25:**143, **25:**230, **25:**232, **25:**256, **25:**258
Roquitte, B. C., **4:**176, **4:**192
Rorabacher, D. B., **14:**315, **14:**350
Rördam, H. N. K., **11:**364, **11:**390
Ros, F., **23:**277, **23:**280, **23:**285, **23:**291, **23:**292, **23:**321, **26:**83, **26:**95, **26:**129
Ros, P., **10:**50, **10:**52, **11:**367, **11:**387
Rosa, J., **25:**278, **25:**280, **25:**284, **25:**287, **25:**298, **25:**299, **25:**300, **25:**313, **25:**317, **25:**318, **25:**414, **25:**440, **25:**444
Rosano, H. L., **28:**62, **28:**137
Rosanske, R. C., **16:**251, **16:**263, **19:**54, **19:**126
Rosantsev, E. G., **9:**179
Roschenthaler, G. V., **25:**125, **25:**263
Roschester, J., **25:**69, **25:**71, **25:**94
Roscoe, C., **15:**120, **15:**150
Rosdahl, A., **13:**56, **13:**81
Rose, A., **16:**187, **16:**189, **16:**235
Rose, A. W., **19:**87, **19:**117
Rose, H., **29:**297, **29:**324
Rose, I. A., **18:**68, **18:**76, **25:**120, **25:**133, **25:**235, **25:**262, **25:**263
Rose, M. C., **22:**158, **22:**178, **22:**211, **26:**333, **26:**377
Rose, M. E., **31:**12, **31:**83
Rose, N. J., **29:**210, **29:**267
Rose, P. L., **28:**46, **28:**49, **28:**55, **28:**56, **28:**58, **28:**78, **28:**82, **28:**84, **28:**86, **28:**87, **28:**88, **28:**89, **28:**90, **28:**91, **28:**96, **28:**107, **28:**113, **28:**114, **28:**115, **28:**120, **28:**122, **28:**123, **28:**125, **28:**126, **28:**130, **28:**135, **28:**136
Rose, T. J., **3:**39, **3:**80
Rose-Innes, A. C., **1:**350, **1:**361
Rosebrook, D. D., **12:**144, **12:**170, **12:**177, **12:**216, **12:**219
Rosen, B., **4:**45, **4:**70
Rosen, J. F., **25:**76, **25:**94
Rosen, K. M., **23:**82, **23:**161, **26:**275, **26:**377
Rosen, M. K., **29:**107, **29:**182
Rosenbaum, E. E., **14:**134, **14:**199
Rosenbaum, J., **4:**324, **4:**325, **4:**346
Rosenbaum, M., **32:**324, **32:**379
Rosenberg, A., **8:**130, **8:**148
Rosenberg, B., **16:**168, **16:**193–6, **16:**198, **16:**233, **16:**235
Rosenberg, H., **2:**262, **2:**275
Rosenberg, H. E., **2:**262, **2:**275
Rosenberg, H. M., **9:**131, **9:**181
Rosenberg, H. R., **21:**4, **21:**34
Rosenberg, J. L., **12:**167, **12:**170, **12:**201, **12:**202, **12:**207, **12:**219
Rosenberg, J. L. V., **29:**280, **29:**329
Rosenberg, M., **27:**222, **27:**237
Rosenberg, R. M., **8:**290, **8:**404
Rosenberg, S., **22:**193, **22:**211
Rosenblatt, D. H., **18:**150, **18:**182, **20:**129, **20:**174, **20:**177, **20:**182
Rosenblum, A., **13:**59, **13:**81
Rosenblum, J. S., **31:**298, **31:**382, **31:**390
Rosenblum, M., **6:**221, **6:**330, **23:**16, **23:**61, **29:**202, **29:**265
Rosenbrock, H. H., **6:**144, **6:**182
Rosenfeld, J., **10:**10, **10:**41, **10:**52, **11:**194, **11:**195, **11:**224, **19:**245, **19:**246, **19:**254, **19:**255, **19:**257, **19:**271, **19:**377
Rosenfeld, L., **25:**14, **25:**94
Rosenfield, R. E., **26:**307, **26:**378, **29:**122, **29:**183
Rosenheck, K., **11:**337, **11:**384
Rosenstock, H. M., **8:**97, **8:**148, **8:**165, **8:**185, **8:**267, **18:**123, **18:**177, **24:**62, **24:**111
Rosenthal, D., **8:**230, **8:**262
Rosenthal, I., **10:**171, **10:**194, **10:**221, **17:**358, **17:**426, **18:**232, **18:**237
Roseto, A., **31:**382, **31:**387
Roseveare, W. E., **2:**64, **2:**90
Rosewell, D. F., **10:**149, **10:**153
Rosmus, P., **24:**37, **24:**53
Rospenk, M., **26:**261, **26:**374
Rospert, M., **32:**105, **32:**117
Ross, A. B., **12:**233, **12:**234, **12:**236,

12:*292*, **12**:*293*
Ross, B. R., **24**:40, **24**:*55*
Ross, C. A., **21**:22, **21**:*32*, **25**:236, **25**:*259*
Ross, D. S., **19**:423, **19**:*427*, **20**:161, **20**:165, **20**:*187*, **20**:*188*
Ross, F., **25**:284, **25**:326, **25**:328, **25**:329, **25**:330, **25**:*441*, **25**:*444*
Ross, I. G., **1**:399, **1**:412, **1**:416, **1**:417, **1**:*420*, **1**:*422*
Ross, J., **21**:126, **21**:*194*, **27**:3, **27**:*55*
Ross, R. A., **3**:118, **3**:*122*, **8**:239, **8**:*264*, **32**:286, **32**:*380*
Ross, S. D., **2**:190, **2**:*199*, **5**:203, **5**:*234*, **6**:265, **6**:*330*, **7**:33, **7**:*113*, **7**:214, **7**:223, **7**:*256*, **7**:*257*, **9**:*181*, **12**:11, **12**:13, **12**:43, **12**:56, **12**:57, **12**:60, **12**:61, **12**:64, **12**:113, **12**:114, **12**:115, **12**:*120*, **12**:*127*, **14**:135, **14**:*201*, **18**:82, **18**:169, **18**:172, **18**:*182*, **25**:270, **25**:*444*
Ross, V. F., **7**:304, **7**:*328*
Rossa, L., **22**:2, **22**:102, **22**:*110*
Rossall, B., **9**:153, **9**:*181*
Rossana, D. M., **29**:15, **29**:*68*
Rossetti, G. P., **8**:230, **8**:234, **8**:*261*
Rossetti, Z. L., **13**:71, **13**:*76*
Rossi, A. R., **26**:185, **26**:193, **26**:210, **26**:217, **26**:*249*, **26**:*251*, **29**:226, **29**:*268*
Rossi, R. A., **19**:83, **19**:*126*, **20**:226, **20**:*229*, **20**:*232*, **23**:285, **23**:286, **23**:*320*, **26**:2, **26**:71, **26**:72, **26**:73, **26**:76, **26**:77, **26**:78, **26**:91, **26**:95, **26**:*128*, **26**:*129*
Rossi, R. H., **26**:2, **26**:71, **26**:72, **26**:77, **26**:78, **26**:91, **26**:*129*
Rossini, F. D., **18**:151, **18**:*182*, **25**:198, **25**:*263*
Rossiter, B. E., **17**:362, **17**:363, **17**:419, **17**:*428*
Rossman, M. G., **7**:7, **7**:60, **7**:80, **7**:*114*, **21**:3, **21**:*34*
Rossmann, M. G., **1**:228, **1**:259, **1**:267, **1**:*276*, **1**:*278*, **1**:*280*
Rosso, J.-C., **14**:291, **14**:298, **14**:*339*, **14**:*350*
Rossomando, P. C., **32**:238, **32**:*263*
Rossotti, F. J. C., **18**:11, **18**:*76*
Rossow, A. G., **4**:27, **4**:*27*
Rosswell, D. F., **18**:189, **18**:229, **18**:*237*, **18**:*238*
Rotermund, G. W., **18**:162, **18**:*182*
Roth, B., **11**:317, **11**:318, **11**:*390*, **20**:116, **20**:117, **20**:118, **20**:*182*
Roth, H. D., **10**:100, **10**:101, **10**:102, **10**:110, **10**:*124*, **10**:*125*, **10**:*127*, **13**:185, **13**:*275*, **19**:55, **19**:57, **19**:85, **19**:90, **19**:*126*, **19**:*128*, **20**:116, **20**:*187*, **23**:314, **23**:*320*, **29**:233, **29**:*265*, **29**:*271*, **29**:316, **29**:318, **29**:*329*
Roth, H. J., **19**:108, **19**:*113*
Roth, W., **6**:238, **6**:*326*
Roth, W. A., **3**:*83*
Roth, W. R., **4**:160, **4**:169, **4**:*191*, **13**:50, **13**:51, **13**:*82*, **19**:225, **19**:*371*, **26**:191, **26**:*251*, **28**:1, **28**:*43*, **29**:300, **29**:308, **29**:*326*, **29**:*329*, **30**:27, **30**:*60*
Rothbaum, H. P., **28**:212, **28**:*290*
Rothberg, I., **7**:155, **7**:180, **7**:*208*, **11**:185, **11**:186, **11**:*222*
Rothbert, L. J., **29**:212, **29**:*271*
Rothe, M., **21**:41, **21**:*97*
Rothenberg, F., **14**:118, **14**:*128*, **28**:257, **28**:*288*
Rothenberg, M. E., **27**:227, **27**:*237*, **27**:246, **27**:247, **27**:254, **27**:256, **27**:257, **27**:263, **27**:267, **27**:268, **27**:269, **27**:270, **27**:271, **27**:272, **27**:273, **27**:275, **27**:281, **27**:282, **27**:284, **27**:285, **27**:*290*, **32**:366, **32**:368, **32**:370, **32**:*384*
Rothenberg, M. H., **21**:14, **21**:*34*
Rothenbury, R. A., **4**:311, **4**:*345*, **9**:12, **9**:13, **9**:14, **9**:*24*
Rothmund, V., **2**:94, **2**:137, **2**:141, **2**:*161*
Rothschild, W. G., **26**:264, **26**:*377*
Rothstein, E., **1**:45, **1**:52, **1**:57, **1**:73, **1**:*152*
Rotinyan, A. L., **12**:35, **12**:*125*
Rotkiewicz, K., **12**:171, **12**:207, **12**:*217*, **12**:*219*, **19**:35, **19**:36, **19**:*119*
Rotlevi, E., **3**:150, **3**:157, **3**:*186*
Rott, W. R., **4**:160, **4**:169, **4**:*191*
Röttele, H., **17**:382, **17**:*427*
Rotter, F., **19**:108, **19**:*113*
Rottschaefer, S., **8**:282, **8**:*406*
Roualt, M., **9**:27(15), **9**:*122*
Rouge, D., **15**:173, **15**:250, **15**:*265*
Rouge, M., **17**:38, **17**:*63*

Rougee, M., **28**:4, **28**:*42*
Roughton, F. J. W., **4**:16, **4**:26, **4**:27, **4**:*27*, **5**:67, **5**:*115*
Roullier, L., **32**:42, **32**:*118*
Rous, A. J., **25**:155, **25**:156, **25**:158, **25**:*258*, **27**:30, **27**:*52*
Roush, P. B., **29**:224, **29**:*270*
Rousseau, H., **23**:278, **23**:281, **23**:*316*
Rousseau, K., **12**:43, **12**:44, **12**:*127*, **13**:196, **13**:219, **13**:*268*
Roussel, C., **10**:21, **10**:25, **10**:*26*, **25**:31, **25**:39, **25**:58, **25**:61, **25**:62, **25**:66, **25**:67, **25**:68, **25**:69, **25**:70, **25**:73, **25**:76, **25**:78, **25**:79, **25**:81, **25**:*85*, **25**:*86*, **25**:*88*, **25**:*89*, **25**:*92*, **25**:*94*, **25**:*95*
Roussi, G., **15**:257, **15**:*261*, **20**:226, **20**:*230*
Rout, M. K., **18**:33, **18**:*75*
Routledge, D., **5**:141, **5**:150, **5**:155, **5**:*171*
Rouvé, A., **22**:4, **22**:5, **22**:6, **22**:8, **22**:31, **22**:33, **22**:34, **22**:*110*
Rouvé, H. E., **17**:188, **17**:258, **17**:*278*
Roux, D., **22**:217, **22**:271, **22**:*299*
Roux, D. G., **17**:329, **17**:*431*
Roux, M. V., **32**:242, **32**:*263*
Rovira, C., **25**:288, **25**:364, **25**:365, **25**:368, **25**:369, **25**:370, **25**:371, **25**:378, **25**:380, **25**:381, **25**:382, **25**:383, **25**:392, **25**:393, **25**:395, **25**:421, **25**:*439*, **25**:*441*, **25**:*442*, **26**:242, **26**:*252*
Rowan, D. D., **24**:93, **24**:*107*
Rowan, R., **16**:243, **16**:*264*
Rowbotham, J. B., **25**:68, **25**:*94*
Rowe, C. A., **18**:28, **18**:30, **18**:*71*, **18**:*76*
Rowe, F. M., **2**:180, **2**:*198*, **7**:227, **7**:*256*, **25**:333, **25**:*444*
Rowe, J. E., **22**:289, **22**:*300*
Rowe, W. F., **22**:133, **22**:141, **22**:*206*, **32**:225, **32**:*262*
Rowell, J. C., **1**:290, **1**:315, **1**:*362*
Rowland, C., **21**:120, **21**:*195*
Rowland, F. S., **2**:207, **2**:221, **2**:222, **2**:223, **2**:224, **2**:225, **2**:226, **2**:227, **2**:228, **2**:229, **2**:230, **2**:231, **2**:232, **2**:233, **2**:236, **2**:237, **2**:238, **2**:239, **2**:240, **2**:241, **2**:242, **2**:243, **2**:244, **2**:248, **2**:249, **2**:263, **2**:*273*, **2**:*274*, **2**:*275*, **2**:*276*, **2**:*277*, **6**:250, **6**:*332*, **7**:189, **7**:199, **7**:*206*, **7**:*208*, **7**:*209*, **9**:131, **9**:*176*
Rowlands, C. C., **31**:132, **31**:*138*
Rowlands, J. R., **1**:322, **1**:323, **1**:328, **1**:331, **1**:*360*, **1**:*362*
Rowley, A. G., **13**:245, **13**:247, **13**:*273*
Rowley, H. H., **3**:96, **3**:101, **3**:*120*
Rowlinson, J. S., **2**:110, **2**:*161*, **3**:75, **3**:*88*, **6**:128, **6**:*182*, **14**:221, **14**:245, **14**:284, **14**:285, **14**:295, **14**:297, **14**:*347*, **14**:*350*
Roy, A. K., **7**:124, **7**:*149*
Roy, D., **18**:46, **18**:*75*, **28**:259, **28**:260, **28**:*289*, **32**:324, **32**:325, **32**:334, **32**:*382*
Roy, D. A., **19**:417, **19**:*425*
Roy, F., **16**:25, **16**:*48*
Roy, J., **2**:185, **2**:*196*
Roy, M., **26**:266, **26**:304, **26**:*375*
Roy, R. N., **14**:308, **14**:*350*
Royer, G. P., **8**:300, **8**:396, **8**:*404*, **17**:443, **17**:*484*
Roylance, J., **7**:30, **7**:*109*
Rozantsev, E. G., **13**:195, **13**:*273*, **17**:5, **17**:*63*
Rozantsev, G., **25**:365, **25**:402, **25**:*444*
Rozantsev, G. G., **7**:154, **7**:156, **7**:*208*
Rozeboom, M. D., **22**:91, **22**:*110*, **24**:38, **24**:*51*
Rozen, A. M., **3**:181, **3**:*185*
Rozhkov, I. N., **13**:234, **13**:*272*, **13**:*275*, **18**:98, **18**:*182*
Rozière, J., **22**:130, **22**:*211*, **26**:261, **26**:262, **26**:*374*
Rozsondai, B., **30**:39, **30**:*61*
Rua, L., **17**:258, **17**:*277*
Ruane, M., **21**:166, **21**:*191*, **21**:*195*
Ruasse, M. F., **27**:59, **27**:61, **27**:62, **27**:71, **27**:73, **27**:98, **27**:105, **27**:112, **27**:*114*, **27**:*116*, **28**:209, **28**:210, **28**:211, **28**:212, **28**:213, **28**:215, **28**:216, **28**:218, **28**:220, **28**:221, **28**:222, **28**:224, **28**:225, **28**:226, **28**:227, **28**:229, **28**:230, **28**:231, **28**:232, **28**:235, **28**:236, **28**:237, **28**:238, **28**:239, **28**:240, **28**:242, **28**:245, **28**:247, **28**:248, **28**:249, **28**:250, **28**:252, **28**:253, **28**:254, **28**:255, **28**:256, **28**:257, **28**:260, **28**:261, **28**:263, **28**:264, **28**:265,

28:267, **28**:268, **28**:269, **28**:270, **28**:271, **28**:272, **28**:273, **28**:274, **28**:275, **28**:277, **28**:278, **28**:280, **28**:282, **28**:284, **28**:285, **28**:*287*, **28**:*288*, **28**:*289*, **28**:*290*, **28**:*291*, **29**:17, **29**:*67*, **32**:295, **32**:326, **32**:327, **32**:328, **32**:329, **32**:330, **32**:331, **32**:332, **32**:333, **32**:334, **32**:341, **32**:*379*, **32**:*380*, **32**:*384*
Rubaszewska, W., **15**:39, **15**:*60*
Ruben, H., **25**:13, **25**:*87*
Rubenstein, P. A., **14**:88, **14**:*131*
Rubienski, G. A., **14**:266, **14**:*347*
Rubin, A. B., **6**:15, **6**:*60*
Rubin, J., **26**:359, **26**:362, **26**:363, **26**:366, **26**:*377*
Rubin, L. J., **25**:244, **25**:*264*
Rubin, M. B., **3**:257, **3**:*267*
Rubin, R. J., **22**:258, **22**:*301*
Rubin, R. M., **29**:300, **29**:*326*
Rubin, T., **5**:324, **5**:*327*
Rubin, T. R., **11**:334, **11**:*386*
Rubini, P., **14**:146, **14**:*197*
Rubinstein, D., **4**:198, **4**:222, **4**:*303*
Rubinstein, I., **19**:7, **19**:*126*
Rubira, A. F., **22**:244, **22**:293, **22**:296, **22**:*306*, **22**:*307*
Ruble, J. R., **23**:186, **23**:*266*, **24**:151, **24**:*203*
Rubo, L., **31**:382, **31**:*390*
Ruch, E., **6**:309, **6**:*330*, **9**:35(74), **9**:38(74), **9**:42(74), **9**:*124*
Rüchardt, C., **5**:66, **5**:*113*, **5**:*117*, **5**:356, **5**:358, **5**:361, **5**:362, **5**:364, **5**:370, **5**:379, **5**:*397*, **6**:289, **6**:*330*, **10**:98, **10**:99, **10**:*126*, **10**:*127*, **20**:172, **20**:*189*, **20**:198, **20**:*230*, **22**:293, **22**:*305*, **25**:33, **25**:35, **25**:36, **25**:*86*, **25**:*89*, **25**:*90*, **25**:*95*, **26**:151, **26**:152, **26**:155, **26**:156, **26**:157, **26**:168, **26**:171, **26**:*174*, **26**:*175*, **26**:*176*, **26**:*177*, **26**:*178*, **29**:101, **29**:126, **29**:171, **29**:172, **29**:*183*, **30**:185, **30**:199, **30**:*220*
Rüchardt, Ch., **2**:56, **2**:*89*
Ruckenstein, E., **28**:160, **28**:*170*
Rudakoff, G., **16**:243, **16**:*264*
Rudakov, E. S., **19**:314, **19**:323, **19**:*373*, **29**:*69*, **29**:254, **29**:262, **29**:*271*
Rudd, E. J., **10**:169, **10**:*221*, **12**:57, **12**:60, **12**:64, **12**:*127*, **18**:82, **18**:*182*
Rudenberg, K., **1**:415, **1**:*420*
Rudge, W. E., **15**:87, **15**:*149*
Rudin, E., **1**:105, **1**:*153*
Rudkevich, D. M., **31**:70, **31**:*83*
Rudledge, T. F., **25**:341, **25**:*444*
Rudolf, M., **32**:94, **32**:*119*
Rudolfo, T., **17**:443, **17**:*486*
Rudolph, E. A., **4**:281, **4**:*303*
Rudolph, G., **17**:308, **17**:322, **17**:324, **17**:326, **17**:421, **17**:423, **17**:*426*, **17**:*428*
Rudolph, H. D., **6**:124, **6**:*182*, **25**:6, **25**:60, **25**:64, **25**:*93*, **25**:*95*
Rudolph, J., **6**:73, **6**:87, **6**:*100*
Rudolph, J. P., **13**:109, **13**:*148*
Rudolph, P. J., **14**:147, **14**:*196*
Rudolph, R. W., **6**:217, **6**:*330*
Rudy, B. C., **19**:209, **19**:*218*
Rudy, C. E., **3**:101, **3**:*122*
Rudzinski, J., **31**:185, **31**:186, **31**:188, **31**:*247*
Rudzki, J., **24**:101, **24**:*110*
Rueda, M., **32**:109, **32**:*113*
Rüegg, A., **26**:294, **26**:*378*
Rüegger, D., **24**:194, **24**:*200*
Ruelius, H. W., **15**:95, **15**:*147*
Rueterjans, H., **25**:115, **25**:*259*
Rüetschi, P., **1**:22, **1**:*33*
Ruff, B. A., **13**:311, **13**:315, **13**:*413*
Ruff, J. K., **29**:217, **29**:*271*
Ruff, L. M., **4**:36, **4**:37, **4**:*70*
Ruff, O., **25**:273, **25**:*444*
Rufus, R. R., **19**:264, **19**:*372*
Ruggli, P., **22**:4, **22**:103, **22**:*110*
Ruhl, J. C., **32**:41, **32**:*119*
Ruiter, A. G. T., **32**:164, **32**:*211*
Rukwied, M., **11**:319, **11**:*390*
Rule, C. K., **7**:263, **7**:297, **7**:303, **7**:*330*
Rumney, T. G., **14**:145, **14**:147, **14**:169, **14**:*197*, **14**:*198*, **18**:34, **18**:53, **18**:54, **18**:*72*, **18**:*73*
Rumon, K. A., **5**:272, **5**:279, **5**:280, **5**:282, **5**:293, **5**:313, **5**:315, **5**:323, **5**:*328*
Rumpek, H., **24**:102, **24**:*109*
Rumpel, H., **22**:143, **22**:*210*, **32**:239, **32**:*264*
Rumpf, P., **4**:3, **4**:9, **4**:*29*, **11**:315, **11**:*385*, **17**:100, **17**:*180*

Rumyantseva, G. V., **31**:136, **31**:*140*
Rundel, W., **5**:92, **5**:*117*, **5**:351, **5**:*398*, **13**:195, **13**:*275*
Rundle, H. W., **13**:87, **13**:*151*, **21**:203, **21**:*237*
Rundle, R. E., **9**:62(a, b, c), **9**:68(62a, b, c), **9**:86(62a, b, c), **9**:*123*, **11**:58, **11**:*120*, **22**:131, **22**:*208*, **22**:*212*, **26**:258, **26**:313, **26**:*376*, **26**:*379*
Runnels, L. K., **14**:*348*
Runner, M. E., **10**:174, **10**:*225*
Runser, C., **32**:167, **32**:186, **32**:187, **32**:*208*, **32**:*209*, **32**:*214*
Ruoff, G., **25**:270, **25**:*444*
Rupert, L. A. M., **22**:293, **22**:*307*
Rupitz, K., **26**:306, **26**:*379*
Rupley, J. A., **11**:82, **11**:114, **11**:*116*, **11**:*121*
Ruppert, K., **28**:12, **28**:15, **28**:*41*
Rusakowicz, R., **11**:240, **11**:*265*
Rush, J. J., **25**:66, **25**:*89*
Rushbrooke, G. S., **4**:89, **4**:106, **4**:*144*, **26**:189, **26**:218, **26**:239, **26**:*246*, **26**:*247*
Rusling, J. F., **32**:70, **32**:*116*
Russel, J. G., **11**:135, **11**:166, **11**:*174*
Russell, C. D., **13**:227, **13**:*275*
Russell, C. R., **15**:174, **15**:175, **15**:*264*
Russell, C. S., **18**:168, **18**:*177*
Russell, D. H., **24**:2, **24**:*55*
Russell, D. R., **25**:127, **25**:*260*
Russell, G., **1**:49, **1**:*153*
Russell, G. A., **5**:70, **5**:81, **5**:82, **5**:83, **5**:94, **5**:96, **5**:102, **5**:103, **5**:108, **5**:*115*, **5**:*117*, **5**:*118*, **6**:302, **6**:*330*, **7**:169, **7**:181, **7**:*208*, **7**:214, **7**:234, **7**:236, **7**:*257*, **8**:29, **8**:*77*, **8**:211, **8**:*265*, **9**:130, **9**:158, **9**:*175*, **9**:*181*, **12**:3, **12**:*127*, **14**:124, **14**:125, **14**:126, **14**:*128*, **14**:*131*, **15**:49, **15**:*60*, **17**:27, **17**:*38*, **17**:*59*, **17**:320, **17**:*431*, **18**:169, **18**:170, **18**:*182*, **21**:128, **21**:*195*, **23**:274, **23**:275, **23**:276, **23**:277, **23**:278, **23**:279, **23**:280, **23**:282, **23**:284, **23**:285, **23**:287, **23**:288, **23**:289, **23**:290, **23**:291, **23**:292, **23**:293, **23**:295, **23**:296, **23**:303, **23**:304, **23**:305, **23**:306, **23**:307, **23**:315, **23**:*318*, **23**:*320*, **23**:*321*, **26**:2, **26**:41, **26**:70, **26**:71, **26**:73, **26**:75, **26**:77, **26**:78, **26**:83, **26**:95, **26**:96, **26**:*123*, **26**:*129*
Russell, J. C., **22**:220, **22**:*307*
Russell, K. E., **7**:213, **7**:226, **7**:234, **7**:*254*, **7**:*255*, **9**:137, **9**:138, **9**:139, **9**:140, **9**:141, **9**:142, **9**:146, **9**:147, **9**:148, **9**:149, **9**:152, **9**:163, **9**:168, **9**:*174*, **9**:*175*, **9**:*177*, **9**:*178*, **14**:175, **14**:*197*
Russell, M. E., **8**:125, **8**:*146*
Russell, P. J., **12**:3, **12**:*123*, **13**:174, **13**:236, **13**:237, **13**:240, **13**:*272*, **17**:20, **17**:21, **17**:*62*, **18**:149, **18**:*180*
Russell, R. K., **29**:298, **29**:302, **29**:*329*, **29**:*330*
Russell, R., **19**:36, **19**:52, **19**:*114*
Russell, R. L., **7**:189, **7**:*208*, **13**:182, **13**:271
Russo, M. V., **26**:220, **26**:*247*
Russo, P. J., **15**:88, **15**:*148*, **16**:226, **16**:*234*
Rusterholz, B., **31**:58, **31**:*80*
Rustgi, S., **17**:50, **17**:*63*
Rutenberg, A. C., **3**:265, **3**:*268*
Ruterjans, H., **13**:360, **13**:361, **13**:363, **13**:*415*
Rutherford, R. J. D., **14**:43, **14**:*63*
Rutledge, J. M., **12**:191, **12**:*220*
Rutledge, R. M., **6**:248, **6**:*330*
Rutner, E., **3**:17, **3**:*80*
Rutten, E. W., **25**:50, **25**:*95*
Rutter, W. J., **26**:356, **26**:*371*, **26**:*373*
Ruzicka, D. J., **8**:21, **8**:*75*
Ruzicka, L., **4**:281, **4**:*303*, **22**:40, **22**:85, **22**:102, **22**:*110*, **31**:292, **31**:*386*
Ruzo, L. O., **20**:203, **20**:204, **20**:206, **20**:207, **20**:208, **20**:211, **20**:215, **20**:217–220, **20**:223, **20**:*230*, **20**:*232*
Ruzziconi, R., **14**:187, **14**:*196*
Ryabokobylko, Yu. S., **9**:163, **9**:*181*
Ryabova, R. S., **11**:275, **11**:*390*
Ryan, D. E., **18**:198, **18**:*237*
Ryan, G., **11**:139, **11**:*175*, **19**:335, **19**:*369*
Ryan, J. J., **32**:271, **32**:382, **32**:*384*
Ryan, J. P., **2**:17, **2**:*90*
Ryan, M. D., **19**:195, **19**:*221*
Ryba, O., **9**:151, **9**:153, **9**:*181*, **17**:280, **17**:*431*
Rybin, L. V., **7**:65, **7**:73, **7**:74, **7**:*112*,

7:*113*
Rybinskaya, M. I., **7:**2, **7:**9, **7:**10, **7:**16, **7:**43, **7:**65, **7:**73, **7:**74, **7:***112*, **7:***113*
Rybka, J. S., **18:**162, **18:***182*
Rycroft, D. S., **18:**44, **18:**47, **18:***72*, **21:**45, **21:**52, **21:**94, **21:***95*
Ryde-Petterson, G., **12:**105, **12:***120*
Rydholm, R., **22:**224, **22:**229, **22:***299*
Rydon, H. N., **11:**97, **11:***121*, **15:**48, **15:***59*
Ryhage, R., **8:**210, **8:***264*
Rykov, S. V., **10:**54, **10:**76, **10:**82, **10:**83, **10:**84, **10:**85, **10:**89, **10:**90, **10:**94, **10:**115, **10:***123*, **10:***124*, **10:***125*, **10:***126*, **10:***127*
Rylance, J., **22:**17, **22:***109*
Rylander, P. N., **2:**130, **2:***158*, **6:**3, **6:***60*, **8:**102, **8:**138, **8:***148*
Ryle, A. P., **21:**3, **21:**21, **21:***34*
Rynbrandt, D. J., **11:**108, **11:***122*
Rys, P., **8:**366, **8:***399*, **16:**4, **16:***47*, **16:***49*, **20:**156, **20:***187*
Rytteng, J. H., **13:**338, **13:***410*
Rytting, J. H., **17:**281, **17:**286, **17:**289, **17:***427*
Ryvolová, A., **5:**42, **5:**46, **5:***52*
Ryvolova-Kejharova, A., **10:**179, **10:***225*
Rzepa, H., **19:**240, **19:**299, **19:***370*
Rzepa, H. R., **29:**121, **29:***180*
Rzepa, H. S., **24:**81, **24:**85, **24:***111*, **26:**260, **26:***369*

S

Saalfeld, F. E., **18:**198, **18:***235*
Sablayrolles, C., **13:**36, **13:***79*
Sabol, M. A., **10:**175, **10:***220*, **12:**13, **12:***117*, **17:**157, **17:***180*
Saccone, P., **29:**186, **29:***265*
Sacconi, L., **13:**113, **13:***152*, **15:**131, **15:***149*
Sachs, W. H., **7:**155, **7:***205*, **14:**153, **14:***196*, **18:**7, **18:**31, **18:**38, **18:**39, **18:**40, **18:**42, **18:***72*, **18:***76*
Sachsse, G., **3:**48, **3:***88*
Sack, R. A., **1:**379, **1:***427*, **3:**214, **3:***268*
Sackett, J. R., **23:**16, **23:**17, **23:***59*, **23:***110*
Sackett, P. H., **20:**80, **20:**83, **20:***182*, **20:***187*
Sada, E., **14:**307, **14:***350*
Sadakane, A., **17:**282, **17:**307, **17:***431*
Sadanaga, R., **15:**130, **15:***145*
Sadar, M., **13:**143, **13:***151*
Sadek, H., **15:**155, **15:***264*
Sadek, M., **2:**141, **2:***161*
Sadet, J., **17:**100, **17:***180*
Sadlej, A. J., **12:**171, **12:**207, **12:***217*
Sadler, I. H., **14:**113, **14:***131*, **16:**70, **16:***85*
Sadler, M. S., **3:**261, **3:***267*
Sadler, P. W., **4:**11, **4:***29*
Sadô, A., **25:**368, **25:***445*
Sado, A., **1:**376, **1:**417, **1:***418*
Sadovskii, N. A., **19:**51, **19:***127*
Saeki, T., **12:**56, **12:***129*, **13:**187, **13:**232, **13:***278*
Saeki, Y., **32:**279, **32:**286, **32:**287, **32:**289, **32:**297, **32:**298, **32:**299, **32:**300, **32:**359, **32:**360, **32:**363, **32:**364, **32:***381*, **32:***383*
Saenger, W., **11:**59, **11:***118*, **17:**420, **17:***432*, **29:**3, **29:**4, **29:***67*
Saeva, F. D., **19:**80, **19:***126*
Safarik, I., **16:**77, **16:***86*
Safarik, J., **19:**91, **19:***120*
Safe, S., **20:**203, **20:**204, **20:**205, **20:**206, **20:**208, **20:**209, **20:**215, **20:**217, **20:**218, **20:**219, **20:**221, **20:**223, **20:***230*, **20:***231*, **20:***232*
Safford, G. J., **14:**264, **14:***350*
Safir, S. R., **7:**45, **7:**54, **7:**55, **7:***110*
Safonova, I. L., **1:**177, **1:***197*
Sagatys, D., **14:**86, **14:**88, **14:***130*
Safta, M., **11:**318, **11:***390*
Sagatys, D. S., **6:**260, **6:**271, **6:**314, **6:**315, **6:***328*, **9:**143, **9:***179*, **18:**5, **18:**7, **18:**61, **18:***72*, **18:***75*
Sagawa, T., **31:**382, **31:***389*
Sagdeev, R. Z., **19:**55, **19:***122*, **20:**1, **20:**16, **20:**17, **20:**25, **20:**29, **20:**45, **20:**50, **20:***52*, **20:***53*
Sager, W. F., **9:**145, **9:**169, **9:***181*
Sagramora, L., **17:**140, **17:**143, **17:**144, **17:**156, **17:***180*
Saha, H. K., **6:**220, **6:***330*
Saheki, Y., **8:**300, **8:**308, **8:***404*
Sahni, S. K., **30:**73, **30:***112*
Saidashev, I. I., **10:**83, **10:**90, **10:***126*

Saigo, K., **30**:125, **30**:131, **30**:145, **30**:147, **30**:148, **30**:151, **30**:155, **30**:162, **30**:163, **30**:164, **30**:166, **30**:167, **30**:*169*, **30**:*170*, **30**:*171*
Saika, A., **3**:196, **3**:211, **3**:224, **3**:234, **3**:265, **3**:*266*, **3**:*268*, **4**:*302*, **11**:272, **11**:*390*, **25**:64, **25**:*90*, **25**:*96*, **26**:317, **26**:318, **26**:*373*, **32**:235, **32**:*264*
Saiki, H., **19**:108, **19**:*127*
Saillard, J. Y., **23**:3, **23**:53, **23**:*62*
Saines, G., **4**:299, **4**:*301*
Saines, G. S., **4**:326, **4**:*345*
Sainsbury, M., **12**:75, **12**:*127*
Saint-Aunay, R. V. de, **6**:12, **6**:*60*
Saito, E., **32**:249, **32**:*264*
Saito, H., **13**:361, **13**:364, **13**:372, **13**:373, **13**:380, **13**:381, **13**:*414*
Saito, I., **19**:78, **19**:102, **19**:103, **19**:110, **19**:*120*, **19**:*126*, **20**:227, **20**:228, **20**:*231*, **20**:*232*
Saito, K., **19**:79, **19**:*114*
Saito, M., **31**:262, **31**:300, **31**:*391*
Saito, S., **14**:269, **14**:*352*, **18**:44, **18**:*76*, **25**:28, **25**:*90*, **27**:257, **27**:*290*
Saito, T., **1**:233, **1**:*280*, **18**:150, **18**:*183*, **19**:41, **19**:84, **19**:85, **19**:*123*, **19**:*125*
Saito, Y., **26**:258, **26**:*373*, **29**:207, **29**:*268*
Saji, T., **31**:6, **31**:8, **31**:23, **31**:*83*
Sakabe, N., **7**:216, **7**:245, **7**:*257*
Sakae, T., **30**:188, **30**:*220*
Sakaguchi, S., **32**:276, **32**:304, **32**:307, **32**:308, **32**:309, **32**:*383*
Sakaguchi, T., **23**:220, **23**:221, **23**:*266*
Sakaguchi, Y., **8**:301, **8**:302, **8**:308, **8**:396, **8**:*404*, **8**:*405*, **20**:31, **20**:*53*
Sakai, H., **14**:219, **14**:*345*
Sakai, M., **10**:133, **10**:*152*, **19**:233, **19**:283, **19**:302, **19**:303, **19**:337, **19**:338, **19**:356, **19**:363, **19**:364, **19**:*368*, **19**:*370*, **19**:*371*, **19**:*374*, **29**:294, **29**:314, **29**:*325*, **29**:*326*, **29**:*331*
Sakai, S-I., **8**:249, **8**:*265*
Sakai, T., **32**:186, **32**:*211*, **32**:*212*
Sakakibara, M., **25**:48, **25**:52, **25**:*95*
Sakamoto, H., **31**:11, **31**:*83*
Sakamoto, T., **17**:458, **17**:462, **17**:471–3, **17**:*484*
Sakamoto, Y., **31**:6, **31**:*80*
Sakanaka, Y., **19**:77, **19**:*121*
Sakanishi, K., **18**:211, **18**:*234*
Sakata, K., **13**:170, **13**:*274*
Sakata, T., **13**:178, **13**:193, **13**:*274*, **13**:*275*
Sakata, Y., **15**:118, **15**:*147*, **19**:23, **19**:25, **19**:26, **19**:30, **19**:34, **19**:41, **19**:44, **19**:74, **19**:85, **19**:*120*, **19**:*123*, **19**:*124*, **19**:*125*, **28**:12, **28**:13, **28**:21, **28**:26, **28**:30, **28**:32, **28**:36, **28**:*40*, **28**:*43*
Sakembaeva, S. M., **15**:312, **15**:*329*
Sakembawa, S. M., **17**:318, **17**:319, **17**:*428*
Sakizadeh, K., **32**:373, **32**:*382*
Sakoda, K., **32**:251, **32**:*264*
Sakota, K., **20**:139, **20**:*187*
Saksena, B. D., **1**:407, **1**:*422*
Sakuma, H., **21**:40, **21**:*97*
Sakurada, I., **8**:301, **8**:302, **8**:308, **8**:396, **8**:*404*, **8**:*405*
Sakuragi, H., **19**:60, **19**:*121*, **20**:198, **20**:*231*, **30**:126, **30**:*170*
Sakurai, H., **8**:251, **8**:*266*, **13**:182, **13**:*274*, **13**:*277*, **16**:70, **16**:*86*, **19**:46, **19**:47, **19**:50, **19**:69, **19**:70, **19**:71, **19**:72, **19**:74, **19**:104, **19**:*119*, **19**:*122*, **19**:*123*, **19**:*124*, **19**:*126*, **19**:*127*, **19**:*129*, **20**:221, **20**:*232*, **20**:*233*, **23**:312, **23**:*319*, **23**:*320*, **29**:310, **29**:*329*
Sakurai, M., **31**:297, **31**:*390*
Sakurai, T., **1**:234, **1**:237, **1**:*277*, **1**:*280*, **29**:120, **29**:122, **29**:*183*
Sakurogi, H., **17**:46, **17**:*61*, **17**:*63*
Sala, E., **13**:352, **13**:*414*
Salam, S. S., **31**:45, **31**:*80*, **31**:*81*
Salamone, J. C., **8**:395, **8**:396, **8**:*404*, **17**:445, **17**:*486*
Salbeck, J., **30**:201, **30**:*219*
Saldick, J., **1**:8, **1**:*32*
Salem, G., **29**:233, **29**:*270*
Salem, L., **13**:20, **13**:*82*, **16**:81–4, **16**:*85*, **18**:163, **18**:*176*, **18**:217, **18**:*237*, **21**:102, **21**:103, **21**:106, **21**:116, **21**:120, **21**:129, **21**:130, **21**:131, **21**:132, **21**:133, **21**:139, **21**:141, **21**:143, **21**:145, **21**:173, **21**:*192*, **21**:*195*, **24**:148, **24**:*200*, **25**:50, **25**:*87*, **26**:132, **26**:*175*, **26**:*177*, **26**:186, **26**:*251*, **28**:1, **28**:*44*, **31**:203,

31:*244*
Sales, K. D., **19**:405, **19**:*425*
Salikhov, K. M., **20**:1, **20**:16, **20**:17, **20**:25, **20**:29, **20**:45, **20**:*52*, **20**:*53*
Salisbury, K., **19**:55, **19**:*118*
Salmassi, A., **19**:85, **19**:*126*
Salmi, E. J., **1**:25, **1**:*33*, **2**:124, **2**:*161*, **9**:111(123b), **9**:*126*
Salmin, L. A., **12**:14, **12**:17, **12**:56, **12**:*120*
Salmon, D. J., **19**:80, **19**:*114*, **19**:*127*
Salmon, G. A., **26**:59, **26**:62, **26**:*125*
Sal'nikova, L. G., **1**:176, **1**:177, **1**:*197*
Salo, T., **1**:25, **1**:*33*, **2**:124, **2**:*161*
Salomaa, P., **1**:24, **1**:28, **1**:*33*, **2**:124, **2**:*161*, **5**:318, **5**:*329*, **6**:63, **6**:78, **6**:*100*, **7**:269, **7**:270, **7**:271, **7**:282, **7**:284, **7**:295, **7**:297, **7**:300, **7**:302, **7**:304, **7**:305, **7**:306, **7**:308, **7**:309, **7**:*330*, **11**:108, **11**:*121*, **11**:*122*, **16**:128, **16**:*156*, **18**:34, **18**:38, **18**:39, **18**:40, **18**:53, **18**:54, **18**:58, **18**:63, **18**:64, **18**:*74*, **21**:59, **21**:65, **21**:66, **21**:67, **21**:*95*
Salomon, G., **17**:188, **17**:258, **17**:*278*, **22**:2, **22**:5, **22**:31, **22**:75, **22**:*110*
Salomon, M., **7**:295, **7**:*330*
Saltiel, J., **6**:231, **6**:*330*, **19**:47, **19**:48, **19**:53, **19**:59, **19**:*126*, **19**:*127*, **20**:208, **20**:*232*
Saltiel, J. D., **17**:100, **17**:*179*
Saludjian, P., **31**:311, **31**:*387*
Saluja, P. P. S., **14**:218, **14**:*339*
Saluvere, T., **10**:99, **10**:*126*
Salvadori, G., **27**:48, **27**:*55*
Salvetter, J., **31**:123, **31**:*140*
Salzberg, H. W., **12**:57, **12**:*123*
Sam, D. J., **17**:316, **17**:343, **17**:356, **17**:*431*
Samara, G. A., **32**:259, **32**:*264*
Samat, A., **13**:59, **13**:*79*
Sambhi, M., **18**:150, **18**:168, **18**:*180*
Sambrotta, L., **32**:238, **32**:*263*
Samchenko, I. P., **7**:*113*
Samec, Z., **28**:155, **28**:160, **28**:*170*
Samelson, H., **1**:20, **1**:*33*
Samitov, Y. Y., **10**:83, **10**:90, **10**:*126*
Sammes, P. G., **17**:69, **17**:70, **17**:73, **17**:*174*, **20**:192, **20**:*232*
Samóc, A., **32**:172, **32**:*214*
Samoc, A., **16**:183, **16**:191, **16**:*236*
Samóc, M., **32**:172, **32**:*214*
Samoc, M., **16**:183, **16**:191, **16**:*236*
Samoilov, O. Ya., **14**:237, **14**:*350*
Sample, S., **8**:218, **8**:239, **8**:*263*, **8**:*264*
Sampson, E. J., **17**:237, **17**:*278*
Sampson, R. J., **4**:82, **4**:*144*
Samson, S., **32**:179, **32**:191, **32**:*211*, **32**:*213*
Samudzi, C. T., **24**:151, **24**:*203*
Samuel, D., **3**:124, **3**:126, **3**:127, **3**:144, **3**:150, **3**:152, **3**:156, **3**:157, **3**:169, **3**:173, **3**:174, **3**:176, **3**:178, **3**:179, **3**:180, **3**:182, **3**:*184*, **3**:*185*, **3**:*186*, **21**:38, **21**:*97*, **25**:133, **25**:*261*, **27**:46, **27**:*53*, **28**:190, **28**:*205*
Samuel, I. D. W., **32**:166, **32**:198, **32**:*210*, **32**:*211*
Samuel, S. D., **29**:310, **29**:311, **29**:*329*
Samuels, G. J., **19**:93, **19**:*113*
Samuelsson, B., **12**:12, **12**:*123*
Samuni, A., **12**:249, **12**:251, **12**:259, **12**:280, **12**:285, **12**:*292*, **12**:*296*
Samygin, M. M., **3**:32, **3**:*88*
Samyn, C., **32**:165, **32**:200, **32**:202, **32**:*216*
Sana, M., **24**:64, **24**:110, **24**:182, **24**:*202*, **26**:139, **26**:140, **26**:*177*
Sanatabella, J. A., **29**:48, **29**:*64*, **29**:82
Sanchez, F. G., **29**:5, **29**:*66*
Sanchez, M., **9**:111(122a), **9**:112(122a), **9**:115(122a), **9**:*126*
Sanchez, M. de N. de M., **21**:61, **21**:64, **21**:65, **21**:66, **21**:72, **21**:75, **21**:76, **21**:78, **21**:83, **21**:*95*
Sanchez, R. I., **31**:300, **31**:382, **31**:*389*
Sandall, J. P. B., **19**:423, **19**:*426*, **20**:154, **20**:165, **20**:167, **20**:168, **20**:*182*, **20**:*184*, **20**:*187*, **29**:262, **29**:*266*, **29**:*268*
Sandanayake, K. R. A. S., **31**:69, **31**:*82*
Sandel, V. R., **6**:204, **6**:*326*, **11**:149, **11**:150, **11**:*175*, **11**:232, **11**:*266*, **15**:174, **15**:225, **15**:226, **15**:227, **15**:*262*, **15**:*263*, **15**:*264*
Sander, E. G., **27**:222, **27**:*237*
Sander, F. V., **2**:97, **2**:*161*
Sander, W., **30**:26, **30**:27, **30**:*57*, **30**:*60*
Sanders, D. C., **19**:364, **19**:*368*, **19**:*377*

Sanders, G. H. W., **32**:9, **32**:10, **32**:81, **32**:82, **32**:*115*, **32**:*116*, **32**:*118*
Sanders, J. K. M., **16**:250, **16**:253, **16**:260, **16**:*261*, **25**:11, **25**:*89*
Sanders, L. B., **12**:159, **12**:161, **12**:164, **12**:182, **12**:192, **12**:213, **12**:*220*, **12**:*221*
Sanders, W. J., **17**:451, **17**:454, **17**:455, **17**:457, **17**:*485*, **22**:286, **22**:*306*
Sanderson, G. R., **13**:302, **13**:320, **13**:*413*
Sanderson, W. A., **6**:293, **6**:*330*
Sandhu, S. S., **24**:*111*
Sandman, D. J., **12**:3, **12**:*118*, **16**:206, **16**:*231*
Sandorfy, C., **4**:83, **4**:*145*, **12**:207, **12**:*219*, **14**:232, **14**:*349*, **22**:127, **22**:*211*, **32**:247, **32**:*264*
Sandoval, I. B., **8**:110, **8**:120, **8**:*148*
Sandoval-Ramirez, J., **24**:151, **24**:*203*
Sandoz, M., **13**:160, **13**:*271*
Sandri, S., **17**:357, **17**:*425*
Sandros, K., **18**:225, **18**:*235*, **19**:107, **19**:*115*
Sands, T. H., **23**:166, **23**:*265*
Sandström, J., **8**:215, **8**:219, **8**:*263*, **23**:73, **23**:*161*, **25**:10, **25**:31, **25**:58, **25**:61, **25**:62, **25**:67, **25**:69, **25**:70, **25**:71, **25**:73, **25**:76, **25**:77, **25**:78, **25**:79, **25**:80, **25**:81, **25**:82, **25**:83, **25**:*86*, **25**:*88*, **25**:*89*, **25**:*91*, **25**:*92*, **25**:*93*, **25**:*94*, **25**:*95*
Sandstrom, J., **13**:56, **13**:*81*
Sandstrom, J. P., **14**:274, **14**:*350*
Sandstrom, W. A., **8**:337, **8**:*402*, **14**:89, **14**:*128*
Sandwick, P. E., **7**:98, **7**:*114*
Sanemasa, I., **29**:4, **29**:5, **29**:6, **29**:*65*, **29**:*67*
San Filippo, J., **17**:358, **17**:*425*, **17**:*431*, **24**:67, **24**:*109*, **24**:*112*
San Filippo, J., Jr., **31**:234, **31**:*246*
San Filippo, Jr. I., **23**:28, **23**:*62*
Sanford, J. K., **1**:38, **1**:57, **1**:73, **1**:74, **1**:75, **1**:76, **1**:77, **1**:78, **1**:81, **1**:*153*
Sang, H., **31**:132, **31**:*140*
Sanger, F., **21**:3, **21**:*34*
Sango, D. B., **22**:297, **22**:*300*
Sangster, D. F., **7**:125, **7**:129, **7**:130, **7**:*150*, **12**:224, **12**:*296*
Sangster, J. M., **16**:57, **16**:*86*
Sankararaman, S., **29**:192, **29**:195, **29**:197, **29**:198, **29**:211, **29**:220, **29**:231, **29**:232, **29**:233, **29**:235, **29**:238, **29**:241, **29**:251, **29**:252, **29**:258, **29**:264, **29**:*266*, **29**:*269*, **29**:*271*, **29**:*272*
Sankey, G. H., **11**:90, **11**:100, **11**:*118*, **17**:186, **17**:*275*, **26**:346, **26**:349, **26**:*369*
Sano, M., **13**:165, **13**:169, **13**:195, **13**:196, **13**:*275*
Santarsiero, B. D., **25**:14, **25**:*95*, **29**:108, **29**:*180*
Šantavý, F., **5**:40, **5**:50, **5**:*52*
Santelli, M., **9**:224, **9**:225, **9**:226, **9**:227, **9**:*274*, **9**:*279*
Santhanam, K. S. V., **12**:76, **12**:*127*, **13**:160, **13**:203, **13**:*266*, **13**:*275*, **13**:*277*, **19**:147, **19**:174, **19**:*221*
Santhanam, M., **19**:87, **19**:*117*
Santi, W., **19**:279, **19**:*371*
Santiago, A. N., **23**:285, **23**:286, **23**:*320*, **26**:95, **26**:*129*
Santiago, C., **20**:156, **20**:*188*, **29**:310, **29**:313, **29**:*327*, **29**:*329*
Santillan, R. L., **23**:72, **23**:*159*
Santos, J. H., **32**:9, **32**:108, **32**:*115*
Santos-Veiga, J. dos, **1**:305, **1**:309, **1**:*360*
Santry, D. P., **9**:50(82a, d), **9**:58(82a, d), **9**:*124*
Santry, L. J., **21**:53, **21**:55, **21**:84, **21**:85, **21**:87, **21**:*97*, **25**:125, **25**:*262*
Sanwal, S. N., **13**:4, **13**:11, **13**:16, **13**:20, **13**:24, **13**:53, **13**:*78*
Sapina, F., **26**:243, **26**:*247*
Sapiro, R. H., **2**:96, **2**:153, **2**:*161*
Saprin, A. N., **17**:52, **17**:*63*
Saran, M. S., **15**:87, **15**:88, **15**:89, **15**:*145*, **15**:*148*, **16**:226, **16**:*234*
Sarantakis, D., **13**:361, **13**:364, **13**:*414*, **16**:257, **16**:*261*
Sardella, D. J., **23**:72, **23**:*159*, **26**:316, **26**:*377*
Sarel, S., **3**:168, **3**:*186*, **22**:263, **22**:*307*
Sarfare, P. S., **16**:9, **16**:*49*
Sarfaty, R., **22**:177, **22**:178, **22**:*211*, **26**:333, **26**:335, **26**:337, **26**:*376*
Sargeant, P. B., **7**:202, **7**:*208*
Sargent, E. P., **12**:136, **12**:*215*
Sargent, F. P., **5**:70, **5**:*113*, **11**:256,

11:*264*, **17**:7, **17**:19, **17**:25, **17**:38–40, **17**:*63*
Sargent, G. D., **11**:184, **11**:189, **11**:218, **11**:221, **11**:*224*, **19**:292, **19**:*377*
Sargent, M. V., **29**:276, **29**:*330*
Sargerson, A. M., **13**:59, **13**:*78*
Sargeson, A. M., **11**:68, **11**:69, **11**:70, **11**:*118*, **25**:253, **25**:*256*, **25**:*261*, **29**:147, **29**:170, **29**:*183*, **31**:276, **31**:*387*
Sarkar, I., **7**:155, **7**:*209*
Sarkozi, V., **29**:277, **29**:312, **29**:314, **29**:*327*
Sarma, J. A. R. P., **29**:133, **29**:*183*
Sarma, T. S., **14**:266, **14**:267, **14**:312, **14**:*348*, **14**:*350*
Sarma, V., **11**:28, **11**:81, **11**:*117*
Sarma, V. R., **24**:141, **24**:*199*
Sarna, T., **17**:53, **17**:*59*
Sarnowski, M., **14**:261, **14**:*350*
Sarthou, P., **17**:318, **17**:319, **17**:322, **17**:*425*
Sarti-Fantoni, P., **15**:109, **15**:110, **15**:*146*
Sartori, G., **24**:77, **24**:*106*
Sasada, Y., **30**:119, **30**:120, **30**:127, **30**:130, **30**:131, **30**:*171*, **32**:232, **32**:*265*
Sasagawa, N., **26**:223, **26**:224, **26**:*249*
Sasakawa, T., **25**:228, **25**:*262*
Sasaki, A., **17**:307, **17**:430
Sasaki, K., **30**:126, **30**:*170*, **32**:228, **32**:*265*
Sasaki, T., **9**:194, **9**:201, **9**:*279*, **17**:355, **17**:356, **17**:*431*
Sasaki, Y., **29**:5, **29**:*65*
Sasisekharan, V., **6**:105, **6**:113, **6**:114, **6**:115, **6**:117, **6**:124, **6**:125, **6**:145, **6**:146, **6**:151, **6**:156, **6**:*182*, **13**:10, **13**:*81*
Sass, M., **16**:241, **16**:*264*
Sass, R. L., **29**:308, **29**:*329*
Sasse, W. H. F., **19**:104, **19**:*128*
Sastre, A., **32**:203, **32**:*214*
Sastrodjojo, B., **31**:310, **31**:382, **31**:*385*
Sastry, L., **31**:277, **31**:282, **31**:382, **31**:*386*, **31**:*387*
Sata, M., **13**:189, **13**:*272*, **31**:6, **31**:*80*
Satake, I., **22**:297, **22**:*304*, **29**:5, **29**:*68*
Satao, S., **17**:40, **17**:*60*
Satchell, D. P. N., **1**:52, **1**:61, **1**:78, **1**:81, **1**:107, **1**:*151*, **1**:*153*, **1**:156, **1**:157, **1**:173, **1**:189, **1**:192, **1**:*197*, **1**:*198*, **1**:*199*, **2**:20, **2**:*88*, **2**:172, **2**:*198*, **4**:298, **4**:*301*, **5**:313, **5**:*328*, **7**:267, **7**:297, **7**:*328*, **18**:9, **18**:*76*, **21**:38, **21**:*96*, **27**:45, **27**:*55*
Satchell, R. S., **27**:45, **27**:*55*
Satish, A. A., **31**:131, **31**:*137*
Satish, A. V., **30**:198, **30**:*217*
Sato, F., **23**:227, **23**:*270*
Sato, H., **13**:166, **13**:*275*, **25**:32, **25**:*90*
Sato, K., **8**:308, **8**:*403*, **19**:56, **19**:*128*, **20**:116, **20**:*186*
Sato, M., **8**:280, **8**:*404*
Sato, N., **10**:194, **10**:*224*, **12**:113, **12**:*127*
Sato, S., **8**:59, **8**:*77*, **10**:94, **10**:*125*, **30**:142, **30**:147, **30**:166, **30**:*170*
Sato, T., **6**:113, **6**:118, **6**:*180*, **13**:59, **13**:*82*, **17**:36, **17**:38, **17**:*61*, **17**:*63*, **19**:367, **19**:*371*, **25**:29, **25**:31, **25**:*92*, **25**:*93*
Sato, Y., **2**:231, **2**:*275*, **2**:*277*, **6**:78, **6**:97, **6**:*100*, **13**:165, **13**:169, **13**:195, **13**:196, **13**:*275*, **14**:87, **14**:95, **14**:*130*
Sattar, A., **11**:371, **11**:*390*
Saturnino, D. J., **24**:90, **24**:*111*
Saturno, A. F., **6**:248, **6**:*330*
Sauer, B., **28**:57, **28**:*137*
Sauer, J., **2**:187, **2**:188, **2**:*198*, **2**:*199*, **6**:217, **6**:*328*, **7**:214, **7**:*257*, **21**:176, **21**:*195*, **29**:301, **29**:*329*, **31**:270, **31**:*390*
Sauer, J. D., **17**:280, **17**:*430*
Sauer, M. C., Jr., **2**:224, **2**:227, **2**:232, **2**:*274*, **2**:*275*
Sauer, R. O., **3**:11, **3**:*88*
Sauermann, D., **9**:213, **9**:*279*
Sauers, C. K., **8**:215, **8**:*263*, **25**:230, **25**:*263*
Sauers, S. S., **7**:191, **7**:*208*
Saul, R., **24**:144, **24**:145, **24**:*203*
Saunders, B. C., **7**:213, **7**:226, **7**:235, **7**:236, **7**:237, **7**:238, **7**:239, **7**:252, **7**:*257*
Saunders, D., **7**:155, **7**:*208*
Saunders, D. S., **22**:63, **22**:74, **22**:*111*
Saunders, G. C., **31**:33, **31**:*82*
Saunders, J. K., **24**:116, **24**:118, **24**:162, **24**:*200*, **25**:49, **25**:*94*
Saunders, L., **8**:279, **8**:*405*

Saunders, L. L., **32**:198, **32**:*216*
Saunders, M., **10**:40, **10**:41, **10**:*52*, **14**:14, **14**:*65*, **19**:225, **19**:226, **19**:227, **19**:228, **19**:229, **19**:230, **19**:233, **19**:236, **19**:237, **19**:238, **19**:239, **19**:240, **19**:242, **19**:244, **19**:245, **19**:246, **19**:248, **19**:249, **19**:251, **19**:252, **19**:253, **19**:254, **19**:255, **19**:256, **19**:257, **19**:258, **19**:260, **19**:268, **19**:270, **19**:271, **19**:286, **19**:289, **19**:292, **19**:293, **19**:294, **19**:298, **19**:300, **19**:301, **19**:311, **19**:313, **19**:314, **19**:323, **19**:336, **19**:352, **19**:*371*, **19**:*374*, **19**:*377*, **19**:*378*, **19**:*379*, **22**:138, **22**:*211*, **23**:64, **23**:69, **23**:71, **23**:72, **23**:73, **23**:75, **23**:80, **23**:81, **23**:82, **23**:85, **23**:98, **23**:102, **23**:121, **23**:123, **23**:124, **23**:125, **23**:128, **23**:131, **23**:133, **23**:142, **23**:143, **23**:146, **23**:149, **23**:150, **23**:151, **23**:155, **23**:158, **23**:*161*, **24**:89, **24**:91, **24**:*111*, **25**:24, **25**:*95*, **26**:231, **26**:*251*, **26**:286, **26**:287, **26**:288, **26**:289, **26**:291, **26**:*373*, **29**:292, **29**:300, **29**:*326*, **29**:*329*
Saunders, M. L., **11**:194, **11**:195, **11**:212, **11**:*224*
Saunders, R. A., **8**:183, **8**:199, **8**:201, **8**:211, **8**:250, **8**:*260*, **8**:*261*
Saunders, S., **22**:138, **22**:*211*, **23**:64, **23**:71, **23**:*161*
Saunders, W. H., **11**:214, **11**:*224*, **22**:35, **22**:*108*
Saunders, W. H., Jr., **2**:23, **2**:*90*, **5**:311, **5**:*329*, **5**:384, **5**:*399*, **6**:307, **6**:*330*, **14**:182, **14**:184, **14**:185, **14**:*196*, **14**:*201*, **19**:262, **19**:*378*, **23**:65, **23**:69, **23**:*160*, **24**:26, **24**:*54*, **24**:102, **24**:111, **27**:87, **27**:88, **27**:100, **27**:*114*, **27**:*116*, **27**:124, **27**:*237*, **31**:144, **31**:165, **31**:171, **31**:181, **31**:182, **31**:193, **31**:198, **31**:205, **31**:206, **31**:207, **31**:208, **31**:209, **31**:216, **31**:217, **31**:218, **31**:219, **31**:220, **31**:222, **31**:223, **31**:224, **31**:225, **31**:226, **31**:227, **31**:228, **31**:229, **31**:230, **31**:234, **31**:*243*, **31**:*245*, **31**:*246*, **31**:*247*, **31**:*248*
Saupe, T., **26**:275, **26**:323, **26**:324, **26**:325, **26**:*377*, **26**:*378*
Sauter, H., **13**:395, **13**:398, **13**:399, **13**:406, **13**:*409*, **16**:249, **16**:*262*, **25**:78, **25**:79, **25**:*89*
Sauvage, J. P., **15**:163, **15**:*261*, **17**:290, **17**:291, **17**:293, **17**:382, **17**:*426*, **17**:*428*, **17**:*429*, **30**:68, **30**:84, **30**:*112*, **30**:*114*
Sauve, D. M., **5**:336, **5**:*395*
Savadatti, M. I., **13**:180, **13**:*270*
Savage, C. M., **32**:162, **32**:163, **32**:*215*
Savage, P. B., **31**:70, **31**:*83*
Savéant, J.-H., **28**:13, **28**:*42*
Savéant, J.-M., **19**:133, **19**:146, **19**:154, **19**:163, **19**:169, **19**:170, **19**:171, **19**:173, **19**:174, **19**:195, **19**:196, **19**:197, **19**:198, **19**:200, **19**:201, **19**:202, **19**:209, **19**:210, **19**:215, **19**:*217*, **19**:*219*, **19**:*220*, **19**:*221*, **20**:58, **20**:59, **20**:101, **20**:103, **20**:104, **20**:106, **20**:*180*, **20**:*181*, **20**:*188*, **20**:212, **20**:219, **20**:220, **20**:*229*, **26**:2, **26**:3, **26**:11, **26**:12, **26**:14, **26**:16, **26**:18, **26**:21, **26**:24, **26**:25, **26**:26, **26**:27, **26**:28, **26**:29, **26**:30, **26**:31, **26**:32, **26**:33, **26**:34, **26**:35, **26**:36, **26**:37, **26**:38, **26**:39, **26**:41, **26**:42, **26**:43, **26**:44, **26**:45, **26**:46, **26**:47, **26**:48, **26**:51, **26**:52, **26**:53, **26**:54, **26**:55, **26**:56, **26**:57, **26**:58, **26**:59, **26**:61, **26**:62, **26**:63, **26**:64, **26**:66, **26**:67, **26**:68, **26**:69, **26**:70, **26**:71, **26**:72, **26**:73, **26**:74, **26**:75, **26**:77, **26**:78, **26**:79, **26**:80, **26**:82, **26**:83, **26**:84, **26**:85, **26**:86, **26**:87, **26**:89, **26**:91, **26**:92, **26**:93, **26**:96, **26**:97, **26**:98, **26**:101, **26**:102, **26**:103, **26**:104, **26**:106, **26**:107, **26**:109, **26**:110, **26**:111, **26**:112, **26**:116, **26**:117, **26**:*121*, **26**:*122*, **26**:*123*, **26**:*124*, **26**:*125*, **26**:*127*, **26**:*128*, **26**:*129*, **29**:263, **29**:*265*, **31**:98, **31**:*140*, **32**:3, **32**:5, **32**:38, **32**:42, **32**:77, **32**:98, **32**:105, **32**:*114*, **32**:*119*
Saveant, J. -M., **12**:82, **12**:*123*, **13**:201, **13**:205, **13**:*265*, **13**:*266*, **13**:*275*, **13**:*276*, **18**:93, **18**:138, **18**:139, **18**:*175*, **18**:*182*
Savedoff, L. G., **5**:224, **5**:*234*, **21**:212,

21:*240*
Savelli, G., **17**:445, **17**:*483*, **21**:44, **21**:*95*, **22**:221, **22**:227, **22**:231, **22**:232, **22**:235, **22**:237, **22**:239, **22**:240, **22**:242, **22**:247, **22**:248, **22**:258, **22**:261, **22**:264, **22**:266, **22**:267, **22**:270, **22**:289, **22**:291, **22**:298, **22**:*299*, **22**:*301*, **22**:*302*, **22**:*305*, **22**:*307*, **23**:223, **23**:*263*, **29**:55, **29**:56, **29**:*64*
Savige, W. E., **17**:79, **17**:*180*
Savignac, P., **17**:327, **17**:*430*
Saville, B., **5**:290, **5**:*329*
Savino, T. G., **22**:333, **22**:341, **22**:*358*
Savitsky, G. B., **16**:254, **16**:*265*
Savory, J., **7**:62, **7**:*114*
Savsunenko, O. B., **29**:254, **29**:*271*
Sawada, H., **15**:327, **15**:*329*
Sawada, M., **22**:256, **22**:*307*, **32**:269, **32**:270, **32**:271, **32**:274, **32**:279, **32**:284, **32**:291, **32**:301, **32**:316, **32**:317, **32**:334, **32**:373, **32**:374, **32**:*385*
Sawada, T., **19**:65, **19**:*129*, **21**:156, **21**:*193*
Sawaki, Y., **18**:210, **18**:214, **18**:*237*, **26**:193, **26**:211, **26**:*247*
Sawdaye, R., **6**:316, **6**:*323*
Sawyer, D. T., **13**:198, **13**:*276*, **31**:133, **31**:*138*, **31**:*140*
Sawyer, J. F., **23**:40, **23**:*62*, **29**:166, **29**:*178*
Sawyer, T. K., **17**:328, **17**:*432*
Sawyer, W. H., **22**:295, **22**:*300*
Sawyer, W. M., **8**:282, **8**:285, **8**:*401*
Saxby, J. D., **3**:20, **3**:50, **3**:58, **3**:61, **3**:62, **3**:64, **3**:65, **3**:67, **3**:78, **3**:*79*, **3**:*80*, **25**:23, **25**:*85*
Saxby, M. J., **8**:219, **8**:*267*
Sayer, J. M., **16**:4, **16**:12, **16**:*48*, **17**:161, **17**:*180*, **22**:120, **22**:193, **22**:*211*, **27**:107, **27**:*116*
Sayers, D. R., **7**:30, **7**:*109*, **7**:*113*
Saygin, O., **12**:17, **12**:57, **12**:*123*
Sayhun, M. R. V., **5**:379, **5**:*396*
Sayigh, A. B., **17**:67, **17**:71, **17**:*175*
Sayo, H., **10**:163, **10**:*223*, **12**:57, **12**:*122*, **31**:131, **31**:*140*
Sayre, D., **1**:254, **1**:255, **1**:*277*
Sayre, R., **3**:15, **3**:16, **3**:*89*
Sazonova, L. I., **19**:315, **19**:323, **19**:*378*
Sbar, N., **9**:131, **9**:*177*
Sbriziolo, C., **22**:291, **22**:*302*
Scaiano, J. C., **17**:3, **17**:*63*, **19**:112, **19**:*118*, **22**:295, **22**:*307*, **22**:312, **22**:327, **22**:330, **22**:333, **22**:341, **22**:342, **22**:344, **22**:349, **22**:351, **22**:*358*, **22**:*359*, **22**:*361*, **24**:193, **24**:*201*
Scaillet, S., **25**:153, **25**:*260*
Scamehorn, R. G., **26**:77, **26**:*129*
Scandel, J., **28**:191, **28**:*206*
Scandola, E., **11**:365, **11**:*389*, **13**:86, **13**:*152*
Scandola, F., **18**:110, **18**:111, **18**:112, **18**:131, **18**:138, **18**:*175*, **18**:*179*, **18**:*183*, **18**:218, **18**:*237*, **19**:8, **19**:9, **19**:10, **19**:11, **19**:12, **19**:*114*, **19**:*126*, **21**:182, **21**:*195*
Scanlan, M. J., **22**:194, **22**:*211*
Scanlan, T. S., **31**:262, **31**:277, **31**:296, **31**:311, **31**:382, **31**:*387*, **31**:*390*, **31**:*392*
Scanlon, B., **10**:191, **10**:196, **10**:*222*
Scanlon, W. B., **23**:190, **23**:206, **23**:*267*
Scarborough, J. M., **6**:11, **6**:12, **6**:*59*
Scardiglia, F., **7**:81, **7**:*112*, **7**:*113*
Scarpa, I. S., **17**:465–7, **17**:*486*
Scarsdale, J. N., **25**:25, **25**:*95*, **26**:154, **26**:*178*
Scartazzini, R., **6**:260, **6**:*330*
Scatchard, G., **6**:86, **6**:*100*, **14**:135, **14**:*201*, **14**:281, **14**:325, **14**:*350*
Schaad, L. J., **6**:71, **6**:95, **6**:*101*, **18**:12, **18**:*76*, **22**:127, **22**:*209*, **23**:72, **23**:*162*, **26**:265, **26**:267, **26**:268, **26**:*374*, **26**:*377*, **28**:225, **28**:*288*, **30**:12, **30**:13, **30**:*59*, **31**:181, **31**:219, **31**:223, **31**:*247*
Schaad, R. E., **4**:325, **4**:326, **4**:329, **4**:*345*
Schaafsma, S. E., **5**:81, **5**:*118*
Schaal, R., **1**:*199*, **7**:227, **7**:236, **7**:243, **7**:244, **7**:*257*, **14**:144, **14**:167, **14**:169, **14**:*199*, **14**:*202*, **26**:341, **26**:*372*, **27**:149, **27**:*238*
Schaap, A. P., **18**:190, **18**:193, **18**:200, **18**:202, **18**:206, **18**:226, **18**:*235*, **18**:237, **18**:*238*, **19**:8, **19**:78, **19**:82, **19**:*126*, **19**:*130*, **20**:109, **20**:*188*,

20:*189*
Schaap, L. A., **1:**180, **1:**181, **1:**183, **1:***199*
Schachtschneider, J. H., **6:**235, **6:**242, **6:***329*, **11:**367, **11:***387*, **13:**10, **13:**13, **13:***82*
Schade, C., **32:**292, **32:***384*
Schade, P., **28:**8, **28:**9, **28:***40*, **29:**294, **29:***328*
Schadt, F. C., **28:**271, **28:***291*
Schadt, F. L., **14:**9, **14:**10, **14:**11, **14:**15, **14:**24, **14:**37, **14:**39, **14:**47, **14:**48, **14:**53, **14:**54, **14:**57, **14:**58, **14:**59, **14:***62*, **14:***66*, **14:**98, **14:***128*, **16:**143, **16:***156*
Schadt, F. L., III, **27:**69, **27:***116*, **32:**297, **32:***384*
Schadt, M., **16:**175, **16:***236*
Schaefer, A. D., **14:**184, **14:***202*, **17:**317, **17:***433*
Schaefer, H. F., **26:**301, **26:**302, **26:***373*, **28:**224, **28:***289,* **32:**226, **32:***262*
Schaefer, J., **13:**388, **13:***412*, **13:***414*, **16:**259, **16:***264*
Schaefer, L., **13:**33, **13:***81*
Schaefer, M. F., **13:**6, **13:***81*
Schaefer, T., **9:**158, **9:**161, **9:***181*, **11:**137, **11:**138, **11:***175*
Schaefer, V. J., **28:**49, **28:**57, **28:***137*
Schaefer, W., **25:**72, **25:***91*
Schaefer, W. B., **26:**327, **26:***377*
Schaefer, W. P., **22:**140, **22:***211*, **23:**91, **23:***159*
Schaeffer, C. G., **19:**85, **19:***126*
Schaeffer, D. J., **15:**239, **15:**242, **15:***264*
Schaeffer, H. F., **22:**133, **22:***207*, **22:**314, **22:***357*, **22:***359*, **22:***360*
Schaeffer, H. J., **2:**48, **2:**49, **2:***87*
Schaeffer, J. P., **11:**191, **11:***224*
Schaeffer, T., **25:**9, **25:**53, **25:**60, **25:**67, **25:**68, **25:***85*, **25:***89*, **25:***94*, **25:***95*, **25:***96*
Schaeffer, W. D., **5:**351, **5:**359, **5:**369, **5:***398*
Schaefgen, J. R., **4:**17, **4:***29*, **5:**297, **5:**298, **5:***329*
Schäfer, A., **26:**310, **26:***377*
Schafer, F. P., **19:**31, **19:***121*
Schäfer, G., **32:**200, **32:***214*
Schäfer, H., **12:**2, **12:**13, **12:**14, **12:**16, **12:**17, **12:**18, **12:**28, **12:**40, **12:**56, **12:**57, **12:***120*, **12:***127*, **13:**251, **13:***276*, **18:**93, **18:**169, **18:***177*, **18:***183*, **19:**204, **19:***218*, **20:**57, **20:**62, **20:***182*, **20:***188*, **26:**68, **26:**104, **26:**116, **26:***127*
Schäfer, L., **25:**25, **25:**32, **25:***84*, **25:***95*, **26:**154, **26:***178*
Schafer, M. E., **6:**2, **6:***58*
Schäfer, U., **20:**115, **20:***185*
Schäfer, W., **29:**298, **29:**307, **29:**310, **29:***328*, **30:**187, **30:***218*
Schäffer, H., **10:**155, **10:***221*
Schaffer, N. K., **21:**14, **21:***34*
Schaffert, R. M., **16:**228, **16:***236*
Schaffhausen, B., **27:**12, **27:***54*
Schaffner, K., **6:**237, **6:***332*, **29:**292, **29:***329*
Schaleger, L. L., **2:**136, **2:***161*, **5:**122, **5:**142, **5:***172*, **5:**318, **5:***329*, **5:**342, **5:***398*, **6:**77, **6:***100*, **7:**269, **7:**270, **7:**271, **7:**282, **7:**295, **7:**297, **7:**300, **7:**302, **7:**306, **7:**308, **7:**309, **7:***330*, **9:**171, **9:***181*, **14:**275, **14:***337*, **21:**26, **21:***34*
Schall, P. C., **8:**140, **8:***146*
Schaller, D., **3:**20, **3:***90*
Schallner, O., **19:**269, **19:***368*, **29:**308, **29:***325*
Schanck, A., **23:**189, **23:**203, **23:**206, **23:***263*, **23:***264*, **23:***268*, **23:***269*
Schank, K., **17:**106, **17:**107, **17:***180*
Schanne, L., **32:**193, **32:***213*
Schantz, E. J., **21:**45, **21:***97*
Schanze, K. S., **19:**48, **19:**59, **19:***127*, **20:**208, **20:***232*, **22:**294, **22:***308*
Schanzer, W., **12:**33, **12:***118*
Scharf, B., **8:**32, **8:***76*
Scharf, H. D., **19:**90, **19:**101, **19:***122*, **19:***123*, **19:***126*
Scharfe, M. E., **16:**228, **16:***236*
Scharpen, L. H., **13:**62, **13:***81*
Schatz, P. F., **29:**308, **29:***330*
Schauble, J. H., **22:**142, **22:***207*, **26:**343, **26:***378*
Schaumburg, K., **16:**257, **16:***261*
Schaupp, A., **26:**216, **26:***251*
Schauze, K. S., **22:**220, **22:***308*
Schear, W., **7:**82, **7:***109*
Schechter, H., **22:**338, **22:***359*

Schechter, R. S., **28**:57, **28**:60, **28**:*137*
Scheele, J. J., **18**:93, **18**:*184*, **24**:104, **24**:*111*
Scheer, J. C., **3**:102, **3**:112, **3**:113, **3**:116, **3**:*122*
Scheer, M. D., **1**:292, **1**:*361*, **8**:54, **8**:67, **8**:*76*
Scheer, W., **6**:206, **6**:224, **6**:*328*
Scheerer, R., **19**:90, **19**:*126*
Scheffer, F. E. C., **1**:37, **1**:*153*, **5**:122, **5**:*169*
Scheffer, J. R., **15**:68, **15**:82, **15**:83, **15**:85, **15**:86, **15**:*146*, **15**:*149*, **32**:245, **32**:*262*, **32**:*264*
Scheffers-Sap, M. M. E., **25**:216, **25**:*263*
Scheffler, K., **5**:53, **5**:66, **5**:89, **5**:92, **5**:*117*, **13**:195, **13**:*275*, **17**:10, **17**:*63*
Scheffler, M., **12**:228, **12**:*294*
Scheffold, R., **24**:195, **24**:*199*
Schei, S. H., **25**:54, **25**:*95*
Scheibe, A., **11**:356, **11**:*388*
Scheibe, G., **1**:236, **1**:*280*, **1**:395, **1**:*420*, **4**:269, **4**:276, **4**:*303*
Scheibe, P., **32**:185, **32**:186, **32**:187, **32**:*214*
Scheibler, H., **7**:47, **7**:*113*
Scheibler, P., **17**:55, **17**:*63*
Scheibye, S., **25**:78, **25**:79, **25**:*89*
Scheidler, P. J., **5**:107, **5**:*118*
Scheiner, P., **7**:195, **7**:*208*
Scheiner, S., **21**:228, **21**:*239*, **32**:225, **32**:*264*
Schelechow, N., **23**:259, **23**:*264*
Schell, D. M., **28**:176, **28**:192, **28**:200, **28**:*205*
Schell, F. M., **13**:280, **13**:*415*
Schellman, C., **6**:105, **6**:120, **6**:124, **6**:*182*
Schellman, J. A., **6**:105, **6**:120, **6**:124, **6**:132, **6**:*182*, **25**:15, **25**:16, **25**:*90*, **25**:*95*
Schelly, Z. A., **19**:414, **19**:415, **19**:*427*
Schenck, G. E., **29**:302, **29**:*324*
Schenck, G. O., **19**:91, **19**:*120*
Schenck, H., **22**:55, **22**:*109*
Schenck, T. G., **23**:40, **23**:*62*
Schenk, H., **29**:137, **29**:138, **29**:139, **29**:*181*
Schenk, R., **28**:8, **28**:15, **28**:*41*, **28**:*44*
Schenk, W., **13**:263, **13**:*271*
Schepp, N., **29**:48, **29**:49, **29**:*67*, **29**:82
Schepp, N. P., **31**:104, **31**:113, **31**:*141*
Scheppele, S. E., **8**:218, **8**:*267*, **10**:16, **10**:17, **10**:*26*, **11**:190, **11**:*224*, **19**:262, **19**:*370*
Scheraga, H. A., **3**:78, **3**:*89*, **6**:104, **6**:105, **6**:106, **6**:107, **6**:108, **6**:111, **6**:112, **6**:113, **6**:114, **6**:116, **6**:117, **6**:118, **6**:119, **6**:120, **6**:121, **6**:122, **6**:123, **6**:124, **6**:125, **6**:126, **6**:127, **6**:128, **6**:129, **6**:130, **6**:131, **6**:132, **6**:133, **6**:134, **6**:135, **6**:136, **6**:137, **6**:139, **6**:140, **6**:141, **6**:142, **6**:143, **6**:144, **6**:145, **6**:146, **6**:147, **6**:148, **6**:149, **6**:150, **6**:151, **6**:152, **6**:153, **6**:154, **6**:155, **6**:156, **6**:157, **6**:158, **6**:159, **6**:160, **6**:162, **6**:164, **6**:165, **6**:166, **6**:167, **6**:168, **6**:169, **6**:170, **6**:171, **6**:172, **6**:173, **6**:175, **6**:176, **6**:177, **6**:178, **6**:*180*, **6**:*181*, **6**:*182*, **6**:183, **6**:*183*, **6**:184, **7**:260, **7**:*329*, **7**:*330*, **8**:274, **8**:387, **8**:*402*, **8**:*403*, **8**:*404*, **10**:16, **10**:23, **10**:24, **10**:*26*, **11**:46, **11**:*119*, **11**:290, **11**:*390*, **13**:10, **13**:71, **13**:*81*, **14**:209, **14**:220, **14**:235, **14**:249, **14**:252, **14**:254, **14**:*343*, **14**:*346*, **14**:*348*, **14**:*350*, **25**:31, **25**:*95*
Scherer, F., **29**:205, **29**:*267*
Scherer, G., **32**:239, **32**:*264*
Scherer, J. R., **25**:423, **25**:424, **25**:*444*
Scherer, K. V., **17**:355, **17**:*431*
Scherer, O., **7**:15, **7**:*113*
Schermann, W., **16**:219, **16**:*236*
Scherowsky, G., **21**:44, **21**:*97*
Scherrer, H., **5**:356, **5**:*399*
Schestakow, P., **6**:53, **6**:*59*
Scheuer, P. J., **21**:45, **21**:*97*
Scheutzow, D., **13**:204, **13**:216, **13**:263, **13**:*271*
Scheve, B. J., **20**:205, **20**:*233*
Schewene, C. B., **10**:43, **10**:*52*, **11**:186, **11**:*223*
Schiavelli, M. D., **7**:98, **7**:*112*, **9**:188, **9**:189, **9**:190, **9**:191, **9**:192, **9**:261, **9**:265, **9**:270, **9**:*277*, **9**:*279*, **32**:304, **32**:*383*
Schiavo, S., **27**:266, **27**:267, **27**:274, **27**:275, **27**:*291*
Schiavon, G., **2**:206, **2**:*273*
Schichman, S. A., **14**:326, **14**:*350*

Schick, M. J., **8**:272, **8**:280, **8**:292, **8**:390, **8**:*405*
Schiess, P. W., **6**:285, **6**:*327*
Schiff, H. I., **4**:41, **21**:199, **21**:203, **21**:206, **21**:*237*, **21**:*238*, **21**:*239*, **24**:8, **24**:*54*
Schiffer, J., **14**:232, **14**:*350*
Schiffman, R., **22**:263, **22**:*307*
Schildcrout, S. M., **6**:312, **6**:*326*
Schill, G., **15**:275, **15**:281, **15**:282, **15**:286, **15**:300, **15**:304, **15**:*329*
Schilling, F. C., **29**:233, **29**:*271*
Schilling, M. B., **25**:155, **25**:156, **25**:158, **25**:*258*
Schilling, M. L., **32**:179, **32**:*211*
Schilling, M. L. M., **19**:55, **19**:57, **19**:85, **19**:90, **19**:*126*, **19**:*128*, **20**:116, **20**:*187*, **23**:314, **23**:*320*, **29**:233, **29**:*265*, **29**:*271*
Schilling, P., **28**:217, **28**:*290*
Schimitt, R. J., **21**:236, **21**:*238*
Schimmel, P. R., **6**:170, **6**:171, **6**:172, **6**:*183*
Schimmelschmidt, K., **2**:180, **2**:*198*
Schindler, D. G., **31**:263, **31**:*386*
Schindler, K., **13**:177, **13**:*273*
Schindler, M., **29**:280, **29**:282, **29**:290, **29**:293, **29**:321, **29**:*324*, **29**:*329*
Schinz, H., **22**:102, **22**:*110*
Schipper, P., **13**:216, **13**:*268*, **29**:294, **29**:*329*
Schirmer, R. E., **13**:281, **13**:*413*
Schissler, D. O., **3**:108, **3**:*122*, **8**:112, **8**:115, **8**:*148*
Schlabach, M., **32**:237, **32**:238, **32**:239, **32**:*262*, **32**:*264*
Schlaeger, E.-J., **25**:203, **25**:*259*
Schlaf, H., **13**:204, **13**:216, **13**:*271*
Schlag, E. W., **4**:150, **4**:*192*
Schlatmann, J. L. M. A., **10**:36, **10**:*52*, **11**:213, **11**:*223*
Schlatter, M. J., **1**:48, **1**:*153*
Schlegel, H. B., **16**:62, **16**:*85*, **21**:184, **21**:*196*, **21**:218, **21**:219, **21**:*240*, **24**:73, **24**:*107*, **24**:192, **24**:*199*, **24**:*202*, **24**:*204*, **25**:180, **25**:*263*, **27**:63, **27**:64, **27**:*116*, **27**:*117*
Schleich, T., **13**:334, **13**:335, **13**:341, **13**:342, **13**:344, **13**:345, **13**:346, **13**:*414*
Schleifer, L., **24**:149, **24**:*201*
Schleker, W., **25**:38, **25**:*96*
Schlemper, E. O., **26**:260, **26**:261, **26**:263, **26**:270, **26**:314, **26**:*373*, **26**:*376*, **26**:*377*
Schlesener, C. J., **29**:231, **29**:240, **29**:253, **29**:271
Schlesener, G. J., **26**:20, **26**:21, **26**:*129*
Schleyer, P. v. R., **5**:376, **5**:*398*, **6**:208, **6**:312, **6**:313, **6**:323, **6**:*327*, **6**:*331*, **8**:204, **8**:*264*, **9**:236, **9**:241, **9**:248, **9**:252, **9**:253, **9**:254, **9**:*277*, **9**:*278*, **9**:*279*, **10**:34, **10**:36, **10**:*52*, **11**:123, **11**:*174*, **11**:*175*, **11**:183, **11**:184, **11**:186, **11**:192, **11**:193, **11**:206, **11**:212, **11**:213, **11**:217, **11**:221, **11**:222, **11**:*223*, **11**:*224*, **13**:7, **13**:16, **13**:19, **13**:21, **13**:23, **13**:33, **13**:36, **13**:38, **13**:41, **13**:44, **13**:45, **13**:58, **13**:74, **13**:75, **13**:*79*, **13**:*80*, **13**:*81*, **13**:*82*, **14**:3, **14**:4, **14**:5, **14**:8, **14**:9, **14**:10, **14**:11, **14**:12, **14**:13, **14**:14, **14**:15, **14**:17, **14**:19, **14**:22, **14**:24, **14**:26, **14**:27, **14**:30, **14**:31, **14**:33, **14**:34, **14**:37, **14**:39, **14**:45, **14**:46, **14**:47, **14**:48, **14**:53, **14**:54, **14**:57, **14**:58, **14**:59, **14**:60, **14**:*62*, **14**:*63*, **14**:*64*, **14**:*65*, **14**:*66*, **14**:77, **14**:97, **14**:98, **14**:107, **14**:110, **14**:*128*, **14**:*131*, **14**:*135*, **14**:*196*, **16**:95, **16**:135, **16**:143, **16**:144, **16**:*155*, **16**:*156*, **18**:27, **18**:*76*, **19**:225–230, **19**:236, **19**:245, **19**:248–250, **19**:262, **19**:269, **19**:273, **19**:287, **19**:292, **19**:294, **19**:301, **19**:302, **19**:334–336, **19**:339, **19**:344, **19**:345, **19**:348, **19**:349, **19**:353–355, **19**:363, **19**:364, **19**:*368–375*, **19**:*377*, **19**:*378*, **21**:146, **21**:153, **21**:*192*, **23**:64, **23**:75, **23**:88, **23**:92, **23**:128, **23**:135, **23**:*158*, **23**:*161*, **23**:193, **23**:*263*, **24**:14, **24**:40, **24**:41, **24**:49, **24**:*51*, **24**:*55*, **24**:67, **24**:74, **24**:86, **24**:87, **24**:*108*, **24**:*110*, **24**:*111*, **24**:152, **24**:*203*, **25**:24, **25**:25, **25**:38, **25**:*88*, **25**:*90*, **25**:172, **25**:179, **25**:*257*, **25**:*263*, **26**:131, **26**:138, **26**:*178*, **27**:69, **27**:*116*, **27**:120, **27**:*236*, **27**:239, **27**:240, **27**:251, **27**:*290*, **28**:245, **28**:270, **28**:271, **28**:272, **28**:279,

28:*287*, **28:***291*, **29:**105, **29:**120, **29:**164, **29:***179*, **29:***182*, **29:**278, **29:**290, **29:**293, **29:**294, **29:**314, **29:***324*, **29:***325*, **29:***327*, **29:***328*, **31:**203, **31:***244*, **31:***246,* **32:**297, **32:**373, **32:***379*, **32:***384*
Schlick, S., **17:**39, **17:***63*
Schloeder, D. M., **29:**59, **29:***66*, **31:**264, **31:**265, **31:**281, **31:**283, **31:**382, **31:***388*
Schloeder, D. M.
Schlogl, G., **18:**198, **18:***238*
Schlosberg, R. H., **8:**132, **8:**140, **8:***145*, **8:***148*, **10:**44, **10:***52*, **19:**266, **19:**318, **19:***375*, **19:***376*
Schlosser, H., **28:**40, **28:***42*
Schlosser, M., **17:**352, **17:**355, **17:***431*, **17:***433*, **23:**88, **23:***161*
Schmalstieg, F. C., **18:**66, **18:***74*
Schmalz, T. G., **25:**12, **25:***92*
Schmälzlin, E., **32:**203, **32:***212*
Schmalzl, P. W., **20:**144, **20:***182*
Schmauss, G., **26:**185, **26:**215, **26:***251*
Schmehl, R. H., **19:**92, **19:**97, **19:**98, **19:***124*, **19:***126*, **19:***129*
Schmeising, H. N., **1:**211, **1:**259, **1:***277*
Schmeltekopf, A. L., **21:**203, **21:***238*, **24:**5, **24:***52*
Schmerling, L., **2:**3, **2:**17, **2:***89*, **4:**326, **4:***346*
Schmickler, H., **29:**294, **29:**298, **29:***326*, **29:***328*
Schmid Baumberger, R., **20:**135, **20:***188*
Schmid, C. H., **2:**15, **2:***90*
Schmid, E. W., **4:**217, **4:***304*
Schmid, F. X., **29:**107, **29:***183*
Schmid, G. H., **9:**214, **9:***279*, **17:**86, **17:**173, **17:***175*, **17:***180*, **27:**105, **27:***116*, **28:**208, **28:**209, **28:**211, **28:**212, **28:**234, **28:**245, **28:**246, **28:**248, **28:**255, **28:**268, **28:**276, **28:***289*, **28:***291*
Schmid, H., **2:**2, **2:**17, **2:**18, **2:**19, **2:**20, **2:***88*, **2:***89*, **2:***90*, **2:**180, **2:***197*, **16:**15–17, **16:***49*, **19:**383, **19:**394, **19:**414, **19:**419, **19:***427*
Schmid, J., **8:**219, **8:***267*
Schmid, K., **2:**17, **2:**19, **2:**20, **2:***89*, **2:***90*
Schmid, P., **17:**28, **17:**31, **17:**32, **17:**34, **17:***62*, **17:***63*
Schmid, R., **29:**21, **29:***66*
Schmid, S., **32:**202, **32:**206, **32:***216*
Schmid, W., **15:**41, **15:***61*
Schmid-Baumberger, R., **19:**182, **19:***221*
Schmidlin, F. W., **16:**187, **16:**226, **16:**227, **16:***235*, **16:***236*
Schmidlin, J., **25:**384, **25:***444*
Schmidt, A. H., **18:**191, **18:**192, **18:***236*
Schmidt, C. F., **16:**258, **16:***264*
Schmidt, G. M. J., **1:**217, **1:**218, **1:**224, **1:**232, **1:**263, **1:**264, **1:**266, **1:**269, **1:**271, **1:**273, **1:***277*, **1:***278*, **6:**130, **6:**138, **6:**152, **6:***182*, **6:***183*, **11:**338, **11:***387*, **13:**57, **13:***78*, **15:**64, **15:**68, **15:**71, **15:**72, **15:**91, **15:**92, **15:**95, **15:**98, **15:**123, **15:**124, **15:**125, **15:***145*, **15:***146*, **15:***147*, **15:***148*, **15:***149*, **16:**219, **16:***231*, **16:***236*, **29:**132, **29:***180*, **30:**118, **30:***169*, **30:***170*, **30:***171,* **32:**247, **32:***262*
Schmidt, J. L., **19:**70, **19:***116*
Schmidt, K., **7:**146, **7:***150*, **12:**227, **12:***294*
Schmidt, K. H., **12:**228, **12:***296*
Schmidt, M. C., **8:**54, **8:***75*
Schmidt, M. W., **29:**103, **29:***183*
Schmidt, P. P., **18:**80, **18:**95, **18:***183*
Schmidt, R., **32:**245, **32:***264*
Schmidt, S. P., **18:**188, **18:**189, **18:**191, **18:**196, **18:**199, **18:**203, **18:**206, **18:**211, **18:**212, **18:**214, **18:**215, **18:**217, **18:**219, **18:**220, **18:**221, **18:**234, **18:***236*, **18:***237*, **19:**82, **19:***126*, **19:***127*
Schmidt, U., **5:**92, **5:***118*
Schmidt, W., **9:**136, **9:***171*, **18:**168, **18:***183*, **20:**96, **20:**97, **20:**101, **20:**102, **20:***188*
Schmidt, W. G., **19:**404, **19:***428*
Schmidtchen, F. P., **31:**50, **31:***83*
Schmir, G. L., **5:**237, **5:**256, **5:**257, **5:**258, **5:**261, **5:**279, **5:**300, **5:**307, **5:***326*, **5:***327*, **5:***329*, **11:**21, **11:**30, **11:**33, **11:**43, **11:**44, **11:***118*, **11:***119*, **11:***121*, **17:**202, **17:**240, **17:**245, **17:***275*, **17:***277*, **17:**451, **17:***482*, **21:**25, **21:**27, **21:***31*, **21:***34*, **21:**38, **21:**39, **21:**67, **21:***95*, **21:***96*, **21:***97*, **24:**169, **24:***200*
Schmitt, A., **15:**119, **15:***149*
Schmitt, B. J., **15:**202, **15:***264*

Schmitt, D., **19**:105, **19**:*121*
Schmitt, J. L., **15**:223, **15**:*260*
Schmitt, P., **23**:83, **23**:84, **23**:*159*
Schmitt, R. G., **11**:307, **11**:318, **11**:*387*
Schmitt, R. J., **20**:161, **20**:*188*, **24**:20, **24**:36, **24**:45, **24**:*51*, **24**:*52*, **24**:*55*, **24**:86, **24**:*107*
Schmittel, M., **26**:171, **26**:*178*
Schmitz, E., **7**:155, **7**:177, **7**:*208*
Schmitz, K. S., **16**:8, **16**:*49*
Schmitz, L. R., **19**:241, **19**:300, **19**:301, **19**:*378*, **23**:131, **23**:132, **23**:*162*
Schmitz, R., **7**:225, **7**:*257*
Schmutzler, R., **9**:27(18a, b), **9**:27(19, 20, 21a, b), **9**:28(18a, b), **9**:59(90), **9**:63(19, 20), **9**:68(90), **9**:82(18–21), **9**:84(19, 20), **9**:84(21a, b), **9**:86(18a, b), **9**:131(a, b, c), **9**:120(19, 20, 21a, b), **9**:*124*, **9**:*126*, **24**:190, **24**:*203*, **25**:47, **25**:*93*, **25**:135, **25**:*262*, **29**:118, **29**:*181*
Schnabel, W., **12**:224, **12**:*294*, **19**:85, **19**:*126*, **20**:224, **20**:*232*
Schnakenberg, U., **32**:105, **32**:*119*
Schneemeyer, L. F., **26**:299, **26**:*379*
Schneider, A., **4**:326, **4**:*345*
Schneider, A. S., **16**:259, **16**:*262*
Schneider, C. H., **23**:233, **23**:253, **23**:*269*
Schneider, E. E., **1**:299, **1**:342, **1**:*362*
Schneider, F., **5**:54, **5**:*118*, **19**:34, **19**:*127*, **19**:157, **19**:*221*
Schneider, F. W., **4**:150, **4**:*192*
Schneider, G., **14**:295, **14**:298, **14**:*341*, **14**:*350*, **19**:348, **19**:363, **19**:*368*
Schneider, H., **7**:260, **7**:*329*, **14**:254, **14**:334, **14**:*338*, **14**:*346*, **14**:*348*, **17**:305, **17**:306, **17**:311, **17**:*425*, **17**:*427*, **19**:259, **19**:*378*, **22**:189, **22**:190, **22**:*207*, **27**:277, **27**:*291*
Schneider, H-J., **5**:381, **5**:*396*, **25**:34, **25**:*89*, **28**:238, **28**:*289*, **30**:64, **30**:69, **30**:70, **30**:107, **30**:*113*, **30**:*115*
Schneider, J., **23**:137, **23**:*161*, **28**:188, **28**:*204*
Schneider, J. A., **8**:396, **8**:*405*
Schneider, P. W., **26**:115, **26**:*129*
Schneider, S., **32**:185, **32**:186, **32**:187, **32**:*214*
Schneider, W. G., **1**:215, **1**:*275*, **2**:2, **2**:*89*, **3**:188, **3**:189, **3**:192, **3**:202, **3**:223, **3**:233, **3**:234, **3**:235, **3**:239, **3**:243, **3**:246, **3**:247, **3**:253, **3**:259, **3**:262, **3**:263, **3**:*265*, **3**:*267*, **3**:*268*, **3**:*269*, **9**:160, **9**:*181*, **11**:132, **11**:136, **11**:137, **11**:138, **11**:*175*, **11**:271, **11**:*390*, **13**:168, **13**:*268*, **16**:178, **16**:192, **16**:*233*, **29**:230, **29**:*271*
Schneider-Bernlöhr, H., **24**:136, **24**:*203*
Schnepp, O., **1**:233, **1**:235, **1**:236, **1**:*278*, **1**:*280*
Schnering, H. G. V., **30**:75, **30**:84, **30**:*114*
Schnieder, K.-A., **20**:116, **20**:117, **20**:*183*
Schnieders, C., **29**:301, **29**:305, **29**:*329*
Schnitger, B. W., **17**:132, **17**:*175*
Schnittker, J. B., **24**:63, **24**:*111*
Schnöckel, H., **30**:50, **30**:52, **30**:53, **30**:54, **30**:*60*, **30**:*61*
Schnoes, H. K., **21**:45, **21**:*97*
Schoeb, J. H., **5**:83, **5**:*118*
Schoeller, V., **26**:310, **26**:*375*
Schoeller, W. W., **29**:300, **29**:301, **29**:302, **29**:*326*
Schoellman, G., **21**:16, **21**:*34*
Schoen, L. J., **1**:405, **1**:*421*
Schoenbrunn, E. F., **19**:406, **19**:*427*
Schoenewaldt, E. F., **2**:11, **2**:*88*
Schoenfelder, W., **25**:17, **25**:*95*
Schofield, K., **12**:36, **12**:*122*, **13**:113, **13**:*150*, **14**:120, **14**:*129*, **16**:3, **16**:23–8, **16**:30, **16**:31, **16**:43, **16**:*47*, **16**:*48*, **19**:422, **19**:424, **19**:*426*, **19**:*427*, **29**:237, **29**:242, **29**:256, **29**:257, **29**:*271*
Schofield, P., **3**:26, **3**:*88*
Scholes, G., **7**:118, **7**:141, **7**:*150*, **12**:276, **12**:280, **12**:289, **12**:290, **12**:*294*
Scholle, V. D., **17**:5, **17**:*63*
Scholler, W. W., **19**:342, **19**:*370*
Schöllkopf, U., **6**:208, **6**:312, **6**:*331*, **10**:117, **10**:118, **10**:119, **10**:*128*
Schöllkopf, V., **17**:13, **17**:*63*
Scholubbers, H.-G., **25**:219, **25**:*263*
Schomaker, V., **1**:229, **1**:*280*, **6**:269, **6**:*329*
Schonbaum, G. R., **5**:296, **5**:*329*, **17**:269, **17**:*274*, **21**:18, **21**:*31*, **21**:*34*, **22**:191, **22**:*206*
Schöneshofer, M., **12**:243, **12**:*296*

Schook, W., **18**:115, **18**:120, **18**:*178*
Schoot, C. J., **13**:263, **13**:*276*
Schooten, J., van, **12**:76, **12**:*122*
Schoppe, R., **3**:24, **3**:*89*
Schor, R., **13**:*82*
Schore, N. E., **18**:189, **18**:*238*, **19**:95, **19**:*120*
Schorr, W., **22**:220, **22**:*304*
Schossig, J., **10**:117, **10**:119, **10**:*128*
Schots, A., **31**:273, **31**:*390*
Schott, H., **8**:387, **8**:*405*
Schott, H. N., **9**:131, **9**:*183*
Schott, M., **16**:176, **16**:*232*
Schotte, L., **6**:124, **6**:142, **6**:*179*
Schötz, K., **29**:290, **29**:293, **29**:*324*
Schou, S. A., **4**:2, **4**:*29*
Schowen, B. K., **31**:169, **31**:*247*
Schowen, R. L., **5**:240, **5**:246, **5**:247, **5**:303, **5**:307, **5**:309, **5**:311, **5**:312, **5**:*329*, **5**:*330*, **5**:339, **5**:394, **5**:*398*, **7**:324, **7**:325, **7**:*330*, **16**:126, **16**:127, **16**:131, **16**:*156*, **17**:261, **17**:*278*, **21**:38, **21**:*97*, **22**:192, **22**:*208*, **23**:195, **23**:255, **23**:*267*, **23**:*269*, **24**:75, **24**:102, **24**:104, **24**:*108*, **24**:*174*, **24**:*201*, **26**:282, **26**:286, **26**:*377*, **27**:186, **27**:232, **27**:*236*, **27**:*238*, **29**:2, **29**:9, **29**:12, **29**:20, **29**:60, **29**:*65*, **29**:*68*, **31**:169, **31**:214, **31**:215, **31**:223, **31**:*244*, **31**:*247*
Schrader, **8**:223, **8**:*263*
Schramm, C., **29**:209, **29**:211, **29**:*271*
Schrauth, T., **19**:108, **19**:*113*
Schrauzer, G. N., **18**:159, **18**:163, **18**:*183*, **23**:8, **23**:12, **23**:14, **23**:41, **23**:42, **23**:*62*, **29**:281, **29**:*329*
Schray, K. J., **17**:237, **17**:*278*, **25**:103, **25**:*256*
Schreck, R. P., **22**:269, **22**:285, **22**:*306*
Schreiber, J., **2**:164, **2**:*199*
Schreiber, K. C., **2**:22, **2**:52, **2**:62, **2**:*91*, **11**:181, **11**:*224*
Schreiber, M., **32**:204, **32**:206, **32**:*209*
Schreiber, S. L., **29**:107, **29**:*178*, **29**:*182*, **29**:*183*
Schreiner, F., **5**:133, **5**:*169*
Schreiner, H., **2**:124, **2**:*162*
Schreiner, S., **18**:138, **18**:*184*, **19**:91, **19**:*128*
Schreir, S., **22**:236, **22**:255, **22**:285, **22**:296, **22**:*302*
Schrems, O., **26**:265, **26**:*375*
Schrieffer, J. R., **16**:226, **16**:*230*
Schrier, B., **2**:191, **2**:*199*
Schrier, E. E., **14**:274, **14**:*351*
Schriesheim, A., **1**:84, **1**:93, **1**:*150*, **5**:341, **5**:*396*, **13**:95, **13**:104, **13**:*149*, **18**:28, **18**:30, **18**:*71*, **18**:*76*, **32**:272, **32**:274, **32**:316, **32**:318, **32**:319, **32**:*380*
Schriewer, M., **30**:55, **30**:*57*
Schrinner, E., **23**:207, **23**:*269*
Schriver, G. W., **31**:203, **31**:*247*
Schrock, A. K., **22**:321, **22**:323, **22**:344, **22**:*358*
Schroder, G., **13**:50, **13**:51, **13**:*82*
Schröder, G., **6**:210, **6**:*331*, **12**:111, **12**:*125*, **17**:382, **17**:*427*, **19**:225, **19**:353, **19**:*378*, **29**:285, **29**:292, **29**:300, **29**:*326*, **29**:*329*, **32**:219, **32**:*265*
Schroder, M., **29**:219, **29**:224, **29**:*271*
Schrodt, A. G., **2**:248, **2**:250, **2**:*275*
Schroeder, G., **11**:125, **11**:*177*
Schroeder, J., **18**:138, **18**:*184*, **19**:90, **19**:*129*
Schroeder, M., **5**:356, **5**:*399*
Schroeder, R., **6**:134, **6**:*181*, **6**:*183*
Schroeder, W., **1**:67, **1**:*148*
Schroll, G., **6**:4, **6**:*58*, **7**:10, **7**:*113*, **8**:207, **8**:209, **8**:212, **8**:218, **8**:249, **8**:*261*, **8**:*263*, **8**:*265*, **8**:*269*
Schröter, E. H., **17**:455, **17**:*483*
Schroter, E. M., **22**:224, **22**:227, **22**:254, **22**:296, **22**:*302*
Schröter, H., **3**:20, **3**:*89*
Schteinschneider, A. Ya., **30**:10, **30**:*58*
Schuber, F. J., **15**:244, **15**:*262*
Schubert, C. C., **12**:113, **12**:*127*
Schubert, M. P., **13**:160, **13**:168, **13**:193, **13**:*273*
Schubert, P. F., **32**:70, **32**:*120*
Schubert, U., **18**:114, **18**:*177*, **20**:161, **20**:*184*, **29**:217, **29**:*267*
Schubert, V., **16**:78, **16**:*85*
Schubert, W., **13**:33, **13**:*81*
Schubert, W. M., **2**:172, **2**:174, **2**:178, **2**:*199*, **6**:63, **6**:*100*, **9**:238, **9**:244, **9**:*279*, **14**:20, **14**:60, **14**:*66*
Schuck, D. F., **27**:218, **27**:220, **27**:221,

27:222, **27:***234*
Schuddemage, H. D. R., **8:**175, **8:***266*
Schueller, K. E., **2:**172, **2:***197*
Schueller, K., **26:**193, **26:**215, **26:***252*
Schuerch, C., **15:**252, **15:**253, **15:**255, **15:**256, **15:***262*, **15:***264*
Schuette, J. M., **29:**5, **29:***65*
Schuettenberg, A., **19:**174, **19:***218*
Schuetz, R. D., **20:**203, **20:**204, **20:**215, **20:***232*
Schug, J. C., **25:**67, **25:***95*
Schug, R., **30:**187, **30:***218*, **30:***220*
Schugar, H. J., **2:**106, **2:**153, **2:**154, **2:**155, **2:***162*, **30:**182, **30:**214, **30:***219*
Schuh, H., **15:**28, **15:***60*
Schukarev, S. A., **14:**303, **14:***350*
Schuld, T., **32:**191, **32:***211*
Schulenberg, J. W., **8:**215, **8:***268*
Schuler, M. A., **12:**226, **12:**270, **12:**275, **12:**286, **12:**288, **12:***296*
Schuler, R., **2:**262, **2:***276*
Schuler, R. H., **1:**287, **1:**290, **1:**316, **1:***360*, **5:**64, **5:**73, **5:**98, **5:**100, **5:**101, **5:**102, **5:**103, **5:**105, **5:***114*, **8:**2, **8:**15, **8:**21, **8:**22, **8:***76*, **10:**121, **10:***124*, **10:***127*, **12:**226, **12:**229, **12:**231, **12:**235, **12:**237, **12:**238, **12:**244, **12:**246, **12:**247, **12:**248, **12:**249, **12:**250, **12:**251, **12:**252, **12:**254, **12:**258, **12:**272, **12:**275, **12:**278, **12:**280, **12:**283, **12:**285, **12:**286, **12:**287, **12:**288, **12:***292*, **12:***293*, **12:***294*, **12:***295*, **12:***296*, **12:***297*, **15:**22, **15:***59*, **29:**319, **29:***326*
Schulman, E. M., **10:**85, **10:***128*
Schulman, J. H., **8:**282, **8:**285, **8:***405*
Schulman, S., **12:**182, **12:**183, **12:**207, **12:***217*
Schulman, S. G., **12:**132, **12:**138, **12:**157, **12:**159, **12:**161, **12:**164, **12:**167, **12:**170, **12:**171, **12:**177, **12:**182, **12:**183, **12:**185, **12:**191, **12:**192, **12:**194, **12:**195, **12:**196, **12:**197, **12:**198, **12:**200, **12:**201, **12:**207, **12:**210, **12:**213, **12:**214, **12:***215*, **12:***216*, **12:***218*, **12:***219*, **12:***220*, **12:***221*
Schulte-Frohlinde, D., **8:**31, **8:***77*, **12:**238, **12:**283, **12:**286, **12:**287, **12:***293*, **12:***296*, **18:**149, **18:**158, **18:***181*, **18:***183*, **29:**256, **29:***265*, **29:***270*
Schulten, H., **29:**217, **29:***268*
Schulten, K., **19:**50, **19:***127*
Schulthess, P., **31:**58, **31:***80*
Schultz, A. J., **23:**109, **23:**118, **23:***161*, **23:***162*, **26:**261, **26:***377*
Schultz, F. A., **28:**2, **28:***43*
Schultz, G., **30:**30, **30:***57*, **30:***61*
Schultz, H. P., **12:**2, **12:***126*
Schultz, J. W., **7:**304, **7:***328*
Schultz, P. G., **29:**2, **29:**56, **29:**57, **29:**58, **29:**59, **29:***66*, **29:***67*, **29:***68*, **31:**253, **31:**256, **31:**262, **31:**263, **31:**264, **31:**265, **31:**269, **31:**270, **31:**274, **31:**275, **31:**288, **31:**292, **31:**294, **31:**296, **31:**301, **31:**305, **31:**308, **31:**312, **31:**382, **31:**383, **31:**384, **31:**385, **31:***385*, **31:***386*, **31:***387*, **31:***388*, **31:***389*, **31:***390*, **31:***391*, **31:***392*
Schultz, R. A., **31:**35, **31:***83*
Schultz, R. D., **6:**37, **6:***59*
Schultz, R. F., **3:**117, **3:***121*
Schultz, T. D., **16:**215, **16:***237*
Schultz, T. H., **18:**170, **18:***183*
Schulz, B., **32:**182, **32:***212*
Schulz, G., **22:**133, **22:***208*, **32:**200, **32:***216*
Schulz, G. V., **9:**158, **9:***177*, **15:**202, **15:**208, **15:***260*, **15:***261*, **15:***263*, **15:***264*
Schulz, H. H., **25:**115, **25:***259*
Schulz, J. G. D., **13:**175, **13:***274*
Schulz, L., **7:**178, **7:***203*
Schulz, R. A., **14:**62, **14:***62*
Schulze, E. L., **8:**273, **8:***405*
Schulze, J., **4:**205, **4:**227, **4:**283, **4:**284, **4:**299, **4:***302*, **4:***304*, **7:**297, **7:***330*, **11:**378, **11:***390*
Schulze, P., **8:**221, **8:***268*
Schulze, R., **26:**156, **26:***178*
Schulze, T., **13:**91, **13:***149*
Schumacher, E., **6:**285, **6:***324*
Schumacher, H., **10:**130, **10:**132, **10:**145, **10:**146, **10:**147, **10:***152*
Schumm, D. E., **13:**228, **13:***269*
Schunn, R. A., **6:**255, **6:**315, **6:***329*, **9:**27(22), **9:***122*, **17:**125, **17:***179*
Schupak, G. M., **26:**75, **26:***123*

Schupp, H., **26**:224, **26**:*248*
Schurhoff, W., **14**:44, **14**:*62*
Schurr, J. M., **16**:8, **16**:*49*
Schussler, D. P., **29**:205, **29**:*271*
Schuster, D. I., **1**:411, **1**:*423*, **19**:88, **19**:*127*
Schuster, G. B., **18**:85, **18**:164, **18**:168, **18**:*179*, **18**:*183*, **18**:*185*, **18**:188, **18**:189, **18**:191, **18**:192, **18**:193, **18**:196, **18**:197, **18**:199, **18**:202, **18**:203, **18**:204, **18**:206, **18**:211, **18**:212, **18**:214, **18**:215, **18**:217, **18**:218, **18**:219, **18**:220, **18**:221, **18**:222, **18**:223, **18**:224, **18**:226, **18**:230, **18**:234, **18**:*235*, **18**:*236*, **18**:*237*, **18**:*238*, **19**:82, **19**:83, **19**:*120*, **19**:*121*, **19**:*126*, **19**:*127*, **19**:184, **19**:*222*, **21**:182, **21**:*195*, **22**:321, **22**:323, **22**:327, **22**:328, **22**:331, **22**:332, **22**:338, **22**:341, **22**:344, **22**:346, **22**:347, **22**:348, **22**:349, **22**:*358*, **22**:*359*, **22**:*360*, **22**:*361*, **26**:197, **26**:*251*, **29**:197, **29**:233, **29**:*270*, **31**:125, **31**:*140*
Schuster, H., **29**:301, **29**:*329*
Schuster, I. I., **25**:72, **25**:*95*
Schuster, P., **22**:127, **22**:*211*, **26**:195, **26**:197, **26**:200, **26**:*252*, **26**:262, **26**:*377*
Schütt, J., **32**:183, **32**:*214*
Schutt, J. R., **9**:27(50b), **9**:29(50b), **9**:*123*
Schutte, L., **6**:238, **6**:*331*
Schüttler, R., **30**:188, **30**:*218*
Schüttpeltz, E., **29**:163, **29**:*182*
Schütz, J. U. von, **28**:10, **28**:40, **28**:*43*
Schuurmann, G., **31**:187, **31**:*245*
Schwab, A. P., **22**:79, **22**:98, **22**:*110*
Schwab, J., **8**:239, **8**:*264*
Schwab, W., **30**:12, **30**:13, **30**:*59*
Schwager, I., **18**:127, **18**:*183*
Schwager, L., **29**:130, **29**:*182*
Schwalm, W. J., **9**:139, **9**:154, **9**:166, **9**:*178*
Schwarcz, A., **28**:231, **28**:252, **28**:*290*
Schwart, J., **26**:38, **26**:*125*
Schwartz, A. M., **8**:272, **8**:280, **8**:*405*
Schwartz, G., **6**:168, **6**:*180*
Schwartz, G. M., **7**:198, **7**:*204*
Schwartz, H., **19**:249, **19**:*371*
Schwartz, H. M., **8**:82, **8**:87, **8**:94, **8**:*148*
Schwartz, J., **12**:204, **12**:*216*, **19**:155, **19**:*219*, **26**:39, **26**:*126*
Schwartz, J. C. P., **8**:282, **8**:*399*
Schwartz, K., **2**:129, **2**:*162*
Schwartz, K. H., **7**:15, **7**:*111*
Schwartz, L. H., **19**:157, **19**:*219*, **25**:36, **25**:*95*
Schwartz, L. M., **29**:7, **29**:8, **29**:45, **29**:*65*, **29**:*69*, **29**:81
Schwartz, M. A., **17**:24, **17**:*63*, **23**:209, **23**:212, **23**:215, **23**:233, **23**:241, **23**:242, **23**:248, **23**:253, **23**:*269*
Schwartz, M. E., **24**:61, **24**:*108*
Schwartz, S. E., **19**:383, **19**:*427*
Schwarz, F. P., **13**:181, **13**:*276*
Schwarz, H., **19**:249, **19**:*371*, **29**:233, **29**:*272*
Schwarz, H. A., **28**:4, **28**:*42*
Schwarz, J., **18**:125, **18**:168, **18**:*179*
Schwarz, J. A., **13**:302, **13**:*414*
Schwarz, W., **10**:164, **10**:*224*
Schwartz, W. M., **19**:145, **19**:*221*
Schwarzenbach, G.
Schwarzenbach, D., **29**:130, **29**:147, **29**:*182*
Schwarzenbach, G., **1**:105, **1**:*153*, **1**:165, **1**:*199*, **6**:81, **6**:*98*, **7**:262, **7**:297, **7**:305, **7**:*330*, **11**:301, **11**:322, **11**:*390*, **16**:145, **16**:*156*, **18**:45, **18**:46, **18**:47, **18**:*76*, **22**:11, **22**:27, **22**:*110*
Schwarzenbach, K., **7**:175, **7**:185, **7**:*209*
Schwarzenback, G., **29**:170, **29**:*183*
Schwarzensteiner, M.-L., **29**:303, **29**:*326*
Schwechten, H. W., **13**:169, **13**:194, **13**:*278*
Schweig, C., **24**:94, **24**:*108*
Schweitzer, D., **28**:40, **28**:*41*
Schweizer, J., **26**:227, **26**:*246*
Schweizer, M. P., **11**:128, **11**:129, **11**:*175*, **13**:324, **13**:329, **13**:330, **13**:344, **13**:*408*, **13**:*411*, **13**:*414*
Schweizer, W. B., **24**:156, **24**:*203*, **25**:24, **25**:71, **25**:*95*, **29**:99, **29**:115, **29**:116, **29**:117, **29**:119, **29**:132, **29**:145, **29**:*179*, **29**:*183*
Schwenck, R., **25**:68, **25**:*95*
Schwendeman, R. H., **25**:55, **25**:*87*
Schwenk, A., **16**:241, **16**:*263*
Schwenk, E., **9**:158, **9**:*178*, **18**:168,

18:*178*, **23:**300, **23:***318*
Schwenk, R., **9:**138, **9:***183*
Schwert, G. W., **11:**64, **11:***122*
Schwesinger, R., **29:**307, **29:**308, **29:***329*, **32:**167, **32:**193, **32:***209*
Schwing-Weil, M.-J., **17:**303, **17:***424*, **30:**65, **30:***112*
Schwoerer, M., **26:**193, **26:**216, **26:***248*, **26:***251*
Schwyzer, R., **13:**360, **13:**361, **13:***415*
Schyja, W., **30:**75, **30:**78, **30:**109, **30:***114*, **30:***115*
Sciacovelli, O., **17:**352, **17:***426*
Scoggin, D. I., **20:**146, **20:***184*
Scordamaglia, S., **23:**206, **23:***268*
Scorrano, G., **7:**50, **7:**65, **7:**67, **7:**71, **7:**86, **7:**89, **7:***110*, **9:**213, **9:**214, **9:***274*, **9:***275*, **9:***277*, **13:**88, **13:**90, **13:**92, **13:**93, **13:**94, **13:**101, **13:**102, **13:**103, **13:**104, **13:**105, **13:**119, **13:**120, **13:**143, **13:***149*, **13:***151*, **13:***152*, **14:**147, **14:**148, **14:**149, **14:***196*, **14:***200*, **16:**112, **16:***155*, **17:**173, **17:***179*, **17:**315, **17:***430*, **18:**15, **18:***76*, **32:**42, **32:***119*, **32:**316, **32:***379*
Scotchie, L. J., **29:**133, **29:***182*
Scott, A. C., **16:**56, **16:***86*
Scott, A. I., **24:**176, **24:***202*
Scott, B. A., **16:**206, **16:***237*
Scott, C. B., **5:**217, **5:**220, **5:***235*, **5:**313, **5:***330*, **5:**339, **5:***398*, **14:**45, **14:***67*, **14:**78, **14:**79, **14:**96, **14:***131*, **14:***132*, **16:**90, **16:**113–5, **16:**119, **16:**144, **16:**154, **16:***157*
Scott, D. W., **25:**19, **25:**52, **25:***95*
Scott, E. J. Y., **13:**175, **13:***276*
Scott, F. R., **9:**271, **9:***279*
Scott, G., **1:***359*, **5:**71, **5:**89, **5:***113*
Scott, G. W., **12:**206, **12:***218*
Scott, J. A. N., **13:**188, **13:**189, **13:**191, **13:***269*, **13:***276*
Scott, J. A., **21:**206, **21:***237*
Scott, J. D., **15:**67, **15:***145*, **15:***149*, **23:**40, **23:***61*
Scott, J. M., **14:**26, **14:***65*
Scott, J. M. E., **31:**170, **31:**172, **31:***243*
Scott, J. M. W., **1:**25, **1:***33*, **5:**146, **5:**147, **5:**148, **5:***170*, **5:***172*, **14:**136, **14:***201*, **14:**205, **14:**212, **14:***349*, **16:**135, **16:***156*
Scott, L. D., **1:**171, **1:***197*
Scott, L. T., **18:**170, **18:***183*, **29:**277, **29:**284, **29:**312, **29:**313, **29:**314, **29:***327*, **29:***329*, **29:***330*
Scott, M. K., **10:**175, **10:***220*, **12:**12, **12:***116*
Scott, M. W., **8:**282, **8:**362, **8:***405*
Scott, R., **9:**164, **9:***181*
Scott, R. A., **6:**105, **6:**113, **6:**114, **6:**116, **6:**117, **6:**118, **6:**119, **6:**120, **6:**121, **6:**122, **6:**124, **6:**126, **6:**127, **6:**128, **6:**129, **6:**130, **6:**131, **6:**132, **6:**134, **6:**141, **6:**143, **6:**144, **6:**145, **6:**151, **6:**152, **6:**153, **6:**154, **6:**155, **6:**156, **6:**157, **6:**158, **6:**162, **6:**164, **6:**165, **6:**166, **6:**167, **6:**168, **6:**169, **6:**170, **6:**171, **6:**172, **6:**173, **6:**175, **6:***181*, **6:***182*, **6:***183*, **6:**184, **10:**16, **10:**23, **10:**24, **10:***26*, **25:**31, **25:***95*
Scott, R. M., **10:**117, **10:**119, **10:***123*
Scott, W. B., **29:**290, **29:***330*
Scotti, F., **7:**8, **7:**41, **7:**44, **7:**47, **7:**50, **7:**54, **7:**57, **7:**64, **7:***113*
Scourides, P. A., **19:**405, **19:***425*
Scouten, C. G., **26:**68, **26:***129*
Scowen, R. V., **8:**345, **8:***405*
Screttas, C. G., **15:**160, **15:***264*
Scribner, R. M., **7:**1, **7:***109*
Scrimin, P., **29:**31, **29:**32, **29:**33, **29:**43, **29:**55, **29:***64*, **29:***65*, **29:**77
Scrivens, J. H., **16:**260, **16:***262*
Scrocco, E., **21:**228, **21:***237*
Scrosati, B., **27:**266, **27:**267, **27:**274, **27:**275, **27:***291*
Scrutton, M. C., **13:**373, **13:***409*
Scular, R. H., **25:**379, **25:***443*
Scully, F., **19:**68, **19:***127*
Scully, F. E., **17:**345, **17:***431*
Scuseria, G., **28:**225, **28:***288*
Seaborg, G. T., **7:**222, **7:***256*
Seale, T. W., **31:**310, **31:**382, **31:***385*
Sealy, R. C., **17:**53, **17:**54, **17:**55, **17:***59*, **17:***62*, **17:***63*, **17:**74, **17:**93, **17:***176*, **19:**86, **19:***124*
Seaman, J. I., **29:**147, **29:***183*
Seaman, N. E., **21:**63, **21:**78, **21:**83, **21:**89, **21:**91, **21:**92, **21:***97*, **21:***98*
Searcey, M., **31:**310, **31:**382, **31:***386*
Searle, G. H., **13:**59, **13:***79*

Searles, S., **2:**143, **2:***162,* **9:**189, **9:***276*, **13:**382, **13:**391, **13:**392, **13:***414*, **13:***415*, **15:**161, **15:***264*, **17:**254, **17:***278*, **22:**91, **22:**97, **22:***110*
Searless, S., **4:**265, **4:***303*
Sears, B., **17:**444, **17:***482*
Sears, B. D., **13:**382, **13:**391, **13:**392, **13:***414*, **13:***415*
Sears, C. T. Jr., **23:**36, **23:***59*
Sears, W. C., **2:**180, **2:***198*
Sease, J. W., **12:**29, **12:**108, **12:***127*
Sease, W. J., **26:**56, **26:***129*
Sebastian, J. F., **8:**396, **8:***397*, **8:***406,* **11:**58, **11:***122*, **27:**50, **27:***55*, **29:**6, **29:**7, **29:**8, **29:**11, **29:**22, **29:**23, **29:**26, **29:**27, **29:**29, **29:**32, **29:**39, **29:***69*, **29:**72, **29:**74, **29:**76
Sebastian, R., **25:**53, **25:***94*
Sebastiani, G. V., **17:**354, **17:***424*
Sebba, F., **8:**300, **8:**364, **8:**368, **8:***405*
Seburg, R. A., **30:**12, **30:***61*
Seccombe, R. C., **11:**323, **11:***390*
Secemski, I. I., **11:**90, **11:***122*
Seddon, B. J., **32:**105, **32:***119*
Seddon, E. A., **29:**231, **29:***269*
Seddon, W. A., **7:**118, **7:***149*
Sederholm, C. H., **5:**110, **5:***116*
Sederholm, C. M., **3:**234, **3:**235, **3:**241, **3:**247, **3:**248, **3:**249, **3:**251, **3:***267*, **3:***268*, **3:***269*
Sedova, V. F., **18:**41, **18:***75*
See, K. A., **30:**101, **30:***113*
Seebach, D., **4:**187, **4:***191*, **6:**204, **6:***325*, **24:**38, **24:***55*, **29:**119, **29:**132, **29:***183*
Seeger, D. E., **26:**185, **26:**193, **26:**217, **26:***251*
Seeger, H., **13:**160, **13:***276*
Seekircher, R., **13:**175, **13:***274*
Seel, C., **30:**107, **30:**109, **30:**110, **30:***115*
Seely, G. R., **19:**92, **19:***127*, **31:**58, **31:***83*
Seeman, J. I., **16:**248, **16:***264*, **24:**120, **24:***204*, **25:**20, **25:**21, **25:**60, **25:**62, **25:***86*
Segal, B., **1:**355, **1:***360*
Segal, G., **21:**103, **21:**106, **21:**116, **21:**129, **21:**130, **21:**132, **21:**133, **21:**173, **21:***195*
Segal, G. A., **9:**50(82a, b, c, d), **9:**58(82a, b, c, d), **9:***124*
Segal, H. J., **21:**24, **21:***35*
Seger, G., **28:**218, **28:***290*
Seghi, B., **30:**68, **30:***113*
Segmuller, B., **29:**313, **29:***330*
Seguchi, K., **20:**223, **20:***232*
Sehested, K., **12:**244, **12:**272, **12:**284, **12:***293*, **20:**128, **20:**129, **20:***188*
Sehon, A. H., **3:**92, **3:***122*
Sehr, R., **16:**199, **16:***233*
Seib, R. C., **27:**242, **27:**244, **27:**248, **27:***289*
Seibl, J., **8:**183, **8:***268*, **29:**134, **29:***183*
Seibles, T. S., **21:**21, **21:***35*
Seidell, A., **5:**179, **5:**180, **5:***234*
Seidl, P., **19:**233, **19:**356, **19:***363*, **19:***368*
Seifert, K.-G., **20:**172, **20:***181*
Seifert, R. M., **8:**215, **8:***266*
Seiffert, W., **17:**22, **17:**23, **17:***63*
Seiler, P., **12:**172, **12:***217*, **24:**145, **24:**200, **24:***204*, **29:**115, **29:**116, **29:**145, **29:***179*
Seip, H. M., **13:**33, **13:***78*
Seip, R., **25:**37, **25:***89*
Seite, W. R., **18:**188, **18:***238*
Seitz, F., **2:**208, **2:***276*
Seitz, G., **32:**258, **32:***265*
Seitz, W., **11:**322, **11:***388*
Seki, H., **16:**228, **16:**229, **16:***236*
Seki, K., **20:**209, **20:**219, **20:**220, **20:***232*, **20:***233*
Seki, S., **26:**227, **26:***249*
Seki, Y., **32:**297, **32:**298, **32:***380*
Sekigawa, K., **13:**59, **13:***81*
Sekiguchi, A., **22:**321, **22:**323, **22:**351, **22:***360*
Sekine, T., **10:**194, **10:**195, **10:***224*, **12:**113, **12:***127*, **17:**307, **17:***431*
Sekine, Y., **19:**24, **19:***127*
Sekiya, H., **32:**228, **32:***265*
Sekiya, J., **17:**51, **17:***59*
Sekuur, T. J., **3:**241, **3:***269*
Sela, M., **21:**22, **21:**27, **21:***31*, **31:**260, **31:**382, **31:***391*
Seldner, D., **6:**50, **6:***60*, **8:**246, **8:***268*
Seliger, H. H., **12:**191, **12:**214, **12:***219*
Selinger, B. E., **12:**147, **12:***218*
Selinger, B. R., **19:**4, **19:**94, **19:***124*, **19:***129*
Seliskar, C. J., **12:**170, **12:**196, **12:***220*
Sellars, L. K., **16:**89, **16:***156*

Sellens, R. J., **26**:335, **26**:337, **26**:339, **26**:341, **26**:*369*, **26**:*373*
Sellers, P., **22**:13, **22**:*110*
Sellers, R. M., **12**:256, **12**:258, **12**:*293*
Selman, L., **1**:28, **1**:*31*
Selman, L. H., **2**:124, **2**:*158*
Selman, S., **2**:10, **2**:*90*
Seltz, H., **5**:338, **5**:*397*
Seltzer, R., **17**:477, **17**:*484*
Seltzer, S., **2**:72, **2**:*90*, **9**:85(50), **9**:*124*, **10**:96, **10**:*128*, **31**:211, **31**:*246*
Seltzer, S. H., **8**:322, **8**:*405*
Selvig, A., **10**:177, **10**:215, **10**:*223*
Selz, H. S., **5**:163, **5**:*170*
Sembur, V. P., **26**:75, **26**:*128*
Semenov, G. I., **9**:*278*
Semenov, M. N., **3**:95, **3**:96, **3**:98, **3**:*122*
Semenov, N. N., **9**:132, **9**:*181*, **12**:71, **12**:*127*, **18**:82, **18**:*183*
Semenow, D., **5**:351, **5**:365, **5**:370, **5**:*398*
Semenow, D. A., **2**:188, **2**:*199*, **6**:2, **6**:*60*, **19**:265, **19**:*375*
Semenza, G., **24**:141, **24**:*199*
Semerano, G., **1**:406, **1**:*420*, **5**:16, **5**:*52*
Semlyen, J. A., **22**:3, **22**:69, **22**:70, **22**:71, **22**:*108*, **22**:*110*
Semmel, M. L., **21**:42, **21**:*96*
Semmelhack, M. F., **19**:83, **19**:*127*, **26**:72, **26**:*129*
Semmingsen, D., **26**:312, **26**:*377*, **32**:258, **32**:259, **32**:*264*, **32**:*265*
Semmler, R. W., **3**:7, **3**:8, **3**:*89*
Semsel, A. M., **18**:191, **18**:198, **18**:209, **18**:*237*
Sen, J. N., **9**:136, **9**:137, **9**:138, **9**:148, **9**:*178*
Sen, L. A., **23**:50, **23**:*62*
Sen, S. N., **1**:247, **1**:*280*
Senatore, L., **17**:128, **17**:137, **17**:140–156, **17**:159, **17**:160, **17**:163, **17**:164, **17**:*176*, **17**:*180*
Senda, M., **5**:48, **5**:*52*, **18**:126, **18**:*179*
Sendfield, N., **15**:74, **15**:*145*
Sendijarević, V., **14**:17, **14**:25, **14**:26, **14**:*64*, **27**:245, **27**:256, **27**:257, **27**:*289*, **31**:147, **31**:*244*
Sendtner, R., **13**:193, **13**:*278*
Senent, S., **1**:208, **1**:210, **1**:270, **1**:271, **1**:*276*, **1**:*280*
Senftleben, H., **3**:69, **3**:*84*
Sengupta, P. K., **22**:146, **22**:*211*
Senior, J., **1**:25, **1**:*31*
Senior, J. B., **3**:169, **3**:170, **3**:171, **3**:*184*, **5**:*326*
Senior, W. A., **14**:232, **14**:233, **14**:*350*
Senkler, G. H., **13**:56, **13**:*79*, **13**:*81*
Senkus, M., **3**:128, **3**:147, **3**:*186*
Senning, A., **17**:107, **17**:*179*, **17**:*180*
Seno, M., **12**:13, **12**:67, **12**:69, **12**:*116*
Senoff, C. V., **23**:10, **23**:*60*
Sens, R., **32**:159, **32**:167, **32**:193, **32**:*217*
Sen Sharma, D. K., **24**:88, **24**:*111*, **28**:278, **28**:*291*
Senthilnathan, V. P., **22**:326, **22**:351, **22**:*360*
Senyavina, L. B., **13**:406, **13**:*410*, **21**:41, **21**:*97*
Seo, E. T., **13**:195, **13**:207, **13**:*276*, **19**:209, **19**:*220*, **20**:61, **20**:*188*, **26**:38, **26**:*128*, **32**:39, **32**:*119*
Seo, T. E., **10**:211, **10**:*224*
Sep, W. J., **14**:43, **14**:*66*, **18**:168, **18**:*183*
Sepp, D. T., **17**:355, **17**:*431*
Septe, B., **13**:303, **13**:*414*
Sepulchre, A.-M., **13**:291, **13**:293, **13**:295, **13**:303, **13**:324, **13**:330, **13**:*408*, **13**:*412*, **13**:*413*, **13**:*414*
Sepulveda, L., **8**:291, **8**:292, **8**:294, **8**:295, **8**:296, **8**:297, **8**:323, **8**:324, **8**:325, **8**:326, **8**:327, **8**:330, **8**:331, **8**:332, **8**:333, **8**:334, **8**:335, **8**:336, **8**:366, **8**:370, **8**:373, **8**:*398*, **17**:448, **17**:465, **17**:467, **17**:475, **17**:*482*, **17**:*483*, **22**:222, **22**:224, **22**:225, **22**:227, **22**:228, **22**:235, **22**:237, **22**:246, **22**:253, **22**:254, **22**:261, **22**:266, **22**:297, **22**:*299*, **22**:*301*, **22**:*303*, **22**:*305*, **22**:*307*
Sequeira, R. M., **15**:34, **15**:*58*
Sera, A., **14**:187, **14**:*201*
Serafimov, O., **28**:5, **28**:*42*
Serafin, B., **15**:268, **15**:*329*
Serber, R., **8**:83, **8**:*148*
Serbutoviez, C., **32**:123, **32**:196, **32**:*211*, **32**:*214*
Sergeev, A. P., **7**:15, **7**:30, **7**:31, **7**:*114*
Sergeev, G. B., **3**:96, **3**:98, **3**:99, **3**:100, **3**:*122*, **17**:14, **17**:*63*, **28**:208, **28**:217,

28:220, **28**:*291*
Sergeev, N. M., **16**:241, **16**:249, **16**:*261*, **16**:*263*
Sergeeva, M. V., **31**:273, **31**:*390*
Sergi, V., **27**:45, **27**:47, **27**:*54*
Serguchev, Yu. A., **28**:208, **28**:217, **28**:220, **28**:*291*
Seri, K.-I., **31**:382, **31**:*389*
Serijan, K. T., **1**:44, **1**:*153*
Serjeant, E. P., **13**:114, **13**:*148*
Serpone, N., **32**:70, **32**:*115*
Serratosa, F., **32**:258, **32**:*265*
Serratrice, G., **14**:156, **14**:*198*, **22**:184, **22**:*206*
Servanton, M., **9**:158, **9**:*181*
Serve, D., **10**:181, **10**:*220*, **12**:36, **12**:43, **12**:64, **12**:*118*, **18**:150, **18**:152, **18**:*176*
Serve, M. P., **22**:79, **22**:*109*
Servé, P., **9**:131, **9**:*181*
Servis, K. L., **7**:214, **7**:216, **7**:218, **7**:220, **7**:228, **7**:229, **7**:231, **7**:232, **7**:248, **7**:249, **7**:*257*, **19**:141, **19**:273, **19**:*378*, **23**:72, **23**:*161*, **28**:221, **28**:*291*
Sesana, G., **20**:174, **20**:*182*, **23**:273, **23**:*317*
Sessions, R. B., **18**:94, **18**:*175*, **22**:140, **22**:186, **22**:187, **22**:*205*, **22**:*206*, **23**:310, **23**:*316*, **24**:61, **24**:*105*, **26**:260, **26**:275, **26**:321, **26**:326, **26**:327, **26**:328, **26**:*368*
Sessler, J. L., **31**:58, **31**:*83*
Sessoli, R., **26**:243, **26**:244, **26**:*246*, **26**:*248*
Sesta, B., **27**:267, **27**:268, **27**:*291*
Šestáková, I., **5**:22, **5**:24, **5**:*52*
Sethson, I., **28**:1, **28**:11, **28**:*41*
Seto, C. T., **32**:123, **32**:*216*
Seto, N. O. L., **32**:324, **32**:*379*
Seto, S., **13**:288, **13**:289, **13**:306, **13**:307, **13**:313, **13**:320, **13**:322, **13**:*414*, **13**:*415*
Seto, S., **30**:201, **30**:*219*
Setser, D. W., **2**:216, **2**:260, **2**:271, **2**:*275*, **2**:*276*, **4**:150, **4**:*192*, **7**:193, **7**:*208*, **10**:101, **10**:*124*, **19**:184, **19**:*220*, **24**:47, **24**:*54*
Setzer, W. N., **25**:200, **25**:*256*, **25**:*262*
Seubert, J., **6**:205, **6**:*329*
Sevcik, A., **32**:2, **32**:*119*
Severin, M. G., **26**:66, **26**:67, **26**:*123*, **26**:*125*, **26**:*129*
Severin, T., **7**:10, **7**:*113*, **7**:225, **7**:*257*
Sewell, G. L., **3**:69, **3**:*89*
Sexton, M. D., **17**:149, **17**:150, **17**:*176*
Seybold, G., **19**:239, **19**:298, **19**:*378*, **23**:131, **23**:*161*
Seyden-Penne, J., **17**:359, **17**:*429*, **24**:72, **24**:*107*, **24**:*109*
Seyedrezai, S. E., **22**:91, **22**:*110*
Seyferth, D., **7**:155, **7**:184, **7**:185, **7**:186, **7**:192, **7**:*205*, **7**:*208*, **14**:113, **14**:*131*, **30**:8, **30**:9, **30**:10, **30**:*59*, **30**:*61*, **31**:210, **31**:*246*
Seyler, J. K., **26**:115, **26**:*126*
Sezaki, H., **23**:227, **23**:*270*
Sezaki, M., **8**:301, **8**:308, **8**:*401*
Sgarabotti, P., **31**:94, **31**:107, **31**:131, **31**:132, **31**:135, **31**:*137*
Sghibartz, C. M., **17**:361, **17**:*426*
Sgonmik, V., **15**:173, **15**:*265*
Shabanov, A. L., **17**:332, **17**:333, **17**:*430*
Shabat, D., **31**:383, **31**:*390*
Shacklette, L. W., **28**:2, **28**:4, **28**:*40*, **28**:*44*
Shade, C., **28**:250, **28**:284, **28**:*289*
Shade, L. R., **13**:196, **13**:229, **13**:*276*
Shadid, O. B., **20**:107, **20**:*184*
Shaede, E. A., **8**:35, **8**:*77*
Shaefer, U., **30**:15, **30**:*59*
Shafer, J., **7**:201, **7**:*208*
Shafer, J. A., **11**:43, **11**:52, **11**:*116*, **17**:244, **17**:*275*
Shafer, P. T., **28**:103, **28**:*137*
Shafer, S. G., **27**:124, **27**:231, **27**:*236*, **31**:153, **31**:*244*
Shafer, S. J., **19**:83, **19**:*116*
Shaffer, G. W., **8**:246, **8**:*262*
Shaffer, R. E., **32**:109, **32**:*119*
Shafran, R. N., **14**:116, **14**:*130*
Shah, A. C., **5**:319, **5**:*328*
Shah, D. O., **28**:68, **28**:*137*
Shah, J. P., **28**:117, **28**:*137*
Shah, S. C., **17**:465, **17**:466, **17**:*486*
Shahin, M., **9**:168, **9**:*181*
Shaik, S. S., **20**:159, **20**:*188*, **21**:101, **21**:110, **21**:120, **21**:123, **21**:145, **21**:147, **21**:157, **21**:162, **21**:166, **21**:167, **21**:170, **21**:174, **21**:177,

21:184, **21**:*192*, **21**:*195*, **21**:219, **21**:*239*, **24**:59, **24**:*110*, **25**:8, **25**:26, **25**:33, **25**:53, **25**:*88*, **25**:381, **25**:*444*, **26**:93, **26**:97, **26**:108, **26**:118, **26**:*128*, **26**:*129*, **27**:59, **27**:63, **27**:64, **27**:77, **27**:*116*, **27**:130, **27**:141, **27**:143, **27**:223, **27**:232, **27**:*237*, **29**:263, **29**:*271*, **31**:98, **31**:*138*, **31**:193, **31**:*246*
Shain, I., **10**:164, **10**:*224*, **12**:8, **12**:*125*, **13**:201, **13**:*274*, **19**:145, **19**:146, **19**:155, **19**:169, **19**:*220*, **19**:*221*, **32**:38, **32**:41, **32**:*119*
Shain, L., **5**:48, **5**:*50*
Shain, S. A., **21**:38, **21**:*97*
Shakirov, M. M., **19**:315, **19**:316, **19**:317, **19**:323, **19**:328, **19**:329, **19**:330, **19**:331, **19**:332, **19**:333, **19**:*369*, **19**:*370*, **19**:*375*, **19**:*378*
Shakked, Z., **15**:92, **15**:125, **15**:126, **15**:*146*
Shalitin, Y., **5**:282, **5**:289, **5**:296, **5**:*326*, **28**:191, **28**:202, **28**:*206*
Shaltiel, S., **17**:447, **17**:*483*
Shalygin, V. A., **7**:71, **7**:*108*
Shames, P. M., **6**:117, **6**:141, **6**:145, **6**:155, **6**:173, **6**:175, **6**:*183*
Shamir, J., **26**:303, **26**:*377*
Shams El Din, A. M., **10**:197, **10**:*224*
Shand, D. J., **16**:64–6, **16**:71, **16**:*85*
Shand, W., **1**:400, **1**:*427*
Shang, D. T., **13**:242, **13**:*276*, **20**:76, **20**:*188*
Shank, C. V., **12**:212, **12**:*220*
Shank, N. E., **13**:220, **13**:*276*
Shankweiler, J. M., **27**:72, **27**:102, **27**:*114*, **27**:242, **27**:257, **27**:*290*
Shanley, W. B., **4**:325, **4**:326, **4**:329, **4**:*345*
Shannon, J. S., **8**:194, **8**:211, **8**:239, **8**:*266*, **8**:*268*
Shannon, P., **19**:47, **19**:*126*
Shannon, T. W., **8**:221, **8**:230, **8**:256, **8**:257, **8**:*261*, **8**:*262*, **8**:*268*, **9**:155, **9**:*181*
Shao, Y., **32**:105, **32**:*119*
Shapet'ko, N. N., **23**:82, **23**:*161*, **26**:275, **26**:319, **26**:*377*
Shapiro, A. M., **26**:224, **26**:*249*
Shapiro, B. I., **5**:111, **5**:*116*, **31**:123, **31**:*140*
Shapiro, B. L., **26**:316, **26**:*377*
Shapiro, H., **29**:217, **29**:*270*
Shapiro, J., **8**:239, **8**:*264*, **23**:233, **23**:*268*
Shapiro, J. S., **7**:168, **7**:*208*
Shapiro, M. J., **23**:84, **23**:*161*
Shapiro, R. H., **7**:173, **7**:174, **7**:175, **7**:*208*, **11**:253, **11**:*265*, **21**:236, **21**:*240*, **24**:12, **24**:13, **24**:36, **24**:*52*, **24**:*55*, **24**:86, **24**:*107*
Shapiro, S. A., **9**:2, **9**:*24*, **13**:118, **13**:127, **13**:134, **13**:*149*, **13**:*151*, **16**:31, **16**:*48*, **28**:212, **28**:231, **28**:252, **28**:*291*
Shapiro, S. L., **11**:308, **11**:*390*
Shapiro, S. M., **16**:214, **16**:*231*, **16**:*232*
Shapley, J. R., **23**:109, **23**:111, **23**:*161*, **23**:*162*
Sharaevskii, A. P., **9**:132, **9**:*182*
Sharafy-Ozeri, S., **19**:157, **19**:*219*
Sharma, A., **4**:26, **4**:27, **4**:*29*
Sharma, A. H., **17**:5, **17**:*59*
Sharma, H. N., **23**:221, **23**:*263*
Sharma, N. K., **17**:174, **17**:*177*
Sharma, R. B., **24**:88, **24**:*111*
Sharma, R. D., **24**:151, **24**:*203*
Sharma, R. K., **6**:54, **6**:*60*, **20**:192, **20**:214, **20**:*231*, **20**:*232*
Sharman, L. J., **2**:217, **2**:249, **2**:*276*
Sharon, N., **11**:83, **11**:104, **11**:*118*
Sharp, D. W. A., **9**:27(27), **9**:*122*, **17**:126, **17**:*176*
Sharp, J. A., **13**:173, **13**:*266*
Sharp, J. H., **12**:107, **12**:*116*, **15**:179, **15**:*264*, **16**:160, **16**:*236*
Sharp, J. T., **25**:311, **25**:*439*
Sharp, M., **32**:29, **32**:*119*
Sharpe, N. W., **31**:21, **31**:*82*
Sharpe, R. R., **20**:224, **20**:*232*
Sharrah, M. L., **7**:29, **7**:*112*
Sharvit, J., **8**:220, **8**:*267*
Shary-Tehrany, S., **13**:4, **13**:11, **13**:16, **13**:20, **13**:24, **13**:53, **13**:*78*
Shashidhar, M. S., **28**:182, **28**:*204*
Shashkov, A. S., **24**:67, **24**:*107*
Shaskus, J. J., **23**:201, **23**:*268*
Shatavsky, M., **29**:287, **29**:*331*
Shatavsky, S., **29**:164, **29**:*183*
Shatenshteĭn, A. I., **1**:52, **1**:*154*, **1**:156, **1**:158, **1**:159, **1**:160, **1**:161, **1**:162,

1:163, **1**:164, **1**:165, **1**:166, **1**:167, **1**:168, **1**:169, **1**:170, **1**:171, **1**:172, **1**:173, **1**:174, **1**:175, **1**:176, **1**:178, **1**:179, **1**:180, **1**:181, **1**:182, **1**:183, **1**:184, **1**:185, **1**:186, **1**:187, **1**:189, **1**:193, **1**:194, **1**:195, **1**:*197*, **1**:*198*, **1**:*199*, **1**:*200*, **1**:*201*, **14**:111, **14**:*131*
Shatenstein, A. I., **15**:176, **15**:*264*
Shatkina, T. N., **2**:24, **2**:25, **2**:*90*
Shattuk, M. D., **16**:228, **16**:*236*
Shavarov, Yu. S., **29**:233, **29**:*271*
Shaw, B. L., **22**:89, **22**:*106*, **23**:10, **23**:34, **23**:35, **23**:36, **23**:*59*, **23**:*60*, **23**:*62*
Shaw, E., **21**:16, **21**:*34*
Shaw, G. S., **29**:163, **29**:*180*, **29**:284, **29**:*325*
Shaw, J. E., **17**:328, **17**:*432*
Shaw, M. J., **15**:110, **15**:118, **15**:*150*, **28**:172, **28**:177, **28**:*205*
Shaw, P., **7**:141, **7**:*150*
Shaw, R., **3**:100, **3**:*122*, **9**:155, **9**:*177*, **9**:*181*, **13**:50, **13**:51, **13**:*78*
Shaw, S. J., **32**:109, **32**:*119*
Shchedrin, V. P., **9**:163, **9**:*176*
Shcheglova, G., **13**:117, **13**:*150*
Shchegolev, I. F., **16**:198, **16**:210, **16**:*236*
Shchelokov, V. I., **21**:41, **21**:*97*
Shchennikova, M. K., **5**:69, **5**:*118*
Shchleglova, G. G., **16**:31, **16**:*48*
Shchori, E., **17**:282, **17**:286, **17**:300, **17**:307, **17**:308, **17**:311, **17**:312, **17**:*432*
Shchupak, G. N., **23**:285, **23**:*316*
Shea, K. J., **18**:192, **18**:*238*, **32**:123, **32**:129, **32**:158, **32**:*210*
Shealer, S. E., **13**:252, **13**:*269*, **20**:120, **20**:*183*, **23**:311, **23**:*317*
Shearer, H. M. M., **1**:219, **1**:*280*
Shearing, D., **15**:258, **15**:*263*
Shearing, D. J., **17**:354, **17**:*427*
Shearman, R. W., **7**:260, **7**:*330*
Shechter, H., **5**:388, **5**:390, **5**:391, **5**:394, **5**:*395*, **5**:*396*, **5**:*397*, **7**:153, **7**:172, **7**:173, **7**:175, **7**:190, **7**:201, **7**:202, **7**:*203*, **7**:*204*, **7**:*205*, **7**:*206*, **7**:*207*, **7**:*208*, **15**:42, **15**:*59*, **18**:30, **18**:31, **18**:32, **18**:*71*, **18**:*76*, **19**:364, **19**:*368*, **19**:*370*, **19**:*377*, **19**:406, **19**:*427*, **23**:295, **23**:*322*, **30**:47, **30**:*57*
Sheehan, D., **18**:191, **18**:209, **18**:*237*
Sheehan, J. C., **5**:296, **5**:*327*, **5**:*330*, **8**:396, **8**:399, **8**:*405*
Sheepy, J. M., **15**:195, **15**:*264*
Sheft, I., **1**:*31*
Shefter, E., **24**:155, **24**:*200*, **29**:91, **29**:111, **29**:*179*
Shegal, I. L., **13**:231, **13**:*266*
Sheik-Bahae, M., **32**:131, **32**:*211*
Shein, S. M., **17**:46, **17**:*59*, **17**:315, **17**:*429*, **18**:82, **18**:169, **18**:170, **18**:*176*, **18**:*179*, **20**:16, **20**:45, **20**:*53*, **24**:86, **24**:*110*
Sheinker, Y. N., **11**:319, **11**:359, **11**:361, **11**:362, **11**:*385*, **11**:*391*, **21**:41, **21**:*97*
Sheinson, R. S., **18**:210, **18**:*235*
Shekhvatov, M. S., **12**:35, **12**:*122*
Sheldon, J. C., **24**:15, **24**:18, **24**:20, **24**:21, **24**:36, **24**:43, **24**:*52*, **24**:*53*, **24**:*55*, **24**:65, **24**:75, **24**:*111*
Sheldon, R. A., **12**:3, **12**:60, **12**:*127*, **18**:154, **18**:*183*
Sheldrick, G. M., **29**:127, **29**:128, **29**:150, **29**:153, **29**:*181*
Sheldrick, W. S., **29**:118, **29**:*181*
Shelimov, B. N., **30**:10, **30**:*58*
Shell, J. W., **8**:282, **8**:*400*
Shelly, T. A., **17**:353, **17**:*424*
Shelton, D. P., **32**:134, **32**:162, **32**:163, **32**:164, **32**:166, **32**:201, **32**:*212*, **32**:*214*, **32**:*216*
Shelton, E. M., **3**:34, **3**:*84*, **11**:285, **11**:*386*
Shelton, G., **11**:363, **11**:*384*
Shelton, J. R., **9**:137, **9**:138, **9**:*181*, **17**:68, **17**:69, **17**:*180*
Shemin, D., **18**:68, **18**:*76*
Shemyakin, M. M., **21**:4, **21**:*31*, **21**:41, **21**:*94*, **21**:*97*
Shen, J., **10**:184, **10**:*224*
Shen, J.-Q., **31**:262, **31**:300, **31**:*390*
Shen, L. N., **30**:36, **30**:*57*, **30**:*61*
Shen, Q., **25**:54, **25**:*95*
Shen, R., **31**:382, **31**:*390*
Shen, S., **30**:15, **30**:20, **30**:*57*, **30**:*61*, **30**:182, **30**:214, **30**:*219*
Shen, Y., **29**:7, **29**:46, **29**:55, **29**:*64*
Shen, Y. H., **22**:342, **22**:*359*
Sheng, S. J., **16**:192, **16**:*236*
Shenton, A. J., **19**:416, **19**:*427*

Shepard, F. E., **13**:190, **13**:*276*
Shephard, B. R., **12**:60, **12**:*123*
Shepherd, R. A., **30**:35, **30**:*61*
Shepler, R. E., **14**:302, **14**:*337*
Sheppard, G., **11**:28, **11**:81, **11**:*121*
Sheppard, J. C., **3**:227, **3**:*268*
Sheppard, J. G., **14**:258, **14**:*336*
Sheppard, N., **3**:234, **3**:236, **3**:241, **3**:250, **3**:251, **3**:*266*, **3**:*268*
Sheppard, R. C., **21**:42, **21**:*96*, **21**:*97*
Sheppard, R. N., **26**:260, **26**:*369*
Sheppard, W. A., **17**:126, **17**:129, **17**:*180*
Sheppard, W. H., **24**:81, **24**:*111*
Sherborne, B. S., **32**:158, **32**:*208*
Sheridan, R. S., **30**:14, **30**:15, **30**:18, **30**:20, **30**:22, **30**:*56*, **30**:*57*, **30**:*58*, **30**:*61*
Sherman, P. A., **18**:198, **18**:*237*
Sherman, W. F., **26**:302, **26**:*370*
Sherman, W. R., **25**:244, **25**:*264*
Sherman, W. V., **7**:129, **7**:147, **7**:*150*
Sherndal, A. E., **4**:281, **4**:*304*
Sherrington, D. C., **13**:165, **13**:169, **13**:194, **13**:255, **13**:*266*, **13**:*273*, **17**:335, **17**:336, **17**:*430*, **20**:95, **20**:*181*
Sherrod, S. A., **9**:237, **9**:241, **9**:*279*, **27**:241, **27**:*291*
Sherwell, J., **17**:110, **17**:*180*
Sherwin, M. A., **29**:302, **29**:*331*
Sherwood, J. N., **16**:164, **16**:*236*
Sherzhaknova, L. M., **13**:231, **13**:*266*
Sheth, P. B., **8**:302, **8**:304, **8**:*405*
Shetty, R. V., **17**:19, **17**:*61*, **31**:94, **31**:95, **31**:102, **31**:133, **31**:*140*
Sheu, H.-C., **32**:314, **32**:*382*
Shevlin, C. G., **31**:289, **31**:310, **31**:383, **31**:388, **31**:*390*
Shevlin, P. B., **22**:317, **22**:*357*
Shi, H. S., **32**:86, **32**:*117*
Shi, J.-P., **26**:363, **26**:365, **26**:366, **26**:*371*
Shi, Y., **32**:123, **32**:129, **32**:158, **32**:*210*
Shi, Z., **31**:148, **31**:*243*
Shiau, W.-I., **32**:231, **32**:*263*, **32**:*265*
Shiba, S., **30**:138, **30**:*169*
Shibasaki, M., **17**:357, **17**:358, **17**:*425*
Shibata, J., **30**:100, **30**:*115*
Shibata, S., **26**:313, **26**:*373*
Shibata, T., **32**:308, **32**:309, **32**:*385*
Shibuya, Y., **32**:269, **32**:279, **32**:374, **32**:*380*
Shida, N., **32**:226, **32**:*265*
Shida, S., **6**:54, **6**:*60*
Shida, T., **26**:217, **26**:*250*, **29**:203, **29**:*271*
Shieh, C. F., **13**:11, **13**:16, **13**:20, **13**:24, **13**:53, **13**:*81*
Shieh, N., **1**:113, **1**:*149*
Shields, H., **1**:295, **1**:298, **1**:345, **1**:346, **1**:*360*
Shields, L., **8**:31, **8**:*75*
Shiga, T., **5**:69, **5**:73, **5**:76, **5**:*118*
Shigehara, K., **20**:104, **20**:*181*
Shigemitsu, Y., **13**:252, **13**:*276*, **19**:67, **19**:*123*, **19**:*127*
Shigorin, D. N., **1**:158, **1**:*198*, **26**:275, **26**:*377*
Shih, C., **6**:9, **6**:*60*
Shih Chin-Huah., **5**:351, **5**:365, **5**:370, **5**:*398*
Shih, C. N., **29**:299, **29**:300, **29**:*328*
Shih, S., **12**:3, **12**:*119*, **13**:170, **13**:189, **13**:211, **13**:*268*, **13**:*276*
Shih-Lin, Y., **7**:180, **7**:*206*
Shikama, K., **17**:443, **17**:*484*
Shillaker, B., **5**:141, **5**:144, **5**:145, **5**:146, **5**:153, **5**:160, **5**:*169*, **5**:*170*, **5**:*171*
Shilov, E. A., **2**:172, **2**:175, **2**:185, **2**:*198*, **2**:*199*, **6**:277, **6**:*326*, **16**:38, **16**:42, **16**:*49*, **18**:63, **18**:*77*
Shim, C. S., **27**:59, **27**:67, **27**:76, **27**:79, **27**:81, **27**:88, **27**:91, **27**:93, **27**:94, **27**:95, **27**:99, **27**:106, **27**:*115*
Shimada, F., **8**:396, **8**:*397*, **8**:*402*
Shimada, K., **18**:120, **18**:*183*, **22**:57, **22**:58, **22**:59, **22**:60, **22**:*107*, **22**:*110*, **28**:27, **28**:31, **28**:*44*
Shimada, M., **13**:185, **13**:*276*
Shimada, R., **1**:417, **1**:*420*
Shimade, K., **19**:29, **19**:*127*
Shimamoto, K., **17**:452, **17**:*487*
Shimanouchi, H., **30**:119, **30**:120, **30**:*171*, **32**:232, **32**:*265*
Shimanouchi, T., **6**:113, **6**:118, **6**:*181*, **13**:62, **13**:*76*, **15**:22, **15**:*60*, **25**:52, **25**:54, **25**:55, **25**:*93*, **25**:*95*
Shimazu, K., **19**:67, **19**:*127*
Shimizu, A., **13**:187, **13**:212, **13**:*268*
Shimizu, H., **32**:259, **32**:*265*
Shimizu, M. R., **22**:284, **22**:*303*
Shimizu, N., **30**:187, **30**:*218*, **30**:*220*,

32:279, **32**:285, **32**:286, **32**:350, **32**:355, **32**:356, **32**:357, **32**:*383*, **32**:*384*, **32**:*385*
Shimizu, T., **12**:57, **12**:*123*, **23**:249, **23**:*269*
Shimoda, A., **20**:196, **20**:*232*
Shimomura, O., **18**:209, **18**:*237*
Shimomura, T., **15**:200, **15**:204, **15**:205, **15**:*264*
Shimoni, L., **32**:123, **32**:*208*
Shimozato, Y., **18**:120, **18**:*183*, **22**:58, **22**:59, **22**:*110*
Shimozono, K., **19**:102, **19**:103, **19**:*126*
Shimuzi, T., **12**:57, **12**:*123*
Shin, C. S., **27**:22, **27**:*54*
Shin, J.-S., **22**:269, **22**:*306*
Shinar, R., **22**:177, **22**:178, **22**:179, **22**:183, **22**:*211*, **26**:333, **26**:335, **26**:337, **26**:*376*
Shindo, H., **10**:79, **10**:109, **10**:110, **10**:*126*, **10**:*127*, **10**:*128*
Shine, H. J., **5**:92, **5**:*118*, **10**:120, **10**:*127*, **12**:3, **12**:71, **12**:77, **12**:78, **12**:79, **12**:*116*, **12**:*125*, **12**:*127*, **13**:160, **13**:162, **13**:163, **13**:164, **13**:169, **13**:178, **13**:195, **13**:196, **13**:217, **13**:219, **13**:228, **13**:232, **13**:233, **13**:234, **13**:235, **13**:240, **13**:243, **13**:244, **13**:249, **13**:253, **13**:*272*, **13**:*273*, **13**:*274*, **13**:*275*, **13**:*276*, **17**:46, **17**:*59*, **18**:82, **18**:83, **18**:90, **18**:94, **18**:153, **18**:154, **18**:170, **18**:*175*, **18**:*182*, **18**:*183*, **19**:173, **19**:*220*, **19**:*221*, **20**:56, **20**:71, **20**:72, **20**:73, **20**:80, **20**:90, **20**:95, **20**:151, **20**:159, **20**:160, **20**:*181*, **20**:*185*, **20**:*186*, **20**:*187*, **20**:*188*, **22**:258, **22**:*307*, **29**:224, **29**:*265*, **31**:94, **31**:137, **31**:234, **31**:*246*
Shiner, C. S., **17**:357, **17**:358, **17**:*425*
Shiner, V. J. Jr., **2**:73, **2**:*90*, **5**:133, **5**:*171*, **5**:263, **5**:312, **5**:313, **5**:315, **5**:*326*, **6**:70, **6**:87, **6**:88, **6**:96, **6**:*98*, **6**:*100*, **7**:91, **7**:*113*, **7**:284, **7**:*328*, **10**:16, **10**:26, **11**:190, **11**:*224*, **14**:9, **14**:17, **14**:18, **14**:19, **14**:20, **14**:23, **14**:25, **14**:26, **14**:27, **14**:35, **14**:36, **14**:39, **14**:59, **14**:*64*, **14**:*66*, **14**:110, **14**:*131*, **19**:253, **19**:*378*, **23**:68, **23**:70, **23**:92, **23**:137, **23**:152, **23**:*162*, **27**:242, **27**:244, **27**:245, **27**:248, **27**:256, **27**:257, **27**:258, **27**:*289*, **27**:*291*, **29**:204, **29**:*271*, **31**:144, **31**:145, **31**:146, **31**:147, **31**:153, **31**:165, **31**:170, **31**:172, **31**:195, **31**:198, **31**:199, **31**:217, **31**:219, **31**:*243*, **31**:*244*, **31**:*247*, **32**:284, **32**:*384*
Shiner, V. J., **1**:89, **1**:93, **1**:*154*, **9**:269, **9**:*279*, **16**:135, **16**:136, **16**:137, **16**:139, **16**:140, **16**:143, **16**:144, **16**:148, **16**:*156*, **17**:152, **17**:*175*
Shingu, H., **4**:112, **4**:*144*, **18**:33, **18**:*72*, **18**:*73*, **27**:257, **27**:*290*, **30**:184, **30**:*220*
Shinhama, K., **19**:422, **19**:*427*
Shinimura, T., **20**:227, **20**:228, **20**:*231*, **20**:*232*
Shinimyozu, T., **19**:24, **19**:25, **19**:*121*, **19**:*127*
Shinkai, S., **17**:442, **17**:443, **17**:446, **17**:448–50, **17**:452–6, **17**:465–70, **17**:474–8, **17**:*484–6*, **22**:215, **22**:218, **22**:222, **22**:259, **22**:260, **22**:273, **22**:275, **22**:286, **22**:294, **22**:*304*, **22**:*308*, **29**:55, **29**:*66*, **30**:99, **30**:100, **30**:*115*, **31**:69, **31**:75, **31**:*82*, **31**:*83*
Shinmyozu, T., **26**:237, **26**:*251*, **30**:70, **30**:*115*
Shinoda, A., **29**:27, **29**:29, **29**:*65*, **29**:76
Shinoda, K., **8**:272, **8**:275, **8**:279, **8**:280, **8**:292, **8**:296, **8**:377, **8**:389, **8**:*403*, **8**:*405*, **14**:293, **14**:*348*, **17**:449, **17**:*482*
Shinoda, T., **20**:223, **20**:*231*
Shinzaki, A., **31**:382, **31**:*389*
Shio, T., **23**:300, **23**:*320*
Shiomi, K., **10**:94, **10**:95, **10**:120, **10**:*125*
Shionoya, M., **30**:104, **30**:105, **30**:*114*
Shiotani, M., **17**:19, **17**:39–41, **17**:*62*, **17**:*63*, **26**:63, **26**:*125*
Shioyama, H., **26**:20, **26**:*128*
Shipman, L. L., **14**:220, **14**:*350*
Shirai, S., **30**:182, **30**:197, **30**:215, **30**:*219*, **30**:*220*
Shirakawa, H., **16**:217, **16**:*233*, **16**:*236*
Shirane, G., **16**:214, **16**:*231*, **16**:*232*
Shirataki, Y., **19**:110, **19**:*130*
Shirmer, R. E., **25**:11, **25**:*93*
Shiro, Y., **25**:52, **25**:*90*
Shirota, Y., **19**:111, **19**:*128*

Shishido, T., **6**:216, **6**:*329*
Shizuka, H., **12**:172, **12**:*220*, **18**:150, **18**:*183*, **19**:32, **19**:43, **19**:*127*
Shkrebtii, O. I., **20**:152, **20**:159, **20**:*187*
Shkrob, A. M., **21**:41, **21**:*94*, **21**:*97*
Shleider, I. A., **19**:283, **19**:308, **19**:322, **19**:*372*, **19**:*373*
Shlyapintokh, V. Y., **18**:231, **18**:*237*
Shlyapintokh, V. Ya., **9**:168, **9**:*182*
Shoatake, K., **22**:314, **22**:*359*
Shobataki, M., **10**:96, **10**:98, **10**:*127*
Shockley, W., **3**:20, **3**:*85*
Shoffner, J., **11**:348, **11**:*384*
Shoja-Chaghervand, P., **25**:55, **25**:*87*
Shokat, K. M., **31**:262, **31**:264, **31**:265, **31**:382, **31**:383, **31**:385, **31**:*390*, **31**:*391*
Shokhor, I. N., **15**:37, **15**:39, **15**:*59*
Shold, D. M., **14**:13, **14**:59, **14**:*64*, **14**:81, **14**:*129*, **16**:145, **16**:*156*, **19**:47, **19**:104, **19**:*129*, **27**:73, **27**:*114*
Sholle, V. D., **10**:94, **10**:*127*, **25**:365, **25**:402, **25**:*444*
Shone, R. L., **10**:16, **10**:17, **10**:*26*
Shono, T., **12**:11, **12**:13, **12**:111, **12**:*127*, **12**:*128*, **17**:296, **17**:*428*, **20**:129, **20**:*188*
Shono, Y., **31**:11, **31**:*83*
Shoolery, J. N., **3**:231, **3**:232, **3**:233, **3**:234, **3**:250, **3**:259, **3**:261, **3**:*265*, **3**:*267*, **3**:*268*
Shoosmith, J., **1**:389, **1**:392, **1**:*420*, **7**:160, **7**:*205*
Shopov, I. S., **26**:195, **26**:197, **26**:*252*
Shoppee, C. W., **3**:235, **3**:*268*, **5**:364, **5**:397, **5**:*398*
Shore, S. G., **24**:87, **24**:90, **24**:*111*
Shore, V. C., **21**:3, **21**:*33*
Short, B., **4**:179, **4**:*191*
Short, G. D., **19**:7, **19**:*126*
Short, L. N., **11**:316, **11**:*385*
Shorter, J., **5**:331, **5**:*395*, **9**:145, **9**:*181*, **13**:101, **13**:*149*, **27**:58, **27**:70, **27**:71, **27**:*114*, **27**:*116*, **28**:177, **28**:184, **28**:*205*, **28**:244, **28**:246, **28**:*291*, **32**:271, **32**:*384*
Shorygin, P. O., **3**:75, **3**:*86*
Shorygin, P. P., **1**:161, **1**:183, **1**:*201*
Shosenji, H., **17**:460, **17**:*487*, **22**:278, **22**:288, **22**:*304*, **22**:*307*, **22**:*309*
Shoshi, M., **17**:460, **17**:*484*
Shotton, E., **8**:321, **8**:328, **8**:*397*
Shoup, D., **32**:93, **32**:*119*
Shoup, R. R., **13**:283, **13**:*407*
Shpak, M. T., **15**:110, **15**:*148*
Shporer, M., **17**:282, **17**:300, **17**:311, **17**:312, **17**:*432*, **18**:120, **18**:*178*
Shrader, **8**:*263*
Shragge, P. C., **12**:238, **12**:251, **12**:256, **12**:263, **12**:269, **12**:290, **12**:*294*
Shriner, R. L., **9**:186, **9**:*279*
Shrivastava, H. N., **1**:211, **1**:258, **1**:259, **1**:*280*
Shriver, D. F., **23**:12, **23**:*62*
Shtraichman, G. A., **9**:130, **9**:*183*
Shu, C.-F., **32**:284, **32**:*382*
Shu, F. R., **14**:315, **14**:*350*
Shu, P., **16**:208, **16**:*232*
Shuber, F., **27**:251, **27**:*291*
Shubin, V. G., **19**:283, **19**:313, **19**:314, **19**:315, **19**:316, **19**:317, **19**:323, **19**:324, **19**:325, **19**:326, **19**:327, **19**:328, **19**:331, **19**:332, **19**:333, **19**:*368*, **19**:*369*, **19**:*373*, **19**:*374*, **19**:*375*, **19**:*377*, **19**:*378*
Shudde, R. H., **6**:12, **6**:*59*
Shudo, L., **23**:194, **23**:*265*
Shue, F.-F., **19**:141, **19**:273, **19**:*378*, **23**:72, **23**:*161*
Shuezhko, L. M., **11**:364, **11**:365, **11**:*391*
Shugar, D., **26**:310, **26**:315, **26**:316, **26**:*379*
Shuker, D. E. G., **19**:397, **19**:418, **19**:*425*
Shukla, J. P., **30**:80, **30**:*115*
Shukla, P. R., **12**:195, **12**:*220*
Shukla, S. N., **12**:33, **12**:*128*
Shuler, K. E., **21**:102, **21**:123, **21**:139, **21**:*194*
Shulgin, A. T., **9**:150, **9**:*174*
Shull, H., **1**:412, **1**:413, **1**:*422*, **4**:33, **4**:*70*, **24**:61, **24**:*106*
Shulman, R. G., **12**:184, **12**:*219*, **13**:374, **13**:*414*
Shumate, K. M., **6**:206, **6**:*331*
Shurupova, L. V., **14**:302, **14**:*352*
Shushunov, V. A., **5**:69, **5**:*118*
Shuster, A. M., **31**:382, **31**:*391*
Shuster, D. I., **10**:142, **10**:*152*
Shuto, Y., **19**:93, **19**:*128*
Shvo, Y., **7**:*113*

Shwali, A. S., **27**:74, **27**:79, **27**:*116*
Si, V., **22**:270, **22**:*307*
Siam, K., **25**:32, **25**:*84*
Sibley, C. E., **24**:79, **24**:82, **24**:*109*
Sicher, J., **6**:300, **6**:307, **6**:*330*, **6**:*332*, **10**:171, **10**:*225*, **12**:15, **12**:111, **12**:*129*, **14**:182, **14**:183, **14**:*200*, **14**:*201*, **15**:259, **15**:*265*, **22**:16, **22**:35, **22**:*110*, **26**:68, **26**:*130*
Sicilio, F., **5**:68, **5**:69, **5**:*118*, **9**:156, **9**:*178*
Sicking, W., **26**:161, **26**:*176*
Sidall, T. H., **25**:76, **25**:82, **25**:*95*
Siddall, III, T. H., **23**:194, **23**:*269*
Siddhanta, A. K., **29**:47, **29**:*64*
Sidebottom, H. W., **16**:53, **16**:57, **16**:65, **16**:*85*, **16**:*86*
Sidel'nikova, L. I., **24**:86, **24**:*110*
Siders, P., **28**:20, **28**:*44*
Sidgwick, N. V., **13**:193, **13**:*276*
Sidhu, K. S., **6**:37, **6**:*60*
Sidisunthorn, P., **2**:6, **2**:*90*
Sidky, M. M., **27**:74, **27**:79, **27**:*116*
Sidman, J. W., **1**:405, **1**:407, **1**:416, **1**:417, **1**:*422*
Sidot, C., **23**:286, **23**:*316*, **26**:74, **26**:*124*
Siebert, H., **30**:45, **30**:*56*
Siebrand, W., **12**:133, **12**:134, **12**:158, **12**:*217*, **15**:110, **15**:*146*, **16**:170, **16**:*234*, **16**:*236*, **32**:236, **32**:*265*
Sieck, L. W., **8**:115, **8**:119, **8**:132, **8**:*146*, **8**:*148*
Siedle, A. R., **14**:190, **14**:*199*
Siefert, E. E., **10**:101, **10**:*124*
Siegel, A. S., **19**:340, **19**:*378*
Siegel, B., **29**:27, **29**:28, **29**:29, **29**:*68*
Siegel, J., **25**:24, **25**:71, **25**:72, **25**:73, **25**:*95*, **25**:*96*
Siegel, J. S., **32**:172, **32**:200, **32**:201, **32**:*208*, **32**:*210*, **32**:*212*
Siegel, M. G., **17**:299, **17**:382, **17**:383, **17**:389, **17**:423, **17**:*425*, **17**:*426*, **17**:*429*
Siegel, S., **25**:75, **25**:*96*
Sieger, H., **17**:293, **17**:*427*
Siegerman, H., **18**:128, **18**:129, **18**:*183*
Siegfried, L., **30**:68, **30**:*113*
Sieghhahn, P. M., **22**:314, **22**:*360*
Siegle, P., **19**:336, **19**:*369*
Siegoizynski, R. M., **19**:46, **19**:*127*
Siehl, H. U., **19**:240, **19**:268, **19**:270, **19**:*377*, **23**:121, **23**:136, **23**:138, **23**:139, **23**:142, **23**:143, **23**:146, **23**:153, **23**:155, **23**:*161*, **23**:*162*, **24**:89, **24**:*111*, **24**:126, **24**:*204*, **29**:276, **29**:291, **29**:303, **29**:*330*
Sielecki, A. R., **24**:177, **24**:*201*
Siemiarczuk, A., **19**:35, **19**:36, **19**:*119*
Sieper, H., **19**:411, **19**:*427*
Siepmann, T., **5**:176, **5**:*233*, **14**:39, **14**:41, **14**:42, **14**:44, **14**:*63*, **14**:135, **14**:*198*
Siew, N. P. Y., **17**:5, **17**:*59*
Siew, R. Y., **26**:307, **26**:*375*
Siewers, I. J., **17**:237, **17**:*278*
Sifain, M. M., **20**:116, **20**:*183*
Siggel, M. R. F., **27**:67, **27**:78, **27**:*117*
Sighinolfi, O., **7**:5, **7**:11, **7**:64, **7**:68, **7**:*109*
Sigler, P. B., **21**:18, **21**:*33*
Sigman, D. S., **11**:72, **11**:*122*, **25**:102, **25**:*263*
Sigmund, E., **28**:40, **28**:*42*
Signer, R., **3**:78, **3**:*89*
Sigwalt, P., **15**:173, **15**:208, **15**:218, **15**:220, **15**:250, **15**:*263*, **15**:*264*, **15**:*265*
Sikanyika, H., **31**:9, **31**:11, **31**:49, **31**:*81*
Sikkel, B. J., **17**:160–3, **17**:*176*, **27**:12, **27**:36, **27**:*52*
Silber, J. J., **13**:162, **13**:169, **13**:195, **13**:234, **13**:235, **13**:240, **13**:249, **13**:*276*, **20**:72, **20**:73, **20**:160, **20**:*188*
Silberman, R. G., **11**:137, **11**:*174*, **19**:335, **19**:*371*
Silbermann, J., **23**:28, **23**:*62*
Silbermann, W. E., **22**:28, **22**:*110*
Silberrad, O., **25**:273, **25**:*444*
Silberstein, L., **3**:14, **3**:43, **3**:*89*
Silbert, M., **9**:*174*
Silbey, R., **16**:169, **16**:176, **16**:224, **16**:*236*, **16**:*237*, **26**:194, **26**:228, **26**:*246*
Silfvast, W. T., **22**:178, **22**:*209*, **26**:333, **26**:*373*
Silhanek, J., **17**:72, **17**:*180*
Silinsh, E. A., **16**:184, **16**:189, **16**:*234*, **16**:*236*
Silk, T., **32**:61, **32**:63, **32**:*118*
Sillén, L. G., **6**:81, **6**:*98*
Sillanpaa, E. R. T., **26**:260, **26**:*369*
Silva, M. I., **26**:319, **26**:*371*
Silver, B., **8**:319, **8**:*397*

Silver, B. L., **3**:127, **3**:176, **3**:178, **3**:*185*, **3**:*186*, **21**:38, **21**:*97*
Silver, M., **16**:168, **16**:175, **16**:*236*
Silva-Martinez, S., **32**:81, **32**:82, **32**:*114*
Silver, M. S., **2**:84, **2**:*90*, **19**:265, **19**:*375*, **28**:172, **28**:174, **28**:176, **28**:180, **28**:192, **28**:200, **28**:202, **28**:*204*
Silver, S. M., **22**:193, **22**:*211*
Silverman, D. N., **26**:286, **26**:*374*, **26**:*377*
Silverman, J., **25**:271, **25**:*445*
Silvers, S. J., **32**:238, **32**:*265*
Silversmith, E. F., **7**:6, **7**:11, **7**:64, **7**:*113*
Sim, G. A., **1**:219, **1**:241, **1**:242, **1**:*277*, **1**:*278*, **1**:*280*, **13**:36, **13**:*78*, **13**:*82*, **25**:14, **25**:*95*, **29**:117, **29**:*182*
Sim, M.-M., **31**:260, **31**:295, **31**:383, **31**:*388*
Sim, S., **17**:53, **17**:*62*
Sim, S. K., **17**:167, **17**:*178*
Simalty, M., **11**:377, **11**:*391*
Simamura, O., **1**:66, **1**:67, **1**:*154*, **2**:193, **2**:194, **2**:195, **2**:*198*
Simándi, T. L., **9**:*182*
Simandoux, J.-C., **7**:297, **7**:309, **7**:311, **7**:*330*
Simanek, E. E., **32**:123, **32**:*216*
Sime, J. G., **3**:63, **3**:*79*
Sime, J. M., **18**:8, **18**:*75*
Simeonov, M., **25**:82, **25**:83, **25**:*95*
Simic, M., **7**:118, **7**:126, **7**:*150*, **12**:143, **12**:*220*, **12**:237, **12**:244, **12**:245, **12**:251, **12**:253, **12**:256, **12**:258, **12**:259, **12**:260, **12**:265, **12**:266, **12**:269, **12**:272, **12**:273, **12**:285, **12**:288, **12**:289, **12**:*294*, **12**:*295*, **12**:*296*, **20**:124, **20**:175, **20**:*188*
Simig, G., **23**:297, **23**:298, **23**:*321*, **24**:92, **24**:*108*
Simkin, B. Y., **32**:179, **32**:*213*
Simmonetta, M., **29**:293, **29**:*325*
Simmons, C. J., **25**:14, **25**:*95*
Simmons, E. L., **14**:159, **14**:*199*
Simmons, G. L., **1**:44, **1**:229, **1**:*280*
Simmons, H. D., **7**:184, **7**:186, **7**:*208*
Simmons, H. E., **2**:188, **2**:*199*, **6**:2, **6**:*60*, **7**:155, **7**:184, **7**:185, **7**:*203*, **7**:*208*, **14**:116, **14**:*131*, **17**:316, **17**:343, **17**:356, **17**:*430*, **22**:185, **22**:186, **22**:*211*
Simmons, J. G., **16**:182, **16**:183, **16**:*236*
Simmons, J. H., **1**:44, **1**:*154*
Simmons, M. C., **2**:259, **2**:*275*, **7**:189, **7**:*207*
Simmons, R. F., **8**:55, **8**:*74*
Simmons, W., **20**:109, **20**:110, **20**:*182*, **23**:314, **23**:*317*
Simms, J. A., **7**:77, **7**:*114*
Simo, I., **18**:203, **18**:*238*
Simon, A., **27**:42, **27**:*54*, **27**:74, **27**:*114*
Simon, G. L., **23**:186, **23**:187, **23**:190, **23**:201, **23**:*269*
Simon, H., **2**:78, **2**:*90*
Simon, J., **17**:291, **17**:382, **17**:388, **17**:407, **17**:408, **17**:*426*, **17**:*429*, **32**:191, **32**:203, **32**:*212*, **32**:*215*
Simon, J. M., **12**:43, **12**:*118*
Simon, P., **17**:13, **17**:*63*
Simon, W., **2**:180, **2**:*197*, **11**:274, **11**:*386*, **13**:395, **13**:400, **13**:*413*, **16**:259, **16**:*261*, **31**:58, **31**:*80*
Simoneit, B. R., **8**:221, **8**:*268*
Simonet, J., **12**:12, **12**:29, **12**:108, **12**:*123*, **12**:*124*, **20**:104, **20**:111, **20**:*185*, **23**:309, **23**:*317*, **23**:*319*, **26**:56, **26**:*129*, **31**:95, **31**:102, **31**:130, **31**:*137*, **31**:*138*, **31**:*140*
Simonetta, M., **4**:282, **4**:285, **4**:289, **4**:290, **4**:297, **4**:*302*, **4**:*304*, **6**:302, **6**:312, **6**:*324*, **6**:*331*, **7**:5, **7**:11, **7**:64, **7**:68, **7**:71, **7**:92, **7**:93, **7**:*108*, **7**:*109*, **7**:216, **7**:245, **7**:*255*, **13**:75, **13**:*79*, **13**:*81*, **17**:258, **17**:*278*, **25**:33, **25**:60, **25**:*87*, **25**:*89*
Simonnin, M. P., **27**:172, **27**:*237*
Simonov, E. F., **2**:243, **2**:*275*
Simons, E., **5**:296, **5**:*328*
Simons, J. P., **7**:*208*, **10**:104, **10**:*128*
Simons, J. W., **7**:192, **7**:*208*, **22**:314, **22**:*360*
Simons, L. H., **4**:248, **4**:*304*
Simons, S. S., **17**:237, **17**:*278*
Simonsen, J. L., **3**:7, **3**:*89*
Simonyi, M., **9**:129, **9**:130, **9**:140, **9**:142, **9**:143, **9**:145, **9**:146, **9**:147, **9**:148, **9**:149, **9**:150, **9**:151, **9**:152, **9**:154, **9**:158, **9**:160, **9**:165, **9**:166, **9**:167, **9**:168, **9**:169, **9**:172, **9**:*180*, **9**:*181*, **9**:*182*
Simpson, A. F., **9**:156, **9**:*174*, **10**:121, **10**:*123*

Simpson, G. A., **18:**211, **18:**214, **18:***234*
Simpson, G. R., **22:**151, **22:**167, **22:**172, **22:**178, **22:**181, **22:**182, **22:***209*, **26:**321, **26:**323, **26:**324, **26:**325, **26:**330, **26:**335, **26:**337, **26:***373*
Simpson, J., **13:**167, **13:***275*
Simpson, J. T., **19:**48, **19:**53, **19:**64, **19:***119*, **19:***122*, **20:**129, **20:***185*
Simpson, L. B., **5:**44, **5:***52*
Simpson, O., **16:**168, **16:**177, **16:***234*
Simpson, R. B., **6:**81, **6:***100*
Simpson, R. N. F., **8:**212, **8:***264*
Simpson, W. T., **1:**235, **1:***279*, **1:**415, **1:***427*, **32:**187, **32:***215*
Sims, J. J., **12:**15, **12:***126*
Sims, L. B., **24:**61, **24:***111*, **27:**6, **27:***52*, **31:**169, **31:**180, **31:**181, **31:**182, **31:**217, **31:**220, **31:***247*
Simsohn, H., **13:**391, **13:***412*, **22:**220, **22:***306*
Sinaÿ, P., **24:**195, **24:***199*
Sinclair, J., **13:**350, **13:***413*
Sinclair, V. C., **1:**226, **1:**227, **1:**228, **1:***280*
Sindhuatmadja, S., **24:**99, **24:***106*
Singaram, S., **26:**72, **26:***126*
Singer, G. H., **19:**394, **19:***411*, **19:***427*
Singer, K. D., **32:**123, **32:**129, **32:**133, **32:**139, **32:**158, **32:**162, **32:**186, **32:***209*, **32:***213*, **32:***215*
Singer, L., **6:**187, **6:***332*
Singer, L. A., **8:**90, **8:**100, **8:**102, **8:**103, **8:**116, **8:***149*, **18:**206, **18:***236*, **19:**85, **19:**88, **19:**94, **19:**95, **19:***114*, **19:***129*, **22:**148, **22:***208*
Singer, L. S., **5:**72, **5:***116*, **13:**161, **13:**164, **13:**168, **13:**211, **13:***273*, **13:***276*, **28:**3, **28:***43*
Singer, S. S., **19:**411, **19:***427*
Singh, A. N., **3:**50, **3:**58, **3:**61, **3:***79*, **3:***80*
Singh, B., **8:**251, **8:***268*
Singh, B. P., **19:**242, **19:**260, **19:***373*, **23:**119, **23:**120, **23:***162*, **24:**87, **24:**89, **24:***108*
Singh, H. K., **23:**279, **23:**298, **23:**300, **23:**304, **23:***319*, **23:***321*
Singh, I., **26:**312, **26:***377*
Singh, J., **18:**41, **18:***76*
Singh, M. D., **25:**72, **25:**73, **25:***95*, **25:***96*
Singh, P. R., **23:**286, **23:**297, **23:**299, **23:***321*
Singh, P., **30:**117, **30:***171*
Singh, S., **9:**138, **9:**140, **9:**157, **9:**164, **9:**166, **9:***181*, **9:***182*, **31:**310, **31:**382, **31:***385*
Singh, T. R., **22:**132, **22:***207*, **26:**263, **26:***377*
Singleterry, C. R., **8:**290, **8:***402*, **8:***405*
Singleton, D. A., **31:**238, **31:**242, **31:***243*, **31:***247*
Singleton, E., **1:**105, **1:***150*, **27:**19, **27:***52*
Singleton, V. D., **26:**68, **26:***125*
Sinha, A., **24:**97, **24:***111*
Sinha, S. C., **31:**383, **31:**385, **31:***388*, **31:***391*
Sinha-Bagchi, A., **31:**385, **31:***388*
Sinitsyna, Z. A., **9:**129, **9:**130, **9:**142, **9:***174*, **9:***182*
Sinke, G. C., **13:**50, **13:**51, **13:***82*, **22:**13, **22:**17, **22:**19, **22:**22, **22:**27, **22:***110*
Sinn, H., **9:**213, **9:***279*
Sinnhuber, R. O., **24:**58, **24:***110*
Sinnott, M. L., **11:**28, **11:**81, **11:***121*, **14:**7, **14:***66*, **24:**122, **24:**123, **24:**124, **24:**125, **24:**140, **24:**141, **24:**142, **24:**143, **24:**144, **24:**150, **24:**158, **24:***199*, **24:***200*, **24:***201*, **24:***204*, **25:**18, **25:***95*, **25:**172, **25:**173, **25:**180, **25:**185, **25:**191, **25:***263*, **27:**41, **27:**42, **27:***52*, **27:**249, **27:**250, **27:**256, **27:***291*, **29:**145, **29:***183*, **31:**234, **31:***243*
Sinnwell, V., **17:**308, **17:***428*
Sinohara, M., **15:**204, **15:**206, **15:***264*
Sinskey, A. J., **31:**264, **31:**265, **31:**266, **31:**382, **31:***391*
Sinwel, F., **2:**180, **2:***199*
Siobara, T., **30:**130, **30:***170*
Sioda, R. E., **12:**57, **12:**79, **12:***128*, **13:**207, **13:**228, **13:**234, **13:**239, **13:***276*
Sipp, K. A., **14:**9, **14:**20, **14:**31, **14:***65*
Siri, W. E., **2:**2, **2:***90*
Sirlin, C., **17:**415, **17:**416, **17:***429*, **29:**4, **29:**7, **29:**9, **29:**11, **29:***68*
Sisido, K., **7:**172, **7:***207*, **23:**28, **23:***62*
Sisido, M. M., **17:**255, **17:***278*, **22:**52, **22:**59, **22:**66, **22:**67, **22:**68, **22:**74, **22:***110*
Siskin, M., **20:**142, **20:***188*
Sitzmann, E. V., **22:**317, **22:**320, **22:**337,

22:344, **22**:349, **22**:350, **22**:351, **22**:352, **22**:*359*, **22**:*360*
Siuda, A., **2**:204, **2**:*276*
Siverns, T. M., **25**:6, **25**:*84*
Sixl, H., **26**:203, **26**:216, **26**:*246*, **26**:*251*, **32**:247, **32**:249, **32**:*263*, **32**:*265*
Sixma, F. L. J., **1**:38, **1**:57, **1**:73, **1**:74, **1**:75, **1**:76, **1**:77, **1**:78, **1**:81, **1**:*153*, **2**:*277*, **3**:102, **3**:112, **3**:113, **3**:116, **3**:*122*
Sizer, I. W., **21**:6, **21**:*33*
Sjöberg, S., **24**:124, **24**:*199*, **31**:206, **31**:234, **31**:235, **31**:236, **31**:*243*
Sjöström, M., **27**:60, **27**:70, **27**:71, **27**:72, **27**:*117*
Sjöstrand, U., **25**:75, **25**:*85*, **25**:*86*
Sjövall, J., **8**:210, **8**:*264*
Skaare, S. H., **24**:95, **24**:*110*
Skaletz, D., **12**:93, **12**:94, **12**:*122*
Skaletz, D. H., **10**:170, **10**:188, **10**:*223*
Skancke, P. N., **1**:222, **1**:*275*
Skell, P., **1**:26, **1**:*33*
Skell, P. S., **2**:21, **2**:*90*, **6**:278, **6**:280, **6**:281, **6**:*330*, **7**:157, **7**:164, **7**:176, **7**:177, **7**:180, **7**:182, **7**:189, **7**:191, **7**:192, **7**:194, **7**:196, **7**:197, **7**:198, **7**:199, **7**:200, **7**:*203*, **7**:*204*, **7**:*205*, **7**:*208*, **7**:*209*, **8**:139, **8**:*148*, **10**:50, **10**:*52*, **12**:35, **12**:104, **12**:*123*, **12**:*126*, **12**:*128*, **14**:112, **14**:114, **14**:115, **14**:116, **14**:*131*, **17**:42, **17**:*63*, **18**:217, **18**:*237*, **21**:128, **21**:*195*, **22**:313, **22**:314, **22**:329, **22**:349, **22**:*357*, **22**:*360*, **25**:373, **25**:*445*
Sket, B., **19**:103, **19**:*127*
Skibo, E. B., **24**:81, **24**:*111*
Skiebe, A., **32**:43, **32**:*120*
Skindhøj, J., **32**:180, **32**:*213*
Skinner, C. A., **3**:73, **3**:*89*
Skinner, G. A., **29**:258, **29**:*270*
Skinner, H. A., **22**:15, **22**:*110*
Skinner, J. L., **32**:235, **32**:*265*
Skinner, K. J., **28**:111, **28**:*136*
Skinner, R. F., **4**:185, **4**:*192*
Skipper, P. L., **22**:199, **22**:*208*
Sklar, A. L., **1**:378, **1**:387, **1**:412, **1**:413, **1**:414, **1**:415, **1**:*420*, **1**:*422*, **25**:406, **25**:*445*
Sklavounos, C. G., **23**:258, **23**:*263*
Sklyar, Y. E., **11**:358, **11**:359, **11**:*390*, **11**:*391*
Skoglund, M., **30**:47, **30**:*57*
Skolnick, M., **28**:62, **28**:*135*
Skoog, M. T., **24**:184, **24**:*204*, **25**:102, **25**:109, **25**:110, **25**:251, **25**:*263*, **27**:12, **27**:30, **27**:31, **27**:*55*, **27**:98, **27**:*117*
Skora, R., **5**:293, **5**:*329*
Skorcz, J. A., **29**:211, **29**:*269*
Skorokhodov, S. S., **19**:112, **19**:*122*
Skotheim, T. A., **26**:218, **26**:*251*
Skovronek, H. S., **7**:157, **7**:182, **7**:191, **7**:*204*
Skoworonska, A., **25**:193, **25**:*263*
Skowronka-Ptasinska, M., **30**:95, **30**:96, **30**:111, **30**:*115*
Skrabal, A., **2**:124, **2**:*162*, **19**:414, **19**:*427*
Skrabal, P., **20**:156, **20**:*187*
Skrabal, R., **9**:261, **9**:*279*
Skul'bidenko, A. L., **32**:179, **32**:*215*
Skuratova, S. I., **17**:52, **17**:*60*
Sky, A. F., **26**:166, **26**:*175*
Slack, D. A., **23**:19, **23**:*62*
Slade, A. H., **8**:282, **8**:283, **8**:364, **8**:368, **8**:*397*
Slade, P., **11**:56, **11**:*121*
Sladowska, M., **21**:42, **21**:*95*
Slae, S., **31**:205, **31**:*246*
Slansky, C. M., **14**:44, **14**:*66*
Slater, C. D., **21**:149, **21**:*194*
Slater, J. C., **1**:205, **1**:*280*
Slater, J. D., **25**:235, **25**:*262*
Slater, N. B., **4**:149, **4**:*192*
Slater, T. F., **17**:55, **17**:*60*
Slates, R. V., **15**:168, **15**:*261*, **15**:*264*
Slaugh, L. H., **7**:27, **7**:*113*, **14**:123, **14**:*132*
Slawik, M., **32**:167, **32**:*215*
Slawin, A. M. Z., **31**:11, **31**:*81*
Slaymaker, S. C., **7**:155, **7**:*207*
Slebocka-Tilk, H., **17**:124, **17**:*179*, **28**:210, **28**:219, **28**:220, **28**:223, **28**:225, **28**:250, **28**:280, **28**:282, **28**:283, **28**:285, **28**:*287*, **28**:*288*, **28**:*291*, **29**:107, **29**:129, **29**:*179*, **31**:231, **31**:232, **31**:233, **31**:*246*, **31**:*247*
Slee, T. S., **29**:285, **29**:323, **29**:*325*

Sleiter, G., **2:**172, **2:***196*, **9:**148, **9:***174*, **16:**37, **16:***47*
Sleppy, W. C., **8:**43, **8:***75*
Sletten, J., **26:**243, **26:***250*, **26:***251*
Sliam, E., **4:**183, **4:**189, **4:***191*
Slichter, C. P., **3:**196, **3:**197, **3:**210, **3:**211, **3:***266*, **25:**130, **25:***260*
Sliwinski, W., **9:**253, **9:***279*
Sliwinski, W. F., **14:**13, **14:***66*
Sliznev, V. V., **25:**104, **25:***263*
Sloan, D. L., **16:**256, **16:***264*
Sloan, G. J., **1:**293, **1:***361*, **5:**63, **5:***116*, **5:***119*, **15:**113, **15:***149*, **16:**164, **16:***236*
Sloan, J. P., **16:**55, **16:**60, **16:**61, **16:**64, **16:**68, **16:***86*
Sloane, A. P., **16:***86*
Sloane, C. S., **16:**81, **16:***86*
Slobodkin, N. R., **6:**318, **6:***331*
Slocum, D., **18:**168, **18:***176*
Slominskii, Y. L., **32:**179, **32:**186, **32:***215*
Slomp, G., **6:**219, **6:***330*, **16:**250, **16:***263*
Sloniewsky, A. R., **17:**443, **17:***484*
Slonim, I. Y., **10:**76, **10:***127*
Slootmaekers, P. J., **13:**114, **13:***152*, **14:**316, **14:***351*
Sluma, H.-D., **22:**327, **22:***359*
Slusarchyk, W. A., **23:**207, **23:***261*
Slusarczuk, G. M. J., **22:**10, **22:**69, **22:***107*
Slusser, P., **18:**202, **18:***237*
Slutsky, J., **13:**36, **13:***79*, **13:***81*, **14:**9, **14:***66*
Sluys-Vander Vlugt, M. J., **10:**50, **10:***51*
Sluyters, J. H., **10:**164, **10:***224*
Sluyters-Rehbach, M., **10:**164, **10:***224*
Small, A., **19:**308, **19:***369*
Small, D. M., **8:**290, **8:***405*, **17:**440, **17:***486*
Small, G. W., **32:**109, **32:***119*
Small, L. D., **17:**77, **17:***180*
Small, L. E., **13:**109, **13:***148*, **14:***196*
Small, R., **14:**146, **14:**147, **14:**159, **14:***199*
Small, R. D., **32:**133, **32:***215*
Small, R. J., **5:**92, **5:***118*
Small, R. W. H., **29:**114, **29:**115, **29:***179*
Small, T., **11:**361, **11:***386*
Smallcombe, S. H., **11:**38, **11:***120*, **13:**371, **13:***410*, **16:**258, **16:***262*, **17:**83, **17:**84, **17:**104, **17:**105, **17:***180*
Smaller, B., **1:**295, **1:**298, **1:**339, **1:***361*, **8:**31, **8:***74*, **10:**121, **10:***128*, **12:**229, **12:**253, **12:**278, **12:***292*, **12:***296*
Smat, R. J., **6:**298, **6:***325*
Smedarchina, Z., **32:**236, **32:***265*
Smeets, W. J. J., **32:**179, **32:***216*
Smejtek, P., **16:**184, **16:**189, **16:***234*
Smentowski, F., **23:**275, **23:***321*
Smentowski, F. J., **5:**92, **5:***118*, **15:**221, **15:***266*, **18:**120, **18:***183*
Smerkolj, R., **9:**162, **9:***177*
Smets, G., **2:**158, **2:***160*
Smid, J., **10:**176, **10:***220*, **14:**3, **14:**18, **14:***64*, **14:***66*, **15:**154, **15:**156, **15:**158–163, **15:**165, **15:**166, **15:**167, **15:**169, **15:**170, **15:**173, **15:**179–183, **15:**187, **15:**194, **15:**195, **15:**200, **15:**201, **15:**202, **15:**204, **15:**205, **15:**206, **15:**211, **15:**212, **15:**213, **15:**221, **15:**231, **15:***260–266*, **17:**282, **17:**296, **17:**297, **17:**299, **17:**300, **17:**306–8, **17:**311, **17:***424*, **17:***428*, **17:***432*, **17:***433*, **17:**465, **17:**466, **17:**475, **17:***482*, **17:***486*, **31:**11, **31:***82*
Smidrod, O., **11:**101, **11:***122*
Smidt, J., **11:**347, **11:***389*
Smiles, S., **3:**2, **3:**4, **3:**6, **3:**7, **3:***89*
Smiley, J. A., **31:**308, **31:**309, **31:**383, **31:***391*
Smirnov, I. V., **31:**382, **31:***391*
Smirnov, V. A., **12:**2, **12:**87, **12:**99, **12:***128*
Smirnov, V. V., **28:**208, **28:**217, **28:**220
Smissman, E. E., **5:**92, **5:***118*
Smit, C. J., **17:**283, **17:**288, **17:**290, **17:**291, **17:**314, **17:**362, **17:**372–4, **17:**422, **17:***426*, **17:***430*, **17:***431*, **18:**93, **18:***184*
Smit, P. H., **26:**268, **26:***377*
Smit, P. J., **1:**52, **1:**66, **1:**69, **1:***150*, **1:***152*, **1:**157, **1:**192, **1:***198*, **4:**279, **4:**280, **4:**286, **4:**287, **4:**288, **4:**289, **4:**298, **4:***301*, **11:**289, **11:***385*, **19:**403, **19:***425*
Smit, W. A., **17:**173, **17:***180*
Smith, A., **15:**28, **15:***60*
Smith III, A. B., **31:**272, **31:**301, **31:**384, **31:***387*, **31:***391*
Smith, A. L., **28:**158, **28:**159, **28:**162, **28:***170*

Smith, B., **3**:156, **3**:*183*
Smith, B. E., **12**:139, **12**:140, **12**:150, **12**:161, **12**:170, **12**:172, **12**:177, **12**:182, **12**:199, **12**:204, **12**:207, **12**:210, **12**:*217*, **12**:*219*
Smith, B. T., **31**:310, **31**:382, **31**:*385*
Smith, C. A., **23**:48, **23**:*60*
Smith, C. D., **13**:51, **13**:*79*
Smith, C. H., **11**:*390*
Smith, C. K., **27**:47, **27**:*54*
Smith, C. P., **3**:8, **3**:15, **3**:26, **3**:27, **3**:31, **3**:36, **3**:69, **3**:76, **3**:*89*, **9**:27(11c, 28, 38c, 41, 44, 56, 59), **9**:28(56, 59, 60b), **9**:29(60b, 66, 67, 38c, 41, 44), **9**:30(60b), **9**:33(66, 69), **9**:73(56, 59), **9**:75(59, 66, 107), **9**:77(56, 59), **9**:78(11c), **9**:85(56, 66), **9**:86(59), **9**:89(66), **9**:91(69), **9**:92, **9**:95(115, 116), **9**:96(56, 58), **9**:98, **9**:100(111b), **9**:101(11a, 107), **9**:109(67, 121, 129), **9**:110(67), **9**:114(121), **9**:116(26, 127), **9**:117(56), **9**:118(56, 66), **9**:119(129), **9**:*121*, **9**:*122*, **9**:*123*, **9**:*124*, **9**:*125*, **9**:*126*
Smith, C. R., **11**:338, **11**:340, **11**:341, **11**:*390*, **17**:233, **17**:234, **17**:273, **17**:*274*, **17**:*277*, **18**:9, **18**:10, **18**:15, **18**:34, **18**:*72*, **23**:210, **23**:*269*, **29**:48, **29**:55, **29**:*64*
Smith, C. S., **6**:144, **6**:*183*
Smith, D., **7**:6, **7**:11, **7**:64, **7**:*113*, **21**:204, **21**:*239*, **24**:1, **24**:2, **24**:6, **24**:*50*, **24**:*55*, **25**:19, **25**:52, **25**:*95*
Smith, D. E., **12**:76, **12**:107, **12**:*122*, **19**:135, **19**:136, **19**:149, **19**:150, **19**:*218*, **19**:*219*, **19**:*221*
Smith, D. H., **10**:219, **10**:*224*
Smith, D. J., **20**:159, **20**:*182*
Smith, D. J. H., **17**:172, **17**:*178*
Smith, D. K., **31**:54, **31**:*81*
Smith, D. M., **19**:417, **19**:*425*, **29**:285, **29**:*328*
Smith, D. R., **2**:11, **2**:12, **2**:*90*
Smith, D. V., **30**:13, **30**:*61*
Smith, D. W., **10**:82, **10**:*127*
Smith, E. A., **17**:10, **17**:*62*, **17**:226, **17**:*275*
Smith, E. B., **25**:3, **25**:*92*
Smith, F., **14**:298, **14**:*344*, **25**:270, **25**:271, **25**:328, **25**:*443*
Smith, F. D., **8**:321, **8**:322, **8**:*406*
Smith, F. T., **4**:55, **4**:*70*, **4**:151, **4**:*192*
Smith, G., **17**:97, **17**:*180*, **32**:70, **32**:83, **32**:*115*
Smith, G. B., **23**:250, **23**:*265*
Smith, G. F., **4**:16, **4**:*28*, **17**:234, **17**:*278*
Smith, G. G., **2**:10, **2**:*89*, **3**:101, **3**:112, **3**:113, **3**:114, **3**:116, **3**:*122*, **9**:145, **9**:*180*, **9**:*182*, **32**:279, **32**:286, **32**:*384*, **32**:*385*
Smith, G. P. K., **19**:108, **19**:*118*, **19**:246, **19**:*378*
Smith, G. R., **30**:29, **30**:*61*
Smith, H. A., **1**:18, **1**:20, **1**:*33*, **7**:8, **7**:*113*
Smith, H. G., **8**:247, **8**:*262*
Smith, H. J., **22**:235, **22**:258, **22**:297, **22**:*301*
Smith, H. O., **10**:184, **10**:*223*, **12**:52, **12**:*123*, **19**:267, **19**:269, **19**:339, **19**:*373*
Smith, H. T., **14**:217, **14**:244, **14**:252, **14**:298, **14**:*343*
Smith, I. C. P., **5**:79, **5**:99, **5**:111, **5**:*114*, **13**:292, **13**:293, **13**:320, **13**:321, **13**:322, **13**:323, **13**:326, **13**:331, **13**:332, **13**:334, **13**:335, **13**:341, **13**:342, **13**:344, **13**:345, **13**:346, **13**:347, **13**:354, **13**:359, **13**:360, **13**:361, **13**:363, **13**:364, **13**:367, **13**:370, **13**:372, **13**:373, **13**:380, **13**:381, **13**:*408*, **13**:*409*, **13**:*410*, **13**:*412*, **13**:*414*, **13**:*415*, **16**:256, **16**:257, **16**:*261*
Smith, J. A., **5**:390, **5**:394, **5**:*395*, **5**:*397*, **7**:172, **7**:173, **7**:175, **7**:*203*, **7**:*206*
Smith, J. A. S., **1**:225, **1**:*276*, **22**:139, **22**:*207*, **22**:*210*, **26**:299, **26**:303, **26**:*376*, **26**:*377*, **32**:240, **32**:*262*, **32**:*265*
Smith, J. B., **5**:45, **5**:*52*
Smith, J. C., **16**:244, **16**:*261*
Smith, J. F., **11**:181, **11**:*222*
Smith, J. G., **15**:195, **15**:*264*
Smith, J. H., **11**:25, **11**:*121*, **17**:233, **17**:*278*, **27**:74, **27**:79, **27**:*116*
Smith, J. M., **15**:119, **15**:*148*, **29**:87, **29**:147, **29**:*179*
Smith, J. P., **18**:188, **18**:196, **18**:199, **18**:206, **18**:221, **18**:230, **18**:234,

18:*237*, **18**:*238*, **19**:82, **19**:*127*
Smith, J. R. L., **18**:159, **18**:*175*, **18**:*183*
Smith, J. S., **6**:298, **6**:*325*
Smith, K., **9**:130, **9**:*181*, **15**:309, **15**:*329*, **17**:328, **17**:345, **17**:*429*, **18**:224, **18**:*237*, **23**:272, **23**:*317*
Smith, K. K., **22**:147, **22**:*211*
Smith, K. M., **8**:183, **8**:*265*, **18**:154, **18**:*183*
Smith, L., **17**:247, **17**:*278*, **19**:47, **19**:104, **19**:*116*
Smith, L. A., **23**:64, **23**:107, **23**:*159*
Smith, L. F., **21**:3, **21**:*34*
Smith, L. S., **27**:259, **27**:268, **27**:278, **27**:279, **27**:282, **27**:284, **27**:286, **27**:*291*
Smith, L. W., **8**:272, **8**:*400*
Smith, M., **16**:160, **16**:*236*
Smith, M. A., **21**:204, **21**:209, **21**:*239*, **24**:22, **24**:*55*
Smith, M. C., **11**:83, **11**:90, **11**:100, **11**:*118*, **17**:186, **17**:*275*, **26**:346, **26**:349, **26**:*369*
Smith, M. D., **14**:327, **14**:*347*
Smith, M. R., **3**:40, **3**:47, **3**:48, **3**:57, **3**:58, **3**:65, **3**:66, **3**:67, **3**:68, **3**:74, **3**:*86*, **27**:242, **27**:257, **27**:*290*
Smith, N. G., **13**:257, **13**:*278*
Smith, O. H., **14**:298, **14**:*344*
Smith, P., **5**:85, **5**:86, **5**:107, **5**:*117*, **5**:*118*, **30**:209, **30**:*217*
Smith, P. A. S., **2**:12, **2**:*90*, **9**:271, **9**:*279*, **15**:55, **15**:*60*, **19**:392, **19**:393, **19**:*428*
Smith, P. B., **22**:187, **22**:188, **22**:*211*, **30**:69, **30**:*115*
Smith, P. G., **19**:86, **19**:107, **19**:*115*, **19**:*119*
Smith, P. J., **4**:221, **4**:289, **4**:298, **4**:*302*, **6**:307, **6**:*324*, **11**:372, **11**:374, **11**:375, **11**:*384*, **14**:182, **14**:*201*, **29**:123, **29**:*180*, **31**:145, **31**:179, **31**:180, **31**:195, **31**:*247*
Smith, P. W., **16**:34, **16**:*47*, **18**:13, **18**:46, **18**:47, **18**:49, **18**:*71*
Smith, R. A., **7**:200, **7**:*203*
Smith, R. C., **4**:168, **4**:*192*
Smith, R. D., **7**:155, **7**:184, **7**:185, **7**:*208*, **14**:116, **14**:*131*
Smith, R. F., **6**:201, **6**:*326*
Smith, R. G., **23**:277, **23**:279, **23**:280, **23**:282, **23**:296, **23**:297, **23**:298, **23**:*319*
Smith, R. H., **29**:21, **29**:*68*
Smith, R. J., **30**:65, **30**:*112*
Smith, R. P., **3**:49, **3**:54, **3**:77, **3**:*88*, **13**:71, **13**:*81*
Smith, R. R., **2**:156, **2**:*161*
Smith, R. W., **14**:293, **14**:333, **14**:334, **14**:*338*, **14**:*348*
Smith, S., **2**:148, **2**:*162*, **5**:224, **5**:226, **5**:*235*, **11**:20, **11**:*122*, **14**:32, **14**:*67*, **14**:179, **14**:*202*, **21**:212, **21**:*240*, **31**:289, **31**:307, **31**:382, **31**:*392*
Smith, S. A., **23**:182, **23**:*265*
Smith, S. G., **5**:176, **5**:184, **5**:*234*, **14**:33, **14**:37, **14**:46, **14**:*66*, **14**:135, **14**:*201*, **17**:318, **17**:321, **17**:360, **17**:*432*, **21**:39, **21**:*98*
Smith, T. C., **5**:85, **5**:86, **5**:*117*, **5**:*118*
Smith, T. W., **28**:2, **28**:*44*
Smith, W. A., **20**:39, **20**:40, **20**:*53*
Smith, W. B., **2**:14, **2**:28, **2**:42, **2**:85, **2**:*88*, **8**:227, **8**:*262*, **12**:14, **12**:17, **12**:56, **12**:*128*
Smith, W. F., **11**:309, **11**:*390*
Smith, W. H., **19**:195, **19**:*222*
Smith, Z., **22**:133, **22**:141, **22**:*206*, **32**:225, **32**:*262*, **32**:*265*
Smithen, C. E., **7**:154, **7**:*207*
Smitherman, A., **14**:276, **14**:*343*
Smithrud, D. B., **31**:272, **31**:384, **31**:*391*
Smolinsky, G., **5**:62, **5**:*118*, **7**:162, **7**:*209*, **15**:176, **15**:*264*, **26**:185, **26**:193, **26**:210, **26**:*252*
Smoluchovski, M., **26**:33, **26**:*129*
Smoluchowski, M. v., **16**:4, **16**:*49*
Smoot, C. R., **1**:45, **1**:52, **1**:53, **1**:*149*, **1**:*152*, **1**:*154*, **2**:17, **2**:*87*
Smothers, W. K., **19**:48, **19**:59, **19**:*127*, **20**:208, **20**:*232*
Smyk, R., **15**:176, **15**:*265*
Smyth, R. L., **27**:37, **27**:*53*
Smyth-King, R. J., **18**:93, **18**:*181*
Snadrini, D., **26**:20, **26**:*129*
Snatzke, G., **25**:17, **25**:*95*
Sneen, R. A., **2**:180, **2**:*197*, **5**:139, **5**:156, **5**:*171*, **5**:*172*, **14**:7, **14**:15, **14**:18, **14**:27, **14**:28, **14**:*66*, **14**:*67*, **14**:96, **14**:97, **14**:102, **14**:107, **14**:*131*, **16**:89, **16**:91, **16**:93–5, **16**:121,

16:*157*, **18:**21, **18:**22, **18:***72*
Snell, A. H., **2:**2, **2:***90*, **8:**90, **8:**92, **8:**94, **8:**95, **8:**98, **8:**104, **8:**109, **8:***148*
Snell, E. E., **18:**68, **18:***76*, **21:**4, **21:**6, **21:***32*, **21:***33*, **21:***34*, **21:***35*
Snell, H., **14:**266, **14:***343*
Snell, R. L., **11:**24, **11:***122*
Snelson, A., **30:**8, **30:**32, **30:**34, **30:**35, **30:***56*, **30:***57*, **30:***61*
Snethlage, H. C. S., **5:**337, **5:***398*
Snider, B., **17:**445, **17:***486*
Snieckus, V., **11:**355, **11:***391*
Sniegoski, L. T., **2:**78, **2:***90*
Snodgrass, J. T., **24:**37, **24:***51*
Snoke, J. E., **11:**64, **11:***122*
Snoke, R. E., **8:**395, **8:***405*
Snook, M. E., **18:**149, **18:***183*
Snoswell, M. A., **25:**206, **25:**231, **25:***264*
Snow, C. M., **7:**19, **7:**24, **7:***112*
Snow, C. P., **1:**410, **1:***419*
Snow, D. H., **23:**280, **23:***318*, **26:**72, **26:***126*
Snow, M. R., **13:**59, **13:***79*
Snow, R. A., **29:**295, **29:**310, **29:**311, **29:***328*
Snowden, F. C., **5:**11, **5:***52*
Snyder, E. R., **21:**19, **21:***32*
Snyder, G. J., **26:**200, **26:***251*
Snyder, H. R., **5:**22, **5:***52*
Snyder, H. S., **8:**83, **8:***148*
Snyder, J. K., **19:**413, **19:***428*
Snyder, L. C., **26:**203, **26:***252*
Snyder, R., **19:**88, **19:***127*
Snyder, R. G., **13:**10, **13:**13, **13:***82*
Sobczyk, L., **9:**162, **9:***177*, **26:**261, **26:***374*
Sobel, H., **14:**45, **14:***65*, **19:**409, **19:**419, **19:***427*, **21:**212, **21:***239*
Soboleva, I. V., **19:**51, **19:***127*
Sobotka, H., **3:**173, **3:***185*
Sobr, J., **14:**291, **14:**295, **14:***349*
Sobrados, I., **32:**240, **32:***264*
Socrates, G., **9:**163, **9:***182*
Soda, G., **16:**255, **16:***262*
Sodeau, J. R., **30:**15, **30:***61*
Soderquist, J. A., **24:**44, **24:***52*
Södervall, T., **11:**346, **11:***391*
Sofer, H., **19:**394, **19:**395, **19:***428*
Sogabe, A., **26:**227, **26:**237, **26:***250*
Sogah, G. D. Y., **17:**382, **17:**383, **17:**389, **17:**396–8, **17:**400, **17:**401, **17:**403, **17:**423, **17:***428*, **17:***432*
Sogn, J. A., **13:**358, **13:**360, **13:**363, **13:**364, **13:**371, **13:***409*, **13:***414*
Sogo, P. B., **4:**4, **4:**9, **4:***28*, **13:**163, **13:***269*
Sohma, J., **17:**19, **17:**39–41, **17:***62*, **17:***63*
Sohn, D. S., **27:**84, **27:***115*, **31:**170, **31:**172, **31:**173, **31:**183, **31:**184, **31:***245*
Sohn, J. E., **32:**123, **32:**132, **32:**162, **32:***213*, **32:***215*
Sohn, S. C., **27:**83, **27:**84, **27:***115*
Sohn, Y. S., **29:**205, **29:***271*
Sohoji, M. C. B. J., **28:**33, **28:***42*, **28:***44*
Sohoni, S. S., **18:**26, **18:***74*
Sokoloski, E. A., **13:**390, **13:***407*
Sokolov, N. D., **1:**174, **1:***201*
Sokolov, V. I., **23:**26, **23:***62*
Sokolow, J. A., **25:**197, **25:**198, **25:**215, **25:**217, **25:**219, **25:**220, **25:**221, **25:***259*
Sokolowska, A., **2:**243, **2:***276*
Sokol'skii, D. V., **12:**65, **12:***128*
Sola, M., **31:**174, **31:***243*
Solans, X., **25:**275, **25:**375, **25:**395, **25:***443*, **25:***444*, **25:***445*
Solc, K., **16:**7, **16:***49*
Sollenberger, P. Y., **9:**252, **9:***279*, **18:**65, **18:***76*
Solliday, N., **9:**269, **9:***279*
Solly, R. K., **6:**3, **6:**7, **6:**32, **6:**51, **6:***58*, **8:**218, **8:**227, **8:**237, **8:**240, **8:***261*, **8:***263*, **12:**59, **12:***128*, **15:**28, **15:***60*
Solodar, J., **15:**300, **15:***330*
Solodovnikov, S., **9:**128, **9:**156, **9:***182*
Solodovnikov, S. P., **5:**111, **5:***119*
Soloman, A., **31:**382, **31:***390*
Solomon, B. S., **10:**96, **10:***122*
Solomon, I., **3:**229, **3:***268*
Solomon, J. J., **21:**204, **21:***239*
Solomonik, V. G., **25:**104, **25:***263*
Solomons, C., **9:**6, **9:***23*
Solov, N. P., **9:***278*
Solov'yanov, A. A., **15:**218, **15:**220, **15:***265*
Solowiejczyk, Y., **16:**192, **16:***235*
Somade, H. M. B., **7:**103, **7:***112*
Somani, R., **21:**45, **21:**56, **21:***97*
Somasekhara, S., **11:**226, **11:***266*
Somayaji, V., **28:**179, **28:**182, **28:**189, **28:**199, **28:***204*, **29:**107, **29:**129,

29:*179*
Somers, B. G., **3:**261, **3:***268*
Somervell, D. B., **17:**258, **17:***278*
Somerville, S. M., **2:**185, **2:***196*
Sommer, G., **16:**174, **16:***233*
Sommer, J., **8:**111, **8:***148*, **9:**18, **9:**20, **9:***24*, **19:**232, **19:***376*, **23:**141, **23:***160*, **26:**297, **26:***376*
Sommer, J. M., **11:**372, **11:***383*
Sommer, L. H., **3:**175, **3:***186*, **6:**201, **6:**256, **6:**257, **6:**261, **6:***331*, **7:**192, **7:***209*, **9:***126*
Sommer, U., **12:**207, **12:***220*
Sommerdijk, J. L., **15:**179, **15:***265*
Sommermeyer, K., **17:**22, **17:**23, **17:***63*
Sommers, E. E., **3:**101, **3:***122*
Somorjai, G. A., **15:**119, **15:***146*, **15:***147*, **15:***149*
Somorjai, R. L., **16:**243, **16:**257, **16:***261*, **16:***264*, **26:**279, **26:***377*
Somsen, G., **14:**266, **14:**312, **14:***341*
Sondheimer, F., **29:**276, **29:**283, **29:**285, **29:***330*
Song, C. H., **27:**63, **27:**64, **27:**97, **27:***115*
Song, P.-S., **12:**196, **12:**207, **12:***220*
Song, N. W., **32:**166, **32:***215*
Songstad, J., **5:**185, **5:***234*, **7:**190, **7:***207*, **14:**45, **14:***65*, **16:**115, **16:***157*, **17:**153, **17:***179*, **19:**409, **19:**419, **19:***427*, **21:**212, **21:***239*, **22:**256, **22:***307*, **27:**222, **27:***237*
Sonnenberg, J., **29:**290, **29:***331*
Sonnichsen, G. C., **10:**16, **10:**17, **10:***26*
Sonntag, F. I., **6:**222, **6:***331*, **15:**92, **15:***145*
Sonoda, T., **13:**189, **13:***272*, **20:**224, **20:**225, **20:***232*
Sontum, S., **20:**223, **20:***231*
Soole, P. J., **20:**172, **20:***187*
Sooma, Y., **24:**130, **24:**161, **24:***200*
Soonq, L. M., **17:**52, **17:**55, **17:***60*
Soos, Z. G., **16:**210, **16:***236*, **26:**232, **26:**239, **26:***251*, **26:***253*
Sopchik, A. E., **25:**200, **25:**220, **25:***256*, **25:***262*
Soper, F. G., **2:**135, **2:***162*, **2:**175, **2:***199*
Soper, P. D., **25:**12, **25:***91*
Sopova, A. S., **7:**73, **7:***113*, **7:***114*
Sørensen, E., **8:**355, **8:***405*
Sorensen, G. O., **13:**48, **13:***77*
Sorensen, J. R. J., **5:**97, **5:***118*
Sørensen, O. N., **17:**107, **17:***180*
Sorensen, P. E., **22:**190, **22:***209*, **27:**23, **27:***52*
Sørensen, P. E., **30:**69, **30:***114*
Sørensen, S. P., **13:**220, **13:**221, **13:**222, **13:***276*
Sorensen, T. S., **4:**338, **4:***346*, **10:**144, **10:***152*, **11:**213, **11:**220, **11:***223*, **11:***224*, **19:**225, **19:**229, **19:**230, **19:**241, **19:**242, **19:**258, **19:**259, **19:**260, **19:**262, **19:**272, **19:**273, **19:**293, **19:**295, **19:**300, **19:**301, **19:**311, **19:**312, **19:***370*, **19:***372*, **19:***373*, **19:***377*, **19:***378*, **23:**119, **23:**120, **23:**122, **23:**125, **23:**126, **23:**128, **23:**129, **23:**130, **23:**131, **23:**132, **23:**138, **23:***162*, **24:**87, **24:**89, **24:**91, **24:***108*, **24:***109*
Sorensen, V. G., **12:**283, **12:***296*
Sorenson, P. E., **21:**179, **21:***191*
Sorge, H., **21:**29, **21:***35*
Sorgen, D. K., **14:**302, **14:***337*
Sorgo, M., de, **13:**213, **13:***268*
Soriano, J., **26:**303, **26:***377*
Sorkhabi, H. A., **26:**341, **26:***377*
Sorrensen, S. P., **18:**119, **18:***183*
Sosnovsky, G., **12:**60, **12:***126*, **13:**245, **13:***276*, **23:**273, **23:***318*
Sosonkin, I. M., **18:**169, **18:***183*, **31:**95, **31:**102, **31:***140*
Sostero, D., **17:**452, **17:**454, **17:***482*
Sostman, H. D., **11:**324, **11:***387*
Sothern, R. D., **10:**166, **10:***222*
Soti, F., **26:**135, **26:**147, **26:***176*
Soto, R., **22:**228, **22:**291, **22:***303*, **22:***308*
Souchard, I. L. J., **24:**141, **24:***204*
Soula, G., **32:**173, **32:***213*
Soumillion, J. P., **20:**202, **20:**223, **20:***232*
Soundararajan, N., **26:**217, **26:***248*
Sousa, L. R., **17:**382, **17:**383, **17:**387, **17:**389, **17:**395, **17:**396, **17:**400, **17:**401, **17:**423, **17:***425*, **17:***429*, **17:***432*
Souter, C. E., **25:**53, **25:***95*
Southam, R. M., **5:**356, **5:**371, **5:**394, **5:***396*, **5:***397*, **14:**16, **14:***62*
Southampton Electrochemistry Group (1990), **32:**3, **32:**15, **32:**29, **32:***120*

Southern, J. F., **13**:33, **13**:*81*
Southgate, R., **23**:261, **23**:*263*
Southwick, E. W., **12**:2, **12**:*129*, **13**:177, **13**:*278*
Southwick, P. L., **12**:286, **12**:*295*, **18**:161, **18**:*183*, **25**:379, **25**:*443*
Sowa, J., **17**:453, **17**:*483*
Sowden, R. G., **4**:149, **4**:171, **4**:*192*
Sowinski, A. F., **23**:52, **23**:*60*
Soylemez, T., **12**:244, **12**:272, **12**:275, **12**:*297*
Spaar, R., **9**:236, **9**:237, **9**:242, **9**:*275*
Spackman, D. H., **21**:21, **21**:*35*
Spackman, M. A., **26**:268, **26**:*377*
Spackman, R. A., **32**:55, **32**:86, **32**:*115*
Spada, L. T., **19**:78, **19**:*127*
Spaeth, C. P., **3**:254, **3**:*268*
Spagna, R., **28**:281, **28**:285, **28**:*287*, **29**:166, **29**:*181*
Spagnolo, P., **20**:112, **20**:114, **20**:*181*
Spahic, B., **17**:355, **17**:*431*
Spalding, R. E. T., **5**:325, **5**:*330*
Spall, W. D., **9**:163, **9**:*182*
Spandau, H., **13**:85, **13**:*151*
Spangenberg, K., **3**:20, **3**:22, **3**:*89*
Spanget-Larsen, J., **29**:308, **29**:*330*, **32**:173, **32**:*215*
Spangler, C. W., **32**:179, **32**:180, **32**:188, **32**:*210*
Spangler, D., **27**:232, **27**:*238*
Spanier, J., **19**:170, **19**:*220*
Spanswick, J., **13**:247, **13**:*276*, **14**:125, **14**:126, **14**:*131*, **23**:308, **23**:*321*
Sparks, B., **3**:143, **3**:156, **3**:*184*, **3**:*186*
Sparks, R. A., **1**:207, **1**:208, **1**:226, **1**:227, **1**:262, **1**:*277*, **1**:*280*
Sparks, R. K., **22**:314, **22**:*359*
Spassov, S., **25**:82, **25**:83, **25**:*95*
Spassov, S. L., **25**:33, **25**:*90*
Spatcher, D. N., **3**:159, **3**:164, **3**:*183*
Spatcher, N. D., **5**:263, **5**:*326*
Spatola, A. F., **13**:360, **13**:364, **13**:*407*
Spatz, H.-Ch., **11**:59, **11**:*118*
Spayd, R. W., **2**:11, **2**:*89*
Speakman, J. C., **1**:211, **1**:221, **1**:258, **1**:259, **1**:*276*, **1**:*277*, **1**:*280*, **22**:129, **22**:130, **22**:*206*, **22**:*208*, **22**:*210*, **26**:262, **26**:263, **26**:264, **26**:280, **26**:*375*, **26**:*377*
Spear, R. J., **19**:263, **19**:264, **19**:269, **19**:272, **19**:309, **19**:315, **19**:*376*, **29**:280, **29**:*328*
Spear, W. E., **16**:170, **16**:*236*
Speck, J. C., **11**:108, **11**:*122*
Spector, L. B., **25**:132, **25**:*263*
Spector, M. L., **7**:107, **7**:*114*
Spector, V. N., **26**:224, **26**:225, **26**:*249*, **26**:*250*
Speed, J. A., **5**:212, **5**:*233*
Speiser, B., **20**:131, **20**:132, **20**:*188*, **32**:87, **32**:*120*
Speitel, J., **13**:160, **13**:*272*
Speizman, D., **27**:221, **27**:*236*
Spek, A. L., **32**:179, **32**:191, **32**:208, **32**:*216*
Spel, T., **11**:238, **11**:*264*
Spell, A., **15**:252, **15**:*262*
Spellmeyer, D. C., **29**:277, **29**:312, **29**:314, **29**:*327*
Spence, M. J., **17**:136, **17**:*178*
Spencer, B., **30**:186, **30**:*221*
Spencer, C. M., **24**:66, **24**:*109*
Spencer, D., **14**:252, **14**:*341*
Spencer, F., **1**:61, **1**:63, **1**:*149*
Spencer, G. H., **1**:417, **1**:*422*
Spencer, J. F. T., **13**:323, **13**:*409*
Spencer, M. S., **10**:192, **10**:*224*
Spencer, P., **31**:30, **31**:*81*
Spencer, R., **17**:261, **17**:*276*
Spencer, T., **1**:62, **1**:*148*
Speranza, M., **21**:222, **21**:*239*, **28**:278, **28**:*287*
Sperati, C. R., **17**:281, **17**:*425*, **23**:41, **23**:*61*
Sperley, R. J., **6**:208, **6**:*330*
Speroni, G. P., **15**:131, **15**:*149*
Sperry, J. A., **1**:61, **1**:68, **1**:*148*, **1**:*151*
Spes, P., **29**:301, **29**:303, **29**:305, **29**:*326*
Spetnagel, W. J., **17**:443, **17**:467, **17**:469, **17**:*486*
Spetzer, W. N., **25**:200, **25**:*258*
Speziale, A. J., **11**:380, **11**:*383*
Spialter, L., **25**:295, **25**:407, **25**:408, **25**:409, **25**:410, **25**:415, **25**:439, **25**:*440*
Spielmann, W., **29**:308, **29**:*330*
Spiers, K. J., **26**:343, **26**:344, **26**:349, **26**:350, **26**:*373*
Spiess, H. W., **32**:233, **32**:*265*
Spiesecke, H., **11**:132, **11**:136, **11**:137,

11:175, **29:**230, **29:**271
Spiess, B., **17:**303, **17:**424
Spietschka, E., **5:**391, **5:**397
Spikes, J. D., **11:**28, **11:**119, **21:**28, **21:**32
Spindel, W., **23:**69, **23:**162
Spindler, E., **6:**225, **6:**326
Spindler, S. J., **17:**261, **17:**276
Spinner, E., **9:**268, **9:**269, **9:**274, **11:**331, **11:**348, **11:**390, **22:**136, **22:**145, **22:**208, **26:**275, **26:**279, **26:**280, **26:**287, **26:**291, **26:**294, **26:**298, **26:**301, **26:**302, **26:**371, **26:**377
Spirko, V., **30:**12, **30:**59
Spiro, M., **27:**264, **27:**265, **27:**291
Spiteller, G., **8:**172, **8:**212, **8:**216, **8:**265, **8:**268
Spiteller-Friedmann, M., **8:**172, **8:**268
Spitz, R., **17:**36, **17:**38, **17:**62, **17:**63
Spitzer, R., **3:**235, **3:**265, **9:**27(54), **9:**123
Spitzer, W. A., **23:**202, **23:**206, **23:**262, **23:**265
Spitznagel, G. W., **24:**14, **24:**55, **24:**87, **24:**110, **24:**152, **24:**203
Spitznagel, T. M., **31:**382, **31:**391
Spivey, E., **18:**11, **18:**72
Splitter, J. S., **8:**249, **8:**268
Spoel, H., **3:**72, **3:**81
Spohn, K. H., **13:**283, **13:**407, **16:**240, **16:**261
Spokes, G. N., **6:**2, **6:**58
Sponer, H., **1:**366, **1:**371, **1:**378, **1:**414, **1:**422
Spong, P. L., **16:**192, **16:**237
Spotswood, T. M., **8:**290, **8:**405
Spradley, L. M., **17:**261, **17:**276
Sprague, J. T., **13:**47, **13:**48, **13:**49, **13:**50, **13:**53, **13:**54, **13:**55, **13:**56, **13:**57, **13:**58, **13:**77, **22:**18, **22:**106
Spratley, R. D., **9:**28(60c), **9:**29(60c), **9:**30(60c), **9:**123
Spratt, B. G., **23:**174, **23:**180, **23:**269
Sprecher, C. M., **6:**312, **6:**236
Sprecher, M., **8:**220, **8:**267
Sprecher, R. F., **15:**21, **15:**61
Spreiter, R., **32:**204, **32:**206, **32:**209
Sprengeler, P. A., **31:**272, **31:**301, **31:**384, **31:**387, **31:**391
Springer, A., **9:**142, **9:**175
Springer, C. J., **31:**307, **31:**308, **31:**385
Springer, J. P., **21:**45, **21:**97
Sprinkle, M. R., **13:**114, **13:**116, **13:**150
Sprintschnik, G., **19:**98, **19:**129
Sprintschnik, H. W., **19:**93, **19:**98, **19:**127, **19:**129
Sproat, B. S., **25:**116, **25:**262
Sprung, J. L., **7:**198, **7:**209
Spunta, G., **11:**364, **11:**385
Spurlock, L. A., **19:**287, **19:**378
Spurlock, S., **12:**15, **12:**126
Squillacote, M. E., **23:**142, **23:**144, **23:**146, **23:**160
Squires, R. R., **18:**57, **18:**64, **18:**77, **24:**12, **24:**37, **24:**43, **24:**44, **24:**46, **24:**51, **24:**52, **24:**54, **24:**55, **29:**314, **29:**327
Srdanov, G., **26:**232, **26:**239, **26:**253
Sridaran, P., **26:**72, **26:**128
Sridhar, N., **17:**346, **17:**428
Sridhar, R., **31:**133, **31:**140
Sridharan, S., **31:**170, **31:**172, **31:**175, **31:**248
Srinivasachar, K., **20:**208, **20:**233
Srinivasan, P., **27:**177, **27:**238
Srinivasan, P. R., **23:**189, **23:**190, **23:**206, **23:**262, **23:**268
Srinivasan, R., **4:**165, **4:**171, **4:**181, **4:**183, **4:**192, **6:**116, **6:**181, **6:**222, **6:**331, **13:**35, **13:**77, **18:**9, **18:**76, **19:**101, **19:**127, **24:**103, **24:**111, **29:**63, **29:**68
Srinivasan, R. G., **26:**261, **26:**377
Srinivasan, S., **7:**295, **7:**328
Srinivasan, S. K., **10:**166, **10:**194, **10:**220
Srivanavit, C., **17:**282, **17:**306, **17:**307, **17:**432
Srivastava, S., **25:**117, **25:**263
Srivastava, S. K., **22:**223, **22:**236, **22:**290, **22:**308
Staab, H. A., **11:**322, **11:**326, **11:**388, **11:**390, **26:**275, **26:**323, **26:**324, **26:**325, **26:**377, **26:**378, **26:**379
Staats, G., **4:**232, **4:**242, **4:**304
Stabinsky, Y., **17:**97, **17:**175
Stacey, K. A., **17:**453, **17:**487
Stacey, M., **25:**270, **25:**271, **25:**328, **25:**443
Stach, R. W., **13:**256, **13:**274
Stackelberg, M. v., **5:**30, **5:**52
Stackhouse, J., **23:**192, **23:**269, **24:**137, **24:**204

Stackhouse, J. F., **17**:174, **17**:*176*
Stadler, E., **22**:244, **22**:298, **22**:*308*
Stadler, S., **32**:166, **32**:171, **32**:172, **32**:177, **32**:191, **32**:199, **32**:200, **32**:201, **32**:202, **32**:*208*, **32**:*209*, **32**:*212*, **32**:*215*
Staerk, H., **19**:6, **19**:50, **19**:*127*, **19**:*129*
Stafford, F. E., **1**:23, **1**:24, **1**:25, **1**:26, **1**:*32*, **2**:125, **2**:126, **2**:136, **2**:*161*, **5**:342, **5**:*397*
Stähelin, M., **32**:172, **32**:183, **32**:184, **32**:*212*, **32**:*214*, **32**:*215*
Stahl, D., **19**:253, **19**:*378*, **24**:80, **24**:*105*
Stahl, H. O., **29**:205, **29**:*267*
Stahl, M., **31**:311, **31**:382, **31**:*391*
Stahl, N., **27**:23, **27**:33, **27**:*55*
Stainbank, R. E., **23**:36, **23**:*62*
Staley, R. H., **13**:136, **13**:*152*, **21**:221, **21**:*240*, **28**:221, **28**:222, **28**:278, **28**:*291*
Staley, S. W., **28**:12, **28**:24, **28**:*41*, **28**:*44*
Stallberg-Stenhagen, S., **28**:103, **28**:*137*
Stallings, W., **25**:123, **25**:149, **25**:150, **25**:152, **25**:171, **25**:230, **25**:*261*
Stallings, W. C., **26**:306, **26**:*376*
Stam, C. H., **29**:298, **29**:*330*
Stam, J. G., **8**:249, **8**:*265*
Stam, M., **17**:451, **17**:459, **17**:*482*, **23**:225, **23**:*263*
Stam, M. F., **13**:255, **13**:257, **13**:*269*, **13**:*271*
Stamhuis, E. J., **6**:78, **6**:82, **6**:*100*, **9**:188, **9**:189, **9**:191, **9**:261, **9**:*279*, **11**:352, **11**:*391*
Stamires, D. M., **13**:191, **13**:*276*
Stamires, D. N., **5**:86, **5**:*118*, **16**:217, **16**:*231*
Stamm, H., **7**:297, **7**:*330*
Stamm, O. A., **2**:167, **2**:172, **2**:*198*
Stammers, M. A., **32**:164, **32**:166, **32**:179, **32**:191, **32**:199, **32**:201, **32**:*213*
Stamp, A., **12**:192, **12**:*215*
Stamper, W. E., **1**:134, **1**:*152*
Stanbury, D. M., **18**:124, **18**:*183*
Standaert, R. F. D., **29**:107, **29**:*182*, **29**:*183*
Stanek-Gwana, J., **25**:193, **25**:*263*
Stanford, S. C., **1**:168, **1**:*198*
Stang, P. J., **9**:236, **9**:237, **9**:239, **9**:241, **9**:247, **9**:248, **9**:*275*, **9**:*277*, **9**:*278*, **9**:*279*, **11**:183, **11**:*224*, **13**:7, **13**:16, **13**:19, **13**:*82*, **19**:334, **19**:*379*, **32**:303, **32**:*384*
Stangl, H., **2**:262, **2**:265, **2**:266, **2**:*276*
Stangl, R., **29**:233, **29**:*269*
Stanienda, A., **13**:196, **13**:203, **13**:*276*
Stankevich, D., **17**:108, **17**:*179*
Stanley, H. E., **26**:226, **26**:*251*
Stanley, J. P., **12**:235, **12**:*296*, **15**:25, **15**:*60*
Stansbury, E. J., **3**:75, **3**:*82*
Stanton, G., **1**:70, **1**:71, **1**:72, **1**:*148*
Staples, T. L., **12**:85, **12**:*128*
Stapleton, B. J., **21**:234, **21**:*238*, **24**:28, **24**:*51*
Stapley, E. O., **23**:166, **23**:*267*
Staral, J. S., **19**:241, **19**:267, **19**:269, **19**:309, **19**:318, **19**:*376*, **19**:*379*, **23**:141, **23**:146, **23**:*160*, **29**:233, **29**:*270*, **29**:280, **29**:*328*
Starer, I., **8**:139, **8**:*148*, **10**:50, **10**:*52*
Staring, E. G. J., **32**:180, **32**:*215*
Stark, F. O., **3**:175, **3**:*186*
Stark, M., **19**:103, **19**:*121*
Stark, R. E., **16**:243, **16**:247, **16**:*264*
Stark, W. M., **23**:166, **23**:*267*
Starkey, J. D., **14**:146, **14**:*201*
Starkova, S. D., **13**:178, **13**:*276*
Starks, C. M., **15**:267, **15**:294, **15**:297, **15**:300, **15**:305, **15**:307, **15**:312, **15**:316, **15**:*330*, **17**:280, **17**:312, **17**:313, **17**:*432*
Stasicka, Z., **31**:123, **31**:*140*
Staudinger, H., **5**:333, **5**:353, **5**:*398*
Stauff, J., **8**:306, **8**:*405*, **18**:198, **18**:203, **18**:*236*, **18**:*238*
Stauffer, C. E., **21**:45, **21**:47, **21**:*98*
Stauffer, C. H., **3**:94, **3**:99, **3**:*121*, **18**:3, **18**:*71*
Stauffer, D. M., **24**:135, **24**:136, **24**:137, **24**:138, **24**:*203*, **24**:*204*
Staum, M. M., **2**:53, **2**:*88*
Staveley, L. A. K., **3**:94, **3**:*122*
Stavinoha, J. L., **19**:111, **19**:*123*, **19**:*127*
Stawitz, J., **29**:300, **29**:*329*
Steacie, E. W. R., **1**:395, **1**:*422*, **8**:46, **8**:*76*, **15**:19, **15**:*61*
Stead, D. M., **25**:333, **25**:*444*
Stead, K., **16**:27, **16**:*48*

Stearn, A. E., **2**:98, **2**:*162*
Stearn, G. M., **32**:59, **32**:92, **32**:*115*
Stearns, R. S., **8**:282, **8**:285, **8**:*402*
Stebler, M., **29**:98, **29**:*183*
Stec, W. J., **25**:219, **25**:222, **25**:223, **25**:226, **25**:*256*, **25**:*257*, **25**:*258*, **25**:*261*
Stechl, H.-H., **4**:170, **4**:*192*
Steckham, E., **13**:251, **13**:262, **13**:*276*
Steckhan, E., **12**:16, **12**:17, **12**:57, **12**:*127*, **18**:168, **18**:*183*, **19**:204, **19**:205, **19**:*221*, **20**:62, **20**:96, **20**:97, **20**:98, **20**:101, **20**:102, **20**:*183*, **20**:*188*
Stedman, G., **1**:52, **1**:72, **1**:*152*, **1**:157, **1**:192, **1**:194, **1**:*198*, **4**:298, **4**:*302*, **16**:16–20, **16**:22, **16**:*47–49*, **19**:382, **19**:388, **19**:389, **19**:390, **19**:397, **19**:399, **19**:400, **19**:418, **19**:419, **19**:420, **19**:424, **19**:*425*, **19**:*426*, **19**:*427*, **19**:*428*
Stedronsky, E., **5**:373, **5**:*398*
Stedronsky, E. R., **6**:322, **6**:*331*
Steel, C., **4**:167, **4**:180, **4**:*192*, **10**:96, **10**:*122*
Steel, K. D., **3**:37, **3**:*87*
Steele, R. B., **6**:267, **6**:276, **6**:*332*
Steele, W. A., **10**:3, **10**:*26*
Steele, W. R. S., **22**:135, **22**:136, **22**:165, **22**:166, **22**:*205*, **26**:323, **26**:324, **26**:*368*
Steelhammer, J. C., **26**:38, **26**:51, **26**:54, **26**:*129*
Steenken, S., **18**:138, **18**:149, **18**:158, **18**:*181*, **18**:*183*, **27**:227, **27**:*237*, **27**:254, **27**:260, **27**:262, **27**:263, **27**:265, **27**:266, **27**:271, **27**:275, **27**:276, **27**:279, **27**:280, **27**:282, **27**:284, **27**:285, **27**:286, **27**:*290*, **28**:33, **28**:*42*, **28**:286, **28**:*289*, **29**:51, **29**:*67*, **29**:*68*, **29**:83, **29**:256, **29**:*265*, **29**:*270*, **31**:120, **31**:133, **31**:*137*, **31**:*140*, **32**:366, **32**:367, **32**:368, **32**:371, **32**:*382*
Steeper, J. R., **9**:155, **9**:*176*
Stefani, A. P., **4**:58, **4**:*71*, **7**:27, **7**:*111*, **8**:45, **8**:47, **8**:67, **8**:*75*, **9**:133, **9**:142, **9**:*182*, **9**:*183*, **12**:31, **12**:*128*, **16**:76, **16**:77, **16**:*85*, **16**:*86*
Stefanidis, D., **27**:133, **27**:134, **27**:174, **27**:179, **27**:180, **27**:181, **27**:*235*, **27**:*238*
Stefanović, D., **6**:307, **6**:*330*
Steffa, L. J., **7**:323, **7**:*330*
Steffen, M., **26**:261, **26**:267, **26**:*376*
Steffens, J. J., **17**:237, **17**:*278*, **24**:95, **24**:*111*
Stegel, F., **7**:240, **7**:*256*
Stegemeyer, H., **4**:227, **4**:*304*
Stegmann, H. B., **10**:99, **10**:*127*, **17**:10, **17**:*63*
Stehlik, D., **10**:55, **10**:*125*
Stehower, K., **19**:264, **19**:*379*
Steigel, A., **16**:243, **16**:*263*, **25**:10, **25**:*96*
Steiger, A. L. von, **3**:8, **3**:*89*
Steiger, H., **23**:49, **23**:*62*
Steigerwald, M. L., **24**:65, **24**:*111*
Steigman, J., **14**:2, **14**:*66*
Stein, A., **5**:313, **5**:*329*, **14**:297, **14**:*350*
Stein, A. R., **23**:300, **23**:*321*, **31**:234, **31**:236, **31**:*247*
Stein, J., **32**:200, **32**:*214*
Stein, S., **3**:153, **3**:*185*
Stein, S. E., **22**:26, **22**:*110*
Stein, U., **20**:148, **20**:*182*
Stein, W. D., **21**:21, **21**:*31*, **21**:*35*
Stein, W. H., **21**:21, **21**:*32*, **21**:*35*
Steinacker, K., **9**:73(104), **9**:*125*
Steinberg, A., **2**:251, **2**:*274*
Steinberg, G. M., **28**:201, **28**:*205*
Steinberg, H., **5**:81, **5**:*118*, **15**:42, **15**:*61*, **18**:31, **18**:*77*
Steinberg, M., **12**:30, **12**:*123*
Steinberger, N., **5**:66, **5**:*118*
Steinberger, R., **21**:21, **21**:*35*, **21**:41, **21**:*97*
Steiner, B. W., **24**:62, **24**:*111*
Steiner, E. C., **14**:146, **14**:188, **14**:*198*, **14**:*201*, **15**:179, **15**:180, **15**:181, **15**:213, **15**:*261*
Steiner, E. G., **7**:3, **7**:*109*
Steiner, G., **30**:187, **30**:*218*
Steiner, H., **5**:337, **5**:349, **5**:*396*, **7**:262, **7**:278, **7**:297, **7**:*329*, **8**:23, **8**:*77*
Steinert, H., **14**:327, **14**:*345*
Steinhardt, J., **8**:395, **8**:*405*
Steinhoff, G., **23**:193, **23**:*270*
Steinleitner, H. D., **28**:188, **28**:*204*
Steinmetz, H., **6**:269, **6**:*331*

Steinmetz, M. G., **18**:209, **18**:*238*, **19**:82, **19**:*129*
Steinmetzer, H.-C., **18**:189, **18**:191, **18**:193, **18**:202, **18**:210, **18**:226, **18**:*234*, **18**:*237*, **18**:*238*
Steinwand, P. J., **6**:65, **6**:71, **6**:73, **6**:75, **6**:78, **6**:85, **6**:92, **6**:93, **6**:95, **6**:96, **6**:*100*, **7**:279, **7**:297, **7**:*329*
Steinwedel, H., **8**:90, **8**:*149*
Steier, W. H., **32**:123, **32**:129, **32**:158, **32**:*210*
Steitz, T. A., **11**:64, **11**:*121*, **21**:30, **21**:*34*
Stejskal, E. O., **11**:332, **11**:*391*, **13**:388, **13**:*414*
Stekhova, S. A., **26**:317, **26**:*374*
Stell, J. K., **31**:112, **31**:134, **31**:*137*
Stella, L., **20**:175, **20**:177, **20**:178, **20**:*188*, **24**:49, **24**:*55*, **26**:132, **26**:136, **26**:137, **26**:138, **26**:147, **26**:148, **26**:150, **26**:154, **26**:174, **26**:*175*, **26**:*176*, **26**:*178*
Steller, K. E., **11**:237, **11**:*265*
Stellman, S. D., **13**:59, **13**:*82*
Steltner, A., **17**:167–9, **17**:*176*, **27**:23, **27**:37, **27**:*52*
Stelzer, O., **25**:47, **25**:*93*
Stempel, K. E., **18**:209, **18**:*235*, **18**:*238*
Stenberg, V. I., **12**:205, **12**:*220*
Stener, A., **22**:291, **22**:*305*
Stenerup, H., **20**:60, **20**:*183*
Stenhagen, E., **28**:103, **28**:*137*
Stepanov, B. I., **2**:181, **2**:*198*, **24**:91, **24**:*108*
Stephan, W., **24**:68, **24**:*111*
Stephans, J. C., **31**:294, **31**:295, **31**:383, **31**:385, **31**:*387*, **31**:*388*, **31**:*392*
Stephen, M. J., **3**:71, **3**:72, **3**:*82*
Stephens, A., **9**:155, **9**:*179*
Stephens, D. B., **31**:310, **31**:383, **31**:*391*
Stephens, R., **7**:28, **7**:30, **7**:*109*, **7**:*110*, **7**:*113*
Stephens, R. D., **5**:108, **5**:*117*
Stephenson, B., **32**:286, **32**:*380*
Stephenson, D. L., **7**:181, **7**:*205*
Stephenson, G. R., **32**:191, **32**:*211*
Stepisnik, J., **26**:280, **26**:*378*
Stepukhovich, A. D., **9**:132, **9**:*182*
Sterba, V., **18**:57, **18**:*75*
Sterin, K. E., **11**:216, **11**:*222*
Sterin, Kh. E., **1**:176, **1**:177, **1**:*197*
Sterlin, R. N., **7**:26, **7**:*111*
Stermitz, F. R., **8**:251, **8**:*268*, **12**:16, **12**:*120*
Stern, A., **13**:358, **13**:*409*
Stern, C. L., **30**:162, **30**:*170*
Stern, E. S., **1**:93, **1**:*149*, **2**:134, **2**:*159*
Stern, E. W., **7**:107, **7**:*114*
Stern, G., **12**:151, **12**:154, **12**:*218*
Stern, J. H., **14**:252, **14**:263, **14**:273, **14**:274, **14**:309, **14**:329, **14**:330, **14**:*350*
Stern, K. H., **14**:218, **14**:*351*
Stern, M. J., **10**:10, **10**:19, **10**:*27*, **31**:215, **31**:*247*, **31**:*248*
Stern, M., **23**:69, **23**:*162*
Stern, O., **2**:94, **2**:*162*
Stern, P. S., **25**:38, **25**:*89*
Sterna, L., **20**:34, **20**:*53*
Sternbach, D. D., **29**:15, **29**:*68*
Sternberg, H. W., **10**:173, **10**:175, **10**:*224*, **10**:*225*, **12**:13, **12**:67, **12**:69, **12**:70, **12**:*128*
Sternerup, H., **12**:4, **12**:33, **12**:57, **12**:96, **12**:97, **12**:*119*, **12**:*120*, **12**:*128*
Sternfels, R. J., **19**:21, **19**:*119*
Sternheimer, R. M., **3**:26, **3**:*89*
Sternhell, S., **11**:124, **11**:129, **11**:139, **11**:*174*, **18**:163, **18**:*175*, **25**:74, **25**:*93*
Sternlicht, H., **13**:350, **13**:352, **13**:371, **13**:374, **13**:388, **13**:*408*, **13**:*410*, **13**:*413*, **13**:*414*
Stetter, H., **9**:73(104), **9**:*125*, **30**:103, **30**:*115*
Steudel, R., **7**:161, **7**:*209*
Steven, J. R., **5**:69, **5**:80, **5**:*117*, **5**:*118*
Stevens, C. G., **14**:96, **14**:*131*
Stevens, C. L., **6**:277, **6**:*331*
Stevens, D. C., **4**:326, **4**:*345*
Stevens, D. R., **21**:212, **21**:*240*
Stevens, E. D., **22**:129, **22**:*211*
Stevens, F. J., **31**:382, **31**:*390*
Stevens, G., **7**:193, **7**:*203*, **10**:103, **10**:*123*, **22**:327, **22**:335, **22**:*357*
Stevens, G. C., **12**:244, **12**:272, **12**:278, **12**:290, **12**:*294*, **12**:*297*
Stevens, G. G., **16**:224, **16**:*231*
Stevens, I. D. R., **2**:260, **2**:*274*, **4**:165, **4**:166, **4**:*192*, **6**:293, **6**:*324*, **7**:174, **7**:177, **7**:*204*

Stevens, J. B., **11**:294, **11**:331, **11**:333, **11**:334, **11**:*392,* **13**:95, **13**:104, **13**:*153*, **23**:210, **23**:*270*
Stevens, J. D., **13**:300, **13**:*411*
Stevens, J. E., **17**:250, **17**:*278*
Stevens, K. W. H., **22**:321, **22**:*360*
Stevens, N. P. C., **32**:87, **32**:*120*
Stevens, R. C., **31**:263, **31**:*390*
Stevens, R. D. S., **12**:191, **12**:202, **12**:*216*
Stevens, R. M., **17**:343, **17**:*430*
Stevens, R. V., **11**:381, **11**:*391*, **24**:120, **24**:*204*
Stevens, T. S., **5**:387, **5**:*395*, **7**:172, **7**:*203*
Stevens, W., **2**:77, **2**:*90*
Stevenson, B., **3**:99, **3**:100, **3**:*122*
Stevenson, B. K., **19**:298, **19**:*371*
Stevenson, D. P., **8**:112, **8**:115, **8**:130, **8**:*148*, **8**:*149*, **8**:166, **8**:199, **8**:207, **8**:217, **8**:242, **8**:*268*, **21**:205, **21**:*238*
Stevenson, G. R., **18**:120, **18**:*183*
Stevenson, P. E., **15**:160, **15**:*265*, **25**:45, **25**:*87*
Stevenson, S. H., **32**:162, **32**:179, **32**:180, **32**:188, **32**:*210*
Stevermann, B., **26**:191, **26**:*251*, **30**:27, **30**:*60*
Steward, M. V., **28**:46, **28**:71, **28**:72, **28**:118, **28**:121, **28**:*135*, **28**:*137*
Stewart, D. G., **1**:214, **1**:*276*
Stewart, D. R., **31**:72, **31**:*83*
Stewart, E. T., **13**:6, **13**:*78*
Stewart, F., **6**:290, **6**:*332*
Stewart, F. H. C., **6**:172, **6**:*180*
Stewart, G. H., **6**:201, **6**:*326*, **6**:*331*
Stewart, J., **17**:72, **17**:76, **17**:*177*
Stewart, J. D., **31**:268, **31**:271, **31**:280, **31**:281, **31**:284, **31**:311, **31**:312, **31**:*389*, **31**:*390*, **31**:*391*
Stewart, J. H., **21**:236, **21**:*238*, **21**:240, **24**:12, **24**:13, **24**:*55*
Stewart, J. J. P., **25**:26, **25**:*88*, **26**:260, **26**:*369*, **30**:132, **30**:*169*, **31**:187, **31**:*244*, **31**:*245*
Stewart, J. M., **5**:206, **5**:207, **5**:*234*
Stewart, J. W., **2**:112, **2**:*162*
Stewart, L. C., **22**:295, **22**:*307*
Stewart, M. A. H., **25**:68, **25**:*96*
Stewart, R., **2**:146, **2**:*159*, **3**:151, **3**:*186*, **4**:13, **4**:14, **4**:15, **4**:*29*, **7**:227, **7**:234, **7**:241, **7**:*254*, **7**:*255*, **7**:*257*, **9**:144, **9**:*182*, **11**:284, **11**:331, **11**:333, **11**:336, **11**:366, **11**:*385*, **11**:*391*, **14**:143, **14**:144, **14**:145, **14**:146, **14**:147, **14**:148, **14**:149, **14**:152, **14**:167, **14**:168, **14**:169, **14**:182, **14**:*196*, **14**:*197*, **14**:*198*, **14**:*199*, **14**:*200*, **14**:*201*, **18**:9, **18**:*76*, **22**:166, **22**:*207*, **24**:61, **24**:71, **24**:91, **24**:*111*, **27**:177, **27**:*238*, **29**:63, **29**:*68,* **32**:316, **32**:380, **32**:*385*
Stewart, R. F., **11**:193, **11**:*223*, **15**:82, **15**:*149*
Stewart, T., **1**:11, **1**:*33*
Stewart, W. E., **23**:194, **23**:*269*, **25**:76, **25**:*95,* **32**:87, **32**:*120*
Stewen, U., **26**:150, **26**:158, **26**:159, **26**:*177*, **26**:*178*, **30**:185, **30**:*218*
Steybe, F., **32**:167, **32**:179, **32**:188, **32**:193, **32**:*215*
Steyn, P. S., **5**:351, **5**:390, **5**:*399*
Steytler, D. C., **22**:218, **22**:*307*
Stezowski, J. J., **29**:166, **29**:*181*, **30**:136, **30**:*171*
Stickler, S. J., **12**:143, **12**:*220*
Stiddard, M. H. B., **16**:161, **16**:*236*
Stiegerwald, C., **9**:136, **9**:*177*
Stieglitz, J., **9**:272, **9**:*279*
Stiegman, A. E., **32**:179, **32**:180, **32**:188, **32**:210, **32**:*215*
Stienstra, F., **3**:11, **3**:*80*
Stier, A., **17**:55, **17**:*60*
Stigter, D., **8**:278, **8**:*405*, **22**:219, **22**:240, **22**:242, **22**:*308*
Stilbs, P., **16**:247, **16**:*264*, **25**:11, **25**:63, **25**:*87*, **25**:*96*
Stiles, M., **6**:2, **6**:7, **6**:23, **6**:*58*, **6**:*60*
Stiles, P. J., **14**:115, **14**:*131*, **28**:121, **28**:*136*
Still, W. C., **18**:41, **18**:*76*
Stille, J. K., **17**:58, **17**:*64*, **23**:4, **23**:24, **23**:25, **23**:26, **23**:32, **23**:*58*, **23**:*61*, **23**:*62*
Stillinger, F. H., **14**:220, **14**:222, **14**:235, **14**:236, **14**:250, **14**:251, **14**:*338*, **14**:*344*, **14**:*346*, **14**:*349*, **14**:*350*, **14**:*351,* **32**:221, **32**:*263*
Stillman, M. J., **19**:98, **19**:*121*, **25**:438, **25**:*445*
Stilz, H. U., **29**:162, **29**:*182*
Stimson, E. R., **14**:274, **14**:*351*

Stimson, V. R., **1**:25, **1**:*32*, **1**:*33*, **3**:117, **3**:118, **3**:*121*, **3**:*122*, **8**:239, **8**:*264*
Stimson, W. H., **31**:382, **31**:384, **31**:*388*, **31**:*391*
Stipa, P., **31**:94, **31**:107, **31**:131, **31**:132, **31**:135, **31**:*137*
Stirling, C. J. M., **7**:54, **7**:55, **7**:76, **7**:93, **7**:94, **7**:*111*, **7**:*114*, **17**:97, **17**:100, **17**:101, **17**:106, **17**:108, **17**:110, **17**:136, **17**:158, **17**:*180*, **17**:206, **17**:207, **17**:209, **17**:258, **17**:*275*, **17**:*277*, **22**:77, **22**:79, **22**:89, **22**:91, **22**:*110*, **23**:195, **23**:203, **23**:*264*, **23**:*269*, **27**:84, **27**:*116*
Stirton, A. J., **8**:306, **8**:321, **8**:322, **8**:329, **8**:*398*, **8**:*402*, **8**:*405*, **8**:*406*
Stivala, S. S., **9**:134, **9**:*187*
Stivers, E. C., **6**:71, **6**:95, **6**:*101*, **18**:12, **18**:*76*, **23**:72, **23**:*162*, **31**:181, **31**:219, **31**:223, **31**:*247*
St. Jacques, M., **13**:64, **13**:*77*
Stobart, S. R., **23**:41, **23**:*59*
Stock, L. M., **1**:36, **1**:45, **1**:46, **1**:48, **1**:49, **1**:52, **1**:54, **1**:55, **1**:58, **1**:61, **1**:62, **1**:67, **1**:68, **1**:72, **1**:74, **1**:75, **1**:76, **1**:92, **1**:96, **1**:98, **1**:102, **1**:107, **1**:108, **1**:109, **1**:111, **1**:113, **1**:118, **1**:122, **1**:125, **1**:128, **1**:134, **1**:136, **1**:139, **1**:140, **1**:141, **1**:144, **1**:*149*, **1**:*150*, **1**:*154*, **1**:192, **1**:193, **1**:*201*, **4**:119, **4**:120, **4**:*145*, **4**:298, **4**:*300*, **5**:103, **5**:*116*, **6**:305, **6**:306, **6**:*324*, **6**:*327*, **11**:283, **11**:*391*, **14**:117, **14**:*128*, **14**:*131*, **16**:23, **16**:39, **16**:*49*, **19**:413, **19**:*428*, **28**:252, **28**:*291*, **32**:269, **32**:*385*
Stockdale, J. A., **7**:125, **7**:*150*
Stockel, R. F., **7**:29, **7**:*114*
Stocken, L. A., **14**:78, **14**:*130*
Stocker, D., **1**:233, **1**:*276*
Stocker, J. H., **2**:6, **2**:*90*, **12**:98, **12**:*128*
Stockhausen, K., **12**:244, **12**:258, **12**:272, **12**:278, **12**:*297*
Stöckli, A., **32**:234, **32**:*265*
Stöcklin, G., **2**:247, **2**:255, **2**:259, **2**:261, **2**:262, **2**:263, **2**:265, **2**:266, **2**:267, **2**:*273*, **2**:*276*
Stockmair, W., **2**:124, **2**:*162*
Stockmayer, W. H., **1**:105, **1**:*154*, **16**:7, **16**:*49*, **22**:10, **22**:69, **22**:*109*
Stoddart, J. F., **13**:59, **13**:*81*, **17**:287, **17**:289, **17**:291, **17**:307, **17**:366, **17**:367, **17**:369, **17**:370, **17**:377, **17**:380–2, **17**:388, **17**:406, **17**:*424–6*, **17**:*429–32*, **29**:2, **29**:4, **29**:*68*
Stoermer, R., **6**:1, **6**:*60*
Stoffel, W., **13**:383, **13**:385, **13**:386, **13**:388, **13**:*414*
Stoffer, J. O., **7**:18, **7**:*111*
Stofko, J. J., Jr., **19**:229, **19**:230, **19**:256, **19**:257, **19**:258, **19**:*377*, **24**:89, **24**:*111*
Støgard, A., **26**:300, **26**:*378*
Stohrer, W.-D., **19**:302, **19**:307, **19**:337, **19**:339, **19**:355, **19**:*372*, **19**:*379*
Stohrer, W. D., **29**:301, **29**:303, **29**:*326*
Stoicheff, B. P., **1**:226, **1**:*278*, **1**:398, **1**:399, **1**:404, **1**:*419*, **1**:*421*
Stokes, J. M., **14**:143, **14**:*199*
Stokes, R. H., **2**:107, **2**:*161*, **5**:185, **5**:*235*, **14**:143, **14**:*199*, **14**:207, **14**:214, **14**:241, **14**:260, **14**:*350*, **14**:*351*, **21**:78, **21**:*97*
Stokes, S. E., **31**:50, **31**:51, **31**:54, **31**:55, **31**:66, **31**:*81*
Stølevik, R., **25**:34, **25**:*89*
Stolfo, J., **13**:59, **13**:*81*
Stolka, M. M., **19**:77, **19**:*122*
Stoll, M., **17**:188, **17**:258, **17**:*278*, **22**:4, **22**:5, **22**:6, **22**:8, **22**:31, **22**:33, **22**:34, **22**:35, **22**:102, **22**:*107*, **22**:*110*
Stollar, B. D., **31**:256, **31**:*390*
Stollar, H., **11**:346, **11**:*385*
Stoll-Comte, G., **22**:4, **22**:5, **22**:6, **22**:8, **22**:31, **22**:*110*
Stoller, L., **8**:392, **8**:*406*, **14**:257, **14**:260, **14**:*352*
Stolze, K., **31**:129, **31**:*140*
Stomberg, R., **26**:261, **26**:299, **26**:*378*
Stone, A., **17**:136, **17**:*176*
Stone, A. J., **5**:59, **5**:*118*
Stone, E. W., **5**:102, **5**:*118*
Stone, F. G. A., **7**:15, **7**:26, **7**:31, **7**:*110*, **29**:217, **29**:*268*
Stone, G. A., **23**:112, **23**:*162*
Stone G. S., **5**:297, **5**:*327*
Stone, H., **13**:192, **13**:*275*
Stone, J., **14**:248, **14**:*343*
Stone, P. G., **19**:87, **19**:*117*, **19**:*127*
Stone, R. H., **3**:94, **3**:99, **3**:*122*

Stone, R. R., **3**:170, **3**:171, **3**:172, **3**:*183*
Stone, T. J., **1**:288, **1**:306, **1**:313, **1**:*362*, **5**:71, **5**:86, **5**:90, **5**:91, **5**:99, **5**:106, **5**:*115*, **5**:*118*
Stoner, M. R., **8**:247, **8**:*262*
Storch, D. M., **27**:233, **27**:*235*
Storer, J. W., **29**:277, **29**:311, **29**:321, **29**:*330*, **31**:242, **31**:*247*
Storesund, H. J., **14**:14, **14**:*66*
Storey, P. M., **18**:149, **18**:*181*
Stork, G., **6**:251, **6**:*331*, **10**:43, **10**:*52*, **18**:41, **18**:*76*, **31**:292, **31**:*391*
Stork, K., **17**:6, **17**:*59*
Storm, C. B., **11**:65, **11**:*120*, **22**:143, **22**:*211*
Storm, D. R., **11**:8, **11**:10, **11**:11, **11**:12, **11**:*122*, **17**:222, **17**:240, **17**:244, **17**:253, **17**:*278*, **22**:27, **22**:71, **22**:*110*
Storr, R. C., **6**:31, **6**:42, **6**:*60*, **9**:213, **9**:*279*, **10**:116, **10**:*125*, **29**:110, **29**:*181*
Story, P. R., **19**:343, **19**:*379*, **26**:68, **26**:*129*, **29**:278, **29**:279, **29**:287, **29**:288, **29**:290, **29**:292, **29**:*330*
Störzbach, M., **32**:93, **32**:*117*
Storzer, W., **25**:125, **25**:*263*
Stothers, J. B., **1**:*419*, **11**:124, **11**:127, **11**:140, **11**:141, **11**:153, **11**:157, **11**:160, **11**:*173*, **11**:*175*, **13**:280, **13**:282, **13**:283, **13**:287, **13**:288, **13**:289, **13**:290, **13**:291, **13**:296, **13**:300, **13**:308, **13**:324, **13**:326, **13**:327, **13**:328, **13**:329, **13**:334, **13**:348, **13**:349, **13**:350, **13**:352, **13**:*414*, **13**:*415*, **16**:245, **16**:*261*, **23**:189, **23**:*264*
Stotz, R., **20**:146, **20**:*184*
Stoudt, C., **31**:383, **31**:*390*
Stouffer, J. E., **3**:181, **3**:*183*, **3**:*184*
Stoughton, R. W., **14**:241, **14**:*346*
Stoute, V. A., **19**:88, **19**:*127*
Stove, E. R., **23**:261, **23**:*263*
Stowell, J. C., **17**:14, **17**:*63*, **28**:107, **28**:*136*
Stowers, J., **17**:461, **17**:*483*
Stoyanovskaya, Ya. I., **17**:137, **17**:*175*
St. Pierre, T., **17**:261, **17**:*278*
Strachan, A. N., **16**:27, **16**:*47*
Strachan, E., **20**:124, **20**:*185*, **22**:322, **22**:*360*
Strachan, W. M. J., **11**:376, **11**:*391*, **14**:257, **14**:*346*
Stracke, W., **10**:194, **10**:*225*, **26**:54, **26**:68, **26**:*130*
Stradins, J., **26**:315, **26**:*372*
Strähle, M., **23**:88, **23**:*161*
Strain, W. H., **5**:333, **5**:353, **5**:*398*
Strait, L. A., **8**:281, **8**:283, **8**:284, **8**:*404*
Strandberg, B. E., **21**:3, **21**:*33*
Strandberg, M. W. P., **1**:395, **1**:404, **1**:*421*, **1**:*423*
Strandjord, A. J. G., **22**:146, **22**:*212*
Strange, J. H., **3**:222, **3**:223, **3**:224, **3**:251, **3**:*268*
Strangeland, L. J., **17**:164, **17**:*180*
Straniforth, S. E., **23**:187, **23**:*265*
Stransky, **11**:2, **11**:313, **11**:*391*
Stratenna, J. L., **11**:231, **11**:*265*
Strating, J., **5**:347, **5**:*396*, **5**:*397*, **5**:*398*, **7**:31, **7**:*108*, **7**:*209*, **7**:210, **17**:109, **17**:129, **17**:*176*, **17**:*180*, **28**:210, **28**:218, **28**:223, **28**:249, **28**:280, **28**:282, **28**:*291*
Straub, P. A., **6**:191, **6**:246, **6**:*327*
Straub, T. S., **6**:66, **6**:67, **6**:68, **6**:69, **6**:71, **6**:90, **6**:93, **6**:96, **6**:*99*, **6**:*100*, **6**:249, **6**:268, **6**:*328*, **7**:297, **7**:*329*, **17**:464, **17**:465, **17**:*486*, **21**:59, **21**:*96*, **21**:*98*, **29**:5, **29**:15, **29**:16, **29**:50, **29**:*68*, **29**:70
Strauch, B. S., **5**:289, **5**:296, **5**:301, **5**:*329*
Straus, D. A., **23**:91, **23**:*159*
Strauss, E. S., **29**:310, **29**:*324*
Strauss, G., **22**:278, **22**:*308*
Strauss, H. L., **11**:307, **11**:*387*, **18**:120, **18**:*183*
Strauss, M. J., **7**:225, **7**:*256*, **14**:175, **14**:*201*
Strauss, U. P., **17**:442, **17**:443, **17**:*483*, **17**:*486*
Strauss, W., **2**:116, **2**:122, **2**:*160*, **2**:*162*
Strausz, O. P., **6**:37, **6**:*60*, **6**:221, **6**:274, **6**:322, **6**:*327*, **6**:*328*, **7**:201, **7**:*209*, **10**:95, **10**:*128*, **16**:77, **16**:*86*, **26**:237, **26**:*250*, **30**:23, **30**:*61*
Strazielle, C., **22**:217, **22**:*309*
Streeck, H., **25**:270, **25**:*445*
Street, D. G., **18**:36, **18**:*71*
Street, G. B., **15**:87, **15**:*146*, **16**:226,

16:*232*, **16**:*236*
Street, I. P., **26**:306, **26**:*379*
Street, K., Jr., **8**:183, **8**:*267*
Strege, P. E., **23**:24, **23**:*62*
Strehlow, H., **4**:4, **4**:9, **4**:10, **4**:20, **4**:21, **4**:25, **4**:*27*, **4**:*28*, **4**:*29*, **5**:187, **5**:189, **5**:199, **5**:234, **5**:*235*
Streith, J., **20**:27, **20**:*52*
Streitwieser, A. Jr., **1**:172, **1**:*201*, **2**:72, **2**:*90*, **4**:31, **4**:66, **4**:68, **4**:*70*, **4**:78, **4**:85, **4**:87, **4**:96, **4**:100, **4**:107, **4**:*145*, **4**:284, **4**:285, **4**:286, **4**:288, **4**:*304*, **6**:191, **6**:216, **6**:272, **6**:275, **6**:*325*, **6**:*331*, **8**:46, **8**:*77*, **8**:255, **8**:*268*, **10**:15, **10**:22, **10**:27, **11**:288, **11**:*391*, **14**:2, **14**:9, **14**:10, **14**:16, **14**:26, **14**:45, **14**:54, **14**:58, **14**:*66*, **14**:*131*, **14**:146, **14**:147, **14**:169, **14**:*202*, **14**:205, **14**:351, **15**:49, **15**:*60*, **15**:154, **15**:174, **15**:176, **15**:190, **15**:191, **15**:192, **15**:*263*, **15**:265, **21**:146, **21**:*195*, **24**:74, **24**:*105*, **27**:67, **27**:78, **27**:94, **27**:*117*, **27**:239, **27**:*291*, **31**:146, **31**:152, **31**:203, **31**:204, **31**:205, **31**:*247*
Streitwieser, A., **1**:42, **1**:65, **1**:93, **1**:111, **1**:116, **1**:117, **1**:*154*, **1**:157, **5**:154, **5**:*172*, **5**:344, **5**:351, **5**:356, **5**:359, **5**:369, **5**:375, **5**:376, **5**:377, **5**:378, **5**:*398*, **9**:253, **9**:264, **9**:*279*, **16**:77, **16**:*86*, **18**:127, **18**:128, **18**:*183*, **25**:138, **25**:192, **25**:*262*
Strelitz, J. Z., **11**:317, **11**:318, **11**:*390*
Strel'tsova, I. N., **1**:233, **1**:238, **1**:*280*
Strich, A., **14**:156, **14**:*198*, **25**:136, **25**:*263*
Strich, J., **26**:300, **26**:*378*
Strickler, S. J., **14**:96, **14**:*131*
Stridh, G., **22**:13, **22**:*110*
Strilko, P. S., **6**:249, **6**:*328*
Stringham, R. S., **10**:96, **10**:*127*
Strobel, G-J., **13**:339, **13**:*415*
Strogov, G. N., **31**:95, **31**:102, **31**:*140*
Strohbusch, F., **9**:161, **9**:*179*, **22**:132, **22**:*211*
Strohmeier, W., **4**:262, **4**:*304*
Strojek, J. W., **19**:141, **19**:*221*, **32**:108, **32**:*120*
Stroka, J., **17**:305, **17**:306, **17**:311, **17**:*425*, **17**:*427*
Strom, E. T., **5**:64, **5**:70, **5**:81, **5**:82, **5**:83, **5**:84, **5**:96, **5**:102, **5**:107, **5**:*117*, **5**:*118*, **7**:214, **7**:236, **7**:*257*, **23**:274, **23**:275, **23**:315, **23**:*321*
Strom, P. O., **8**:252, **8**:253, **8**:*267*
Strom, T., **18**:169, **18**:170, **18**:*182*
Strominger, J. L., **23**:177, **23**:180, **23**:181, **23**:184, **23**:256, **23**:*269*, **23**:*270*
Stromme, K. O., **29**:225, **29**:*267*
Strømme, K. O., **3**:197, **3**:237, **3**:239, **3**:242, **3**:261, **3**:*268*
Stronach, M. W., **27**:149, **27**:175, **27**:177, **27**:207, **27**:210, **27**:212, **27**:213, **27**:214, **27**:215, **27**:*234*
Strong, A. B., **11**:*175*
Strong, F. M., **21**:45, **21**:*97*
Strong, K. A., **25**:29, **25**:*89*
Strong, R. L., **19**:157, **19**:*218*
Stronks, H. J., **31**:94, **31**:95, **31**:102, **31**:116, **31**:*139*, **31**:*140*, **31**:*141*
Strop, P., **17**:444, **17**:*486*
Stroshane, R. M., **13**:311, **13**:315, **13**:*413*
Stroupe, J. D., **15**:252, **15**:*262*
Strozier, R. W., **21**:173, **21**:*193*, **24**:64, **24**:68, **24**:*111*, **29**:295, **29**:300, **29**:310, **29**:*327*
Struble, D. L., **8**:65, **8**:*77*
Struchkov, I. T., **15**:92, **15**:*149*
Struchkov, Y. T., **1**:233, **1**:238, **1**:*280*
Struchkov, Ya, T., **29**:192, **29**:*268*
Struchkov, Yu. T., **30**:30, **30**:*59*
Struchkova, M. I., **11**:359, **11**:*391*
Strum, H., **24**:96, **24**:*111*
Struve, W. S., **20**:218, **20**:*232*
Stryer, L., **6**:171, **6**:*183*, **12**:170, **12**:198, **12**:201, **12**:202, **12**:*220*
Stryker, J. M., **23**:53, **23**:*62*
Strzelecka, H., **11**:376, **11**:377, **11**:*391*
Stuart, A., **3**:78, **3**:*84*
Stuart, H. A., **3**:52, **3**:65, **3**:66, **3**:68, **3**:75, **3**:*86*, **3**:*89*
Stuart, J. D., **8**:94, **8**:*149*, **12**:10, **12**:*128*, **13**:209, **13**:*276*, **20**:63, **20**:*188*
Stuart, M. A., **17**:55, **17**:*60*
Stuart, T. W., **13**:15, **13**:30, **13**:55, **13**:65, **13**:75, **13**:*77*
Stubblefield, V., **27**:226, **27**:227, **27**:*237*
Stubbs, C. E., **7**:76, **7**:84, **7**:*110*
Stuber, J., **5**:360, **5**:364, **5**:373, **5**:*399*

Stuchal, F. W., **23**:279, **23**:280, **23**:282, **23**:301, **23**:*318*, **23**:*319*, **26**:72, **26**:*126*
Stücklen, H., **1**:415, **1**:*419*
Stucky, G. D., **23**:109, **23**:118, **23**:*161*, **23**:*162*, **32**:123, **32**:*213*
Student, P. J., **13**:57, **13**:*79*
Stuehr, J. E., **22**:158, **22**:178, **22**:*211*, **26**:333, **26**:*377*
Stull, D. R., **13**:50, **13**:51, **13**:*82*, **22**:13, **22**:17, **22**:19, **22**:22, **22**:27, **22**:*110*
Stunzhas, P. A., **16**:198, **16**:*231*
Stura, E. A., **31**:270, **31**:271, **31**:311, **31**:*387*
Sturch, D. J., **20**:207, **20**:211, **20**:217, **20**:219, **20**:220, **20**:*230*
Sturdik, E., **27**:222, **27**:*237*
Sturgeon, M. E., **22**:292, **22**:294, **22**:*299*
Sturges, J. S., **25**:34, **25**:*87*
Sturtevant, J. M., **4**:26, **4**:*28*, **5**:319, **5**:*326*, **11**:30, **11**:31, **11**:36, **11**:*118*, **13**:119, **13**:*152*, **17**:255, **17**:*275*, **21**:15, **21**:27, **21**:*31*, **21**:*32*, **24**:186, **24**:*201*, **25**:168, **25**:170, **25**:197, **25**:198, **25**:215, **25**:*259*
Sturtz, G., **7**:98, **7**:*114*
Stusche, D., **29**:307, **29**:308, **29**:*329*
Stüwe, A., **13**:208, **13**:*276*
Stuzka, V., **11**:313, **11**:*391*
Styan, G. E., **7**:25, **7**:26, **7**:*109*
Stytsenko, T. S., **32**:186, **32**:*212*
Su, E. C. F., **21**:206, **21**:*240*
Su, K. B., **26**:3, **26**:11, **26**:12, **26**:28, **26**:55, **26**:56, **26**:58, **26**:61, **26**:62, **26**:68, **26**:101, **26**:102, **26**:104, **26**:106, **26**:107, **26**:109, **26**:110, **26**:111, **26**:112, **26**:116, **26**:*122*, **26**:*127*, **26**:*128*
Su, M. D., **29**:151, **29**:156, **29**:157, **29**:*179*
Su, S. C. K., **11**:43, **11**:52, **11**:*116*
Su, T., **21**:205, **21**:206, **21**:*240*, **24**:8, **24**:*55*, **31**:382, **31**:*390*
Su, T. M., **9**:253, **9**:*279*, **14**:13, **14**:*66*, **19**:348, **19**:363, **19**:*368*
Su, W. Y., **23**:284, **23**:286, **23**:*316*, **26**:74, **26**:114, **26**:*123*
Su, Y. S., **9**:163, **9**:*182*
Suarez, C., **12**:239, **12**:286, **12**:*293*
Suarez, T. H., **2**:190, **2**:*199*
Suba, C., **32**:186, **32**:*214*
Subba Rao, G., **12**:13, **12**:67, **12**:*117*
Subba Rao, S. C., **9**:142, **9**:143, **9**:*179*, **18**:7, **18**:33, **18**:54, **18**:*74*
Subramanian, E., **13**:59, **13**:*82*
Subramanian, L. R., **19**:334, **19**:*379*
Subramanian, P. M., **6**:298, **6**:312, **6**:*328*
Subramanian, R., **22**:327, **22**:*359*, **30**:14, **30**:15, **30**:20, **30**:*56*, **30**:*57*, **30**:*61*, **31**:217, **31**:218, **31**:219, **31**:224, **31**:*247*
Subramanian, S., **14**:312, **14**:*348*
Subudhi, P. C., **19**:91, **19**:*125*, **19**:*127*
Šůcha, L., **9**:148, **9**:*182*
Suchánek, M., **9**:148, **9**:*182*
Sucio, N., **11**:351, **11**:*389*
Suckling, C. J., **21**:9, **21**:*33*, **22**:279, **22**:*307*, **24**:101, **24**:*109*, **31**:382, **31**:384, **31**:*388*, **31**:*391*
Sudborough, J. J., **15**:119, **15**:*149*
Sudhölter, E. J. R., **22**:214, **22**:*308*, **30**:73, **30**:74, **30**:75, **30**:*113*
Sudjak, R. L., **22**:339, **22**:*360*
Sudo, Y., **19**:100, **19**:*127*
Suehiro, T., **17**:46, **17**:*61*, **17**:*63*
Suess, H., **2**:207, **2**:*276*, **7**:262, **7**:278, **7**:297, **7**:*329*, **8**:90, **8**:*149*
Sueur, S., **19**:405, **19**:*425*
Suezawa, H., **25**:33, **25**:*90*
Suga, H., **25**:55, **25**:*91*, **26**:227, **26**:*249*, **31**:264, **31**:265, **31**:266, **31**:382, **31**:*391*
Suga, K., **18**:103, **18**:120, **18**:*183*, **26**:18, **26**:*129*, **31**:37, **31**:*84*
Sugahara, K., **22**:278, **22**:*306*
Sugamori, S. E., **5**:124, **5**:142, **5**:147, **5**:*171*, **5**:313, **5**:*329*, **14**:212, **14**:256, **14**:318, **14**:319, **14**:335, **14**:*348*, **14**:*349*, **22**:330, **22**:349, **22**:*358*
Sugano, S., **31**:384, **31**:*388*
Sugano, T., **26**:237, **26**:*246*
Sugasawara, R., **29**:57, **29**:58, **29**:*66*, **31**:264, **31**:269, **31**:300, **31**:382, **31**:383, **31**:384, **31**:385, **31**:*386*, **31**:*387*, **31**:*388*, **31**:*389*, **31**:*390*
Sugawara, T., **22**:321, **22**:323, **22**:351, **22**:357, **22**:*360*, **26**:193, **26**:197, **26**:210, **26**:211, **26**:215, **26**:219, **26**:221, **26**:225, **26**:232, **26**:237,

26:*247*, **26**:*248*, **26**:*250*, **26**:*251*, **32**:255, **32**:257, **32**:258, **32**:259, **32**:*264*, **32**:*265*
Sugawara, Y., **26**:237, **26**:*251*
Sugden, S., **3**:32, **3**:36, **3**:*89*, **17**:477, **17**:*484*
Sugeta, H., **6**:113, **6**:118, **6**:*183*, **25**:52, **25**:*93*
Suggett, A., **14**:260, **14**:261, **14**:262, **14**:263, **14**:*343*, **14**:*351*
Sugimori, A., **12**:287, **12**:*296*
Sugimoto, T., **10**:140, **10**:*153*, **17**:461, **17**:*482*, **26**:239, **26**:*251*, **26**:*253*
Sugino, K., **12**:113, **12**:*127*
Sugino, T., **10**:194, **10**:195, **10**:*224*
Sugioka, T., **19**:46, **19**:47, **19**:*127*
Sugita, E. T., **23**:218, **23**:220, **23**:*263*
Sugita, N., **10**:30, **10**:*52*
Sugiura, Y., **17**:53, **17**:*63*
Sugiyama, H., **13**:288, **13**:289, **13**:306, **13**:307, **13**:313, **13**:320, **13**:322, **13**:*414*, **13**:*415*
Sugiyama, N., **11**:381, **11**:*391*
Sugowdz, G., **8**:239, **8**:*266*
Suh, I. H., **17**:421, **17**:*432*
Suh, J., **17**:465–7, **17**:*486*, **29**:52, **29**:*68*
Suhadolnik, R. J., **13**:329, **13**:*409*
Suhr, H., **5**:202, **5**:203, **5**:*235*, **14**:177, **14**:*201*
Suib, S. L., **23**:109, **23**:*161*
Suito, E., **15**:113, **15**:*150*
Sujdak, R. J., **12**:287, **12**:*295*
Sujishi, S., **9**:131, **9**:*178*
Sukegawa, M., **30**:132, **30**:*171*
Sukenik, C. N., **15**:94, **15**:95, **15**:*149*, **17**:462, **17**:*486*, **22**:277, **22**:280, **22**:292, **22**:*305*, **22**:*308*, **29**:133, **29**:*183*, **30**:117, **30**:*171*
Sukhanova, O. P., **9**:*182*
Sukhorukov, B. I., **11**:349, **11**:*383*
Suld, G., **21**:45, **21**:*97*
Sullivan, B. P., **18**:138, **18**:*176*, **19**:10, **19**:11, **19**:12, **19**:93, **19**:*115*, **19**:*127*, **20**:95, **20**:*188*
Sullivan, D. G. O., **4**:11, **4**:*29*
Sullivan, J. F., **25**:32, **25**:*88*
Sullivan, J. H., **6**:243, **6**:*331*
Sullivan, L. J., **8**:395, **8**:*401*
Sullivan, M. J., **22**:138, **22**:*212*
Sullivan, P. D., **5**:72, **5**:*115*, **13**:164, **13**:166, **13**:218, **13**:*269*, **13**:*276*, **18**:115, **18**:*181*, **28**:22, **28**:*44*
Sullivan, P. J., **12**:195, **12**:*220*
Sullivan, R., **7**:24, **7**:26, **7**:27, **7**:28, **7**:29, **7**:30, **7**:*113*, **7**:*114*
Sullivan, S., **29**:202, **29**:*265*
Sullivan, S. A., **21**:235, **21**:236, **21**:*238*, **21**:*240*, **24**:20, **24**:21, **24**:29, **24**:30, **24**:32, **24**:35, **24**:50, **24**:*52*, **24**:*53*
Sulochana Wijesundera, W. S., **31**:234, **31**:*243*
Sultanbawa, M. U. S., **7**:103, **7**:104, **7**:*108*, **7**:*112*
Sulzberg, T., **19**:264, **19**:*372*
Sulzberger, R., **1**:165, **1**:*199*
Sümegi, L., **9**:156, **9**:*179*
Sumegi, L., **17**:13, **17**:*63*
Sumi, H., **26**:20, **26**:*127*
Sumi, K., **32**:259, **32**:*265*
Sumida, V., **9**:*179*
Summerhays, K. D., **13**:139, **13**:*152*, **31**:202, **31**:203, **31**:*244*
Summermann, W., **26**:191, **26**:*249*
Sümmermann, W., **31**:103, **31**:*140*
Summers, A. J. H., **10**:140, **10**:*151*
Summers, G. H. R., **5**:364, **5**:*398*
Summers, M. F., **29**:170, **29**:*179*
Summers, R., **31**:256, **31**:*391*
Summerson, W. H., **21**:14, **21**:*34*
Summerville, R. H., **9**:236, **9**:239, **9**:*277*, **9**:*279*, **29**:286, **29**:292, **29**:*328*
Sumner, F. H., **1**:252, **1**:*279*
Sumner, J. B., **21**:2, **21**:*35*
Sun, C., **18**:38, **18**:39, **18**:40, **18**:*72*
Sun, J. Y., **23**:10, **23**:*59*
Sun, M., **12**:196, **12**:*220*
Sun, X. Y., **25**:46, **25**:*92*
Sunamoto, J., **17**:481, **17**:*486*, **19**:98, **19**:*127*, **22**:284, **22**:*308*
Sundaralingam, M., **13**:59, **13**:*77*, **13**:*81*, **13**:*82*, **29**:120, **29**:122, **29**:*183*
Sundaralingham, M., **11**:324, **11**:*391*
Sundaram, A., **3**:50, **3**:56, **3**:57, **3**:58, **3**:59, **3**:67, **3**:*87*
Sundaram, K. M. S., **3**:40, **3**:45, **3**:56, **3**:58, **3**:59, **3**:65, **3**:67, **3**:87, **3**:*79*, **3**:*82*
Sundararajan, P. R., **6**:156, **6**:*182*, **13**:59, **13**:*82*
Sundberg, J. E., **23**:285, **23**:*317*

Sundberg, R. J., **18**:80, **18**:*176*, **19**:225, **19**:*370*, **22**:98, **22**:*110*, **25**:119, **25**:*257*
Sundbom, M., **3**:26, **3**:*89*
Sundell, R., **26**:299, **26**:*369*
Sunder, S., **14**:267, **14**:312, **14**:*348*, **14**:*351*
Sunderman, R., **4**:163, **4**:*193*
Sundermeyer, W., **10**:173, **10**:*225*
Sundheim, B. R., **12**:201, **12**:202, **12**:*220*
Sundholm, C., **20**:57, **20**:*187*
Sundholm, F., **12**:164, **12**:*218*
Suneram, R. D., **13**:56, **13**:*82*
Sung, Ming-ta, **8**:248, **8**:*265*
Sunko, D. E., **11**:191, **11**:*223*, **14**:17, **14**:23, **14**:25, **14**:36, **14**:39, **14**:*64*, **14**:*66*, **14**:102, **14**:*130*, **23**:87, **23**:137, **23**:146, **23**:152, **23**:155, **23**:157, **23**:158, **23**:*162*, **27**:242, **27**:244, **27**:248, **27**:*289*, **31**:198, **31**:200, **31**:203, **31**:204, **31**:*244*, **31**:*247*
Sunner, S., **22**:13, **22**:14, **22**:*110*
Sunners, B., **3**:253, **3**:*269*
Sunotova, E. N., **8**:105, **8**:111, **8**:*148*
Sunshine, W. L., **17**:460, **17**:*485*, **22**:277, **22**:*306*
Sunström, G., **20**:217, **20**:*232*
Supanekar, V. R., **1**:214, **1**:*276*
Suppan, P., **11**:245, **11**:*265*, **12**:212, **12**:*217*, **32**:183, **32**:*212*
Surh, Y. S., **23**:201, **23**:*268*
Surmatis, J. D., **4**:329, **4**:*347*
Suryanarayana, B., **2**:249, **2**:263, **2**:*276*
Surzur, J. M., **17**:12, **17**:16, **17**:26, **17**:47, **17**:*59*, **17**:*60*, **17**:*64*, **20**:175, **20**:178, **20**:*188*, **23**:281, **23**:*317*, **25**:338, **25**:*443*, **31**:94, **31**:129, **31**:*137*
Suschitzky, H., **20**:209, **20**:*229*, **20**:*230*, **25**:328, **25**:*442*
Suslick, K. S., **32**:70, **32**:*120*, **32**:194, **32**:*215*
Suslova, E. N., **30**:52, **30**:*57*
Sussman, D. H., **10**:142, **10**:*152*
Sustmann, R., **6**:225, **6**:*326*, **9**:254, **9**:255, **9**:*279*, **11**:206, **11**:*224*, **24**:194, **24**:195, **24**:196, **24**:*200*, **24**:*202*, **26**:132, **26**:141, **26**:146, **26**:147, **26**:148, **26**:150, **26**:151, **26**:159, **26**:160, **26**:161, **26**:*176*, **26**:*178*, **26**:191, **26**:*251*, **30**:26, **30**:27, **30**:*60*
Susuki, T., **12**:11, **12**:27, **12**:56, **12**:57, **12**:*123*, **13**:232, **13**:*272*, **13**:*277*, **32**:279, **32**:289, **32**:290, **32**:291, **32**:300, **32**:*381*
Susz, B. P., **8**:230, **8**:231, **8**:*261*
Sutcliffe, B. T., **5**:92, **5**:*115*
Sutcliffe, C. R., **19**:92, **19**:*124*
Sutcliffe, J. H., **3**:246, **3**:*267*
Sutcliffe, L. H., **1**:395, **1**:396, **1**:*423*, **9**:141, **9**:*180*, **13**:166, **13**:*266*, **17**:20, **17**:21, **17**:38, **17**:*62*, **18**:94, **18**:*176*, **20**:112, **20**:113, **20**:114, **20**:*181*, **23**:309, **23**:*316*
Suter, L. J., **15**:87, **15**:*146*, **16**:226, **16**:*232*
Suter, U. W., **22**:71, **22**:74, **22**:*108*, **22**:*109*, **22**:*110*, **25**:55, **25**:*96*
Sutherland, G. L., **8**:201, **8**:*263*
Sutherland, I. O., **13**:59, **13**:*81*, **17**:380, **17**:381, **17**:*427*, **17**:*429*
Sutin, N., **2**:204, **2**:208, **2**:217, **2**:*274*, **16**:100, **16**:*155*, **18**:86, **18**:101, **18**:109, **18**:131, **18**:*176*, **18**:*183*, **19**:93, **19**:*127*, **26**:4, **26**:5, **26**:15, **26**:20, **26**:32, **26**:*127*, **26**:*128*, **28**:4, **28**:20, **28**:*42*, **28**:*43*, **29**:186, **29**:*271*, **31**:96, **31**:*139*
Sutphen, C., **19**:173, **19**:178, **19**:*219*
Sutter, A., **18**:49, **18**:51, **18**:52, **18**:*74*
Sutter, D., **6**:124, **6**:*182*
Sutter, J. K., **22**:280, **22**:292, **22**:*308*
Sutter, K., **32**:123, **32**:135, **32**:158, **32**:*209*
Sutter, W., **17**:445, **17**:*485*
Suttie, A. B., **20**:134, **20**:*188*
Sutton, C., **13**:72, **13**:*80*
Sutton, J., **14**:191, **14**:*200*
Sutton, J. R., **12**:13, **12**:*117*
Sutton, L. E., **3**:30, **3**:45, **3**:66, **3**:69, **3**:70, **3**:*82*, **3**:*85*, **9**:28(64), **9**:68(64), **9**:*124*, **15**:32, **15**:*60*, **29**:147, **29**:*183*, **32**:172, **32**:*215*
Sutton, P. A., **31**:276, **31**:*391*
Sutula, V. D., **19**:322, **19**:*379*
Suvicke, B., **20**:217, **20**:*230*
Suwa, S., **19**:64, **19**:109, **19**:*125*
Suzuki, E., **6**:172, **6**:*180*, **17**:14, **17**:*62*
Suzuki, F., **30**:118, **30**:119, **30**:121,

30:166, **30**:*171*
Suzuki, H., **1**:111, **1**:*154*, **19**:77, **19**:*128*, **20**:170, **20**:*188*, **20**:224, **20**:225, **20**:*232*, **29**:237, **29**:256, **29**:257, **29**:*271*, **31**:384, **31**:*388*
Suzuki, J., **10**:119, **10**:*123*
Suzuki, K., **13**:213, **13**:*271*, **13**:*276*
Suzuki, M., **25**:35, **25**:*97*
Suzuki, N., **18**:203, **18**:*238*, **19**:67, **19**:*127*, **22**:292, **22**:*299*
Suzuki, O., **13**:338, **13**:339, **13**:*411*
Suzuki, S., **8**:46, **8**:*77*, **10**:15, **10**:*27*, **10**:46, **10**:*52*, **16**:77, **16**:*86*, **31**:146, **31**:152, **31**:*247*
Suzuki, T., **19**:23, **19**:*120*, **31**:382, **31**:*389*
Suzuki, Y., **13**:195, **13**:*273*, **15**:74, **15**:*147*, **30**:118, **30**:119, **30**:121, **30**:135, **30**:137, **30**:138, **30**:166, **30**:*171*
Svaan, M., **19**:160, **19**:*221*
Svanholm, U., **11**:373, **11**:*391*, **12**:9, **12**:10, **12**:16, **12**:56, **12**:57, **12**:78, **12**:79, **12**:81, **12**:*116*, **12**:*128*, **13**:163, **13**:217, **13**:219, **13**:230, **13**:239, **13**:250, **13**:*277*, **18**:126, **18**:*183*, **19**:152, **19**:154, **19**:155, **19**:173, **19**:180, **19**:181, **19**:*221*, **20**:57, **20**:63, **20**:64, **20**:65, **20**:73, **20**:74, **20**:75, **20**:76, **20**:78, **20**:79, **20**:80, **20**:86, **20**:148, **20**:149, **20**:*187*, **20**:*188*, **20**:*189*
Svard, H., **31**:181, **31**:*245*
Svec, H. J., **29**:217, **29**:*270*
Svec, W. A., **26**:20, **26**:*130*, **28**:4, **28**:*44*
Svendi, B., **17**:98, **17**:*175*
Svendsen, K., **19**:399, **19**:*425*
Svensmark, B., **18**:124, **18**:125, **18**:126, **18**:*175*, **19**:141, **19**:148, **19**:149, **19**:151, **19**:153, **19**:*217*, **19**:*219*
Svensmark Jensen, B., **12**:9, **12**:76, **12**:*128*
Svenssohn, L.-A., **17**:230, **17**:*276*
Svensson, C., **32**:255, **32**:*265*
Svensson, J. O., **31**:102, **31**:103, **31**:123, **31**:*138*
Svensson, P., **29**:321, **29**:*330*
Svirko, Y. P., **32**:132, **32**:*214*
Svoboda, J. J., **24**:92, **24**:*110*, **29**:233, **29**:*270*, **30**:176, **30**:*220*
Svoboda, M., **14**:185, **14**:*200*, **15**:259, **15**:*265*, **17**:351–3, **17**:*432*, **17**:*433*
Svyatkin, V. A., **30**:10, **30**:29, **30**:30, **30**:*59*, **30**:*60*, **30**:*61*
Swain, C. G., **1**:27, **1**:*33*, **1**:38, **1**:39, **1**:84, **1**:89, **1**:105, **1**:143, **1**:*154*, **2**:38, **2**:39, **2**:*90*, **2**:164, **2**:172, **2**:*199*, **3**:127, **3**:161, **3**:167, **3**:*186*, **5**:198, **5**:217, **5**:220, **5**:*235*, **5**:309, **5**:311, **5**:312, **5**:313, **5**:325, **5**:*330*, **5**:339, **5**:394, **5**:*398*, **6**:71, **6**:73, **6**:95, **6**:*100*, **6**:*101*, **7**:180, **7**:*209*, **7**:260, **7**:273, **7**:308, **7**:317, **7**:*330*, **7**:*331*, **8**:229, **8**:*268*, **11**:20, **11**:*122*, **12**:43, **12**:*128*, **14**:8, **14**:32, **14**:39, **14**:44, **14**:45, **14**:47, **14**:53, **14**:54, **14**:56, **14**:*67*, **14**:78, **14**:79, **14**:96, **14**:*132*, **16**:90, **16**:113–15, **16**:119, **16**:144, **16**:154, **16**:*157*, **18**:12, **18**:38, **18**:43, **18**:76, **18**:*77*, **21**:25, **21**:*35*, **23**:72, **23**:*162*, **24**:61, **24**:81, **24**:*111*, **26**:311, **26**:*378*, **31**:181, **31**:190, **31**:219, **31**:223, **31**:*247*
Swain, G. M., **32**:108, **32**:*120*
Swain, M. S., **26**:311, **26**:*378*
Swalen, J. D., **5**:87, **5**:*114*, **6**:123, **6**:*181*
Swallow, A. J., **7**:118, **7**:120, **7**:139, **7**:*149*, **7**:*150*, **12**:224, **12**:243, **12**:277, **12**:281, **12**:288, **12**:*293*, **12**:*295*, **12**:*297*
Swan, J. M., **8**:211, **8**:*268*
Swank, D., **9**:27(41), **9**:29(41), **9**:*123*
Swank, D. D., **9**:32(68), **9**:*124*
Swann, B. P., **31**:37, **31**:*83*
Swann, M., **32**:180, **32**:*210*
Swann, S., **12**:2, **12**:111, **12**:*128*
Swanson, J. C., **14**:184, **14**:*196*
Swanson, R., **19**:111, **19**:*127*
Swanson, S. A., **32**:181, **32**:186, **32**:*214*
Swanton, D. J., **25**:68, **25**:*84*
Swanwick, M. G., **17**:55, **17**:*63*
Swarbick, J., **8**:272, **8**:278, **8**:279, **8**:280, **8**:377, **8**:378, **8**:380, **8**:382, **8**:*398*, **8**:*403*, **8**:*406*, **23**:232, **23**:*267*, **28**:62, **28**:*137*
Swart, E. R., **5**:160, **5**:*169*, **14**:32, **14**:*65*, **14**:258, **14**:*336*
Swarts, F., **1**:129, **1**:*154*, **3**:16, **3**:*89*
Swartz, H. M., **17**:54, **17**:*63*
Swartz, J. E., **19**:83, **19**:*127*, **26**:71, **26**:77,

26:86, 26:*129*
Swartz, T., 19:296, 19:*375*
Swartzendruber, L. J., 26:238, 26:*246*
Swarup, S., 22:260, 22:268, 22:278, 22:*306*, 22:*308*
Swatton, D. W., 19:282, 19:*379*
Swedlund, B. E., 1:59, 1:61, 1:*153*, 1:190, 1:*199*
Sweeney, W. A., 14:60, 14:*66*
Sweet, E., 31:383, 31:*386*, 31:*392*
Sweet, R. M., 23:186, 23:187, 23:188, 23:190, 23:202, 23:206, 23:*269*
Sweeting, L. M., 11:295, 11:334, 11:*391*, 13:98, 13:*152*
Sweger, R. W., 29:28, 29:*65*
Sweigart, D. A., 14:50, 14:*67*
Swenson, J. S., 7:178, 7:*209*
Swern, D., 18:168, 18:*184*
Swicord, M., 16:168, 16:175, 16:*236*
Swidler, R., 17:453, 17:*483*
Swierczewski, G., 15:256, 15:257, 15:*261*
Swiger, R. T., 23:280, 23:*319*, 26:72, 26:*126*
Swinbourne, E. S., 3:97, 3:99, 3:110, 3:*122*, 8:239, 8:*264*
Swindell, R., 6:237, 6:240, 6:*324*
Swinehart, D. F., 4:171, 4:*193*
Swinehart, J. H., 7:324, 7:*331*, 19:404, 19:*428*
Swinkels, D. A. J., 12:23, 12:91, 12:*117*
Sworakowski, J., 16:183, 16:191, 16:192, 16:196, 16:197, 16:*234*, 16:*235*, 16:*236*
Syassen, K., 16:224, 16:*235*
Sychkova, L . D., 29:233, 29:*271*
Sydnes, L. K., 22:292, 22:294, 22:*299*
Syfrig, M. A., 24:38, 24:*55*
Sykes, B. D., 16:243, 16:*264*
Sykes, R. B., 23:168, 23:*269*
Sylvander, L., 26:147, 26:148, 26:150, 26:*176*
Symonds, J. R., 14:253, 14:*350*
Symons, E. A., 7:213, 7:*255*, 14:146, 14:147, 14:167, 14:171, 14:172, 14:173, 14:*197*, 14:*201*, 14:327, 14:*351*, 24:63, 24:*106*, 24:*111*
Symons, M. C. R., 1:289, 1:295, 1:296, 1:297, 1:298, 1:299, 1:300, 1:305, 1:309, 1:311, 1:314, 1:315, 1:318, 1:319, 1:320, 1:325, 1:328, 1:329, 1:330, 1:331, 1:333, 1:334, 1:341, 1:342, 1:343, 1:344, 1:345, 1:346, 1:355, 1:*359*, 1:*360*, 1:*361*, 1:*362*, 2:135, 2:*158*, 4:324, 4:325, 4:339, 4:343, 4:*345*, 4:*346*, 5:53, 5:55, 5:58, 5:59, 5:72, 5:79, 5:98, 5:103, 5:104, 5:106, 5:112, 5:113, 5:*113*, 5:*114*, 5:*115*, 5:*118*, 6:197, 6:199, 6:200, 6:*323*, 7:325, 7:*328*, 8:15, 8:16, 8:19, 8:29, 8:31, 8:*75*, 8:*77*, 8:184, 8:*267*, 13:158, 13:159, 13:160, 13:161, 13:162, 13:*267*, 13:*270*, 13:*271*, 14:18, 14:*63*, 14:*67*, 14:210, 14:223, 14:231, 14:233, 14:234, 14:266, 14:301, 14:333, 14:*336*, 14:*338*, 14:*339*, 14:*340*, 14:*341*, 14:*351*, 15:31, 15:*58*, 17:10, 17:*62*, 23:277, 23:279, 23:*316*, 24:61, 24:70, 24:*112*, 24:193, 24:*202*, 26:38, 26:51, 26:56, 26:64, 26:*128*, 26:*129*, 27:254, 27:259, 27:260, 27:280, 27:286, 27:*291*, 29:254, 29:*266*, 29:*270*, 31:95, 31:114, 31:115, 31:126, 31:*137*, 31:*140*
Synowiec, J. A., 19:36, 19:*118*
Syozi, J., 26:226, 26:*251*
Syreischchikov, G. P., 8:105, 8:111, 8:*148*
Syrkin, Y. K., 5:111, 5:*116*, 31:123, 31:140
Syverud, A. N., 26:64, 26:*124*
Szablewski, M., 32:180, 32:210, 32:*215*
Szabo, A., 32:93, 32:*119*
Szabo, A. L., 3:128, 3:*185*
Szabo, P., 29:186, 29:*271*
Szabò, Z. G., 9:135, 9:*182*
Szadowski, E., 19:408, 19:*427*
Szakács, S., 9:130, 9:*177*
Szarek, W. A., 25:171, 25:*263*, 26:298, 26:*378*
Szawelski, R. J., 24:175, 24:*204*
Szczepaniak, K., 29:228, 29:*271*
Szeimies, G., 19:267, 19:269, 19:*379*
Szejtli, J., 29:2, 29:3, 29:4, 29:5, 29:7, 29:31, 29:38, 29:*68*
Szele, I., 14:36, 14:39, 14:*66*, 23:155, 23:157, 23:*162*, 27:242, 27:244, 27:248, 27:*289*, 31:200, 31:*247*
Szemes, F., 31:62, 31:66, 31:*81*, 31:*84*

Szent-Gyorgi, A., **14**:204, **14**:*351*
Szent-Györgyi, A., **16**:193, **16**:*235*, **16**:*236*, **18**:86, **18**:*183*
Szentivanyi, H., **26**:361, **26**:*378*
Szepsey, P., **23**:297, **23**:298, **23**:*321*
Szeto, W. T. A., **26**:286, **26**:291, **26**:*370*
Szeverenyi, N. M., **16**:254, **16**:*262*, **22**:138, **22**:*212*, **32**:233, **32**:*265*
Szilagyi, G., **20**:229, **20**:*233*
Szilagyi, P. J., **11**:335, **11**:369, **11**:370, **11**:*389*
Szilard, L., **2**:203, **2**:*276*
Szivessy, G., **3**:73, **3**:74, **3**:*83*, **3**:*89*
Szkrybalo, W., **13**:30, **13**:*77*
Szmant, H. H., **14**:134, **14**:193, **14**:*201*
Szöke, A., **3**:229, **3**:230, **3**:263, **3**:*267*, **3**:*269*
Szutka, A., **7**:117, **7**:118, **7**:121, **7**:124, **7**:131, **7**:132, **7**:*150*
Szuzuki, T., **15**:118, **15**:*147*
Szwarc, M., **2**:78, **2**:*89*, **3**:92, **3**:94, **3**:101, **3**:*122*, **4**:58, **4**:*71*, **4**:87, **4**:*143*, **4**:*144*, **4**:*145*, **5**:340, **5**:*397*, **8**:45, **8**:47, **8**:48, **8**:59, **8**:67, **8**:*75*, **8**:*77*, **8**:*268*, **9**:131, **9**:133, **9**:142, **9**:*176*, **9**:*178*, **9**:*182*, **9**:*183*, **10**:176, **10**:*220*, **12**:3, **12**:30, **12**:66, **12**:71, **12**:74, **12**:85, **12**:*123*, **12**:*128*, **13**:213, **13**:218, **13**:251, **13**:*268*, **13**:*269*, **13**:*277*, **14**:18, **14**:*67*, **14**:146, **14**:147, **14**:*202*, **15**:154, **15**:156, **15**:158, **15**:160, **15**:161, **15**:162, **15**:167–171, **15**:173, **15**:179, **15**:180, **15**:184, **15**:187, **15**:188, **15**:189, **15**:197–206, **15**:208, **15**:211, **15**:213, **15**:214, **15**:215, **15**:232, **15**:239, **15**:240, **15**:242, **15**:250, **15**:*260–265*, **15**:269, **15**:308, **15**:*330*, **16**:76, **16**:77, **16**:*85*, **17**:27, **17**:*60*, **18**:82, **18**:101, **18**:115, **18**:120, **18**:125, **18**:*179*, **18**:*180*, **18**:*183*, **18**:*184*, **19**:29, **19**:*127*, **19**:153, **19**:154, **19**:173, **19**:178, **19**:*219*, **19**:*221*, **19**:*222*, **22**:57, **22**:58, **22**:59, **22**:60, **22**:*107*, **22**:*110*, **25**:304, **25**:398, **25**:*442*, **25**:*445*, **26**:151, **26**:*178*, **28**:1, **28**:27, **28**:31, **28**:32, **28**:*41*, **28**:*44*, **29**:186, **29**:204, **29**:*271*
Szylhabel-Godala, A., **31**:185, **31**:186, **31**:187, **31**:188, **31**:*245*, **31**:*247*
Szymanska-Buzar, T., **18**:160, **18**:*184*
Szymanski, A., **16**:192, **16**:229, **16**:*233*, **16**:*236*
Szymanski, J. T., **13**:30, **13**:*81*

T

Taagepera, M., **13**:87, **13**:108, **13**:135, **13**:139, **13**:146, **13**:*148*, **13**:*152*, **21**:221, **21**:*240*, **31**:202, **31**:203, **31**:*244*
Tabata, M., **26**:220, **26**:*251*
Tabata, Y., **19**:22, **19**:*127*
Tabatskaya, A. A., **19**:283, **19**:315, **19**:*378*
Tabernero, J. I., **25**:284, **25**:291, **25**:336, **25**:337, **25**:338, **25**:339, **25**:340, **25**:341, **25**:343, **25**:344, **25**:*442*, **25**:*445*
Tabet, J. C., **24**:80, **24**:*105*, **24**:*112*
Tabner, B. J., **5**:96, **5**:97, **5**:*113*, **5**:*114*
Tabushi, I., **17**:452, **17**:*486*, **29**:2, **29**:5, **29**:6, **29**:7, **29**:*68*
Tachi, I., **5**:48, **5**:*52*
Tachibana, T., **28**:57, **28**:*137*
Tachikawa, E., **2**:251, **2**:*276*
Tachikawa, H., **13**:223, **13**:225, **13**:226, **13**:*266*, **13**:*272*, **13**:*277*, **18**:126, **18**:*184*, **19**:7, **19**:*127*
Tack, R. D., **22**:218, **22**:*307*
Tada, M., **19**:63, **19**:108, **19**:*127*, **28**:208, **28**:*289*
Taddei, F., **7**:12, **7**:66, **7**:67, **7**:*112*, **11**:126, **11**:*174*, **13**:92, **13**:*151*
Tadjer, A., **32**:179, **32**:186, **32**:*215*
Tadokoro, S., **13**:372, **13**:380, **13**:381, **13**:*414*
Taft, R. W., **2**:130, **2**:136, **2**:*159*, **2**:*162*, **8**:*268*, **9**:165, **9**:170, **9**:*182*, **12**:192, **12**:211, **12**:*220*, **14**:136, **14**:*197*, **14**:279, **14**:*339*, **22**:157, **22**:*212*, **26**:317, **26**:*374*, **26**:*378*, **27**:47, **27**:*54*, **27**:152, **27**:174, **27**:*235*, **27**:*237*, **27**:*238*, **28**:172, **28**:*205*, **28**:270, **28**:278, **28**:*289*, **30**:111, **30**:*112*, **31**:202, **31**:203, **31**:*244*, **31**:*248*, **32**:183, **32**:*212*
Taft, R. W., Jr., **1**:7, **1**:15, **1**:20, **1**:21, **1**:22, **1**:23, **1**:26, **1**:27, **1**:29, **1**:*32*, **1**:*33*, **1**:105, **1**:121, **1**:143, **1**:*154*,

1:191, **1**:*201*, **3**:34, **3**:*89*, **3**:126, **3**:130, **3**:139, **3**:140, **3**:164, **3**:166, **3**:183, **4**:10, **4**:11, **4**:13, **4**:15, **4**:*29*, **4**:327, **4**:328, **4**:332, **4**:*345*, **4**:*346*, **4**:*347*, **5**:246, **5**:*326*, **5**:342, **5**:384, **5**:*395*, **5**:*398*, **6**:70, **6**:94, **6**:*100*, **6**:*101*, **7**:297, **7**:309, **7**:*330*, **11**:57, **11**:*122*, **11**:124, **11**:*175*, **13**:87, **13**:106, **13**:108, **13**:135, **13**:139, **13**:146, **13**:*148*, **13**:*152*
Tagaki, W., **17**:447, **17**:450, **17**:451, **17**:453–5, **17**:457, **17**:459, **17**:467, **17**:*486*, **17**:*487*, **18**:68, **18**:*77*, **24**:101, **24**:*105*, **29**:2, **29**:*68*
Tagawa, H., **32**:248, **32**:*263*
Tagawa, S., **19**:22, **19**:*127*
Taguchi, H., **11**:316, **11**:*383*
Taguchi, K., **23**:220, **23**:221, **23**:*266*, **23**:*269*
Taguchi, M., **19**:110, **19**:*130*
Taguchi, T., **22**:269, **22**:285, **22**:*306*
Taguchi, V., **10**:131, **10**:*152*
Taher, N. A., **14**:279, **14**:*337*
Tai, J. C., **13**:15, **13**:30, **13**:55, **13**:65, **13**:75, **13**:*77*
Taillefer, R., **18**:26, **18**:28, **18**:*77*
Taillefer, R. J., **21**:38, **21**:*95*, **24**:114, **24**:116, **24**:118, **24**:162, **24**:167, **24**:168, **24**:169, **24**:*200*, **24**:*204*
Taira, K., **24**:186, **24**:187, **24**:190, **24**:191, **24**:*201*, **24**:*204*, **25**:123, **25**:160, **25**:171, **25**:181, **25**:182, **25**:185, **25**:186, **25**:188, **25**:204, **25**:*259*, **25**:*263*, **29**:113, **29**:*183*
Tait, J. C., **17**:22, **17**:23, **17**:53, **17**:54, **17**:*60*
Tait, J. M. S., **8**:194, **8**:230, **8**:*268*
Tait, M. J., **14**:260, **14**:261, **14**:*342*, **14**:*351*
Tait, R. J., **32**:108, **32**:*120*
Tajammal, S., **32**:240, **32**:*262*
Tajima, M., **20**:223, **20**:*232*
Takada, S., **29**:287, **29**:*328*
Takada, T., **32**:137, **32**:204, **32**:206, **32**:*215*
Takagi, H., **22**:67, **22**:68, **22**:*110*
Takagi, K., **19**:96, **19**:*125*
Takagi, M., **5**:50, **5**:*52*, **17**:297, **17**:355, **17**:*427*, **17**:*432*, **21**:45, **21**:*98*, **24**:70, **24**:*108*
Takagi, O., **17**:250, **17**:*275*
Takagishi, T., **17**:443, **17**:*487*
Takahara, I., **17**:453, **17**:*487*
Takahara, Y., **26**:210, **26**:*253*
Takahashi, A., **26**:200, **26**:*247*
Takahashi, C., **32**:163, **32**:*213*
Takahashi, H., **32**:247, **32**:259, **32**:*264*, **32**:*265*
Takahashi, J., **14**:18, **14**:20, **14**:*67*
Takahashi, K., **11**:123, **11**:*175*, **15**:174, **15**:*265*, **16**:219, **16**:220, **16**:222, **16**:*231*, **17**:333, **17**:*433*, **19**:4, **19**:*128*, **30**:174, **30**:175, **30**:182, **30**:188, **30**:192, **30**:197, **30**:202, **30**:215, **30**:*219*, **30**:*220*
Takahashi, L. H., **26**:307, **26**:*378*
Takahashi, M., **17**:314, **17**:315, **17**:360, **17**:*427*, **30**:105, **30**:*114*
Takahashi, R., **18**:126, **18**:*179*
Takahashi, S., **17**:246, **17**:247, **17**:250, **17**:252, **17**:258, **17**:*278*, **21**:40, **21**:*96*
Takahashi, T., **2**:231, **2**:*275*, **2**:*277*
Takahashi, Y., **29**:192, **29**:195, **29**:197, **29**:198, **29**:220, **29**:233, **29**:*271*
Takahasi, M., **8**:47, **8**:60, **8**:*77*
Takaki, M., **11**:123, **11**:*175*
Takaki, U., **15**:160, **15**:179, **15**:182, **15**:187, **15**:231, **15**:*265*, **17**:296, **17**:*428*
Takamuku, S., **19**:50, **19**:*119*
Takasaki, B. K., **29**:7, **29**:8, **29**:9, **29**:11, **29**:20, **29**:23, **29**:46, **29**:*68*, **29**:71, **29**:82
Takase, K., **30**:188, **30**:*220*
Takashima, K., **21**:223, **21**:224, **21**:225, **21**:226, **21**:228, **21**:235, **21**:*240*, **24**:8, **24**:18, **24**:*55*, **26**:119, **26**:*128*
Takasu, I., **32**:259, **32**:*265*
Takasuka, M., **23**:190, **23**:206, **23**:207, **23**:*267*, **23**:*268*, **23**:*269*
Takata, R., **23**:314, **23**:*316*
Takata, T., **17**:80, **17**:94, **17**:*179*
Takata, Y., **30**:194, **30**:*219*
Takats, J., **29**:186, **29**:*265*
Takatsu, M., **17**:269, **17**:*278*
Takayama, H., **23**:299, **23**:*316*, **23**:*317*
Takayama, K., **17**:421, **17**:422, **17**:*432*
Takayanagi, M., **17**:438, **17**:471, **17**:*483*, **17**:*484*
Takayanagi, T., **19**:100, **19**:*128*

Takechi, H., **11**:22, **11**:*120*, **19**:108, **19**:*122*
Takeda, A., **17**:269, **17**:*278*
Takeda, M., **11**:332, **11**:*391*, **31**:293, **31**:*388*
Takeda, Y., **17**:307, **17**:*430*, **25**:77, **25**:*96*
Takegami, Y., **23**:54, **23**:*62*
Takegoshi, K., **25**:64, **25**:*90*, **25**:*96*, **26**:317, **26**:318, **26**:*373*
Takeguchi, N., **14**:252, **14**:*352*
Takei, S. J., **22**:284, **22**:*308*
Takemoto, K., **17**:38, **17**:*61*
Takemoto, S., **16**:199, **16**:*233*
Takemura, H., **30**:70, **30**:*115*
Takemura, T., **32**:229, **32**:*264*
Takemura, Y., **14**:6, **14**:*65*
Takeno, T., **32**:233, **32**:*264*
Takeo, K., **13**:404, **13**:*414*
Takeshita, H., **32**:228, **32**:*265*
Takeshita, T., **29**:5, **29**:*68*
Takeuchi, A., **30**:162, **30**:*171*
Takeuchi, H., **22**:147, **22**:*209*
Takeuchi, K., **30**:174, **30**:175, **30**:182, **30**:183, **30**:184, **30**:192, **30**:193, **30**:194, **30**:196, **30**:197, **30**:200, **30**:202, **30**:204, **30**:205, **30**:206, **30**:208, **30**:209, **30**:210, **30**:213, **30**:214, **30**:215, **30**:216, **30**:*218*, **30**:*219*, **30**:*220*, **32**:280, **32**:308, **32**:309, **32**:*380*, **32**:*385*
Takeuchi, M., **20**:95, **20**:*186*
Takeuchi, S., **21**:154, **21**:*194*
Takeuchi, Y., **25**:42, **25**:*86*
Takezak, Y., **10**:30, **10**:*52*
Takimoto, K., **13**:189, **13**:213, **13**:*277*
Takimoto, M., **11**:307, **11**:318, **11**:*391*
Takino, T., **10**:142, **10**:*152*
Takita, N., **19**:46, **19**:*121*
Takiura, K., **13**:293, **13**:*410*
Takizawa, K., **23**:28, **23**:*62*
Takizawa, T., **19**:81, **19**:*129*
Takui, T., **26**:193, **26**:210, **26**:211, **26**:212, **26**:215, **26**:217, **26**:243, **26**:*247*, **26**:*248*, **26**:*250*, **26**:*251*, **26**:*252*
Takuma, K., **19**:93, **19**:96, **19**:97, **19**:*121*, **19**:*128*
Takuma, T., **29**:4, **29**:*67*
Takusagawa, F., **26**:261, **26**:263, **26**:270, **26**:*374*, **26**:*378*
Takuwa, A., **10**:109, **10**:*127*
Talaty, E. R., **5**:81, **5**:82, **5**:96, **5**:102, **5**:*117*, **5**:*118*, **6**:315, **6**:*331*
Talbot, M. L., **6**:250, **6**:*329*
Talbot, R. J. E., **15**:209, **15**:211, **15**:*260*
Talcott, C., **29**:319, **29**:320, **29**:*327*
Talkowski, C., **13**:388, **13**:389, **13**:*410*
Talkowski, C. J., **17**:462, **17**:*485*, **22**:277, **22**:*306*
Tallec, A., **23**:309, **23**:*317*, **32**:5, **32**:114
Tallman, D. E., **32**:109, **32**:*119*
Talma, A. G., **24**:101, **24**:*112*
Talmon, Y., **22**:270, **22**:*308*
Tal'roze, V. L., **8**:112, **8**:131, **8**:*149*
Talvik, A., **18**:9, **18**:36, **18**:37, **18**:*73*, **18**:*76*, **18**:*77*
Tal'vik, A. I., **2**:140, **2**:141, **2**:*162*
Talvik, A. J., **13**:85, **13**:*152*
Tam, J. N. S., **13**:247, **13**:*268*
Tam, K. Y., **32**:109, **32**:*120*
Tam, M. C., **16**:182, **16**:183, **16**:*236*
Tam, S. W., **8**:218, **8**:*262*, **8**:*269*
Tam, W., **32**:162, **32**:179, **32**:180, **32**:188, **32**:191, **32**:*210*
Tamagake, K., **25**:42, **25**:*96*
Tamaki, K., **14**:267, **14**:*351*, **17**:438, **17**:476, **17**:477, **17**:*484*, **17**:*486*
Tamaki, T., **19**:36, **19**:112, **19**:*128*, **30**:135, **30**:137, **30**:*171*
Tamamoto, N., **19**:38, **19**:*123*
Tamamushi, B. I., **8**:272, **8**:275, **8**:279, **8**:280, **8**:*405*
Tamaru, K., **18**:86, **18**:*184*
Tamas, J., **23**:297, **23**:298, **23**:*321*, **24**:92, **24**:*108*, **30**:8, **30**:40, **30**:43, **30**:44, **30**:51, **30**:54, **30**:*56*, **30**:*58*, **30**:*61*
Tamberg, N., **7**:224, **7**:*256*
Tamborra, P., **22**:35, **22**:37, **22**:40, **22**:79, **22**:91, **22**:*108*
Tambute, A., **15**:256, **15**:*261*
Tamm, C., **3**:181, **3**:*184*
Tamm, C. K., **28**:70, **28**:76, **28**:89, **28**:*137*
Tamm, T., **31**:187, **31**:*245*
Tammann, G., **2**:94, **2**:137, **2**:*158*
Tamme, M. E. E., **18**:9, **18**:*73*
Tamminga, J. J., **11**:238, **11**:*265*
Tamoto, K., **19**:78, **19**:*126*
Tamres, M., **2**:143, **2**:*162*, **4**:259, **4**:265, **4**:266, **4**:*303*, **4**:*304*, **15**:161, **15**:*264*,

25:136, **25:***256*
Tamura, H., **12:**12, **12:**57, **12:***124*
Tamura, I., **32:**257, **32:***264*
Tamura, K., **14:**39, **14:***67*, **19:**104, **19:***122*
Tamura, M., **10:**94, **10:**120, **10:***125*
Tamura, N., **8:**27, **8:***77*
Tamura, R., **21:**10, **21:***34*, **23:**277, **23:**300, **23:**304, **23:***320*
Tamura, S., **19:**91, **19:***121*
Tamura, S.-I., **18:**131, **18:**138, **18:***179*, **18:***184*
Tamura, Y., **17:**355, **17:***428*
Tan, A.-L., **23:**231, **23:***268*
Tan, C. C., **10:**98, **10:***127*
Tan, G. L., **5:**279, **5:**280, **5:**293, **5:**296, **5:**299, **5:**315, **5:**323, **5:***328*
Tan, L., **29:**224, **29:***266*
Tan, L. Y., **15:**21, **15:***60*
Tanabe, H., **17:**320, **17:***424*, **19:**96, **19:***123*, **27:**85, **27:**86, **27:**92, **27:***113*, **31:**170, **31:**173, **31:**182, **31:**183, **31:**234, **31:***243*
Tanabe, K., **29:**113, **29:***183*
Tanabe, M., **25:**336, **25:***445*
Tanabe, Y., **19:**96, **19:***125*
Tanaka, A., **25:**36, **25:***97*
Tanaka, F., **31:**263, **31:**382, **31:***386*, **31:***391*
Tanaka, H., **23:**261, **23:***265,* **32:**108, **32:***118*
Tanaka, I., **22:**147, **22:***209*
Tanaka, J., **11:**337, **11:***387*, **18:**147, **18:**152, **18:***181*, **19:**51, **19:**52, **19:***121*, **20:**156, **20:***186*, **29:**228, **29:**237, **29:***270*, **29:***272*
Tanaka, K., **16:**259, **16:***262*, **21:**208, **21:**211, **21:**212, **21:**215, **21:***240*, **26:**12, **26:***125,* **32:**70, **32:***119,* **32:**225, **32:***265*
Tanaka, M., **17:**443, **17:***484*, **23:**54, **23:***62*
Tanaka, N., **16:**147, **16:***157*
Tanaka, O., **16:**250, **16:***265*
Tanaka, R., **14:**290, **14:**307, **14:***348*, **21:**10, **21:***35*
Tanaka, S., **29:**26, **29:***68*, **29:**75
Tanaka, T., **24:**98, **24:***107*, **25:**76, **25:**77, **25:***96*, **30:**194, **30:***219,* **32:**225, **32:***265*
Tanaka, Y., **19:**101, **19:***125*
Tanalov, A. N., **1:**159, **1:**172, **1:**182, **1:**187, **1:***201*
Tanamachi, S., **17:**439, **17:**475, **17:***484*, **17:***485*
Tanaseichuk, B. S., **13:**231, **13:***266*
Tancredi, T., **13:**372, **13:**373, **13:**380, **13:***413*
Tanei, T., **13:**181, **13:**189, **13:***277*
Tanford, C., **6:**303, **6:**306, **6:***331*, **17:**437, **17:***487*, **22:**215, **22:**219, **22:**220, **22:***308*, **28:**47, **28:***137*, **29:**6, **29:***68*
Tang, A., **6:**309, **6:**310, **6:***331*
Tang, C. P., **15:**92, **15:***146*
Tang, C. W., **19:**80, **19:***125*
Tang, R., **17:**96, **17:***179*, **23:**310, **23:**313, **23:***321*, **25:**42, **25:***94*
Tang, R. T., **12:**3, **12:**60, **12:***123*, **13:**172, **13:**173, **13:**248, **13:***272*, **18:**158, **18:***179*, **29:**240, **29:***269*
Tang, S., **10:**179, **10:**180, **10:***225*
Tang, Y. N., **2:**222, **2:**240, **2:***275*, **2:***276*, **7:**189, **7:**199, **7:***209*
Tang, Y. S., **23:**72, **23:***160*
Tani, H., **25:**336, **25:***445*
Tanida, H., **17:**251, **17:***277*
Taniguchi, H., **20:**224, **20:***231*, **20:***232*, **31:**37, **31:***83*, **31:**133, **31:***139,* **32:**346, **32:**347, **32:**353, **32:***382*, **32:***383*
Taniguchi, M., **13:**311, **13:**315, **13:***413*
Taniguchi, S., **19:**383, **19:**384, **19:***426*, **24:**70, **24:***108*
Taniguchi, Y., **22:**290, **22:***308*
Tanihata, S., **19:**77, **19:***121*
Tanikaga, R., **5:**64, **5:**67, **5:***117*
Tanimoto, Y., **20:**31, **20:***53*, **22:**147, **22:***209*
Tanimura, A., **19:**390, **19:***428*
Tanimura, R., **31:**263, **31:**294, **31:**382, **31:***386*, **31:***387*, **31:***391*
Tanizaki, Y., **11:**311, **11:***391*
Tannenbaum, H. P., **8:**230, **8:**231, **8:***264*
Tanner, D. D., **14:**125, **14:**126, **14:***132*, **18:**149, **18:***184*, **21:**128, **21:***195*, **23:**297, **23:**298, **23:**300, **23:**304, **23:**305, **23:**308, **23:***316*, **23:***321*, **24:**70, **24:***112*
Tanner, D. T., **2:**98, **2:**100, **2:**105, **2:**154, **2:***162*
Tanner, D. W., **5:**301, **5:***326*, **11:**55,

11:*118*
Tanner, G., **15:**113, **15:***149*
Tanner, S. D., **24:**65, **24:***105*
Tanni, T., **25:***263*, **25:***264*
Tanno, T., **19:**92, **19:***128*
Tansley, A. C., **12:**91, **12:***126*
Tansley, G., **25:**116, **25:***262*
Tantasheva, F. R., **7:**45, **7:**59, **7:***111*
Tanzer, C., **13:**288, **13:**289, **13:**290, **13:**360, **13:***407*, **13:***410*
Tao, E. V. P., **9:**192, **9:**200, **9:**278, **9:***277*
Tapia, J., **24:**152, **24:***202*
Tapia, O., **24:**64, **24:**68, **24:***112*
Tappel, A. L., **5:**92, **5:***119*
Tapuhi, E., **29:**47, **29:***68*
Tar, D., **16:**227, **16:***233*
Taran, C., **26:**75, **26:***123*
Taran, L. A., **12:**35, **12:***125*
Taranko, A. R., **16:**215, **16:***232*
Tarasenko, A. M., **3:**180, **3:***184*
Tarasov, V. F., **20:**34, **20:***52*, **20:***53*
Tarasow, **31:**383, **31:***391*
Taratiel, J., **25:**274, **25:**323, **25:**324, **25:**325, **25:**334, **25:**346, **25:***439*, **25:***441*, **25:***445*
Tarbell, D. S., **8:**216, **8:***260*, **28:**208, **28:**211, **28:**213, **28:**285, **28:***287*
Tarbet, B. J., **30:**64, **30:**65, **30:**107, **30:***114*
Tarchini, C., **17:**355, **17:***431*
Tardi, M., **15:**173, **15:**250, **15:***265*
Tardivel, R., **12:**12, **12:***123,* **32:**5, **32:***114*
Tardy, C., **32:**5, **32:***114*
Tarhan, H. O., **11:**316, **11:**348, **11:***384*, **14:**76, **14:***128*, **16:**30, **16:***48*
Tarnawski, A., **1:**49, **1:***153*
Tarnovski, T. L., **17:**282, **17:**296, **17:**300, **17:**301, **17:**371, **17:***430*
Tarnowski, T. L., **17:**363, **17:**365–7, **17:**418, **17:**420, **17:***427*, **17:***429*, **17:***432*
Tarnus, C., **27:**251, **27:***291*
Tarr, C. E., **16:**241, **16:***262*
Tarrago, G., **11:**353, **11:**354, **11:***385*
Tarrant, P., **7:**30, **7:**31, **7:**62, **7:***114*
Tartakovski, E., **24:**149, **24:***201*
Tasaka, K., **9:**109(129), **9:**118(129), **9:***126*
Tasaka, S., **20:**221, **20:**222, **20:***233*
Tashiro, M., **14:**118, **14:***130*, **20:**156, **20:***186,* **32:**302, **32:***384*
Tashita, N., **19:**43, **19:***125*
Tashjian, Z. H., **5:**282, **5:**289, **5:**296, **5:***326*
Ta-Shma, R., **9:**271, **9:***278*, **27:**60, **27:***117*, **27:**243, **27:**253, **27:**254, **27:**259, **27:**263, **27:**265, **27:**268, **27:**281, **27:**282, **27:**284, **27:***291*
Tashtoush, H., **23:**277, **23:**304, **23:**306, **23:***321*
Tasuka, K., **25:**193, **25:**194, **25:***263*
Tasumi, M., **16:**253, **16:***263*
Tate, J. R., **8:**275, **8:***399*, **13:**138, **13:***149*
Tate, K. L., **27:**249, **27:***290*
Tatematsu, A., **8:**170, **8:**174, **8:**194, **8:**251, **8:***268*
Tatemitsu, H., **19:**44, **19:**85, **19:***123*
Tatikolov, A. S., **19:**55, **19:***122*
Tatlow, J. C., **7:**30, **7:***109*, **7:***110*, **7:***113*, **12:**17, **12:**56, **12:***118*, **25:**270, **25:**271, **25:**328, **25:**330, **25:***442*, **25:***443*
Tattershall, R. H., **25:**140, **25:***256*
Taub, I. A., **12:**244, **12:**278, **12:***292*, **12:***293*
Taube, H., **2:**117, **2:***160*, **3:**126, **3:**169, **3:***185*, **7:**324, **7:***331*, **18:**80, **18:**98, **18:***178*, **18:***184*, **19:**386, **19:**407, **19:***424*, **26:**3, **26:**98, **26:***130*
Taurins, A., **11:**302, **11:***386*
Tawfik, D. S., **31:**260, **31:**263, **31:**311, **31:**312, **31:**382, **31:***386*, **31:***387*, **31:***391*
Taylor, C., **20:**213, **20:***230*
Taylor, C. A., **1:**220, **1:**257, **1:***278*
Taylor, C. M., **31:**272, **31:**301, **31:**384, **31:***387*, **31:***391*
Taylor, Ch. K., **25:**373, **25:***445*
Taylor, D. R., **7:**93, **7:***114*, **9:**151, **9:**153, **9:**217, **9:**229, **9:***279*
Taylor, E. C., **7:***113*, **18:**159, **18:**161, **18:**163, **18:***181*, **20:**57, **20:***185*, **20:***189*, **31:**37, **31:***83*
Taylor. G., **32:**93, **32:**96, **32:***120*
Taylor, G. E., **25:**140, **25:***256*
Taylor, G. N., **19:**56, **19:**100, **19:**107, **19:***114*, **19:***115*, **19:***119*, **19:***128*
Taylor, G. R., **28:**176, **28:**179, **28:**180, **28:**181, **28:**182, **28:**183, **28:***205*

Taylor, G. W., **16:**182, **16:**183, **16:***236*
Taylor, J. A., **20:**209, **20:***230*
Taylor, J. W., **14:**23, **14:**28, **14:***63*, **14:***67*, **21:**155, **21:***193*, **27:**6, **27:***55*
Taylor, L. J., **3:**127, **3:***186*
Taylor, M. D., **27:**241, **27:***235*
Taylor, M. J., **9:**68(100), **9:***125*
Taylor, M. V., **17:**69, **17:**70, **17:**73, **17:***174*
Taylor, N. F., **26:**306, **26:***378*
Taylor, N. J., **29:**298, **29:***327*
Taylor, P. B., **29:**307, **29:**308, **29:***325*
Taylor, P. J., **21:**39, **21:***98*, **27:**191, **27:**205, **27:***233*
Taylor, R., **1:**52, **1:**67, **1:**69, **1:**72, **1:**74, **1:**75, **1:**76, **1:**77, **1:**97, **1:**108, **1:**115, **1:**116, **1:**135, **1:***151*, **1:**157, **1:**192, **1:***197*, **2:**20, **2:***88*, **3:**101, **3:**113, **3:**114, **3:**116, **3:***122*, **6:**63, **6:***98*, **8:**143, **8:***148*, **14:**76, **14:***129*, **16:**18, **16:***49*, **25:**13, **25:***84*, **29:**87, **29:**89, **29:**110, **29:**114, **29:***178*, **32:**245, **32:***265*, **32:**270, **32:**279, **32:**282, **32:**286, **32:***381*, **32:***383*, **32:***384*, **32:***385*
Taylor, R. L., **6:**56, **6:***59*
Taylor, R. P., **14:**190, **14:***202*
Taylor, R. T., **29:**233, **29:***266*
Taylor, S. D., **31:**270, **31:**301, **31:**384, **31:***387*, **31:***389*
Taylor, S., **31:**270, **31:**383, **31:***387*
Taylor, T. I., **2:**11, **2:***88*
Taylor, W. B., **12:**226, **12:**227, **12:***291*, **12:***292*
Taymaz, K., **10:**120, **10:***128*, **30:**19, **30:***220*
Tayyari, S. F., **26:**315, **26:**316, **26:***378*
Tazaki, M., **17:**297, **17:***432*
Tazawa, I., **13:**330, **13:***410*
Tazuke, S., **19:**56, **19:**74, **19:***128*
Tchen, T. T., **25:**234, **25:***264*
Tchoubar, B., **11:**299, **11:**300, **11:**354, **11:***382*, **17:**320, **17:**359, **17:***429*, **17:***430*
Teasley, M. F., **23:**310, **23:**314, **23:***319*
Techer, H., **5:**381, **5:***396*
Tedder, J. M., **6:**198, **6:**199, **6:***329*, **8:**46, **8:***77*, **9:**128, **9:**155, **9:***182*, **9:**267, **9:***279*, **16:**53, **16:**55–69, **16:**71, **16:**73, **16:**75, **16:**79, **16:**83, **16:***84*, **16:***85*, **16:***86*, **17:**110, **17:***180*, **18:**152, **18:***179*, **27:**231, **27:***238*
Tedesco, V., **32:**62, **32:***113*
Tedford, C., **31:**384, **31:***391*
Tee, O. S., **15:**12, **15:**13, **15:**14, **15:**34, **15:**35, **15:**36, **15:**54, **15:**55, **15:***57*, **15:***60*, **15:***61*, **18:**21, **18:**28, **18:**38, **18:***77*, **21:**89, **21:**91, **21:**92, **21:***98*, **24:**159, **24:**160, **24:***199*, **24:***204*, **29:**2, **29:**3, **29:**5, **29:**7, **29:**8, **29:**9, **29:**10, **29:**11, **29:**13, **29:**17, **29:**18, **29:**19, **29:**20, **29:**21, **29:**22, **29:**23, **29:**29, **29:**32, **29:**33, **29:**34, **29:**35, **29:**36, **29:**37, **29:**38, **29:**39, **29:**40, **29:**41, **29:**42, **29:**43, **29:**44, **29:**46, **29:**50, **29:**51, **29:**52, **29:**55, **29:***68*, **29:***69*, **29:**71, **29:**72, **29:**77, **29:**78, **29:**79, **29:**80, **29:**81, **29:**82
Teegan, J. P., **1:**415, **1:***420*
Teeter, R. M., **8:**209, **8:**236, **8:***268*
Tefertiller, B. A., **18:**23, **18:***74*
Tegenfeldt, J., **26:**280, **26:***369*
Tegge, W., **25:**219, **25:***261*
Teichmann, H., **24:**190, **24:***203*
Teitei, J., **19:**104, **19:***128*
Teixeira-Dias, J. J. C., **10:**69, **10:***127*, **25:**68, **25:***94*
Teki, Y., **26:**193, **26:**210, **26:**211, **26:**212, **26:**217, **26:**243, **26:***247*, **26:***250*, **26:***251*, **26:***252*
Teklu, Y., **22:**143, **22:***211*
Teklu, Y. D., **11:**307, **11:***390*
Tel, L. M., **24:**148, **24:***204*
Telefus, C. D., **9:**27(11b, c, e), **9:**78(11b, c, e), **9:***121*
Telkowski, L., **19:**236, **19:**238, **19:**289, **19:**301, **19:***374*, **19:***378*, **23:**64, **23:**125, **23:**138, **23:**149, **23:**150, **23:**151, **23:**158, **23:***161*, **23:***162*
Telkowski, L. A., **14:**14, **14:***65*
Telleman, P., **30:**95, **30:***115*
Teller, E., **1:**366, **1:**370, **1:**371, **1:**376, **1:**378, **1:**379, **1:**395, **1:**396, **1:**414, **1:**415, **1:***420*, **1:***421*, **1:***422*, **15:**2, **15:***60*, **18:**21, **18:***76*, **21:**129, **21:***195*, **24:**157, **24:***203*
Teller, J. M., **26:**261, **26:***377*
Temkin, M. E., **16:**31, **16:***48*
Temkin, M. I., **13:**117, **13:***150*

Temnikova, T. I., **5**:384, **5**:*398*
Temple, C., **21**:42, **21**:*98*
Templeton, D. H., **22**:130, **22**:*209*, **25**:13, **25**:*87*, **32**:230, **32**:*263*
Templeton, W., **1**:*419*
Temussi, P. A., **13**:372, **13**:373, **13**:380, **13**:*413*
Tencer, M., **31**:234, **31**:236, **31**:*247*
Tener, G. M., **25**:196, **25**:*261*
Teng, A. Y., **19**:93, **19**:*113*
Tengler, E., **13**:211, **13**:*267*
ten Have, P., **9**:136, **9**:*175*
Tennakoon, C. T. K., **10**:172, **10**:219, **10**:*222*
Tennakoon, D. T. B., **15**:132, **15**:136, **15**:139, **15**:*149*, **15**:*150*
Tenne, R., **32**:8, **32**:*120*
Tenschert, G., **8**:169, **8**:221, **8**:*260*
Tenud, L., **29**:134, **29**:*183*
Tenygl, J., **5**:39, **5**:*52*
Tenzel, T. T., **26**:71, **26**:77, **26**:86, **26**:*129*
Teo, K. C., **24**:71, **24**:*111*
Tepley, L. B., **22**:228, **22**:272, **22**:*305*
Teply, J., **12**:245, **12**:*294*
Ter Borg, A. P., **6**:237, **6**:*331*
Terabe, S., **17**:13, **17**:16, **17**:17, **17**:19, **17**:*63*, **17**:*64*, **31**:136, **31**:*140*
Teraishi, K., **31**:262, **31**:300, **31**:*391*
Terao, T., **25**:64, **25**:*90*, **25**:*96*, **26**:317, **26**:318, **26**:*373*, **32**:235, **32**:*264*
Terasaki, T., **32**:355, **32**:*383*
Terashima, M., **11**:381, **11**:*391*, **20**:209, **20**:*233*
Terauchi, K., **17**:50, **17**:*63*
Terenin, A., **16**:168, **16**:*236*
Terenin, A. N., **4**:43, **4**:*70*, **4**:197, **4**:*304*
Terent'ev, A. B., **17**:35, **17**:*60*
Terhune, R. W., **32**:162, **32**:163, **32**:*215*
Terni, H. A., **12**:93, **12**:94, **12**:*123*
Terpstra, D., **16**:246, **16**:*263*
Terpugova, M. P., **17**:19, **17**:*64*
Terrier, F., **7**:236, **7**:243, **7**:244, **7**:*257*, **14**:144, **14**:167, **14**:169, **14**:*199*, **14**:*202*, **22**:152, **22**:163, **22**:*206*, **26**:332, **26**:341, **26**:*369*, **26**:*377*, **27**:149, **27**:172, **27**:176, **27**:185, **27**:186, **27**:192, **27**:193, **27**:194, **27**:198, **27**:*234*, **27**:*235*, **27**:*237*, **27**:*238*
Terrill, N. J., **26**:307, **26**:*373*
Terry, R. E., **17**:281, **17**:284, **17**:286, **17**:288, **17**:303, **17**:304, **17**:306, **17**:307, **17**:*428*
Terui, H., **14**:328, **14**:*345*
Terzian, R., **32**:70, **32**:*119*
Tesoro, G. C., **7**:*113*
Tessier, D., **19**:170, **19**:195, **19**:197, **19**:201, **19**:202, **19**:*220*, **19**:*221*, **26**:18, **26**:29, **26**:*129*
Tessman, J. R., **3**:20, **3**:*85*
Testa, A. C., **11**:237, **11**:240, **11**:246, **11**:*265*, **12**:177, **12**:213, **12**:*216*, **12**:*218*, **12**:*220*, **12**:*221*, **19**:88, **19**:*127*, **32**:24, **32**:110, **32**:*120*
Testafari, L., **26**:72, **26**:*124*
Teucher, I., **16**:184, **16**:*234*
Teuchner, K., **19**:17, **19**:*126*
Teuerstein, A., **12**:277, **12**:*295*, **29**:231, **29**:*267*
Teufel, E., **19**:105, **19**:*121*
Teukoisky, S. A., **32**:95, **32**:*119*
Tevesov, A. A., **32**:167, **32**:*209*
Tewfik, R., **28**:177, **28**:184, **28**:*205*
Texier, P., **12**:43, **12**:49, **12**:*116*, **13**:167, **13**:*266*
Tezuka, T., **6**:220, **6**:237, **6**:240, **6**:*324*, **6**:*331*, **10**:*152*, **19**:77, **19**:*128*
Thackaberry, S. P., **8**:250, **8**:*262*
Thacker, D., **11**:104, **11**:108, **11**:*118*
Thackray, D. C., **29**:50, **29**:*68*
Thain, J. M., **14**:329, **14**:330, **14**:335, **14**:*340*
Thaisirvongs, S., **31**:262, **31**:382, **31**:*390*
Thaler, W., **4**:177, **4**:*193*
Thaler, W. A., **9**:215, **9**:*280*
Thamavit, C., **22**:232, **22**:237, **22**:238, **22**:298, **22**:*301*
Thami, T., **32**:191, **32**:203, **32**:*212*, **32**:*215*
Thanassi, J. W., **5**:238, **5**:272, **5**:319, **5**:*330*, **11**:17, **11**:75, **11**:*122*, **17**:230, **17**:*278*
Thang, T. T., **16**:250, **16**:*263*
Thankachan, C., **21**:72, **21**:88, **21**:*97*, **29**:*179*
Thatcher, G. R. J., **24**:187, **24**:*202*, **25**:104, **25**:123, **25**:131, **25**:132, **25**:140, **25**:149, **25**:150, **25**:152, **25**:156, **25**:160, **25**:161, **25**:162,

25:171, **25:**180, **25:**181, **25:**186, **25:**187, **25:**188, **25:**189, **25:**194, **25:**195, **25:**227, **25:**230, **25:**255, **25:**_256_, **25:**_261_, **25:**_262_, **25:**_264_, **27:**29, **27:**_55_, **31:**296, **31:**_391_
Thayer, A. L., **18:**206, **18:**_238_, **19:**8, **19:**82, **19:**_130_
Thea, S., **27:**7, **27:**12, **27:**13, **27:**17, **27:**21, **27:**23, **27:**28, **27:**37, **27:**_52_, **27:**_53_, **27:**_55_
Theard, L. P., **8:**_149_
Theibault, A., **18:**93, **18:**_175_
Theilacker, W., **1:**251, **1:**272, **1:**_280_, **6:**188, **6:**301, **6:**_329_, **15:**41, **15:**_61_
Thelan, P. J., **23:**308, **23:**_322_
Thelen, P. J., **20:**175, **20:**_189_
Theng, B. K. G., **15:**132, **15:**133, **15:**137, **15:**_149_
Theobald, C. W., **7:**1, **7:**_109_
Theobald, D. W., **6:**321, **6:**_330_
Theocharis, C. R., **29:**132, **29:**_181_
Theodoropoulos, S., **11:**358, **11:**_384_
Therien, M. J., **32:**194, **32:**_212_, **32:**_214_
Theron, F., **7:**11, **7:**41, **7:**42, **7:**47, **7:**48, **7:**50, **7:**64, **7:**69, **7:**74, **7:**76, **7:**89, **7:**90, **7:**91, **7:**97, **7:**105, **7:**107, **7:**_114_
Thewalt, K., **7:**239, **7:**_257_
Thiagarajan, V., **9:**144, **9:**_182_, **15:**53, **15:**_59_
Thibault, R. M., **19:**55, **19:**_120_
Thibault, T. D., **17:**231, **17:**265, **17:**_277_
Thibblin, A., **31:**207, **31:**231, **31:**_247_
Thibeault, J. C., **26:**210, **26:**_248_, **28:**21, **28:**_42_
Thibud, M., **30:**55, **30:**_57_
Thiébault, A., **19:**209, **19:**210, **19:**_217_, **19:**_221_, **26:**38, **26:**39, **26:**41, **26:**43, **26:**44, **26:**45, **26:**71, **26:**72, **26:**73, **26:**77, **26:**79, **26:**80, **26:**82, **26:**83, **26:**84, **26:**85, **26:**86, **26:**87, **26:**89, **26:**91, **26:**92, **26:**93, **26:**_121_, **26:**_122_, **26:**_124_, **26:**_128_, **26:**_129_, **32:**186, **32:**_214_
Thiel, W., **25:**26, **25:**_88_, **25:**378, **25:**_442_, **31:**187, **31:**_244_
Thielecke, W., **13:**36, **13:**_79_
Thielen, D. R., **12:**75, **12:**_128_
Thiem, J., **17:**322, **17:**_428_
Thiemann, A., **8:**_145_
Thies, H., **19:**249, **19:**_371_
Thiessen, W. E., **21:**45, **21:**_95_
Thijs, L., **17:**129, **17:**_180_
Thill, B. P., **15:**225, **15:**_262_
Thirsk, H. R., **10:**196, **10:**_220_
Thiry, P., **12:**159, **12:**172, **12:**_220_
Thistlethwaite, P. J., **22:**147, **22:**_212_
Thoburn, L. D., **26:**278, **26:**_376_
Thoemres, D. J., **16:**241, **16:**_264_
Thoma, M., **7:**241, **7:**_256_
Thoma, P., **16:**178, **16:**_237_
Thomaides, J. S., **26:**231, **26:**238, **26:**_246_, **26:**_252_
Thomann, H., **26:**238, **26:**_247_
Thomas, A., **5:**71, **5:**107, **5:**_113_, **8:**3, **8:**4, **8:**6, **8:**12, **8:**13, **8:**15, **8:**17, **8:**25, **8:**26, **8:**29, **8:**31, **8:**38, **8:**39, **8:**43, **8:**_74_, **8:**_75_, **8:**_77_, **9:**131, **9:**_175_
Thomas, A. A., **31:**238, **31:**_247_
Thomas, A. F., **18:**26, **18:**_77_
Thomas, C. A., **1:**47, **1:**_154_
Thomas, C. B., **12:**3, **12:**_125_, **13:**170, **13:**172, **13:**_273_, **13:**_274_, **18:**83, **18:**159, **18:**162, **18:**_181_, **29:**232, **29:**238, **29:**_270_
Thomas, C. E., **31:**135, **31:**_140_
Thomas, D., **31:**382, **31:**_387_
Thomas, D. W., **8:**170, **8:**_268_
Thomas, F. G., **5:**180, **5:**187, **5:**190, **5:**191, **5:**_234_
Thomas, H. G., **12:**12, **12:**92, **12:**_128_
Thomas, H. T., **17:**99, **17:**_179_, **19:**39, **19:**_117_
Thomas, J. A., **20:**151, **20:**_181_
Thomas, J. D. R., **17:**307, **17:**_428_
Thomas, J. K., **7:**117, **7:**118, **7:**121, **7:**122, **7:**123, **7:**124, **7:**125, **7:**126, **7:**130, **7:**131, **7:**132, **7:**134, **7:**143, **7:**_149_, **7:**_150_, **7:**_151_, **8:**35, **8:**_76_, **12:**278, **12:**280, **12:**290, **12:**_294_, **12:**_297_, **16:**259, **16:**_264_, **17:**40, **17:**_59_, **17:**282, **17:**287, **17:**307, **17:**_431_, **19:**95, **19:**96, **19:**97, **19:**99, **19:**_114_, **19:**_119_, **19:**_121_, **19:**_128_, **20:**218, **20:**_230_, **22:**218, **22:**220, **22:**270, **22:**_304_, **22:**_308_
Thomas, J. M., **15:**67, **15:**68, **15:**87, **15:**93, **15:**98, **15:**108–115, **15:**117, **15:**118, **15:**120, **15:**122, **15:**127, **15:**128, **15:**132, **15:**135–137, **15:**139, **15:**143, **15:**_144–150_, **16:**161, **16:**177,

16:178, **16**:180–4, **16**:189, **16**:192, **16**:196, **16**:197, **16**:*230*, **16**:*235*, **16**:*236*, **16**:*237*, **29**:132, **29**:*181*, **29**:*182*, **29**:*183*, **30**:121, **30**:131, **30**:*171*
Thomas, J. R., **1**:313, **1**:314, **1**:*359*, **1**:*362*, **5**:71, **5**:72, **5**:83, **5**:87, **5**:105, **5**:*113*, **5**:*118*, **9**:148, **9**:154, **9**:*178*, **9**:*182*
Thomas, K., **8**:282, **8**:302, **8**:308, **8**:*405*
Thomas, M. J., **19**:85, **19**:*128*
Thomas, M. T., **11**:355, **11**:*391*
Thomas, N. R., **31**:284, **31**:312, **31**:382, **31**:*391*
Thomas, O. H., **1**:67, **1**:*148*
Thomas, P., **17**:19, **17**:55, **17**:*63*
Thomas, P. J., **3**:94, **3**:95, **3**:96, **3**:97, **3**:99, **3**:100, **3**:103, **3**:120, **3**:*121*, **3**:*122*, **6**:244, **6**:*329*, **8**:239, **8**:*264*
Thomas. P. R., **32**:180, **32**:*215*
Thomas, R. J., **3**:149, **3**:159, **3**:160, **3**:163, **3**:164, **3**:166, **3**:168, **3**:*183*, **5**:246, **5**:247, **5**:258, **5**:263, **5**:267, **5**:304, **5**:*325*, **6**:66, **6**:67, **6**:*100*, **23**:195, **23**:*262*
Thomas, R. K., **9**:162, **9**:*183*, **14**:49, **14**:50, **14**:*67*
Thomas, R. V., **26**:70, **26**:*128*
Thomas, S. E., **24**:114, **24**:*204*
Thomas, T. D., **27**:67, **27**:78, **27**:*117*
Thomas, V. K., **27**:254, **27**:259, **27**:260, **27**:286, **27**:*291*
Thomas, W. A., **13**:360, **13**:*414*, **25**:34, **25**:*84*
Thomas, W., **1**:272, **1**:*280*
Thomassen, L. M., **17**:313, **17**:314, **17**:323, **17**:*432*
Thompson, D., **29**:288, **29**:*325*
Thompson, D. D., **3**:211, **3**:226, **3**:*267*
Thompson, D. H. P., **23**:286, **23**:*318*
Thompson, D. S., **3**:248, **3**:*269*
Thompson, E., **3**:78, **3**:*84*
Thompson, E. O. P., **21**:3, **21**:*34*
Thompson, G., **9**:192, **9**:200, **9**:278, **9**:*278*
Thompson, G. F., **12**:278, **12**:*292*
Thompson, H., **9**:162, **9**:*182*
Thompson, H. B., **6**:129, **6**:137, **6**:138, **6**:156, **6**:*180*, **13**:12, **13**:18, **13**:24, **13**:33, **13**:47, **13**:58, **13**:*80*
Thompson, H. W., **1**:407, **1**:*422*, **26**:298, **26**:*370*
Thompson, J. A., **11**:124, **11**:*175*
Thompson, J. T., **19**:387, **19**:395, **19**:396, **19**:398, **19**:409, **19**:411, **19**:*428*
Thompson, K. J., **15**:119, **15**:*149*
Thompson, M. J., **16**:26, **16**:28, **16**:*48*
Thompson, N., **26**:35, **26**:*125*
Thompson, O., **28**:50, **28**:62, **28**:71, **28**:72, **28**:73, **28**:121, **28**:*135*, **28**:*137*
Thompson, P. T., **14**:241, **14**:*342*
Thompson, R. C., **9**:9, **9**:11, **9**:12, **9**:13, **9**:15, **9**:*23*, **9**:*24*, **26**:309, **26**:*368*, **31**:278, **31**:311, **31**:*391*
Thompson, R. H., **17**:5, **17**:*60*
Thompson, S. O., **3**:108, **3**:*122*
Thompson, T. E., **16**:258, **16**:*264*
Thompson, W. L., **7**:15, **7**:*114*
Thompson, W. W., **15**:26, **15**:28, **15**:*61*
Thoms, E., **12**:283, **12**:*296*
Thomson, A., **11**:227, **11**:*264*, **14**:320, **14**:*351*, **22**:244, **22**:*308*
Thomson, G., **3**:33, **3**:*89*
Thomson, J. B., **8**:208, **8**:209, **8**:210, **8**:216, **8**:*263*, **8**:*268*
Thomson, J. W., **17**:251, **7**:*275*
Thomson, P. C. P., **26**:197, **26**:*247*
Thomson, R. H., **8**:377, **8**:*400*, **17**:16, **17**:*60*, **25**:402, **25**:403, **25**:*443*, **26**:146, **26**:*176*, **26**:197, **26**:*247*
Thomson, S. J., **16**:164, **16**:*236*
Thoreen, J. W., **6**:76, **6**:*99*
Thorn, R. J., **9**:172, **9**:*182*
Thorn, S. N., **31**:264, **31**:267, **31**:383, **31**:*391*
Thornalley, P. J., **31**:136, **31**:*139*
Thorne, A. J., **25**:37, **25**:*89*
Thorne, D. L., **23**:56, **23**:*62*
Thornley, J. D., **9**:7, **9**:*23*
Thornton, A., **32**:180, **32**:*215*
Thornton, B., **10**:196, **10**:*220*
Thornton, E. K., **14**:82, **14**:*132*, **29**:94, **29**:*183*
Thornton, E. R., **1**:27, **1**:*33*, **1**:89, **1**:*154*, **5**:140, **5**:159, **5**:*172*, **5**:198, **5**:*235*, **5**:325, **5**:*330*, **5**:339, **5**:*398*, **6**:72, **6**:73, **6**:*100*, **7**:155, **7**:180, **7**:*208*, **7**:*209*, **7**:262, **7**:271, **7**:273, **7**:285,

7:297, **7:**305, **7:**306, **7:**308, **7:**316, **7:**317, **7:**323, **7:***330*, **7:***331*, **10:**19, **10:**20, **10:***26*, **14:**2, **14:**8, **14:**23, **14:**31, **14:**35, **14:***63*, **14:***67*, **14:**82, **14:**89, **14:***132*, **14:**182, **14:***202*, **16:**247, **16:***261*, **21:**70, **21:***98*, **21:**101, **21:**155, **21:**161, **21:***195*, **27:**64, **27:***117*, **27:**183, **27:***238*, **27:**258, **27:***289*, **29:**94, **29:***183*, **31:**146, **31:**152, **31:**177, **31:**193, **31:**198, **31:***244*, **31:***247*
Thornwaite, D. W., **17:**441, **17:***485*
Thorpe, F. G., **6:**248, **6:**249, **6:**260, **6:**264, **6:***331*
Thorpe, J. F., **17:**208, **17:***274*
Thorpe, J. W., **18:**38, **18:***77*
Thorpe, M. C., **11:**323, **11:***385*
Thorstensen, T., **16:**115, **16:***157*
Thozet, A., **15:**122, **15:***148*
Thrush, B. A., **1:**288, **1:***362*, **7:**161, **7:***206*, **7:***209*
Thuaire, R., **14:**315, **14:***351*
Thuillier, A., **21:**45, **21:***96*
Thummel, R. P., **30:**182, **30:***220*
Thunig, D., **17:**445, **17:***486*
Thurmaier, R. J., **6:**283, **6:**318, **6:***324*, **28:**238, **28:***288*
Thurman, D. E., **6:**265, **6:***328*, **7:**192, **7:***206*
Thurn, H., **22:**220, **22:***304*
Thyagarajan, B. S., **6:**187, **6:***332*, **14:**134, **14:***199*
Thynne, J. C. J., **9:**133, **9:**155, **9:***177*, **9:***180*, **9:***181*, **15:**28, **15:***60*, **16:**57, **16:***86*, **21:**198, **21:***238*
Tia, P. R., **27:**207, **27:**209, **27:**210, **27:**216, **27:**218, **27:**219, **27:**222, **27:***234*
Tice, B. B. P., **2:**39, **2:***90*
Tichy, K., **26:**294, **26:***378*
Tichy, M., **12:**188, **12:***219*, **13:**50, **13:**51, **13:***82*, **29:**107, **29:***183*
Tickle, P., **10:**103, **10:***123*, **13:**118, **13:**127, **13:***152*, **22:**327, **22:**335, **22:***357*
Tickle, T., **11:**363, **11:**364, **11:***385*
Tickner, A. W., **8:**178, **8:**179, **8:***265*
Ticknor, L. B., **14:**325, **14:***350*
Tidwell, E. D., **1:**398, **1:***418*
Tidwell, P. T., **12:**138, **12:**167, **12:**177, **12:***221*
Tidwell, T. T., **17:**173, **17:***175*, **18:**26, **18:**27, **18:**46, **18:**49, **18:***71*, **18:***74*, **18:***75*, **18:***77*, **21:**72, **21:**88, **21:***96*, **25:**34, **25:**60, **25:***96*, **28:**231, **28:**245, **28:**247, **28:**248, **28:**259, **28:**260, **28:**264, **28:***288*, **28:***289*, **28:***290*, **29:**52, **29:***63*, **29:***69*, **29:**166, **29:***178*, **29:***179*, **32:**304, **32:**305, **32:**307, **32:**308, **32:**323, **32:**324, **32:**325, **32:**334, **32:***379*, **32:***380*, **32:***382*, **32:***385*
Tidy, D., **5:**144, **5:**146, **5:**153, **5:**154, **5:**155, **5:***171*
Tiecco, M., **17:**28, **17:***62*, **26:**72, **26:***124*, **26:**191, **26:***250*
Tieckelmann, H., **7:**9, **7:***109*
Tiedemann, P. W., **21:**229, **21:**230, **21:**233, **21:**239, **21:***240*, **26:**297, **26:***376*, **26:***378*
Tieman, C. H., **6:**285, **6:***325*, **15:**55, **15:***58*
Tiemann, B. G., **32:**180, **32:**182, **32:**186, **32:***209*, **32:***213*
Tien, C. F., **15:**172, **15:**247, **15:**249, **15:**250, **15:**251, **15:***265*
Tien, H. T., **16:**193, **16***237*
Tiepel, E. W., **14:**287, **14:***351*
Tiers, G. V. D., **3:**188, **3:**235, **3:**238, **3:**239, **3:**241, **3:***269*
Tiezzi, E., **16:**254, **16:***264*
Tiilikainen, M., **14:**320, **14:**323, **14:***351*
Tildon, J. T., **5:**289, **5:**296, **5:**301, **5:***329*
Tilford, S. G., **1:**417, **1:**418, **1:***420*
Till, A. R., **8:***147*
Tillett, J. G., **2:**181, **2:**182, **2:**183, **2:***197*, **3:**179, **3:***183*, **11:**351, **11:***383*, **17:**126, **17:***175*, **17:***179*
Tilly, A., **15:**281, **15:***329*
Tilset, M., **31:**104, **31:***140*
Timberlake, J. W., **11:**124, **11:***175*, **26:**171, **26:***176*, **26:***178*
Timimi, B. A., **14:**212, **14:***351*, **17:**199, **17:**251, **17:**269, **17:***274*, **18:**17, **18:**18, **18:***71*, **18:***72*
Timko, J. M., **17:**296, **17:**297, **17:**362, **17:**363, **17:**365–7, **17:**382, **17:**383, **17:**385, **17:**387, **17:**389, **17:**392–5, **17:**397, **17:**399–403, **17:**405, **17:**413, **17:**423, **17:***425–7*, **17:***429–32*, **30:**81,

30:82, **30**:*114*
Timmermans, J., **3**:2, **3**:73, **3**:*89*, **13**:143, **13**:*152*
Timmins, G., **29**:232, **29**:*272*
Timmons, R. B., **8**:249, **8**:*261*
Timms, D., **23**:209, **23**:*266*
Timney, J. A., **29**:212, **29**:*266*
Timpe, H. J., **19**:73, **19**:*128*, **31**:95, **31**:*137*
Tin, K.-C., **23**:191, **23**:*270*
Tincher, C. A., **12**:13, **12**:*117*
Tincher, W. C., **1**:417, **1**:418, **1**:*420*
Ting, I., **28**:212, **28**:*290*
Tingoli, M., **14**:*196*
Tinker, H. B., **6**:78, **6**:*99*
Tinocco, I., **25**:16, **25**:*96*
Tinoco, I., **3**:76, **3**:*84*, **3**:*89*, **15**:182, **15**:*264*, **15**:*265*
Tinq, P. L., **17**:52, **17**:*60*
Tippe, A., **25**:66, **25**:*89*
Tipper, D. J., **23**:175, **23**:177, **23**:180, **23**:*269*
Tipping, A. E., **32**:240, **32**:*262*
Tiripicchio, A., **26**:261, **26**:*369*
Tiripicchio-Camellini, M., **26**:261, **26**:*369*
Tirouflet, J., **5**:44, **5**:*52*
Tischenkova, I. F., **11**:363, **11**:*388*
Tishler, M., **7**:102, **7**:*113*
Tissier, C., **13**:104, **13**:*152*
Tissier, M., **13**:104, **13**:*152*, **27**:264, **27**:265, **27**:266, **27**:267, **27**:268, **27**:272, **27**:*291*
Titani, T., **3**:145, **3**:*185*
Titchmarsh, D. M., **23**:30, **23**:*59*
Titman, J. J., **32**:233, **32**:*265*
Titmas, R. C., **31**:300, **31**:382, **31**:*389*
Titov, V. V., **16**:198, **16**:203, **16**:*231*
Titova, S. P., **11**:311, **11**:*388*
Titus, J. A., **12**:44, **12**:*128*
Tiwari, A., **23**:221, **23**:*263*
Tiwari, C. P., **23**:221, **23**:*263*
Tizané, D., **11**:326, **11**:355, **11**:*383*, **11**:*386*
Tkach, R. W., **13**:309, **13**:314, **13**:318, **13**:*412*
Tobe, M. L., **6**:256, **6**:*331*, **18**:80, **18**:94, **18**:*176*, **18**:*184*, **20**:106, **20**:*182*, **22**:79, **22**:98, **22**:99, **22**:*110*
Tobey, S. W., **3**:159, **3**:160, **3**:164, **3**:166, **3**:168, **3**:*183*, **5**:263, **5**:*325*, **7**:9, **7**:*111*, **25**:368, **25**:*445*
Tobin, G. D., **16**:26, **16**:28, **16**:*47*, **16**:*48*
Tobolsky, A. V., **9**:131, **9**:*182*, **13**:260, **13**:*277*
Toda, F., **19**:100, **19**:*127*, **25**:336, **25**:*445*
Todaro, L., **29**:306, **29**:*327*
Todd, H. E., **16**:76, **16**:*86*
Todd, P. F., **5**:70, **5**:73, **5**:77, **5**:78, **5**:87, **5**:108, **5**:*113*, **5**:*114*, **5**:*115*
Todeschini, R., **25**:33, **25**:*89*
Todesco, P. E., **6**:270, **6**:*326*, **6**:*329*, **7**:12, **7**:42, **7**:43, **7**:44, **7**:45, **7**:47, **7**:48, **7**:54, **7**:65, **7**:66, **7**:67, **7**:68, **7**:71, **7**:85, **7**:88, **7**:89, **7**:*109*, **7**:*110*, **7**:*111*, **7**:*112*
Todesco, R., **19**:18, **19**:*128*
Todheide, K., **14**:229, **14**:*351*
Todo, P., **31**:95, **31**:102, **31**:*138*
Todres, Z. V., **18**:82, **18**:83, **18**:94, **18**:*184*, **20**:152, **20**:*189*, **23**:299, **23**:*322*
Todt, K., **24**:147, **24**:151, **24**:*203*
Toei, K., **17**:282, **17**:307, **17**:422, **17**:*427*, **17**:*431*
Toennies, J. P., **8**:2, **8**:*76*
Toepfl, W., **7**:9, **7**:15, **7**:60, **7**:*110*
Toeplitz, B., **23**:207, **23**:*261*
Toffel, G. M., **2**:7, **2**:*88*
Toh, S., **8**:94, **8**:*149*
Toiron, C., **32**:240, **32**:*262*
Tojo, M., **20**:225, **20**:*231*
Tokel, N., **17**:281, **17**:*425*
Tokel, N. E., **13**:203, **13**:225, **13**:226, **13**:*266*, **13**:*277*
Tokel-Takvoryan, N. E., **18**:195, **18**:*238*
Tökés, L., **8**:205, **8**:*268*
Tokuda, M., **29**:5, **29**:*67*
Tokuhiro, T., **11**:133, **11**:168, **11**:*175*, **25**:32, **25**:*96*
Tokumaru, K., **17**:46, **17**:*61*, **17**:*63*, **19**:60, **19**:*121*, **20**:31, **20**:*53*, **20**:198, **20**:*231*
Tokumaru, T., **30**:126, **30**:*170*
Tokumura, K., **22**:147, **22**:*209*
Tokunaga, E., **32**:287, **32**:*381*
Tokunaga, H., **13**:191, **13**:*277*
Tokura, N., **9**:165, **9**:*179*, **20**:149, **20**:*186*
Tokura, Y., **32**:255, **32**:257, **32**:259,

32:*264*, **32**:*265*
Tolazzi, M., **30**:98, **30**:*112*
Tolbert, B. M., **2**:2, **2**:*90*
Tolbert, L. M., **32**:186, **32**:*215*
Tolbert, M. A., **22**:148, **22**:*212*
Tolgyesi, W. S., **3**:264, **3**:*268*, **4**:310, **4**:313, **4**:317, **4**:318, **4**:324, **4**:325, **4**:327, **4**:341, **4**:*346*, **9**:273, **9**:*277*, **10**:45, **10**:*52*, **14**:121, **14**:*132*, **30**:176, **30**:*220*
Tolkmith, H., **3**:15, **3**:16, **3**:18, **3**:20, **3**:40, **3**:51, **3**:*89*
Tolle, K. J., **15**:169, **15**:200, **15**:204, **15**:205, **15**:213, **15**:*260*, **15**:*264*
Tollin, G., **19**:92, **19**:*128*
Tolmachev, A. I., **11**:364, **11**:365, **11**:*391*, **32**:179, **32**:*215*
Tolmacheva, T. A., **14**:303, **14**:*350*
Tolman, C. A., **9**:148, **9**:154, **9**:*183*
Tolman, R. C., **9**:172, **9**:*182*
Tomahogh, R., **26**:69, **26**:70, **26**:*122*, **26**:*127*
Tomalia, D. A., **17**:136, **17**:*175*
Tomaschewski, G., **25**:306, **25**:*445*
Tomaselli, G. A., **27**:81, **27**:*113*
Tomasi, A., **31**:128, **31**:*140*
Tomasi, J., **21**:228, **21**:*237*, **24**:73, **24**:74, **24**:*105*, **32**:151, **32**:*215*
Tomasz, A., **23**:174, **23**:178, **23**:*269*
Tomasz, J., **25**:200, **25**:210, **25**:220, **25**:*256*
Tomat, G., **30**:98, **30**:*112*
Tomboulian, P., **19**:264, **19**:*379*
Tomer, K., **11**:253, **11**:*265*
Tomić, M., **14**:36, **14**:*67*
Tomic, M., **27**:242, **27**:244, **27**:248, **27**:*289*
Tomida, H., **23**:223, **23**:248, **23**:*269*
Tomilenko, E. I., **2**:175, **2**:*199*
Tomilov, A. P., **12**:2, **12**:36, **12**:56, **12**:87, **12**:*128*
Tomilov, Yu. V., **30**:25, **30**:*60*
Tomioka, H., **22**:327, **22**:349, **22**:*360*
Tomioka, I., **30**:182, **30**:202, **30**:*219*
Tomita, K., **3**:214, **3**:*267*, **7**:9, **7**:43, **7**:45, **7**:49, **7**:*110*, **19**:85, **19**:*123*
Tomkiewicz, M., **10**:79, **10**:106, **10**:107, **10**:*128*
Tomkiewicz, Y., **16**:206, **16**:215, **16**:*232*, **16**:*237*
Tomkins, R. P. T., **14**:288, **14**:309, **14**:*336*, **14**:*341*
Tomlinson, C., **7**:322, **7**:*328*, **9**:160, **9**:*177*
Tomlinson, D. J., **14**:326, **14**:*348*
Tomlinson, W. J., **15**:105, **15**:*150*
Tommila, E., **2**:138, **2**:141, **2**:*162*, **5**:142, **5**:*170*, **14**:41, **14**:44, **14**:*67*, **14**:163, **14**:166, **14**:167, **14**:*202*, **14**:209, **14**:291, **14**:293, **14**:320, **14**:321, **14**:323, **14**:324, **14**:326, **14**:331, **14**:332, **14**:333, **14**:335, **14**:*344*, **14**:*345*, **14**:*351*
Tomoda, S., **19**:362, **19**:366, **19**:367, **19**:*371*
Tomonari, M., **32**:137, **32**:204, **32**:206, **32**:*215*
Tomono, H., **19**:56, **19**:107, **19**:*120*, **19**:*128*
Tomoto, N., **21**:67, **21**:*98*
Tompa, A. S., **11**:305, **11**:307, **11**:*390*
Tompson, F. W., **21**:24, **21**:*34*
Tonachini, G., **25**:54, **25**:*86*
Tonellato, U., **9**:129, **9**:130, **9**:*181*, **9**:234, **9**:236, **9**:237, **9**:246, **9**:249, **9**:250, **9**:*274*, **9**:*277*, **17**:149, **17**:*175*, **17**:450–2, **17**:454, **17**:455, **17**:457–9, **17**:480, **17**:*482*, **17**:*483*, **17**:*487*, **22**:259, **22**:260, **22**:261, **22**:263, **22**:265, **22**:286, **22**:288, **22**:*299*, **22**:*303*, **22**:*308*, **29**:31, **29**:32, **29**:33, **29**:43, **29**:55, **29**:*64*, **29**:*65*, **29**:77
Tonellato, V., **10**:45, **10**:*52*, **23**:231, **23**:*262*
Toneman, L. H., **13**:35, **13**:49, **13**:*78*, **25**:50, **25**:*94*
Toney, M. K., **23**:275, **23**:*319*
Tong, J. P. K., **27**:277, **27**:280, **27**:*289*
Tong, L. K. J., **8**:282, **8**:283, **8**:340, **8**:341, **8**:359, **8**:360, **8**:361, **8**:366, **8**:369, **8**:375, **8**:376, **8**:377, **8**:*398*, **8**:*404*, **8**:*406*
Tong, Y. C., **17**:136, **17**:*175*
Tonizzo, F., **31**:262, **31**:382, **31**:*385*
Tonnet, M. L., **14**:320, **14**:*351*
Tonti, S., **6**:270, **6**:*329*, **7**:44, **7**:45, **7**:54, **7**:65, **7**:66, **7**:68, **7**:71, **7**:*112*
Toome, V., **32**:19, **32**:*120*
Toone, T. W., **24**:91, **24**:*111*
Top, S., **27**:176, **27**:*238*

Topart, J., **9:***126*
Topham, A., **8:**199, **8:***260*
Topham, C. M., **31:**310, **31:**382, **31:***386*
Topley, B., **7:**285, **7:***331*
Topol, A., **27:**222, **27:***237*
Topor, M. G., **22:**314, **22:***358*
Toporcer, L. H., **6:**81, **6:***101*
Toporowski, P. M., **14:**326, **14:***340*, **27:**267, **27:***289*
Toppare, L., **32:**70, **32:***113*
Toppen, D. L., **18:**142, **18:***179*
Toppet, S., **23:**258, **23:***263*
Topping, R. M., **28:**192, **28:**197, **28:***205*
Topsom, R. D., **26:**132, **26:**133, **26:***178*, **27:**45, **27:***52*, **27:**152, **27:***238*
Torchia, D. A., **13:**355, **13:**357, **13:**358, **13:**360, **13:**361, **13:**371, **13:***409*, **13:***414*, **16:**257, **16:***264*
Torck, B., **7:**297, **7:**309, **7:**311, **7:***330*
Tordeux, M., **26:**75, **26:**116, **26:***130*
Tordo, P., **17:**12, **17:**16, **17:**47, **17:***59*, **17:***64*, **20:**175, **20:**178, **20:***188*, **26:**147, **26:***178*, **31:**94, **31:**95, **31:**129, **31:***137*, **31:***138*
Tori, K., **8:**282, **8:**287, **8:***403*, **16:***264*, **23:**190, **23:**205, **23:**206, **23:**207, **23:***267*, **23:***268*, **23:***269*
Torihashi, Y., **19:**4, **19:***123*
Torii, S., **13:**249, **13:***277*, **20:**148, **20:***189*
Torkington, P., **3:**51, **3:***89*
Tormala, P., **26:**185, **26:***246*
Tornheim, K., **27:**12, **27:***54*
Torny, G. J., **17:**375, **17:**376, **17:***426*
Toros, Z. R., **26:**299, **26:***378*
Torosian, G., **12:**188, **12:**191, **12:***220*
Torrance, A. C., **16:**208, **16:***230*
Torrance, J. B., **16:**206, **16:***237*, **26:**224, **26:**232, **26:***246*, **26:***248*, **26:***252*
Torreilles, E., **18:**114, **18:***178*
Torres, J., **25:**376, **25:**399, **25:***438*
Torres, M., **26:**237, **26:***250*, **30:**23, **30:***61*
Torres, T., **32:**203, **32:***214*
Torsell, K., **17:**14, **17:***60*, **17:***64*, **18:**147, **18:**159, **18:***181*, **18:***184*, **20:**156, **20:**157, **20:**160, **20:***187*, **29:**237, **29:**240, **29:***270*
Toru, T., **9:**201, **9:***279*
Tosa, T., **13:**182, **13:***274*, **13:***277*, **20:**221, **20:***232*, **20:***233*
Toscano, P. G., **29:**170, **29:***179*
Toscano, P. J., **23:**10, **23:***62*
Toscano, V. G., **19:**34, **19:***118*, **22:**294, **22:***305*
Tosch, W. C., **3:**243, **3:***268*
Toshima, S., **19:**81, **19:***120*
Toshimitsu, A., **17:**47, **17:***64*
Tosteson, D. C., **17:**280, **17:***432*
Toth, B. R., **17:**104, **17:***177*
Toth, G., **23:**297, **23:**298, **23:***321*
Toullec, J., **16:**34–6, **16:***47*, **16:***49*, **18:**8, **18:**9, **18:**10, **18:**12, **18:**13, **18:**14, **18:**31, **18:**32, **18:**34, **18:**36, **18:**46, **18:**47, **18:**48, **18:**49, **18:**54, **18:**57, **18:**60, **18:**61, **18:**62, **18:**63, **18:**64, **18:**69, **18:***72*, **18:***73*, **18:***77*, **22:**115, **22:***212*, **27:**228, **27:**229, **27:***238*, **28:**173, **28:***206*, **28:**265, **28:**266, **28:***288*, **28:***291*, **29:**47, **29:***65*, **29:***69*, **32:**324, **32:***385*
Tourigny, G., **14:**36, **14:***63*
Tourky, A. R., **14:**314, **14:***351*
Towner, R. D., **23:**206, **23:***265*
Townes, C. H., **1:**293, **1:***362*
Townsend, D. E., **19:**47, **19:**54, **19:***126*
Townsend, D. F., **28:**62, **28:***137*
Townsend, L. B., **11:**126, **11:**130, **11:**131, **11:**134, **11:**135, **11:**169, **11:***175*
Townsend, M. G., **1:**295, **1:**296, **1:**297, **1:**299, **1:**314, **1:**341, **1:**342, **1:***360*, **1:***361*, **5:**72, **5:***115*
Townshend, R. E., **21:**173, **21:***195*
Toyama, T., **10:**119, **10:***123*
Toyne, K. J., **19:**42, **19:***118*
Toyoda, T., **28:**32, **28:***43*
Toyoda, Y., **26:**197, **26:**230, **26:***253*
Tozune, T., **10:**119, **10:***123*
Traber, R., **19:**91, **19:***128*
Traber, R. P., **19:**83, **19:***114*, **19:***116*
Traetteberg, M., **13:**56, **13:***82*, **15:**24, **15:***61*
Traficante, D. D., **11:**161, **11:***174*
Trahanovsky, K. D., **18:**170, **18:***182*
Trahanovsky, W. S., **9:**144, **9:***180*, **12:**3, **12:***129*, **13:**174, **13:***277*, **20:**141, **20:***189*, **26:**189, **26:***252*, **29:**232, **29:***271*
Trainor, D. A., **26:**307, **26:***378*
Trainor, G. L., **22:**278, **22:***308*, **29:**27, **29:**30, **29:**31, **29:***64*, **29:***69*
Traldi, P., **19:**63, **19:**65, **19:***115*

Trambarulo, R., **3**:31, **3**:*84*
Tramer, A., **12**:161, **12**:*220*, **29**:228, **29**:*271*
Trammell, G. T., **1**:290, **1**:*363*
Tramontano, A., **29**:56, **29**:58, **29**:59, **29**:*66*, **29**:*69*, **31**:253, **31**:256, **31**:279, **31**:301, **31**:382, **31**:384, **31**:385, **31**:*388*, **31**:*389*, **31**:*391*
Tran-Dinh, S., **13**:352, **13**:*414*
Trani, M., **21**:89, **21**:91, **21**:92, **21**:*98*
Tranter, R. L., **14**:153, **14**:*196*, **18**:7, **18**:*72*, **24**:80, **24**:*110*, **27**:149, **27**:*233*
Trapp, H., **7**:182, **7**:*206*
Trautwein, H., **6**:289, **6**:*330*
Trautz, M., **4**:148, **4**:*193*, **5**:122, **5**:*172*
Travis, D. N., **7**:161, **7**:163, **7**:*206*
Traylor, T. G., **5**:332, **5**:*395*, **23**:27, **23**:28, **23**:*61*, **24**:68, **24**:69, **24**:*107*, **24**:*112*
Traynard, J. C., **9**:269, **9**:*280*
Traynham, J. G., **4**:267, **4**:268, **4**:*304*, **19**:258, **19**:259, **19**:*377*
Trecker, D. J., **4**:178, **4**:*193*
Tredgold, R. H., **16**:187, **16**:*237*
Tredwell, C. J., **19**:92, **19**:*115*
Treffers, H. P., **9**:4, **9**:*24*, **9**:273, **9**:*280*, **25**:325, **25**:*445*
Treiber, A. J. H., **7**:184, **7**:186, **7**:*208*
Treichel, P. M., **9**:63(95), **9**:*125*
Treiner, C., **14**:281, **14**:309, **14**:*351*, **27**:268, **27**:279, **27**:*291*
Treinin, A., **13**:181, **13**:*269*, **18**:138, **18**:*184*
Treloar, L. R. G., **3**:78, **3**:*89*
Treloar, N. C., **14**:293, **14**:*338*
Tremelling, M., **10**:98, **10**:114, **10**:*123*
Tremelling, M. J., **26**:90, **26**:*123*, **26**:*130*
Tremerie, B., **24**:133, **24**:*203*
Trémillion, B., **31**:6, **31**:23, **31**:*82*
Tremmel, J., **30**:30, **30**:39, **30**:*57*, **30**:*61*
Trenerry, V. C., **24**:18, **24**:*53*
Trentham, D. R., **25**:233, **25**:*264*
Treplca, R. D., **17**:167, **17**:*176*
Treptow, B., **32**:150, **32**:164, **32**:166, **32**:199, **32**:200, **32**:202, **32**:*216*
Tressum, L., **15**:98, **15**:*148*
Trethewey, K. R., **19**:4, **19**:13, **19**:42, **19**:43, **19**:45, **19**:52, **19**:79, **19**:80, **19**:91, **19**:92, **19**:*115*, **19**:*117*, **19**:*118*, **20**:218, **20**:*230*
Tretyakov, V. P., **19**:314, **19**:323, **19**:*373*
Trevalion, P. A., **1**:*360*
Trevillyan, A. E., **15**:47, **15**:*58*
Trevor, D. J., **26**:297, **26**:*376*
Trewella, J. C., **16**:247, **16**:*262*, **22**:135, **22**:138, **22**:141, **22**:*209*
Tribble, M. T., **13**:24, **13**:29, **13**:48, **13**:59, **13**:60, **13**:61, **13**:62, **13**:63, **13**:64, **13**:66, **13**:*77*, **13**:*82*, **22**:16, **22**:17, **22**:18, **22**:85, **22**:*106*, **23**:197, **23**:*261*
Trichilo, C. L., **13**:257, **13**:*270*, **13**:*274*
Tricker, M. J., **15**:132, **15**:139, **15**:*149*
Tricot, Y.-M., **22**:281, **22**:*308*
Triebe, F. M., **19**:184, **19**:190, **19**:191, **19**:192, **19**:*220*, **19**:*222*
Trieff, N. M., **12**:201, **12**:202, **12**:*220*
Trifan, D. S., **2**:22, **2**:36, **2**:52, **2**:62, **2**:*91*, **11**:180, **11**:181, **11**:*191*, **11**:*224*, **30**:177, **30**:*221*
Trifonov, B. A., **11**:371, **11**:*391*
Trifunac, A. D., **10**:56, **10**:57, **10**:75, **10**:95, **10**:96, **10**:103, **10**:114, **10**:*124*, **22**:328, **22**:*358*
Trill, H., **26**:141, **26**:159, **26**:*176*, **26**:*178*
Trimble, H. M., **14**:327, **14**:*351*, **27**:268, **27**:*291*
Trimerie, B., **23**:240, **23**:*268*
Trimitsis, G. B., **18**:23, **18**:*77*, **19**:364, **19**:*368*, **29**:314, **29**:*330*
Trinajstić, N., **12**:205, **12**:*216*, **18**:128, **18**:*177*, **29**:296, **29**:322, **29**:*327*
Trindle, C., **19**:358, **19**:*369*
Tripoulas, N. A., **17**:343, **17**:*430*
Trippett, S., **9**:27(32), **9**:27(50a, b), **9**:29(50a, b), **9**:*122*, **9**:*123*, **25**:122, **25**:125, **25**:*127*, **25**:136, **25**:137, **25**:138, **25**:143, **25**:146, **25**:148, **25**:163, **25**:193, **25**:206, **25**:207, **25**:209, **25**:*256*, **25**:*259*, **25**:*260*, **25**:*261*, **25**:*264*
Trischmann, H., **26**:240, **26**:*249*
Trivedi, B. C., **9**:27(51), **9**:29(51), **9**:*123*
Trivellone, E., **13**:372, **13**:373, **13**:380, **13**:*413*
Trkula, M., **29**:170, **29**:*180*
Trocha-Grimshaw, J., **26**:38, **26**:*125*
Trofimenko, S., **7**:9, **7**:*114*
Trojanek, A., **12**:57, **12**:*125*, **20**:60,

20:*186*
Trommel, J., **6**:106, **6**:*183*
Trommsdorf, H. P., **32**:235, **32**:250, **32**:*262*, **32**:*265*
Tromp, J., **19**:92, **19**:*120*
Trompenaars, W. P., **30**:188, **30**:*220*
Troostwijk, C. B., **24**:101, **24**:*112*
Trosman, E. A., **9**:132, **9**:*175*
Trost, B. M., **7**:155, **7**:181, **7**:*209*, **23**:24, **23**:26, **23**:53, **23**:*62*
Trotman-Dickenson, A. F., **1**:15, **1**:*33*, **3**:100, **3**:101, **3**:121, **3**:*122*, **4**:149, **4**:171, **4**:182, **4**:*192*, **4**:*193*, **8**:45, **8**:46, **8**:47, **8**:67, **8**:*76*, **8**:*77*, **11**:291, **11**:315, **11**:*391*, **13**:105, **13**:*152*, **14**:122, **14**:*132*, **15**:17, **15**:19, **15**:23, **15**:25, **15**:26, **15**:28, **15**:*58*, **15**:*60*, **15**:*61*
Trotter, J., **1**:111, **1**:*153*, **1**:228, **1**:230, **1**:242, **1**:248, **1**:257, **1**:258, **1**:261, **1**:262, **1**:268, **1**:271, **1**:275, **1**:*275*, **1**:*276*, **1**:*278*, **1**:*279*, **1**:*280*, **3**:63, **3**:*89*, **6**:122, **6**:*183*, **15**:68, **15**:82, **15**:83, **15**:85, **15**:86, **15**:*146*, **15**:*148*, **32**:245, **32**:*265*
Trotter, W., **12**:213, **12**:*220*
Troughton, E. B., **24**:160, **24**:*204*, **29**:204, **29**:*271*, **30**:175, **30**:191, **30**:200, **30**:*217*, **30**:*220*
Troughton, G. E., **9**:128, **9**:*178*
Trova, M. P., **29**:306, **29**:*324*, **29**:*328*
Troxell, T. C., **23**:191, **23**:*268*
Trozzolo, A. M., **5**:62, **5**:*117*, **5**:*118*, **7**:155, **7**:162, **7**:164, **7**:165, **7**:166, **7**:167, **7**:*205*, **7**:*207*, **7**:*209*, **10**:84, **10**:92, **10**:108, **10**:*124*, **12**:212, **12**:*220*, **22**:321, **22**:322, **22**:323, **22**:330, **22**:341, **22**:349, **22**:351, **22**:*358*, **22**:*360*, **22**:*361*, **26**:185, **26**:193, **26**:210, **26**:*252*
Truce, W. E., **7**:7, **7**:41, **7**:42, **7**:43, **7**:45, **7**:47, **7**:48, **7**:49, **7**:50, **7**:54, **7**:55, **7**:60, **7**:76, **7**:77, **7**:78, **7**:79, **7**:80, **7**:*110*, **7**:*113*, **7**:*114*, **9**:214, **9**:*280*, **17**:66, **17**:166, **17**:*180*, **23**:293, **23**:*319*
True, N. S., **24**:40, **24**:*55*
Trueblood, K. N., **29**:98, **29**:*183*, **29**:277, **29**:*326*, **30**:105, **30**:*113*, **30**:158, **30**:*170* , **32**:233, **32**:*263*
Trueman, R. E., **22**:63, **22**:74, **22**:111
Truhlar, D. G., **24**:100, **24**:*109*, **26**:21, **26**:*126*, **27**:3, **27**:6, **27**:*54*, **31**:148, **31**:149, **31**:150, **31**:151, **31**:187, **31**:*243*, **31**:*244*, **31**:*248*
Truitt, S. T., **13**:311, **13**:315, **13**:*413*
Trumbull, E. R., **4**:183, **4**:*191*
Trümpler, G., **4**:7, **4**:9, **4**:16, **4**:21, **4**:*27*
Trunov-Krosovskii, V. I., **7**:235, **7**:*256*
Truong, P. N., **29**:103, **29**:*183*
Trusty, S., **27**:45, **27**:47, **27**:*54*
Truter, M. R., **17**:282, **17**:283, **17**:288, **17**:*425*, **17**:*430*, **17**:*432*, **22**:166, **22**:*212*, **26**:323, **26**:324, **26**:*378*
Tsai, M.-D., **25**:233, **25**:*264*
Tsang, G. T. Y., **27**:69, **27**:84, **27**:*114*
Tsao, M.-L., **32**:314, **32**:*382*
Tsay, Y.-H., **19**:309, **19**:*373*, **29**:280, **29**:*327*
Tschudi, W., **19**:279, **19**:*371*
Tschunky, P., **32**:29, **32**:105, **32**:*120*
Tse, A., **22**:134, **22**:137, **22**:142, **22**:*207*
Tse, J., **13**:302, **13**:320, **13**:*413*
Tse, P.-K., **30**:78, **30**:79, **30**:*114*
Tselinsky, I. V., **15**:37, **15**:39, **15**:*58*, **15**:*59*
Tsepalov, V. F., **9**:168, **9**:*182*
Tsernoglou, A. W., **21**:23, **21**:*35*
Tsina, R. V., **5**:107, **5**:*118*
Tsiomis, A. K., **2**:81, **2**:83, **2**:*89*
Tsionsky, M., **32**:105, **32**:108, **32**:*116*, **32**:*120*
Ts'o, P. O. P., **13**:344, **13**:*414*
Tsolas, O., **18**:68, **18**:*74*
Tsolis, A., **10**:96, **10**:*128*
Tsolis, A. K., **3**:179, **3**:*184*
Tsolis, E. A., **9**:27(56), **9**:27(58, 59), **9**:28(56,58,59), **9**:73(56, 58, 59), **9**:75(59), **9**:77(56,58,59), **9**:82(58), **9**:84(58), **9**:85(56), **9**:86(59), **9**:89(113), **9**:96(56, 58, 59), **9**:117(56), **9**:118(56), **9**:*123*, **9**:*125*, **25**:123, **25**:207, **25**:208, **25**:*264*
Tso'o, P. O. P., **11**:128, **11**:129, **11**:*175*
Tsou, T. T., **23**:43, **23**:*62*
Tsoucaris, G., **23**:197, **23**:*266*
Tsuboi, M., **6**:113, **6**:118, **6**:*180*, **25**:42, **25**:*96*
Tsuboi, S., **26**:295, **26**:*371*

Tsubomura, H., **1**:413, **1**:*422*, **7**:162, **7**:169, **7**:*207*, **13**:178, **13**:182, **13**:213, **13**:*271*, **13**:*272*, **13**:*275*, **19**:49, **19**:85, **19**:*114*, **19**:*124*
Tsuchida, A., **19**:74, **19**:*114*
Tsuchida, E., **17**:443, **17**:449, **17**:*482*, **17**:*487*
Tsuchihashi, G., **2**:251, **2**:*276*, **2**:*277*, **8**:215, **8**:*267*
Tsuchihashi, G. I., **3**:127, **3**:*186*
Tsuchinaga, T., **19**:63, **19**:*124*
Tsuda, Y., **10**:163, **10**:*223*
Tsugawa, D., **30**:100, **30**:*115*
Tsuge, O., **31**:131, **31**:*141*
Tsuji, A., **23**:198, **23**:201, **23**:202, **23**:207, **23**:212, **23**:214, **23**:215, **23**:224, **23**:236, **23**:248, **23**:249, **23**:253, **23**:254, **23**:259, **23**:*269*, **23**:*270*
Tsuji, F. I., **18**:209, **18**:*238*
Tsuji, S., **30**:183, **30**:184, **30**:197, **30**:216, **30**:*219*
Tsuji, T., **32**:228, **32**:*265*
Tsuji, Y., **32**:269, **32**:274, **32**:279, **32**:280, **32**:284, **32**:287, **32**:288, **32**:289, **32**:291, **32**:295, **32**:359, **32**:*381*, **32**:*385*
Tsujihara, K., **8**:212, **8**:*264*
Tsujimoto, K., **19**:59, **19**:60, **19**:63, **19**:109, **19**:*125*, **19**:*128*, **20**:219, **20**:220, **20**:221, **20**:222, **20**:*232*, **20**:*233*
Tsujimoto, Y., **19**:63, **19**:111, **19**:*124*, **19**:*128*
Tsujino, Y., **13**:162, **13**:*277,* **32**:38, **32**:*120*
Tsukamoto, T., **31**:262, **31**:382, **31**:*389*
Tsukuda, M., **6**:54, **6**:*60*
Tsumuraya, T., **31**:264, **31**:265, **31**:266, **31**:382, **31**:*391*
Tsuno, Y., **1**:36, **1**:92, **1**:144, **1**:145, **1**:146, **1**:*154*, **5**:345, **5**:*398*, **9**:188, **9**:*280*, **28**:252, **28**:*291,* **32**:269, **32**:270, **32**:271, **32**:272, **32**:274, **32**:275, **32**:276, **32**:277, **32**:279, **32**:280, **32**:284, **32**:285, **32**:286, **32**:287, **32**:288, **32**:289, **32**:290, **32**:291, **32**:295, **32**:296, **32**:297, **32**:298, **32**:299, **32**:300, **32**:301, **32**:304, **32**:307, **32**:308, **32**:309, **32**:310, **32**:311, **32**:312, **32**:313, **32**:314, **32**:316, **32**:317, **32**:334, **32**:335, **32**:336, **32**:338, **32**:339, **32**:340, **32**:343, **32**:344, **32**:345, **32**:346, **32**:347, **32**:348, **32**:349, **32**:350, **32**:351, **32**:352, **32**:353, **32**:354, **32**:355, **32**:356, **32**:357, **32**:358, **32**:359, **32**:360, **32**:362, **32**:363, **32**:364, **32**:373, **32**:374, **32**:375, **32**:*380*, **32**:*381*, **32**:*382*, **32**:*383*, **32**:*384*, **32**:*385*
Tsuruta, T., **15**:252, **15**:*262*
Tsutsui, M., **2**:226, **2**:*273*
Tsutsui, Y., **19**:96, **19**:97, **19**:*121*, **19**:*128*
Tsutsumi, K., **12**:172, **12**:*220*
Tsutsumi, S., **10**:177, **10**:*225*, **12**:11, **12**:13, **12**:27, **12**:56, **12**:57, **12**:*122*, **12**:*123*, **12**:*129*, **13**:232, **13**:*272*, **13**:*276*
Tsutsumi, T., **30**:162, **30**:*171*
Tsvetanov, C., **15**:173, **15**:*265*
Tsvetkov, Y. D., **17**:19, **17**:*64*
Tuazon, E. C., **25**:42, **25**:*96*
Tubino, R., **26**:265, **26**:*376*
Tubul, A., **31**:310, **31**:384, **31**:*391*
Tuchida, E., **26**:221, **26**:*250*
Tuck, L. D., **5**:54, **5**:*118*
Tuck, S. P., **25**:121, **25**:*262*
Tucker, E. E., **9**:158, **9**:164, **9**:*176*, **16**:248, **16**:*264*, **27**:259, **27**:268, **27**:278, **27**:279, **27**:282, **27**:284, **27**:286, **27**:*291*
Tucker, J. H. R., **31**:21, **31**:22, **31**:*82*
Tucker, L., **31**:287, **31**:384, **31**:*392*
Tucker, S. C., **31**:148, **31**:149, **31**:*248*
Tuddenham, M., **31**:33, **31**:*82*
Tüdös, F., **9**:128, **9**:129, **9**:130, **9**:134, **9**:136, **9**:140, **9**:142, **9**:143, **9**:145, **9**:146, **9**:147, **9**:148, **9**:149, **9**:150, **9**:151, **9**:152, **9**:154, **9**:156, **9**:158, **9**:159, **9**:160, **9**:166, **9**:167, **9**:168, **9**:169, **9**:*177*, **9**:*179*, **9**:*180*, **9**:*181*, **9**:*182*
Tuji, H., **17**:322, **17**:*424*
Tukada, H., **26**:193, **26**:217, **26**:237, **26**:*251*, **26**:*252*
Tuleen, D. L., **21**:128, **21**:*195*
Tuli, G. D., **3**:32, **3**:*85*
Tulinsky, A., **1**:233, **1**:*280,* **32**:237, **32**:238, **32**:*262*, **32**:*265*
Tumey, M. L., **30**:18, **30**:47, **30**:*57*

Tümmler, B., **17**:289, **17**:311, **17**:*432*
Tuncay, A., **29**:314, **29**:*330*
Tundo, P., **17**:330–5, **17**:355, **17**:*425*, **17**:*430*
Tung, C. H., **20**:19, **20**:20, **20**:*53*
Tung, R., **15**:214, **15**:215, **15**:*264*, **19**:173, **19**:178, **19**:*221*, **26**:38, **26**:51, **26**:*130*
Tunggal, B. D., **13**:383, **13**:385, **13**:386, **13**:388, **13**:*414*
Tunitsyn, I. F., **1**:195, **1**:*197*
Tun-Kyi, A., **13**:360, **13**:361, **13**:*415*
Tuohey, M. D., **25**:73, **25**:*96*
Tuominen, H., **21**:58, **21**:*96*
Tuong, T. D., **20**:223, **20**:*231*
Tuppy, H., **21**:3, **21**:*34*
Turbeville, W., **32**:247, **32**:*265*
Turco, A., **5**:195, **5**:209, **5**:210, **5**:*232*
Turcot, L., **13**:251, **13**:*277*
Turczány, L., **5**:41, **5**:*52*
Turetzky, M. N., **23**:299, **23**:*317*
Turig, C., **22**:295, **22**:*303*
Turk, V., **11**:82, **11**:*116*
Turkevich, J., **1**:293, **1**:*362*, **3**:108, **3**:*122*, **5**:86, **5**:*118*, **13**:191, **13**:*276*
Turnbull, D., **15**:39, **15**:*61*
Turnbull, J. H., **17**:259, **17**:*278*
Turnbull, N. H., **11**:316, **11**:*391*
Turner, A., **11**:45, **11**:46, **11**:79, **11**:*118*, **17**:230, **17**:*275*, **22**:76, **22**:*107*
Turner, B. C., **31**:310, **31**:*386*
Turner, D. C., **17**:476, **17**:*487*
Turner, D. J., **14**:310, **14**:*342*
Turner, D. L., **25**:11, **25**:*96*
Turner, D. W., **4**:43, **4**:44, **4**:45, **4**:48, **4**:50, **4**:51, **4**:56, **4**:*69*, **4**:*70*, **8**:156, **8**:157, **8**:159, **8**:164, **8**:181, **8**:184, **8**:193, **8**:*268*, **14**:50, **14**:*62*, **14**:*67*, **18**:123, **18**:*184*, **29**:277, **29**:*330*
Turner, E. E., **1**:271, **1**:*277*
Turner, J. C., **11**:322, **11**:*386*
Turner, J. C. G., **25**:132, **25**:180, **25**:181, **25**:*262*
Turner, J. J., **3**:250, **3**:251, **3**:*268*, **7**:27, **7**:*111*, **29**:212, **29**:*266*, **30**:25, **30**:*56*
Turner, J. O., **4**:325, **4**:326, **4**:329, **4**:330, **4**:340, **4**:*345*, **4**:*347*, **11**:207, **11**:*223*
Turner, M., **1**:20, **1**:*32*
Turner, O. W., **3**:224, **3**:*269*
Turner, P., **31**:231, **31**:233, **31**:*247*, **32**:225, **32**:*265*
Turner, P. H., **19**:84, **19**:*115*
Turner, R. B., **4**:166, **4**:*193*, **13**:50, **13**:51, **13**:*82*, **29**:308, **29**:*329*
Turner, R. W., **15**:140, **15**:*150*
Turner, S. R., **19**:77, **19**:*122*
Turner, W. R., **12**:43, **12**:*129*
Turner-Jones, A., **23**:166, **23**:*263*
Turney, T. A., **19**:382, **19**:*428*
Turnquest, B. W., **5**:237, **5**:241, **5**:288, **5**:296, **5**:*325*, **11**:30, **11**:66, **11**:67, **11**:*117*
Turrell, A. C., **20**:57, **20**:*185*
Turrell, A. G., **18**:159, **18**:161, **18**:163, **18**:*181*
Turro, N. J., **6**:50, **6**:*60*, **8**:246, **8**:247, **8**:*268*, **10**:105, **10**:*128*, **18**:189, **18**:191, **18**:192, **18**:193, **18**:194, **18**:198, **18**:201, **18**:202, **18**:209, **18**:226, **18**:*236*, **18**:*237*, **18**:*238*, **19**:4, **19**:88, **19**:94, **19**:95, **19**:*119*, **19**:*120*, **19**:*130*, **20**:1, **20**:2, **20**:17, **20**:18, **20**:19, **20**:20, **20**:21, **20**:23, **20**:25, **20**:26, **20**:27, **20**:30, **20**:31, **20**:32, **20**:34, **20**:39, **20**:40, **20**:42, **20**:44, **20**:45, **20**:47, **20**:48, **20**:*52*, **20**:*53*, **21**:103, **21**:119, **21**:139, **21**:143, **21**:*192*, **21**:*195*, **22**:281, **22**:295, **22**:*303*, **22**:*308*, **22**:312, **22**:349, **22**:*358*, **29**:5, **29**:*64*, **29**:302, **29**:*330*
Turton, C. N., **2**:227, **2**:231, **2**:*275*, **2**:*276*
Turton, L. M., **16**:189, **16**:*237*
Turuček, F., **24**:197, **24**:198, **24**:*204*
Turvey, T. A., **17**:234, **17**:*275*
Tusk, M., **22**:132, **22**:*211*
Tussey, B., **12**:182, **12**:*220*
Tutsch, R., **14**:265, **14**:*344*, **16**:246, **16**:*261*
Tutt, D. E., **23**:233, **23**:253, **23**:*269*, **29**:45, **29**:*69*, **29**:81
Tuttle, R. W., **6**:117, **6**:141, **6**:145, **6**:155, **6**:173, **6**:175, **6**:*183*
Tuttle, T. R., **1**:295, **1**:301, **1**:*362*, **1**:*363*, **5**:67, **5**:*118*
Tutundžic, P. S., **11**:366, **11**:*391*
Tuxford, A. M., **19**:140, **19**:141, **19**:*217*
Tuyrikov, V. A., **31**:123, **31**:140
Tuzimura, K., **13**:288, **13**:289, **13**:306, **13**:307, **13**:313, **13**:320, **13**:322, **13**:*414*, **13**:*415*

Tvaroška, I., **24**:146, **24**:148, **24**:*204*
Tvaroska, I., **25**:53, **25**:*96*
Tweedie, J. F., **11**:313, **11**:*384*
Tweet, A. G., **28**:68, **28**:*136*
Twieg, R. J., **32**:123, **32**:135, **32**:137, **32**:158, **32**:159, **32**:167, **32**:168, **32**:174, **32**:175, **32**:180, **32**:181, **32**:182, **32**:186, **32**:204, **32**:206, **32**:*211*, **32**:*214*, **32**:*215*, **32**:*217*
Twitchell, E., **8**:377, **8**:*406*
Twitchett, P., **20**:210, **20**:*230*
Twitchett, P. J., **19**:103, **19**:*116*
Tye, F. L., **1**:42, **1**:*151*, **4**:125, **4**:*144*, **4**:198, **4**:200, **4**:222, **4**:223, **4**:227, **4**:234, **4**:236, **4**:285, **4**:286, **4**:299, **4**:*301*, **11**:289, **11**:*386*
Tykwinski, R. R., **32**:204, **32**:206, **32**:*209*
Tyley, G. P., **32**:98, **32**:*115*
Tyminski, I. J., **13**:16, **13**:21, **13**:32, **13**:47, **13**:68, **13**:69, **13**:75, **13**:*77*
Tyrrell, H. M., **19**:14, **19**:100, **19**:*116*
Tyssee, D. A., **19**:195, **19**:*217*
Tyuleneva, V. V., **7**:26, **7**:*111*
Tyunckina, N. I., **1**:*198*
Tyurikov, V. A., **17**:22, **17**:*62*
Tyutyulkov, N., **12**:207, **12**:*220*, **26**:194, **26**:195, **26**:197, **26**:200, **26**:218, **26**:226, **26**:*252*, **32**:179, **32**:186, **32**:*215*
Tyutyulkova, S., **31**:382, **31**:*389*
Tzias, P., **27**:268, **27**:279, **27**:*291*
Tzvetkov, Yu. D., **1**:298, **1**:*362*

U

Ubbelohde, A. R., **15**:143, **15**:*150*, **26**:263, **26**:*377*, **26**:*378*
Ubierna, J. J., **25**:320, **25**:347, **25**:373, **25**:380, **25**:383, **25**:384, **25**:*441*, **25**:*442*
Uchibori, Y., **24**:74, **24**:*110*
Uchida, N., **27**:257, **27**:*290*
Uchimura, T., **29**:113, **29**:*183*
Uda, T., **17**:49, **17**:*64*
Udenfriend, S., **12**:138, **12**:214, **12**:*220*
Udovich, C. A., **9**:*126*
Udupa, H. W. V., **10**:171, **10**:*223*
Uebel, J. J., **12**:13, **12**:56, **12**:*120*, **12**:*127*
Ueda, C., **19**:401, **19**:*427*
Ueda, H., **7**:216, **7**:245, **7**:*257*, **26**:225, **26**:*250*
Ueda, I., **1**:236, **1**:237, **1**:*280*, **19**:110, **19**:*123*, **20**:229, **20**:*231*
Ueda, K., **26**:227, **26**:237, **26**:*250*
Ueda, T., **8**:396, **8**:*404*, **8**:*405*, **17**:443, **17**:*487*
Ueda, Y., **14**:259, **14**:*344*
Uekama, K., **29**:26, **29**:*68*, **29**:75
Uemura, S., **17**:47, **17**:*64*
Uenishi, K., **30**:104, **30**:105, **30**:*114*
Ueno, A., **19**:4, **19**:*128*, **29**:27, **29**:30, **29**:31, **29**:*64*
Ueno, K., **17**:297, **17**:*432*, **30**:120, **30**:127, **30**:*171*
Ueno, Y., **28**:208, **28**:*291*
Ueoka, R., **17**:452, **17**:*487*, **22**:278, **22**:285, **22**:288, **22**:*305*, **22**:*306*, **22**:*308*
Ueyawa, M. M., **26**:139, **26**:*177*
Ugelstad, J., **17**:313, **17**:314, **17**:323, **17**:*432*
Uggeri, F., **28**:208, **28**:*288*
Ugi, I., **6**:309, **6**:*330*, **6**:*331*, **9**:27, **9**:28(55–59), **9**:35, **9**:38, **9**:40, **9**:42, **9**:44(55), **9**:50, **9**:58, **9**:59, **9**:63, **9**:66(81), **9**:73(55–59), **9**:75(59) **9**:80(55–59), **9**:82, **9**:84(58), **9**:85(56), **9**:86(59), **9**:96(55–59), **9**:117, **9**:118(56), **9**:*123*, **9**:271, **9**:*280*, **24**:185, **24**:*203*, **25**:123, **25**:130, **25**:153, **25**:194, **25**:207, **25**:208, **25**:236, **25**:*259*, **25**:*264*
Uglova, E. V., **24**:68, **24**:*112*
Ugo, R., **23**:11, **23**:15, **23**:16, **23**:44, **23**:48, **23**:*62*
Ugozzoli, F., **31**:37, **31**:*82*
Uguagliati, P., **23**:49, **23**:*62*
Uiterwijk, J. W. H. M., **30**:73, **30**:74, **30**:75, **30**:105, **30**:107, **30**:*113*, **30**:*115*, **30**:118, **30**:*218*
Ujita, H., **32**:228, **32**:*265*
Ujszaszy, K., **30**:8, **30**:40, **30**:43, **30**:44, **30**:*56*, **30**:*58*, **30**:*61*
Ukai, S., **8**:174, **8**:*268*
Ukai, T., **21**:10, **21**:*35*
Ulitskii, V. A., **9**:132, **9**:*182*
Ulland, L. A., **7**:192, **7**:*209*
Ullman, E. F., **4**:164, **4**:*193*, **8**:251, **8**:*268*, **26**:222, **26**:244, **26**:*252*
Ullmann, E., **8**:282, **8**:302, **8**:308, **8**:*406*

Ulrich, H., **6**:224, **6**:*331*
Ulrich, H. D., **31**:270, **31**:383, **31**:*391*
Ulrich, K., **26**:216, **26**:*251*
Ulrich, M. M., **19**:88, **19**:*117*
Ulrich, P., **14**:190, **14**:*200*
Ulsen, J., **23**:93, **23**:*159*
Ulstrup, J., **18**:7, **18**:*72*, **22**:190, **22**:*209*, **28**:17, **28**:21, **28**:26, **28**:*43*, **28**:*44*, **30**:69, **30**:*114*
Ul'yanova, T. N., **11**:319, **11**:*385*
Umana, M., **28**:2, **28**:*43*
Umanskii, V. M., **9**:132, **9**:*182*
Umberger, J. Q., **12**:157, **12**:158, **12**:*220*
Umbreit, M., **18**:209, **18**:*238*
Umeda, I., **23**:55, **23**:*61*
Umeda, M., **19**:60, **19**:*121*
Umemoto, K., **5**:66, **5**:94, **5**:115, **5**:*118*, **17**:307, **17**:*430*, **25**:377, **25**:*445*
Umemoto, T., **19**:25, **19**:26, **19**:*120*
Umeshita, R., **31**:382, **31**:*389*
Umeyama, H., **24**:66, **24**:*112*, **26**:268, **26**:*378*
Umezawa, H., **21**:45, **21**:*97*
Umoh, S. A., **22**:293, **22**:*301*
Uncuta, C., **25**:69, **25**:*85*
Underiner, T. L., **32**:307, **32**:309, **32**:*380*
Underwood, G. E., **17**:69, **17**:70, **17**:*174*
Undheim, K., **17**:258, **17**:*276*
Uneyama, K., **9**:138, **9**:*182*, **13**:249, **13**:*277*, **20**:148, **20**:*189*
Ungara, R., **31**:37, **31**:*82*
Ungaro, R., **17**:299, **17**:300, **17**:307, **17**:*432*, **30**:101, **30**:*112*, **30**:*115*
Unger, I., **7**:188, **7**:*205*
Ungurenasu, C., **29**:217, **29**:*271*
Ungvary, F., **29**:215, **29**:*271*
Unik, J. P., **2**:140, **2**:*158*, **3**:158, **3**:159, **3**:161, **3**:*183*
Uno, H., **30**:151, **30**:155, **30**:*170*
Uno, T., **31**:264, **31**:265, **31**:383, **31**:384, **31**:*391*, **31**:*392*
Ünseren, E., **2**:17, **2**:*90*
Untch, K. G., **29**:308, **29**:*330*
Unterberg, H., **28**:8, **28**:12, **28**:13, **28**:26, **28**:30, **28**:32, **28**:*42*
Unwin, P. R., **32**:48, **32**:54, **32**:57, **32**:69, **32**:96, **32**:98, **32**:100, **32**:105, **32**:*115*, **32**:*118*, **32**:*120*
Urano, S., **31**:131, **31**:*141*
Urata, Y., **31**:382, **31**:*389*
Urban, W., **12**:170, **12**:172, **12**:210, **12**:*221*
Urbanczyk-Lipkowska, Z., **32**:230, **32**:*263*
Urbanski, T., **15**:268, **15**:*329*
Urberg, K., **15**:239, **15**:243, **15**:*262*
Urch, D., **2**:224, **2**:228, **2**:229, **2**:230, **2**:232, **2**:233, **2**:234, **2**:235, **2**:236, **2**:237, **2**:238, **2**:239, **2**:240, **2**:241, **2**:*274*, **2**:*276*
Urch, D. S., **1**:61, **1**:68, **1**:*150*
Urdea, M. S., **26**:356, **26**:*371*
Urdoneta, M., **17**:444, **17**:*482*
Urey, H. C., **2**:3, **2**:*90*, **3**:123, **3**:147, **3**:152, **3**:157, **3**:169, **3**:*184*, **3**:*185*, **3**:*186*, **4**:6, **4**:16, **4**:21, **4**:*28*, **7**:285, **7**:*331*
Uri, N., **5**:68, **5**:*118*
Urman, Y. G., **10**:76, **10**:*128*
Urner, Z., **9**:148, **9**:*182*
Urry, D. W., **13**:364, **13**:*414*
Urry, G., **6**:220, **6**:*330*
Urry, G. W., **5**:70, **5**:*116*, **7**:181, **7**:*206*, **18**:169, **18**:*179*
Urry, W. H., **10**:102, **10**:*128*
Urtz, R. P., **3**:78, **3**:*90*
Uschmann, J., **32**:173, **32**:*215*
Uschold, R. E., **14**:145, **14**:146, **14**:156, **14**:*201*, **15**:213, **15**:*264*
Usher, D., **9**:27(43), **9**:29(43), **9**:*123*
Usher, D. A., **11**:26, **11**:*121*, **11**:*122*, **13**:59, **13**:*82*, **17**:216, **17**:252, **17**:*275*, **17**:*278*, **25**:116, **25**:163, **25**:198, **25**:237, **25**:*264*
Ushida, S., **24**:104, **24**:*110*, **31**:383, **31**:*388*
Ushida, T., **25**:48, **25**:*96*
Ushio, F., **19**:14, **19**:*125*
Ushio, M., **11**:123, **11**:*175*
Uskova, L. Z., **1**:171, **1**:*200*
Usui, M., **20**:206, **20**:*232*
Usui, T., **13**:288, **13**:289, **13**:306, **13**:307, **13**:313, **13**:320, **13**:322, **13**:*414*, **13**:*415*
Usui, S., **32**:344, **32**:346, **32**:347, **32**:350, **32**:351, **32**:*383*
Usui, Y., **19**:91, **19**:*121*
Utaka, M., **14**:165, **14**:*199*, **17**:269, **17**:*278*
Utley, J. H. P., **12**:2, **12**:18, **12**:93, **12**:97,

12:*118*, **12:***122*, **12:***129*, **19:**202, **19:***217*, **20:**144, **20:***185*, **26:**68, **26:***127*, **28:**177, **28:**184, **28:***205*, **31:**107, **31:**116, **31:**118, **31:***138*
Utrapiromsuk, N., **22:**290, **22:***299*
Utter, M. F., **25:**235, **25:***263*
Uvarova, N. N., **13:**406, **13:***410*
Uyeda, N., **15:**113, **15:***150*
Uysal, N., **16:**16–19, **16:**22, **16:***49*, **19:**388, **19:**397, **19:**399, **19:**420, **19:***427*, **19:***428*
Uzan, R., **14:**119, **14:***128*, **16:**37–9, **16:***47*, **16:***48*, **16:***49*, **28:**216, **28:**257, **28:***288*, **32:**332, **32:**333, **32:***380*
Uzhinov, B. M., **12:**203, **12:***218*
Uzick, W., **26:**158, **26:***177*
Uziel, M., **17:**67, **17:***179*

V

Vaciago, A., **29:**166, **29:***181*
Vahrenholt, F., **26:**132, **26:**159, **26:***178*
Vahrman, M., **3:**5, **3:***90*
Vahtra, U., **16:**228, **16:***236*
Vaida, E., **30:**39, **30:***61*
Vaidi, V., **29:**212, **29:***271*
Vaidyanathaswamy, R., **24:**191, **24:***201*, **25:**182, **25:***259*
Vainionpaa, J., **7:**247, **7:***257*
Vainshtein, F. M., **16:**38, **16:**42, **16:***49*
Vaisnys, I., **16:**176, **16:***237*
Vala, M. J., **16:**169, **16:**176, **16:***236*
Valensin, G., **16:**254, **16:***264*
Valenta, P., **4:**5, **4:**7, **4:**9, **4:***29*, **5:**44, **5:***52*, **12:**91, **12:***129*
Valentine, J. S., **17:**357, **17:**358, **17:***431*, **17:***432*
Valentine, K., **26:**287, **26:***376*
Valenzuela, B. A., **24:**152, **24:***202*
Vali, Z., **23:**297, **23:**298, **23:***321*
Valicenti, J. A., **6:**277, **6:***331*
Valkanas, G., **5:**156, **5:***172*, **15:**53, **15:***61*
Valkonen, J. D., **26:**260, **26:***369*
Vallat, A., **32:**42, **32:***118*
Valle, L., **24:**152, **24:***202*
Valmas, M. D., **23:**277, **23:**278, **23:**279, **23:***316*
Valtancoli, B., **30:**68, **30:**70, **30:***112*
Valtere, S. P., **29:**229, **29:***268*
Valters, R. E., **28:**173, **28:**203, **28:***206*
Valuer, B., **22:**284, **22:***299*
Van, T. C., **32:**166, **32:**202, **32:***217*
Vanaken, D., **25:**158, **25:***264*
Van Alsenoy, C., **25:**25, **25:**32, **25:***84*, **25:***95*, **26:**154, **26:***178*
Van Arkel, A. E., **1:**171, **1:***201*
Van Arsdale, W. E., **29:**186, **29:***271*
Van Bekkum, H., **1:**35, **1:**36, **1:**88, **1:**92, **1:**143, **1:**144, **1:***154*, **7:**128, **7:***151*, **10:**43, **10:***52*, **28:**183, **28:***206*
Van Bergen, T. J., **17:**408, **17:***432*
Van Beylen, M., **15:**204, **15:***265*
Van Binst, G., **9:**162, **9:***177*
van Boom, J. H., **9:**217, **9:***280*
Van-Catledge, F. A., **6:**266, **6:**267, **6:**309, **6:**312, **6:***323*, **13:**15, **13:**21, **13:**30, **13:**32, **13:**55, **13:**57, **13:**65, **13:**75, **13:***77*, **13:***82*, **23:**113, **23:***159*
Vance, C. J., **10:**169, **10:**172, **10:**189, **10:**194, **10:***222*, **12:**99, **12:***121*
Van Chau, L., **17:**355, **17:***431*
Vancik, H., **30:**31, **30:***60*, **30:***61*
Vand, V., **1:**208, **1:**257, **1:**269, **1:***278*, **1:***280*
Van Dam, E. M., **18:**23, **18:***77*
Van de Stolpe, C., **4:**267, **4:**268, **4:***302*
Van Deenen, L. L. M., **17:**470, **17:***487*
Vandekerkhove, J., **23:**182, **23:***265*
Van de Linden, R., **4:**13, **4:**14, **4:**15, **4:***29*
Vandenbelt, J. M., **11:**336, **11:***385*
Van Den Berghe, J., **5:**392, **5:***399*
Vanden Elzen, R., **15:**244, **15:***261*
Van den Oord, A. H. A., **8:**394, **8:***406*
Van de Poel, W., **13:**114, **13:***152*, **14:**316, **14:***351*
Van der Anweraer, M., **28:**4, **28:***42*
Van der Auwera, A.-M., **7:**189, **7:***203*
Van der Auweraer, M., **19:**29, **19:**30, **19:**49, **19:***124*, **19:***128*
Vanderborgh, N. E., **9:**163, **9:***182*
Vandercammen, J., **32:**79, **32:***119*
Vander Donckt, E., **12:**132, **12:**136, **12:**159, **12:**161, **12:**167, **12:**170, **12:**171, **12:**172, **12:**177, **12:**192, **12:**195, **12:**200, **12:**201, **12:**203, **12:**204, **12:**205, **12:**210, **12:***220*
van der Haak, P. J., **11:**384, **11:***391*
Vander Haar, R. W., **8:**157, **8:***266*
Vanderhaeghe, H., **23:**182, **23:**184, **23:**191, **23:**258, **23:***261*, **23:***263*,

23:*264*, **23**:*265*
VanderHart, D. L., **16**:252, **16**:*263*
van der Heyden, A., **11**:226, **11**:*265*
van der Hoff, B. M. E., **8**:377, **8**:*406*
Vanderhoff, J. W., **8**:377, **8**:*40*
Van Der Holst, J. P., **25**:160, **25**:*264*
Vander Jagt, D. L., **24**:83, **24**:*112*, **29**:14, **29**:15, **29**:*69*
Van der Kerk, G. J. M., **7**:185, **7**:*206*
van der Kerk, S. M., **24**:95, **24**:96, **24**:102, **24**:104, **24**:*112*
Vanderkooi, G., **6**:113, **6**:114, **6**:116, **6**:117, **6**:118, **6**:122, **6**:124, **6**:127, **6**:128, **6**:130, **6**:131, **6**:132, **6**:134, **6**:141, **6**:143, **6**:144, **6**:145, **6**:151, **6**:152, **6**:153, **6**:154, **6**:155, **6**:158, **6**:162, **6**:164, **6**:165, **6**:166, **6**:167, **6**:168, **6**:169, **6**:170, **6**:171, **6**:172, **6**:173, **6**:175, **6**:*181*, **6**:*183*, **22**:221, **22**:240, **22**:*305*
van der Kooij, J., **11**:123, **11**:124, **11**:*175*
van der Langkruis, G. B., **22**:214, **22**:231, **22**:257, **22**:280, **22**:*308*
Van der Linde, W., **13**:116, **13**:*152*
van der Linden, J. G. M., **32**:191, **32**:*208*
Van der Linden, R., **4**:13, **4**:14, **4**:15, **4**:*29*
van der Lugt, W. Th. A. M., **21**:102, **21**:103, **21**:139, **21**:140, **21**:142, **21**:*195*
Van Der Meij, P. H., **18**:125, **18**:*178*
van der Meij, P. J., **19**:153, **19**:*219*
Van der Merwe, K. J., **5**:351, **5**:390, **5**:*399*
Van der Meulen, P. H., **8**:215, **8**:*268*
Van der Plas, H. C., **17**:358, **17**:*433*, **29**:298, **29**:*325*, **29**:*330*
van der Ploeg, R. E., **13**:172, **13**:*277*, **18**:161, **18**:*184*
van der Put, P. J. J. M., **17**:55, **17**:*59*
van der Stegen, G. H. D., **11**:242, **11**:*265*
Van der Stouw, G. G., **7**:172, **7**:*206*
Van Der Toorn, J. M., **25**:74, **25**:*85*
vander Veen, J. M., **17**:102, **17**:*176*
Van der Veen, R. H., **17**:408, **17**:*432*
Van der Voorn, P. C., **6**:252, **6**:254, **6**:256, **6**:*331*, **9**:59(92), **9**:68(92), **9**:*125*
van der Waals, J. H., **1**:42, **1**:52, **1**:65, **1**:*152*, **1**:157, **1**:192, **1**:*198*, **1**:204, **1**:210, **1**:215, **1**:221, **1**:245, **1**:262, **1**:264, **1**:265, **1**:270, **1**:349, **1**:*362*, **4**:126, **4**:*145*, **4**:201, **4**:202, **4**:203, **4**:206, **4**:207, **4**:221, **4**:234, **4**:236, **4**:237, **4**:238, **4**:242, **4**:243, **4**:244, **4**:245, **4**:253, **4**:272, **4**:273, **4**:274, **4**:275, **4**:279, **4**:283, **4**:286, **4**:287, **4**:288, **4**:289, **4**:294, **4**:296, **4**:297, **4**:298, **4**:*302*, **4**:*303*, **5**:62, **5**:*118*, **10**:121, **10**:*128*, **11**:289, **11**:*388* **13**:159, **13**:*273*
Van Der Wal, P. D., **30**:74, **30**:107, **30**:*113*
van der Wel., **24**:18, **24**:37, **24**:*55*
Vander Werf, C. A., **6**:258, **6**:*330*, **9**:27(29a, b, c), **9**:*122*
Van der Zawn, G., **26**:20, **26**:*130*
Vanderzee, C. E., **13**:116, **13**:*152*
van der Zee, N. T. E., **22**:236, **22**:255, **22**:285, **22**:296, **22**:*302*
Van der Zwan, G., **27**:198, **27**:*238*
Vander Zwan, M. C., **17**:327, **17**:*432*
van de Ven, T. G. M., **28**:158, **28**:*170*
Van Dijck, P. W. M., **17**:470, **17**:*487*
Van Dine, G. W., **6**:208, **6**:312, **6**:*331*, **7**:158, **7**:159, **7**:166, **7**:*205*, **22**:313, **22**:316, **22**:322, **22**:*359*
van Dommelen, M. E., **16**:252, **16**:*264*
van Doorn, A. R., **29**:9, **29**:*64*
van Doorn, J. A., **11**:335, **11**:*384*, **19**:229, **19**:256, **19**:257, **19**:310, **19**:*369*
van Doorn, R., **24**:24, **24**:*55*
van Doorslaer, O., **24**:142, **24**:*204*
Van Doren, J. M., **24**:44, **24**:50, **24**:*53*
Van Dort, H. M., **3**:241, **3**:*269*
Van Driel, R., **25**:219, **25**:*258*
van Duijneveldt, F. B., **26**:268, **26**:*370*, **26**:*377*
Van Duong, K. N., **23**:31, **23**:*62*
Van Duyne, G. D., **29**:107, **29**:*183*
Van Duyne, R., **18**:110, **18**:*184*
Van Duyne, R. P., **12**:9, **12**:*129*, **19**:159, **19**:*222*
Van Duyneveldt, A. J., **26**:208, **26**:*251*
Van Dyke, D. A., **20**:159, **20**:*182*
Van Dyke, R. E., **4**:238, **4**:*301*
Van Dyken, A. R., **6**:12, **6**:*59*
Van Dyne, R. P., **10**:201, **10**:202, **10**:203, **10**:*225*

van Eerden, J., **30**:73, **30**:74, **30**:75, **30**:86, **30**:87, **30**:88, **30**:95, **30**:96, **30**:111, **30**:*112*, **30**:*113*, **30**:*115*
van Eikeren, P., **24**:95, **24**:106, **24**:129, **24**:*204*
Vanelle, P., **23**:278, **23**:280, **23**:281, **23**:*317*
van Emster, K., **11**:178, **11**:*223*
Van Engen, D., **30**:109, **30**:*112*
VanEtten, R. L., **8**:396, **8**:*397*, **8**:*406*, **11**:58, **11**:59, **11**:*122*, **27**:50, **27**:*55*, **29**:6, **29**:7, **29**:8, **29**:11, **29**:22, **29**:23, **29**:26, **29**:27, **29**:29, **29**:32, **29**:39, **29**:*69*, **29**:72, **29**:74, **29**:76
Van Fossen, R. Y., **6**:8, **6**:*59*, **8**:238, **8**:*263*
Van Genderen, M. H. P., **25**:216, **25**:*264*
van Gerresheim, W., **24**:80, **24**:95, **24**:96, **24**:99, **24**:102, **24**:104, **24**:*111*, **24**:*112*
van Gulick, N., **17**:211–3, **17**:*275*, **21**:27, **21**:*31*
Van Haastert, P. J. M., **25**:219, **25**:225, **25**:*258*, **25**:*264*
van Helden, R., **9**:130, **9**:*179*, **9**:*182*
van Hemmen, J. J., **12**:279, **12**:*291*
Van Hoecke, M., **26**:147, **26**:158, **26**:*178*
van Holst, J. P. J., **17**:237, **17**:*278*
van Hooff, H. J. G., **24**:104, **24**:107, **24**:*112*
van Hooidonk, C., **17**:237, **17**:*278*, **25**:160, **25**:*264*, **29**:31, **29**:*69*
Van Hook, J. P., **13**:260, **13**:*277*
Van Hook, W. A., **14**:82, **14**:*132*, **31**:144, **31**:*247*
Van Hooyk, J. L., **25**:216, **25**:*264*
Van Horn, A. R., **13**:66, **13**:*82*
van Hove, L., **16**:224, **16**:*237*
van Hulst, N. F., **32**:164, **32**:166, **32**:201, **32**:202, **32**:*211*, **32**:*214*
van Hummel, G. J., **30**:188, **30**:*218*
van Hutten, P. F., **32**:173, **32**:*215*
Vanier, N. R., **14**:144, **14**:145, **14**:146, **14**:191, **14**:*200*, **17**:130, **17**:*179*, **18**:54, **18**:*75*
van Kruchten, E. M. G. A., **19**:242, **19**:342, **19**:343, **19**:*372*
van Laar, A., **24**:99, **24**:*112*
Van Langkruis, G. B., **17**:454, **17**:*487*
Van Lautem, N., **9**:50(87), **9**:*124*
Van Lear, G. E., **8**:197, **8**:221, **8**:*262*, **8**:*267*, **8**:*268*
Van Leent, F. H., **7**:211, **7**:221, **7**:*256*, **7**:*257*
Van Leusen, A. M., **7**:201, **7**:*209*
van Lier, P. M., **24**:104, **24**:107, **24**:*112*
van Loon, J. -D., **30**:101, **30**:*115*
van Meerssch, M., **23**:189, **23**:203, **23**:206, **23**:*263*, **23**:*264*, **23**:*268*, **23**:*269*, **29**:119, **29**:*183*
van Mil, J., **30**:121, **30**:162, **30**:*169*
van Niel, J. C. G., **24**:101, **24**:109, **24**:*112*
van Noort, P. C. M., **19**:113, **19**:*128*
Van Ool, P. J. J. M., **25**:207, **25**:218, **25**:219, **25**:225, **25**:226, **25**:*264*
van Oosten, R. P., **7**:9, **7**:*108*
Van Opstal, O., **24**:142, **24**:*204*
van Opstall, H. J., **1**:105, **1**:*154*
van Pelt, P., **32**:167, **32**:*211*
Van Raalte, D., **8**:192, **8**:*264*
van Raayen, W., **11**:347, **11**:*389*
van Ramesdonk, H. J., **24**:99, **24**:104, **24**:*111*, **24**:*112*
Van Riel, H. C. H. A., **11**:263, **11**:*265*
Van Schooten, J., **18**:127, **18**:*178*
Van Scoy, R. M., **23**:300, **23**:*318*
van Senden, K. G., **8**:334, **8**:339, **8**:340, **8**:373, **8**:375, **8**:376, **8**:*406*
Van Sickle, D. E., **1**:157, **1**:*201*, **2**:72, **2**:*90*, **31**:204, **31**:205, **31**:*247*
van Staveren, C. J., **30**:73, **30**:74, **30**:75, **30**:86, **30**:87, **30**:88, **30**:105, **30**:107, **30**:*112*, **30**:*113*, **30**:*115*
Van Steveninck, R. F. M., **32**:109, **32**:*114*
van Strik, R., **1**:57, **1**:*154*
van Tamelen, E. E., **3**:236, **3**:*266*, **4**:189, **4**:*193*, **6**:209, **6**:222, **6**:*324*, **6**:*331*, **10**:130, **10**:132, **10**:145, **10**:146, **10**:147, **10**:149, **10**:*152*, **12**:15, **12**:29, **12**:*126*, **12**:*129*, **12**:204, **12**:*216*
van t'Hoff, J. H., **2**:93, **2**:*162*, **13**:2, **13**:*82*
Van Tilborg, W. J. M., **18**:93, **18**:*184*
van Truong, N., **22**:190, **22**:*207*, **30**:69, **30**:*113*
Vanus, D. W., **4**:182, **4**:*193*
Van Valkenburg, J. W., **8**:272, **8**:*406*

van Veen, A., **11**:310, **11**:*386*, **11**:*387*
van Veldhuizen, B., **29**:298, **29**:*325*
VanVerth, J. E., **24**:160, **24**:*203*
Van Vleck, J. H., **3**:42, **3**:*90*
van Vliet, A., **11**:230, **11**:237, **11**:*266*
van Voorst, J. D. W., **17**:7, **17**:*62*
Van Vranken, D. L., **31**:308, **31**:382, **31**:*392*
van Walree, C. A., **32**:166, **32**:179, **32**:188, **32**:199, **32**:*211*, **32**:*215*, **32**:*216*
Van Wazer, J. R., **9**:68(102), **9**:68(103), **9**:*125*, **16**:248, **16**:*262*, **16**:*263*
Van Wijnen, W. T., **15**:42, **15**:*61*, **18**:31, **18**:*77*
van Willigen, H., **13**:211, **13**:*277*
van Woerden, H. F., **19**:113, **19**:*126*
van Woert, H., **17**:448, **17**:*483*
Vanwuytswinkel, H., **9**:*126*
Vanyukhin, G. N., **11**:371, **11**:*391*
Varadarajan, A., **29**:281, **29**:282, **29**:294, **29**:*325*
Varadi, V., **13**:196, **13**:*269*
Varanasi, P. R., **32**:179, **32**:*216*
Varani, G., **18**:110, **18**:131, **18**:138, **18**:*175*
Varennes, S., **28**:158, **28**:*170*
Varfolomeyev, S. D., **11**:63, **11**:*121*, **29**:11, **29**:60, **29**:*65*, **29**:85
Varian Associates, **3**:188, **3**:231, **3**:*269*
Varila, S., **5**:142, **5**:*170*
Varma, S., **1**:48, **1**:52, **1**:57, **1**:73, **1**:*150*
Varsànyi, G., **9**:162, **9**:*182*
Varshavskii, Y. M., **1**:52, **1**:*154*, **1**:160, **1**:*200*
Vartires, I., **19**:195, **19**:*222*
Varveri, F. S., **19**:262, **19**:*374*, **27**:241, **27**:*289*
Varvoglis, A. G., **22**:244, **22**:*304*
Vasak, M., **13**:395, **13**:400, **13**:*413*
Vasella, A., **24**:195, **24**:*199*
Vasguez, F. A., **17**:310, **17**:*429*
Vasil'eva, L. N., **1**:160, **1**:175, **1**:176, **1**:179, **1**:180, **1**:181, **1**:182, **1**:183, **1**:185, **1**:186, **1**:*200*
Vasil'eva, T. T., **17**:45, **17**:*60*
Vaska, L., **23**:2, **23**:3, **23**:10, **23**:*62*
Vaslow, F., **14**:247, **14**:269, **14**:290, **14**:*341*, **14**:*347*, **14**:*351*
Vass, G., **13**:293, **13**:295, **13**:303, **13**:*412*
Vassilatos, S. N., **25**:69, **25**:*91*
Vassil'ev, R. F., **18**:190, **18**:231, **18**:*235*, **18**:*238*
Vassilian, A., **28**:4, **28**:*42*
Vassilyev, Yu., B., **10**:166, **10**:*220*
Vastine, F., **23**:10, **23**:*59*
Vasudeva, W. C., **18**:149, **18**:*184*
Vatakencherry, P. A., **2**:24, **2**:*88*, **5**:378, **5**:*396*, **11**:188, **11**:*223*
Vaubel, G., **16**:178, **16**:*237*
Vaughan, C. W., **6**:2, **6**:*60*
Vaughan, J., **11**:374, **11**:*387*, **13**:114, **13**:*150*, **18**:33, **18**:*73*, **27**:45, **27**:*52*
Vaughan, J. D., **2**:249, **2**:*276*
Vaughan, R. J., **7**:210, **7**:*203*
Vaughan, R. W., **26**:271, **26**:*369*
Vaughan, W. R., **5**:63, **5**:*116*
v. Auwers, K., **32**:172, **32**:*215*
Vavon, G., **28**:191, **28**:*206*
Vaz, R., **31**:135, **31**:*140*
Vazquez, C., **26**:238, **26**:*250*
Vázquez, J. T., **25**:*16*, **25**:*96*
Veatch, F., **4**:326, **4**:*345*
Vecera, M., **28**:262, **28**:*289*, **32**:291, **32**:316, **32**:319, **32**:320, **32**:321, **32**:341, **32**:*382*
Veciana, J., **25**:288, **25**:334, **25**:364, **25**:365, **25**:368, **25**:369, **25**:370, **25**:371, **25**:378, **25**:380, **25**:381, **25**:382, **25**:383, **25**:392, **25**:393, **25**:395, **25**:421, **25**:431, **25**:*441*, **25**:*442*, **25**:*445*, **26**:187, **26**:242, **26**:*252*
Vedder, W., **26**:298, **26**:*374*
Vedeneev, A. V., **1**:157, **1**:160, **1**:186, **1**:187, **1**:*200*
Vedeneyev, V. I., **8**:241, **8**:*268*
Veeman, W. S., **10**:121, **10**:*128*
Veenland, J. U., **6**:248, **6**:*330*
Veenstra, G. E., **17**:110, **17**:*180*
Veenstra, I., **17**:362, **17**:*431*
VeerKamp, Th., A., **11**:347, **11**:*389*
Vega, S., **32**:238, **32**:*263*
Vegh, L., **13**:196, **13**:218, **13**:219, **13**:*269*
Vegter, G. C., **10**:31, **10**:*52*
Vegter, J. G., **16**:210, **16**:*237*
Veillard, A., **14**:30, **14**:*63*, **14**:156, **14**:*198*, **21**:216, **21**:*238*, **25**:136, **25**:*263*, **26**:118, **26**:*123*
Veillaro, A., **11**:324, **11**:*391*

Veldman, N., **32:**191, **32:***208*
Velkou, M. R., **19:**262, **19:***374*
Vellaccio, F., **17:**465, **17:***483*
Vellturo, A. F., **12:**15, **12:***129*
Velthorst, N. H., **15:**168, **15:**169, **15:**183, **15:**214, **15:***265*
Velthrust, N. H., **11:**123, **11:**124, **11:***175*
Veltman, P. L., **3:**92, **3:***121*
Veltmann, M., **25:**305, **25:**429, **25:***439*
Veltwisch, D., **20:**124, **20:***186*
Venier, C. G., **8:**155, **8:**256, **8:***263*, **17:**81, **17:**82, **17:**87, **17:***177*
Venimadhaven, S., **30:**198, **30:***217*, **30:***220*
Venkatachalam, C. M., **6:**124, **6:**128, **6:**129, **6:**130, **6:**146, **6:**157, **6:**162, **6:**172, **6:***182*, **6:***183*, **6:**184
Venkataraghaven, R., **8:**201, **8:***268*
Venkataram, U. V., **29:**6, **29:***67*
Venkataraman, B., **1:**293, **1:***362*, **1:***363*
Venkataraman, H. S., **1:**23, **1:***33*
Venkatasubban, K. S., **22:**245, **22:**293, **22:***305*, **24:**174, **24:***201*
Venkatasubramanian, N., **9:**144, **9:***182*, **14:**164, **14:**165, **14:**166, **14:***196*, **27:**107, **27:***114*, **28:**171, **28:***204*
Venkatesan, K., **6:**116, **6:***182*, **30:**121, **30:***171*, **32:**245, **32:***264*
Venkateswarlu, P., **7:**161, **7:***209*
Venkoba Rao, G., **14:**164, **14:**165, **14:**166, **14:***196*
Venner, H., **5:**6, **5:***51*
Vennesland, B., **21:**7, **21:**8, **21:***32*, **21:***33*, **21:***35*, **25:**234, **25:***264*
Vennkatesan, P., **29:**134, **29:***183*
Venot, A., **19:**303, **19:***374*
Venter, D. P., **8:**227, **8:***263*
Ventura, P., **23:**189, **23:**206, **23:***267*
Venugopalan, P., **29:**134, **29:***183*
Vera, S., **22:**240, **22:**297, **22:***307*
Verbanic, C. J., **1:**89, **1:**93, **1:***154*
Verbiar, R., **28:**71, **28:**72, **28:**78, **28:**82, **28:**84, **28:**86, **28:**87, **28:**88, **28:**89, **28:**90, **28:**103, **28:**121, **28:**130, **28:***135*, **28:***136*, **28:***138*
Verbiest, T., **32:**123, **32:**124, **32:**165, **32:**166, **32:**200, **32:**202, **32:***211*, **32:***212*, **32:***216*
Verbit, L., **6:**275, **6:***331*
Verboom, W., **29:**9, **29:***64*, **30:**101, **30:***115*, **30:**188, **30:***220*, **31:**70, **31:***83*
Verbrugge, M. W., **32:**96, **32:***120*
Verdaguer, M., **26:**243, **26:***248*, **26:***250*, **26:***251*, **26:***252*
Verdini, A. S., **13:**372, **13:***407*
Vereshchagin, L. F., **2:**96, **2:**153, **2:***160*, **2:***162*
Verevkin, S., **26:**152, **26:***175*, **26:***178*
Vergamini, P. S., **13:**374, **13:**378, **13:**379, **13:***412*, **13:***414*
Verheus, F. W., **10:**87, **10:***126*
Verheydt, P. L., **11:**235, **11:**249, **11:***266*
Verhoek, F. H., **1:**105, **1:***154*, **4:**17, **4:***29*
Verhoeven, J. W., **14:**43, **14:***66*, **18:**168, **18:***180*, **18:***183*, **19:**40, **19:**42, **19:**97, **19:***115*, **19:***123*, **19:***126*, **24:**80, **24:**89, **24:**95, **24:**96, **24:**99, **24:**102, **24:**104, **24:***109*, **24:***111*, **24:***112*
Verhoeven, T. R., **23:**26, **23:**53, **23:***62*
Vering, B., **26:**68, **26:**104, **26:**116, **26:***127*
Verkade, J. D., **25:**182, **25:***259*
Verkade, J. G., **9:**73(106a, b, c), **9:**77(106a, b, c), **9:***125*, **24:**191, **24:***201*
Verkade, P. E., **1:**35, **1:**36, **1:**88, **1:**92, **1:**143, **1:**144, **1:***154*, **7:**128, **7:***151*, **28:**183, **28:***206*
Verkhouod, N. N., **4:**325, **4:***346*
Verma, A. L., **25:**31, **25:**32, **25:***96*
Verma, N. C., **12:**229, **12:**252, **12:***297*
Vermeesch, G., **19:**87, **19:***128*
Vernet, J. L., **16:**70, **16:***86*
Vernon, C. A., **1:**28, **1:***31*, **1:**61, **1:**107, **1:**140, **1:***150*, **2:**124, **2:***158*, **3:**178, **3:***184*, **4:**332, **4:***347*, **5:**291, **5:***327*, **6:**269, **6:***328*, **7:**33, **7:**39, **7:**42, **7:**44, **7:**47, **7:**50, **7:**64, **7:**71, **7:**96, **7:***110*, **7:***111*, **7:***112*, **8:**319, **8:***397*, **8:***398*, **9:**268, **9:***280*, **11:**82, **11:***122*, **25:**105, **25:**253, **25:***257*
Vernon, J. M., **20:**197, **20:**198, **20:**216, **20:***232*
Verny, M., **9:**192, **9:**218, **9:***280*
Verny-Doussin, C., **18:**51, **18:**52, **18:**54, **18:**69, **18:***77*
Verpeaux, J. N., **26:**72, **26:**73, **26:**86, **26:***121*
Verrall, R. E., **14:**218, **14:**232, **14:**233, **14:***340*, **14:***350*

Verrijn Stuart, A. A., **1**:66, **1**:69, **1**:*150*, **4**:224, **4**:225, **4**:227, **4**:228, **4**:229, **4**:286, **4**:287, **4**:288, **4**:289, **4**:298, **4**:*301*, **4**:*304*, **11**:289, **11**:*385*, **13**:159, **13**:*268*
Verschoor, G. C., **26**:315, **26**:*372*
Versmold, H., **14**:265, **14**:*344*
Verter, H. S., **18**:3, **18**:*77*
Vertés, G., **10**:191, **10**:196, **10**:*223*
Vertommen, L., **26**:152, **26**:165, **26**:*175*, **26**:*178*
Vertommen, L. L. T., **16**:56, **16**:60–4, **16**:68, **16**:69, **16**:71, **16**:*85*, **16**:*86*
Vesala, A., **7**:297, **7**:304, **7**:305, **7**:*330*
Vesely, A., **4**:16, **4**:21, **4**:*29*
Vesley, G. F., **8**:246, **8**:*268*
Vesnaver, G., **17**:443, **17**:*486*
Vessière, R., **7**:59, **7**:90, **7**:105, **7**:*109*, **7**:*114*
Vessiere, R., **9**:192, **9**:218, **9**:*280*
Vestling, M. M., **6**:316, **6**:*320*, **6**:*324*
Vetchinkina, V. N., **9**:138, **9**:*183*
Vetter, K. J., **10**:159, **10**:*225*
Vetterling, W. T., **32**:95, **32**:*119*
Veyret-Jeandey, C., **26**:227, **26**:*247*
Viana, C. A. N., **14**:258, **14**:*344*
Vianello, E., **13**:201, **13**:*275*, **26**:66, **26**:67, **26**:*123*, **26**:*129*, **32**:38, **32**:*119*
Viani, R., **29**:114, **29**:*180*
Viau, R., **15**:229, **15**:243, **15**:244, **15**:*261*
Vicek, A. A., **31**:30, **31**:*84*
Vicens, J. J., **15**:243, **15**:245, **15**:*260*
Vickery, B. C., **3**:10, **3**:11, **3**:13, **3**:*83*
Vickery, B. L., **22**:166, **22**:*212*, **26**:323, **26**:324, **26**:*378*
Vickrey, T. M., **17**:423, **17**:*424*
Victor, T. A., **13**:344, **13**:*408*
Vid, L. V., **17**:138, **17**:*175*
Vidal, B., **15**:218, **15**:220, **15**:*265*
Vidal, J., **26**:187, **26**:*252*
Vidaux, P., **18**:152, **18**:*179*
Vidulich, G. A., **7**:261, **7**:*331*, **14**:333, **14**:*340*
Viehe, H. G., **6**:221, **6**:310, **6**:*331*, **9**:196, **9**:*280*, **24**:49, **24**:*55*, **25**:336, **25**:339, **25**:343, **25**:*442*, **25**:*445*, **26**:132, **26**:136, **26**:137, **26**:138, **26**:146, **26**:147, **26**:152, **26**:154, **26**:155, **26**:156, **26**:158, **26**:165, **26**:167, **26**:168, **26**:170, **26**:171, **26**:174, **26**:*175*, **26**:*176*, **26**:*177*, **26**:*178*
Vielstich, W., **10**:164, **10**:*222*, **12**:2, **12**:4, **12**:*129*, **32**:38, **32**:57, **32**:80, **32**:*114*, **32**:*120*
Viera, K. L., **26**:55, **26**:*124*
Viera, R. C., **22**:284, **22**:*302*, **22**:*303*
Vierk, A. L., **14**:333, **14**:*351*
Vierling, P., **17**:371, **17**:410, **17**:*424*
Viers, J. W., **25**:67, **25**:*95*
Viet, M. T. P., **25**:49, **25**:*94*
Vieth, H. M., **23**:125, **23**:148, **23**:*160*
Vietmeyer, N. D., **8**:246, **8**:*262*
Viggiano, A. A., **24**:8, **24**:*53*, **25**:104, **25**:117, **25**:*260*, **27**:30, **27**:*53*, **31**:148, **31**:149, **31**:150, **31**:*248*
Viglino, P., **13**:361, **13**:*414*
Vigna, R. A., **13**:348, **13**:349, **13**:352, **13**:371, **13**:*409*, **13**:*411*, **13**:*413*
Vignale, M. J., **1**:93, **1**:*152*
Vijayan, K., **23**:188, **23**:*269*
Vijayaraghavan, D., **32**:236, **32**:*263*
Vijh, A. K., **10**:169, **10**:172, **10**:194, **10**:*221*, **12**:2, **12**:16, **12**:98, **12**:104, **12**:112, **12**:*118*
Vila, A. J., **32**:230, **32**:*265*
Vila, F., **31**:95, **31**:*137*
Vilesov, F. I., **4**:43, **4**:52, **4**:*70*
Villadsen, J. V., **32**:87, **32**:*120*
Villaeys, A., **32**:191, **32**:*215*
Villafranca, J. J., **13**:374, **13**:*415*, **25**:121, **25**:*264*
Villermaux, S., **14**:193, **14**:*202*, **14**:310, **14**:*349*, **14**:*352*
Villiger, V., **11**:366, **11**:*383*
Vincent, C. A., **14**:265, **14**:*347*
Vincent, D., **16**:164, **16**:*231*
Vincent, D. N., **9**:138, **9**:*181*
Vincent, E-J., **13**:59, **13**:*79*
Vincent, E. J., **32**:240, **32**:*262*
Vincent, M. A., **18**:212, **18**:217, **18**:*237*, **22**:133, **22**:*207*
Vincent, W. R., **17**:50, **17**:*62*
Vincent-Falquet, M. F., **15**:122, **15**:*148*
Vincenz-Chodkowska, A., **10**:171, **10**:*222*, **10**:*225*
Vincow, G., **5**:66, **5**:*118*, **13**:158, **13**:161, **13**:162, **13**:211, **13**:*267*, **13**:*277*, **30**:184, **30**:*220*
Vine, H., **3**:46, **3**:*87*
Vinek, G., **26**:300, **26**:*376*

Vink, J. A. J., **11**:227, **11**:235, **11**:236, **11**:237, **11**:249, **11**:253, **11**:*266*
Vinkler, E., **17**:72, **17**:76, **17**:77, **17**:*180*, **17**:*181*
Vinnik, M. I., **11**:275, **11**:*390*, **21**:47, **21**:*98*
Vinograd, J. R., **8**:282, **8**:285, **8**:*401*
Vinogradov, S., **9**:164, **9**:*181*
Vinogradov, S. N., **13**:104, **13**:*152*, **26**:265, **26**:267, **26**:*378*
Vinter, J. G, **24**:166, **24**:167, **24**:*204*
Vinti, J. P., **3**:77, **3**:*90*
Viola, R. E., **13**:374, **13**:*415*
Viout, P., **17**:459, **17**:475, **17**:*484*, **22**:248, **22**:290, **22**:291, **22**:*303*, **22**:*305*, **22**:*308*, **23**:231, **23**:*265*, **24**:72, **24**:*107*, **30**:64, **30**:65, **30**:68, **30**:*107*, **30**:*113*
Vipond, P. W., **17**:72, **17**:76, **17**:*177*
Viratelle, O. M., **24**:141, **24**:*204*
Virlet, J., **16**:254, **16**:*261*
Virtalaine, M. L., **14**:333, **14**:*351*
Virtanen, P. I. O., **11**:345, **11**:*391*
Virtanen, P. O. I., **14**:103, **14**:*131*, **17**:108, **17**:*179*, **24**:160, **24**:*203*, **27**:266, **27**:285, **27**:286, **27**:*290*, **27**:*291*
Virtanen, U. K., **5**:142, **5**:*170*
Vischer, R. B., **13**:378, **13**:*412*
Visco, R. E., **19**:7, **19**:*117*
Visconti di Modrone, N., **17**:258, **17**:*278*
Vishveshwara, S., **23**:192, **23**:*270*, **24**:148, **24**:*201*
Viskocil, J., **13**:56, **13**:72, **13**:*82*
Vismara, E., **23**:302, **23**:*319*
Visscher, J., **24**:101, **24**:*112*
Visser, G. W., **30**:188, **30**:*220*
Visser, H. C., **31**:70, **31**:*83*
Visser, H. G. J., **22**:265, **22**:278, **22**:*308*
Visser, R., **2**:*277*
Visveshwara, S., **25**:51, **25**:*91*
Vitagliano, V., **14**:260, **14**:261, **14**:298, **14**:313, **14**:*337*, **14**:*340*
Vitale, A. A., **24**:67, **24**:*112*
Vitale, A. C., **17**:479, **17**:*485*
Vithayathil, P. J., **21**:21, **21**:*34*
Vittimbergu, B. M., **19**:63, **19**:*116*
Vitullo, V. P., **5**:340, **5**:*397*, **6**:67, **6**:97, **6**:*100*, **14**:25, **14**:*67*, **14**:87, **14**:95, **14**:*130*, **27**:47, **27**:*55*, **29**:50, **29**:*67*, **31**:170, **31**:172, **31**:175, **31**:*248*
Vivarelli, P., **6**:270, **6**:*326*, **7**:45, **7**:54, **7**:85, **7**:88, **7**:*110*
Vives, J. P., **25**:187, **25**:188, **25**:*264*
Vivo, J. L., **1**:293, **1**:*363*
Vizgert, R., **17**:156, **17**:165, **17**:*181*
Vizza, F., **30**:71, **30**:*113*
Vlasov, V. M., **17**:329, **17**:*424*
Vlasova, L. V., **10**:83, **10**:*126*
Vliegenthart, F. G., **17**:51, **17**:*59*
Vliegenthart, J. F. G., **13**:292, **13**:*410*
Vlugt, M. J., van der, **5**:241, **5**:*326*
Voelter, W., **13**:280, **13**:282, **13**:285, **13**:288, **13**:289, **13**:290, **13**:293, **13**:295, **13**:303, **13**:305, **13**:306, **13**:307, **13**:308, **13**:327, **13**:328, **13**:335, **13**:337, **13**:339, **13**:344, **13**:350, **13**:353, **13**:355, **13**:356, **13**:357, **13**:359, **13**:360, **13**:*407*, **13**:*409*, **13**:*410*, **13**:*413*, **13**:*414*, **13**:*415*
Voet, J., **21**:13, **21**:*35*
Voevodskii, U. V., **9**:128, **9**:156, **9**:*182*
Voevodskii, V. V., **5**:111, **5**:*119*
Voevodsky, V. V., **1**:298, **1**:*362*
Vogel, A. I., **3**:10, **3**:11, **3**:12, **3**:13, **3**:14, **3**:15, **3**:16, **3**:17, **3**:20, **3**:25, **3**:27, **3**:31, **3**:*82*, **3**:*83*, **3**:*84*, **3**:*85*, **3**:*86*, **3**:*90*
Vogel, E., **1**:176, **1**:*201*, **4**:163, **4**:176, **4**:*193*, **6**:206, **6**:*331*, **29**:294, **29**:296, **29**:297, **29**:298, **29**:299, **29**:312, **29**:317, **29**:*324*, **29**:*326*, **29**:*328*, **29**:*330*, **32**:237, **32**:238, **32**:*262*
Vogel, G. C., **9**:161, **9**:*183*
Vogel, J., **5**:11, **5**:*52*
Vogel, P., **11**:195, **11**:*224*, **14**:14, **14**:*65*, **19**:237, **19**:239, **19**:245, **19**:251, **19**:252, **19**:257, **19**:286, **19**:289, **19**:298, **19**:*374*, **19**:*377*, **19**:*378*, **19**:*379*, **23**:64, **23**:69, **23**:131, **23**:146, **23**:149, **23**:*161*, **23**:*162*, **24**:86, **24**:*112*, **27**:239, **27**:*291*, **29**:130, **29**:*182*
Vogel, P. C., **14**:265, **14**:*344*
Vogel, W. M., **4**:255, **4**:256, **4**:257, **4**:262, **4**:263, **4**:270, **4**:*302*
Vogelmann, E., **18**:138, **18**:*184*, **19**:91, **19**:*128*
Vogels, C., **12**:172, **12**:177, **12**:*220*

Vogt, H. H., **26**:310, **26**:*378*
Vogt, W., **30**:101, **30**:*112*, **30**:*113*
Vögtle, F., **17**:280, **17**:289, **17**:290, **17**:293, **17**:301, **17**:304, **17**:311, **17**:421, **17**:*426*, **17**:*427*, **17**:*431*, **17**:*432*, **22**:2, **22**:102, **22**:*110*, **30**:64, **30**:65, **30**:77, **30**:78, **30**:82, **30**:107, **30**:109, **30**:110, **30**:*113*, **30**:*115*, **30**:*116*
Voice, P. J., **14**:309, **14**:310, **14**:329, **14**:*341*, **14**:*342*, **14**:*345*
Voigt, A. F., **2**:255, **2**:259, **2**:263, **2**:264, **2**:*274*, **2**:*275*
Voigt, G., **19**:364, **19**:*373*
Voigt-Martin, I. G., **32**:200, **32**:*216*
Voigt, W., **3**:68, **3**:*90*
Voipo, A., **14**:320, **14**:323, **14**:*351*
Voisey, M. A., **7**:193, **7**:*205*
Voithenleiter, F., **10**:132, **10**:*152*
Vold, M. J., **8**:280, **8**:*402*
Vold, R. D., **8**:280, **8**:*402*
Vold, R. L., **11**:333, **11**:*391*, **16**:243, **16**:247, **16**:*264*
Vold, R. R., **16**:243, **16**:247, **16**:*264*
Vol'eva, V. B., **10**:115, **10**:*123*
Volger, H. C., **6**:235, **6**:*331*, **29**:287, **29**:*326*
Volke, J., **5**:39, **5**:44, **5**:*52*, **12**:12, **12**:*129*, **13**:265, **13**:*277*, **31**:30, **31**:*84*
Volkenstein, M. V., **3**:49, **3**:*90*, **6**:118, **6**:122, **6**:*183*
Völker, S., **32**:251, **32**:*265*
Volkmann, H., **3**:47, **3**:68, **3**:*89*
Volkova, N. v., **18**:63, **18**:*77*
Volková, V., **5**:39, **5**:*52*
Volkova, V. V., **30**:52, **30**:*57*
Vollard, W. V., **5**:66, **5**:*118*, **30**:184, **30**:*220*
Volle, D. J., **31**:382, **31**:*390*
Vollhardt, K. P. C., **29**:310, **29**:*324*, **29**:*327*
Vollmann, H., **25**:270, **25**:*445*
Volmer, M., **26**:10, **26**:*124*
Volod'kin, A. A., **2**:181, **2**:*198*
Voloschhuk, V. G., **26**:75, **26**:*130*
Volpe, J. A., **13**:374, **13**:378, **13**:*412*
Volpi, G. G., **8**:110, **8**:112, **8**:115, **8**:119, **8**:126, **8**:131, **8**:132, **8**:138, **8**:144, **8**:*145*, **8**:*147*
Vol'pin, m. E., **30**:202, **30**:*220*
Volpin, M. E., **9**:265, **9**:*280*
Volz, A., **19**:264, **19**:*379*
Volz de Lecea, M. J., **19**:264, **19**:*379*
Von der Saal, W., **25**:121, **25**:*264*
von Dietrich, H., **21**:29, **21**:*35*
von Falkenhausen, E. H. F., **1**:263, **1**:*275*
Von Glehn, M., **26**:314, **26**:*376*
von Goldammer, E., **16**:255, **16**:*263*, **16**:*264*
von Hippel, P. H., **8**:392, **8**:*406*
von Philipsborn, W., **11**:316, **11**:320, **11**:324, **11**:325, **11**:348, **11**:349, **11**:*385*, **11**:*391*
von Schnering, H.-G., **26**:155, **26**:156, **26**:168, **26**:*175*, **26**:*176*, **29**:233, **29**:*269*, **29**:276, **29**:277, **29**:301, **29**:303, **29**:304, **29**:*327*, **29**:*329*
von Sonntag, C., **12**:238, **12**:283, **12**:287, **12**:*296*
von Stackelberg, M., **10**:194, **10**:*225*, **26**:54, **26**:68, **26**:*130*, **32**:19, **32**:*120*
von Voithenberg, H., **25**:71, **25**:*88*, **25**:*91*
von Zelewsky, A., **26**:20, **26**:*129*
Vonderwahl, R., **29**:273, **29**:*326*
Voronkov, M. G., **30**:52, **30**:*57*
Vos, A., **17**:78, **17**:150, **17**:*178*, **17**:*179*, **17**:408, **17**:*432*, **18**:193, **18**:*236*
Vos, H. W., **15**:168, **15**:169, **15**:183, **15**:214, **15**:*265*
Voss, B., **32**:191, **32**:*208*
Voss, J., **7**:47, **7**:*113*
Vött, V., **9**:203, **9**:204, **9**:206, **9**:*275*
Vournakis, J. N., **6**:172, **6**:*183*
Vreeland, R. W., **4**:171, **4**:*193*
Vroelant, C., **1**:256, **1**:*280*
Vu, T., **32**:109, **32**:*114*, **32**:*116*
Vukov, R., **29**:287, **29**:*328*
Vuks, M. F., **3**:49, **3**:*90*, **14**:302, **14**:*352*
Vyrskiĭ, Yu. P., **1**:157, **1**:160, **1**:161, **1**:170, **1**:*200*
V'yunov, K. A., **28**:277, **28**:*291*

W

Waack, R., **4**:321, **4**:324, **4**:327, **4**:337, **4**:338, **4**:343, **4**:*346*, **11**:149, **11**:157, **11**:*174*, **11**:*175*, **15**:160, **15**:179, **15**:180, **15**:181, **15**:213, **15**:*261*,

15:*265*
Wachs, R. H., **17:**188, **17:**250, **17:***278*
Wachs, T., **8:**234, **8:**245, **8:***266*, **8:***268*
Wachsmann, E., **4:**217, **4:***304*
Wachtmeister, C., **20:**200, **20:**202, **20:***229*
Wachtmeister, C. A., **26:**314, **26:***376*
Wada, A., **6:**113, **6:**118, **6:***180*
Wada, E., **31:**180, **31:***243*
Wada, F., **31:**11, **31:***83*
Wada, U., **8:**212, **8:***268*
Waddington, D., **14:**231, **14:**234, **14:**243, **14:**269, **14:**302, **14:***336*, **14:***338*, **14:***339*
Waddington, T. C., **13:**85, **13:***153*, **13:**169, **13:***265*, **22:**139, **22:***210*, **26:**300, **26:**303, **26:***375*, **26:***378*
Wade, K., **1:**48, **1:***150*
Wade, P. A., **26:**72, **26:**78, **26:***126*, **26:***130*
Wade, R. S., **18:**164, **18:***184*
Wade, W. S., **31:**278, **31:**382, **31:***392*
Wadley, E. F., **19:**313, **19:***371*
Wadsö, I., **17:**226, **17:***278*
Wadso, I., **13:**116, **13:**136, **13:***151*, **13:***153*, **14:**217, **14:**252, **14:***343*, **14:***345*, **14:***348*
Wadsworth, W. S., **25:**127, **25:**206, **25:**208, **25:***256*, **25:***264*
Wadsworth, W. S., Jr., **6:**258, **6:***331*
Wadt, W. R., **15:**128, **15:***150*
Waegell, B., **13:**59, **13:***79*, **13:***82*, **23:**297, **23:***318*
Wagenaar, A., **17:**239, **17:***276*
Wagener, R., **17:**55, **17:***63*
Wagenknecht, J. H., **10:**196, **10:***225*, **12:**12, **12:**15, **12:**28, **12:***129*, **19:**195, **19:***217*
Waggoner, A. S., **8:**282, **8:**284, **8:**288, **8:**289, **8:**290, **8:***406*
Wagman, D. D., **18:**151, **18:***182*
Wagner, A., **17:**107, **17:**111, **17:***175*
Wagner, B., **32:**105, **32:***119*
Wagner, C. D., **8:**130, **8:***148*
Wagner, C. K., **31:**238, **31:***246*
Wagner, H., **26:**226, **26:***250*
Wagner, H.-U., **29:**303, **29:***326*
Wagner, J., **31:**384, **31:***392*
Wagner, J. G., **8:**282, **8:***400*
Wagner, M., **28:**8, **28:***44*
Wagner, P. J., **7:**156, **7:***209*, **8:**245, **8:***268*, **9:**131, **9:**156, **9:***183*, **19:**85, **19:**112, **19:***128*, **20:**205, **20:***233*, **32:**245, **32:***263*
Wagner, R., **11:**316, **11:**324, **11:**325, **11:**348, **11:**349, **11:***391*
Wagner, T. E., **8:**341, **8:**345, **8:**351, **8:**352, **8:**394, **8:**396, **8:***402*, **8:***406*
Wagnière, G., **32:**158, **32:***216*
Wagnière, G. H., **32:**123, **32:**124, **32:**137, **32:***211*, **32:***216*
Wagstaff, K., **19:**259, **19:***373*, **23:**119, **23:***162*, **24:**91, **24:***109*
Wahl, A. C., **2:**207, **2:***276*, **18:**120, **18:***179*
Wahl, G. H., **13:**66, **13:***82*
Wahl, G. H., Jr., **2:**69, **2:**70, **2:***89*, **10:**4, **10:**20, **10:***26*
Wahl, G. M., **11:***72*, **11:***122*
Wahl, P., **12:**191, **12:**202, **12:***217*
Wahrhaftig, A. L., **8:**97, **8:***148*, **8:**165, **8:***267*
Wai, C. M., **6:**250, **6:***332*
Wai, H., **11:**372, **11:***392*, **12:**211, **12:***221*, **13:***153*
Waight, E. S., **5:**19, **5:***51*, **5:**156, **5:***172*, **8:**170, **8:***261*, **15:**53, **15:***61*
Waisman, E., **26:**4, **26:***130*
Waiss, A. C., Jr., **14:**16, **14:***66*
Wait, S. C., **1:**381, **1:**412, **1:***419*, **1:***422*
Waits, H. P., **10:**82, **10:***128*
Wajer, Th. A. J. W., **17:**2, **17:**7, **17:***62*
Waka, Y., **19:**95, **19:**96, **19:***128*
Wakabayashi, H., **17:**307, **17:***431*
Wakabayashi, T., **17:**342, **17:***432*
Wake, R. W., **13:**252, **13:***269*, **20:**116, **20:***183*
Wakefield, B. J., **20:**209, **20:***230*
Wakeham, H. R. R., **28:**57, **28:***138*
Wakeham, W. A., **14:**302, **14:***349*, **25:**3, **25:***92*
Waki, Y., **30:**182, **30:**184, **30:**197, **30:**215, **30:***219*, **30:***220*
Wakselman, C., **23:**285, **23:**301, **23:***320*, **26:**75, **26:**116, **26:***130*
Wakselman, M., **17:**237, **17:***277*, **25:**160, **25:***262*
Walaszek, Z., **24:**144, **24:***204*
Walatka, V., **12:**2, **12:***120*
Walatka, V. V., **16:**206, **16:**208, **16:**226, **16:***232*, **16:***237*
Walba, D. M., **17:**362, **17:**363, **17:**365,

17:367, **17**:423, **17**:425, **17**:*430*, **17**:*432*, **30**:81, **30**:82, **30**:*114*
Walborsky, H. M., **10**:196, **10**:*225*, **15**:41, **15**:*60*, **15**:*61*, **15**:228, **15**:231, **15**:*265*
Wald, K. M., **20**:229, **20**:*233*
Walde, G., **15**:98, **15**:*150*
Walden, F. A., **14**:98, **14**:99, **14**:*129*
Walder, J. A., **28**:194, **28**:*205*, **28**:*206*
Walder, L., **26**:102, **26**:108, **26**:*130*
Waldmann, H., **3**:38, **3**:*90*
Waldyke, M. J., **20**:159, **20**:*182*
Waley, S. G., **21**:24, **21**:*35*, **23**:252, **23**:*266*
Walisch, W., **18**:45, **18**:*77*
Walker, A. M., **24**:91, **24**:*109*
Walker, C. R., **22**:130, **22**:*206*
Walker, D. A., **17**:417, **17**:*426*
Walker, D. C., **7**:117, **7**:*151*, **8**:35, **8**:*77*, **14**:191, **14**:*197*
Walker, F., **17**:466, **17**:*484*
Walker, G., **19**:249, **19**:*371*
Walker, G. E., **23**:75, **23**:150, **23**:*161*, **24**:89, **24**:*111*
Walker, H. W., **29**:212, **29**:216, **29**:*271*
Walker, J. F., **4**:10, **4**:*29*
Walker, L. E., **25**:290, **25**:*443*
Walker, O. J., **12**:33, **12**:*128*
Walker, R., **32**:70, **32**:*120*
Walker, R. B., **17**:273, **17**:274, **17**:*275*
Walker, R. W., **8**:55, **8**:*74*
Walker, S. A., **19**:399, **19**:*425*
Walker, T., **28**:158, **28**:*170*
Wall, J. S., **27**:222, **27**:*235*
Wall, L. A., **5**:68, **5**:69, **5**:*118*, **8**:54, **8**:*77*
Wall, R. E., **9**:27(47b), **9**:*123*
Wallace, J. C., **25**:231, **25**:*264*
Wallace, J. W., **4**:238, **4**:240, **4**:242, **4**:*300*
Wallace, M. B., **31**:310, **31**:382, **31**:*392*
Wallace, S. C., **12**:290, **12**:*297*
Wallace, T. S., **6**:5, **6**:*60*
Wallbillich, G., **6**:225, **6**:*326*
Wallenstein, M. B., **8**:97, **8**:*148*, **8**:165, **8**:*267*
Waller, A., **25**:132, **25**:180, **25**:181, **25**:*262*
Waller, A. M., **32**:59, **32**:62, **32**:92, **32**:100, **32**:*115*
Waller, D. N., **32**:70, **32**:79, **32**:80, **32**:82, **32**:*116*
Waller, E. R., **23**:202, **23**:*268*
Waller, F. D., **6**:299, **6**:*324*
Waller, F. J., **7**:155, **7**:*205*, **14**:45, **14**:47, **14**:48, **14**:55, **14**:*65*
Waller, G. A., **32**:109, **32**:*113*
Waller, G. R., **8**:218, **8**:*267*
Waller, J. G., **8**:67, **8**:*76*
Wallerberg, G., **17**:479, **17**:*487*
Walling, C., **2**:98, **2**:100, **2**:101, **2**:105, **2**:106, **2**:149, **2**:150, **2**:153, **2**:154, **2**:155, **2**:156, **2**:158, **2**:*162*, **2**:192, **2**:*199*, **4**:177, **4**:*193*, **9**:130, **9**:132, **9**:142, **9**:156, **9**:*183* **10**:82, **10**:84, **10**:85, **10**:88, **10**:*128*, **10**:149, **10**:*153*, **13**:237, **13**:238, **13**:*277*, **14**:123, **14**:124, **14**:*132*, **16**:58, **16**:71, **16**:*85*, **18**:81, **18**:149, **18**:*184*, **18**:218, **18**:*238*, **19**:82, **19**:89, **19**:*129*, **21**:128, **21**:*195*, **23**:123, **23**:126, **23**:*162*, **23**:275, **23**:300, **23**:*322*
Wallis, J. D., **29**:117, **29**:*179*, **29**:*183*
Wallis, J. M., **29**:220, **29**:224, **29**:*271*
Wallis, T. G., **27**:107, **27**:*116*
Wallraf, G., **17**:320, **17**:*431*
Wallraff, G. M., **29**:294, **29**:*330*
Wallwork, S. C., **1**:236, **1**:237, **1**:*277*, **16**:208, **16**:*230*, **16**:*232*
Walmsley, D., **15**:170, **15**:*262*
Walmsley, S. H., **15**:80, **15**:*148*, **16**:161, **16**:217, **16**:*232*, **16**:*235*
Walrafen, G. E., **6**:86, **6**:*101*, **14**:222, **14**:230, **14**:232, **14**:233, **14**:234, **14**:260, **14**:*339*, **14**:*352*
Walsh, A. D., **1**:320, **1**:*363*, **1**:387, **1**:389, **1**:390, **1**:391, **1**:393, **1**:394, **1**:395, **1**:396, **1**:399, **1**:400, **1**:402, **1**:410, **1**:415, **1**:418, **1**:*420*, **1**:*422*, **1**:*423*, **3**:51, **3**:*90*, **4**:337, **4**:*347*, **6**:196, **6**:197, **6**:198, **6**:*332*, **7**:158, **7**:*209*, **8**:43, **8**:*76*, **9**:68(96), **9**:*125*, **18**:192, **18**:193, **18**:*236*
Walsh, C., **28**:203, **28**:*206*, **29**:2, **29**:44, **29**:*69*
Walsh, C. A., **32**:158, **32**:*209*
Walsh, C. T., **29**:107, **29**:*178*
Walsh, J. L., **18**:109, **18**:*184*
Walsh, K. A., **11**:64, **11**:*117*
Walsh, L., **32**:245, **32**:*262*
Walsh, P. A., **29**:48, **29**:49, **29**:*67*, **29**:82

Walsh, P. K., **32:**222, **32:***262*
Walsh, R., **13:**50, **13:**51, **13:***78*
Walsh, T. O., **14:**16, **14:***66*
Walsh, W. M., **22:**156, **22:***209*, **26:**330, **26:**331, **26:***374*
Walter, A., **18:**150, **18:***179*
Walter, D. N., **28:**186, **28:***205*
Walter, H., **23:**79, **23:**121, **23:**153, **23:**155, **23:***162*, **24:**89, **24:***111*, **24:**126, **24:***204*
Walter, J., **6:**188, **6:**189, **6:**190, **6:***326*, **26:**174, **26:***175*
Walter, J. N., **32:**19, **32:**58, **32:**109, **32:***114*, **32:***115*
Walter, L., **19:**57, **19:***119*
Walter, R., **13:**354, **13:**359, **13:**360, **13:**361, **13:**363, **13:**364, **13:**367, **13:**370, **13:***408*, **13:***415*, **25:**401, **25:***443*
Walter, R. I., **13:**194, **13:***277*, **18:**126, **18:***178*, **19:**50, **19:**51, **19:**85, **19:***120*, **20:**95, **20:***189*, **25:**400, **25:**401, **25:***445*
Walter, R. W., **13:**361, **13:**364, **13:***414*
Walter, T. H., **31:**116, **31:***141*
Walters, C. A., **17:**127, **17:***178*
Walters, C. L., **19:**382, **19:***428*
Walters, E., **9:**132, **9:***176*
Walters, E. A., **15:**39, **15:***59*, **26:**285, **26:***378*
Walters, M. J., **15:**132, **15:**134, **15:**135, **15:**136, **15:***144*, **15:***150*
Walters, M. K., **32:**93, **32:**108, **32:***115*, **32:***117*
Walters, W. D., **4:**170, **4:**172, **4:**173, **4:**176, **4:**182, **4:**184, **4:***191*, **4:***192*, **4:***193*
Waltham, R. J., **30:**32, **30:***60*
Walton, D. J., **20:**147, **20:***182*, **32:**70, **32:**71, **32:**72, **32:**73, **32:**75, **32:**83, **32:***115*, **32:***116*, **32:***118*, **32:***120*
Walton, D. R. M., **7:**98, **7:***109*, **9:**188, **9:**189, **9:**192, **9:***274*, **32:**305, **32:***380*
Walton, J. C., **8:**46, **8:***77*, **9:**155, **9:***182*, **16:**53, **16:**55–61, **16:**63–9, **16:**71, **16:**73, **16:**75, **16:**79, **16:**83, **16:***84*, **16:***85*, **16:***86*, **18:**81, **18:***181*, **24:**101, **24:***109*, **26:**145, **26:**146, **26:**151, **26:**159, **26:**161, **26:**162, **26:***177*, **26:***178*, **27:**230, **27:**231, **27:***238*, **29:**316, **29:***330*
Waltz, W. L., **29:**212, **29:***272*
Walz, H., **4:**257, **4:***302*
Walzer, K., **25:**64, **25:***95*
Wamhoff, H., **11:**381, **11:***391*, **19:**110, **19:***129*, **20:**229, **20:***233*
Wampler, J. E., **18:**187, **18:**189, **18:***235*
Wan, J. K. S., **10:**121, **10:***125*, **17:**4, **17:***64*
Wan, L. S. C., **8:**378, **8:**379, **8:**381, **8:**382, **8:***403*
Wan, P., **23:**210, **23:***270*, **31:**106, **31:**125, **31:***137*
Wanczek, K.-P., **24:**2, **24:***55*
Wander, J. D., **13:**306, **13:**313, **13:**318, **13:***407*
Wander, R., **12:**230, **12:**272, **12:**273, **12:***297*
Wang, C. H., **16:**242, **16:***264*, **32:**194, **32:***212*
Wang, C. Y., **25:**45, **25:***87*
Wang, D. L., **26:**3, **26:**11, **26:**12, **26:**28, **26:**68, **26:**101, **26:**102, **26:**103, **26:**104, **26:**106, **26:**107, **26:**109, **26:**110, **26:**111, **26:**116, **26:***125*, **26:***127*
Wang, G. L., **13:**65, **13:***77*
Wang, H., **31:**104, **31:***141*
Wang, H. H., **10:**69, **10:***124*
Wang, I. C., **13:**92, **13:***150*
Wang, J., **24:**70, **24:***106*, **32:**5, **32:***120*
Wang, J. H., **11:**60, **11:***122*, **14:**234, **14:***352*, **25:**134, **25:***259*, **32:**70, **32:***120*
Wang, J. T., **21:**115, **21:***195*, **29:**319, **29:**320, **29:***325*
Wang, K. K., **24:**66, **24:***106*, **24:***112*
Wang, M. S., **17:**253, **17:**256, **17:***276*
Wang, P., **26:**224, **26:***246*, **26:***247*
Wang, P. J., **16:**248, **16:***262*
Wang, P. M., **26:**168, **26:***177*
Wang, P. S., **22:**313, **22:***357*
Wang, Q.-P., **29:**107, **29:**129, **29:***179*
Wang, R., **31:**260, **31:**295, **31:**383, **31:***388*
Wang, S., **29:**55, **29:***66*, **29:**84
Wang, S. N., **3:**48, **3:***90*
Wang, S. S., **8:**295, **8:***398*
Wang, T.-C., **18:**8, **18:**12, **18:**13, **18:**31, **18:**46, **18:***75*
Wang, T.-C. L., **24:**4, **24:**5, **24:***54*

Wang, X., **27**:150, **27**:215, **27**:*238*, **31**:382, **31**:*392*
Wang, Y., **19**:42, **19**:*117*, **22**:317, **22**:*360*, **29**:112, **29**:*180*, **31**:148, **31**:155, **31**:156, **31**:157, **31**:158, **31**:159, **31**:160, **31**:161, **31**:165, **31**:168, **31**:179, **31**:191, **31**:*246*
Wang, Y. C., **25**:66, **25**:*91*, **29**:303, **29**:*330*
Wangbo, M.-H., **16**:62, **16**:*85*
Wangnick, C., **30**:75, **30**:89, **30**:111, **30**:*114*
Wangsness, R. K., **3**:229, **3**:*267*
Waninge, J. K., **24**:101, **24**:*112*
Wanless, G. G., **9**:194, **9**:196, **9**:220, **9**:221, **9**:*275*
Wannier, G. H., **26**:226, **26**:*252*
Wannland, J., **18**:209, **18**:*238*
Wannowius, H., **29**:219, **29**:224, **29**:*266*
Warburton, W. K., **11**:303, **11**:307, **11**:*383*
Ward, A. L., **3**:39, **3**:*86*
Ward, B., **8**:17, **8**:19, **8**:*75*, **8**:*77*, **9**:131, **9**:*175*
Ward, B. F. Jr., **9**:145, **9**:*177*
Ward, D., **1**:45, **1**:52, **1**:57, **1**:73, **1**:*152*
Ward, G. A., **12**:56, **12**:*129*
Ward, H. R., **7**:*112*, **10**:54, **10**:56, **10**:57, **10**:76, **10**:77, **10**:86, **10**:88, **10**:89, **10**:110, **10**:111, **10**:112, **10**:114, **10**:115, **10**:*124*, **10**:*127*, **10**:*128*, **18**:169, **18**:*184*
Ward, J. C., **1**:341, **1**:342, **1**:343, **1**:344, **1**:*359*, **5**:69, **5**:80, **5**:*117*, **5**:*118*
Ward, J. F., **12**:283, **12**:*297*, **32**:136, **32**:162, **32**:*214*, **32**:*216*
Ward, M. D., **22**:280, **22**:*304*, **26**:216, **26**:238, **26**:*250*
Ward, P., **9**:156, **9**:*180*, **17**:5, **17**:12, **17**:19, **17**:29, **17**:*59*, **17**:*62*
Ward, P. J., **12**:3, **12**:*125*, **13**:172, **13**:*274*
Ward, R. L., **1**:303, **1**:305, **1**:*363*, **5**:60, **5**:67, **5**:71, **5**:77, **5**:110, **5**:112, **5**:*119*, **11**:256, **11**:*266*, **13**:185, **13**:*277*, **28**:21, **28**:*44*
Ward, R. S., **8**:184, **8**:212, **8**:230, **8**:231, **8**:*268*, **8**:*269*
Ward, S. D., **8**:251, **8**:255, **8**:256, **8**:*265*
Ward, T. J., **29**:31, **29**:*63*
Ward, W. H. J., **26**:357, **26**:*378*
Wardill, J. E., **5**:321, **5**:*328*
Wardley, A., **7**:223, **7**:*256*
Wardman, P., **18**:123, **18**:138, **18**:145, **18**:*184*
Ware, W. R., **12**:195, **12**:*220*, **13**:184, **13**:*270*, **19**:5, **19**:11, **19**:*125*, **19**:*129*, **20**:219, **20**:*230*, **22**:327, **22**:350, **22**:*360*
Warford, E. W. T., **4**:82, **4**:103, **4**:*144*
Warford, W. T., **1**:65, **1**:66, **1**:67, **1**:69, **1**:108, **1**:*150*
Warg, Y. Y., **17**:19, **17**:48, **17**:*61*
Wargon, J. A., **17**:38, **17**:40, **17**:*64*
Warheit, A. C., **14**:76, **14**:*129*, **17**:138, **17**:*178*
Warhurst, E., **15**:158, **15**:159, **15**:*260*, **21**:102, **21**:123, **21**:*192*
Waring, A. J., **11**:319, **11**:349, **11**:*388*, **13**:91, **13**:*151*, **17**:133, **17**:*177*
Waring, D. H., **1**:213, **1**:214, **1**:271, **1**:*275*
Waring, M. A., **27**:12, **27**:27, **27**:29, **27**:32, **27**:33, **27**:*52*, **27**:*55*
Waring, R. K., **5**:63, **5**:*119*
Warkentin, J., **18**:37, **18**:38, **18**:*72*, **18**:*77*, **30**:190, **30**:*218*, **30**:*219*
Warkentin, S., **6**:285, **6**:*327*
Warner, D. A., **7**:30, **7**:31, **7**:*114*
Warner, D. T., **14**:261, **14**:*352*
Warner, J. C., **17**:250, **17**:*278*
Warner, P., **19**:233, **19**:356, **19**:363, **19**:*368*, **29**:274, **29**:280, **29**:296, **29**:*328*, **29**:*330*
Warner, P. M., **22**:327, **22**:*361*, **29**:297, **29**:*324*
Warnhoff, E. W., **24**:77, **24**:97, **24**:*112*
Warr, C., **18**:81, **18**:*184*
Warren, D. P., **19**:366, **19**:*371*
Warren, J. A., **25**:20, **25**:21, **25**:60, **25**:*86*
Warren, J. D., **9**:*126*
Warren, J. W., **8**:178, **8**:180, **8**:*268*
Warren, K. D., **5**:351, **5**:*399*
Warren, L. J., **16**:164, **16**:*234*
Warren, S., **21**:20, **21**:*35*
Warrener, R. N., **6**:217, **6**:222, **6**:223, **6**:224, **6**:*332*, **8**:215, **8**:*260*, **15**:82, **15**:*145*
Warrick, E. L., **3**:16, **3**:*90*
Warrick, P., **5**:384, **5**:*399*
Warshel, A., **13**:11, **13**:15, **13**:16, **13**:24, **13**:30, **13**:33, **13**:48, **13**:54, **13**:55,

13:*82*, **15**:99, **15**:*150*, **21**:103, **21**:123, **21**:127, **21**:*196*
Warsop, P. A., **1**:394, **1**:395, **1**:*423*
Warta, R., **32**:249, **32**:*265*
Wartik, T., **6**:217, **6**:*332*
Warwick, E., **3**:101, **3**:*122*
Wasa, T., **5**:50, **5**:*52*
Wasastjerna, J. A., **3**:20, **3**:21, **3**:22, **3**:25, **3**:*90*
Waser, J., **1**:229, **1**:230, **1**:*280*
Washabaugh, M. W., **27**:149, **27**:*238*
Washburn, E. R., **28**:57, **28**:*138*
Washburn, E. W., **27**:259, **27**:267, **27**:268, **27**:281, **27**:282, **27**:286, **27**:*291*
Washburn, W. N., **28**:190, **28**:*206*
Washburne, S. S., **7**:192, **7**:*208*, **9**:220, **9**:*274*, **31**:210, **31**:*246*
Washio, M., **19**:22, **19**:*127*
Wasielevski, M. R., **18**:150, **18**:168, **18**:*184*, **26**:20, **26**:*130*
Wasielewski, M. R., **19**:27, **19**:126, **19**:155, **19**:*222*, **28**:4, **28**:20, **28**:21, **28**:*44*
Wasif, S., **28**:177, **28**:184, **28**:*205*
Wassef, W. N., **24**:86, **24**:*105*
Wassen, J., **29**:298, **29**:299, **29**:*326*, **29**:*330*
Wasser, P., **13**:213, **13**:214, **13**:*269*
Wasserman, A., **2**:105, **2**:106, **2**:*161*
Wasserman, B., **13**:213, **13**:*268*
Wasserman, E., **5**:62, **5**:*117*, **5**:*118*, **5**:*119*, **7**:162, **7**:164, **7**:165, **7**:166, **7**:167, **7**:178, **7**:*203*, **7**:*207*, **7**:*209*, **13**:219, **13**:*277*, **19**:76, **19**:*129*, **19**:336, **19**:*369*, **19**:*377*, **22**:313, **22**:321, **22**:322, **22**:341, **22**:349, **22**:351, **22**:*360*, **22**:*361*, **25**:435, **25**:*445*, **26**:185, **26**:193, **26**:203, **26**:210, **26**:215, **26**:231, **26**:238, **26**:*246*, **26**:*248*, **26**:*250*, **26**:*251*, **26**:*252*
Wasserman, J., **8**:215, **8**:*266*
Wassermann, A., **4**:283, **4**:*304*, **5**:136, **5**:*171*, **6**:307, **6**:308, **6**:*332*
Wassermann, I., **3**:173, **3**:174, **3**:182, **3**:*186*
Wasserstein, P., **18**:20, **18**:*75*
Wasson, J. R., **17**:50, **17**:*62*
Wasylishen, R., **9**:158, **9**:*183*, **16**:249, **16**:254, **16**:*264*
Wasylishen, R. E., **29**:281, **29**:282, **29**:*325*
Waszczylo, Z., **21**:155, **21**:*196*, **31**:153, **31**:170, **31**:171, **31**:172, **31**:183, **31**:*248*
Watanabe, F., **18**:145, **18**:*185*
Watanabe, H., **10**:175, **10**:*220*, **12**:13, **12**:*117*
Watanabe, K., **4**:40, **4**:47, **4**:49, **4**:50, **4**:52, **4**:*71*, **8**:282, **8**:308, **8**:*401*, **8**:*403*, **14**:49, **14**:50, **14**:*67*
Watanabe, K. A., **25**:49, **25**:*92*
Watanabe, M., **15**:113, **15**:*150*, **28**:208, **28**:*291*
Watanabe, N., **25**:76, **25**:*96*
Watanabe, S., **32**:279, **32**:285, **32**:286, **32**:*384*, **32**:*385*
Watanabe, T., **19**:81, **19**:*129*, **32**:204, **32**:206, **32**:*214*
Watanabe, W., **5**:334, **5**:335, **5**:357, **5**:*398*
Watanabe, Y., **23**:54, **23**:*62*
Waterman, D. C. A., **6**:66, **6**:71, **6**:*99*, **7**:277, **7**:297, **7**:301, **7**:309, **7**:310, **7**:311, **7**:312, **7**:313, **7**:315, **7**:*328*, **14**:95, **14**:*129*
Waterman, H. I., **3**:40, **3**:*90*
Waters, J. A., **1**:52, **1**:59, **1**:60, **1**:61, **1**:67, **1**:70, **1**:71, **1**:72, **1**:75, **1**:76, **1**:79, **1**:145, **1**:*149*, **1**:*151*
Waters, W. A., **1**:288, **1**:306, **1**:313, **1**:*362*, **3**:71, **3**:*90*, **4**:83, **4**:*144*, **5**:69, **5**:70, **5**:71, **5**:72, **5**:77, **5**:83, **5**:86, **5**:87, **5**:90, **5**:91, **5**:93, **5**:99, **5**:105, **5**:106, **5**:112, **5**:*115*, **5**:*116*, **5**:*117*, **5**:*118*, **5**:*119*, **9**:272, **9**:*280*, **16**:58, **16**:*85*, **17**:55, **17**:*62–4*, **17**:102, **17**:*180*, **18**:155, **18**:158, **18**:160, **18**:*176*, **20**:172, **20**:*189*, **23**:272, **23**:*319*, **23**:*322*
Waterton, J. C., **16**:253, **16**:*261*
Watkin, D. J., **31**:36, **31**:*82*
Watkins, A. R., **12**:140, **12**:151, **12**:157, **12**:159, **12**:170, **12**:198, **12**:202, **12**:*220*, **12**:*221*, **13**:184, **13**:*267*, **19**:13, **19**:52, **19**:53, **19**:77, **19**:94, **19**:*119*, **19**:*129*, **20**:217, **20**:*233*
Watkins, C. J., **18**:189, **18**:*238*
Watkins, D. J., **25**:132, **25**:180, **25**:181, **25**:*262*

Watkins, K. W., **7**:188, **7**:*207*, **15**:26, **15**:28, **15**:*61*
Watkins, M. I., **25**:33, **25**:*96*
Watkins, R. J., **6**:237, **6**:*325*
Watson, B., **14**:252, **14**:253, **14**:298, **14**:301, **14**:*342*, **14**:*343*
Watson, B. D., **19**:47, **19**:*126*
Watson, D., **6**:72, **6**:*100*, **21**:41, **21**:*95*
Watson, D. G., **1**:219, **1**:242, **1**:259, **1**:*277*, **1**:*280*, **29**:87, **29**:89, **29**:147, **29**:*178*, **29**:*179*, **32**:123, **32**:*208*
Watson, E. J., **1**:25, **1**:*33*, **3**:118, **3**:*122*
Watson, H., **6**:158, **6**:*183*
Watson, H. B., **1**:105, **1**:*151*, **1**:*152*, **18**:33, **18**:37, **18**:*73*, **18**:*75*, **18**:*77*
Watson, H. E., **3**:17, **3**:18, **3**:20, **3**:*88*, **3**:*98*
Watson, J. D., **32**:220, **32**:*265*
Watson, J. K. G., **1**:408, **1**:*418*, **1**:*419*
Watson, J. T., **6**:6, **6**:*60*
Watson, K. J., **1**:*280*
Watson, K. N., **29**:298, **29**:*327*
Watson, P. L., **23**:17, **23**:*62*
Watson, T. M., **32**:279, **32**:298, **32**:*384*
Watson, T. W., **18**:44, **18**:47, **18**:*72*, **21**:52, **21**:94, **21**:*95*
Watson, W. H., **31**:37, **31**:72, **31**:*83*
Watt, C. I. F., **19**:259, **19**:*376*, **24**:78, **24**:79, **24**:80, **24**:*107*, **24**:*108*, **24**:*110*, **24**:*112*, **24**:134, **24**:*204*, **29**:142, **29**:144, **29**:*179*, **29**:*180*
Watt, G. W., **1**:*197*, **1**:*198*, **1**:*201*
Watt, I., **22**:81, **22**:*107*, **24**:80, **24**:*106*, **25**:75, **25**:*90*
Watta, B., **30**:55, **30**:*57*
Watts, D. W., **5**:195, **5**:202, **5**:204, **5**:205, **5**:206, **5**:*207*, **5**:208, **5**:210, **5**:*234*, **14**:137, **14**:141, **14**:*198*, **14**:219, **14**:266, **14**:288, **14**:335, **14**:*340*, **16**:19, **16**:21, **16**:*47*, **17**:306, **17**:*425*, **19**:385, **19**:395, **19**:*425*, **27**:264, **27**:265, **27**:277, **27**:279, **27**:*289*, **27**:*291*
Watts, H., **14**:281, **14**:291, **14**:292, **14**:301, **14**:*343*
Watts, M. T., **18**:120, **18**:*184*
Watts, R. O., **14**:265, **14**:*343*, **14**:*352*
Watts, W. E., **11**:185, **11**:186, **11**:217, **11**:221, **11**:*224*, **19**:292, **19**:361, **19**:*369*, **19**:*378*, **29**:198, **29**:*272*
Wauchope, R. D., **14**:212, **14**:249, **14**:*352*
Waugh, J., **23**:27, **23**:28, **23**:*61*
Waugh, J. S., **3**:250, **3**:*266*, **9**:*126*, **26**:299, **26**:303, **26**:*378*
Waugh, W. C., **16**:75, **16**:*85*
Wawer, I., **32**:236, **32**:*264*
Wawrik, S., **20**:200, **20**:*231*
Wawzonek, S., **10**:156, **10**:174, **10**:196, **10**:*225*, **12**:2, **12**:12, **12**:14, **12**:26, **12**:28, **12**:*129*, **20**:175, **20**:*189*, **23**:308, **23**:*322*
Wax, J., **23**:53, **23**:*62*
Waxman, D. J., **23**:180, **23**:181, **23**:256, **23**:*270*
Way, D. M., **32**:19, **32**:109, **32**:*114*
Waye, M. M. Y., **26**:358, **26**:363, **26**:365, **26**:366, **26**:*371*, **26**:*378*
Waylishen, R. E., **29**:281, **29**:282, **29**:*325*
Wayne, R. P., **7**:193, **7**:*203*
Wayner, D. D. M., **20**:141, **20**:*189*, **23**:314, **23**:*322*, **26**:135, **26**:144, **26**:148, **26**:*178*, **31**:104, **31**:113, **31**:*141*
Weakley, T. J. R., **25**:62, **25**:*90*
Weale, K. E., **2**:125, **2**:132, **2**:134, **2**:*160*, **5**:206, **5**:207, **5**:*234*
Wear, T., **31**:62, **31**:66, **31**:*81*, **31**:*84*
Wearring, D., **10**:174, **10**:*225*, **12**:14, **12**:*129*
Weast, R. C., **13**:136, **13**:*153*, **27**:266, **27**:267, **27**:268, **27**:*291*
Weatherburn, C. E., **1**:226, **1**:*280*
Weatherhead, R. H., **17**:453, **17**:*487*
Weaver, H. E., **3**:227, **3**:*267*
Weaver, L. H., **24**:141, **24**:*199*
Weaver, M. J., **26**:18, **26**:20, **26**:*125*, **26**:*126*, **26**:*127*, **26**:*128*, **26**:*130*
Weaver, T., **26**:20, **26**:*126*
Weaver, W. M., **14**:76, **14**:*132*
Webb, E. C., **21**:2, **21**:*32*, **29**:57, **29**:*65*
Webb, G. G., **30**:178, **30**:*219*
Webb, H. M., **13**:135, **13**:*148*, **26**:328, **26**:*368*, **30**:111, **30**:*114*
Webb, J. G. K., **14**:190, **14**:*197*
Webb, J. L., **10**:196, **10**:*225*
Webb, K. S., **8**:220, **8**:*265*, **8**:*266*
Webb, L. A., **1**:297, **1**:298, **1**:346, **1**:*359*
Webb, L. E., **32**:237, **32**:*265*
Webb, M. R., **25**:134, **25**:233, **25**:*259*,

25:*264*
Webb, R. L., **31**:202, **31**:*246*
Webb, S. P., **22**:148, **22**:*212*, **25**:21, **25**:*94*
Webb, W. R., **28**:62, **28**:*136*
Weber, E., **17**:289, **17**:311, **17**:*432*, **30**:109, **30**:*116*
Weber, H. H., **2**:122, **2**:*162*
Weber, H. M., **30**:201, **30**:*219*
Weber, H.-M., **32**:186, **32**:*211*, **32**:*216*
Weber, J. H., **23**:12, **23**:*62*
Weber, K., **12**:132, **12**:*221*
Weber, P., **13**:59, **13**:*81*
Weber, S., **4**:227, **4**:234, **4**:236, **4**:281, **4**:282, **4**:283, **4**:*303*
Weber, T. A., **16**:259, **16**:*261*
Weber, W. P., **17**:280, **17**:313, **17**:355, **17**:*431*, **17**:*432*, **22**:280, **22**:*308*
Weber-Schäfer, M., **13**:208, **13**:*276*
Webster, B. R., **8**:205, **8**:*267*
Webster, D., **19**:91, **19**:*129*
Webster, D. E., **1**:52, **1**:63, **1**:67, **1**:69, **1**:70, **1**:71, **1**:72, **1**:74, **1**:76, **1**:77, **1**:108, **1**:115, **1**:128, **1**:*150*, **1**:*151*
Webster, D. R., **20**:172, **20**:*187*
Webster, M., **31**:70, **31**:*82*
Webster, O. W., **7**:9, **7**:*111*, **7**:*114*, **19**:184, **19**:*222*
Webster, P., **23**:240, **23**:*268*, **24**:133, **24**:*203*
Webster, R. D., **32**:3, **32**:*120*
Wecht, K. W., **14**:234, **14**:*339*
Wecker, E., **13**:168, **13**:194, **13**:*278*
Wedd, A. G., **32**:19, **32**:108, **32**:109, **32**:*114*, **32**:*116*
Wedel, B. G. v., **7**:181, **7**:*206*
Wedemayer, G. J., **31**:263, **31**:*390*
Wedlar, F. C., **11**:37, **11**:*117*
Weed, G. C., **20**:19, **20**:*53*, **22**:295, **22**:*308*
Weedon, A. C., **22**:292, **22**:294, **22**:*299*, **25**:438, **25**:*445*
Weedon, B. C. L., **10**:184, **10**:*225*, **12**:16, **12**:26, **12**:60, **12**:93, **12**:*118*, **12**:*123*, **12**:*129*
Weeks, B., **22**:89, **22**:*106*
Weeks, D. P., **5**:319, **5**:*330*, **11**:108, **11**:110, **11**:*122*, **17**:244, **17**:*278*, **21**:54, **21**:65, **21**:67, **21**:69, **21**:70, **21**:*95*, **21**:*98*, **24**:126, **24**:*202*
Wegener, S., **28**:8, **28**:*44*
Weglein, R. C., **18**:150, **18**:*182*
Wegler, R., **5**:364, **5**:*398*
Wegner, E., **15**:41, **15**:*61*
Wegner, G., **15**:74, **15**:80, **15**:*146*, **15**:*150*, **16**:217–9, **16**:*236*, **16**:*237*, **25**:71, **25**:*91*, **26**:218, **26**:220, **26**:223, **26**:*252*, **28**:2, **28**:40, **28**:*43*, **28**:*44*, **30**:119, **30**:121, **30**:135, **30**:151, **30**:*169*, **30**:*171*
Wehner, W., **17**:289, **17**:311, **17**:*432*, **30**:77, **30**:*116*
Wehning, D., **32**:155, **32**:162, **32**:167, **32**:193, **32**:*213*
Wehrle, B., **32**:237, **32**:238, **32**:239, **32**:240, **32**:*262*, **32**:*263*, **32**:*264*, **32**:*265*
Wehrli, F. W., **16**:240, **16**:*264*, **23**:102, **23**:104, **23**:*162*, **25**:11, **25**:*96*
Wehrli, H., **6**:237, **6**:*332*
Wehry, E. L., **7**:297, **7**:*331*, **12**:137, **12**:161, **12**:164, **12**:167, **12**:170, **12**:192, **12**:193, **12**:198, **12**:*221*
Wei, C. C., **8**:251, **8**:*268*, **18**:198, **18**:*238*, **23**:202, **23**:*270*
Wei, C. H., **29**:204, **29**:206, **29**:*272*
Wei, G. J., **22**:270, **22**:*306*
Wei, K., **10**:149, **10**:*153*
Weidenberg, H., **32**:204, **32**:*213*
Weidenbruch, M., **25**:38, **25**:*96*
Weidig, C., **24**:182, **24**:*201*
Weidman, S. W., **17**:88, **17**:*175*
Weigand, K., **10**:3, **10**:*26*
Weigang, O. E., **1**:412, **1**:*423*
Weigele, M., **23**:202, **23**:*270*
Weigert, F. J., **25**:33, **25**:*96*
Weightman, J. S., **31**:62, **31**:*84*
Weijland, J. P., **19**:153, **19**:*219*
Weijland, W. P., **4**:227, **4**:232, **4**:*300*, **13**:158, **13**:163, **13**:166, **13**:167, **13**:229, **13**:*265*, **13**:*271*, **18**:125, **18**:*178*
Weil, D. A., **24**:2, **24**:*54*
Weil, J. A., **1**:*363*
Weil, J. K., **8**:306, **8**:321, **8**:322, **8**:329, **8**:*398*, **8**:*402*, **8**:*406*
Weil, L., **21**:21, **21**:*35*
Weil, T., **19**:88, **19**:*127*
Weiler, L., **15**:87, **15**:*146*, **29**:310, **29**:311, **29**:*325*, **32**:232, **32**:*265*
Weiler, L. S., **8**:*269*

Weimann, K., **19:**414, **19:***427*
Weimar, R. D., **13:**143, **13:***150*
Weimar, R. D., Jr., **27:**222, **27:***236*
Wein, M., **11:**69, **11:***118*
Weinberg, A. E., **9:**233, **9:***277*
Weinberg, D. S., **8:**225, **8:***264*, **11:**191, **11:***224*
Weinberg, H. R., **10:**156, **10:***225*, **12:**2, **12:**27, **12:***129*
Weinberg, N., **31:**148, **31:***243*
Weinberg, N. L., **10:**156, **10:**199, **10:***225*, **12:**2, **12:**27, **12:**43, **12:**56, **12:**57, **12:***129*, **13:**231, **13:***277*, **18:**93, **18:***184*
Weinberger, M. A., **5:**261, **5:***327*
Weiner, D. P., **31:**298, **31:**382, **31:***392*
Weiner, H., **5:**156, **5:***172*, **8:**290, **8:***403*, **14:**15, **14:**28, **14:***67*
Weiner, J., **19:**246, **19:***378*
Weiner, P., **25:**197, **25:**198, **25:**215, **25:**216, **25:**219, **25:**237, **25:***262*
Weiner, P. H., **9:**161, **9:***180*
Weiner, S., **25:**33, **25:***86*
Weiner, S. A., **5:**81, **5:**82, **5:***118*, **9:**132, **9:**133, **9:***183*, **13:**260, **13:***270*, **23:**275, **23:***321*
Weingarten, H., **12:**10, **12:**53, **12:**81, **12:***121*, **13:**204, **13:**205, **13:***269*
Weinhouse, M. I., **29:**59, **29:***66*, **31:**264, **31:**265, **31:**283, **31:**382, **31:***387*, **31:***388*
Weininger, S. J., **8:**211, **8:***265*
Weinman, S. A., **25:**102, **25:**115, **25:**116, **25:***257*
Weinreb, S. M., **20:**144, **20:***189*
Weinstein, B. K., **1:**222, **1:***281*
Weinstein, F. M., **2:**172, **2:**175, **2:**185, **2:***199*
Weinstein, J., **17:**22, **17:***59*
Weinstein, M., **13:**185, **13:***277*
Weinstock, B., **8:**62, **8:***76*
Weinstock, M., **5:**156, **5:***172*, **15:**53, **15:***61*
Weintraub, P. M., **7:**10, **7:***114*
Weinwurzel, D. H., **19:**247, **19:***370*
Weiringa, J. H., **28:**210, **28:**218, **28:**223, **28:**249, **28:**280, **28:**282, **28:***291*
Weis, R. M., **28:**70, **28:**76, **28:**89, **28:***137*, **28:***138*
Weisburger, E. K., **1:**230, **1:***281*
Weisburger, J., **1:**230, **1:***281*
Weiser, D., **21:**45, **21:***96*
Weiser, G., **16:**224, **16:***235*
Weiser, K., **17:**6, **17:***59*
Weisgraber, K. H., **10:**192, **10:***220*
Weisman, G. R., **13:**194, **13:***274*
Weisner, W., **19:**132, **19:***218*
Weiss, A., **23:**220, **23:***270*
Weiss, Alarich, **15:**143, **15:***150*
Weiss, Armin, **15:**132, **15:**137, **15:**143, **15:***150*
Weiss, D. S., **8:**247, **8:***268*
Weiss, E., **14:**9, **14:***65*
Weiss, J., **1:**349, **1:***363*, **5:**68, **5:***115*, **9:**136, **9:***178*, **13:**161, **13:***277*, **18:**83, **18:**147, **18:***184*
Weiss, J. J., **7:**123, **7:***150*, **7:**214, **7:***257*
Weiss, K., **19:**65, **19:***129*, **21:**156, **21:***196*, **23:**272, **23:***317*
Weiss, M. T., **1:**395, **1:***423*
Weiss, P. M., **25:**114, **25:***264*
Weiss, R. G., **19:**34, **19:**98, **19:***118*, **19:***125*
Weiss, R., **16:**254, **16:***264*, **29:**277, **29:**312, **29:**314, **29:***327*, **30:**65, **30:***112*
Weiss, R. M., **21:**103, **21:**123, **21:**127, **21:***196*
Weiss, S., **22:**141, **22:***207*, **25:**28, **25:***96*
Weiss, U., **20:**218, **20:***233*
Weiss, W., **26:**147, **26:***174*
Weissberger, A., **1:***32*, **10:**21, **10:***26*, **22:**114, **22:***208*
Weiss-Broday, M., **3:**180, **3:***186*
Weissensteiner, W., **25:**62, **25:**72, **25:**73, **25:***90*, **25:***95*, **25:***96*
Weissman, B.-A., **17:**462, **17:***486*
Weissman, P. M., **29:**217, **29:***266*
Weissman, S. A., **29:**301, **29:***330*
Weissman, S. I., **1:**290, **1:**293, **1:**294, **1:**295, **1:**301, **1:**305, **1:**309, **1:**313, **1:**314, **1:**315, **1:**317, **1:**351, **1:**353, **1:***359*, **1:***360*, **1:***361*, **1:***362*, **1:***363*, **3:**226, **3:***266*, **5:**60, **5:**67, **5:**95, **5:**104, **5:**110, **5:**111, **5:***113*, **5:***115*, **5:***116*, **5:***118*, **5:***119*, **8:**29, **8:***76*, **9:**129, **9:**168, **9:***179*, **10:**69, **10:***125*, **13:**158, **13:**164, **13:**221, **13:***267*, **13:***277*, **18:**98, **18:**115, **18:**120, **18:***174*, **18:***176*, **18:***178*, **18:***179*, **25:**435,

25:438, **25:***444*, **25:***445*, **28:**21, **28:***44*
Weisstuch, A., **12:**177, **12:***221*
Weitkamp, A. W., **8:**172, **8:***266*
Weitl, F. L., **14:**33, **14:**34, **14:***64*, **14:**110, **14:***129*, **27:**241, **27:**249, **27:***289*
Weitz, E., **13:**169, **13:**194, **13:***277*
Weitz, R., **19:**90, **19:***126*
Weitz, W., **25:**270, **25:***443*
Weitzberg, H., **23:**42, **23:***59*
Weitzberg, M., **23:**33, **23:***61*
Welbourn, M. J., **13:**187, **13:***267*
Welch, G., **12:**211, **12:***221*, **13:***153*
Welch, G. D., **16:**208, **16:***230*
Welch, J., **13:**385, **13:**388, **13:***408*
Welch, V. A., **8:**319, **8:***397*
Welge, K. H., **22:**314, **22:***358*
Welinder, H., **17:**226, **17:***276*
Wellauer, T., **28:**27, **28:**32, **28:**33, **28:***41*
Weller, A., **12:**132, **12:**137, **12:**144, **12:**145, **12:**146, **12:**148, **12:**149, **12:**154, **12:**155, **12:**157, **12:**158, **12:**159, **12:**170, **12:**172, **12:**177, **12:**184, **12:**193, **12:**201, **12:**202, **12:**208, **12:**210, **12:***221*, **13:**183, **13:**223, **13:**224, **13:***277*, **18:**103, **18:**107, **18:**110, **18:**112, **18:**122, **18:**130, **18:**131, **18:**138, **18:***182*, **18:***184*, **18:**219, **18:***237*, **19:**4, **19:**6, **19:**8, **19:**13, **19:**16, **19:**30, **19:**31, **19:**32, **19:**38, **19:**43, **19:**44, **19:**50, **19:**52, **19:***115*, **19:***119*, **19:***121*, **19:***122*, **19:***126*, **19:***127*, **19:***130*, **31:**103, **31:***140*
Weller, A. H., **22:**146, **22:***206*
Wellington, C. A., **4:**155, **4:***193*
Wellington, R. G., **32:**3, **32:**5, **32:**60, **32:**93, **32:**105, **32:***115*, **32:***116*
Wellington, S. L., **17:**307, **17:***426*
Wellman, K., **25:**17, **25:***93*
Wellman, K. M., **11:**302, **11:**308, **11:***387*, **11:***391*
Wellman, R. E., **4:**172, **4:***193*
Wells, C. F., **14:**292, **14:**296, **14:**309, **14:**310, **14:**329, **14:***352*, **27:**190, **27:***238*
Wells, D., **19:**104, **19:***128*
Wells, D. J., **18:**57, **18:**58, **18:***72*, **27:**45, **27:**46, **27:***52*
Wells, E. J., **3:**219, **3:**220, **3:**221, **3:**237, **3:**238, **3:**241, **3:***265*, **3:***268*, **16:**255, **16:***263*
Wells, J. S., **23:**168, **23:***269*
Wells, P. R., **6:**309, **6:***332*, **13:**106, **13:***153*, **14:***352*
Wells, T. N. C., **26:**361, **26:**362, **26:**363, **26:***378*, **29:**2, **29:***65*
Welsh, H., **26:**316, **26:***375*
Welsh, H. L., **3:**75, **3:***82*
Welsh, H. K., **6:**117, **6:***181*
Welsh, K. M., **25:**134, **25:***259*, **30:**32, **30:***56*
Weltin, E. E., **25:**45, **25:***89*
Weltner, W., Jr., **26:**181, **26:**203, **26:***252*
Welvart, Z., **2:**192, **2:**193, **2:***197*, **6:**9, **6:***59*, **26:**56, **26:**59, **26:**78, **26:**111, **26:***124*, **26:***125*, **26:***127*
Wemer, T. C., **12:**171, **12:**201, **12:***221*
Wen, W. Y., **1:**14, **1:***32*, **5:**146, **5:***170*, **14:**209, **14:**222, **14:**236, **14:**252, **14:**261, **14:**263, **14:**266, **14:**267, **14:**268, **14:**269, **14:**271, **14:**274, **14:**301, **14:***342*, **14:***344*, **14:***352*
Wendenburg, J., **12:**224, **12:***294*
Wender, I., **10:**173, **10:***175*, **10:***224*, **10:***225*, **12:**13, **12:**67, **12:**69, **12:**70, **12:***128*
Wenderoth, B., **23:**297, **23:**298, **23:**299, **23:***316*, **24:**70, **24:***105*
Wendling, P., **6:**124, **6:***182*, **25:**60, **25:***95*
Wendt, H., **5:**187, **5:**199, **5:***234*, **12:**17, **12:**30, **12:**57, **12:***123*, **12:***129*
Wenger, R., **6:**237, **6:***332*
Wenke, G., **14:**9, **14:***65*, **19:**299, **19:***379*
Wenkert, E., **11:**381, **11:***391*, **13:**280, **13:**291, **13:**303, **13:**311, **13:**313, **13:**324, **13:**325, **13:**326, **13:**327, **13:**328, **13:**329, **13:**350, **13:**352, **13:**371, **13:***406*, **13:***408*, **13:***409*, **13:***411*, **13:***415*, **29:**298, **29:***330*
Wennerström, H., **22:**133, **22:**136, **22:**137, **22:**138, **22:**141, **22:**142, **22:**166, **22:***206*, **22:***208*, **22:***209*, **22:**214, **22:**215, **22:**216, **22:**219, **22:**220, **22:**221, **22:**240, **22:**243, **22:***303*, **22:***304*, **22:***305*, **22:***308*, **23:**71, **23:**82, **23:**129, **23:***159*, **26:**271, **26:**275, **26:**292, **26:**293, **26:**294, **26:**303, **26:**316, **26:**323, **26:**324, **26:***368*, **26:***372*
Wennerström, O., **25:**41, **25:***93*

Wenseleers, W., **32**:180, **32**:*215*
Wenthe, A. M., **8**:310, **8**:*406*
Wentrup, C., **8**:238, **8**:*263*, **22**:312, **22**:*361*, **29**:110, **29**:*183*
Wentworth, G., **10**:116, **10**:*125*, **15**:221, **15**:222, **15**:*262*
Wentworth, P., Jr., **31**:289, **31**:298, **31**:307, **31**:308, **31**:382, **31**:*392*
Wentworth, W. E., **26**:22, **26**:38, **26**:51, **26**:*129*, **26**:*130*
Wentzell, B. R., **20**:209, **20**:*231*
Wenzel, P. J., **27**:133, **27**:174, **27**:194, **27**:*234*
Wepster, B. M., **1**:35, **1**:36, **1**:88, **1**:92, **1**:143, **1**:144, **1**:*154*, **1**:224, **1**:*281*, **3**:33, **3**:*90*, **7**:128, **7**:*151*, **11**:280, **11**:310, **11**:*386*, **11**:*391*, **16**:29, **16**:*47*, **25**:74, **25**:*85*, **28**:183, **28**:*206*
Werbelow, L. G., **16**:242, **16**:244, **16**:245, **16**:*264*
Weres, O., **14**:236, **14**:*352*
Werimint, G., **17**:109, **17**:*176*
Weringa, W. D., **8**:217, **8**:*268*
Werner, A. E., **19**:418, **19**:*428*
Werner, F., **17**:107, **17**:*180*
Werner, H., **4**:267, **4**:*301*
Werner, H.-J., **19**:6, **19**:50, **19**:*127*, **19**:*129*
Werner, H.-P., **28**:10, **28**:40, **28**:*43*
Werner, R., **10**:98, **10**:99, **10**:*126*, **10**:*127*, **20**:172, **20**:*189*
Werner, R. L., **9**:163, **9**:*181*
Werner, T., **19**:91, **19**:*128*
Wernicke, R., **25**:14, **25**:*92*
Werstiuk, N. H., **5**:391, **5**:392, **5**:*398*, **7**:173, **7**:*207*, **8**:139, **8**:*148*, **18**:26, **18**:28, **18**:31, **18**:*71*, **18**:*77*, **22**:330, **22**:349, **22**:*361*, **24**:41, **24**:*55*, **29**:232, **29**:*272*
Wertyporoch, E., **4**:307, **4**:*347*
Wertz, D. H., **13**:16, **13**:18, **13**:21, **13**:24, **13**:25, **13**:29, **13**:33, **13**:34, **13**:35, **13**:38, **13**:39, **13**:41, **13**:44, **13**:65, **13**:67, **13**:*77*, **13**:*82*, **22**:16, **22**:85, **22**:*106*
Wertz, J. E., **1**:293, **1**:*363*, **12**:247, **12**:*297*, **28**:21, **28**:25, **28**:*44*
Weschke, W., **19**:73, **19**:*128*
Wescott, L. D., **7**:189, **7**:192, **7**:196, **7**:198, **7**:*208*, **7**:*209*
Wesdorp, J. J., **8**:394, **8**:*406*
Wesener, J. R., **23**:72, **23**:*159*
Weser, U., **13**:338, **13**:339, **13**:*415*
Wesley, D. P., **18**:170, **18**:*178*
Wessely, F., **2**:180, **2**:*199*
Wessler, E. P., **25**:310, **25**:*443*
Wesson, L. G., **3**:30, **3**:*90*
West, M. A., **12**:141, **12**:*219*
West, P., **15**:179, **15**:*265*
West, P. R., **18**:149, **18**:*181*
West, R., **3**:15, **3**:*90*, **6**:290, **6**:*332*, **7**:9, **7**:*111*, **12**:64, **12**:*121*, **25**:283, **25**:368, **25**:374, **25**:*445*, **32**:258, **32**:*265*
West, R. C., **30**:31, **30**:32, **30**:*56*, **30**:*61*
West, R. P., **30**:18, **30**:*57*, **30**:*61*
Westaway, K. C., **14**:25, **14**:*67*, **21**:155, **21**:*196*, **27**:85, **27**:86, **27**:*117*, **31**:144, **31**:145, **31**:146, **31**:148, **31**:153, **31**:154, **31**:155, **31**:156, **31**:157, **31**:158, **31**:159, **31**:160, **31**:161, **31**:164, **31**:165, **31**:166, **31**:167, **31**:168, **31**:169, **31**:170, **31**:171, **31**:172, **31**:174, **31**:179, **31**:180, **31**:183, **31**:185, **31**:190, **31**:191, **31**:192, **31**:193, **31**:195, **31**:196, **31**:197, **31**:234, **31**:*244*, **31**:*245*, **31**:*246*, **31**:*247*, **31**:*248*
Westberg, M. H., **12**:15, **12**:*129*
Westen, H. H., **19**:259, **19**:*379*
Westenberg, A. A., **5**:54, **5**:*119*
Wester, N., **17**:304, **17**:*432*
Westerick, J. O., **31**:278, **31**:*392*
Westeriuk, N. H., **6**:283, **6**:*329*
Westerman, I. J., **27**:107, **27**:*116*
Westerman, P. W., **11**:154, **11**:158, **11**:173, **11**:*175*, **19**:250, **19**:260, **19**:281, **19**:315, **19**:332, **19**:333, **19**:*376*, **28**:217, **28**:221, **28**:*290*
Westgate, C. R., **16**:188, **16**:*230*
Westheimer, F., **17**:136, **17**:*177*
Westheimer, F. H., **1**:53, **1**:111, **1**:*152*, **1**:*154*, **2**:71, **2**:*90*, **2**:164, **2**:196, **2**:*199*, **3**:127, **3**:148, **3**:152, **3**:178, **3**:185, **3**:*186*, **5**:279, **5**:282, **5**:283, **5**:310, **5**:*327*, **5**:*330*, **6**:124, **6**:*183*, **6**:257, **6**:*327*, **7**:181, **7**:201, **7**:*203*, **7**:*208*, **9**:27(35, 39, 42, 45, 46, 47a, b, c, d), **9**:28(35, 46), **9**:29(35, 39, 42, 45, 46), **9**:36(77), **9**:95(118a, b),

9:96(77), **9**:104(77, 118a, b), **9**:*122*, **9**142, **9**:*183*, **10**:4, **10**:21, **10**:*27*, **11**:4, **11**:6, **11**:68, **11**:*121*, **11**:*122*, **13**:22, **13**:59, **13**:*82*, **13**:95, **13**:*153*, **14**:82, **14**:123, **14**:*132*, **14**:155, **14**:*202*, **18**:68, **18**:*73*, **18**:*77*, **21**:2, **21**:7, **21**:8, **21**:18, **21**:19, **21**:20, **21**:21, **21**:26, **21**:27, **21**:*32*, **21**:*33*, **21**:*35*, **24**:95, **24**:*105*, **24**:184, **24**:185, **24**:186, **24**:187, **24**:191, **24**:198, **24**:*201*, **24**:*202*, **24**:*204*, **25**:101, **25**:103, **25**:105, **25**:116, **25**:117, **25**:122, **25**:123, **25**:131, **25**:139, **25**:142, **25**:144, **25**:147, **25**:148, **25**:149, **25**:151, **25**:152, **25**:154, **25**:158, **25**:162, **25**:163, **25**:164, **25**:168, **25**:170, **25**:171, **25**:184, **25**:186, **25**:187, **25**:188, **25**:193, **25**:194, **25**:197, **25**:198, **25**:211, **25**:212, **25**:213, **25**:214, **25**:215, **25**:223, **25**:239, **25**:244, **25**:248, **25**:250, **25**:*256*, **25**:*257*, **25**:*258*, **25**:*259*, **25**:*260*, **25**:*261*, **25**:*264*, **27**:30, **27**:*55*, **27**:88, **27**:*117*, **30**:96, **30**:112, **30**:*114*, **31**:206, **31**:208, **31**:220, **31**:*248,* **31**:298, **31**:*392*

Westhof, E., **16**:255, **16**:*263*

Westland, R. D., **13**:311, **13**:313, **13**:315, **13**:*415*

Westlin, U. E., **20**:200, **20**:202, **20**:*229*

Westmoreland, J. S., **5**:344, **5**:355, **5**:*397*

Weston, J. B., **16**:26, **16**:43, **16**:*47*, **16**:*48*

Weston, R. E., Jr., **6**:72, **6**:*99*, **6**:191, **6**:*324*, **7**:266, **7**:282, **7**:283, **7**:285, **7**:308, **7**:*329*, **7**:*331*

Weston, R. E., **4**:150, **4**:*193*, **5**:340, **5**:*397*

Westphal, Y. L., **6**:237, **6**:*331*

Westrum, E. F., **22**:13, **22**:17, **22**:19, **22**:22, **22**:27, **22**:*110*, **26**:298, **26**:301, **26**:*376*

Westrum, E. F., Jr., **13**:4, **13**:50, **13**:51, **13**:*80*, **13**:*82*

Westwood, N. P. C., **29**:277, **29**:*330*

Wethermann, D. P., **12**:143, **12**:147, **12**:213, **12**:*221*

Wetlaufer, D. B., **8**:392, **8**:*406*, **14**:257, **14**:*260*, **14**:*352*

Wetmore, R., **21**:103, **21**:106, **21**:116, **21**:129, **21**:130, **21**:132, **21**:133, **21**:*195*

Wette, M., **28**:1, **28**:*43*

Wetter, W., **5**:382, **5**:*396*

Wettermark, G., **13**:*82*

Wetzel, J. C., **29**:300, **29**:301, **29**:*324*

Wetzel, R. B., **17**:174, **17**:*176*

Wetzel, W. H., **3**:101, **3**:112, **3**:113, **3**:114, **3**:116, **3**:*122,* **32**:279, **32**:286, **32**:*385*

Weuste, B., **23**:70, **23**:93, **23**:96, **23**:137, **23**:*158*, **29**:303, **29**:*324*

Wevers, J. H., **17**:137, **17**:*181*

Wexler, S., **2**:208, **2**:*276*, **8**:82, **8**:84, **8**:88, **8**:90, **8**:91, **8**:92, **8**:95, **8**:96, **8**:97, **8**:98, **8**:100, **8**:101, **8**:102, **8**:103, **8**:113, **8**:116, **8**:121, **8**:123, **8**:126, **8**:*149*

Weyerstahl, P., **17**:134, **17**:*178*, **29**:307, **29**:*326*

Weygand, F., **2**:78, **2**:*90*

Weyna, P. L., **7**:181, **7**:*206*

Weyrauch, T., **32**:169, **32**:*209*

Whalen, D. M., **7**:182, **7**:*206*

Whalen, R., **13**:247, **13**:*268*, **20**:177, **20**:*183*, **23**:308, **23**:*317*

Whalley, E., **1**:24, **1**:25, **1**:26, **1**:27, **1**:28, **1**:*32*, **1**:*33*, **2**:94, **2**:96, **2**:98, **2**:107, **2**:109, **2**:110, **2**:116, **2**:119, **2**:120, **2**:122, **2**:123, **2**:124, **2**:125, **2**:127, **2**:129, **2**:132, **2**:135, **2**:136, **2**:137, **2**:140, **2**:141, **2**:142, **2**:144, **2**:145, **2**:146, **2**:147, **2**:152, **2**:156, **2**:158, **2**:*158*, **2**:*159*, **2**:*160*, **2**:*161*, **2**:*162*, **5**:136, **5**:137, **5**:138, **5**:139, **5**:164, **5**:*169*, **5**:*171*, **5**:*172*, **5**:313, **5**:*329*, **5**:342, **5**:*399*, **6**:63, **6**:78, **6**:79, **6**:92, **6**:*98*, **6**:*101*, **9**:*174*, **14**:224, **14**:323, **14**:*337*, **14**:*338*, **14**:*352*, **18**:10, **18**:*71*

Whalon, M. R., **25**:34, **25**:35, **25**:43, **25**:45, **25**:87, **25**:*89*, **25**:*96*

Whangbo, M. H., **24**:148, **24**:149, **24**:192, **24**:*204*, **26**:63, **26**:*121*, **29**:207, **29**:*265*

Wharton, C. W., **24**:175, **24**:*204*

Wharton, P. S., **6**:286, **6**:*332*

Wheatley, C. M., **17**:287, **17**:289, **17**:307, **17**:382, **17**:*425*, **17**:*432*

Wheatley, P. J., **1**:230, **1**:*281*, **9**:35(70),

9:*124*
Wheatley, W. B., **1**:213, **1**:265, **1**:*279*
Wheeler, J., **13**:207, **13**:*268*, **20**:61, **20**:*182*
Wheeler, J. C., **14**:284, **14**:297, **14**:*352*
Wheeler, L. O., **13**:160, **13**:*277*
Wheeler, W. J., **23**:190, **23**:203, **23**:206, **23**:249, **23**:250, **23**:*266*
Whelan, J. M., **8**:215, **8**:*263*
Whelan, T. D., **19**:4, **19**:14, **19**:18, **19**:20, **19**:29, **19**:32, **19**:33, **19**:45, **19**:*115*, **19**:*117*, **19**:*118*
Wheland, G. W., **1**:111, **1**:112, **1**:*154*, **1**:161, **1**:*197*, **2**:30, **2**:46, **2**:*91*, **4**:66, **4**:*71*, **4**:78, **4**:88, **4**:102, **4**:103, **4**:107, **4**:*145*, **4**:286, **4**:*304*, **5**:266, **5**:*330*, **6**:199, **6**:301, **6**:*332*, **7**:223, **7**:*255*, **15**:2, **15**:*61*, **18**:52, **18**:*72*, **23**:193, **23**:*270*, **29**:237, **29**:*272*
Wherle, A., **13**:177, **13**:*271*
Whetsel, K. B., **9**:161, **9**:162, **9**:163, **9**:*179*, **9**:*183*, **13**:114, **13**:*153*
Whiffen, D. H., **1**:299, **1**:322, **1**:323, **1**:324, **1**:325, **1**:326, **1**:328, **1**:329, **1**:330, **1**:331, **1**:341, **1**:353, **1**:*359*, **1**:*360*, **1**:*361*, **1**:*362*, **4**:216, **4**:*304*, **5**:58, **5**:*116*, **8**:25, **8**:27, **8**:*75*, **8**:*77*, **29**:319, **29**:*330*
Whimp, P. O., **19**:23, **19**:*118*
Whincup, P. A. E., **19**:399, **19**:*428*
Whipple, E. B., **9**:255, **9**:*276*, **11**:358, **11**:359, **11**:*384*, **11**:*387*, **11**:*391*, **23**:104, **23**:*162*
Whisnant, C. C., **31**:384, **31**:*386*
Whitaker, C. M., **32**:180, **32**:*212*
Whitaker, D. R., **11**:38, **11**:*120*, **13**:371, **13**:*410*
Whitaker, J. R., **5**:289, **5**:296, **5**:*330*, **21**:16, **21**:*35*
White, A. C., **13**:166, **13**:*268*, **18**:150, **18**:154, **18**:*176*
White, A. E., **9**:273, **9**:*277*
White, A. J., **15**:26, **15**:*58*
White, A. M., **9**:1, **9**:19, **9**:21, **9**:*24*, **10**:41, **10**:*52*, **11**:144, **11**:145, **11**:154, **11**:161, **11**:162, **11**:*174*, **11**:*175*, **11**:203, **11**:204, **11**:205, **11**:209, **11**:210, **11**:211, **11**:220, **11**:*223*, **11**:*224*, **11**:275, **11**:304, **11**:316, **11**:335, **11**:343, **11**:366, **11**:367, **11**:369, **11**:*384*, **11**:*389*, **13**:91, **13**:125, **13**:*152*, **19**:244, **19**:247, **19**:249, **19**:251, **19**:292, **19**:295, **19**:*375*, **28**:221, **28**:*290*, **32**:302, **32**:*384*
White, B. S., **12**:7, **12**:*126*, **13**:203, **13**:*275*, **18**:127, **18**:*182*, **19**:147, **19**:*221*
White, C. E., **12**:137, **12**:138, **12**:214, **12**:*215*
White, D. H., **29**:310, **29**:*328*
White, D. M., **15**:92, **15**:*145*
White, D. N. J., **13**:*82*, **22**:129, **22**:*206*
White, D. W., **25**:207, **25**:*257*
White, E. H., **2**:56, **2**:57, **2**:59, **2**:60, **2**:*91*, **5**:351, **5**:356, **5**:358, **5**:359, **5**:360, **5**:361, **5**:364, **5**:373, **5**:377, **5**:386, **5**:387, **5**:*399*, **6**:238, **6**:*332*, **10**:149, **10**:*153*, **18**:189, **18**:198, **18**:199, **18**:201, **18**:209, **18**:229, **18**:230, **18**:*237*, **18**:*238*, **19**:82, **19**:*129*, **19**:405, **19**:*428*
White, F. G., **5**:*330*
White, F. H., Jr., **21**:23, **21**:*35*
White, G. L., **3**:16, **3**:*84*, **8**:188, **8**:190, **8**:194, **8**:198, **8**:*267*
White, H., **27**:12, **27**:*54*
White, H. F., **14**:223, **14**:*344*
White, H. S., **2**:172, **2**:*199*, **16**:46, **16**:*49*, **20**:154, **20**:*189*, **32**:25, **32**:105, **32**:*119*, **32**:*120*
White, J. F., **27**:277, **27**:*289*
White, J. G., **1**:228, **1**:229, **1**:233, **1**:256, **1**:258, **1**:259, **1**:261, **1**:*277*, **1**:*279*, **1**:*280*, **1**:*281*, **25**:75, **25**:*89*
White, J. M., **26**:260, **26**:327, **26**:328, **26**:330, **26**:*368*, **26**:*378*, **26**:*379*
White, J. W., **15**:117, **15**:*149*
White, M., **11**:368, **11**:*389*
White, R. D., **17**:309, **17**:310, **17**:*431*
White, R. F. M., **6**:269, **6**:*328*, **7**:33, **7**:39, **7**:42, **7**:44, **7**:47, **7**:50, **7**:64, **7**:71, **7**:96, **7**:*111*, **7**:*112*
White, R. L., **24**:2, **24**:*53*
White, R. M., **2**:224, **2**:225, **2**:226, **2**:229, **2**:230, **2**:232, **2**:233, **2**:242, **2**:244, **2**:*275*, **2**:*276*, **8**:90, **8**:*146*
White, W. N., **2**:172, **2**:*199*, **6**:251, **6**:*331*, **16**:46, **16**:*49*, **19**:265, **19**:*375*, **20**:154, **20**:*189*

Whitehead, M. A., **13**:55, **13**:*80*
Whitehouse, D. R., **14**:314, **14**:*344*
Whitehurst, P. W., **25**:76, **25**:*94*
Whitesell, J. K., **32**:198, **32**:*216*
Whitesell, L. G., **22**:260, **22**:*305*, **28**:62, **28**:*135*
Whitesell, L. G. Jr., **30**:198, **30**:*217*
Whiteside, R. A., **24**:86, **24**:*111*
Whitesides, G. M., **3**:257, **3**:258, **3**:*269*, **9**:43(80), **9**:44(80), **9**:82(80), **9**:119(80), **9**:*124*, **17**:58, **17**:*64*, **18**:169, **18**:*175*, **21**:126, **21**:*194*, **23**:19, **23**:20, **23**:21, **23**:27, **23**:52, **23**:*58*, **23**:*59*, **23**:*60*, **23**:*62*, **28**:46, **28**:48, **28**:*135*, **28**:*138*, **32**:123, **32**:*216*
Whitesides, T., **12**:15, **12**:*126*
Whitham, G. H., **10**:142, **10**:*152*, **17**:382, **17**:*427*
Whiting M. C., **5**:356, **5**:366, **5**:371, **5**:372, **5**:388, **5**:394, **5**:*396*, **5**:*397*, **5**:*399*, **7**:93, **7**:*110*, **7**:172, **7**:173, **7**:201, **7**:*204*, **7**:*207*, **9**:234, **9**:*274*, **14**:6, **14**:7, **14**:13, **14**:14, **14**:16, **14**:17, **14**:40, **14**:59, **14**:*62*, **14**:*65*, **14**:*66*, **14**:146, **14**:*201*, **27**:244, **27**:255, **27**:259, **27**:*290*
Whitlock, B. J., **30**:109, **30**:*116*
Whitlock, H. W., **29**:307, **29**:308, **29**:*330*, **30**:109, **30**:*114*, **30**:*116*
Whitlock, H. W., Jr., **7**:98
Whitlow, M., **31**:283, **31**:*387*
Whitman, R. H., **18**:198, **18**:*237*
Whitmore, F. C., **2**:21, **2**:*87*, **2**:*91*, **4**:328, **4**:329, **4**:*347*
Whitnell, R. M., **27**:189, **27**:*235*
Whitney, C. C., **6**:276, **6**:*332*
Whitney, J. G., **23**:166, **23**:*267*
Whitney, R. B., **6**:67, **6**:*98*
Whitsel, B. L., **22**:349, **22**:*358*
Whitson, P. E., **20**:134, **20**:*187*
Whittaker, A. G., **25**:75, **25**:*96*
Whittaker, D., **3**:115, **3**:*121*, **3**:131, **3**:138, **3**:140, **3**:*184*, **5**:262, **5**:*326*, **5**:332, **5**:333, **5**:391, **5**:394, **5**:*395*, **7**:171, **7**:191, **7**:193, **7**:*203*, **10**:103, **10**:*123*, **19**:302, **19**:*376*, **22**:327, **22**:343, **22**:349, **22**:*357*, **29**:291, **29**:*328*
Whittall, I. R., **32**:191, **32**:202, **32**:206, **32**:*216*
Whittemore, I. M., **4**:58, **4**:*71*, **9**:133, **9**:142, **9**:*183*
Whitten, D. G., **13**:204, **13**:258, **13**:*270*, **15**:105, **15**:106, **15**:*145*, **15**:*148*, **18**:86, **18**:138, **18**:*176*, **18**:*184*, **19**:10, **19**:11, **19**:12, **19**:92, **19**:93, **19**:97, **19**:98, **19**:*115*, **19**:*118*, **19**:*124*, **19**:*126*, **19**:*129*, **19**:*130*, **22**:220, **22**:270, **22**:294, **22**:*300*, **22**:*302*, **22**:*305*, **22**:*307*, **22**:*308*
Whittingham, D. J., **5**:177, **5**:208, **5**:210, **5**:*233*
Whittingham, K. P., **14**:325, **14**:*342*
Whittington, S. G., **14**:252, **14**:*341*, **22**:63, **22**:74, **22**:*111*
Whittle, C. P., **8**:220, **8**:*268*
Whittle, E., **9**:132, **9**:*177*
Whittle, P. J., **25**:206, **25**:207, **25**:209, **25**:*256*
Whittleton, S. N., **24**:78, **24**:80, **24**:106, **24**:*112*, **29**:114, **29**:115, **29**:116, **29**:142, **29**:144, **29**:145, **29**:*179*
Whitwood, A. C., **26**:162, **26**:*176*, **31**:112, **31**:134, **31**:*137*
Whitworth, S. M., **24**:78, **24**:*112*
Whyte, T., **32**:37, **32**:*114*
Wibaut, J. P., **1**:57, **1**:*154*
Wiberg, E., **14**:190, **14**:*202*
Wiberg, K. B., **1**:417, **1**:*422*, **4**:150, **4**:*192*, **4**:*193*, **4**:337, **4**:*347*, **5**:177, **5**:*235*, **5**:369, **5**:391, **5**:*399*, **6**:223, **6**:*332*, **7**:175, **7**:*209*, **8**:191, **8**:*269*, **9**:142, **9**:*183*, **11**:139, **11**:*175*, **11**:287, **11**:*391*, **12**:15, **12**:*129*, **12**:267, **12**:*297*, **13**:21, **13**:22, **13**:73, **13**:*82*, **14**:123, **14**:*132*, **14**:151, **14**:*202*, **18**:57, **18**:64, **18**:*77*, **18**:115, **18**:*184*, **19**:239, **19**:240, **19**:248, **19**:265, **19**:267, **19**:269, **19**:293, **19**:298, **19**:300, **19**:*377*, **19**:*378*, **19**:*379* **20**:115, **20**:*189*, **23**:64, **23**:131, **23**:*161*, **24**:127, **24**:*201*, **25**:54, **25**:55, **25**:*96*, **27**:150, **27**:215, **27**:*238*, **29**:296, **29**:313, **29**:*330*
Wiberg, K. W., **4**:165, **4**:*193*
Wichern, J., **32**:167, **32**:177, **32**:193, **32**:*209*
Wicke, E., **1**:13, **1**:*33*
Widdowson, D. A., **23**:300, **23**:*318*

Wideman, L. G., **7**:180, **7**:*205*
Wider, G., **25**:11, **25**:*96*
Widmer, J., **23**:279, **23**:283, **23**:297, **23**:298, **23**:*319*
Widom, J. M., **9**:162, **9**:163, **9**:*183*
Wiebbe, R., **14**:286, **14**:*346*
Wiebe, R. H., **31**:133, **31**:*138*
Wiecka, J., **18**:198, **18**:*238*
Wiedenhöft, A., **28**:245, **28**:*288*
Wiegerink, F. J., **11**:248, **11**:*266*
Wiegers, K. E., **14**:185, **14**:186, **14**:187, **14**:*196*, **17**:349–51, **17**:360, **17**:*424*, **17**:*432*
Wieko, J., **10**:149, **10**:*153*
Wieland, H., **10**:149, **10**:*153*, **13**:168, **13**:194, **13**:*277*
Wieland, H. J., **21**:29, **21**:*35*
Wiemann, T., **31**:298, **31**:382, **31**:*392*
Wieners, G., **28**:40, **28**:*41*
Wierenga, W., **12**:37, **12**:*119*
Wiering, J. S., **15**:327, **15**:*329*
Wieringa, J. H., **18**:193, **18**:*236*
Wiersema, A. K., **5**:92, **5**:*119*
Wiersema, D., **27**:131, **27**:*234*
Wierzchowski, K. L., **15**:82, **15**:*148*, **26**:310, **26**:315, **26**:316, **26**:*379*
Wiesemann, T. L., **18**:170, **18**:*175*
Wieser, J. D., **13**:33, **13**:38, **13**:39, **13**:*80*
Wiesgraber, K. H., **12**:98, **12**:*117*
Wiesler, W. T., **25**:16, **25**:*96*
Wiesner, K., **5**:39, **5**:44, **5**:45, **5**:*51*, **5**:*52*
Wieting, R. D., **28**:221, **28**:222, **28**:278, **28**:*291*
Wietzel, H.-P., **28**:12, **28**:*44*
Wigfield, D. C., **10**:120, **10**:*128*, **14**:3, **14**:*67*, **24**:70, **24**:71, **24**:72, **24**:*112*, **30**:190, **30**:*220*
Wigger, A., **7**:123, **7**:128, **7**:130, **7**:131, **7**:135, **7**:*149*, **12**:244, **12**:258, **12**:263, **12**:266, **12**:268, **12**:272, **12**:275, **12**:278, **12**:281, **12**:*292*, **12**:*297*, **15**:32, **15**:*57*
Wiggil, J. H., **8**:300, **8**:364, **8**:368, **8**:*405*
Wightman, P. J., **22**:221, **22**:*303*
Wightman, R. M., **26**:39, **26**:*126*, **26**:*130*, **29**:230, **29**:231, **29**:*268*, **32**:3, **32**:23, **32**:29, **32**:40, **32**:55, **32**:63, **32**:96, **32**:103, **32**:105, **32**:*116*, **32**:*117*, **32**:*118*, **32**:*120*
Wihler, M. D., **25**:305, **25**:429, **25**:*439*
Wijesundera, S., **24**:125, **24**:*199*
Wijmenga, S. S., **30**:101, **30**:*115*
Wikel, J. H., **10**:118, **10**:*123*
Wiki, H., **8**:62, **8**:*76*
Wikner, E. G., **3**:26, **3**:*83*
Wilante, C., **26**:139, **26**:140, **26**:*177*
Wilard, J. M., **25**:235, **25**:*263*
Wilbur, D. J., **16**:243, **16**:*264*
Wilcott, M. R., **7**:192, **7**:*203*
Wilcox, C. F., **17**:221, **17**:*278*, **26**:285, **26**:291, **26**:*372*
Wilcox, C. F., Jr., **29**:314, **29**:*330*
Wilcox, P. E., **2**:41, **2**:*91*
Wilczewski, T., **31**:6, **31**:*82*
Wilder, P., Jr., **2**:53, **2**:*87*
Wildes, P. D., **13**:217, **13**:*278*, **18**:198, **18**:209, **18**:*238*, **19**:82, **19**:91, **19**:*129*
Wilds, A. L., **5**:392, **5**:*399*
Wilen, S. H., **2**:192, **2**:193, **2**:*197*, **6**:9, **6**:*59*, **28**:82, **28**:*136*
Wiles, R. A., **24**:61, **24**:*111*
Wiley, D. W., **7**:7, **7**:13, **7**:15, **7**:*110*, **7**:171, **7**:*209*, **26**:224, **26**:*252*
Wiley, G. A., **25**:334, **25**:*445*
Wiley, P. F., **14**:28, **14**:30, **14**:*62*
Wiley, R. H., **11**:365, **11**:*392*
Wilf, J., **14**:254, **14**:*338*
Wilfinger, H. J., **9**:27(4d), **9**:114(4d), **9**:118(4d), **9**:*121*
Wilgis, F. P., **14**:25, **14**:*67*
Wilham, W. L., **23**:190, **23**:203, **23**:206, **23**:207, **23**:249, **23**:250, **23**:*265*, **23**:*266*
Wilhelm, E., **14**:216, **14**:*352*
Wilhoit, R. C., **13**:121, **13**:*153*
Wilk, B. K., **30**:20, **30**:*61*
Wilk, M., **13**:239, **13**:*278*
Wilke, G., **4**:267, **4**:*304*
Wilker, W., **17**:22, **17**:*63*, **26**:185, **26**:*252*
Wilkie, R. G., **16**:19, **16**:21, **16**:*47*, **19**:385, **19**:*425*
Wilkins, C. L., **9**:253, **9**:*279*, **16**:241, **16**:243, **16**:*264*, **24**:2, **24**:18, **24**:*53*, **24**:*54*, **26**:316, **26**:*370*
Wilkins, J. M., **2**:172, **2**:*197*
Wilkins, M. H. F., **13**:382, **13**:*415*, **16**:182, **16**:*235*
Wilkins, R. G., **16**:90, **16**:*157*
Wilkins, V. G., **7**:127, **7**:*149*
Wilkins-Stevens, P., **31**:382, **31**:*390*

Wilkinson, A. J., **26**:358, **26**:359, **26**:363, **26**:365, **26**:366, **26**:*371*, **26**:*378*, **26**:*379*
Wilkinson, A. L., **29**:254, **29**:*267*
Wilkinson, F., **7**:118, **7**:*149*, **9**:129, **9**:*176*, **18**:138, **18**:*184*, **19**:55, **19**:86, **19**:88, **19**:90, **19**:*119*, **19**:*124*, **19**:*129*, **20**:196, **20**:*230*
Wilkinson, G., **18**:80, **18**:*176*, **23**:5, **23**:14, **23**:32, **23**:42, **23**:47, **23**:*59*, **23**:*60*, **23**:*61*, **29**:217, **29**:*266*, **29**:*269*, **29**:281, **29**:297, **29**:*324*, **29**:*325*
Wilkinson, G. R., **26**:302, **26**:*370*
Wilkinson, M. P., **23**:50, **23**:*61*
Wilkinson, P. G., **1**:399, **1**:401, **1**:411, **1**:*423*
Wilkinson, R. G., **12**:99, **12**:*120*, **13**:248, **13**:*268*, **15**:209, **15**:217, **15**:*260*
Will, E., **28**:250, **28**:284, **28**:*289*
Will, F. G., **32**:5, **32**:*120*
Will, G., **21**:3, **21**:*34*
Will, J. P., **12**:57, **12**:*117*, **13**:239, **13**:*267*
Willand, C. S., **32**:181, **32**:*208*
Willard, G. F., **10**:119, **10**:*126*
Willard, J. E., **2**:204, **2**:208, **2**:210, **2**:219, **2**:220, **2**:224, **2**:227, **2**:232, **2**:*274*, **2**:*275*, **2**:*276*, **5**:179, **5**:*233*
Willcott, M. R., III, **6**:239, **6**:*324*
Wille, H. J., **26**:118, **26**:*130*
Willen, B. H., **22**:314, **22**:316, **22**:*360*
Willer, R., **19**:307, **19**:*372*
Willets, A., **32**:134, **32**:151, **32**:*216*
Willey, F. G., **6**:223, **6**:*325*, **7**:172, **7**:*204*
Willhalm, B., **18**:26, **18**:*77*
Willi, A. V., **1**:22, **1**:*33*, **2**:167, **2**:*200*, **5**:310, **5**:*330*, **18**:57, **18**:*77*, **23**:65, **23**:*162*
William, F., **21**:115, **21**:*195*
Williams, A., **9**:135, **9**:*177*, **11**:28, **11**:60, **11**:61, **11**:81, **11**:*121*, **11**:*122*, **17**:160–3, **17**:167–9, **17**:*176*, **17**:*181*, **17**:259, **17**:269, **17**:*275*, **17**:*278*, **17**:453, **17**:*487*, **18**:5, **18**:64, **18**:*72*, **23**:210, **23**:249, **23**:*270*, **24**:184, **24**:*199*, **25**:102, **25**:109, **25**:110, **25**:*256*, **26**:352, **26**:353, **26**:*368*, **26**:*369*, **26**:*373*, **27**:4, **27**:7, **27**:10, **27**:11, **27**:12, **27**:13, **27**:14, **27**:16, **27**:17, **27**:18, **27**:21, **27**:22, **27**:23, **27**:24, **27**:25, **27**:26, **27**:27, **27**:28, **27**:29, **27**:30, **27**:31, **27**:32, **27**:33, **27**:34, **27**:35, **27**:36, **27**:37, **27**:46, **27**:48, **27**:49, **27**:50, **27**:*51*, **27**:*52*, **27**:*53*, **27**:*54*, **27**:*55*, **27**:98, **27**:99, **27**:*113*, **27**:*114*, **27**:*117*, **28**:183, **28**:*206*, **29**:2, **29**:20, **29**:48, **29**:50, **29**:56, **29**:*63*, **29**:*67*, **29**:*69*, **29**:84, **31**:307, **31**:*392*
Williams, A. D., **15**:248, **15**:*266*
Williams, A. E., **8**:183, **8**:194, **8**:199, **8**:201, **8**:211, **8**:220, **8**:240, **8**:250, **8**:*260*, **8**:*261*
Williams, A. F., **18**:80, **18**:*184*
Williams, A. J., **3**:47, **3**:57, **3**:*86*, **3**:*87*
Williams, B. D., **21**:228, **21**:*238*
Williams, B. J., **17**:261, **17**:*276*
Williams, B. L., **17**:442, **17**:*486*
Williams, D., **6**:86, **6**:*100*
Williams, D. C. III, **18**:188, **18**:*238*
Williams, D. E., **6**:130, **6**:138, **6**:*183*, **11**:58, **11**:*120*, **13**:15, **13**:29, **13**:*82*, **15**:93, **15**:117, **15**:*150*, **22**:130, **22**:131, **22**:*212*, **26**:313, **26**:*379*, **32**:230, **32**:*265*
Williams, D. F., **13**:196, **13**:*275*, **15**:110, **15**:118, **15**:*146*, **15**:*150*, **16**:164, **16**:171, **16**:173–5, **16**:178, **16**:180, **16**:192, **16**:196, **16**:197, **16**:*230*, **16**:*231*, **16**:*234*, **16**:*235*, **16**:*236*
Williams, D. H., **4**:337, **4**:*347*, **6**:4, **6**:*58*, **8**:169, **8**:172, **8**:185, **8**:188, **8**:189, **8**:199, **8**:201, **8**:207, **8**:211, **8**:212, **8**:218, **8**:230, **8**:231, **8**:236, **8**:244, **8**:*261*, **8**:*262*, **8**:*264*, **8**:*266*, **8**:*269*, **30**:176, **30**:*221*
Williams, D. J., **26**:189, **26**:*252*, **26**:260, **26**:*369*, **29**:121, **29**:*180*, **31**:11, **31**:*81*, **32**:123, **32**:162, **32**:172, **32**:181, **32**:208, **32**:*213*, **32**:*214*, **32**:*216*
Williams, D. K., **20**:57, **20**:*185*
Williams, D. L., **12**:214, **12**:*221*
Williams, D. L. H., **5**:141, **5**:150, **5**:155, **5**:*171*, **16**:15, **16**:16, **16**:17, **16**:*49*, **19**:383, **19**:384, **19**:386, **19**:387, **19**:391, **19**:395, **19**:396, **19**:397, **19**:398, **19**:400, **19**:401, **19**:402, **19**:406, **19**:408, **19**:409, **19**:410, **19**:411, **19**:412, **19**:413, **19**:415,

19:416, **19**:419, **19**:420, **19**:421, **19**:422, **19**:*424*, **19**:*425*, **19**:*426*, **19**:*427*, **19**:*428*, **28**:234, **28**:*288*, **28**:*291*
Williams, D. R., **13**:204, **13**:*268*
Williams, E., **13**:385, **13**:388, **13**:389, **13**:391, **13**:392, **13**:*410*, **13**:*415*
Williams, E. G., **2**:116, **2**:*162*
Williams, F., **17**:38, **17**:40, **17**:*64*, **29**:319, **29**:320, **29**:*325*
Williams, F. J., **17**:329, **17**:*430*, **17**:477, **17**:*487*
Williams, F. T., Jr., **15**:42, **15**:*59*
Williams, F. W., **18**:210, **18**:*235*
Williams, G., **2**:172, **2**:*197*, **11**:353, **11**:*392*, **13**:95, **13**:*152*
Williams, G. H., **2**:192, **2**:193, **2**:*197*, **2**:*200*, **4**:88, **4**:*143*, **4**:*144*, **6**:9, **6**:*60*, **9**:129, **9**:130, **9**:*179*, **10**:91, **10**:*128*, **12**:58, **12**:60, **12**:64, **12**:*129*
Williams, H. J., **9**:129, **9**:*179*
Williams, H. K. R., **18**:150, **18**:*178*, **18**:*182*
Williams, I. H., **23**:106, **23**:*162*, **24**:65, **24**:75, **24**:104, **24**:*108*, **24**:*112*, **24**:126, **24**:*204*, **27**:232, **27**:*238*, **31**:147, **31**:148, **31**:154, **31**:155, **31**:157, **31**:161, **31**:194, **31**:200, **31**:201, **31**:*243*, **31**:*248*
Williams, J. E., **9**:254, **9**:*279*, **11**:206, **11**:*224*, **13**:7, **13**:16, **13**:19, **13**:45, **13**:*81*, **13**:*82*
Williams, J. F., **4**:339, **4**:347, **4**:*347*
Williams, J. H., **12**:14, **12**:*119*
Williams, J. L. R., **12**:177, **12**:179, **12**:*217*, **15**:105, **15**:*150*, **19**:22, **19**:*123*
Williams, J. M., **23**:109, **23**:118, **23**:*161*, **23**:*162*, **26**:299, **26**:*369*, **26**:*377*, **26**:*379*
Williams, J. M., Jr., **6**:90, **6**:91, **6**:92, **6**:*101*, **7**:280, **7**:281, **7**:295, **7**:310, **7**:311, **7**:312, **7**:*331*
Williams, J. O., **15**:108–115, **15**:117, **15**:118, **15**:120, **15**:122, **15**:*145–150*, **16**:164, **16**:177, **16**:178, **16**:180–4, **16**:189, **16**:191, **16**:192, **16**:196, **16**:197, **16**:*230*, **16**:*234*, **16**:*235*, **16**:*236*, **16**:*237*, **26**:154, **26**:*178*
Williams, K. A., **26**:232, **26**:*247*
Williams, K. T., **12**:177, **12**:*216*
Williams, L. D., **9**:27(45), **9**:29(45), **9**:*123*, **24**:186, **24**:187, **24**:191, **24**:198, **24**:*202*, **25**:170, **25**:184, **25**:186, **25**:187, **25**:188, **25**:194, **25**:244, **25**:250, **25**:*261*
Williams, L. F., **15**:21, **15**:*61*
Williams, L. R., **8**:218, **8**:*269*
Williams, L. T., **17**:50, **17**:*61*
Williams, M. B., **13**:204, **13**:*271*
Williams, M. K., **13**:360, **13**:*414*
Williams, M. L., **23**:294, **23**:*316*
Williams, N. E., **25**:131, **25**:140, **25**:142, **25**:143, **25**:144, **25**:146, **25**:147, **25**:202, **25**:*260*
Williams, P. P., **26**:316, **26**:*370*
Williams, R. B., **6**:317, **6**:*332*, **29**:273, **29**:*326*
Williams, R. C., **14**:23, **14**:*67*, **27**:6, **27**:*55*
Williams, R. E., **27**:48, **27**:*55*
Williams, R. H., **8**:278, **8**:*405*
Williams, R. J. P., **18**:86, **18**:174, **18**:*181*, **23**:222, **23**:*266*
Williams, R. J., **3**:99, **3**:101, **3**:111, **3**:*120*, **8**:279, **8**:*406*
Williams, R. L., **3**:75, **3**:*90*, **9**:153, **9**:163, **9**:*175*, **11**:304, **11**:306, **11**:346, **11**:*384*
Williams, R. O., **19**:296, **19**:*375*
Williams, R. T., **12**:161, **12**:*216*
Williams, R. V., **29**:296, **29**:299, **29**:306, **29**:307, **29**:311, **29**:312, **29**:313, **29**:320, **29**:322, **29**:*330*
Williams, S., **26**:63, **26**:*125*
Williams, S. F., **31**:266, **31**:382, **31**:*391*
Williams, S. H., **13**:70, **13**:*81*
Williams, T. J., **13**:335, **13**:336, **13**:342, **13**:*409*, **16**:256, **16**:*264*, **16**:*265*
Williams, W. G., **16**:192, **16**:*237*
Williamson, A. G., **14**:290, **14**:334, **14**:*339*
Williamson, D. G., **1**:410, **1**:*419*
Williamson, K. L., **23**:189, **23**:*270*
Williamson, P. M., **1**:*198*, **1**:*201*
Williamson, R. E., **15**:221, **15**:222, **15**:223, **15**:*262*
Williamson, R. R., Jr., **8**:147
Williamson, T. W., **24**:96, **24**:*106*
Willie, G. R., **13**:341, **13**:342, **13**:*413*
Willing, R. I., **16**:258, **16**:*262*

Willis, C. J., **7:**155, **7:**185, **7:***204*
Willis, C. L., **14:**43, **14:***62*
Willis, H. A., **9:**161, **9:***177*
Willis, M. R., **16:**199, **16:**208, **16:***230*, **16:***232*
Willis, R. G., **5:**286, **5:**293, **5:***326*, **17:**270, **17:***275*
Willison, M. J., **14:**181, **14:***198*
Willits, C. O., **18:**168, **18:***184*
Willix, R. L. S., **7:**124, **7:***151*
Willner, I., **31:**383, **31:***392*
Wills, E. D., **8:**394, **8:***406*
Wills, G. D., **2:**47, **2:**48, **2:***89*
Wills, R., **5:**145, **5:***171*, **14:**136, **14:***199*, **14:**320, **14:***344*
Willson, J. S., **12:**3, **12:***125*, **18:**83, **18:**159, **18:**162, **18:***181*, **29:**232, **29:**238, **29:***270*
Willson, R. L., **12:**244, **12:**254, **12:**259, **12:**261, **12:**268, **12:**269, **12:**278, **12:**279, **12:**282, **12:**290, **12:***291*, **12:***294*, **12:***297*
Wilmarth, W. K., **1:**162, **1:***201*, **14:**172, **14:***202*, **18:**124, **18:***183*
Wilmenius, P., **8:**112, **8:***147*, **8:***149*
Wilmot, I. D., **23:**313, **23:***318*
Wilmot, P. B., **7:**125, **7:**142, **7:***150*
Wilmshurst, J. K., **9:**68(98), **9:***125*
Wilshire, J. F. K., **12:**57, **12:***129*
Wilson, A. A., **22:**279, **22:***307*
Wilson, A. J. C., **32:**129, **32:***216*
Wilson, A. M., **12:**111, **12:***129*
Wilson, A. R. N., **16:**252, **16:***264*
Wilson, B. E., **30:**78, **30:**79, **30:***114*
Wilson, C. A., **26:**105, **26:***123*
Wilson, C. L., **1:**156, **1:**160, **1:***198*, **1:**378, **1:**412, **1:**414, **1:***420*, **7:**262, **7:***329*, **11:**178, **11:***223*, **15:**48, **15:***59*, **18:**3, **18:***74*, **30:**177, **30:***220*
Wilson, D., **13:**385, **13:**388, **13:***408*
Wilson, D. B., **25:**243, **25:**244, **25:***257*, **25:***264*
Wilson, D. J., **27:**37, **27:**39, **27:***55*
Wilson, D. M., **13:**371, **13:**395, **13:**401, **13:**406, **13:***408*, **13:***412*
Wilson, D. P., **14:**252, **14:***352*
Wilson, E. B., **1:**371, **1:**373, **1:**374, **1:***423*, **13:**10, **13:***82*, **18:**191, **18:***238*, **22:**133, **22:**141, **22:***206*, **25:**54, **25:***91*, **32:**225, **32:***262*
Wilson, E. B., Jr., **6:**123, **6:**133, **6:***181*, **6:***183*, **10:**1, **10:***27*, **11:**342, **11:***388*, **21:**3, **21:**34
Wilson, E. G., **16:**224, **16:***237*
Wilson, E. R., **12:**12, **12:**92, **12:**105, **12:***124*
Wilson, G. E., **13:***82*
Wilson, G. S., **12:**10, **12:**81, **12:***121*, **13:**219, **13:***270*
Wilson, G. T., **14:**224, **14:***352*
Wilson, H. R., **8:**246, **8:***268*
Wilson, H., **27:**66, **27:***114*, **27:**191, **27:**205, **27:**231, **27:***235*
Wilson, I., **3:**131, **3:**133, **3:**180, **3:***184*, **3:***185*
Wilson, I. A., **21:**30, **21:***31*, **31:**270, **31:**271, **31:**311, **31:***387*
Wilson, I. B., **21:**14, **21:***31*, **21:***34*, **21:***35*
Wilson, I. R., **5:**87, **5:***119*
Wilson, I. S., **1:**129, **1:***151*, **1:**156, **1:**160
Wilson, J. C., **24:**15, **24:***55*, **27:**6, **27:***52*, **27:**129, **27:***235*, **27:***238*, **31:**169, **31:**181, **31:**182, **31:***247*
Wilson, J. D., **12:**10, **12:**53, **12:**81, **12:***121*, **13:**204, **13:**205, **13:***269*, **16:**207–9, **16:***231*, **18:**168, **18:***176*, **29:**276, **29:***325*, **30:**192, **30:***218*
Wilson, J. M., **13:**118, **13:**127, **13:***152*, **27:**37, **27:**39, **27:***53*
Wilson, J. W., **9:**204, **9:**206, **9:**269, **9:***279*, **9:***280*
Wilson, K. R., **15:**66, **15:**102, **15:***151*, **27:**189, **27:***235*, **30:**117, **30:***171*
Wilson, L. H., **7:**24, **7:**25, **7:***113*
Wilson, M. H., **9:**208, **9:**211, **9:***280*
Wilson, N. K., **11:**170, **11:***177*, **13:**280, **13:***415*
Wilson, P., **19:**105, **19:***124*
Wilson, P. T., **14:**324, **14:***346*
Wilson, R., **5:**70, **5:***113*, **5:***119*, **11:**256, **11:***264*, **18:**120, **18:***177*
Wilson, R. B., **32:**231, **32:***263*
Wilson, R. C., **7:**141, **7:***150*
Wilson, R. J., **32:**198, **32:***216*
Wilson, R. K., **12:**203, **12:***217*
Wilson, R. M., **19:**109, **19:***129*
Wilson, R. Q., **9:**131, **9:**162, **9:***174*
Wilson, S., **19:**64, **19:***115*
Wilson, S. R., **24:**22, **24:***51*, **30:**163, **30:***170*

Wilson, T., **18**:187, **18**:189, **18**:190, **18**:202, **18**:207, **18**:226, **18**:*235*, **18**:*238*, **19**:88, **19**:*129*
Wilson, T. S., **13**:170, **13**:*274*
Wilson, W., **17**:259, **17**:*278*
Wilson, W. W., **26**:309, **26**:*368*
Wilt, J. W., **5**:390, **5**:*399*, **10**:102, **10**:*128*
Wilzbach, K. E., **8**:122, **8**:*148*, **8**:*149*, **10**:139, **10**:140, **10**:*152*, **10**:*153*
Winans, R. E., **17**:221, **17**:*278*
Winard, R., **32**:70, **32**:*116*
Winberg, H. E., **7**:1, **7**:*109*
Winchester, B., **31**:295, **31**:*392*
Windgassen, R. J., **18**:159, **18**:*183*, **23**:12, **23**:*62*
Windle, J. J., **5**:92, **5**:*119*
Wine, P. H., **19**:48, **19**:*125*
Winefordner, J. D., **12**:132, **12**:138, **12**:159, **12**:161, **12**:164, **12**:167, **12**:177, **12**:182, **12**:183, **12**:184, **12**:192, **12**:193, **12**:210, **12**:213, **12**:214, **12**:*215*, **12**:*216*, **12**:*219*, **12**:*220*, **12**:*221*
Winer, A. M., **15**:21, **15**:*60*
Winestock, C. H., **5**:392, **5**:*399*
Winey, D. A., **14**:182, **14**:*202*
Wingard, R. E., Jr., **29**:298, **29**:299, **29**:300, **29**:*325*, **29**:*328*, **29**:*330*
Winger, R., **22**:70, **22**:*107*
Wingfield, J. N., **17**:422, **17**:*427*
Wingler, F., **7**:184, **7**:185, **7**:*209*
Winguth, L., **28**:245, **28**:*288*
Winick, J., **14**:221, **14**:*348*
Winitz, M., **6**:111, **6**:*180*
Winkle, J. R., **22**:220, **22**:294, **22**:*308*
Winkler, C. A., **1**:25, **1**:*33*
Winkler, F. K., **13**:48, **13**:*82*, **29**:107, **29**:108, **29**:*180*, **29**:*183*
Winkler, H., **5**:71, **5**:*119*, **6**:262, **6**:*327*, **9**:27(30), **9**:*122*, **12**:19, **12**:*122*, **15**:239, **15**:*266*
Winkler, H. J. S., **5**:71, **5**:*119*, **15**:239, **15**:*266*
Winkler, J., **8**:225, **8**:*264*, **19**:420, **19**:*426*
Winkler, K., **4**:148, **4**:*193*
Winkler, T., **25**:78, **25**:79, **25**:*89*
Winn, D. T., **29**:28, **29**:*65*
Winnik, M. A., **16**:252, **16**:*264*, **19**:87, **19**:*122*, **20**:197, **20**:*231*, **22**:2, **22**:3, **22**:12, **22**:14, **22**:41, **22**:42, **22**:46, **22**:59, **22**:61, **22**:62, **22**:63, **22**:64, **22**:74, **22**:75, **22**:82, **22**:89, **22**:*107*, **22**:*109*, **22**:*111*
Winograd, N., **12**:113, **12**:*123*, **13**:233, **13**:*267*, **18**:138, **18**:*184*, **19**:139, **19**:140, **19**:*218*, **19**:*219*
Winsor, P. A., **8**:272, **8**:280, **8**:285, **8**:395, **8**:*406*
Winstead, M. B., **25**:33, **25**:*96*
Winstein, S., **1**:25, **1**:*33*, **1**:93, **1**:*151*, **2**:22, **2**:36, **2**:37, **2**:52, **2**:62, **2**:*89*, **2**:*91*, **2**:148, **2**:*162*, **3**:132, **3**:*186*, **5**:139, **5**:144, **5**:*169*, **5**:*170*, **5**:176, **5**:183, **5**:184, **5**:224, **5**:226, **5**:*233*, **5**:*234*, **5**:*235*, **5**:375, **5**:379, **5**:385, **5**:*396*, **5**:*399*, **6**:78, **6**:*101*, **6**:285, **6**:*332*, **7**:100, **7**:*114*, **7**:198, **7**:*209*, **9**:18, **9**:*23*, **9**:199, **9**:207, **9**:242, **9**:249, **9**:252, **9**:*276*, **9**:*280*, **10**:47, **10**:*51*, **10**:131, **10**:133, **10**:*152*, **11**:20, **11**:*122*, **11**:180, **11**:181, **11**:191, **11**:*224*, **13**:97, **13**:*150*, **14**:3, **14**:4, **14**:8, **14**:18, **14**:20, **14**:21, **14**:26, **14**:32, **14**:33, **14**:34, **14**:35, **14**:36, **14**:37, **14**:39, **14**:41, **14**:45, **14**:46, **14**:47, **14**:51, **14**:52, **14**:59, **14**:60, **14**:*62*, **14**:*63*, **14**:*65*, **14**:*66*, **14**:*67*, **14**:79, **14**:99, **14**:109, **14**:*129*, **14**:*132*, **14**:135, **14**:136, **14**:179, **14**:*199*, **14**:*201*, **14**:*202*, **14**:210, **14**:316, **14**:317, **14**:*344*, **14**:*352*, **15**:155, **15**:*266*, **16**:90, **16**:117, **16**:*155*, **16**:*157*, **19**:233, **19**:283, **19**:284, **19**:286, **19**:291, **19**:301, **19**:302, **19**:305, **19**:340, **19**:341, **19**:342, **19**:343, **19**:355, **19**:356, **19**:358, **19**:361, **19**:362, **19**:363, **19**:364, **19**:*368*, **19**:*369*, **19**:370, **19**:*371*, **19**:*372*, **19**:*374*, **19**:*379*, **21**:128, **21**:166, **21**:*191*, **21**:*195*, **21**:*196*, **21**:212, **21**:*240*, **22**:79, **22**:*111*, **25**:119, **25**:*264*, **27**:240, **27**:251, **27**:255, **27**:*291*, **28**:270, **28**:*289*, **29**:164, **29**:*183*, **29**:204, **29**:219, **29**:*272*, **29**:273, **29**:274, **29**:275, **29**:278, **29**:280, **29**:281, **29**:287, **29**:288, **29**:290, **29**:294, **29**:308, **29**:314, **29**:315, **29**:316, **29**:319, **29**:320, **29**:*324*, **29**:*325*, **29**:*326*, **29**:*327*, **29**:*328*, **29**:*329*,

29:_330_, **29:**_331_, **30:**177, **30:**_220_
Winter, E. R. S., **9:**273, **9:**_276_
Winter, G., **26:**358, **26:**359, **26:**363, **26:**365, **26:**366, **26:**_371_, **26:**_378_, **26:**_379_
Winter, H. J., **28:**116, **28:**_136_
Winter, J. G., **10:**120, **10:**_123_
Winter, M. J., **23:**45, **23:**_58_, **29:**186, **29:**_265_
Winter, R., **2:**24, **2:**_88_, **5:**378, **5:**_396_, **11:**188, **11:**_223_
Winter, R. E. K., **29:**186, **29:**_271_
Winter, R. E., **4:**186, **4:**187, **4:**_191_, **4:**_193_, **6:**204, **6:**_325_
Winter, S. R., **23:**54, **23:**_59_
Winterfeldt, E., **7:**54, **7:**76, **7:**_114_, **9:**201, **9:**215, **9:**_280_
Winterfelt, E., **25:**340, **25:**_445_
Winterman, D. R., **22:**135, **22:**136, **22:**165, **22:**166, **22:**_205_, **26:**323, **26:**324, **26:**_368_
Winters, L. J., **8:**282, **8:**283, **8:**285, **8:**291, **8:**363, **8:**364, **8:**_406_, **13:**257, **13:**_275_, **13:**_278_
Winters, R. E., **8:**180, **8:**191, **8:**_262_, **8:**_269_
Winterton, N., **19:**416, **19:**_427_
Winther, A., **8:**82, **8:**88, **8:**_149_
Winton, K. D. R., **16:**53, **16:**61, **16:**68, **16:**_86_
Wipf, D. O., **26:**39, **26:**_130,_ **32:**29, **32:**40, **32:**103, **32:**105, **32:**_120_
Wipff, G., **21:**228, **21:**_238_, **24:**65, **24:**_106_, **24:**152, **24:**153, **24:**186, **24:**_202_
Wipff, G. M., **25:**173, **25:**174, **25:**180, **25:**192, **25:**_261_
Wipke, W. T., **13:**74, **13:**_82_
Wippel, H. G., **25:**305, **25:**_443_
Wires, R. A., **22:**79, **22:**_109_
Wirsching, P., **31:**292, **31:**297, **31:**301, **31:**312, **31:**382, **31:**383, **31:**384, **31:**_385_, **31:**_388_, **31:**_390_, **31:**_392_
Wirth, D. D., **20:**120, **20:**123, **20:**_181_, **23:**311, **23:**_316_
Wirth, H. E., **14:**269, **14:**275, **14:**_352_
Wirthlin, T., **23:**102, **23:**_162_
Wirtz, J., **32:**245, **32:**_263_
Wirz, J., **18:**49, **18:**51, **18:**52, **18:**_74,_ **22:**135, **22:**167, **22:**_209_, **26:**324, **26:**_372_, **29:**48, **29:**_64_, **29:**82
Wischin, A., **7:**262, **7:**297, **7:**_329_
Wisdom, N. E., **10:**184, **10:**_225_
Wise, R. M., **1:**213, **1:**265, **1:**_279_
Wise, W. B., **3:**257, **3:**_267_, **13:**371, **13:**377, **13:**_408_, **25:**76, **25:**_94_
Wiseman, J. R., **23:**194, **23:**_266_
Wishart, J. F., **28:**4, **28:**_42_
Wiskott, E., **13:**36, **13:**_79_
Wislicenus, J., **6:**187, **6:**_332_
Wisotsky, M. J., **4:**334, **4:**335, **4:**338, **4:**339, **4:**_345_, **4:**_347_, **9:**21, **9:**_23_, **9:**273, **9:**_275_
Wisowaty, J. C., **16:**256, **16:**_265_
Wissbrunn, K. F., **4:**6, **4:**9, **4:**_29_
Wistrand, L.-G., **18:**83, **18:**98, **18:**123, **18:**124, **18:**125, **18:**126, **18:**149, **18:**153, **18:**158, **18:**160, **18:**164, **18:**170, **18:**_177_, **18:**_179_, **18:**_181_, **20:**107, **20:**108, **20:**128, **20:**139, **20:**140, **20:**_183_, **20:**_185_, **20:**_186_
Witczak, M., **25:**155, **25:**156, **25:**158, **25:**_262_
Witherington, J., **31:**272, **31:**384, **31:**_391_
Withers, S. G., **24:**141, **24:**_204_, **26:**306, **26:**_379_
Witherup, T. H., **16:**253, **16:**_261_
Withey, R. J., **2:**98, **2:**124, **2:**127, **2:**141, **2:**144, **2:**147, **2:**_162_, **5:**136, **5:**137, **5:**138, **5:**139, **5:**_169_
Withnall, R., **30:**50, **30:**53, **30:**_61_
Witkop, B., **2:**180, **2:**_200_
Witkowski, J. T., **13:**324, **13:**330, **13:**_411_, **13:**_414_
Witt, H., **6:**2, **6:**_61_
Witt, J. D., **16:**219, **16:**_231_
Wittig, G., **1:**189, **1:**_201_, **6:**2, **6:**23, **6:**50, **6:**_60_, **6:**_61_, **7:**81, **7:**82, **7:**_114_, **7:**175, **7:**184, **7:**185, **7:**_209_, **9:**27(1), **9:**27(2), **9:**27(3), **9:**29(2), **9:**114(2, 3), **9:**118(2, 3), **9:**_121_, **23:**193, **23:**_270_
Wittig, W., **26:**185, **26:**_246_
Wittkowski, R. E., **25:**19, **25:**_90_
Wittmann, J. M., **19:**86, **19:**_124_
Wittwer, C., **18:**45, **18:**47, **18:**_76_
Witzel, T., **24:**195, **24:**_202_
Wizinger, R., **2:**165, **2:**_199,_ **32:**198, **32:**_216_
Wlodawer, A., **25:**236, **25:**_256_
Wlostowski, M., **30:**20, **30:**_61_
Woburn, J. F., **4:**166, **4:**_193_

Woehrle, D., **19**:92, **19**:*128*
Woessner, D. E., **3**:218, **3**:219, **3**:221, **3**:*269*, **16**:243, **16**:*264*
Wohl, R. C., **13**:374, **13**:378, **13**:379, **13**:*414*
Wohlfarth, W., **28**:8, **28**:12, **28**:13, **28**:21, **28**:26, **28**:30, **28**:32, **28**:36, **28**:*40*, **28**:*43*, **28**:*44*
Wohlgemuth, K., **22**:34, **22**:46, **22**:57, **22**:*111*
Woitellier, S., **28**:21, **28**:40, **28**:*42*
Wojcicki, A., **29**:212, **29**:215, **29**:*271*, **29**:*272*
Wojciechowski, K., **17**:345, **17**:*426*
Wojtkowiak, B., **9**:145, **9**:*179*, **28**:220, **28**:*289*
Wojtkowski, P. W., **23**:240, **23**:*270*
Wo Kong Kwok, **5**:331, **5**:334, **5**:335, **5**:336, **5**:349, **5**:354, **5**:355, **5**:357, **5**:398
Wolberg, A., **13**:203, **13**:*278*
Wolcott, R. G., **8**:290, **8**:*404*
Wold, A., **11**:213, **11**:*223*
Wold, S., **14**:212, **14**:248, **14**:*352*, **27**:60, **27**:70, **27**:71, **27**:72, **27**:*117*
Wolf, A. P., **2**:13, **2**:17, **2**:*89*, **2**:*90*, **2**:130, **2**:*159*, **2**:204, **2**:208, **2**:221, **2**:242, **2**:247, **2**:248, **2**:249, **2**:250, **2**:251, **2**:254, **2**:255, **2**:261, **2**:262, **2**:263, **2**:264, **2**:265, **2**:266, **2**:267, **2**:269, **2**:*273*, **2**:*274*, **2**:*276*, **2**:*277*, **3**:126, **3**:130, **3**:139, **3**:140, **3**:*183*, **4**:328, **4**:*345*, **6**:250, **6**:*332*, **19**:288, **19**:289, **19**:*374*
Wolf, H. C., **28**:40, **28**:*42*
Wolf, J. F., **10**:184, **10**:*223*, **13**:126, **13**:128, **13**:135, **13**:136, **13**:137, **13**:140, **13**:*148*, **20**:141, **20**:144, **20**:*185*, **21**:221, **21**:*240*, **23**:310, **23**:313, **23**:*321*, **28**:4, **28**:*44*, **31**:203, **31**:*248*
Wolf, K. L., **4**:2, **4**:*28*
Wolf, L., **13**:164, **13**:*270*
Wolf, M. W., **19**:85, **19**:88, **19**:*129*
Wolf, R., **9**:111(122a), **9**:111(122b), **9**:112(122a, b), **9**:115(122a, b), **9**:*126,* **25**:152, **25**:*262*, **31**:211, **31**:*245*
Wolf, R. E. J., **31**:36, **31**:*82*, **31**:*84*
Wolf, W., **20**:214, **20**:*233*
Wolfe, B., **22**:224, **22**:*301*
Wolfe, J. F., **26**:72, **26**:78, **26**:*130*
Wolfe, J. R., Jr., **14**:16, **14**:*66*
Wolfe, M. M., **31**:287, **31**:298, **31**:382, **31**:384, **31**:*392*
Wolfe, S., **15**:243, **15**:244, **15**:*266*, **16**:62, **16**:*85*, **20**:34, **20**:*53*, **21**:184, **21**:*196*, **21**:218, **21**:219, **21**:*240*, **23**:187, **23**:191, **23**:201, **23**:259, **23**:*270*, **24**:148, **24**:149, **24**:151, **24**:192, **24**:*199*, **24**:*202*, **24**:*203*, **24**:*204*, **25**:32, **25**:53, **25**:*94*, **25**:*96*, **25**:180, **25**:*263*, **27**:63, **27**:64, **27**:*116*, **27**:*117*, **31**:148, **31**:151, **31**:152, **31**:153, **31**:156, **31**:*243*, **31**:*248*
Wolfe, S. K., **19**:404, **19**:*428*
Wolfenden, R., **5**:282, **5**:293, **5**:297, **5**:302, **5**:315, **5**:*330*, **21**:25, **21**:*35*, **27**:45, **27**:*55*, **27**:222, **27**:*234*, **29**:2, **29**:9, **29**:58, **29**:60, **29**:62, **29**:*69*, **29**:92, **29**:*183*, **31**:278, **31**:279, **31**:298, **31**:309, **31**:311, **31**:*390*, **31**:*392*
Wolff, C., **19**:96, **19**:*129*
Wolff, F., **18**:188, **18**:*236*
Wolff, J. J., **32**:123, **32**:137, **32**:150, **32**:164, **32**:165, **32**:166, **32**:167, **32**:199, **32**:200, **32**:201, **32**:202, **32**:203, **32**:204, **32**:205, **32**:206, **32**:*216*
Wolff, M. E., **13**:246, **13**:*278*, **20**:174, **20**:*176*, **20**:*189*
Wolff, R., **22**:279, **22**:*305*
Wolff, R. K., **12**:226, **12**:227, **12**:*291*, **12**:*292*
Wolffler, F., **28**:4, **28**:*41*
Wolfgang, R., **8**:123, **8**:125, **8**:130, **8**:*148*, **9**:*174*
Wolfgang, R. L., **2**:207, **2**:208, **2**:213, **2**:214, **2**:221, **2**:222, **2**:223, **2**:224, **2**:225, **2**:226, **2**:227, **2**:228, **2**:229, **2**:230, **2**:231, **2**:232, **2**:233, **2**:234, **2**:235, **2**:236, **2**:237, **2**:238, **2**:239, **2**:240, **2**:241, **2**:243, **2**:245, **2**:251, **2**:252, **2**:254, **2**:255, **2**:259, **2**:261, **2**:262, **2**:263, **2**:264, **2**:265, **2**:*274*, **2**:*275*, **2**:*276*, **2**:*277*, **9**:172, **9**:*180*
Wolford, R. K., **14**:333, **14**:*352*
Wolford, T. L., **29**:224, **29**:*270*
Wolfrom, M. L., **12**:62, **12**:*118*

Wolfrum, H., **32**:250, **32**:*263*
Wolfsberg, M., **2**:61, **2**:*87*, **5**:310, **5**:*330*, **6**:191, **6**:*324*, **7**:284, **7**:*331*, **8**:87, **8**:*149*, **8**:169, **8**:*264*, **10**:10, **10**:19, **10**:*26*, **10**:*27*, **23**:66, **23**:71, **23**:72, **23**:*162*, **23**:*163*, **31**:144, **31**:202, **31**:203, **31**:215, **31**:*243*, **31**:*244*, **31**:*247*, **31**:*248*
Wolfschuetz, R., **29**:233, **29**:*272*
Wolfsohn, G., **3**:20, **3**:*86*
Wolfstirn, K. B., **9**:130, **9**:*183*
Wolgast, R., **19**:91, **19**:*120*
Wolinski, K., **29**:321, **29**:*331*
Wolinsky, J., **4**:161, **4**:*193*, **7**:92, **7**:*110*, **7**:210, **7**:*204*, **8**:224, **8**:*263*
Wollner, G. P., **12**:278, **12**:280, **12**:*292*
Wollrab, J. E., **25**:42, **25**:*96*
Wolniewicz, L., **8**:94, **8**:125, **8**:*149*
Wolovsky, R., **29**:276, **29**:*330*
Wolstenholme, J. B., **17**:367, **17**:369, **17**:377, **17**:406, **17**:*426*, **17**:*429*
Wolynes, P. G., **26**:20, **26**:*124*, **26**:*125*
Wondenberg, R. H., **32**:166, **32**:199, **32**:*211*
Wong, B. F., **18**:120, **18**:*184*
Wong, C.-H., **31**:260, **31**:295, **31**:383, **31**:*388*
Wong, C. L., **18**:104, **18**:120, **18**:138, **18**:140, **18**:142, **18**:158, **18**:168, **18**:*178*, **18**:*184*, **21**:133, **21**:135, **21**:*193*, **26**:20, **26**:*130*, **28**:21, **28**:*41*
Wong, C. M., **25**:68, **25**:*94*, **25**:*96*
Wong, D. K. Y., **32**:105, **32**:*120*
Wong, E. W. C., **5**:381, **5**:*397*, **11**:191, **11**:*223*
Wong, H., **32**:191, **32**:*208*, **32**:*211*
Wong, J. L., **21**:45, **21**:*98*
Wong, J. S., **25**:19, **25**:*96*
Wong, K. H., **15**:162, **15**:163, **15**:*261*, **15**:*266*, **31**:11, **31**:*82*
Wong, K.-H., **17**:296, **17**:306–8, **17**:311, **17**:333, **17**:*424*, **17**:*432*, **17**:*433*, **17**:*475*, **17**:*482*
Wong, K. Y., **8**:392, **8**:*406*, **32**:179, **32**:*212*
Wong, L., **13**:64, **13**:*77*, **17**:297, **17**:433
Wong, M., **16**:259, **16**:*264*, **19**:95, **19**:96, **19**:*121*, **19**:*128*
Wong, M. H. Y., **24**:77, **24**:*112*
Wong, M. K., **25**:251, **25**:*261*
Wong, M. P., **22**:292, **22**:*308*
Wong, M. S., **32**:123, **32**:204, **32**:*216*
Wong, N., **19**:293, **19**:295, **19**:*372*, **23**:125, **23**:*162*
Wong, O., **27**:131, **27**:*235*
Wong, P. C., **19**:53, **19**:54, **19**:65, **19**:*114*, **19**:*129*, **22**:333, **22**:341, **22**:*358*, **22**:*361*, **23**:314, **23**:*322*
Wong, P. K., **17**:58, **17**:*64*, **23**:25, **23**:*61*, **23**:*62*
Wong, R. J., **21**:181, **21**:*194*
Wong, S. C., **3**:99, **3**:*122*
Wong, S. K., **8**:239, **8**:*264*, **10**:121, **10**:*125*, **19**:89, **19**:*129*
Wong, S. M., **14**:154, **14**:*202*
Wong, W. N., **29**:127, **29**:*183*
Wong-Ng, W., **20**:216, **20**:*230*
Wonka, R. E., **5**:*145*, **5**:*171*
Wonkka, R. E., **14**:136, **14**:*199*
Woo, E. P., **13**:71, **13**:*82*
Woo, P. W. K., **13**:311, **13**:313, **13**:315, **13**:*415*
Woo, S.-C., **1**:396, **1**:399, **1**:*423*
Wood, B., **19**:51, **19**:*117*
Wood, D. C., **14**:134, **14**:*199*
Wood, D. E., **8**:120, **8**:*147*, **15**:21, **15**:*61*
Wood, G., **13**:71, **13**:*82*, **15**:94, **15**:95, **15**:*149*, **29**:133, **29**:*183*, **30**:117, **30**:*171*
Wood, H. G., **25**:234, **25**:235, **25**:*258*, **25**:*263*
Wood, H. J., **11**:370, **11**:*388*
Wood, H. N., **21**:14, **21**:17, **21**:*31*
Wood, J., **7**:234, **7**:*255*
Wood, J. B., **7**:175, **7**:*203*
Wood, J. L., **22**:128, **22**:132, **22**:*207*, **22**:*212*, **25**:53, **25**:*95*, **26**:263, **26**:315, **26**:316, **26**:*377*, **26**:*378*
Wood, M., **14**:219, **14**:*340*
Wood, N. F., **11**:370, **11**:*387*, **18**:61, **18**:*74*
Wood, P. B., **5**:85, **5**:*118*
Wood, R. G., **1**:231, **1**:*278*
Wood, R. H., **14**:243, **14**:255, **14**:260, **14**:267, **14**:269, **14**:275, **14**:*336*, **14**:*339*, **14**:*341*, **14**:*346*
Wood, R. M., **14**:262, **14**:*336*
Wood, R. W., **1**:411, **1**:415, **1**:*422*, **3**:34, **3**:74, **3**:*90*

Wood, W. C., **16**:2, **16**:*49*
Wood, W. W., **25**:17, **25**:*96*
Woodbrey, J. C., **11**:330, **11**:*390*
Woodbury, J. C., **3**:203, **3**:205, **3**:253, **3**:254, **3**:*268*
Woodcock, D. J., **19**:245, **19**:*374*
Wooden, G. P., **29**:298, **29**:*326*
Woodgate, S. D., **21**:221, **21**:*238*
Woodgate, S. S., **13**:87, **13**:*148*, **24**:2, **24**:*51*
Woodhall, B. J., **12**:36, **12**:43, **12**:*129*
Woodruff, W. H., **18**:150, **18**:*185*
Woods, H. J., **6**:63, **6**:*100*, **13**:166, **13**:*268*, **18**:150, **18**:154, **18**:*176*
Woods, J., **16**:182, **16**:*234*
Woods, R., **10**:172, **10**:*223*, **10**:*225*
Woods, R. J., **12**:283, **12**:*296*
Woods, W. G., **29**:164, **29**:*183*, **29**:287, **29**:*331*
Woodward, A. J., **25**:6, **25**:*88*
Woodward, I., **1**:220, **1**:*279*, **1**:*280*, **26**:263, **26**:*378*
Woodward, J., **16**:208, **16**:*230*, **16**:*232*
Woodward, L. A., **3**:75, **3**:*90*, **9**:68(100), **9**:*125*, **25**:19, **25**:*96*
Woodward, R. B., **4**:186, **4**:*193*, **6**:56, **6**:*60*, **6**:201, **6**:202, **6**:206, **6**:210, **6**:216, **6**:217, **6**:224, **6**:225, **6**:228, **6**:233, **6**:234, **6**:235, **6**:236, **6**:237, **6**:238, **6**:242, **6**:*327*, **6**:*332*, **7**:195, **7**:*205*, **8**:255, **8**:*269*, **9**:196, **9**:220, **9**:*280*, **10**:116, **10**:*128*, **10**:134, **10**:135, **10**:144, **10**:*153*, **10**:211, **10**:*225*, **15**:2, **15**:33–36, **15**:*61*, **21**:40, **21**:*98*, **21**:102, **21**:140, **21**:173, **21**:*196*, **23**:184, **23**:185, **23**:187, **23**:190, **23**:191, **23**:201, **23**:*268*, **23**:*270*, **25**:17, **25**:*93*, **29**:164, **29**:*183*, **29**:287, **29**:310, **29**:*331*
Woodworth, R. C., **7**:194, **7**:197, **7**:200, **7**:*208*
Woodworth, R. L., **22**:329, **22**:*360*
Woody, R. W., **3**:76, **3**:*89*
Woodyard, J. D., **7**:181, **7**:*205*
Wooldridge, J., **12**:213, **12**:*221*
Wooley, E. M., **14**:138, **14**:*202*
Woolf, A. A., **22**:166, **22**:*212*
Woolf, G. J., **22**:147, **22**:*212*
Woolf, L. A., **32**:19, **32**:*120*
Woolfenden, S. K., **23**:284, **23**:285, **23**:*317*
Woolford, G., **27**:48, **27**:*55*
Woolsey, G. B., **11**:338, **11**:*384*
Woolsey, N. F., **5**:392, **5**:*399*
Woop, L. S., **22**:313, **22**:*357*
Woorst, J. D. W., van, **13**:162, **13**:*266*
Wooster, C. B., **15**:178, **15**:179, **15**:*266*
Wooten, J. B., **16**:254, **16**:*265*, **25**:33, **25**:*88*
Wooten, L. A., **4**:23, **4**:*29*
Wootten, M. J., **14**:293, **14**:333, **14**:*336*, **14**:*338*
Woppmann, A., **19**:394, **19**:395, **19**:396, **19**:*428*
Workentin, M. S., **31**:104, **31**:113, **31**:*141*
Workman, J. D. B., **23**:82, **23**:*161*, **26**:275, **26**:*377*
Worley, J. D., **14**:233, **14**:*352*
Worley, S. D., **8**:154, **8**:*263*, **14**:50, **14**:*63*
Wormhoudt, J., **25**:104, **25**:117, **25**:*260*, **27**:30, **27**:*53*
Worry, G., **26**:4, **26**:*130*
Worsfold, D. J., **15**:160, **15**:173, **15**:179, **15**:202, **15**:207, **15**:227, **15**:*260*, **15**:*263*, **15**:*266*, **23**:88, **23**:*158*
Worsham, P. R., **19**:98, **19**:*129*, **22**:294, **22**:*308*
Worthington, N. W., **20**:224, **20**:*232*
Wortmann, R., **32**:123, **32**:137, **32**:149, **32**:150, **32**:152, **32**:153, **32**:158, **32**:159, **32**:161, **32**:163, **32**:164, **32**:165, **32**:166, **32**:167, **32**:170, **32**:173, **32**:174, **32**:179, **32**:188, **32**:193, **32**:199, **32**:200, **32**:202, **32**:203, **32**:204, **32**:205, **32**:206, **32**:*209*, **32**:*213*, **32**:*214*, **32**:*215*, **32**:*216*, **32**:*217*
Wostradowski, R. A., **15**:83, **15**:*149*
Wotherspoon, N., **8**:396, **8**:*406*
Woznicki, W., **32**:38, **32**:*117*
Wrathall, D. P., **13**:116, **13**:*149*
Wrenn, S., **17**:480, **17**:*485*
Wrewsky, M., **27**:281, **27**:*291*
Wright, A. F., **31**:307, **31**:308, **31**:*385*
Wright, B. B., **22**:326, **22**:349, **22**:351, **22**:*358*, **22**:*360*, **22**:*361*, **26**:190, **26**:*253*
Wright, C. M., **12**:56, **12**:*129*

Wright, C. R., **7**:46, **7**:60, **7**:*110*
Wright, C. S., **11**:3, **11**:*122*
Wright, D. A., **15**:93, **15**:*145*
Wright, D. E., **23**:248, **23**:*263*
Wright, D. J., **14**:103, **14**:*131*
Wright, D. R., **31**:179, **31**:180, **31**:*245*
Wright, G. A., **4**:4, **4**:*27*, **19**:382, **19**:*428*
Wright, G. J., **11**:374, **11**:*387*
Wright, J. L., **22**:244, **22**:246, **22**:*301*
Wright, J. S., **13**:20, **13**:*82*
Wright, M. R., **1**:413, **1**:*423*
Wright, P., **27**:224, **27**:*235*
Wright, R. S., **25**:196, **25**:*201*
Wright, W. V., **6**:278, **6**:282, **6**:*332*, **16**:34, **16**:*49*, **18**:48, **18**:*77*, **28**:257, **28**:258, **28**:259, **28**:*289*, **32**:327, **32**:333, **32**:343, **32**:*382*
Wrighton, M., **19**:54, **19**:*126*
Wrighton, M. S., **29**:205, **29**:*267*
Wrobel, Z., **23**:285, **23**:291, **23**:292, **23**:*321*, **26**:83, **26**:95, **26**:*129*
Wroble, M., **31**:283, **31**:*387*
Wroblowa, H., **10**:197, **10**:*223*, **10**:*225*
Wroczynski, R. J., **25**:28, **25**:30, **25**:37, **25**:38, **25**:47, **25**:66, **25**:*90*, **25**:*96*
Wszolek, P. C., **8**:207, **8**:218, **8**:*269*
Wu, C.-H., **14**:290, **14**:315, **14**:*338*, **14**:*344*, **14**:*347*
Wu, C. S., **8**:85, **8**:*149*
Wu, C. Y., **11**:364, **11**:372, **11**:*383*, **13**:91, **13**:98, **13**:*148*, **13**:192, **13**:*278*, **15**:161, **15**:*260*
Wu, D., **18**:6, **18**:*74*, **21**:151, **21**:181, **21**:*193*, **27**:37, **27**:39, **27**:*53*, **27**:185, **27**:*236*, **27**:*237*
Wu, F. Z., **13**:38, **13**:*77*
Wu, G., **30**:8, **30**:*116*
Wu, G.-M., **23**:242, **23**:*269*
Wu, G. S., **13**:160, **13**:*276*
Wu, J. C., **24**:97, **24**:*110*
Wu, L. M., **26**:168, **26**:*177*
Wu, S.-M., **18**:154, **18**:*183*, **20**:*160*, **20**:*188*
Wu, T.-L., **14**:277, **14**:*339*
Wu, T.-R., **32**:307, **32**:314, **32**:*382*
Wu, W. S., **6**:218, **6**:220, **6**:*329*, **19**:14, **19**:67, **19**:*124*
Wu, Y. C., **5**:187, **5**:190, **5**:*235*, **14**:242, **14**:243, **14**:*352*
Wu, Y.-D., **24**:74, **24**:*108*
Wubbels, G. G., **12**:213, **12**:*221*
Wudl, F., **12**:2, **12**:*129*, **13**:177, **13**:*278*, **17**:91, **17**:100, **17**:*181*, **17**:382, **17**:*433*, **26**:232, **26**:239, **26**:*247*, **26**:*253*
Wuelfing, P., Jr., **13**:168, **13**:182, **13**:*269*
Wuest, J. D., **24**:69, **24**:92, **24**:93, **24**:*107*
Wulfers, T. F., **17**:135, **17**:*177*
Wulff, C. A., **17**:113, **17**:151, **17**:*178*, **22**:14, **22**:*110*
Wulff, H.-J., **21**:2, **21**:*34*
Wulff, P., **3**:4, **3**:20, **3**:21, **3**:*84*, **3**:*90*
Wulfsberg, G., **25**:374, **25**:*445*
Wullbrandt, D., **23**:72, **23**:*159*
Würthner, F., **32**:159, **32**:167, **32**:174, **32**:179, **32**:188, **32**:193, **32**:*217*
Wurster, C., **13**:193, **13**:*278*
Wurtz, A., **21**:24, **21**:*35*
Wüst, J., **3**:20, **3**:*81*
Wüsthoff, P., **3**:20, **3**:*90*
Wüsthrich, K., **25**:11, **25**:*96*
Wüthrich, K., **13**:351, **13**:352, **13**:360, **13**:361, **13**:*409*, **13**:*415*
Wyatt, P. A. H., **11**:293, **11**:*392*, **12**:136, **12**:138, **12**:141, **12**:142, **12**:146, **12**:153, **12**:157, **12**:158, **12**:159, **12**:161, **12**:170, **12**:171, **12**:172, **12**:187, **12**:188, **12**:193, **12**:205, **12**:206, **12**:210, **12**:211, **12**:213, **12**:*217*, **12**:*218*, **12**:*219*, **12**:*221*, **22**:146, **22**:*209*
Wychera, E., **15**:161, **15**:*262*
Wychich, D., **28**:2, **28**:*44*
Wyckoff, H. W., **21**:21, **21**:22, **21**:23, **21**:*34*, **21**:*35*
Wyckoff, J. C., **13**:247, **13**:*268*, **20**:177, **20**:*183*, **23**:308, **23**:*317*
Wydler, C., **28**:13, **28**:32, **28**:*41*
Wyman, J., **4**:6, **4**:26, **4**:*28*, **6**:106, **6**:*180*
Wynand, J. L., **23**:38, **23**:*60*
Wynberg, H., **6**:35, **6**:*61*, **6**:82, **6**:*100*, **8**:217, **8**:*264*, **11**:352, **11**:*391*, **15**:327, **15**:*329*, **18**:193, **18**:*236*, **28**:210, **28**:218, **28**:223, **28**:249, **28**:251, **28**:280, **28**:282, **28**:284, **28**:*289*, **28**:*291*
Wyness, K. G., **5**:241, **5**:*330*
Wynne-Jones, K. M. A., **3**:152, **3**:*183*, **4**:19, **4**:20, **4**:22, **4**:*27*, **14**:89, **14**:*128*
Wynne-Jones, W. F. K., **1**:13, **1**:14, **1**:15,

1:*32*, **1**:*33*, **2**:101, **2**:140, **2**:*162*, **5**:122, **5**:142, **5**:*170*, **7**:223, **7**:234, **7**:*257*, **7**:295, **7**:297, **7**:305, **7**:*331*, **12**:33, **12**:113, **12**:*119*, **12**:*121*, **13**:*150*, **14**:325, **14**:*347*
Wynne-Jones, W. F. K. Lord, **10**:164, **10**:169, **10**:222, **11**:83, **11**:*117*
Wyrzykowska, K., **19**:65, **19**:*129*, **21**:156, **21**:*196*
Wyss, H. R., **14**:233, **14**:*341*

X

Xia, C. Z., **26**:188, **26**:231, **26**:*246*
Xie, H.-Q., **27**:149, **27**:172, **27**:176, **27**:*235*, **27**:*237*, **27**:*238*
Xu, J., **32**:108, **32**:*120*
Xu, L. Y. F., **32**:105, **32**:*120*
Xu, Q. Y. Y., **31**:58, **31**:*83*
Xue, Y. F., **31**:268, **31**:*392*

Y

Yaacobi, M., **14**:254, **14**:255, **14**:303, **14**:305, **14**:*338*, **14**:*352*
Yabe, T., **29**:211, **29**:251, **29**:264, **29**:*272*
Yada, H., **29**:228, **29**:*272*
Yadava, K. L., **18**:48, **18**:*76*
Yadava, R. R., **18**:48, **18**:*76*
Yagbasan, R., **31**:36, **31**:*82*
Yager, B. J., **28**:246, **28**:*289*
Yager, K. M., **31**:272, **31**:301, **31**:384, **31**:*387*, **31**:*391*
Yager, W. A., **1**:293, **1**:*361*, **5**:62, **5**:*117*, **5**:*118*, **5**:*119*, **7**:155, **7**:162, **7**:164, **7**:165, **7**:166, **7**:167, **7**:178, **7**:*203*, **7**:*207*, **7**:*209*, **19**:336, **19**:*369*, **22**:313, **22**:321, **22**:322, **22**:351, **22**:*360*, **22**:*361*, **26**:185, **26**:193, **26**:203, **26**:210, **26**:215, **26**:*252*
Yagi, H., **12**:98, **12**:*117*, **26**:210, **26**:211, **26**:*252*
Yagi, K., **19**:80, **19**:*125*
Yagihara, T., **10**:119, **10**:*123*
Yagil, G., **7**:307, **7**:*331*, **15**:317, **15**:318, **15**:*330*
Yagupol'skii, L. M., **12**:192, **12**:*221*, **23**:285, **23**:*316*, **23**:*320*, **26**:75, **26**:*123*, **26**:*126*, **26**:*128*, **26**:*130*, **27**:149, **27**:*238*
Yagura, T. S., **25**:219, **25**:*265*
Yakali, E., **19**:349, **19**:*368*
Yakatan, G. J., **12**:159, **12**:170, **12**:191, **12**:193, **12**:200, **12**:214, **12**:*221*
Yakel, H. L., Jr., **6**:142, **6**:*183*
Yakhontov, L. N., **11**:319, **11**:*385*
Yakhot, V., **19**:48, **19**:*122*
Yakimanski, A., **32**:200, **32**:*216*
Yakobson, G. G., **17**:329, **17**:*424*
Yakovleva, E. A., **1**:157, **1**:160, **1**:161, **1**:162, **1**:163, **1**:164, **1**:165, **1**:166, **1**:167, **1**:169, **1**:170, **1**:172, **1**:175, **1**:176, **1**:180, **1**:195, **1**:*200*, **1**:*201*
Yakovleva, T. V., **9**:278, **9**:*278*
Yakubovich, A. Y., **7**:15, **7**:30, **7**:31, **7**:*114*
Yakuda, K., **25**:120, **25**:*261*
Yakushin, F. S., **1**:172, **1**:*201*
Yamabe, S., **16**:81, **16**:*85*, **24**:15, **24**:*55*, **28**:278, **28**:*291*
Yamada, A., **15**:252, **15**:*264*, **19**:92, **19**:*128*
Yamada, H., **13**:211, **13**:213, **13**:*272*, **13**:*278*, **19**:80, **19**:*125*
Yamada, K., **17**:460, **17**:*487*, **22**:278, **22**:288, **22**:*304*, **22**:*307*, **22**:*309*
Yamada, S., **8**:249, **8**:*265*, **17**:469, **17**:476, **17**:*486*, **19**:62, **19**:69, **19**:101, **19**:*125*, **19**:*129*
Yamada, T., **19**:390, **19**:*428*
Yamada, Y., **32**:204, **32**:206, **32**:*214*
Yamagishi, A., **18**:103, **18**:121, **18**:138, **18**:145, **18**:*185*, **23**:33, **23**:*61*
Yamagishi, F. G., **12**:3, **12**:*118*, **16**:206, **16**:*231*
Yamagishi, T., **12**:13, **12**:69, **12**:*124*
Yamaguchi, J., **25**:42, **25**:*96*
Yamaguchi, K., **16**:81, **16**:*86*, **26**:197, **26**:210, **26**:229, **26**:230, **26**:*253*
Yamaguchi, M., **22**:192, **22**:*210*
Yamaguchi, R., **19**:57, **19**:*119*, **20**:117, **20**:119, **20**:*184*
Yamaguchi, T., **17**:358, **17**:*433*
Yamaguchi, Y., **19**:96, **19**:*129*
Yamakawa, H., **18**:203, **18**:*235*
Yamamoto, A., **17**:122, **17**:*178*
Yamamoto, G., **17**:320, **17**:*431*, **25**:36, **25**:41, **25**:*96*, **25**:*97*, **26**:310, **26**:*377*
Yamamoto, H., **23**:300, **23**:*320*

Yamamoto, K., **23**:54, **23**:*62*, **30**:182, **30**:*219*, **30**:*220*, **31**:210, **31**:*246*
Yamamoto, M., **11**:381, **11**:*391*, **13**:252, **13**:*266*, **13**:*278*, **19**:17, **19**:18, **19**:40, **19**:55, **19**:74, **19**:*114*, **19**:*119*, **19**:*120*, **19**:*129*, **19**:390, **19**:*428*
Yamamoto, N., **13**:182, **13**:*271*, **19**:38, **19**:*123*
Yamamoto, O., **16**:244, **16**:*263*, **25**:29, **25**:*93*
Yamamoto, S., **19**:4, **19**:*129*
Yamamoto, T., **31**:293, **31**:382, **31**:*388*
Yamamoto, Y., **7**:165, **7**:166, **7**:167, **7**:*207*, **17**:367, **17**:370, **17**:*424*, **22**:321, **22**:323, **22**:*359*, **26**:209, **26**:*250*
Yamamura, K., **17**:340, **17**:*433*, **23**:279, **23**:*319*
Yamana, T., **23**:198, **23**:201, **23**:202, **23**:207, **23**:212, **23**:214, **23**:215, **23**:224, **23**:236, **23**:248, **23**:249, **23**:253, **23**:254, **23**:259, **23**:*269*, **23**:*270*
Yamanaka, C., **19**:14, **19**:*125*
Yamanaka, H., **6**:207, **6**:*323*
Yamaoka, H., **17**:14, **17**:37, **17**:*60*
Yamaoka, N., **13**:288, **13**:289, **13**:306, **13**:307, **13**:313, **13**:320, **13**:322, **13**:*414*, **13**:*415*
Yamaoka, T., **11**:356, **11**:357, **11**:*392*
Yamasaki, K., **16**:250, **16**:*265*, **18**:168, **18**:*185*
Yamase, T., **17**:46, **17**:*64*
Yamashita, T. I., **17**:454, **17**:455, **17**:467, **17**:470, **17**:*486*
Yamashita, Y., **20**:116, **20**:*186*, **22**:72, **22**:73, **22**:82, **22**:*111*
Yamataka, H., **14**:37, **14**:*67*, **21**:155, **21**:*196*, **24**:71, **24**:*112*, **27**:85, **27**:86, **27**:92, **27**:*113*, **27**:*117*, **31**:153, **31**:170, **31**:173, **31**:180, **31**:181, **31**:182, **31**:183, **31**:234, **31**:*243*, **31**:*248*
Yamauchi, J., **26**:239, **26**:*251*
Yamauchi, M., **24**:90, **24**:*111*
Yamawaki, Y., **30**:98, **30**:*114*
Yamazaki, H., **25**:40, **25**:*91*
Yamazaki, I., **5**:68, **5**:*117*
Yamazaki, N., **17**:314, **17**:315, **17**:360, **17**:*427*
Yamazaki, T., **13**:213, **13**:214, **13**:*272*, **13**:*278*, **31**:293, **31**:382, **31**:*388*
Yamdagni, R., **13**:108, **13**:*149*, **21**:204, **21**:*237*, **22**:79, **22**:*111*, **26**:300, **26**:328, **26**:*379*
Yamoaka, K., **3**:76, **3**:*89*
Yamura, A., **10**:195, **10**:*224*
Yan, J., **6**:122, **6**:130, **6**:165, **6**:168, **6**:170, **6**:*183*
Yan, J. F., **8**:282, **8**:*406*
Yanagida, S., **17**:333, **17**:339, **17**:*433*
Yancey, J. A., **19**:251, **19**:*377*
Yancey, Y. A., **1**:105, **1**:*153*
Yandle, J. R., **5**:351, **5**:*399*
Yang, D., **23**:297, **23**:298, **23**:300, **23**:304, **23**:*321*, **24**:70, **24**:*112*
Yang, G., **31**:382, **31**:*392*
Yang, G. C., **13**:165, **13**:*278*
Yang, G. K., **23**:30, **23**:*62*
Yang, G. X.-Q., **31**:304, **31**:382, **31**:*389*
Yang, H., **26**:20, **26**:*130*
Yang, J., **31**:16, **31**:*83*
Yang, J.-R., **23**:72, **23**:*159*
Yang, J. Y., **2**:251, **2**:264, **2**:*277*
Yang, J.-C., **24**:188, **24**:*204*, **25**:178, **25**:180, **25**:185, **25**:187, **25**:188, **25**:189, **25**:191, **25**:*260*, **25**:*265*
Yang, J.-S., **32**:314, **32**:*382*
Yang, K., **8**:122, **8**:*147*, **8**:*149*
Yang, K.-U., **8**:291, **8**:292, **8**:294, **8**:295, **8**:296, **8**:297, **8**:319, **8**:323, **8**:324, **8**:330, **8**:331, **8**:332, **8**:333, **8**:*398*, **22**:222, **22**:246, **22**:*301*
Yang, N-L., **13**:162, **13**:*274*
Yang, N. C., **10**:105, **10**:*128*, **12**:108, **12**:109, **12**:*126*, **18**:127, **18**:*182*, **19**:15, **19**:47, **19**:104, **19**:*129*, **20**:208, **20**:*233*, **29**:5, **29**:*64*
Yang, P. L., **31**:263, **31**:*390*
Yang, S. C., **20**:196, **20**:*231*
Yang, S. L., **18**:125, **18**:*179*, **19**:153, **19**:*219*
Yang, Z.-Y., **22**:222, **22**:262, **22**:264, **22**:275, **22**:*299*
Yaniv, R., **24**:95, **24**:*106*
Yankee, E. W., **30**:186, **30**:*218*, **30**:*220*, **30**:*221*
Yankelevich, A. Z., **10**:83, **10**:*126*, **19**:89, **19**:*122*
Yankwich P. E., **2**:62, **2**:*91*, **2**:249, **2**:253,

2:*277*, **27**:6, **27**:*54*
Yannios, C. N., **9**:214, **9**:215, **9**:261, **9**:*276*
Yannoni, C. S., **19**:236, **19**:248, **19**:249, **19**:*375*, **22**:143, **22**:*210*, **23**:125, **23**:126, **23**:129, **23**:132, **23**:148, **23**:*160*, **23**:*163*, **24**:91, **24**:*110*, **29**:303, **29**:*327*, **29**:*328*, **30**:176, **30**:178, **30**:*219*, **30**:*221*, **32**:239, **32**:*263*, **32**:*264*
Yannoni, N. F., **25**:271, **25**:*445*
Yano, K., **19**:343, **19**:*370*
Yano, S., **23**:72, **23**:*163*
Yano, Y., **17**:450, **17**:451, **17**:454, **17**:455, **17**:457, **17**:459, **17**:467, **17**:*486*, **17**:*487*
Yany, F., **18**:209, **18**:211, **18**:212, **18**:214, **18**:215, **18**:*234*, **18**:*238*
Yao, H., **28**:39, **28**:*43*, **28**:*44*
Yap, G. P. A., **32**:173, **32**:*213*
Yariv, A., **32**:133, **32**:*217*
Yarkoni, D., **16**:224, **16**:*237*
Yarkov, S. P., **17**:40, **17**:54, **17**:*64*, **31**:95, **31**:102, **31**:*140*
Yarkova, E. G., **7**:45, **7**:59, **7**:*111*
Yaselman, M. E., **11**:371, **11**:*391*
Yashima, H., **19**:367, **19**:*371*
Yashiro, M., **23**:72, **23**:*163*
Yashunskii, V. G., **11**:363, **11**:*388*
Yasina, L. L., **20**:49, **20**:*52*
Yasnikov, A. A., **16**:42, **16**:*49*, **18**:63, **18**:*77*
Yasuda, M., **19**:69, **19**:70, **19**:*129*, **23**:300, **23**:*319*
Yasuda, N., **32**:259, **32**:*265*
Yasufuka, K., **23**:312, **23**:*322*
Yasumoto, N., **9**:142, **9**:*180*
Yasuoka, T., **19**:401, **19**:*427*
Yasutomi, T., **10**:30, **10**:*52*
Yates, B. L., **32**:286, **32**:*384*
Yates, F., **1**:226, **1**:*277*
Yates, G. B., **12**:18, **12**:97, **12**:*122*, **12**:*129*
Yates, K., **2**:146, **2**:*159*, **6**:278, **6**:282, **6**:*332*, **9**:208, **9**:210, **9**:254, **9**:255, **9**:258, **9**:261, **9**:262, **9**:*276*, **9**:*278*, **11**:284, **11**:294, **11**:295, **11**:331, **11**:333, **11**:334, **11**:336, **11**:340, **11**:341, **11**:366, **11**:372, **11**:*385*, **11**:*390*, **11**:*391*, **11**:*392*, **12**:211, **12**:212, **12**:*221*, **13**:85, **13**:91, **13**:95, **13**:96, **13**:98, **13**:99, **13**:100, **13**:101, **13**:102, **13**:104, **13**:142, **13**:146, **13**:*151*, **13**:*152*, **13**:*153*, **14**:148, **14**:*202*, **15**:14, **15**:34, **15**:35, **15**:36, **15**:55, **15**:*57*, **15**:*60*, **15**:*61*, **16**:34, **16**:36, **16**:*47*, **16**:*49*, **17**:86, **17**:173, **17**:*180*, **18**:9, **18**:10, **18**:15, **18**:21, **18**:28, **18**:34, **18**:37, **18**:48, **18**:*72*, **18**:*77*, **23**:210, **23**:*267*, **23**:*269*, **23**:*270*, **24**:159, **24**:160, **24**:*199*, **24**:*204*, **27**:63, **27**:*117*, **28**:211, **28**:212, **28**:213, **28**:224, **28**:231, **28**:237, **28**:238, **28**:239, **28**:245, **28**:246, **28**:252, **28**:255, **28**:268, **28**:276, **28**:*287*, **28**:*289*, **28**:*290*, **28**:*291*, **29**:48, **29**:55, **29**:*64*, **32**:316, **32**:*380*, **32**:*385*
Yates, M. I., **26**:307, **26**:*373*
Yates, P., **5**:381, **5**:391, **5**:*399*, **7**:171, **7**:176, **7**:*209*, **8**:*269*, **30**:117, **30**:*171*
Yates, R. L., **25**:8, **25**:26, **25**:33, **25**:53, **25**:*88*
Yates, W. R., **9**:130, **9**:138, **9**:*183*
Yathindra, N., **13**:59, **13**:*81*, **13**:*82*
Yatsimirski, A. K., **17**:445, **17**:451, **17**:452, **17**:*482*, **17**:*485*, **17**:*487*, **22**:224, **22**:226, **22**:227, **22**:254, **22**:257, **22**:*305*, **23**:223, **23**:225, **23**:226, **23**:*267*
Yatsu, T., **17**:38, **17**:*64*
Yatsuhara, M., **23**:227, **23**:*270*
Yatsunami, T., **30**:104, **30**:105, **30**:*114*, **31**:30, **31**:*83*
Yavari, A., **23**:39, **23**:*58*
Yavari, I., **19**:273, **19**:*376*, **23**:141, **23**:146, **23**:160, **25**:23, **25**:42, **25**:*85*
Yeager, E., **14**:218, **14**:*352*
Yeager, M. J., **21**:39, **21**:*96*
Yee, K. C., **14**:93, **14**:*128*, **15**:42, **15**:*58*, **16**:219, **16**:*231*, **21**:168, **21**:169, **21**:178, **21**:*192*, **25**:200, **25**:*258*, **26**:221, **26**:223, **26**:*246*
Yee, W., **17**:300, **17**:*430*
Yee, W. A., **19**:6, **19**:*130*
Yee, Y. C., **27**:20, **27**:*52*
Yeh, C.-Y., **23**:191, **23**:*262*, **23**:*268*
Yeh, C.-L., **29**:302, **29**:*328*
Yeh, E.-L., **29**:302, **29**:*328*
Yeh, L. R., **19**:195, **19**:*222*

Yeh, P., **32:**133, **32:***217*
Yeh, S. J., **11:**309, **11:**310, **11:**311, **11:***392*
Yeh, S. W., **22:**148, **22:***212*
Yekta, A., **19:**94, **19:**95, **19:***128*, **19:***130*
Yelon, W. B., **26:**261, **26:***373*
Yelvington, M. B., **17:**188, **17:**250, **17:***278*, **18:**201, **18:**202, **18:***237*
Yemelyanov, I. S., **11:**371, **11:***391*
Yemul, S. S., **25:**108, **25:***263*
Yen, Y. Q., **9:**201, **9:**215, **9:***277*
Yenida, S., **10:**140, **10:***153*
Yeo, A. N. H., **8:**169, **8:**236, **8:***269*, **30:**176, **30:***221*
Yeon, Y., **26:**271, **26:***373*
Yeroushelmi, S., **29:**282, **29:***325*
Yetka, A., **18:**189, **18:***238*
Yhland, M., **5:**71, **5:***116*
Yih, S. Y., **3:**171, **3:**173, **3:***184*
Yildiz, A., **12:**43, **12:**48, **12:***125*, **18:**125, **18:***181*, **20:**128, **20:***186*
Yin, D.-N., **28:**62, **28:***137*
Ying Kin, N. M. K. Ng., **13:**320, **13:**322, **13:***413*
Ying-Hsiush Wu, F., **19:**291, **19:***375*
Yip, R. W., **19:**87, **19:***122*
Yiv, S., **22:**217, **22:***309*
Ykman, P., **17:**339, **17:***433*
Yli-Kauhaluoma, J. T., **31:**287, **31:**312, **31:**383, **31:**384, **31:***392*
Yocom, K., **18:**145, **18:***180*
Yoffe, A. D., **15:**87, **15:**137, **15:**143, **15:***147*, **15:***151*, **19:**407, **19:***426*
Yoffe, S. T., **26:**310, **26:***379*
Yoh, S.-D., **32:**373, **32:**374, **32:**375, **32:***382*, **32:***385*
Yokoe, I., **8:**249, **8:***265*, **17:**468, **17:**469, **17:***487*, **19:**110, **19:***130*
Yokohama, M., **17:**125, **17:***179*
Yokosawa, Y., **13:**158, **13:***278*
Yokoyama, **16:**227, **16:***233*
Yokozeki, A., **13:**35, **13:***82*
Yomtova, V., **31:**273, **31:***390*
Yon, J. M., **24:**141, **24:***202*
Yonan, P. K., **6:**266, **6:**269, **6:**301, **6:***239*, **7:**32, **7:**33, **7:**35, **7:**44, **7:**51, **7:**64, **7:**71, **7:***112*
Yoneda, G., **23:**49, **23:***62*
Yoneda, H., **14:**6, **14:***65*, **17:**461, **17:***486*, **22:**277, **22:***306*
Yoneda, S., **5:**203, **5:***235*, **19:**339, **19:**355, **19:***379*
Yonemitsu, O., **13:**187, **13:***270*, **19:**65, **19:**109, **19:***120*, **19:***125*
Yonemori, K., **17:**473, **17:***484*
Yonemura, Y., **25:**48, **25:***95*
Yonetani, K., **32:**249, **32:***263*
Yoneyama, S., **17:**330, **17:**331, **17:***430*
Yonezava, T., **11:**315, **11:***388*
Yonezawa, T., **4:**90, **4:**101, **4:**103, **4:**107, **4:**108, **4:**109, **4:**111, **4:**112, **4:**114, **4:***144*, **6:**133, **6:***180*, **9:**254, **9:***280,* **13:**187, **13:***278*, **17:**47, **17:***64*, **18:**168, **18:***185*, **19:**342, **19:***373*, **30:**133, **30:**147, **30:***169*, **30:***170*
Yonkovich, S., **31:**262, **31:**292, **31:**294, **31:**295, **31:**305, **31:**382, **31:**383, **31:**384, **31:**385, **31:***386*, **31:***387*, **31:***388*, **31:***390*, **31:***392*
Yoo, H., **31:**36, **31:***82*
Yoon, H. N., **32:**179, **32:***209*
Yoon, S. S., **31:**383, **31:***392*
York, J. L., **5:**282, **5:**296, **5:***326*
York, L., **11:**40, **11:***118*
York, S. S., **11:**34, **11:***120*, **11:***121*
Yorozu, T., **19:**5, **19:**52, **19:***120*, **19:***130*
Yoshida, C., **20:**209, **20:***233*
Yoshida, H., **17:**13, **17:**33, **17:**41, **17:***59*, **17:***62*
Yoshida, J., **17:**480, **17:***484*
Yoshida, K., **12:**56, **12:***129*, **13:**187, **13:**232, **13:***278*, **19:**70, **19:***130*, **29:**240, **29:***272*, **31:**94, **31:***141*
Yoshida, L., **10:**140, **10:***153*
Yoshida, M., **10:**119, **10:***125*, **17:**46, **17:***61*, **17:***63*, **19:**44, **19:**60, **19:***121*, **19:***123*, **26:**165, **26:***174*
Yoshida, N., **22:**180, **22:***212*, **26:**333, **26:***379*
Yoshida, S., **29:**5, **29:***68*
Yoshida, T., **23:**190, **23:**206, **23:**207, **23:***267*
Yoshida, Y., **17:**459, **17:***487*
Yoshida, Z., **5:**203, **5:***235*, **14:**165, **14:***199*, **19:**339, **19:**355, **19:***379*, **26:**239, **26:***251*, **26:***253*, **26:**315, **26:**316, **26:***376*
Yoshifuji, M., **24:**38, **24:***55*
Yoshihara, K., **19:**30, **19:**34, **19:***124*

Yoshii, T., **17**:340, **17**:341, **17**:*424*
Yoshikawa, E., **17**:255, **17**:*278*, **22**:52, **22**:66, **22**:68, **22**:*110*
Yoshikawa, S., **8**:396, **8**:*406*, **23**:72, **23**:*163*
Yoshimatsu, A., **22**:263, **22**:285, **22**:287, **22**:*306*
Yoshimine, M., **7**:180, **7**:*209*
Yoshimura, A., **26**:20, **26**:*128*
Yoshimura, K., **31**:262, **31**:382, **31**:*389*
Yoshimura, N., **26**:209, **26**:*250*
Yoshimura, S., **16**:175, **16**:*233*
Yoshimura, Z., **26**:239, **26**:*251*, **26**:*253*, **26**:315, **26**:316, **26**:*376*
Yoshinaga, H., **22**:245, **22**:284, **22**:293, **22**:*305*, **22**:*308*
Yoshinaga, K., **22**:278, **22**:*306*
Yoshino, A., **13**:187, **13**:*278*, **18**:168, **18**:*185*
Yoshino, T., **19**:24, **19**:25, **19**:*121*, **19**:*127*
Yoshioka, A., **20**:112, **20**:114, **20**:*187*
Yoshioka, K., **3**:76, **3**:*88*
Yoshioka, M., **32**:271, **32**:*385*
Yoshioka, N., **26**:221, **26**:*250*
Yoshioka, T., **22**:157, **22**:*208*, **26**:332, **26**:*371*
Yoshizane, H., **8**:300, **8**:308, **8**:*404*
Yoshizumi, H., **8**:251, **8**:*266*
Yost, D., **1**:10, **1**:*31*
Yost, D, M., **26**:299, **26**:303, **26**:*378*
You, K., **24**:136, **24**:*204*
Younas, M., **17**:237, **17**:259, **17**:*277*
Younathan, E. S., **13**:288, **13**:300, **13**:301, **13**:*411*
Younathan, J., **26**:78, **26**:*125*
Young, A. E., **15**:228, **15**:231, **15**:*265*, **17**:136, **17**:*175*
Young, A. P., **26**:206, **26**:*246*
Young, A. T., **14**:169, **14**:*201*, **18**:170, **18**:*178*
Young, C. I., **18**:61, **18**:*72*, **21**:59, **21**:65, **21**:66, **21**:67, **21**:*95*
Young, C. Y., **22**:219, **22**:220, **22**:*305*
Young, D. A., **15**:108, **15**:*151*
Young, D. P., **9**:272, **9**:*276*
Young, D. W., **1**:249, **1**:250, **1**:259, **1**:261, **1**:275, **1**:*278*, **18**:159, **18**:161, **18**:163, **18**:*181*
Young, H. H., **5**:321, **5**:*329*
Young, Harrison H., Jr., **1**:8, **1**:*32*
Young, Harland H., Jr., **1**:105, **1**:*153*
Young, H. L., **1**:52, **1**:105, **1**:*149*
Young, J. C., **9**:155, **9**:*179*
Young, J. F., **12**:161, **12**:171, **12**:191, **12**:194, **12**:200, **12**:*220*, **12**:*221*
Young, J. M., **25**:34, **25**:*97*
Young, J. R., **18**:36, **18**:*73*
Young, L. B., **13**:87, **13**:*149*, **21**:206, **21**:207, **21**:208, **21**:211, **21**:*237*, **21**:*240*
Young, M. C., **5**:83, **5**:96, **5**:*117*, **5**:*118*
Young, P. R., **27**:23, **27**:46, **27**:*55*, **27**:228, **27**:232, **27**:*238*
Young, R. C., **19**:80, **19**:*114*
Young, R. H., **18**:138, **18**:*179*, **19**:91, **19**:*121*
Young, R. J., **11**:56, **11**:*121*
Young, R. N., **15**:161, **15**:174, **15**:*260*
Young, R. P., **4**:258, **4**:*302*
Young, S., **4**:2, **4**:*29*
Young, T. F., **28**:54, **28**:*136*
Young, V. A., **32**:324, **32**:*380*
Young, W. G., **2**:36, **2**:*91*, **5**:156, **5**:*170*, **5**:351, **5**:365, **5**:370, **5**:*396*, **5**:*398*, **6**:285, **6**:*332*, **15**:54, **15**:*58*
Youngblood, M. P., **18**:160, **18**:*185*, **24**:98, **24**:*112*
Yousaf, T. I., **26**:119, **26**:*127*, **27**:39, **27**:*54*, **27**:98, **27**:*115*, **27**:*117*, **27**:184, **27**:*237*
Youssef, A. A., **15**:228, **15**:231, **15**:*265*
Ysern, S., **13**:286, **13**:346, **13**:*406*
Yü, A. P., **29**:308, **29**:*329*
Yu, C. S., **25**:36, **25**:*95*
Yu, F. C., **3**:188, **3**:*268*
Yu, H., **28**:57, **28**:*137*
Yu, J., **31**:294, **31**:295, **31**:383, **31**:*392*
Yu, R.-Q., **31**:58, **31**:*82*
Yu, S. H., **20**:155, **20**:*186*
Yuan, L. C., **24**:97, **24**:*112*
Yudin, S. G., **32**:167, **32**:*209*
Yue, H. J., **23**:310, **23**:313, **23**:*321*
Yuen, J., **13**:181, **13**:187, **13**:*274*
Yuen, S. H., **13**:255, **13**:*278*
Yuh, Y. H., **25**:75, **25**:*89*
Yuh, Y., **24**:144, **24**:*203*
Yuk, J. P., **28**:220, **28**:*288*
Yukawa, Y., **1**:36, **1**:92, **1**:144, **1**:145, **1**:146, **1**:*154*, **5**:345, **5**:*398*, **9**:188, **9**:*280*, **14**:37, **14**:*67*, **28**:252, **28**:*291*,

32:269, **32**:270, **32**:271, **32**:272, **32**:274, **32**:279, **32**:284, **32**:291, **32**:295, **32**:301, **32**:316, **32**:317, **32**:334, **32**:373, **32**:374, **32**:*385*
Yuki, H., **13**:293, **13**:*410*, **16**:259, **16**:*262*
Yurchak, S., **10**:197, **10**:*223*
Yurchenko, O. I., **7**:73, **7**:*113*, **7**:*114*
Yurchenko, R. I., **11**:312, **11**:*392*
Yurigina, E. N., **1**:182, **1**:185, **1**:189, **1**:192, **1**:194, **1**:*200*, **1**:*201*
Yurrtas, K., **32**:70, **32**:*113*
Yurugi, T., **30**:125, **30**:130, **30**:*170*
Yurzhenko, A. I., **8**:377, **8**:*402*
Yuzawa, T., **32**:247, **32**:*265*
Yvan, P., **4**:83, **4**:*145*

Z

Zabel, A. W., **14**:146, **14**:*197*
Zabik, J. M., **20**:203, **20**:204, **20**:206, **20**:215, **20**:219, **20**:*232*
Zabolotny, E. R., **15**:170, **15**:189, **15**:190, **15**:*262*, **15**:*266*
Zaborsky, O. R., **17**:135, **17**:136, **17**:*175*, **17**:*177*
Zacharias, H., **22**:314, **22**:*358*
Zachariasse, K., **13**:223, **13**:224, **13**:225, **13**:*277*, **13**:*278*
Zachariasse, K. A., **19**:6, **19**:16, **19**:17, **19**:18, **19**:86, **19**:94, **19**:98, **19**:*129*, **19**:*130*
Zachau, H. F., **11**:56, **11**:*122*
Zachau, H. G., **13**:346, **13**:*415*
Zafiriou, O. C., **18**:230, **18**:*238*
Zagt, R., **1**:38, **1**:57, **1**:73, **1**:74, **1**:75, **1**:76, **1**:77, **1**:78, **1**:81, **1**:*153*
Zahler, R. E., **2**:118, **2**:*159*, **2**:178, **2**:187, **2**:188, **2**:*197*, **2**:*199*, **5**:163, **5**:*169*, **7**:33, **7**:*109*, **7**:214, **7**:*255*, **14**:174, **14**:*197*
Zahnow, E. W., **12**:11, **12**:43, **12**:56, **12**:57, **12**:*116*, **13**:232, **13**:*265*
Zahorka, A., **19**:414, **19**:*427*
Zahradnik, R., **4**:*144*, **12**:108, **12**:*125*, **12**:*129*, **12**:188, **12**:*219*, **12**:268, **12**:*293*, **19**:336, **19**:*376*, **25**:7, **25**:*90*
Zahurak, S. M., **29**:217, **29**:*270*
Zaikov, G. E., **9**:158, **9**:164, **9**:165, **9**:168, **9**:*174*, **9**:*183*
Zaitsev, B. A., **9**:130, **9**:*183*
Zajac, M., **23**:215, **23**:*268*
Zajdel, W. J., **24**:40, **24**:*55*
Zaki-Amer, M., **25**:158, **25**:*262*
Zaklika, K. A., **18**:193, **18**:206, **18**:209, **18**:*236*, **18**:*238*, **19**:8, **19**:78, **19**:82, **19**:*126*, **19**:*130*, **20**:109, **20**:*188*, **20**:*189*
Zalar, F. V., **12**:92, **12**:*121*
Zalis, B., **12**:182, **12**:*221*
Zalkin, A., **22**:130, **22**:*209*, **25**:13, **25**:*87*, **32**:230, **32**:*263*
Zalkow, L. H., **17**:340, **17**:*429*
Zalkow, V., **17**:216, **17**:217, **17**:*274*, **22**:29, **22**:85, **22**:*106*
Zamashchikov, V. V., **29**:*69*
Zameck, O. S., **17**:329, **17**:*430*
Zamkanei, M., **26**:152, **26**:155, **26**:*178*
Zana, R., **14**:218, **14**:*352*, **22**:217, **22**:240, **22**:242, **22**:270, **22**:272, **22**:*305*, **22**:*309*
Zanazzi, P. F., **29**:207, **29**:*266*
Zanchini, C., **26**:243, **26**:*248*
Zand, R., **4**:167, **4**:180, **4**:*192*
Zander, W., **21**:123, **21**:174, **21**:*192*
Zandstra, P. J., **5**:110, **5**:*119*
Zanette, D., **22**:229, **22**:244, **22**:269, **22**:297, **22**:298, **22**:*302*, **22**:*303*, **22**:*308*
Zanfredi, G. T., **24**:77, **24**:*106*
Zange, E., **11**:340, **11**:*388*
Zanger, M., **9**:27(29b), **9**:*122*
Zann, D., **26**:38, **26**:41, **26**:43, **26**:44, **26**:52, **26**:53, **26**:54, **26**:73, **26**:*122*
Zanobini, F., **30**:71, **30**:*113*
Zanon, I., **1**:406, **1**:*420*
Zanonto, P. L., **30**:98, **30**:*112*
Zarazilov, A. L., **17**:46, **17**:*59*
Zare, R. N., **22**:314, **22**:*359*
Zaretzkii, Z. V. I., **15**:92, **15**:*146*
Zarkadis, A. K., **26**:158, **26**:*177*
Zarzycki, R., **29**:4, **29**:*68*
Zaslowsky, J. A., **5**:315, **5**:*330*
Zatorski, A., **17**:346, **17**:*430*
Zaug, A. J., **25**:248, **25**:249, **25**:*257*, **25**:*265*
Zaug, H. E., **17**:316, **17**:*433*
Zaugg, H. E., **5**:246, **5**:*330*, **14**:184, **14**:*202*
Závada, J., **6**:300, **6**:307, **6**:*330*, **6**:*332*, **10**:171, **10**:*225*, **14**:183, **14**:185,

14:*200*
Zavada, J., **12:**15, **12:**111, **12:***129*, **15:**259, **15:***265*, **17:**348, **17:**351–3, **17:***430*, **17:***432*, **17:***433*, **26:**68, **26:***130*
Zawalski, R. C., **17:**19, **17:***61*
Zawidzki, T., **1:**14, **1:***33*
Zbirovsky, M., **17:**72, **17:***180*
Zboinski, Z., **16:**164, **16:**201, **16:***237*
Zebelman, D., **22:**145, **22:***206*
Zech, B., **7:**176, **7:***207*
Zeegers-Huyskens, Th., **26:**315, **26:**316, **26:***378*
Zeeh, B., **8:**218, **8:***269*
Zeelen, F. J., **28:**78, **28:**133, **28:***138*
Zeffren, E., **11:**20, **11:***122*
Zefirov, N. S., **17:**173, **17:***180*, **20:**152, **20:***189*, **25:**32, **25:***97*
Zeger, J. J., **28:**201, **28:***205*
Zeidler, M. D., **14:**210, **14:**253, **14:***343*, **14:***352*, **16:**240, **16:***262*
Zeifman, Yu. V., **9:**95(108b), **9:**101(108b), **9:***125*
Zeigler, J. P., **18:**67, **18:**68, **18:***74*
Zeile, J. V., **26:**261, **26:***375*
Zeilstra, J. J., **23:**277, **23:***322*
Zeimer, E. H. K., **23:**50, **23:***62*
Zeiss, G. D., **7:**158, **7:**159, **7:**166, **7:***205*, **22:**313, **22:**316, **22:**322, **22:***359*
Zeiss, H. H., **5:**375, **5:***396*, **14:**6, **14:**30, **14:***63*
Zeks, B., **26:**294, **26:***369*
Zektzer, A. S., **29:**276, **29:***327*
Zeldes, H., **1:**290, **1:**331, **1:***363*, **5:**72, **5:**75, **5:**99, **5:**104, **5:***116*, **8:**2, **8:***76*, **10:**121, **10:***126*, **10:***128*, **26:**161, **26:***175*
Zeldin, M., **6:**217, **6:***332*
Zeldrin, L., **23:**295, **23:***322*
Zelenin, S. N., **18:**93, **18:***185*
Zelent, B., **19:**65, **19:***130*
Zeliver, C., **23:**197, **23:***266*
Zeller, H. R., **16:**198, **16:***237*
Zeltner, M., **2:**181, **2:**182, **2:**183, **2:***197*
Zel'venskii, Y. D., **7:**71, **7:***108*
Zemb, T., **22:**220, **22:***302*
Zemel, H., **12:**276, **12:***297*, **18:**149, **18:***181*, **20:**128, **20:***186*
Zemel, R., **31:**311, **31:**382, **31:***387*, **31:***391*
Zengierski, L., **25:**290, **25:***443*
Zenneck, U., **18:**119, **18:***177*
Zens, A. P., **13:**335, **13:**336, **13:**342, **13:***409*, **16:**245, **16:**256, **16:***265*
Zepp, R. G., **20:**223, **20:***231*
Zeppezauer, M., **24:**136, **24:***203*
Zerbetto, F., **32:**42, **32:**119, **32:**236, **32:***265*
Zerbi, G., **32:**181, **32:***210*
Zercher, C., **26:**142, **26:**143, **26:***177*
Zergenyi, J., **6:**285, **6:***324*
Zerner, B., **3:**180, **3:***185*, **5:**248, **5:**249, **5:**300, **5:***326*, **5:***330*, **11:**54, **11:***117*, **21:**18, **21:**20, **21:***31*, **21:***35*, **22:**191, **22:***206*
Zerner, B. L., **17:**269, **17:***279*
Zerner, M. C., **26:**157, **26:***176*, **29:**256, **29:***267*, **31:**187, **31:***245*, **32:**151, **32:***212*
Zernike, F., **32:**133, **32:***217*
Zewail, A. H., **31:**256, **31:***392*
Zeya, M., **19:**287, **19:***370*
Zhang, B.-L., **28:**211, **28:**227, **28:**245, **28:**249, **28:**268, **28:***290*, **31:**238, **31:***246*
Zhang, H., **32:**81, **32:***120*
Zhang, J. H., **26:**224, **26:**239, **26:***246*, **26:***247*, **26:***250*, **26:***253*
Zhang, L., **26:**224, **26:***246*, **26:***247*
Zhang, X., **26:**20, **26:***130*
Zhang, Y., **31:**135, **31:***139*, **31:**234, **31:***243*,
Zhang, Z., **31:**131, **31:***137*
Zhang, Z. X., **32:**86, **32:***117*
Zhao, J., **26:**224, **26:***246*, **26:***247*
Zhao, X., **32:**186, **32:***215*
Zhao, X. G., **31:**148, **31:**149, **31:***248*
Zhdanov, G. S., **1:**247, **1:***276*
Zhdanov, Yu, A., **25:**22, **25:***92*
Zheludev, N. I., **32:**132, **32:***214*
Zheng, F., **32:**42, **32:***117*
Zheng, G., **31:**104, **31:***141*
Zheng, G. D., **31:**58, **31:***82*
Zheng, X., **29:**256, **29:***267*
Zhidomirov, F. M., **20:**2, **20:***52*
Zhidomirov, G. M., **10:**54, **10:***124*
Zhil'tsov, S. F., **23:**275, **23:***316*, **23:***320*
Zhmurova, I. N., **11:**312, **11:***392*
Zhong, G., **31:**303, **31:**304, **31:**312, **31:**383, **31:**384, **31:***385*, **31:***392*

Zhou, G. W., **31**:277, **31**:311, **31**:382, **31**:*392*
Zhou, J., **32**:43, **32**:*120*
Zhou, K., **31**:304, **31**:382, **31**:*389*, **31**:*392*
Zhou, Z. S., **31**:273, **31**:382, **31**:383, **31**:*392*
Zhulin, V. M., **2**:98, **2**:*160*
Zhurinov, M. Zh., **12**:44, **12**:*120*, **13**:230, **13**:*269*
Zhuzgov, E. L., **17**:19, **17**:*64*
Ziari, M., **32**:123, **32**:129, **32**:158, **32**:*210*
Zidler, B., **19**:93, **19**:*114*
Ziebig, R., **19**:7, **19**:*130*, **20**:142, **20**:143, **20**:*187*
Zieger, H. E., **15**:239, **15**:242, **15**:243, **15**:*264*, **15**:*266*, **18**:169, **18**:*185*
Ziegler, K., **22**:2, **22**:6, **22**:32, **22**:34, **22**:47, **22**:49, **22**:57, **22**:103, **22**:*111*
Ziegler, T., **23**:12, **23**:*62*
Ziemeck, P., **13**:160, **13**:*274*
Zienty, F., **30**:137, **30**:*170*
Zierenberg, O., **13**:383, **13**:385, **13**:386, **13**:388, **13**:*414*
Ziessow, D., **16**:241, **16**:*264*
Ziffer, H., **20**:218, **20**:*233*
Zilm, K. W., **26**:208, **26**:*253*
Zimbrick, J. D., **12**:283, **12**:*297*
Zimm, B. H., **3**:76, **3**:*88*, **6**:183, **6**:*183*
Zimmer, H., **11**:346, **11**:*388*
Zimmer, S., **13**:360, **13**:361, **13**:363, **13**:*415*
Zimmerman, G. L., **1**:69, **1**:*149*
Zimmerman, H. E., **6**:187, **6**:210, **6**:216, **6**:222, **6**:287, **6**:288, **6**:291, **6**:319, **6**:*332*, **7**:171, **7**:202, **7**:*209*, **11**:226, **11**:232, **11**:*266*, **12**:143, **12**:147, **12**:213, **12**:*221*, **15**:49, **15**:50, **15**:*61*, **15**:221, **15**:*266*, **18**:24, **18**:25, **18**:*77*, **18**:204, **18**:*238*, **19**:284, **19**:*379*, **21**:139, **21**:*196*, **22**:350, **22**:*361*
Zimmerman, S. E., **27**:47, **27**:*54*
Zimmerman, W., **7**:239, **7**:*257*
Zimmermann, H., **6**:73, **6**:87, **6**:*100*, **9**:160, **9**:*179*, **9**:*183*, **26**:185, **26**:215, **26**:*249*, **26**:*251*, **26**:*252*, **32**:238, **32**:239, **32**:*264*, **32**:*265*
Zimmermann, H. C., **1**:411, **1**:*423*
Zimmermann, H. E., **28**:5, **28**:*42*, **29**:302, **29**:*330*, **29**:*331*
Zimmermann, I., **19**:24, **19**:25, **19**:*121*
Zimmermann, U. P., **2**:178, **2**:*200*
Zimmit, M. B., **22**:281, **22**:*303*
Zingg, S. P., **28**:102, **28**:*138*
Zink, J. I., **17**:282, **17**:306, **17**:307, **17**:*426*, **17**:*432*, **29**:209, **29**:211, **29**:*271*
Zinn, J., **1**:409, **1**:*419*
Zinner, K., **18**:211, **18**:*234*
Zinnius, E., **5**:364, **5**:*398*
Zintl, E., **3**:25, **3**:*84*
Ziolkowski, J. J., **18**:160, **18**:*184*
Zioudrou, C., **19**:245, **19**:*373*
Zipp, A., **16**:259, **16**:*265*
Zirnstein, M. A., **26**:323, **26**:325, **26**:*379*
Zitko, V., **20**:209, **20**:*231*
Zitomer, J. L., **27**:207, **27**:218, **27**:220, **27**:*234*
Zittel, P. F., **19**:184, **19**:*222*
Zlochower, I. A., **5**:76, **5**:99, **5**:*119*
Zlotskii, S. S., **23**:299, **23**:*322*
Zmuda, H., **20**:151, **20**:*188*, **22**:258, **22**:*307*
Zoebisch, E. G., **25**:26, **25**:*88*, **30**:132, **30**:*169*, **31**:187, **31**:*244*
Zografi, G., **28**:57, **28**:68, **28**:*137*
Zollinger, H., **1**:42, **1**:*154*, **1**:172, **1**:*201*, **2**:166, **2**:167, **2**:172, **2**:174, **2**:177, **2**:180, **2**:181, **2**:191, **2**:*197*, **2**:*198*, **2**:*200*, **5**:331, **5**:343, **5**:356, **5**:377, **5**:*399*, **7**:155, **7**:*209*, **7**:216, **7**:218, **7**:220, **7**:236, **7**:237, **7**:240, **7**:244, **7**:245, **7**:*255*, **8**:366, **8**:*399*, **9**:143, **9**:*178*, **14**:95, **14**:*129*, **14**:153, **14**:190, **14**:*197*, **16**:39, **16**:42, **16**:*47*, **16**:*49*, **20**:156, **20**:172, **20**:*187*, **20**:*189*, **29**:224, **29**:*268*, **32**:175, **32**:199, **32**:*217*
Zolotareva, L. A., **11**:312, **11**:*392*
Zoltewicz, J. A., **15**:172, **15**:*266*
Zompa, L., **31**:30, **31**:*84*
Zon, G., **25**:153, **25**:154, **25**:155, **25**:*258*, **25**:*265*
Zook, H. D., **2**:21, **2**:*91*, **18**:53, **18**:54, **18**:*77*
Zorin, V. V., **23**:299, **23**:*322*
Zorn, H., **12**:238, **12**:286, **12**:*293*
Zou, X., **25**:253, **25**:255, **25**:*257*
Zoutendam, P. N., **19**:195, **19**:*222*

Zschokke-Gränacher, I., **32**:172, **32**:*212*, **32**:*214*
Zuanic, M., **23**:72, **23**:*160*
Zubarev, V. E., **17**:22, **17**:39, **17**:40, **17**:54, **17**:*64*, **31**:95, **31**:104, **31**:114, **31**:133, **31**:*137*, **31**:*141*
Zubrick, J. W., **17**:329, **17**:366, **17**:*426*, **17**:*433*
Zuccarello, F., **13**:47, **13**:49, **13**:50, **13**:*78*, **13**:*82*
Zucco, C., **21**:52, **21**:*95*, **22**:297, **22**:*303*, **29**:47, **29**:*64*
Zucker, L., **6**:74, **6**:*101*, **18**:9, **18**:*77*
Zucker, L. M., **2**:135, **2**:*162*
Zuercher, R. A., **4**:266, **4**:*303*
Zuev, P. S., **30**:12, **30**:16, **30**:20, **30**:25, **30**:54, **30**:55, **30**:*58*, **30**:*60*
Zugara, A., **23**:221, **23**:*270*
Zugravescu, I., **7**:101, **7**:*114*
Zuidema, G., **9**:163, **9**:*177*, **17**:79, **17**:81, **17**:*176*
Zuliani, P., **32**:181, **32**:*210*
Zülicke, L., **28**:19, **28**:*44*
Zuman, P., **5**:2, **5**:6, **5**:12, **5**:16, **5**:17, **5**:19, **5**:21, **5**:22, **5**:24, **5**:25, **5**:39, **5**:40, **5**:41, **5**:42, **5**:44, **5**:48, **5**:50, **5**:*51*, **5**:*52*, **6**:299, **6**:*332*, **10**:178, **10**:179, **10**:180, **10**:192, **10**:209, **10**:210, **10**:*223*, **10**:*225*, **12**:2, **12**:12, **12**:50, **12**:106, **12**:*124*, **12**:*129*, **18**:128, **18**:*181*, **27**:43, **27**:46, **27**:*52*, **28**:172, **28**:*204*
Zundel, G., **22**:127, **22**:132, **22**:*210*, **22**:*211*, **22**:*212*, **26**:265, **26**:*370*, **26**:*379*
Zunker, D., **9**:231, **9**:*276*
Zuorick, G. W., **5**:246, **5**:247, **5**:303, **5**:307, **5**:*330*
Zupan, M., **4**:172, **4**:*193*, **19**:103, **19**:*127*
Zupancic, J. J., **18**:168, **18**:*185*, **19**:184, **19**:*222*, **22**:321, **22**:323, **22**:327, **22**:332, **22**:341, **22**:347, **22**:349, **22**:*358*, **22**:*361*
Zürcher, R. F., **3**:77, **3**:*90*
Zusman, L. D., **26**:80, **26**:*130*
Zutaut, S. E., **27**:244, **27**:249, **27**:276, **27**:*290*
Zvyagintseva, E. N., **1**:157, **1**:160, **1**:163, **1**:164, **1**:168, **1**:*200*
Zwanenburg, B., **5**:347, **5**:349, **5**:392, **5**:394, **5**:*396*, **5**:*399*, **7**:171, **7**:172, **7**:*204*, **17**:110, **17**:129, **17**:*180*
Zwanzig, R., **27**:265, **27**:*291*
Zweep, S. D., **29**:163, **29**:*180*, **29**:284, **29**:*325*
Zweifel, B. O., **24**:172, **24**:*199*
Zweifel, G., **6**:267, **6**:276, **6**:*332*
Zweig, A., **5**:66, **5**:93, **5**:*119*, **13**:223, **13**:*278*, **31**:105, **31**:*141*
Zwergel, E. E., **25**:231, **25**:*263*
Zwolenik, J. J., **7**:161, **7**:*209*
Zyss, J., **32**:123, **32**:148, **32**:162, **32**:166, **32**:173, **32**:177, **32**:180, **32**:196, **32**:198, **32**:200, **32**:202, **32**:203, **32**:*209*, **32**:*210*, **32**:*211*, **32**:*212*, **32**:*213*, **32**:*214*, **32**:*217*

ISBN 0-12-033534-4